二〇二三艾景奖·园林景观大会

引领景观潮流

荟萃园林精品

宋春华题

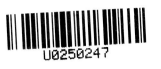

獎景艾

陳俊協書時年九十有五

艾景精作代園范
獎力時景風

景名見風林

孟兆楨

壬辰深秋

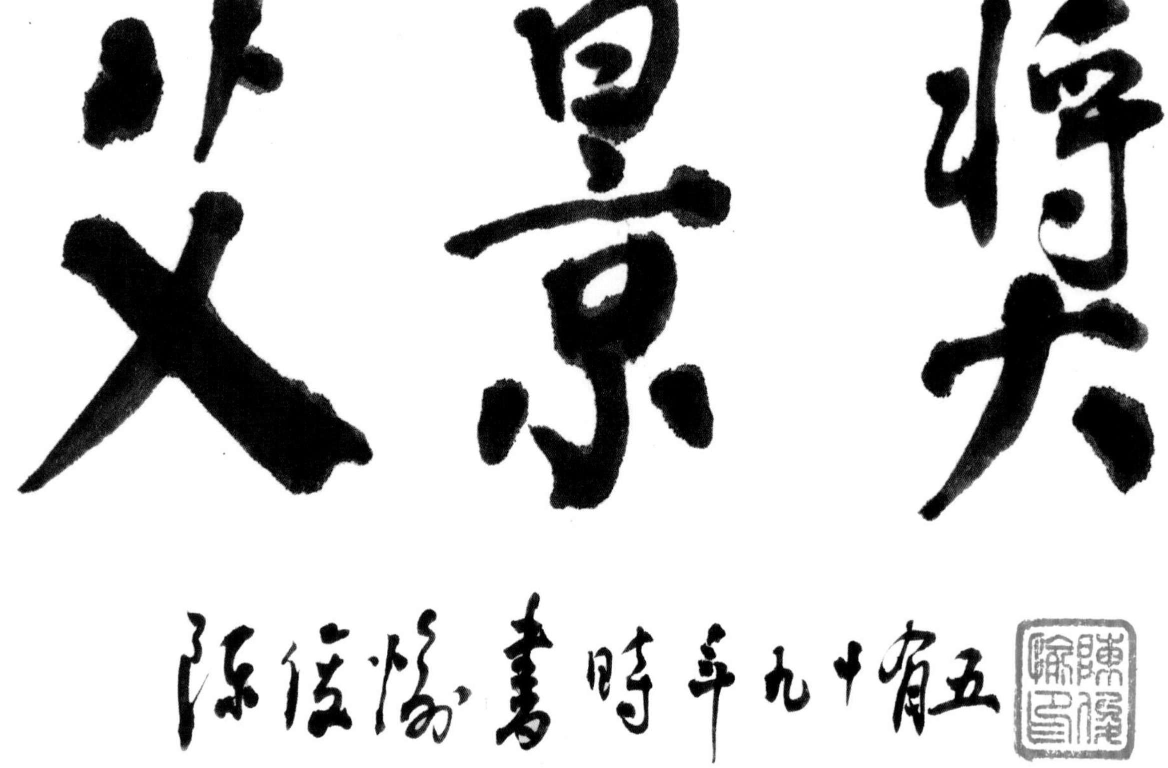

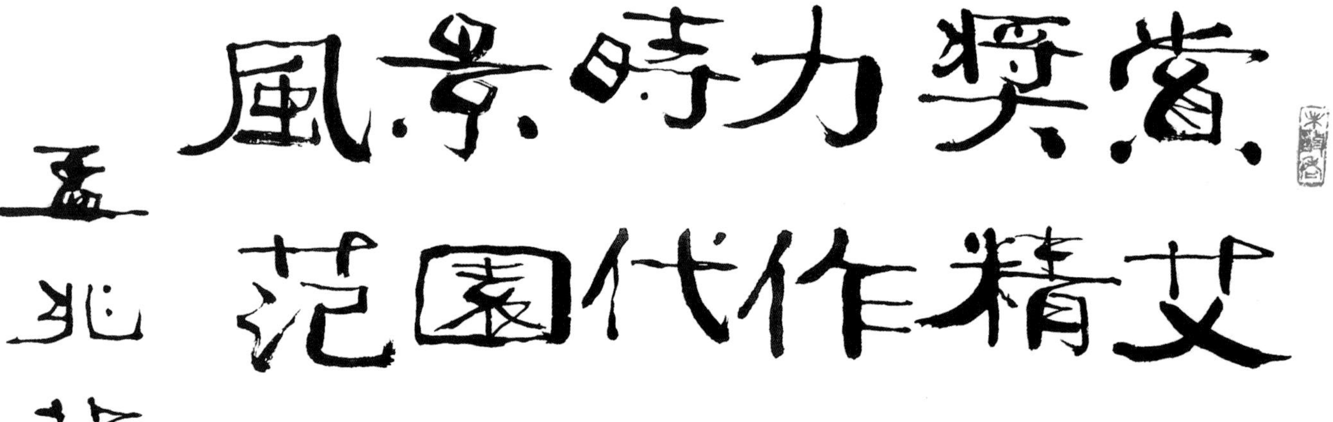

IDEA-KING®艾景奖®
参与艾景·因为爱景

唐学山 总主编

龚兵华 主 编

王向荣 李存东 李建伟 冯鲁红 副主编

THE 4TH IDEA KING

Collection Book of Awarded Works

第四届艾景奖

国际景观设计大奖获奖作品

——年度设计人物/年度设计机构/学生组获奖作品——

国际园林景观规划设计行业协会 编

江苏凤凰科学技术出版社

图书在版编目（CIP）数据

第四届艾景奖国际景观设计大奖获奖作品 / 国际园林景观规划设计行业协会编. -- 南京 : 江苏凤凰科学技术出版社, 2015.10

ISBN 978-7-5537-5534-2

Ⅰ. ①第… Ⅱ. ①国… Ⅲ. ①景观设计－作品集－世界－现代 Ⅳ. ①TU986.2

中国版本图书馆CIP数据核字(2015)第242820号

第四届艾景奖国际景观设计大奖获奖作品

编　　者　国际园林景观规划设计行业协会
项目策划　凤凰空间／胡中琦　曹　蕾
责任编辑　刘屹立
特约编辑　任　放
美术编辑　卓媛媛

出版发行　凤凰出版传媒股份有限公司
　　　　　江苏凤凰科学技术出版社
出版社地址　南京市湖南路1号A楼，邮编：210009
出版社网址　http://www.pspress.cn
总 经 销　天津凤凰空间文化传媒有限公司
总经销网址　http://www.ifengspace.cn
经　　销　全国新华书店
印　　刷　北京博海升彩色印刷有限公司

开　　本　965 mm×1270 mm　1/16
印　　张　19.5
字　　数　156 000
版　　次　2015年10月第1版
印　　次　2015年10月第1次印刷

标准书号　ISBN 978-7-5537-5534-2
定　　价　198.00元

编委会

突出生态文明，建设美丽家园

原建设部副部长宋春华

党的十八大将“生态文明”上升到国家战略的高度，提出把“生态文明建设放在突出地位”、“努力建设美丽中国，实现中华民族可持续发展”，这是执政党的一个重大决策。我国现实情况是一些城市的空间无序开发，过度消耗资源占用土地，重经济发展，轻环境保护；重硬件建设，忽视生态改善，结果造成了公共安全事件频发、交通拥堵、垃圾围城、大气水体土壤污染加剧，“城市病”日益突出，城市宜居性能下降的局面。

特别是雾霾天气的肆虐，少见蓝天白云，百姓深受其苦，苦不堪言。调查显示：2013 年在淘宝网购买口罩的人比上一年增长了 181%，室内净化器的销量比上一年增长了 131%，抗霾用品下单 450 万次，资金达到 8.7 亿元，这说明老百姓在为雾霾买单。迫于无奈，我们在举行大型国际活动的时候，不得不采取一些特殊的措施，去招回蓝天白云。这种蓝天被称之为“奥运蓝”、“APEC 蓝”、“乌镇蓝”，目的就是给境外的来宾一个好的印象，国人也利用这个机会做几次深呼吸。为此，我们付出了沉重的代价。APEC 期间北京和周边的省市区为了保障良好的空气，采取了区域严防严控措施，对症下药，多种污染物协同控制，而且严格问责，确实也见到了一些成效。根据对北京市大气污染源的解析，北京的 PM2.5 的来源有这样几方面：其中机动车的排放约占 31%，其次是燃煤占 22.4%、工业排放占 18.1%、扬尘占 14.3%、餐饮等占 14.0%。据此，采取的措施主要是机动车单、双日限行，公职人员放假等应急办法，降低汽车尾气排放；采取工地停工、道路洒水、污染严重企业停产限产等措施，减少燃煤、工业排放和扬尘。大气污染是世界性的问题，在我们之前很多国家也都发生过类似的情况，如伦敦的烟雾污染事件、洛杉矶的光化学烟雾污染、墨西哥城的严重空气污染等，他们的治理过程与成果，说明空气污染与发展阶段、发展方式、能源结构、生活消费方式有关，我们虽然没有避开先污染后治理这条弯路，但是只要我们痛定思痛，转变观念，突出生态文明，转变我们的发展方式、生活方式，让 APEC 蓝成为一种常态，是可望而又可即的，建设美丽家园的中国梦，是可以实现的，这里就城市开发建设和管理方面谈几点意见。

一、全面统筹协调，突出生态文明建设

中央提出“五位一体”的总体布局。五位一体就是以经济建设为中心，协调推进政治建设、文化建设、社会建设、生态文明建设，而且强调要把生态文明建设放在突出的地位，融入各方面和全过程。今年的政府工作报告再一次提到：雾霾天气范围扩大，环境污染矛盾的突出，大自然向这种粗放生产方式亮起了红灯，所以我们必须用强硬的措施去完成这个任务，要出重拳强化污染防治，要像对待贫困一样向污染宣战。我们的目标就是最近公布的《中美气候变化联合声明》中提出的，中国计划在 2030 年左右 CO_2 的排放量会达到峰值，并计划到 2030 年非化石能源占一次能源消费比重由 2013 年的 9.8% 提高到 20% 左右。距 2030 年还有 16 年的时间，这 16 年说短也长，说长也短。我们可以通过伦敦的案例进行分析比较。伦敦在中世纪的时候由于大量燃煤已经出现过煤烟型的污染，特别是第一次工业革命以来，以煤为动力的工业革命缺乏科学规划加之不利的气象条件，使其雾霾天气频发。到 19 世纪末，一年的雾霾天数已经从 18 世纪的 20 天增加到 60 天左右。1952 年发生了非常严重的伦敦烟雾事件，有 1.2 万多人死于这一次烟雾事件。伦敦当局经过调研，在 1956 年颁布了《清洁空气法》，实行严立法、强约束——设立无烟区，禁止烧煤；关闭污染严重的电厂、工厂，将其迁至城外；用天然气代替燃煤灶；实行集中供热等。这样，到 20 世纪中期雾霾天数降到了每年 30 天左右。在这个基础上，1968 年伦敦又修订了《清洁空气法》，1974 年颁布了《空气污染控制法》，到 1975 年雾霾天数已经降到每年 15 天。从 20 世纪 80 年代开始，伦敦提出建设可持续的“绿色都市”，从交通、能源、绿化、建筑、卫星城等多方面，建构绿色低碳生态系统。从此，伦敦雾霾天数控制在每年 5 天左右，找回一个蓝天白云的清洁伦敦，用了一个多世纪。如果能用 16 年的时间治理我们的空气污染问题，相对伦敦的治理，我们的速度是相当快的。

“法律是治国之重器，良法是善治之前提”，必须立法先行，提高立法的质量，发挥法律的引领、规范作用。我国已出台了《环境保护法》，根据执法情况须及时修订；正在制定的《大气污染防治法》，应针对雾霾采取严格的有效措施。当然有法可依是前提，还必须严肃执法，违法必惩。前不久发布的《中共中央关于全面推进依法治国若干重大问题的决定》，还专门就用法律制度保护生态环境、促进生态文明建设提出了要求和规定，即要用严格的法律制度来保护生态环境，加快建立有效约束开发行为和促进绿色发展、循环发展、低碳发展的生态文明法律制度，强化生产者环境保护的法律责任，大幅度提高违法成本。建立健全自然资源产权法律制度，完善国土空间开发保护方面的法律制度，制定完善生态补偿和土壤、水、大气污染防治及海洋生态环境保护等法律法规，促进生态文明建设。因此，我们治理污染加强生态文明建设首要是要加强法治，亟须建立健全法规体系，广义的法律体系还应包括一些技术标准，比如说排放标准等。现在我们 PM2.5 的排放标准还是低标准的，还将有一个逐步提高的过程（表 1）。

表 1　PM2.5 排放标准（μg/m^3）

WHO 第 1 过渡期目标	35	加拿大	8	欧 盟	25
WHO 第 2 过渡期目标	25	澳大利亚	8	英 国	25
WHO 第 3 过渡期目标	15	美 国	15	中 国	35
WHO 准则值	10	日 本	15		

注：世界卫生组织简称 WHO

二、加快绿色城市建设，扩大城市生态空间

绿色城市建设不仅仅是绿色的园林和绿地，扩大绿色城市生态空间也是重要的方面。《国家新型城镇规划》明确提出，要合理划定生态保护红线，扩大城市生态空间，增加森林、湖泊、湿地面积，将农村废弃地、其他污染土地、工矿用地转化为生态用地，在城镇化地区合理建设绿色生态廊道。

1. 增加绿量，提高城市的碳汇能力。对城市生态空间应修复、涵养、扩大。生态修复必须遵循自然规律，不能顾此失彼，造成系统性的破坏，“要认识到山水林田湖是一个生命共同体，人的命脉在田，田的命脉在水，水的命脉在山，山的命脉在土，土的命脉在树”，最后归结到有生命的树。增加绿量、提高碳汇能力是山水林田湖共同体里的基础，增加绿量是非常必要的。2013 年住建部关于城市园林绿化的一个报表披露了一些数据（表 2），城市建成区的绿地覆盖率为 39.7%，人均公园绿地是 12.64 m^2，县城建成区的绿地覆盖率为 29.06%，人均公园绿地是 9.47 m^2。在我们的印象里县城应该比城市绿地更多，但恰恰相反，我们的城市比县城要好，所以提高绿量有巨大的发展空间。2013 年国家级风景名胜区有 225 处，除西藏一处之外的 224 处面积约 9.7 万平方公里，可游览的面积是 4.2 万平方公里，接待游人 7.3 亿次，国家投入了 48 亿元用于国家风景名胜区的建设。

表 2　2013 年城市园林绿化量统计

	城市建成区园林绿化		县城建城区园林绿化	
	数值	增幅	数值	增幅
绿化覆盖面积	190.7 万 hm^2	5.2%	56.7 万 hm^2	9.0%
绿化覆盖率	39.7%	0.11%	29.06%	1.32%
绿地面积	171.9 万 hm^2	5.1%	48.3 万 hm^2	10.5%
绿地率	35.78%	0.06%	24.76%	1.44%
公园绿地面积	54.7 万 hm^2	5.7%	14.5 万 hm^2	7.9%
人均公园绿地面积	12.64m^2	0.38m^2	9.47m^2	0.48m^2

总的来讲，我们的绿量还是不够，碳汇能力比较差，特别是大城市里，和国外比较好的城市相比还有不小的差距。比如纽约，在寸土寸金的曼哈顿中心有 3.2 平方公里的中央公园，我们很难想象在纽约大都会中心的中心有这么大面积的生态空间，纽约除中央公

园外，还有星罗棋布的小型公园和绿地。伦敦在白金汉宫旁边有1.6 km^2 的海德公园，也是一块很大的城市中心绿地，市区公共绿地面积达 81 km^2，绿地加水体已占土地面积的三分之二，而城市外围的巨大环形绿地总面积为 4434 km^2，是城市市域面积1580 km^2 的 2.8 倍。法国的南特市完成了由污染严重向绿色转型，也是绿地非常多的城市，步行 300 m 之内肯定会遇到一块绿色休憩区，人均绿地面积已达 57 m^2。所以无论是新区开发还是旧城改造，都要考虑城市生态空间的问题，要继续增加扩大城市的绿量。

2. 形成绿地体系，构造生态网络。城市周边应有大型环城绿带，生根于绿带上的楔形绿地，深入到城市的内部，和绿色廊道、河流形成绿色网络。大的环境绿带和楔形绿地让城市大的组团之间不是硬连接，而是一种软连接。在城市内部要结合道路、人行通道，形成绿色道路网，对建筑的密集区应该有绿链深入其间，增加绿色可进入性。现在我们密集的建筑区绿化太少，至少应该有绿链深入进去，这样就能形成绿地体系，构成一个生态网络。

3. 顺应地形风向，构建城市通风系统。很多城市通风不畅，所以要研究城市的通风问题，道路骨架和建筑布局一定要顺应城市风向，为城市营造风道，以利于城市通风，促进城市空气的流通，降低城市的静风和逆温现象，有效稀释近地面的污染物。

三、选择低冲击开发模式，减轻生态环境的破坏

城市总是要发展，要有开发建设，但应该是低冲击的。低冲击（LID）的开发模式是 20 世纪 90 年代末美国提出来的，最早是应用于城市的排洪和雨水设计与调控，现在低冲击的开发模式理念已经延伸到城市规划和城市建设，成为城市开发发展与自然和谐共生的一种模式。其要点是城市建设要采用多种手段减少对本底环境的破坏，减少对自然资源的占用和消耗，减少污染排放和碳足迹，从而有效减轻对生态环境的冲击和破坏，进而修复和重建自然生态系统，以实现城市的可持续发展。具体讲就是不能过多地占用土地，无边界无序扩张，土地的城镇化快于人口的城镇化；不能过多地改变地形地貌，不适当地改变城市的下垫面；不能过多地改变水体水系，比如填海、填湖、填河及改变流向等都要十分谨慎；不能过多地砍伐树木，毁林毁绿；不能过多向城市输送能源和其他资源；不能过多地排放三废，对土壤、大气、水土造成严重污染。低冲击开发建设，就是要做到以下几点。

1. 顺应环境，让城市融入自然。生产空间应集约高效，生活空间宜居适度，生态空间山清水秀，给自然留下更多修复空间，可以休养生息；给农业留下更多的良田，给子孙后代留下天蓝、地绿、水清的美好家园。

2. 城市必须要确定边界，过度集中的城市应该有机地分散疏解。要改变扩张性、“摊大饼”、无序蔓延、没有边界发展的城市建设的做法，要根据区位特征、自然条件、城市性质和产业结构，科学界定开发范围，城市必须有限界，而且人均用地必须控制，如100 m^2 之内，不能宽打宽用，不能用完了再算账，成为既成事实。

3. 划定三区四线和生态红线。三区是指城市里要划定禁建区、限建区、适建区。四线就是绿线、蓝线、紫线、黄线。此外，还有生态红线，使土地利用和规划布局有明确的遵循和管控。

4. 开发建设要适度集约紧凑。把握好规模和开发强度，避免进行高强度的开发，尤其要保护好本底环境和生态要素，让市民能够望得见山，看得见水，记得住乡愁。

四、推广微能耗建筑，有效节能减排

居住是刚性消费，住宅是城市建筑的主体，居住建筑要消耗很大一部分能源和其他资源。居住理念和行为很大程度上反映出社会消费模式，很有必要积极倡导并鼓励科学、合理、适度、节约和梯度改善的居住消费方式，可以从以下几方面入手。

1. 小户型，大配套。户型大小与宜居性和舒适度有很大的关联

性，但更大不一定更好，要选择经济适用的户型，努力做到“中小户型，高舒适度”，同时要做好住区的大配套，例如香港，住房户型很小，但配套十分完善，有一定规模的居住区配有车位、货位、幼儿园、中小学、老人院、青少年中心、妇女中心，有篮球场、排球场、羽毛球场、乒乓球桌、儿童活动地，有各种商业、餐饮，包括医疗层面的配套，所以小户型大配套是一种方向。

2. 全周期，长寿命。延长建筑的使用寿命，前提是采用现代化的建造方式，保证工程质量，消除安全隐患和通病，还可以采用 SI 体系，不但功能空间可以改变，填充的部品也可以更换，这些都不影响结构的安全使用期。根据我们国家的规范，住宅至少要安全使用 50 年，从现在的材料和施工技术来看，我们还可以延长它的使用寿命，例如，从 50 年延长到 70 年甚至更久，现在日本在做百年住宅，这是最大的节约。

3. 能耗低，可再生。和发达国家相比，我们的住宅能耗高得多，可在强制建筑节能的基础上，推广微能耗的被动房，尽量降低建筑能耗。被动房在欧洲得到了实验，并取得了令人满意的节能效果，如德国的被动房技术在不用采暖、空调的情况下，能保证一年四个季节室温维持在 20—26 ℃。被动房技术已引入我国，现在中国已经有了 22 处这种被动房住宅，像秦皇岛的“在水一方”被动房，主要指标基本上达到德国被动房标准。除了少能耗，还要多利用可再生能源，太阳能资源丰富的地区，应强制推行太阳能建筑一体化，像以色列那样，高度 27m 以下的建筑不装太阳能不准开工建设。除太阳能外，可再生能源还包括地热、风能、生物质能等等，应综合开发利用，世界第一个全部利用可再生能源的住区是瑞典马尔默的“BO01”，值得我们学习和借鉴。

4. 多回收，再利用。包括节水器具、雨水回收、通风换气中热能的回收、垃圾的回收等等，通过回收实现资源再利用。日本节水坐便器上面有伸出来的龙头，冲水以后往水箱注水的时候可以用这个水来洗手，这些洗完手的水进入水箱，为下一次冲厕所使用，这样每上一次厕所就可以节省一盆洗手水；伦敦贝丁顿实验住宅区，在通风的时候可回收热能，通过冷热空气之间热交换，可以回收 85% 的热能。

五、实行公交优先，建立低碳交通

北京的雾霾成因，机动车排放是第一位的，约占到三分之一，建立绿色低碳的交通体系是当务之急，解决的思路可有以下几点。

1. 削减出行量。在规划布局理念上应坚持集中紧凑，避免过度分散带来的机动出行量的增加；对没有明显冲突的功能区可适度混合，使居住地与工作地能更接近，减少出行量；卫星城及新区开发，应有产业支撑，避免出现单一的“睡城”，功能形成钟摆式的往复交通。

2. 出行的方式应该以非机动交通优先，主要是自行车和步行。在自行车出行方面，哥本哈根做得很出色，他们的目标是成为世界上最有利于自行车出行的城市，并希望到 2015 年至少有 50% 的人骑自行车上下班，至少 80% 的骑车者对交通状况满意。

3. 机动车出行应该是公交优先。这方面巴西的库里蒂巴公交系统很有特色，他们结合规划布局，让高层建筑适当集中，并配以快速公交系统，在公交站点建设上设立站台、车下售票、进站候车等方面都有创新之举，使公共交通成为市民欢迎的出行方式。

4. 公共交通应以运量大、效率高的轨道交通和快速公交优先，并采用公交为导向的开发模式（TOD）。墨西哥城自 2006 年起，在城市交通量大的主要通道，修建了 6 条快速公交线路，配以数百辆大型低碳排放的新型巴士，吸引更多的市民选择公交出行。

5. 机动车动力应以清洁能源优先，首选电动车或混合动力车。

让生态融入城市

中国科学院院士傅伯杰

城镇化是社会文明发展的一个进程，我国目前正处在城镇化快速发展的重要阶段。数据表明，2012 年我国城市的数量已经达到 656 个，城市人口达到 7 亿，城镇化的水平达到 52%。2010 年前后，全世界的城市人口已经超过了乡村的人口。也就是说，人口已经从乡村进入到了城市。所以城镇化的过程和生态环境的保护，与城市的风景、园林的设计有着密切的关系。美国 NASA 应用航空航天的照片曾经拍摄到了全球范围内的夜景，集中反映了每一区域、每一国家的城镇化水平。经过预测，截至 2036 年城镇化将得到进一步的拓展。在我国东部，城镇化达到了相当的程度，将有更多的人口进入城市，城镇化通常是以城市群作为其重要空间的组成方式，以及地区经济和社会发展的重要增长极。2030 年，我国将形成 23 个规模不一、各具功能的城市群。回顾我国城镇化的发展进程，20 世纪 80 年代提出以小城镇为主的发展道路，近十年来提出以大中城市为主的发展道路。未来的发展，将以城市群作为带动区域经济城市化发展的主要模式之一。

我国目前城镇化的特征可以概括为以下几个方面，

第一、速度快，规模空前。1978 年我国的城镇化水平还不到 18%，城镇人口还不到 2 亿，而 2011 年则超过了 50%，城市人口超过 7 亿，新增城镇人口超过 5 亿，是国际上城镇化发展水平最高的国家和区域，超过美国和日本 2012 年的人口总和。近 30 年，仅长江三角洲城市群，城市建设用地增加近 2 万 km^2，相当于半个荷兰和丹麦的国土面积。未来 20 年中国将在现有 7 亿城市人口的基础上增加 3 倍的人口。

第二、国土空间开发格局不均衡，大中小城市发展不协调。格局不平衡主要是城镇化水平的中西部差异很大，东中西三大地区城市发展的空间分布差异显著且不断拉大，大城市过度集聚，小城镇发展无序和低效，地区发展失衡。

第三、城镇化质量总体偏低，生态环境问题突出。城市建设用地扩张无序和失控，“摊大饼”式的扩展模式普遍。资源环境利用效率和效益低下，城市生态环境问题突出，人居环境恶化。主要表现为城市生态系统调节服务能力减弱、生态环境功能低下，生态环境承载力下降。污染物排放强度高，环境污染严重。

近十年来，城市呈现大规模、“摊大饼”式无序的扩张模式，如重庆、苏州、无锡等城市，2005 到 2010 年主城区面积扩大了 3 到 4 倍，这在国际城市发展的历史上是绝无仅有的。首先表现为土地集约利用效率降低。城镇化的速度高于人口城镇化的速度，人口城镇化低于土地的城镇化，粗放式的增长导致土地利用效率不高，建成区面积增长速度高于城市人口的增长速率。其次表现为单位居民用地人口呈下降的趋势，城镇化是粗放式的，其中成渝地区下降最快。

城市生态系统格局在发生变化，不透水地表和植被为城市生态系统的主要组成部分，不透水地表比例通常高于植被覆盖比例，总体趋势是先上升、后下降，长三角重点城市和北京一直在下降。人均规划面积下降，绿地结构简单，外来物种比较高，本地和野生种类少，长三角和珠三角比较高，近十年来，所有典型城市的人均绿地率均有所降低，长三角和珠三角的重点城市降幅最大。

绿地严重被破坏，人均绿地面积少，而且呈现出了减少趋势。比如说，北京东西城区平均绿地板块面积小于 $0.1hm^2$，很难发挥绿地所有的生态功能。绿地结构简单，北京的绿地结构当中，本地物种占到 46.3%，外来物种占到 50%。另外，从城市生态系统功能与变化来看，最主要的功能是净初级生产力（NPP），新增主城区 NPP 呈现下降的趋势，城市扩张导致城镇生态系统对周边半自然或自己生态系统的挤占。目前我国城镇化遇到了生态问题的胁迫和挑战，城市群国民经济用水量占可利用水资源总量的比例高，尤其是京津冀城市群，严重超出生态系统承载能力，虽然近十年有了一定程度的下降，但其他城市群利用强度有了一定程度的上升，城市空气污染严重。我国仅有24个地级市的PM2.5水平达到国际组织健康标准。城市PM2.5的浓度显著高于周边其他国家。从京津冀地区一直到珠江三角洲的空气污染都是非常严重的。空气污染不仅表现为一个城镇的区域，而且演变成一个区域性的环境问题。城市的热岛效应在加剧，多数城市的热岛效应在增强，比如北京、杭州等城市，城郊温度和室内温度高达6°之差，尤其是在夏季和冬季。通过对1月和7月温度的对比，热岛效应有了明显的上升，而且热岛的面积扩大。像北京、上海、广州、长沙，高温度的范围都有明显的增加，郊区的地表温度也呈现出增加的趋势。

城市内涝灾害非常严重，城市原有的湿地面积在急剧减少，河道被严重破坏，内涝灾害频繁发生。全国有62%的城市发生过内涝，其中74.6%最大积水深度超过50 cm，对城市居民的生活和安全造成了严重的影响。甚至，在北京等城市内涝还发生了居民伤亡事件。面临如此严重的环境问题，如何让生态发挥其主要功能，让生态融入城市？

这里给大家介绍一下“生态系统服务”的概念。生态系统服务是指人类在生态系统中获得的各种惠益，其可以划分为三类直接和人类发生关系的服务。第一类是供给服务，生态系统为人类提供食物、淡水、木材等。第二类是调节服务，生态系统通过生态过程和生态系统的循环为人类提供调节服务，是生态系统最主要的服务功能之一，调节了气候，调节了洪水，控制了疾病，净化了水质。城市规划和景观设计非常重视水景观的设计，因为水具有调节的功能，可以降低城市的温度，净化城市中的水质，但不仅要重视其外在的功能，更要重视其内在的生态调节功能。第三类是文化服务，景观从美学、教育、精神等方面为人类提供服务。另外一种是指支持服务。它不直接跟人类发生关系，其强度取决于其他三类服务的强弱，比如包括促进生产力以及生态系统的光合作用，减轻二氧化碳的排放对人类生存发展的威胁。所以说，生态系统服务与人类高质量的生活和自身的安全有着密切的关系，它是人类生存和发展的基础。应该从以下几个方面提升生态系统服务。

第一、让生态融入城市，而不是点缀城市。首先要进行生态优先，从规划做起。把一个城市放在一个区域中，一个流域中，一个生态系统中。综合考虑城市资源、环境支撑能力、社会经济发展状况

第二、保留和建设城市生态基础设施。水是景观设计的灵魂，我国的景观主要表现为山水景观，在生态基础设施中水是一个非常重要的方面，比如城市的湿地、河道，城市廊道等。景观设计应在保留与建设城市生态基础设施的基础上进行，最终达到美化城市的效果。

第三、优化城市的生态格局和发展进程。从生态学的角度来讲，城市的生态格局与发展进程有着密切的关系。要建设城市生态基础设施和城市景观，就必须要了解格局和发展进程之间的相互作用，有什么样的格局就会有什么样的发展进程。城市中的绿色道路、绿色廊道，能够有效地进行城市的降尘、城市污染物的吸附、城市噪声的降低。高效的城市排水系统，可以防止百年一遇的洪水。这些都需要从生态格局和发展进程角度进行优化，例如，设计一些自然生态的廊道和消解带，有效地减少城市空间中的氮。

第四、提供生态系统的调节服务与文化服务。调节服务与文化服务主要考虑其美学功能，把生态和美学有机融合，使生态充分、有效地融入城市，形成有机网络化且富有生命力的城市生态系统，而不是由无机物水泥构筑的生态系统。

生态优先应该从规划做起。从大的构筑来说，比如要分析城市在区域中的作用，它和区域之间的自然联系以及社会经济联系，就要进行一些大范围的城市格局的有效设计。以北京为例，环绕城区的绿带没有形成新型结构使生态融入城市，也没有建立绿色生态城，所以北京也是一个“摊大饼式”的生态系统。

国外进行了一些将城市的道路系统、草地系统和森林系统有机结合的尝试，对农田污染物进行了有机降解，保留了河道和湿地。

在规划之前，首先应保留并加强城市的生态基础设施，使其与人工系统构成一个有效的网络整体。其次要进行多方面的生态基础设施规划，例如荷兰，规划师甚至让农民和企业家都积极参与到城市规划和区域规划中，保留基本的生态廊道和基础设施，并进行多样化处理。再者要优化城市的生态格局和发展进程，进行生物多样性建设。例如，设置城市边缘，增加自然植被和湿地，既具有生态调节功能，也具有美学观赏功能。

另外，可以通过不同的模拟来增加规划的多样性，通过不同的情景分析来提升小区绿化率、景观美化度和生物多样性。

近几年，我们也欣喜地看到很多像东方园林这样的企业已经从园林设计拓展到了生态建设，把生态融入城市规划和设计中。正所谓：生态是景观的灵魂，让生态融入城市。

第四届艾景奖

颁奖盛典

现场回顾

宋春华

国际园林景观规划设计行业协会名誉主席

原建设部副部长

傅伯杰

中国科学院院士

中国科学院生态环境研究中心研究院博士生导师

黄　强

厦门市副市长

杜久才

中国建设报社党委书记

赵燕菁

国际园林景观规划设计行业协会名誉主席

原建设部副部长

IDEA-KING @艾景奖@

参与艾景·因为爱景

唐学山

国际园林景观规划设计行业协会主席

北京林业大学园林学院教授、博士生导师

Thomas Oslund

美国景观设计师协会理事

罗马美国学院理事

Eckart Lange

谢菲尔德大学景观系主任、教授、博士生导师

Lisa Babette Diedrich

瑞典农业大学教授

欧洲景观杂志主编

Charles Anderson

墨尔本皇家理工大学景观系主任

Luis Paulo Faria Ribeiro

葡萄牙里斯本大学景观学院院长

Marina Cervera Alonso

IFLA 欧洲区秘书长、欧洲景观双年展秘书长

Sara Protasoni

意大利米兰理工大学教授

李建伟

东方园林景观设计集团首席设计师

EDSA 东方总裁兼首席设计师

Dieter Grau

德国戴水道设计公司首席设计师、资深合伙人

陈伟元

深圳铁汉生态环境股份有限公司副总裁

设计院院长

成玉宁

东南大学建筑学院景观学系主任

李宝章

奥雅设计集团董事、首席设计师

Jason Ho

非正规工作室创始人及设计总监

王向荣

北京林业大学园林学院副院长

叶　昊

北京天一博观城市规划设计院院长

缪灼平

厦门欧曼石材有限公司总经理

设计成就奖

Thomas R Oslund（托马斯·欧苏朗德）

美国景观建筑师协会会员 FASLA
Oslund and Associates 公司创始人、首席设计师
IDEA-KING 艾景奖 2014 设计成就奖

成玉宁

东南大学建筑学院景观系主任
IDEA-KING 艾景奖 2014 设计成就奖

设计创新奖

Eckart Lange

英国谢菲尔德大学景观学系主任
IDEA-KING 艾景奖 2014 设计创新奖

李宝章

奥雅设计集团董事、首席设计师
IDEA-KING 艾景奖 2014 设计创新奖

设计推动奖

Marina Cervera Alonso

IFLA 欧洲区秘书长
IDEA-KING 艾景奖 2014 设计推动奖

李建伟

东方园林景观设计集团首席设计师
EDSA 东方总裁兼首席设计师
IDEA-KING 艾景奖 2014 设计推动奖

前言
INTRODUCTION

为有源头活水来

“艾景奖”开赛四年，全球共有387所高校，10多万师生的参与，规格之高，影响之广前所未有，成为在高校中备受瞩目且最具影响力的国际赛事，树立起风景园林领域最具世界影响力的品牌，成为每年一度的风景园林业内盛典。为国内外高校学生充分发挥想象力、创造力，展示园林景观设计才华，参与社会实践活动铺平了一条阳光大道，搭建了一座荣誉平台。以参与当作孜孜追求，把获奖作为至高荣誉已蔚然成风，成就了“艾景奖”在高校中的崇高地位。

青年人是祖国的未来，年轻的在校学生是未来景观规划设计领域的生力军。世界格局的不断变革，地球环境的持续恶化，深刻影响着青年一代的世界观、人生观、生态观、自然观，他们用一种崭新的眼光洞察世界，富有世界文明、生态文明观念，对改善环境的认识有着独特的见解。基于青年学生敏锐的思维方式，新颖的设计理念，2014“艾景奖”学生组作品内容丰富多彩，精彩纷呈，大部分作品达到了专业设计水平，个别作品在体现“城市回归自然”的主题上有着突出的表现，设计理念和设计水平达到了世界专业水平，为“艾景奖”平添一道风景。

十年树木，百年树人。充分发挥“艾景奖”引领示范作用和激励机制，配合高校教育，造就一批风景园林规划与设计人才，是“艾景奖”的职责和使命。随着风景园林在未来城市建设中作用的不断提升，设计人才愈来愈受到社会的重视，“艾景奖”的世界影响力也将会不断扩大。要充分发挥这一世界奖项的影响力，为改善世界生态环境、加速我国生态文明建设举贤纳士，使这一国际赛事为打造世界园林规划设计顶级设计师的摇篮。

参与艾景，因为爱景。问渠哪得清如许，为有源头活水来。有高校师生的精诚合作、大力支持，有历届学生源源不断的参与，“艾景奖”之树常青。

李建伟

东方园林景观设计集团首席设计师

2015年5月

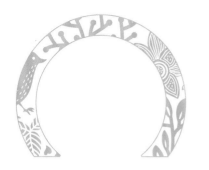

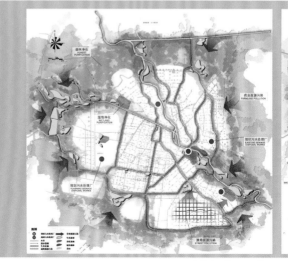

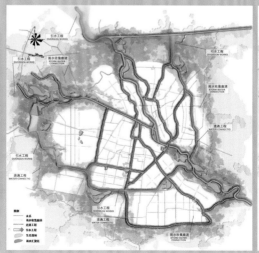

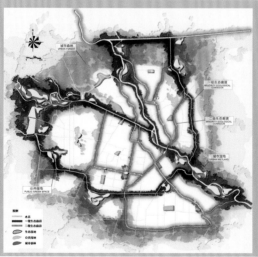

EDSA ORIENT

规划 | 景观 | 城市设计
Planning | Landscape Architecture | Urban Design
www.edsa.cn

景观统筹 | 提升整体环境、解决“千城一面”的发展路径。是以景观引领城市整体发展的新路径，通过协调城市规划，建筑、交通、旅游等多个行业，促进城市文化、生产、生活等领域的共同发展。

关注我们，关注生态，关注城市。添加微信公众账号“EDSA景观视野”获得更多设计理念与企业动态等。

N
1
2
3
4
5
6
7
8
9
10
11
12
13
17
18
19
20
21
22
23
24
25

目录 CONTENTS

年度设计人物

年度杰出景观规划师 / 002

年度新锐景观规划师 / 032

年度资深景观规划师 / 038

年度设计机构

年度十佳景观设计机构 / 062

年度杰出景观设计机构 / 074

年度优秀景观设计机构 / 086

年度百佳景观设计机构 / 096

学生组获奖作品

杰出奖 / 102

风景区规划 / 118

绿地系统规划 / 140

公园与花园设计 / 162

居住区环境设计 / 194

园区景观设计 / 224

城市公共空间 / 246

立体绿化设计 / 274

年度设计人物

年度杰出景观规划师 /002

年度新锐景观规划师 /032

年度资深景观规划师 /038

王　杉
Wang Shan

厦门文圃山人文纪念园（一）

2005 年创立天泉佳境至今已有 10 个年头，由于项目遍布全国各地，一直过着空中飞人的忙碌生活，但这并不妨碍我对每一个项目都投入了巨大的热情。现在自己已是中国殡葬协会常务理事成员、中国殡葬协会海峡两岸工作委员会副主任。一直以来的付出与坚持，是常人甚至是自己的客户都无法理解的。从文化创意阶段开始，经手的每一个案例都要历经提出到推翻，再到重生的过程；为了更直观地表现设计效果，创建了专业的三维模型团队；为了最终将设计变成现实，专门设立了施工图设计部门与现场施工指导部门，最大程度上确保项目服务各个环节的精确与完整。后期还会专门提供咨询及策划服务，协助客户进行有效的企业管理运作……从文化创意到建筑施工，再到营销服务，凭借着自己对设计的专注与负责，才能使自己创办的天泉佳境在陵园设计行业独树一帜。

每一个城市都有不同的历史，每一个人都有不同的故事。天泉的责任就是记录历史，讲述故事，并将回忆变成这片土地上永存不朽的符号。

厦门文圃山人文纪念园（二）

主要职务：

中国殡葬协会常务理事成员

中国殡葬协会海峡两岸殡葬行业交流工作委员会副主任

聘为北京社会管理职业学院殡仪系兼职教师

北京社会管理职业学院殡葬专业教学指导委员会技术理事会委员

长沙夫子殡葬文化与教育促进中心顾问

长沙民政职业技术学院殡仪学院客座教授

生命文化轴，以生命得历程为主题文化

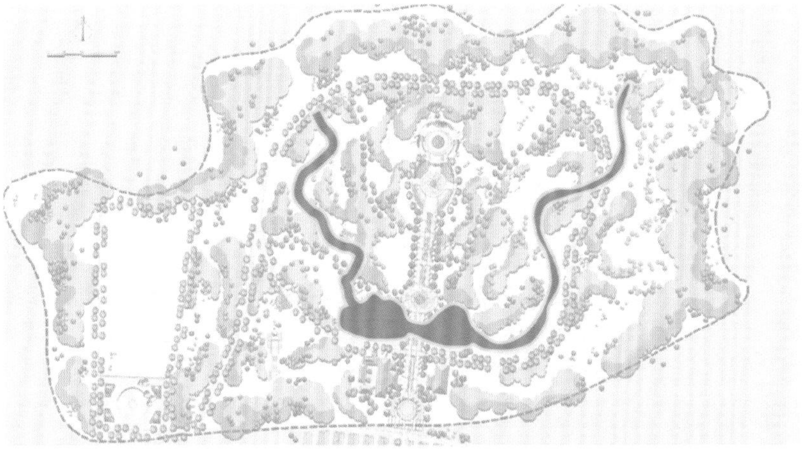

双龙交首水景线

根据地势的实际情况，结合原有的水系，本案在山体的高点打井，水系贯穿整个墓区，形态在风水上呈现《水龙经》中的吉水格局—双龙交首。该格局主后代富贵出高官。在风水上起到了“气乘内则散界水则止”的作用，为整个墓园的营造打下了良好的基础。

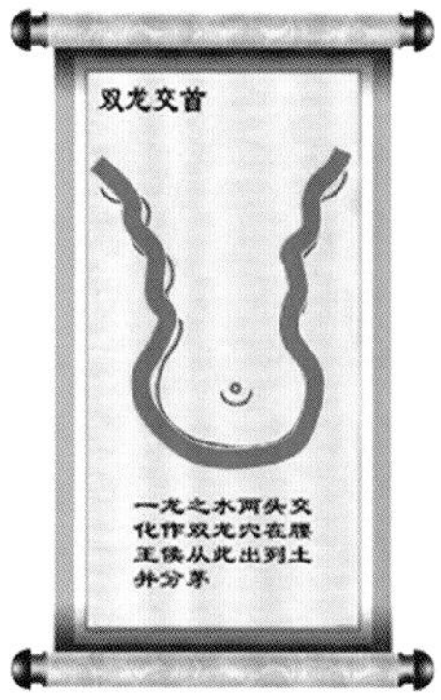

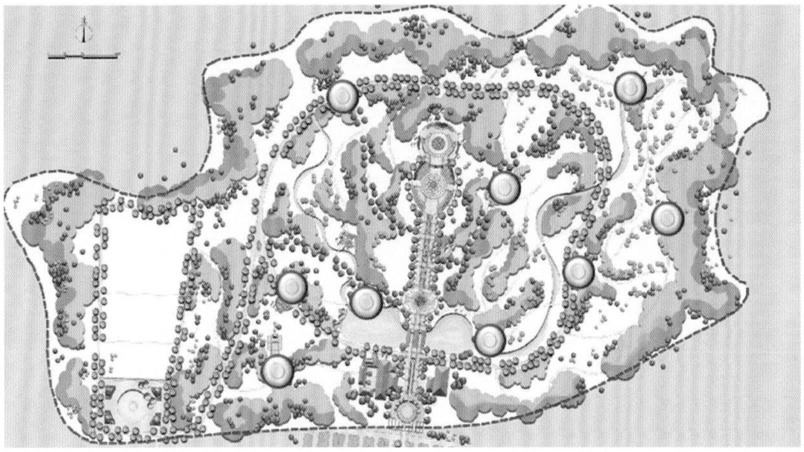

“九九归一”景观线。

设九九归一景观线。风水文化中当九数尽的时候自然回转一。表示自然界的循环往复，用这种文化代表了生命的循环，在九个节点上结合生命行为空间设置景观节点。

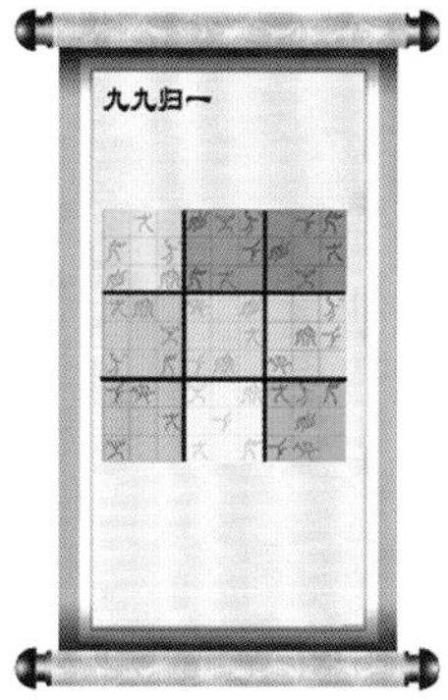

兰州卧龙岗人文纪念园规划设计

兰州卧龙岗人文纪念园

信基生态园

刘停艳
Liu Tingyan

沙湾镇城市景观规划设计方案

1998年毕业于广告装潢专业，2004年毕业于广州美术学院环境艺术设计专业，有大型建筑设计院的工作经历，有建筑、室内设计从业经历，对行业有全面的了解。自2000年起一直从事园林景观设计工作至今，擅长居住区、商业、旅游景观的方案设计 ，近年参与并主持的主要项目有：广州信基生态园规划设计、广州沙湾镇城市景观规划、广州紫坭三善名村旅游规划设计、广州天安科技园景观设计、广州番山创业科技园景观设计、广州欧派集团总厂区景观设计、广州一品灏景居住区景观设计、广州草河生态园景观设计、广州永和开发区道路绿化设计、佛山时代倾城居住区景观设计、佛山大良御名峰景观设计、长沙湖南西湖丽景居住区景观设计、长沙陶然居居住区景观设计、长沙东马熙庭原著居住区景观设计、长沙原山苑居住区景观设计，长沙悦湖山居住区景观设计、长沙涉外景观B区居住区景观设计、长沙涉外景观C区居住区、株洲大江观邸居住区景观设计等。

佛山南海时代倾城居住区景观设计

主持项目所获荣誉：

2003年获吉事多卫浴室内设计大赛入围奖；

2009年获国际建筑景观室内大奖赛 工程实景金奖；

2010年获中国 金盘奖（广东仅一个）；

2011年获第八届中国人居典范建筑规划设计方案竞赛获综合大奖；

2010年作品获选登于热销杂志《时代楼盘》及《新楼盘》；

信基观光生态园景观规划设计

广州一品灏景居住区景观规划设计

紫坭三善名村专项规划设计

昆山溪醍纳帕庄园

马士龙
Ma Shilong

现任广州茏腾园林景观设计有限公司总经理兼首席设计师，一直从事园林景观设计工作十余年，期间孜孜不倦、精益求精，对景观园林设计有自己独特的认识及理解。曾任广东棕榈园林景观规划设计总院项目总监，后创立广州茏腾园林景观设计有限公司，先后担任项目总监、设计总监、总经理等职务。优秀代表作品有：广州星河湾六、七期，广州星河湾海怡半岛，澳门星河湾，鄂尔多斯星河湾，太原香檀一号，莱州·天承御龙居，昆山溪醍纳帕庄园，常州银河湾星苑等等。

主持项目所获荣誉：

2002 年太原·香檀一号项目获第九届中国人居典范建设规划设计竞赛“最佳园林景观金奖”

2003 年个人获金拱奖

北部湾一号

佛山君御酒店

西宁香格里拉城市花园

西宁香格里拉城市花园

王 川

Wang Chuan

普玛建筑设计事务所 (Plasma Studio) 合伙人，主持设计师。清华大学景观建筑学硕士，英国建筑联盟（AA）客座顾问，是有着多维视野的建筑和景观设计者，设计领域涉猎广泛，从产品设计到建筑景观以及城市规划多个尺度。文章和设计作品多次发表于国内外核心建筑设计期刊，并多次获得包括德国 IF 设计大奖在内的国际重要奖项。

主要获奖 & 荣誉：

2010 年度清华大学校级优秀毕业设计论文奖 * 为本专业毕业设计第一名

2010 德国 IF 概念设计奖

2009 第 46 届 IFLA 大学生景观设计国际竞赛第二名

* 该竞赛由国际景观设计师联盟主办，是国际最高水平的景观设计专业学生竞赛

2009 天作全国建筑设计竞赛二等奖

2009 赈灾四川学校概念设计国际竞赛（产品设计组）荣誉推荐奖

* 该竞赛为英国东西设计联盟与四川省建筑设计院联合主办的职业设计师竞赛，本奖项为该组别唯一奖项

2009 中国风景园林学会大学生设计竞赛优秀奖

2008 中日韩大学生风景园林国际设计竞赛三等奖

2008 建设部全国保障性住房设计竞赛优秀奖

* 该竞赛为国内建筑业最高水平职业设计师竞赛之一

2004 全国优秀毕业设计

论著 & 设计作品发表：

Wang Chuan, Eva Castro. The waving Ground —— The Sunken Garden[J]. 风景园林，2014,105(4): 144-147.

Wang Chuan, Dang Anrong. Dynamic Protection Technology for Landscape Resources in the Development and Utilization Process——Case Study on Danxia Landform Resources Protection[C].Proceedings of the 47th International Federation of Landscape Architects World Congress. 2011.

王川，崔庆伟，许晓青，庄永文 . 化冢为家——阻止沙漠蔓延的绿色基础设施 [J]. 中国园林，2009, 25/168 (12): 40-44.

杨锐，王川 . 清华大学景观规划与设计课程中学与教关系的探讨——以首钢二通更新改造景观规划 Studio 为例 [C]. 中国风景园林协会 2009 年年会论文集 . 北京：中国建筑工业出版社 .2009:139-145.

周燕珉，王川 . 韩国中小套型住宅设计借鉴 [J]. 世界建筑，2008，219（9）：117-119.

苏州湿地公园二期景观规划设计 – 交织湿地都市总鸟瞰图

交织廊桥节点鸟瞰图

生态码头节点鸟瞰图

许舸强

Xu Geqiang

沃易森（西安）建筑景观设计公司董事长、总设计师

新加坡 NH 建工与环境私人有限公司执行董事

中国住房和城乡建设部建设文化艺术协会环境艺术专业委员会常务理事；中国住房和城乡建设部建设文化艺术协会环境艺术专业委员会专家委员；资深环境艺术师；香港理工大学“毕业生优选计划”专项实习基地负责人；北京大学建筑与景观设计学院“沃易森—学生专业旅行社会实践基金”负责人、指导教师；全国第三届中国环境艺术奖组委会副秘书长；陕西省城固县城乡规划建设专家咨询委员会委员。

所获荣誉：

2011 年度全国“百名优秀环境艺术师”荣誉称号

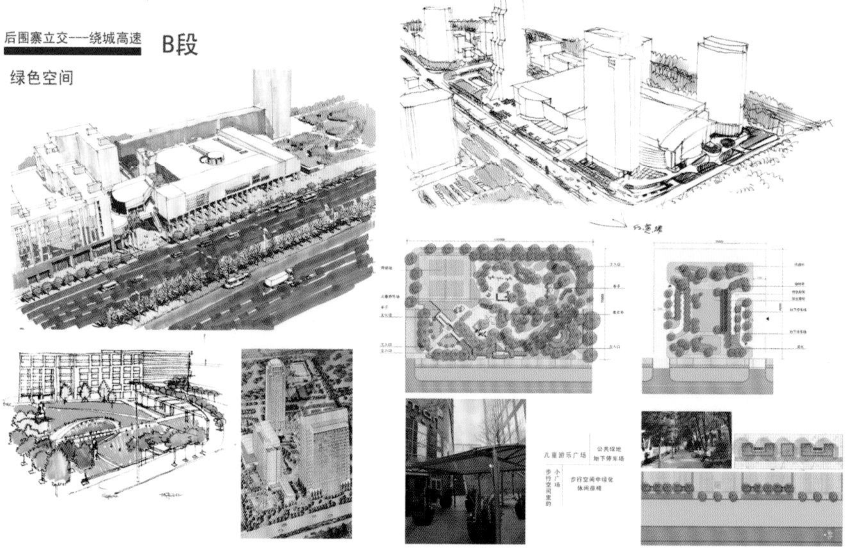
后围寨立交一绕城高速
B段
绿色空间

沣渭新区 · 第六次世纪大道景观设计（一）

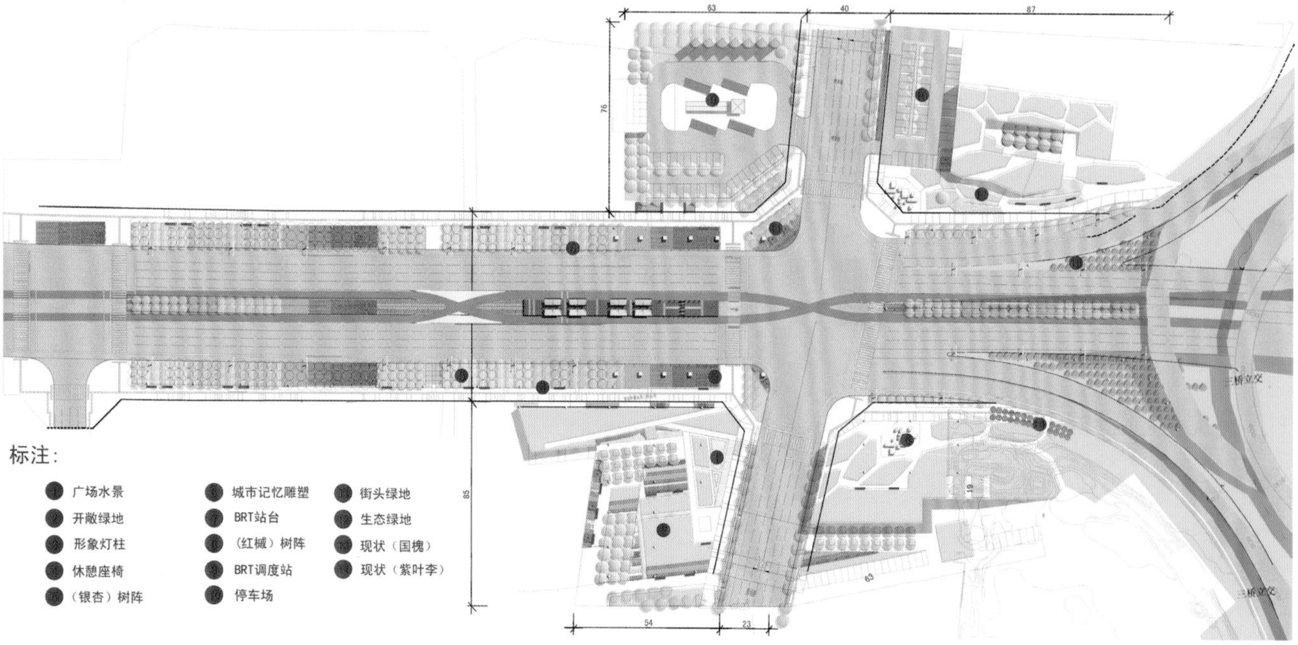
标注:
广场水景
开敞绿地
形象灯柱
休憩座椅
（银杏）树阵
城市记忆雕塑
BRT站台
（红槭）树阵
BRT调度站
停车场
街头绿地
生态绿地
现状（国槐）
现状（紫叶李）

沣渭新区 · 第六次世纪大道景观设计（二）

秦汉大道景观规划

陈文模

Chen Wenmo

字子墨，1982 年出生于福建三明大田文江，2007 年毕业于武汉科技大学，现为高级环境艺术设计师，高级景观规划师，获 2012 年第二届国际景观规划设计大会新锐景观规划师和艾景奖金奖。

主要业绩及作品著作：

2011 年项目

厦门翔安曾山公园景观规划设计

厦门海沧大屏山公园景观设计

厦门海沧大屏山山地酒店概念设计

海沧湖市民公园（阿罗海城市广场段）景观设计

2012 年项目

海沧白兔屿灯塔公园景观设计（沧海之星）

海沧湖慢行系统及配套设施建设方案

平潭阳光海岸景观工程设计（龙凤头海滨公园二期、获艾景奖金奖）

龙岩永定下洋金丰溪生态养生度假园

2013 年投标项目

漳浦海岸新城后蔡湾片区景观方案设计（第三名）

厦门湖边水库景观提升方案

三清山风景名胜区枫林旅游服务区村落景观综合整治（中标）

2014 年投标项目

玉环湖环境生态整治工程设计（中标）

同安区莲花镇澳溪美丽水乡环境整治工程概念规划

敖江沿江慢行道及绿化提升工程设计（中标）

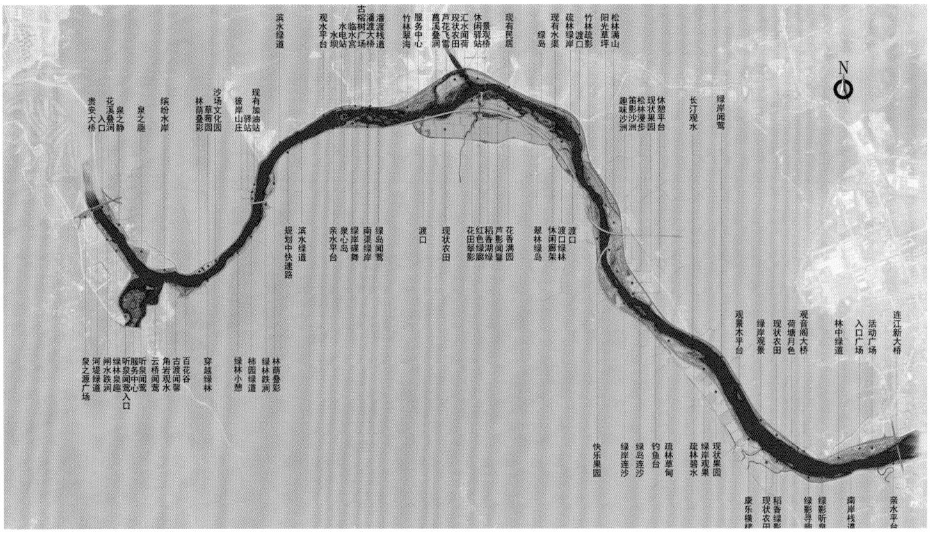

敖江沿江慢行道及绿化提升工程设计总平面图

2.3 分区三：趣味湿地区

节点二：西岸“花香满园”平面图

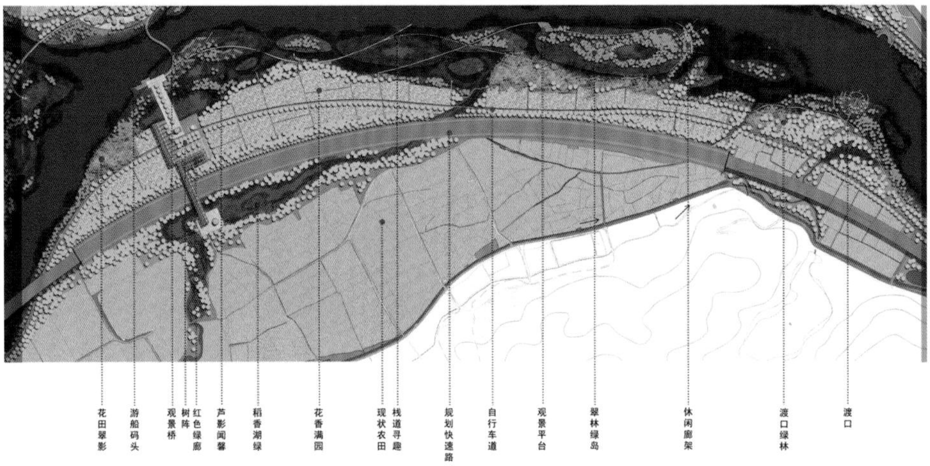

敖江沿江慢行道及绿化提升工程设计

鸟瞰图

秦汉大道景观规划

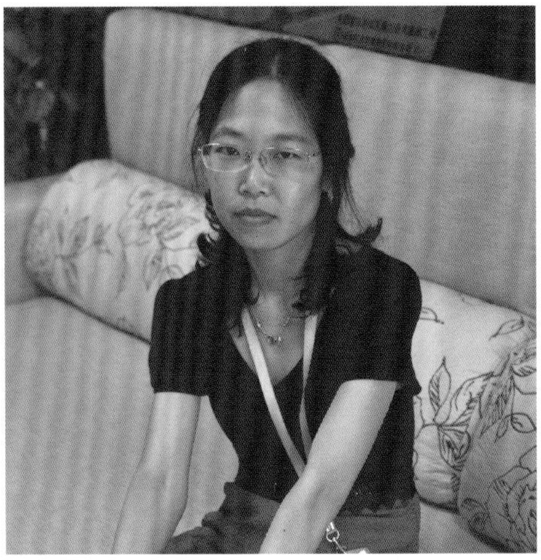

顾 洁
Gu Jie

无锡·新沂工业园中央公园景观规划设计

女，1979年4月生，汉族，江苏省无锡市人，风景园林高级工程师，同济大学景观规划设计硕士。

从2001年8月开始，作为业务骨干先后在无锡市政设计研究院有限公司和无锡乾晟景观设计有限公司工作。2011年进入无锡乾晟景观设计有限公司至今，一直担任总经理助理和设计副总监职务。主持或参与过80余个景观项目。项目内容涵盖住宅环境、道路景观、城市广场、滨河景观、景区规划等，其中的绝大部分以其理念新颖的设计、工艺精良的施工获得了业界和社会的一致好评。担任项目负责人的梁溪河（鸿桥—望惠桥）段景观设计获得2010年省城乡建设系统优秀勘察设计三等奖；参加设计的蠡湖大道（太湖大道—高浪路）景观项目和望湖路（环湖路—隐秀路）景观项目分别获得2008年度省第十三届优秀工程设计二等奖、三等奖；无锡伯渎南岸滨水花园景观设计获"中水万源杯"水土保持与生态景观设计大赛三等奖；参加设计的无锡新区伯渎港前进路段滨河绿地景观工程获2010年度无锡市园林绿化优良工程。

主要设计作品：

无锡市梁溪河（隐秀桥—望惠桥）景观设计

常熟滨江区管委会中心景观方案设计

无锡新区前进路伯渎港滨水公园景观设计

无锡新区新地假日广场景观设计

无锡新区金城东路总部园区景观设计

无锡小娄巷历史文化街区景观设计

丹阳南雄君悦华庭商业住宅综合小区景观设计

溧阳市祥和福邸小区景观设计

南京上坊住宅片区景观设计

虎丘湿地公园核心区景观绿化改造方案设计

① 饮源广场
② 传盛广场
③ 镜月台
④ 白沙廊
⑤ 曲水亭
⑥ 阅兰溪
⑦ 聚睿池
⑧ 听荷湾
⑨ 揽胜广场
⑩ 和风柳岸

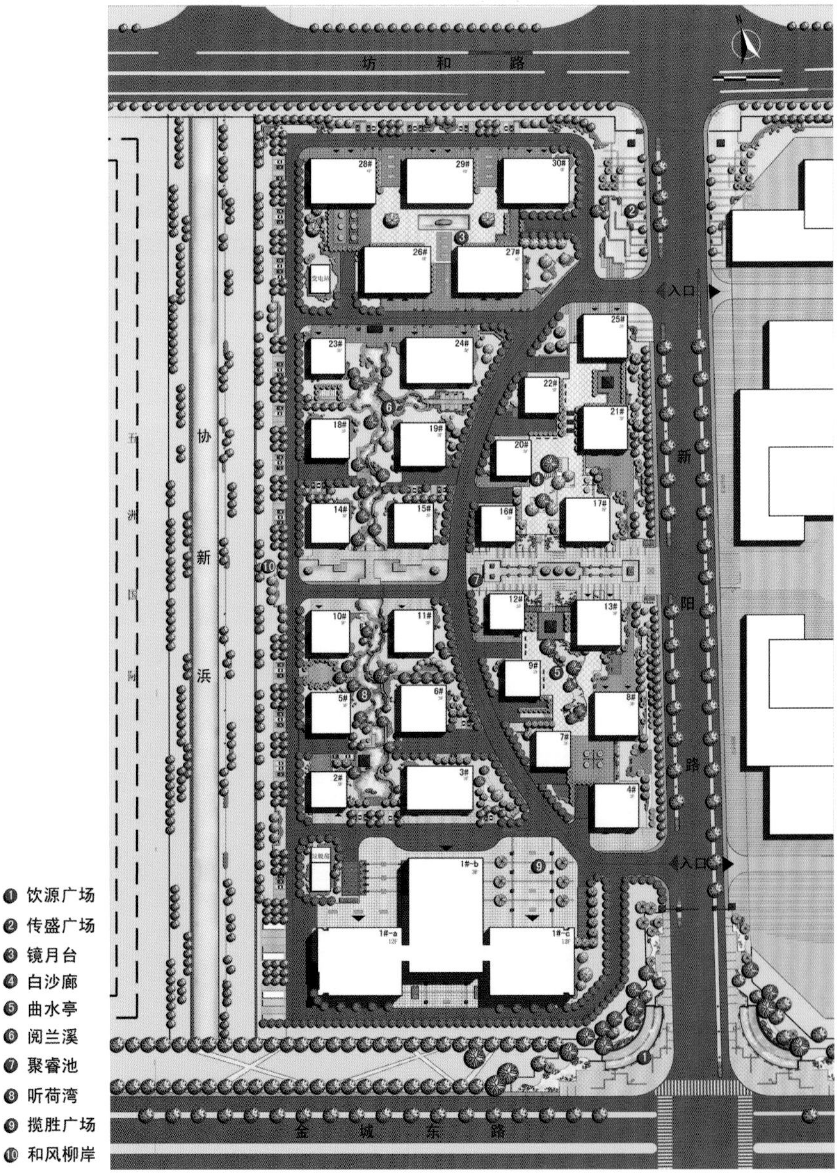

无锡新区金城东路总部园区景观设计

无锡新区金城东路总部园区景观设计

参与艾景·因为爱景

主持或完成的主要代表项目：

韦伯豪家园绿化设计（北京园林优秀设计三等奖）

观澜国际花园绿化设计（北京园林优秀设计三等奖）

月坛公园改造设计（北京园林优秀设计一等奖，优秀风景园林规划设计奖三等奖）

北京奥林匹克公园总体规划设计方案

北京奥林匹克公园（森林公园及中心区）规划设计方案

北京新城国际室外景观设计（二期）

北京东山墅景观规划设计

北京总部基地餐饮文化街景观工程

自贡南湖生态城丹桂大街南延线迎宾大道景观设计

廊坊新华路／爱民道／建设路既有景观系统及建筑综合整治设计

大厂县大安街道路景观系统与建筑综合整治设计

石家庄太行轩圃别墅区景观规划设计

冀中能源邢东安监指挥中心景观设计

中国电影博物馆景观提升规划设计

张 华
Zhang Hua

北京纳墨园林景观规划设计有限公司 副总经理兼设计总监，风景园林高级工程师。

1999年毕业于河北工业大学建筑系建筑学专业，毕业后进入建筑设计院工作，在工作过程中接触并参与了一些与规划及景观相关的设计，从而对景观设计产生了浓厚兴趣。2002年，进入北京中国风景园林规划设计研究中心，正式转入风景园林规划设计方向。2012年，与朋友创立北京纳墨园林景观规划设计有限公司，任副总经理兼设计总监。

在十余年的工作实践中，立足于对本土文化和行业现状的思考，着力探寻人与空间、环境的融洽关系。倡导设计应思考规划、建筑、内装，乃至商业、运营等的行业融合与渗透，关注人的心理与行为的多元性，以及对生活方式的引领与生活情趣的塑造，注重场所精神的表达、历史文化的传承、原真风貌的保持与恢复，强调土地、空间与项目隐含价值的挖掘与提升。

桃源村实景照片

■ **桃源村**作为传统村落的一颗明珠，坐落在湖北省广水市东部，武胜关境内，北与信阳市相连、东与大悟县接壤，隶属于"武汉一小时经济圈"范围内。传统村落作为人类文明的宝贵遗产，是人类乡土情节、田园梦想的重要寄托。"望得见山水，记得住乡愁"是新农村建设的指导理念，也是纳墨团队对乡村自然和谐、文化繁荣的理想描绘。乡村景观在未来会成为不同年龄层、不同薪资阶层、不同种族的精神空间，同时也是新时代满足人们要求的真实桃花源。

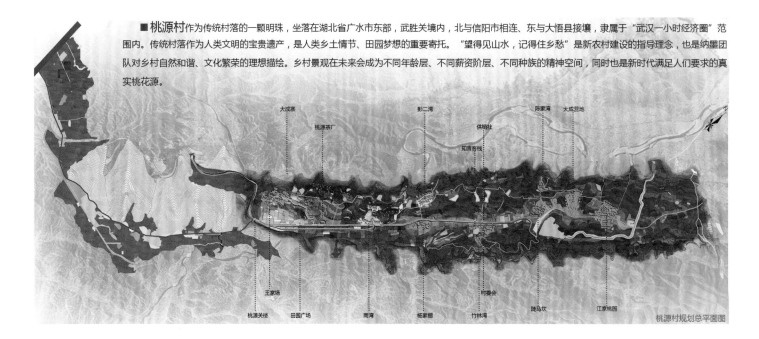

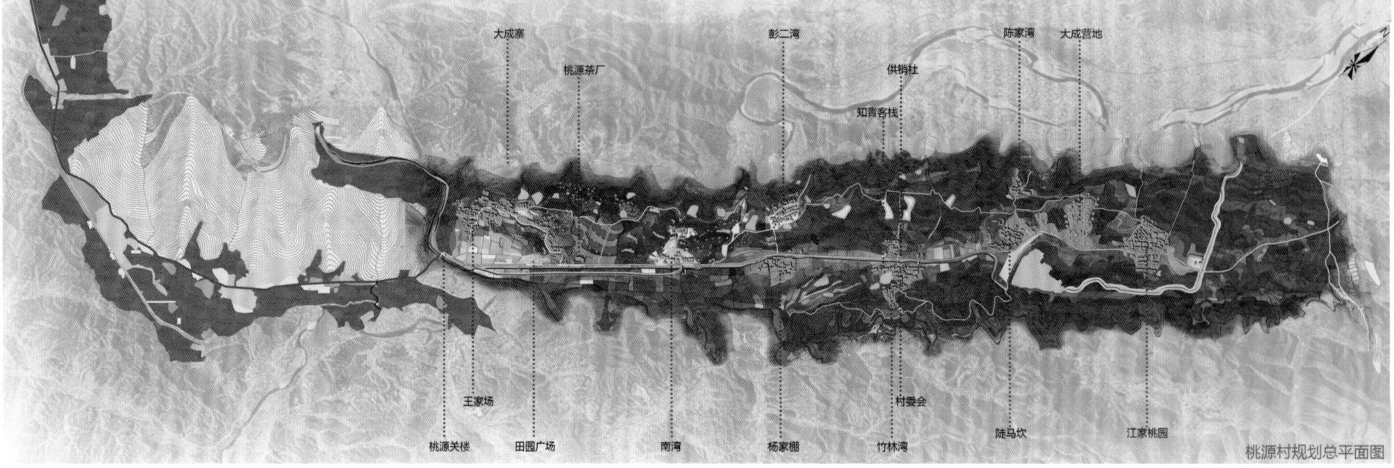

桃源村规划总平面图

朱家尖大青山-乌石塘旅游景区包括大青山与乌石塘两片区，大青山北部以黄沙村至千沙为界，乌石塘为现有边界，规划面积共计约10平方公里。

设计力求营造具有鲜明的地方特色和时代感，适合各类人群的心理及行为方式，满足生活、出行、休闲、旅游需求及满足经营、管理需要，使休闲与观光结合，集休闲度假、山海观光、生态养生、文化体验于一体，并与景区整体定位相匹配的城市开放空间，形成一个完整且富有舟山群岛特色的，集吃、住、行、游、购、娱于一体的综合接待旅游地，不仅分流普陀山的游客，承接其朝觐前后的旅游集散和休闲度假功能，更着眼于培育独立的辐射能力，形成具有全国影响力的“山海生态休闲岛” 品牌效应。同时，朱家尖旅游风景区应致力于带动整岛及舟山群岛旅游产业发展，发挥带动市域经济发展的枢纽作用；并成为舟山旅游业面向全国延伸发展的 “桥头堡”。使之成为景区的形象亮点。

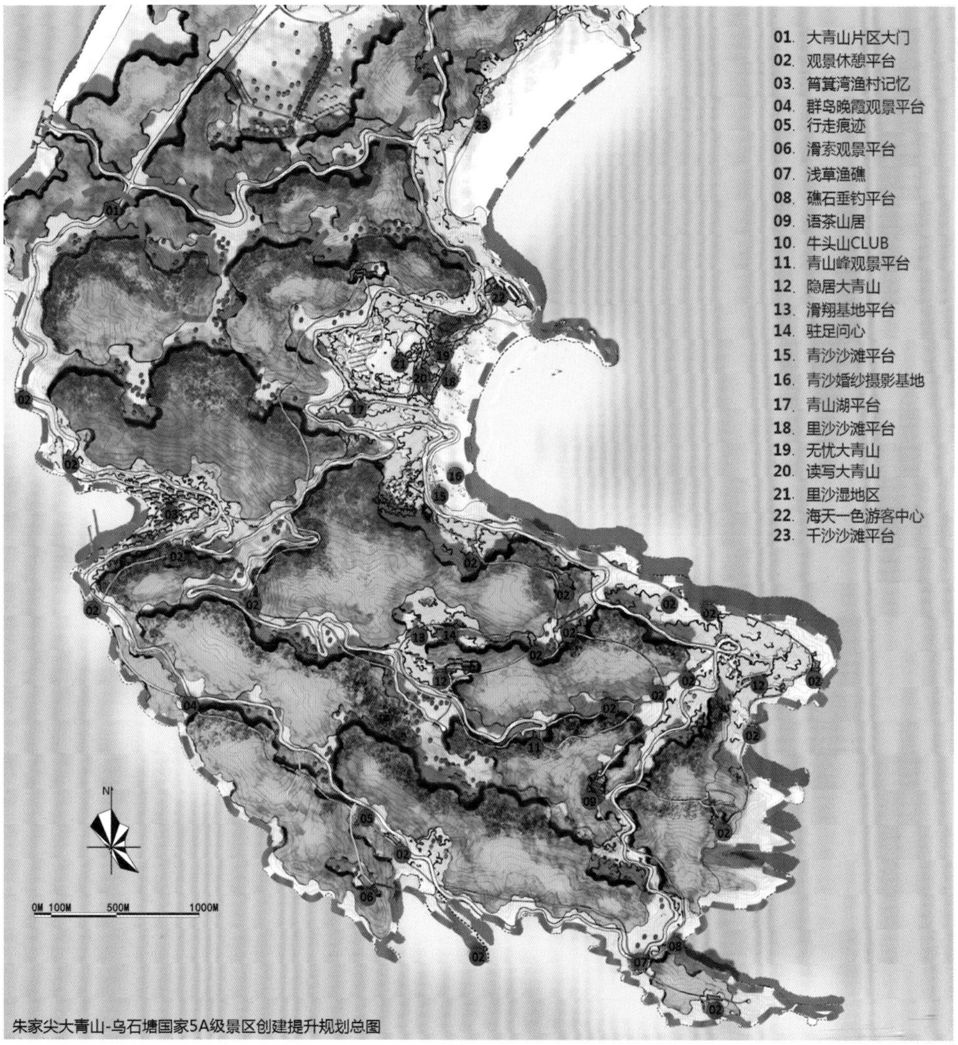
01. 大青山片区大门
02. 观景休憩平台
03. 筲箕湾渔村记忆
04. 群岛晚霞观景平台
05. 行走痕迹
06. 滑索观景平台
07. 浅草渔礁
08. 礁石垂钓平台
09. 语茶山居
10. 牛头山CLUB
11. 青山峰观景平台
12. 隐居大青山
13. 滑翔基地平台
14. 驻足问心
15. 青沙沙滩平台
16. 青沙婚纱摄影基地
17. 青山湖平台
18. 里沙沙滩平台
19. 无忧大青山
20. 读写大青山
21. 里沙湿地区
22. 海天一色游客中心
23. 千沙沙滩平台
N
0M 100M 500M 1000M
朱家尖大青山-乌石塘国家5A级景区创建提升规划总图

朱家尖景区鸟瞰图

隐居大青山

乌石塘景区乌石听海平台

浅草渔礁

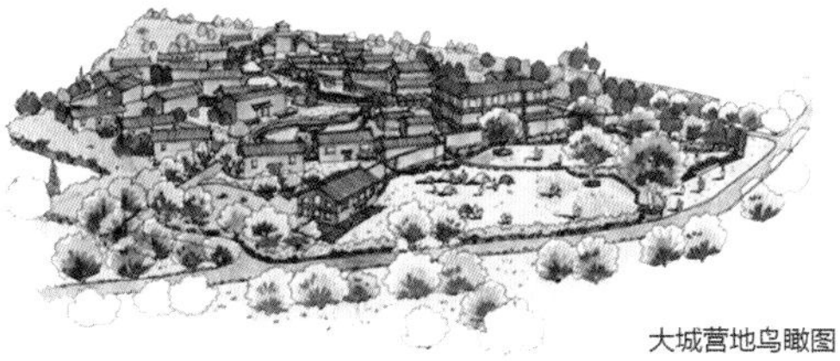
大城营地鸟瞰图

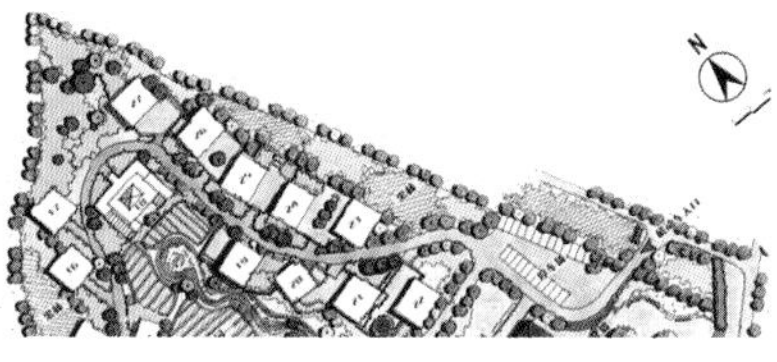

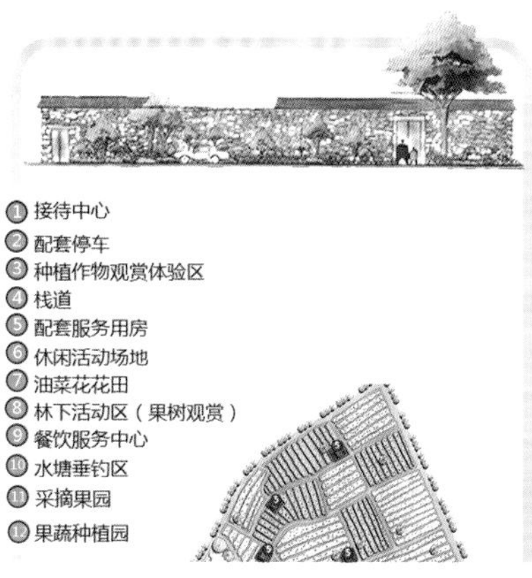
1 接待中心
2 配套停车
3 种植作物观赏体验区
4 栈道
5 配套服务用房
6 休闲活动场地
7 油菜花花田
8 林下活动区（果树观赏）
9 餐饮服务中心
10 水塘垂钓区
11 采摘果园
12 果蔬种植园

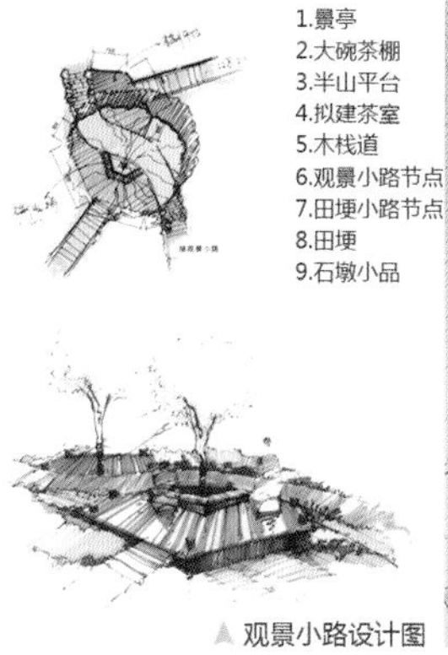
▲观景小路设计图

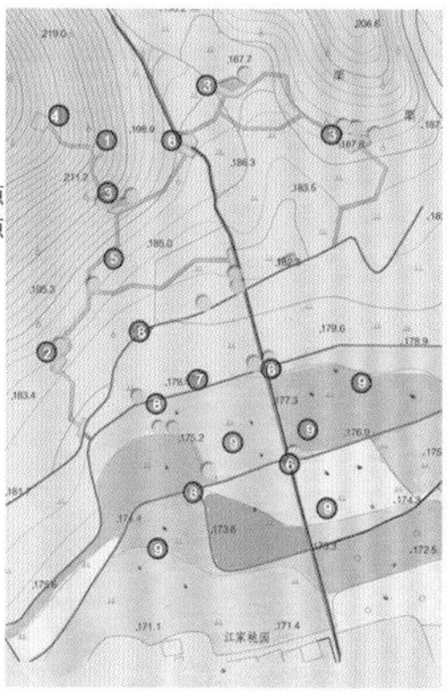
1.景亭
2.大碗茶棚
3.半山平台
4.拟建茶室
5.木栈道
6.观景小路节点
7.田埂小路节点
8.田埂
9.石墩小品
▲柿树广场平面图

主持作品：

中国移动通信总部

无锡华润燃气总部

海口新世界美丽沙别墅

常州大名城住区

连云港花果山创意文化公园

福州名城银河湾

德阳碧桂园概念规划设计

吉安市老子道德经文化公园规划设计

黄冈碧桂园概念规划设计

陈圣浩

Chen Shenghao

印派森（香港）设计公司董事总经理、首席设计师，高级工程师，美国景观设计师协会国际会员，也是第一位大中华区受邀 EDSA 美国总部访问的旅美博士。拥有多年海内外工作经历，曾在包括 EDSA 美国总部、贝尔高林香港总部等国际顶级设计机构担任重要职务。对项目的前期策划，创意构想，文化背景等都有深入独特的见解。基于设计艺术学博士的专业学术背景以及高级工程师的实战履历，不断设计出卓越的作品，彰显出在景观设计方面极其敏锐的感觉。作为留洋派代表人物，对中国悠久文化和造园艺术有着系统的研究和深刻的理解，并将其与国际先进的设计理念相结合，做到古为今用，洋为中用。超凡的创意构想和卓越的设计作品更是在景观设计行业获得众多专家的一致推崇。

常州大名城

兰州大名城

获奖情况：

2010 年，佛山市三水区南丰大道拓宽改造工程（园林绿化工程）获深圳市第十四届优秀工程勘察设计评选（风景园林设计）三等奖

2010 年，金牛路道路绿化改造工程获深圳市第十四届优秀工程勘察设计评选（风景园林设计）二等奖

2010 年，深圳市大工业区燕子岭生态公园获深圳市第十四届优秀工程勘察设计评选（风景园林设计）二等奖

2011 年，深圳市大工业区燕子岭生态公园获 2011 年度广东省优秀工程勘察设计奖评选中获得工程设计二等奖

2011 年，深圳市大工业区燕子岭生态公园获 2011 年度全国优秀工程勘察设计行业奖评选中获得市政公用工程三等奖

2012 年，三亚市海棠湾南区水系工程（一期工程）获深圳市第十五届优秀工程勘察设计评选（风景园林设计）一等奖

2013 年，三亚市海棠湾南区水系工程（一期景观工程）获 2013 年度广东省优秀工程勘察设计奖评选中获得工程设计二等奖

2013 年，三亚市海棠湾南区水系工程（一期景观工程）获 2013 年度全国优秀工程勘察设计行业奖评选中获得园林景观三等奖

黄 聪

Huang Cong

从事园林景观设计工作 11 年，期间担任部分项目的主创设计师及项目负责人，多次参加省、市及国家相关勘察设计协会组织的项目评比。热爱景观设计行业，潜心学习各种不同类型及风格的景观设计手法，通过对优秀景观项目的实地考察学习，从中汲取他人的优点，弥补自身的不足。比较擅长不同类型的公园、市政广场、滨河景观带等公共场所及现代自然风格的景观设计。通过十几年工作经验的积累，对现场施工质量及施工过程中的方案调整具备良好的把控及处理能力；主要致力于研究园林建筑的细部设计及新能源、新材料在景观设计中的应用；熟悉景观施工工艺，通过对项目的分析，勇于尝试新的设计元素及工艺，并对施工后的各项指标和景观效果进行总结，将新材料、新技术更好的应用在工程中，希望为人们打造一个充满精致生活、可循环再生的绿色环保型园林景观环境。

东莞市虎门港中心服务区园林景观工程一期

东莞职教城市政园林景观工程

三亚海棠湾南区水系工程（一期景观工程）

深圳市大工业区燕子岭生态公园园林景观工程

获奖情况：

2009 年，深南路路面修缮及交通改善工程（方案、施工图设计，园林专业负责人）获深圳市优秀设计二等奖、广东省优秀设计二等奖、全国优秀设计二等奖

2011 年，金牛路道路绿化改造工程（方案、施工图设计，景观专业负责人）获深圳市优秀设计二等奖

2011 年，三亚海棠湾 B 区滨海路市政工程（方案、施工图设计，景观专业负责人）获深圳市优秀设计三等奖

2013 年，三亚市海棠湾南区水系工程（方案、施工图设计，景观专业负责人）获深圳市优秀设计一等奖、广东省优秀设计二等奖、全国优秀设计三等奖

2013 年，深圳市龙岗区深惠路园林绿化工程（方案、施工图设计，项目及专业负责人）获深圳市优秀设计二等奖

李严波
Li Yanbo

在过去 13 年的工作中经历了大量的园林设计工作，现担任本单位（具备园林设计甲级资质）规划与景观院园林所所长一职。工作期间，主要以市政道路绿化及公园设计为主，完成了多个大型园林的方案、施工图设计，并全程配合施工，积累了大量的设计和现场施工经验。

在过去的工作中完成了近百个园林项目，大部分都得到了业主和市民的好评，还有多个项目获得市、省或国家优秀设计奖。主持设计的国道 205 改造工程、深惠路沿线七座立交及地铁三号线大运段绿化提升工程、深惠路 70~120 米绿化增补工程合并为深圳市龙岗区深惠路园林绿化工程，获得 2012 年度深圳市风景园林设计二等奖，深惠路道路长约 36 公里，绿化景观用地总面积约 136 万平方米，项目总投资约 2.5 亿元，是 2010—2011 年度深圳市规模最大的绿化项目之一，也是龙岗区的重点项目。该项目的立体绿化、高架桥下绿化美化的成功，对深圳日后的地铁高架建设有一定的示范作用。参与设计的三亚市海棠湾南区水系工程获得市优一等奖、省优二等奖、部优三等奖，该项目总面积约 20 万平方米，投资约 3 亿元，作为方案之一，并负责了施工图地形部分的设计；该项目的生态河道断面及红树种植为同类项目提供了很好的经验。参与的金牛路园林绿化工程获得市优二等奖、三亚 B 区入口路工程获得市优三等奖；2006 年完成的深南路修缮工程获得市优二等奖、省优二等奖、部优二等奖。

具备较高的市政园林设计水平，在深圳行业内有一定的知名度。

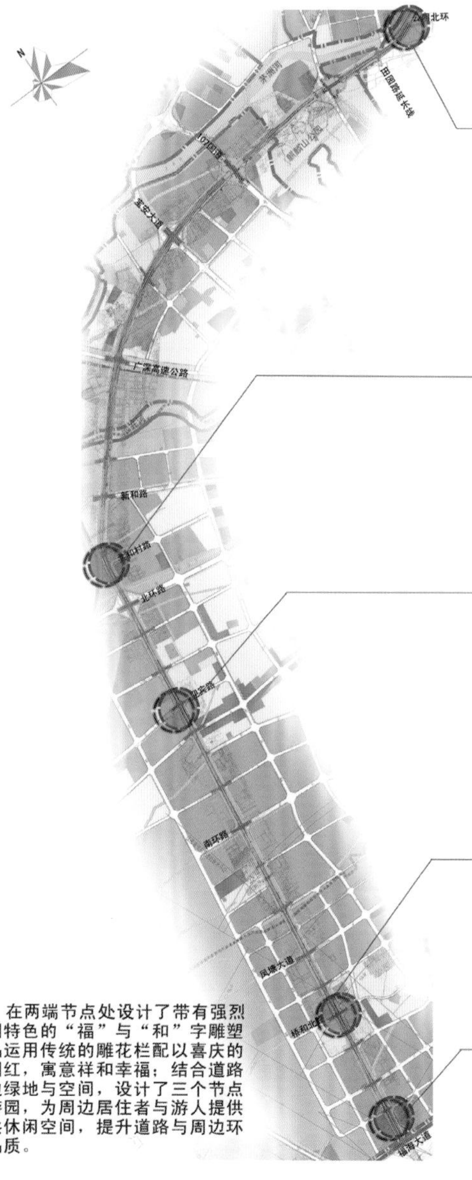

终点雕塑小品效果

共和村路节点小游园意向

迎宾路口节点效果

桥和北路节点小游园效果

起点雕塑小品效果

在两端节点处设计了带有强烈中国特色的“福”与“和”字雕塑小品运用传统的雕花栏配以喜庆的中国红，寓意祥和幸福；结合道路周边绿地与空间，设计了三个节点小游园，为周边居住者与游人提供公共休闲空间，提升道路与周边环境品质。

松福路景观节点示意

深圳北站景观提升工程

深圳市龙岗区深惠路园林绿化工程

近期

中期

远期

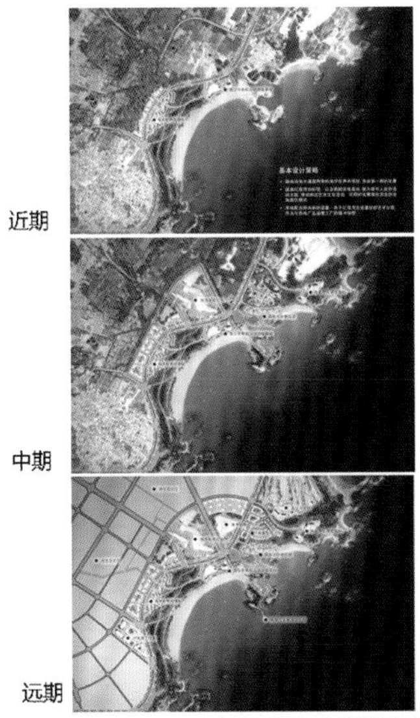

本片区上层次旅游规划

N 0 20 60   140 m

图例：
1 游客服务中心　　13 彩色之路　　　24 入口广场
2 主入口广场　　　14 滨海廊架　　　25 青少年帆船帆板运动训练基地
3 电瓶车停车场　　15 服务建筑　　　26 未来之光海洋地标塔
4 停车场　　　　　16 滨海栈道　　　27 滨海沙滩
5 纺织艺术展示　　17 祈风塔　　　　28 海鲜街
6 室外T台　　　　18 眺望台　　　　29 听海台
7 浪漫情侣草坪　　19 海螺咖啡馆　　30 海石山暗摄影基地
8 花田指　　　　　20 丝绸织路　　　31 海上T台展示
9 梦幻湖　　　　　21 小型游艇码头
10 服务小建筑　　　22 滨海休憩草坪
11 大巴停车场　　　23 滨海服务中心
12 艺术地形　　　　24 生态停车场

石狮红塔湾旅游公路沿线景观设计

陈中川

Chen Zhongchuan

1999 年毕业于温州大学艺术设计学院，2011 年获西北工业大学学士学位，2004—2011 年曾先后就职于温州市欣荣园林规划设计研究院，主要从事大型景观规划、乡村旅游规划等设计事务。现任温州市三川景观旅游设计有限公司总经理，首席景观规划师。现为温州 CIID 设计学会理事，温州市美丽乡村建设特派指导员，温州市风景园林专家委员会专家组成员，温州大学客座教授。

从事景观设计工作多年，创造好的园林作品一直是我们设计师努力的方向，作为专业的设计团队，我们在多年的园林规划设计和实践中积累了大量经验，每年完成上百个设计项目，为了能够更好地与业界同人交流经验相互学习，我们积极参与并选出了一些典型的作品来参加本次由国际园林景观规划设计行业协会 (ILIA)、中国建设报社和北京林业大学教育基金会联合主办的 2014 年国际园林景观规划设计大会暨第四届“艾景奖”国际园林景观设计大赛。

主要代表项目和作品：

文成县百丈飞瀑景区建设项目设计

瑞安市高楼镇宁益水上乐园规划设计

高楼生态农业观光园规划设计

中国东源木活字印刷文化村历史文化村落保护利用规划

福清市润源生态农业文化园

泰顺县新城弃土区护坡景观设计

泰顺县文祥湖片区景观规划概念性方案

高楼生态农业观光园规划设计

GAO LOU SHENG TAI NONG YE GUAN GUANG YUAN GUI HUA SHE JI

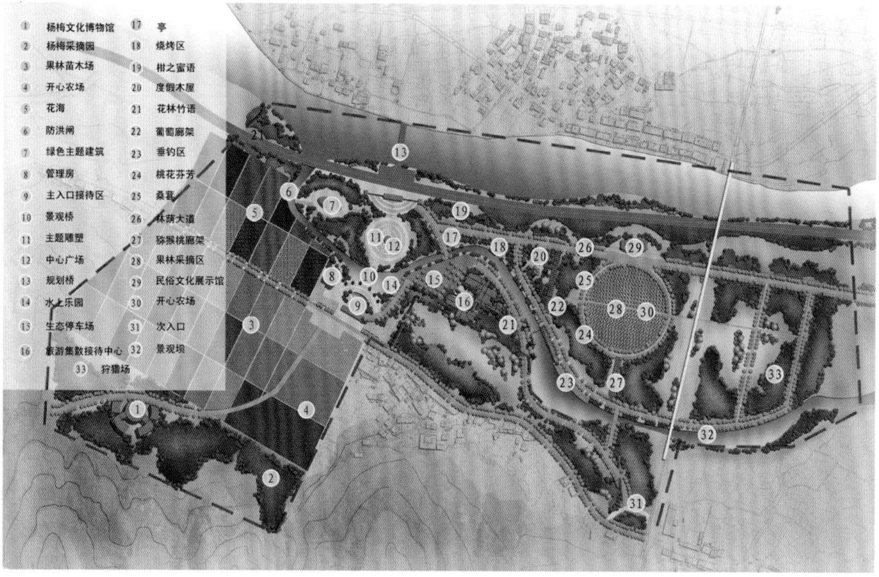

总平面图

中国东源木活字印刷文化村历史文化村落保护利用规划

文成县百丈飞瀑景区修建性详细规划及建设项目设计

瑞安市高楼镇宁益水上乐园规划设计

1998 年毕业于成都理工大学环境艺术专业，来到无锡创立了无锡耐氏佳园艺有限公司，凭着对该行业的热爱和执着，不断学习，开拓进取，带领设计团队创下了一个又一个的佳绩。经过多年积累，进一步为景观设计管理打下扎实的基础。

从业以来，由本人主导的景观设计项目遍布全江苏，同时也培养了一批批优秀的景观设计师。2013 年荣获由国际园林景观规划设计行业协会（ILIA）主办的艾景奖年度优秀设计奖。

成果及获奖情况：

宜兴金科东方大院

九龙依云

东湖公馆

《逸》　　2013 年艾景奖年度优秀设计奖

罗践
Luo Jian

金科东方大院

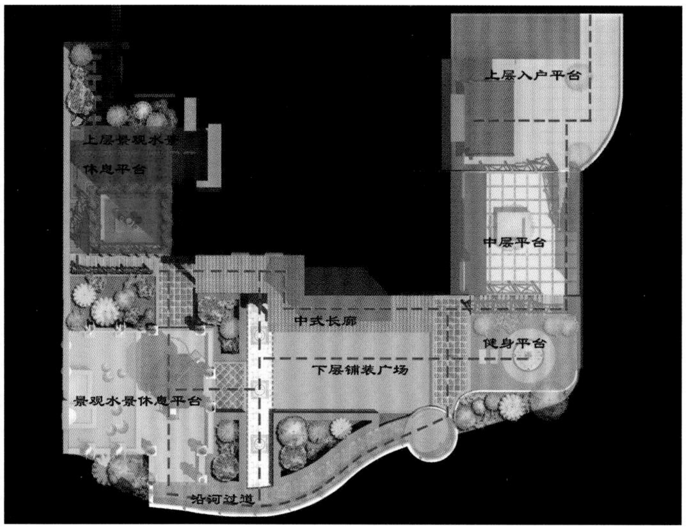
上层入户平台
上层景观水景
休息平台
中层平台
中式长廊
健身平台
下层铺装广场
景观水景休息平台
沿河过道

金科东方大院

主持或完成的主要代表项目：

银川市景观水道二期总体规划设计

青铜峡滨河路总体规划设计

左起沙漠植物园总体规划

神化宁夏煤业集团安全生产指挥中心总体设计

第七届花博会宁夏展园总体设计

第二届绿博会宁夏展园总体设计

第八届花博会宁夏展园总体设计

2014 年青岛世园会宁夏展园总体设计

第三届绿博会宁夏展园总体设计

张淑霞

Zhang Shuxia

2000 年毕业于沈阳农业大学园林专业，毕业后一直从事园林景观设计工作，曾供职于宁夏森淼集团有限公司 4 年，现就职于宁夏宁苗园林集团有限公司，任宁苗景观设计院院长，2012 年宁苗集团公司在北京注册成立北京西部创景园林景观设计公司，作为子公司的法人全面负责北京西部创景园林景观设计公司和宁苗景观设计院的工作，目前团队总体发展已初具规模。通过十几年在园林行业的发展和锻炼，除了自身的专业技能、专业素养得到非常好的锻炼和成长外，所带领的设计团队也有了非常好的发展，在宁夏及周边省份赢得了良好的口碑，近几年来由我们团队完成的项目如阿拉善右旗沙漠植物园总体设计、额济纳旗居延海公园总体设计、榆林市定边县城郊防护林总体设计等项目在当地取得了非常好的声誉和当地政府及百姓的认同。在设计工作中，立足于当地的实际，无论是针对地理环境的特殊性还是资金投入的合理性方面都进行深入的研究，制定科学合理的设计思路和设计流程，以保障最终的实施效果。目前团队发展稳定，业绩优异，在宁夏园林景观设计行业争得了一席之地。

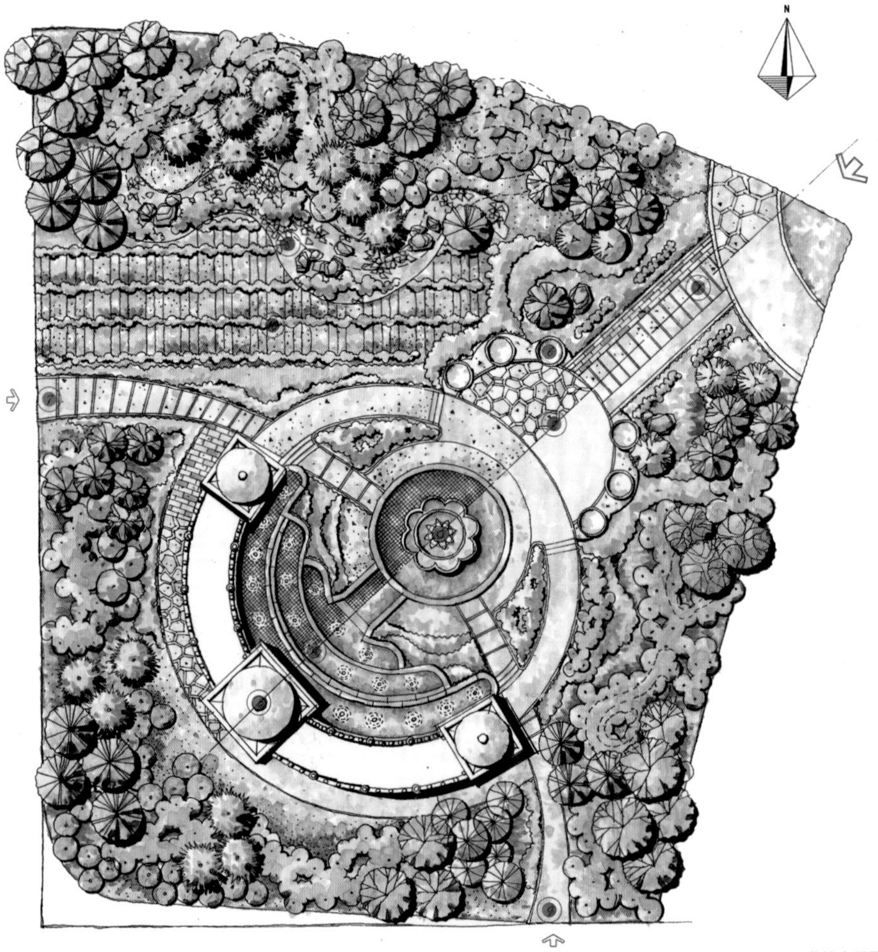

花博会平面图

第八届花博会效果图

宁夏大武口汇泽公园鸟瞰图

宁夏大武口汇泽公园次入口

宁夏大武口汇泽公园广场区

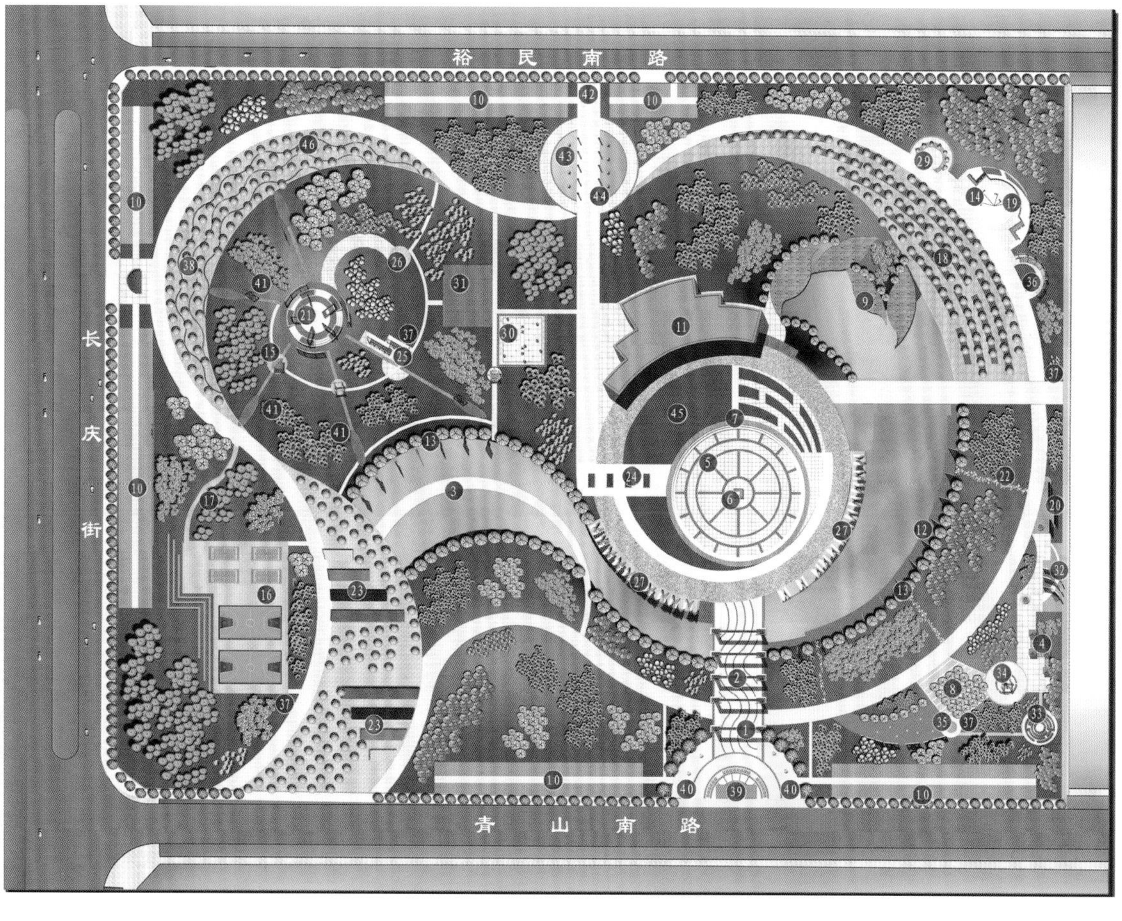

"山水间的绿飘带"
"喧嚣间的生态树"

① 花坛彩阵　　　　② 景观构架　　　　③ "飞龙" 喷水　④ 翠壁连廊　⑤ 中央旱喷广场　⑥ 主题雕型　⑦ 时代广场　⑧ 景观树阵　⑨ 绿叶遐思　⑩ 生态停车场　⑪ 主建筑　⑫ 观波台　⑬ "帆" 影再现　⑭ 大武口景点详解　⑮ 休息亭　⑯ 休闲健身广场　⑰ 成长雕塑群　⑱ 条状绿地　⑲ 知识线广场　⑳ 儿童趣味场　㉑ 时间树广场　㉒ 莲花踏步　㉓ 琴键花坛

㉔ 景观花坛　㉕ 休息廊架　㉖ "树" 状亭　㉗ 景观伞柱　㉘ 管理用房　㉙ 汇集广场　㉚ 棋艺广场　㉛ 门球场　㉜ 突难纪念墙　㉝ 植物迷宫　㉞ 漏斗雕塑　㉟ 沙坑　㊱ 休憩廊　㊲ 公厕　㊳ 零状树阵　㊴ 入口景石　㊵ 入口构架　㊶ 景观小品　㊷ 次入口　㊸ 次入口水景　㊹ 景观柱　㊺ 中央绿地　㊻ 树荫特色铺装

经济技术指标

总用地面积约(m²)	135416
绿地面积(m²)	73010
广场面积(m²)	36896
道路面积(m²)	7312
水域面积(m²)	11612
应急设施面积(m²)	1659
停车位用地面积(m²)	5010
绿地率(%)	62.5
总投资估算(万元)	4979万元

宁夏大武口汇泽公园总平面图

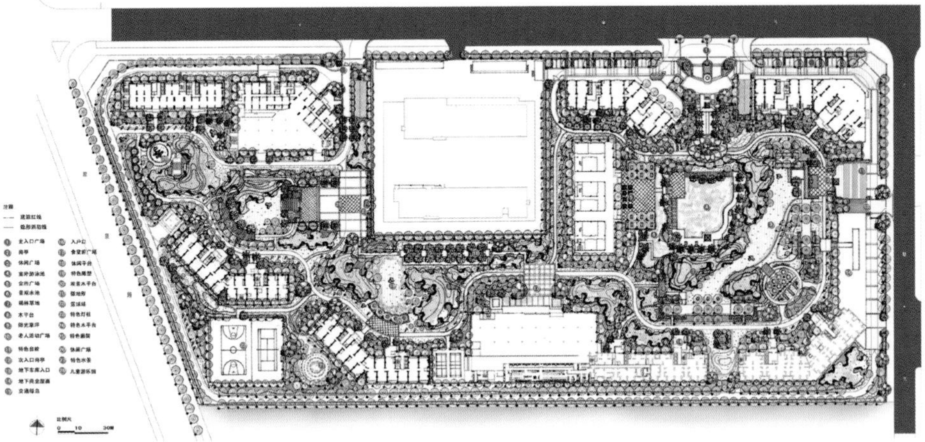

深圳坪山安居房景观设计平面图

李瑞成

Li Ruicheng

2009.05—至今

中国市政工程西北设计研究院有限公司深圳分院，任景观所所长、副总工程师

2007.09—2009.04

中国城市建设研究院深圳水环境中心 任园林景观部负责人

2007.02—2007.08

奥斯本景观设计公司 任项目负责人

2003.09—2007.01

广东深圳华侨城天华建筑设计院 任景观部负责人

1999.07—2003.08

江苏镇江园林局规划设计所 任景观设计

获奖情况：

从业15年以来，主持参与了百余项房地产、市政景观规划设计项目，其中包括项目建议书、可研报告、总体规划、公园设计、广场设计、小型建筑单体设计、地产景观设计、植物景观设计、生态恢复等多个方面。能够把控项目从概念到实施的全过程，在不同尺度和复杂程度的项目上均具有丰富的规划设计经验。同时，作为景观团队带头人，注重团队建设，带领团队应对各项设计任务，具有丰富的项目管理经验。不仅专注于设计实践，对设计理论的研究与创新也有一定成就，尤其在湿地生态恢复领域有所建树，参与编写《深圳凤塘河口湿地的生态系统修复》专著，并拥有多项国家发明专利，所主持参与的设计项目多次获国内外行业大奖。此外，还积极参加景观行业的社会团体及公益活动，担任多项重要工程设计专家组成员。

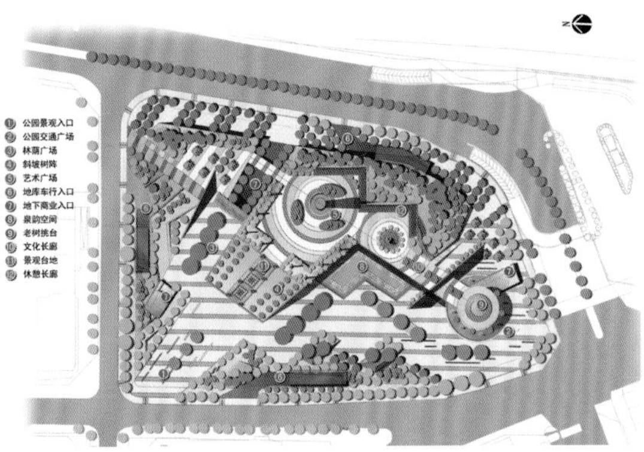

深圳布吉公园景观设计平面图

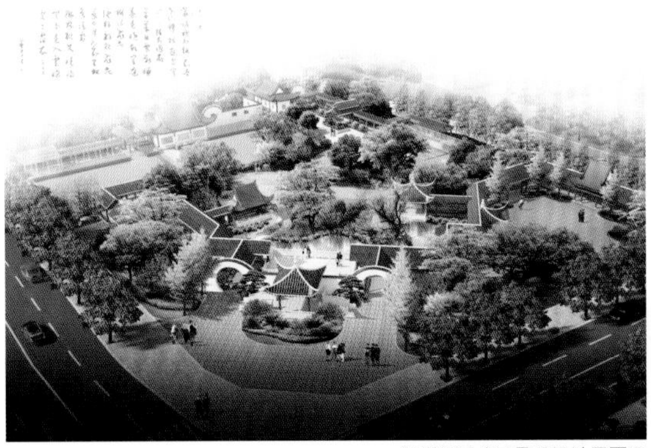

深圳沁园公园景观设计平面图

深圳凤塘河修复工程设计实景图

深圳坝光银叶树湿地园设计鸟瞰图

1.科普馆
2.红树林人工造林实验园
3.观鸟塔
4.观鸟广场
5.栈道广场
6.观鸟栈道廊
7.观光大道
8.红树林海洋湿地公园东码头入口
9.红树寻宝
10.丛林觅踪
11.泥涂钓蟹
12.渔火唱晚
13.红树林海洋湿地公园南入口
14.红树湾
15.红树专类园
16.水天一色楼
17.眺望亭
18.观海廊道
19.弄潮亭
20.听涛馆
21.落霞居
22.农庄轻烟
23.耕作体验区
24.生态观光农田
25.湿地水净化演示区
26.稻花香远
27.蕉园芭影
28.观鸟道
29.海上田园红树林实验基地
30.红树林
31.保护区管理处
32.观鸟亭
33.咨询处及停车场
34.保护北区入口
35.环海休闲观光道

惠州市考洲洋红树林保护与发展规划设计平面图

深圳福永景观长廊工程设计效果图

深圳福永景观长廊工程设计实景图

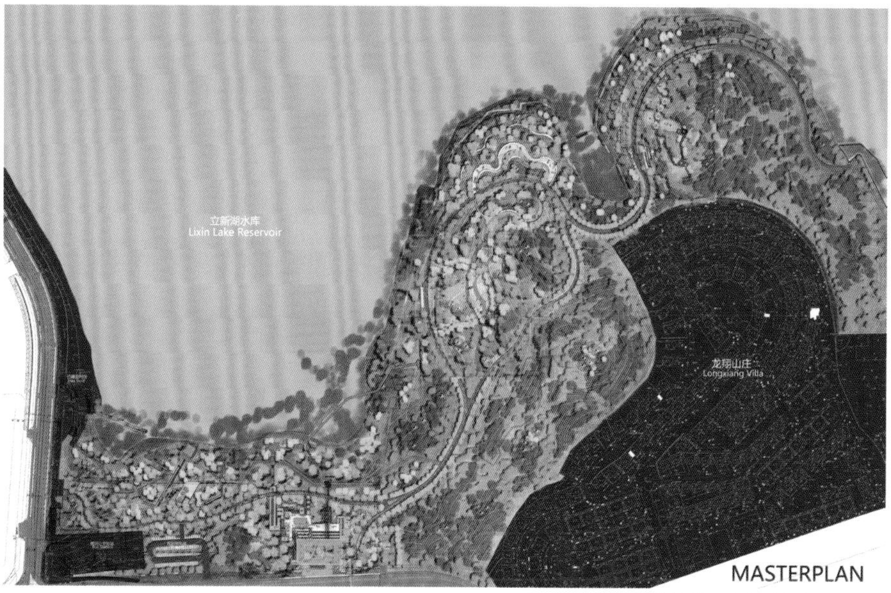

深圳立新湖湿地公园景观设计平面图

深圳立新湖湿地公园景观设计入口花园节点效果图

深圳立新湖湿地公园景观设计林中栈道节点效果图

主要参与项目和获奖情况：

广州花都东镜新城小区景观设计 (44 万平方米)

深圳"1130"项目（紫荆山庄）绿化景观设计及施工一体化建设工程，获中国风景园林学会颁发 2012 年"优秀园林绿化工程大金奖"

2008-2009 年中山南方绿化苗木博览会园林景观总体规划设计，获"优秀设计金奖"、"优秀规划设计奖"

高明君御海城小区和温特姆酒店景观设计 (17 万平方米)

英国爱丁堡"中国园"景观设计

2011 年西安世界园艺博览会"粤翠园"设计

广州市珠江新城林和村、猎德村发展项目景观深化设计

第四届广西园博会贵港展园景观规划设计

山东烟合鹤侣湖温泉度假项目景观规划设计等。

陈志斌

Chen Zhibin

2006 年毕业于广州大学建筑与城市规划学院建筑学（环境艺术）专业。

2012 年获广州市人力资源和社会保障局通过，取得"风景园林设计工程师"职称。

从事园林规划设计、绿化工程施工和项目管理工作超过 6 年，在此期间担任公司景观计师和项目副总监的职位，负责统筹项目的开展，组织各阶段设计工作和后续施工现场跟进的工作，拥有全面的综合能力。从事园林设计期间，曾参与的设计和施工管理项目超过 40 项，对园林领域的各个类别和客户群体有一定的了解和认识，能为业主提供专业的建议。同时，长期与行业龙头公司进行项目合作，与时俱进，掌握专业软件的操作，了解行业施工的新技法新工艺，与实际项目相结合，提高方案的可实践性。

本人具有较强的责任心和工作热情，注重团队合作精神．熟悉项目操作流程，能独立组织、协调园林项目的筹划、开展、跟进等全方位的服务工作，同时，具备专业的知识和良好的业务素质．拥有一定的实战经验和现场施工管理能力，具有良好的沟通能力，项目获得业主的肯定和好评。

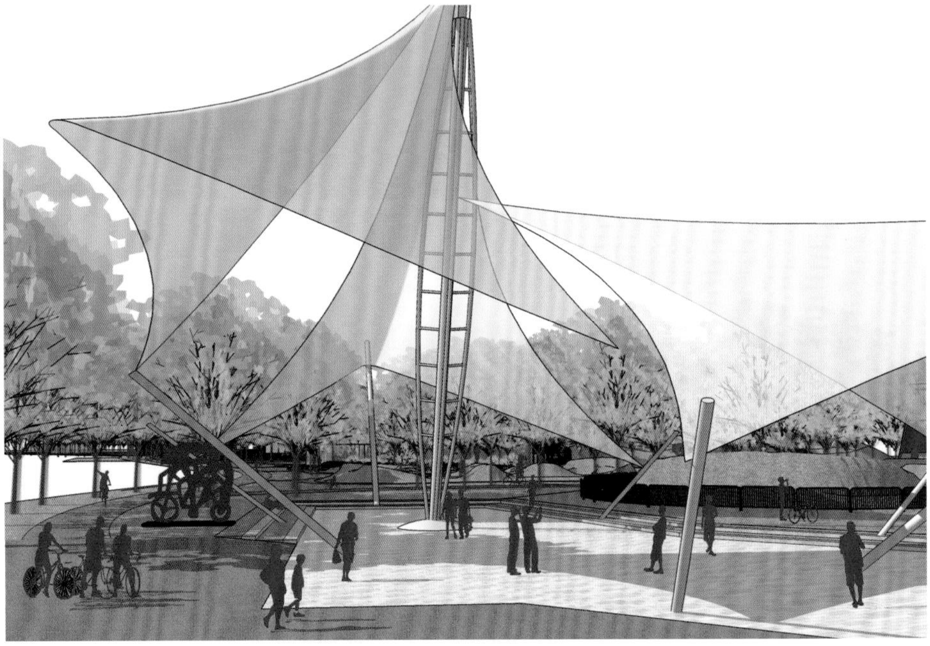

黄埔长洲岛凯路仕自行车运动公园整体规划设计效果图

黄埔长洲岛凯路仕自行车运动公园整体规划设计效果图

黄埔长洲岛凯路仕自行车运动公园整体规划设计

总平面图

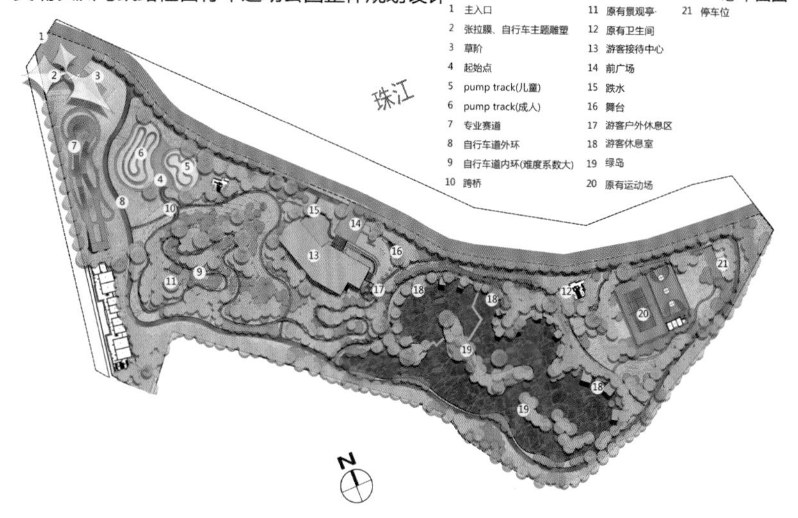
1 主入口
2 张拉膜、自行车主题雕塑
3 草阶
4 起始点
5 pump track(儿童)
6 pump track(成人)
7 专业赛道
8 自行车道外环
9 自行车道内环(难度系数大)
10 跨桥
11 原有景观亭
12 原有卫生间
13 游客接待中心
14 前广场
15 跌水
16 舞台
17 游客户外休息区
18 游客休息室
19 绿岛
20 原有运动场
21 停车位
珠江
N

公园分区图

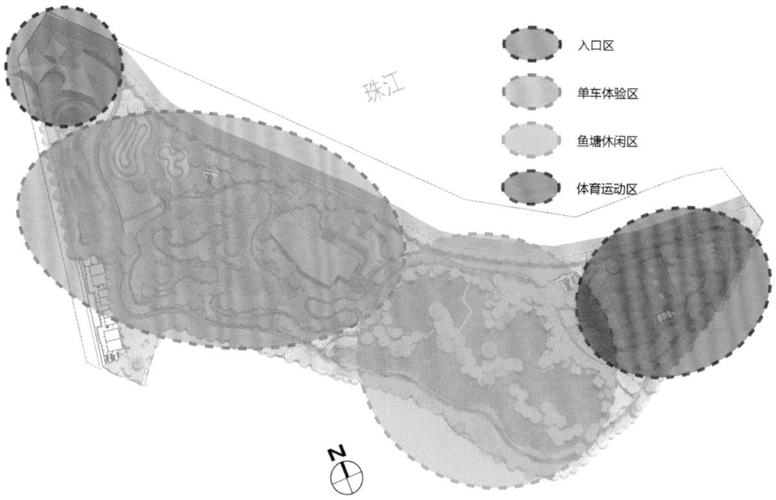
入口区
单车体验区
鱼塘休闲区
体育运动区
珠江
N

单车道流线图

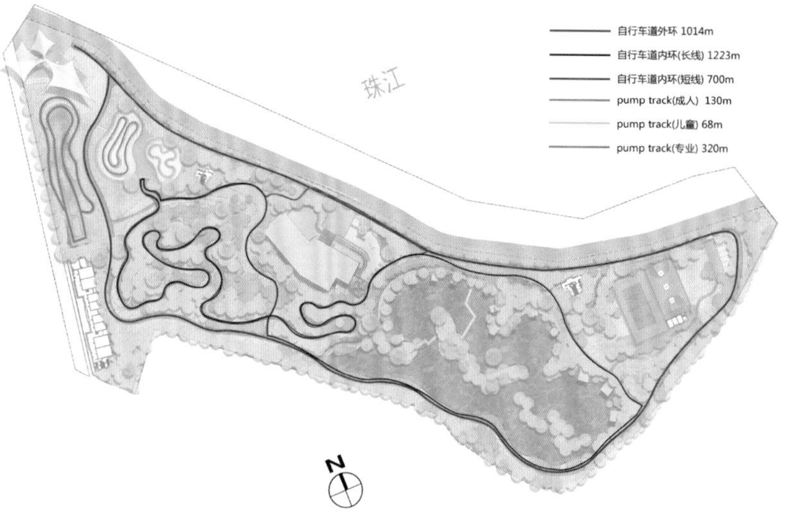
自行车道外环 1014m
自行车道内环(长线) 1223m
自行车道内环(短线) 700m
pump track(成人) 130m
pump track(儿童) 68m
pump track(专业) 320m
珠江
N

主要荣誉：

2013 年 重庆解放碑 CBD 人行系统景观设计入选第六届美术与设计大展（湖北省教育厅、湖北省高校组委会）

2012 年 九江历史文化博物馆入选第四届美术与设计大展（湖北省教育厅、湖北省高校组委会）

2009 年 列荣臻陈列馆设计荣获四川美术学院第六届研究生年度奖

2008 年 协信阿卡迪亚景观设计入选四川美术学院第五届研究生作品年展

2008 年 博爱卫生站荣获中国红十字基金会、中国建筑学会等联合主办的设计竞赛二等奖

2006 年 重庆珊瑚坝公园景观规划荣获四川美术学院优秀毕业设计奖

2005 年 楼梯设计荣获“龙驹杯”快题设计竞赛表现技法奖

2002 年 龚滩吊脚楼入选 2002 年四川美术学院作品年展

吴敏

Wu Min

2006 年获四川美术学院环境艺术系学士学位，同年在澳大利亚 HASSELL 设计咨询公司从事景观设计工作，2010 年获四川美术学院景观设计研究方向硕士学位。现任湖北美术学院专业教师。现为浙江大学景观设计横向课题专家组成员、湖北美术学院纵向科研课题研究组成员、浙江禾春正文化创意有限公司设计总监、浙江杭州枫君园林景观设计有限公司设计总监、全国展示设计学年奖筹委会成员。

海南省陵水黎族自治县南门岭公园景观设计

海南省陵水黎族自治县南门岭公园景观设计

主要参与项目：

2014 年 海南省陵水黎族自治县县南门岭公园景观设计

2013 年 海南省陵水县五纵三横城区路网景观设计

2013 年 重庆解放碑 CBD 人行系统景观设计

2012 年 海南省陵水县溪仔河公园景观规划

2012 年 海南省隆广镇竹喇水库公园景观规划

2012 年 重庆渝北区轻轨换乘广场设计

2011 年 重庆市开县时代都会居住区景观设计

2010 年 四川省大邑县川溪口花水湾温泉度假村景观设计

2009 年 重庆市江津区聂荣臻元帅陈列馆设计

2009 年 云南省丽江古城五星级酒店建筑及室内设计

2008 年 河北省秦皇岛市北戴河区联丰路 B 段景观改造设计

2008 年 四川省大竹蓝润首座商业步行街景观设计

2007 年 四川省成都市西南石油大学新都校区景观规划

2007 年 重庆市四川美术学院虎溪校区景观装置设计

2007 年 重庆协信阿卡迪亚别墅区景观设计

2007 年 重庆龙湖观山水居住区景观设计

2006 年 重庆渝北保利国际高尔夫别墅景观设计

2006 年 重庆开县学林奥韵居住区景观设计

陵水黎族自治县五纵三横城区路网景观设计明月路效果图

明月路设计理念——“珍珠海岸”

明月路的道路景观独具曲线美感，设计构思源于陵水风光旖旎的海岸线，湛蓝的海水与白色沙滩蜿蜒无尽，美不胜收。人行道的绿化带和硬质铺装以特定的节奏感在路面上向远方伸展。绿化组团更像是一个个小岛，每个小岛都在述说自己的故事。

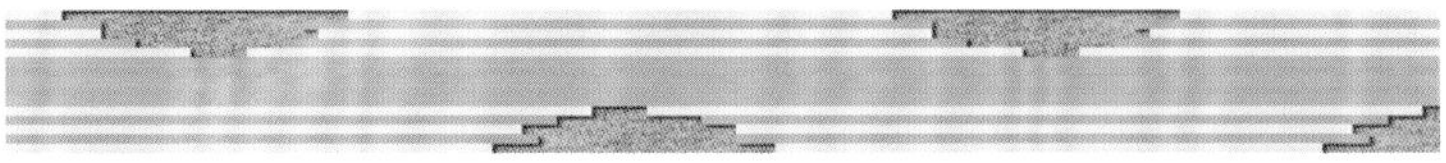

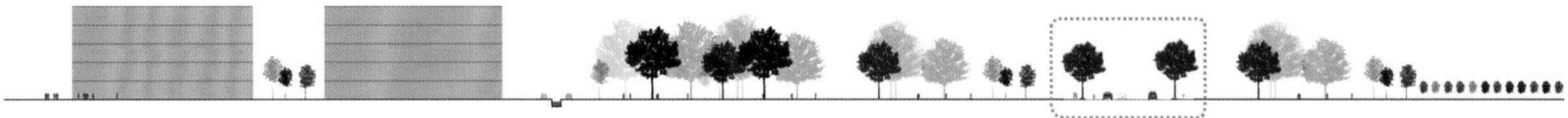

陵水黎族自治县五纵三横城区路网景观设计——明月路

主持完成的主要代表项目：

智恒．爱丁堡售楼部装饰设计和售楼部景观设计

智恒．爱丁堡小区景观设计和小区西侧河边游园设计

周口格林．绿色港湾住宅小区景观设计

河南新帅克制药厂（上市）新厂区景观设计

周口市农村信用合作联社室外景观工程设计

济源济渎区 C 工程东区 / 西区住宅及商业景观设计

周口市文化中心景观设计指导

周口维也纳公园景观设计及施工

淮阳易学文化研究中心景观设计

宏江西侧游园景观设计

郑东高铁站高架层贵宾区设计

禹州坪山永和苑景观施工图设计

米兰春天景观施工图设计

新乡鹿鸣苑景观设计

辉县市盛和怡居景观设计

安徽亳州会馆大门景观设计

民权道路（江山大道、中山大道、兴业路）景观设计

郑州第三女子监狱景观效果设计

郭俊青

Guo Junqing

中国共产党员

国家职业资格景观设计师（二级）

国家注册高级室内建筑师

国家注册绿色建筑高级工程师

郑州丘禾景观设计有限公司 设计总监 总经理

河南大青园林工程有限公司 总经理

河南园林网职业资格培训中心 特邀讲师 评委

环球报照明周刊杯优胜奖

“和谐之美”设计艺术展一等奖

中国大型文献《创意中国》以特邀编委入编

《园林网》、《搜房网》、《中国照明周刊杯》、《中国建筑》、《畅言网》定期约稿采访

自幼跟著名画家习画

1997—2001 年河南省工艺美校室内设计学习

2001 年开始专业设计工作与研究、建筑装饰、景观设计、历史文化与人居环境、软景与硬景的完美结合以及易学研究。

2006—2010 年郑州轻工业学院学习，同时创办设计公司。

人生格言：

创造与发现顺从自然规律带有生命活力的设计，以手绘创意景观，像李小龙创造截拳道一样做设计的变革者。

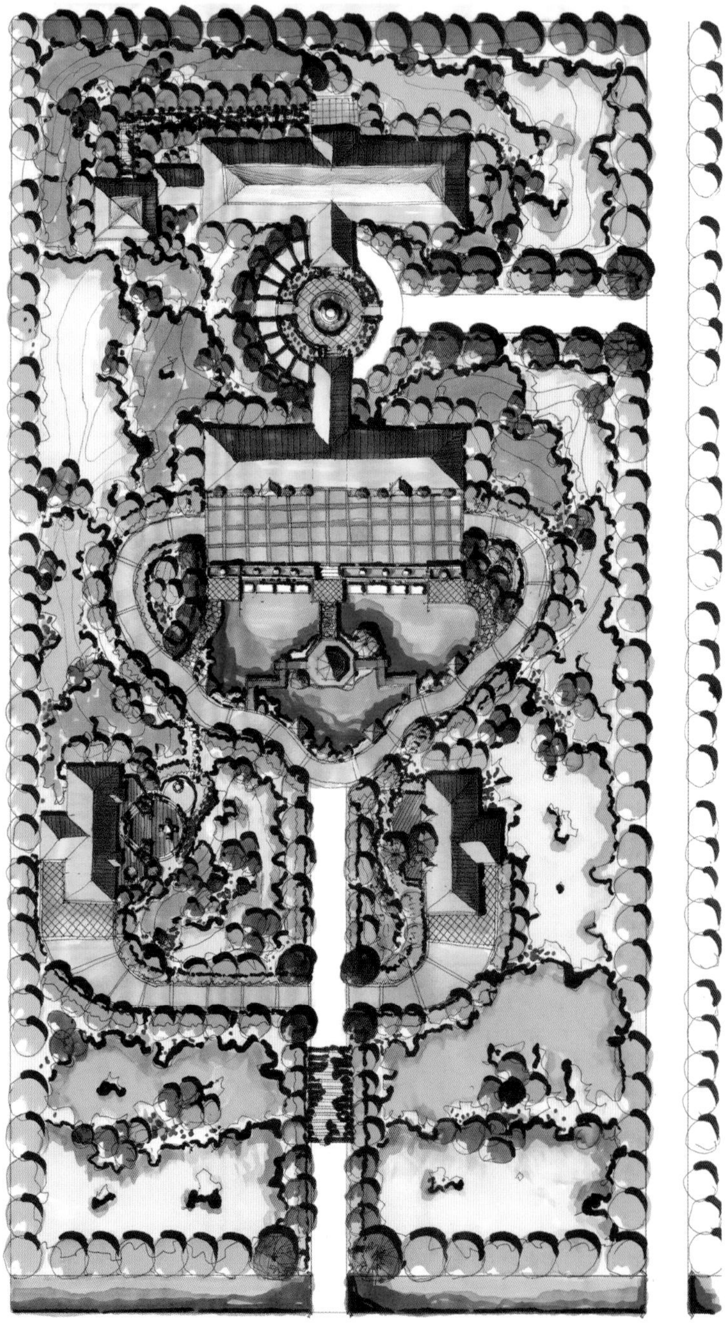

王府庄园总平面图

千叠万壑云散解
梦远看方和出去
高秋润色滋流渦
浮舟孤帆归大海
佑治涛
庚寅公沉沉
智夫志鑑

王府庄园鸟瞰图

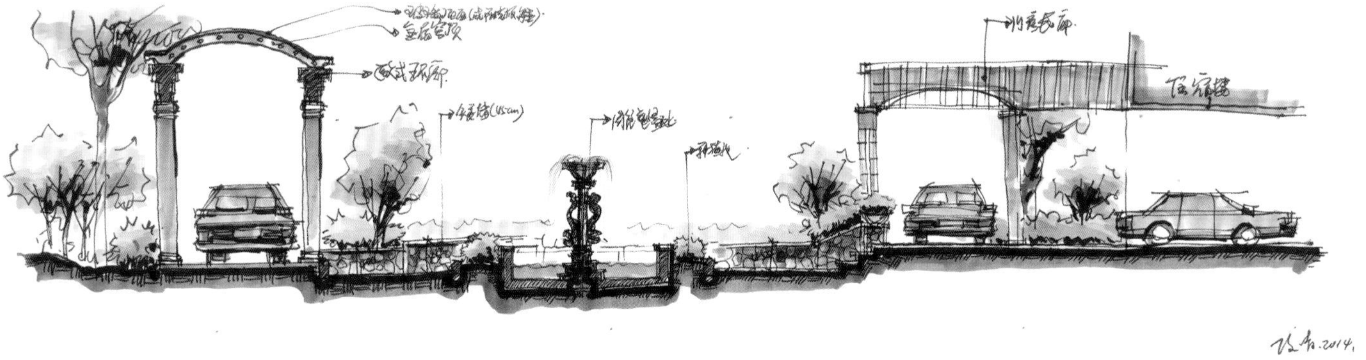

王府庄园跌水迎宾区剖面

院子观景亭假山

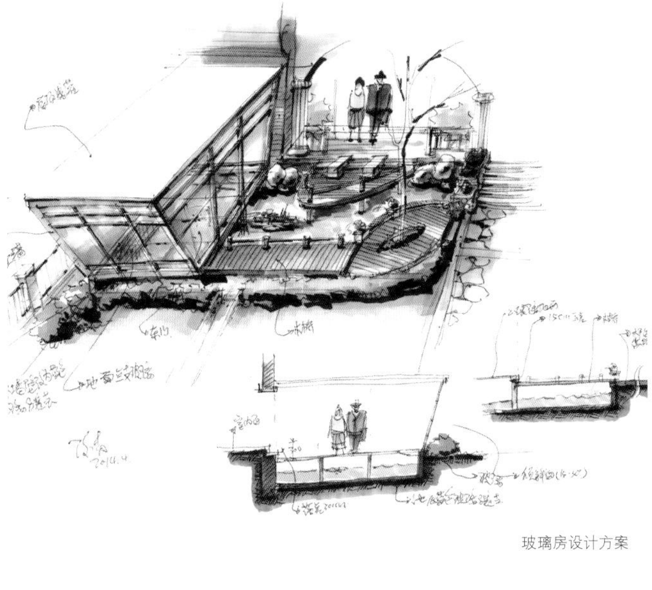

玻璃房设计方案

薛桂华

Xue Guihua

抚顺市浑河北岸景观建设改造实景图

抚顺金蕊风景园林设计有限公司董事长兼总经理。

1984年参加工作，从事园林景观设计工作三十余年。本着高度负责的态度，秉承学习和创新理念，在辽宁省城市发展中承揽了重要的绿化设计项目，为广大市民创造出一道道靓丽的风景线，为本省城市建设做出了突出的贡献。同时，在城市规划及风景园林设计领域、园林绿化工程中，潜心研究与探讨，成为辽宁省城市规划、园林行业的领军人。设计的作品曾多次荣获抚顺市、辽宁省优秀设计奖。

抚顺市浑河北岸景观建设改造实景图

主持完成的主要代表项目及获奖情况：

2006年，抚顺市劳动公园改造工程，荣获2009年度辽宁省优秀工程勘察设计三等奖

2007—2008年度抚顺市第十二届优秀工程勘察设计一等奖

2007年，东北育才抚顺分校景观设计

2007年，2007年居住工程环境建设项目

2009年，抚顺市东洲区文化广场工程，荣获2009年度抚顺市优秀工程勘察设计一等奖

2009年，抚顺县拉古工业园区道路绿化设计

2009年，三块石国家森林公园，南入口区园林景观设计

2010年，抚顺市浑河北岸生态建设改造设计，荣获2012年度辽宁省优秀工程勘察设计二等奖，2010-2011年度抚顺市第十四届优秀工程勘察设计一等奖

2012年，辽宁（营口）沿海产业基地道路景观工程

2013年，抚顺剧院环境景观设计，荣获2012年年度抚顺市优秀工程勘察设计市政工程类三等奖

2013年，抚顺社河河口湿地总体规划，项目荣获辽宁省优秀设计三等奖

抚顺市劳动公园改造鸟瞰图

抚顺市劳动公园环境改造实景图

顺城区政府广场设计鸟瞰图

参与艾景·因为爱景

龙山温泉实景图

吴应忠
Wu Yingzhong

2014 年参加国际园林景观规划设计大赛（艾景奖）

广州市企业家协会会员、《新楼盘》特邀顾问专家

曾任广美设计研究院设计主管、美国 AAM 集团公司设计部经理现任广州市圆美环境艺术设计有限公司总经理兼技术总监

主持完成的主要代表项目：

广东浩致集团肇庆华南智慧城园区景观设计（约 103 000 平方米）

广东凤铝龙山温泉酒店景观规划设计（约 66 700 多平方米）

新会古兜温泉度假村景观设计（约 327 374 平方米）

中山大学附属肿瘤医院院区景观设计（约 20 000 平方米）

广州市第四十九中学景观规划设计（约 10 000 平方米）

增城荔城广悦轩泊爵景观设计（约 23 000 平方米）

广东富华重工台山厂区园林设计（约 200 000 平方米）

山东鲁能集团公司宜宾 C-05 地块景观设计（约 57 300 平方米）

广西桃花岛旅游景观规划设计（约 4600 万平方米）

广东盘古开天东方蓬莱仙境乐园景观规划设计（约 660 万平方米）

江西高安瑞州公园景观规划设计（350 000 平方米）

多项作品被《新楼盘》、《品味庭院》、《私家花园》、《园艺家》、《图解庭院》等书籍收录。

龙山温泉实景图

天湖郦都实景图

龙山温泉实景图

天湖郦都实景图

主持完成的主要代表项目：

龙崆洞风景区规划修编（2008）

梅花湖风景区规划 (2008)

天津名湖荟萃景观规划 (2007)

涿州永济公园详细规划 (2009)

永春留安山公园详细规划（2009）

永春县万春寨风景区总规（2009）

武夷山南入口详细规划（2009）

东溪大峡谷出入口详规（2009）

东肖榕树小区景观设计（2010）

抚顺金开利广场规划设计（2012）

乌达校门设计（2010）

乌达保障性住房景观设计

抚顺大学景观设计（2013 - 2014）

乌海中央公园（2013 - 2014）

海勃湾穿城水系景观设计

甘德尔河万国园概念方案

兰州崔家大滩马滩元托峁沟水系景观概念方案

杭州和桦府景观设计

刘庭风

Liu Tingfeng

1967 年 2 月生，华南热带作物学院园艺专业本科，同济大学风景园林规划硕士和建筑历史理论博士，天津大学建筑设计及其理论博士后，师从古建筑古园林专家路秉杰教授和现代建筑园林专家彭一刚院士。

现为天津大学建筑学院艺术设计系和风景园林研究所教授、博士研究生导师，天津大学风景园林设计分院副院长。为世界营造学社筹备委员会委员、中国建筑史学会学术委员、中国风景园林历史分会副主任委员、英国皇家园艺学会会员、《中国园林》、《园林》、《世界园林》和《人文园林》四本杂志编委，以及北京城市发展研究院特聘研究员。曾在房地产、设计院、大学多地从事园林、规划、建筑的设计、研究、教学工作，主持过工程项目达 100 余项，出版专著九部，文集一部，发表学术论文 150 余篇，诗词杂文十余篇。

2005 年代表中国政府，率施工队参加汉普敦皇宫园林展，荣获超银奖。作品蝴蝶园捐献给英国皇家，移建于萨里郡的维斯丽花园（皇家园林）之中。时任英国大使的查大使出席了剪彩仪式。

所获荣誉：

知识经济与可持续发展战略学术研讨会论文，中国管理科学院四川分院，一等奖，2005

英国汉普敦皇宫国地园林展 2005，英国皇家园艺学会，超银奖，2005

2005 年度优秀工程技术论文选评，中国管理科学研究院四川分院，一等奖，2005

2003—2004 年度辽宁省城市规划优秀设计，辽宁省城市规划协会，一等奖，2006

蝴蝶园景观设计

蝴蝶园梁石祝矶

蝴蝶园水景

IDEA-KING®艾景奖®
参与艾景·因为爱景
年度资深景观规划师
Annual Senior Landscape Planners

主持完成的主要代表项目：

无锡市梁溪河滨河景观（无锡市的母亲河）获 2010 年省城乡建设系统优秀勘察设计三等奖

无锡新区伯渎港滨水绿地景观获无锡市政府太湖流域水治理的样板工程（省市领导召开全市现场会议）

宜兴市大溪河公园（大型自然水系）获 2005 年度无锡市城乡建设系统优秀勘察设计三等奖

无锡 - 新沂工业园中央湖公园景观设计（设计规模 10 公顷）

江苏昆山时代大厦晨曦湾公园景观设计（大型城市中心景观水域设计）

无锡锡东新城高铁商务区九里河生态修复（明代就已经存在的古老河流，设计规模 21 公顷）

无锡太湖新城路网绿化专项规划（太湖新城道路整体性景观系统规划）

S342 虞宜线（锡沪路）景观设计（省道绿化景观，设计规模 36 公顷）

无锡中国微纳国际创新园景观设计（国家级高新科技园区景观）

无锡锡东新城高铁商务区胶阳路景观设计（城市大型风景廊道，设计规模 60 公顷）

周正明

Zhou Zhengming

从 1971 年起长期从事风景园林景观设计与建设工作

2002 年至 2009 年期间担任无锡市政设计院副总工程师和景观专业负责人

2010 年起担任无锡乾晟景观设计有限公司总经理兼设计总监

拥有四十余年的景观设计、施工及管理经验。项目涉及范围广泛，包括别墅庭院、精品会所、高端地产、公建环境、大型滨水空间到城市道路、广场、城市公园、历史街区改造等

多年来主持、参与的省、市重大工程项目获得省、市的一、二、三等奖达 17 项，并多次担任省、市重点建设项目的评审专家、评委。目前已经获得六十余项发明、实用新型和外观专利。2008 年被无锡市政府授予"2007—2009 年度无锡市突出贡献"荣誉称号，享受政府津贴。2009 年荣获无锡市委、市政府颁发的"2007—2008 年度无锡市高技能人才成就奖"，同时也是上海海粟美术设计院客座教授。

"渔趣园" 渔船渔网充满江南

滨水植物配置立面图

胶阳路吼山前绿地

胶阳路水体段泄洪道

莲香湖鸟瞰

麦珂

Mai Ke

1994 年 浙江理工大学本科毕业

1998 年 广州美院研修班

2000 年 成立香港麦珂空间设计事务所有限公司

2005 年 意大利多莫斯设计学院学习

2006 年 成立杭州麦方装饰设计工程有限公司

2010—2011 年荣获中国国际设计艺术博览会年度十大最具影响力设计师奖（商业空间内）

2011—2012 年荣获 2012 国际景观规划设计大会新锐景观规划师

主持完成的主要代表项目：

江西樟树东方死海养生度假区

福建青年会

福州芍园一号创意园

乐清创意园

临平创意园

杭州乔兴创意园

温州大学科技城核心区改造

下沙新天地生态园

水回廊会所

台湾皮尔世绅鞋业嘉兴办公楼

平湖花园酒店

钱江晚报广告部

第五时尚创意园

杭州川成元餐厅

汉龙威尔外贸服饰品牌杭州专卖店

ANJOR 2009 北京展会

【河岸广场景观方案】

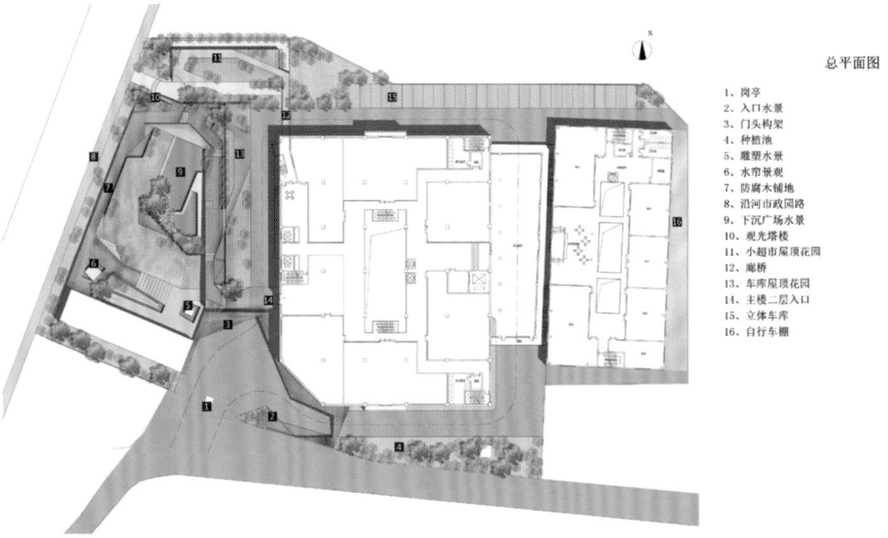
总平面图
1、岗亭
2、入口水景
3、门头构架
4、种植池
5、雕塑水景
6、水帘景观
7、防腐木铺地
8、沿河市政园路
9、下沉广场水景
10、观光塔楼
11、小超市屋顶花园
12、廊桥
13、车库屋顶花园
14、主楼二层入口
15、立体车库
16、自行车棚

打铁关创意园总平面图

打铁关创意园效果图（一）

打铁关创意园效果图（二）

郁吴村电影博物馆项目设计方案（一）

郁吴村电影博物馆项目设计方案（二）

郁吴村电影博物馆项目设计方案（三）

坡顶景观亭效果

陈国刚

Chen Guogang

1998 年 10 月—2002 年 2 月 任广东省肇庆市公路局技术员

2002 年 3 月—2007 年 6 月 任深圳市紫月景观设计有限公司景观设计师

2007 年 7 月至今任深圳市睿道景观规划设计工程有限公司任职设计总监

主持完成的主要代表项目：

君兰高尔夫三期别墅区

山东烟台御花园景观规划及设计

海南省三亚市中兴海外人才拓展中心、中兴国际交流中心园林

深圳深房集团深房御府项目景观设计

深圳周大福集团大厦景观设计

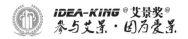

剖面图

生态花溪局部效果图

生态休闲区效果图

北海红树林鸟瞰

刘清彬

Liu Qingbin

2002 年广东海洋大学园林景观系大专毕业

2009 年北京林业大学园林系本科毕业

2013 年获得深圳市风景园林协会颁发的园林绿化项目负责人证书

现任深圳市睿道景观规划设计工程有限公司总经理、深圳市彩盛园林工程有限公司董事长，任深圳福田企业家协会常务理事。

主持完成的主要代表项目及荣誉：

木莲花园景观绿化景观设计

海雅广场园林景观设计—获 2013 第三届优秀景观设计机构奖

山东鲁菜文化街及别墅区—获 2013 第三届优秀景观设计机构奖

河南班芙世外公园—获 2013 第三届优秀景观设计机构奖

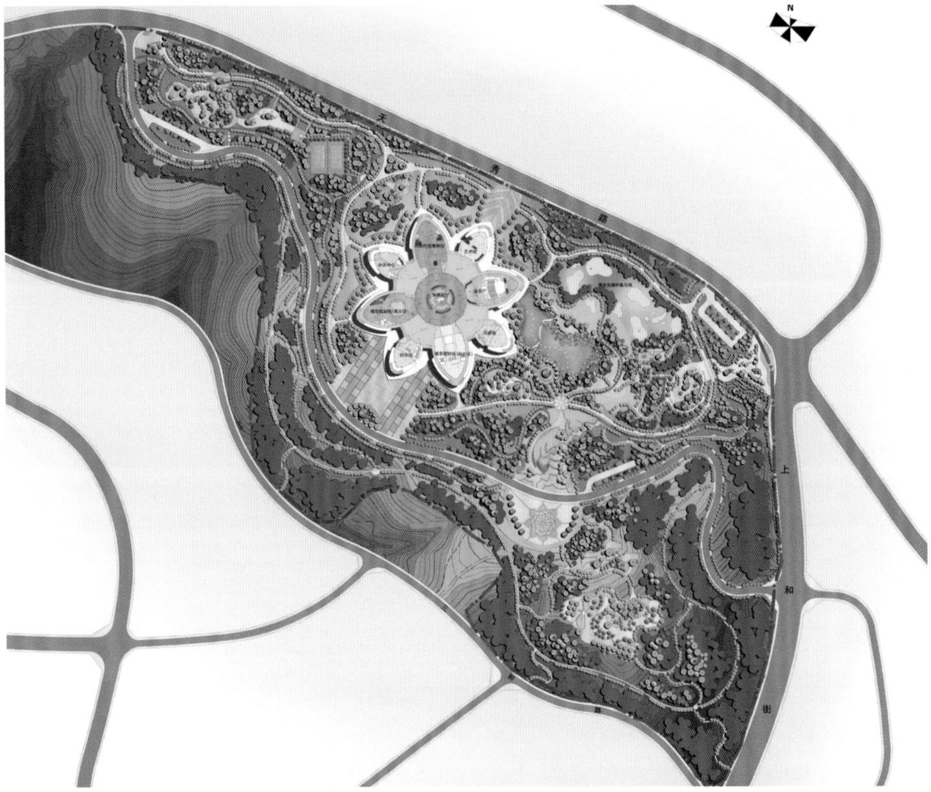

木莲公园总平面图

湖中亲水广场效果

木莲公园山体景观局部效果

木莲公园湖岸效果

木莲公园生态湖局部效果

木莲公园主入口效果

竹林小径效果

时惠来

Shi Huilai

2004 年美国宾夕法尼亚大学景观建筑硕士学位(获最高奖学金)

2000 年同济大学建筑系毕业

中国苏州科技大学建筑学学士学位

主持完成的主要代表项目及荣誉：

纽约州： 卡内尔大学生命科学中心景观

加拿大： 哥伦比亚大学景观大道

北卡罗来纳州： 101 福斯特大街

澳大利亚： 堪培拉中央公园景观设计 评委会奖

纽约： 布鲁克林院景观设计

纽约： 哥伦布环岛景观设计

开曼岛： 西印度俱乐部景观设计

康涅狄格州： 斯坦福米尔河景观设计

台湾嘉义： 台北“故宫博物院”景观设计

纽约： 纽约新高线设计景观大赛 评委会奖

上海： 2010 世博会国际竞赛 二等奖

珠海： 珠海情侣路改造景观规划

常熟： 常熟医院景观设计 一等奖

路易斯安那州： 二战博物馆景观设计

大连： 大连服务外包基地规划设计

苏州： 星港街绿荫大道设计 一等奖

上海： 滨江花园景观设计

沈阳： 亿达丽景田园景观设计

太原： 汾酒商务中心景观设计

南京： 麒麟生态科技城中央公园景观设计

泰州： 泰州会展中心景观设计

昆山： 美国杜克大学景观设计 一等奖

江都： 江都滨江新城中心湖景观规划设计

江阴： 江阴蟠龙山公园概念规划设计

苏州： 苏州工业园区恒华办公区景观设计

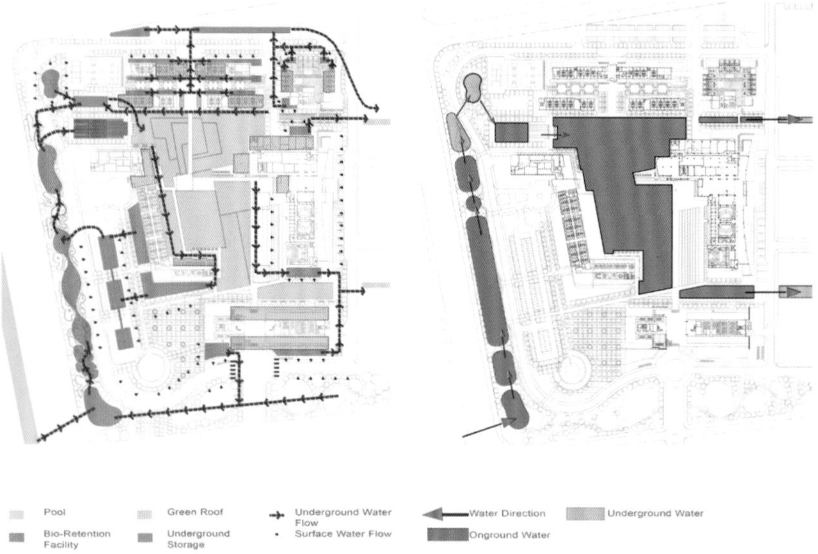

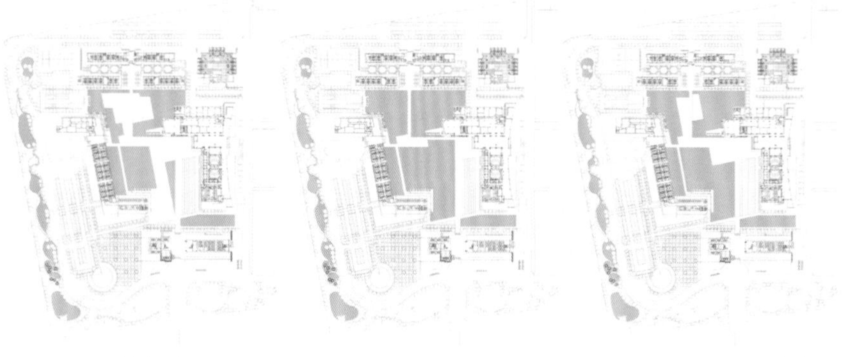

杜克大学昆山校区景观设计

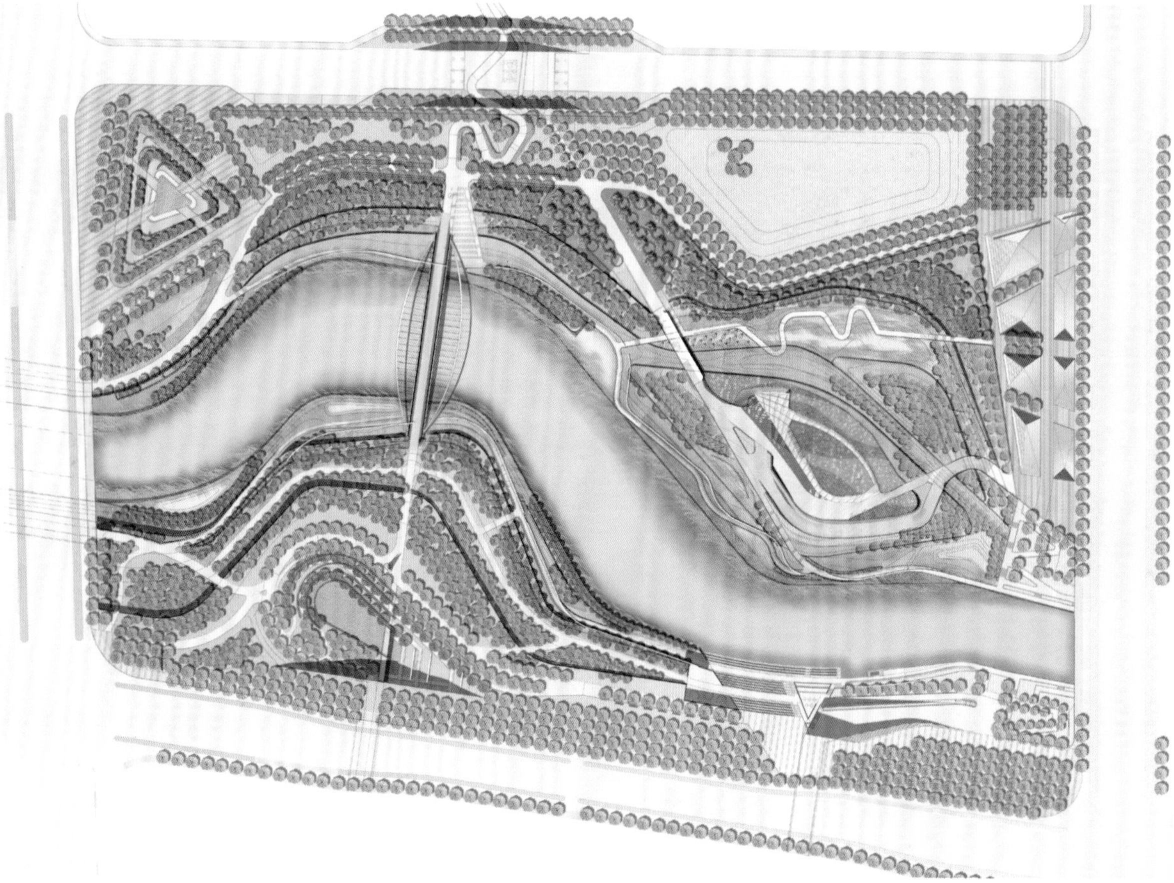

南京运粮河景观设计

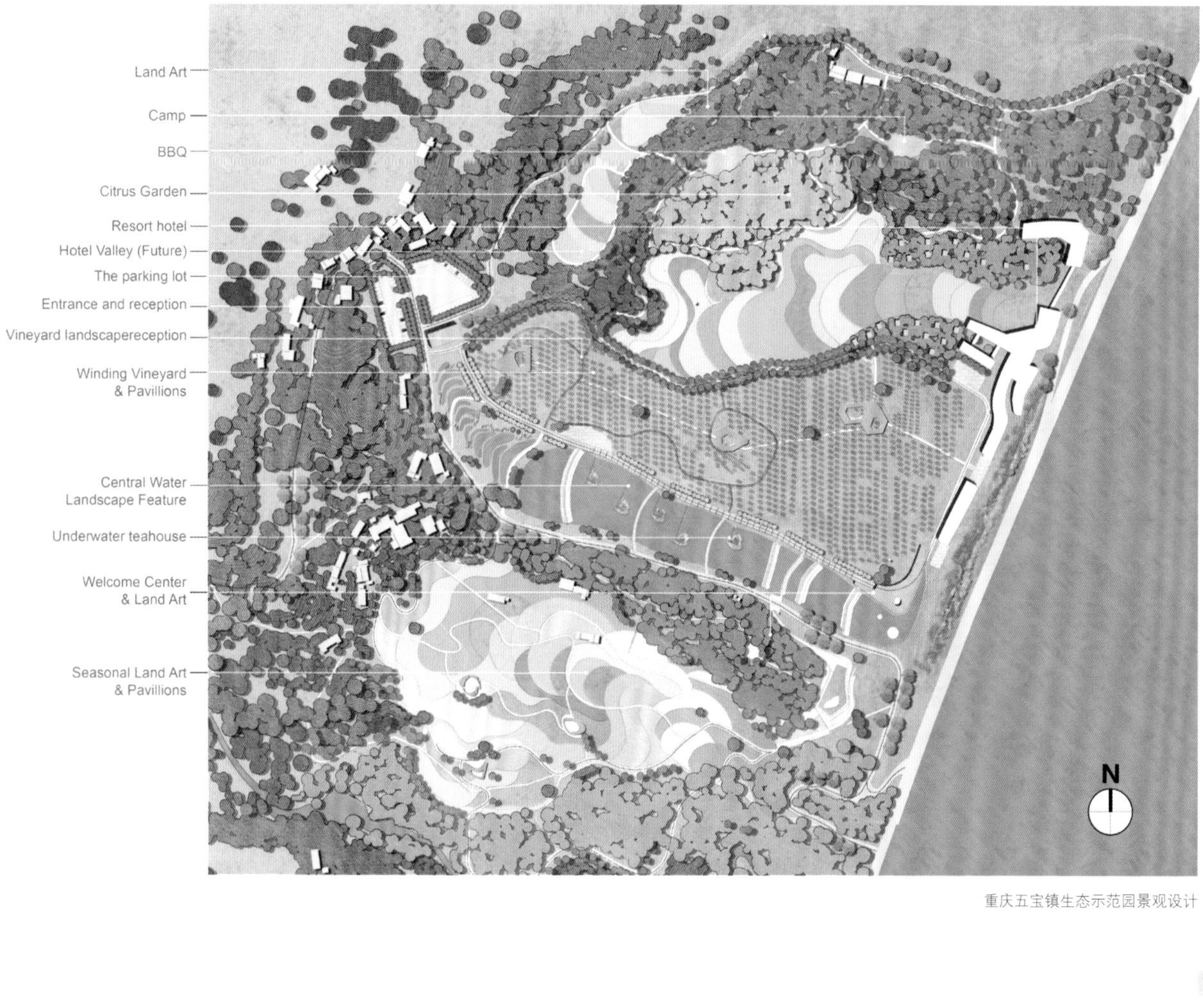
Land Art
Camp
BBQ
Citrus Garden
Resort hotel
Hotel Valley (Future)
The parking lot
Entrance and reception
Vineyard landscapereception
Winding Vineyard & Pavillions
Central Water Landscape Feature
Underwater teahouse
Welcome Center & Land Art
Seasonal Land Art & Pavillions
N

重庆五宝镇生态示范园景观设计

薛志强

Xue Zhiqiang

2013 年 11 月—至今 北京东方园林股份有限公司高级经理

2010 年—2013 年北京绿维创景规划设计院城镇规划中心副主任

2009 年—2010 年中国建筑设计研究院亚太建设科技信息研究院项目负责人

2005 年—2009 年清华工美神笔形象设计机构设计总监

主持完成的主要代表项目：

2014 年天津蓟县西石矿生态修复与产业策划项目 （景观负责）

2013 年河南省洛阳伊洛河水生态文明示范区概念性规划方案（国际征集第一名）（主创）

2013 年山西临汾晋牛煤矿生态修复与景观设计项目 （项目经理）

2013 年成都市梯次推进河流水系生态建设实施规划 （项目经理）

2013 年中国生态文明贵阳国际论坛永久会址即中国（贵阳）朱昌国际生态文明先行实践区总体策划、概念规划、城市设计方案（总设计师）

2012 年山西临汾洪洞县皇英大道及皇英广场等景观设计 （项目经理）

2012 年河南开封清明上河园 5A 景区提升策划 （项目经理）

2012 年包头九原秦汉文化遗址公园概念性规划及多媒体汇报 （项目经理）

2011 年湖南省新晃夜郎古国侗民族风情产业区总体规划及夜郎王宫片区修建性详细规划 （项目经理）

2010 年青海省尖扎县直岗拉卡村藏族村落旅游地项目改造与提升设计 （项目经理）

2010 年三亚市华宇南岛生态度假区概念规划设计 （景观负责）

2010 年辽宁本溪新城主核心区南区一期用地修建性详细规划 （景观负责）

2010 年广东惠州巽寮湾度假区高尔夫别墅及游艇别墅项目景观概念设计

2009 年辽宁省营口市文化艺术中心及奥体中心景观规划设计 （项目经理）

2009 年盘锦市金帛湾船舶工业基地水城景观概念规划 （项目经理）

2008 年江苏涟水县烈士陵园以及日月湖北岸景观规划设计 （项目经理）

2008 年山东省滨州市商业街景观规划概念设计 （项目经理）

2008 年北京阳光丽城度假酒店 VIP 豪华会所室内外景观环境整体设计（五星）

2008 年北京阳光丽城度假酒店景观规划设计 -（四星级）（项目经理）

2008 年江苏涟水县涟河景观三期工程规划设计 （项目经理）

生态文明论坛永久会址景观

贵阳－生态文明论坛永久会址－鸟瞰

贵阳－阳光丽城温泉度假酒店景观设计

涟水雕塑

李健宏

Li JianHong

1989 年获得北京农学院学士学位

1995 年获得北京林业大学园林系硕士学位

现攻读北京林业大学城市规划专业博士研究生。

1989—1998 年 任海淀园林局设计师

1998—2001 年 北京土人景观与建筑规划设计研究院资深景观设计师、城市规划设计师

2003 年 优地联合（北京）建筑景观设计咨询有限公司首席设计师

2006 年—至今 任优地联合（北京）建筑景观设计公司执行董事

主要代表项目及荣誉：

2013 年龙湖·葡醍海湾 （主创设计师）获 2013 年艾景奖年度十佳设计奖（ILIA_ 国际园林景观规划设计行业协会）

2010 年龙湖·香醍漫步及香醍别苑绿化设计（主创设计师）获 2009 年北京园林优秀设计三等奖（北京园林绿化局、北京园林学会）

2009 年茂华集团璟都会（主创设计师）获 2008 年北京园林优秀设计三等奖（北京园林绿化局、北京园林学会）

2009 年抚顺市劳动公园改造工程（主要完成人员）获 2009 年度辽宁省工程勘察设计三等奖（辽宁省住房和城乡建设厅）

2008 年燕墩遗址（北区）公园（全程参与）获 2007 年北京园林优秀设计三等奖（北京园林绿化局、北京园林学会）

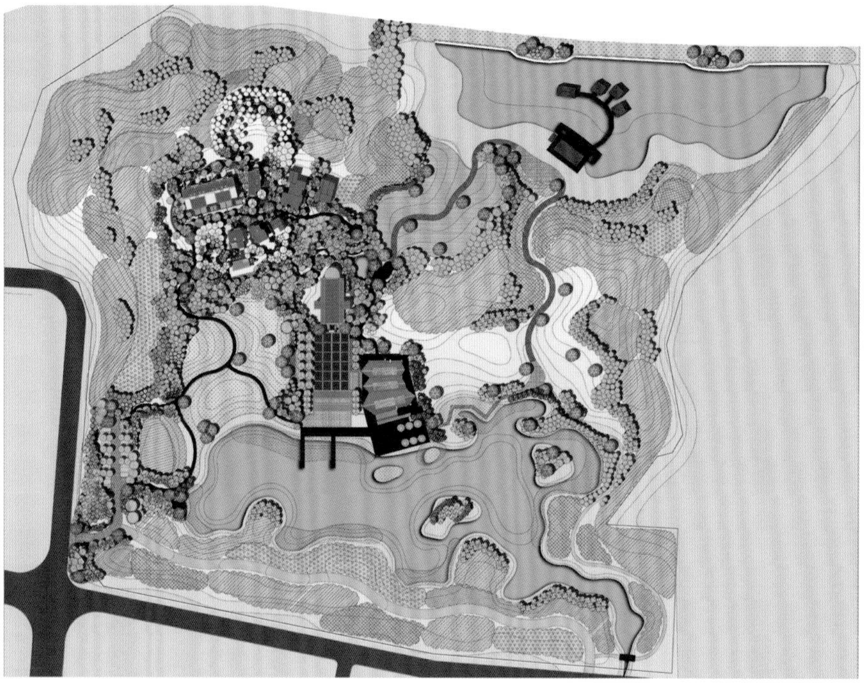

龙湖葡醍海湾平面图

鸿坤花语墅夜景鸟瞰效果图

龙湖葡醍海湾实景照片

龙湖葡醍海湾实景照片

旭辉御锦中心花园

中心花园

由杨

You Yang

1993 年获得哈尔滨工业大学建筑学院学士学位

1996 年获得北京建筑工程学院建筑系硕士学位

现攻读北京林业大学城市规划专业博士研究生

1996 年 5 月—2001 年 4 月 北京市建筑设计研究院 建筑师

2001 年 5 月—2003 年 10 月 EDSA-Qrient 景观设计公司资深项目经理、资深景观设计师

2003 年 10 月—至今 优地联合（北京）建筑景观设计咨询有限公司董事长兼总经理

主要代表项目及荣誉：

2013 年龙湖·葡醍海湾 （主创设计师）获 2013 年艾景奖年度十佳设计奖（ILIA 国际园林景观规划设计行业协会）

2010 年龙湖·香醍漫步及香醍别苑绿化设计（主创设计师）获 2009年北京园林优秀设计三等奖(北京园林绿化局、北京园林学会)

2009 年茂华集团璟都会（主创设计师）获 2008 年北京园林优秀设计三等奖（北京园林绿化局、北京园林学会）

2009 年抚顺市劳动公园改造工程（主要完成人员）获 2009 年度辽宁省工程勘察设计三等奖（辽宁省住房和城乡建设厅）

2008 年燕墩遗址（北区）公园（全程参与）获 2007 年北京园林优秀设计三等奖（北京园林绿化局、北京园林学会）

龙湖长楹天街实景图

中铁花溪渡实景（一）

中铁花溪渡实景（二）

中铁花溪渡实景（三）

中铁花溪渡屋顶花园实景

年度设计机构

年度十佳景观设计机构 /062

年度杰出景观设计机构 /074

年度优秀景观设计机构 /086

年度百佳景观设计机构 /096

AECOM 艾奕康环境规划设计（上海）有限公司
AECOM

公司简介

AECOM 景观建筑是我们规划和设计业务中不可或缺的组成部分。身为景观建筑师及设计专业人士，我们追求大胆创新的设计方案。从设计本身出发、以设计过程为导向，力图构筑、改善并维护城市及自然环境。在我们的工作中，文化及情感认同占据首位，无论是细部设计、实体规划还是宏观的政策框架，我们提供改善生活质量、有效利用资源的可行性方案。

AECOM 融合世界多家领先的咨询公司，荟萃了不同领域的设计与工程专家，通力协作，从事规模不等、背景各异的多类型项目。正是源于对卓越设计的孜孜以求，倡导跨学科思维的开放理念，才会吸引了众多专家汇聚于此，共同努力。

大同文瀛湖

沈阳卧龙湖

沈阳卧龙湖

华东建筑设计研究总院策划及城市设计研究所

Programming & Urban Planning Research Department Manager.ECADI

URBAN DESIGN

公司简介

企业历史

华东建筑设计研究总院隶属上海现代建筑设计集团，由华东建筑设计研究院改制而来，秉承了其悠久的历史、雄厚的技术实力和良好的社会声誉，是我国成立最早的大型综合性建筑设计院之一。自 1952 年成立以来，设计项目遍及 27 个省市、16 个国家和地区，完成工程设计及咨询 2 万余项，并与百余家境外建筑师设计事务所、工程公司合作设计 300 多项工程。

员工结构

我院先后培养出中国工程院院士 1 名、国家级设计大师 3 名，并为同行业输送了大批优秀专业技术人才。目前拥有员工逾千名，具认可资格设计人员近 900 名，其中教授级高级建筑师 / 高级工程师近 400 名。尤其是在建筑、结构、机电各专业中，国家一级注册建筑师、国家一级注册结构工程师和国家注册公用设备（或电气）工程师的数量均超过百名。员工中大学本科以上人员占 85%、硕士研究生以上人员占 21%。此外，我院还有 13 位专家享受政府特殊津贴。

组织机构

我院设有 4 个建筑事业部、2 个结构院、2 个机电院、1 个智能化设计部，还有新特思酒店专业设计部、建筑创作中心、项目管理部、医疗卫生建筑设计部、专项设计部、专项技术发展与服务中心以及各职能管理部门。还设有大连分院、苏州分院、重庆分院、北京分公司、青岛办事处、武汉办事处、天津办事处、杭州办事处、南京办事处、南宁办事处、成都办事处等驻外分支机构。

质保体系

1997 年分别通过了法国 BVQI 公司和中国长城公司的 ISO9001 质量保证体系贯标认证，成为国内最早获得认证的建筑设计企业之一，并于 2000 年和 2003 年先后通过了 BVQI 的复审和 ISO9001：2000 的换证审核。2000 年 12 月与中国人民保险公司签订了建设工程设计责任保险，是上海市投保建设工程设计责任险的第一家设计公司。

滇池西岸公园

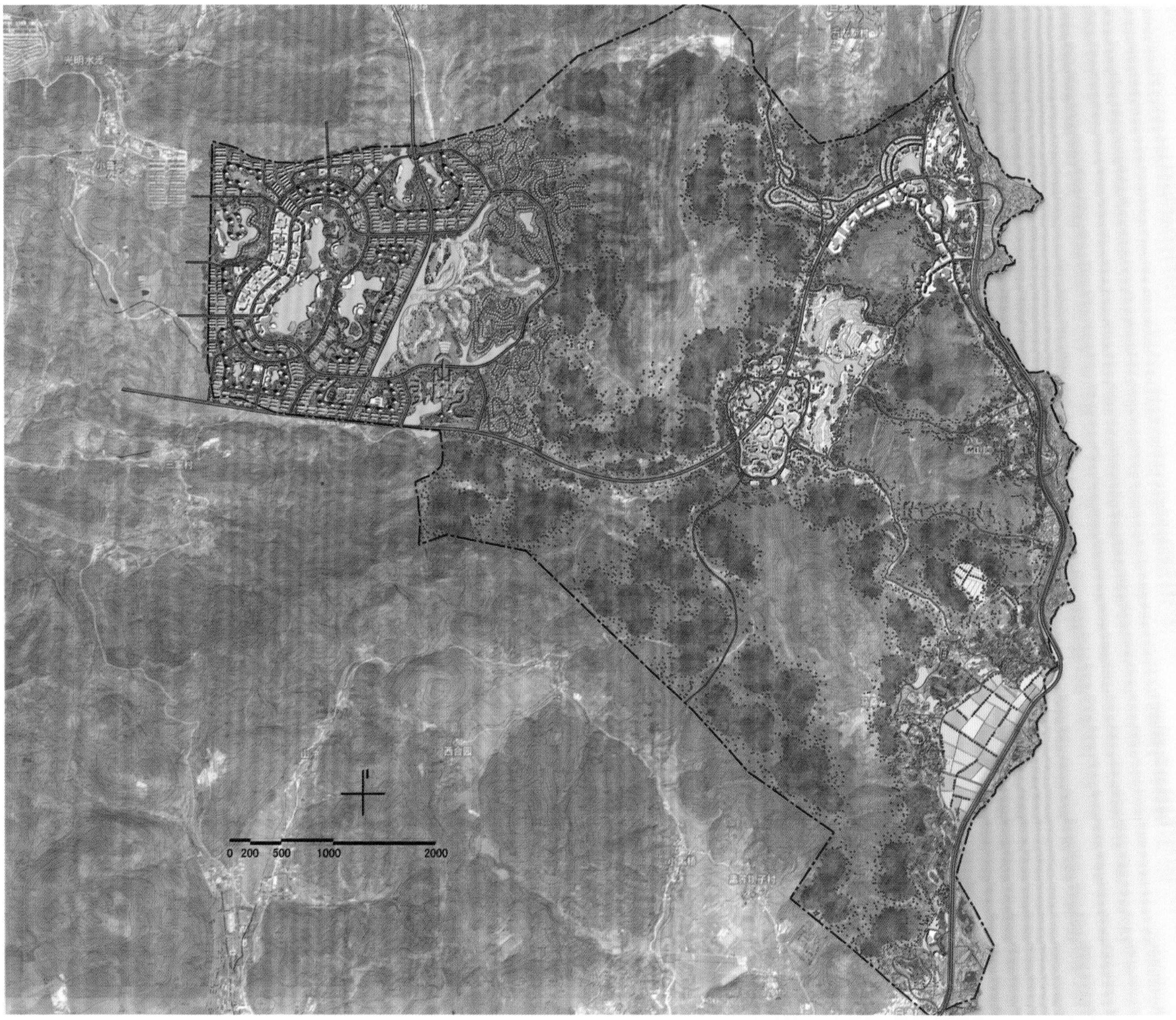

大西华

沈阳市规划设计研究院
Shenyang Urban Planning & Design Institute

公司简介

沈阳市规划设计研究院始建于 1960 年。全院现有规划研究所、规划设计一所、规划设计二所（浑南分院规划所）、规划设计三所（沈北分院）、规划设计四所（沈西分院）、城市设计所（沈溪分院）、景观规划所、道路交通研究所、市政管网研究所九个专业科所，以及浑南分院、土地分院、建筑分院三个综合分院。能承担区域规划、土地利用规划、城市总体规划、分区规划、控制性详细规划、修建性详细规划、各专业专项规划、风景区规划、环境设计、河湖水系综合治理规划、建筑工程设计、道路工程设计、市政管网工程设计、室内外装修设计、模型制作及科技咨询和可行性研究。

多年来，我院与国内外各大设计院建立了合作伙伴关系，并聘请美国、德国设计师长期来院工作，掌握着世界最先进的设计理念和规划动态，院科研设计工作已经与国际接轨。

沈阳市金廊沿线绿化景观规划

首府新区七二四休闲健身长廊景观深化设计

新疆荣葳环境规划建设有限公司
China Rongwei Environment Group

公司简介

“荣葳设计”是一个兼具城市规划和景观设计的品牌，2011年成立，属于中国荣葳环境集团旗下公司。通过三年的成长，荣葳在生态修复、园林景观设计、城市公共空间、滨河景观规划与设计、绿地系统规划、住宅和商业景观设计、风景区规划与设计、生态环境提升、旧城改造、度假酒店与度假村、工业与科技园区等领域都创造了高品质且充满创意的设计作品。荣葳设计立志成为一个全程化设计的国际化品牌，是中国设计界一股迅速上升的令人关注的力量。它享有业界最系统的管理制度，并将随着时间的推移不断提升和完善。

荣葳设计始终致力于绿色生态和可持续发展的国际理念，在每个项目中都寻求机会修复和保护环境，探索生态设计的技术和方法，提高社会对自然环境和历史文化的敏感性和责任感，并寻求艺术化的语言方式，满足人们的精神和心灵的需求，以创造有灵性的人性化的空间。

新疆若羌县楼兰公园景观规划设计

新疆建设兵团二二三和谐公园

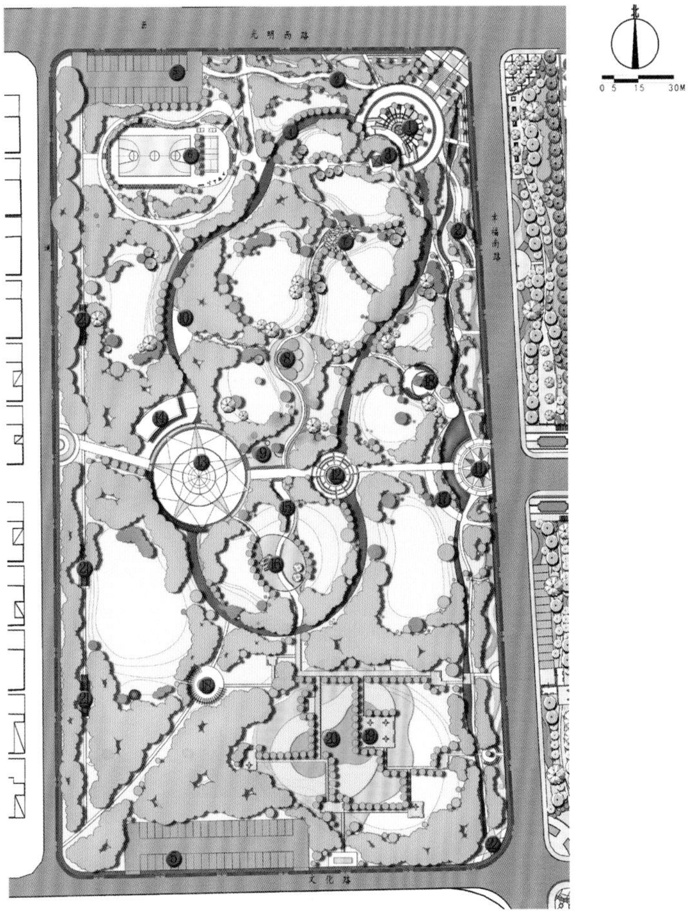

经济技术指标			
序号	名　称	面　积（单位㎡）	百分比（%）
1	总规划面积	52208㎡	100%
2	水系占地面积	489.7㎡	1.0%
3	绿地占地面积	40846.5㎡	78.4%
4	硬化占地面积	10742.8㎡	20.6%
5	建筑占地面积	129㎡	20.6%

1 花果满园　2 造型景墙
3 文化挡墙　4 特色红砖路
5 生态停车场　6 运动广场
7 展之叶　8 绽之花
9 结之果　10 花鸟石间
11 滨水广场　12 绿荫广场
13 健身广场　14 服务中心
15 记忆垣墙　16 儿童游乐广场
17 滨水步道　18 特色花架
19 林下栈道　20 特色雕塑
21 休闲廊架　22 花池景石

新疆建设兵团二二三和谐公园平面图

新疆建设兵团二二三和谐公园

巅峰智业
DAVOST INTELLIGENCE
旅游全产业链创意服务商

北京巅峰智业旅游文化创意股份有限公司
Davost Intelligence

公司简介

巅峰智业旅游文化创意股份有限公司（简称巅峰智业）始创于2001年，是国内最早专业从事旅游规划设计业务的企业之一。其前身为北京达沃斯巅峰旅游规划设计院有限公司，旗下有北京达沃斯巅峰旅游投资管理有限公司、北京巅峰美景科技有限责任公司、艾肯联合建筑规划设计顾问有限公司三家全资子公司。

巅峰智业在以旅游规划设计为核心业务的基础上，不断延伸旅游产业链整体服务，大力发展景区投资运营管理和智慧旅游、智慧营销业务，形成"规划 - 设计 - 投资 - 运营 - 营销"综合性、一体化的服务体系，以及全链条、一站式服务能力。

公司总部设在北京，并在上海、广州、成都、西安、南昌、哈尔滨、贵阳等地拥有分公司和办事处。目前已发展为行业知名度较高、市场占有率领先的旅游全产业链创意服务商，是中国旅游全程智力服务的首选品牌。

公司拥有旅游规划设计甲级资质、城乡规划甲级资质、园林景观设计资质、建筑设计资质、土地规划资质。业务覆盖全国31个省市自治区，共计完成1700余项高品质的规划设计作品，获得200余项国际、国内竞标第一名。2015年，巅峰智业被文化部命名为"国家文化产业示范基地"，荣膺"亚洲金旅奖·最具品牌影响力旅游规划企业"、"一带一路·最具创新力旅游企业"等。

近年来承担了中国丝绸之路旅游区旅游总体规划，天津市、黑龙江省、湖北省等地旅游业发展"十三五"规划，贵州省生态文化旅游产业发展规划，福建省旅游产业创新提升规划，杭州市旅游业发展"十二五"规划，中航地产巽寮湾中欧交流基地项目概念性规划设计，八达岭长城大景区概念性规划，"洪湖岸边是家乡"湿地生态旅游城详细规划，山东省泰山风景名胜区旅游总体规划，江苏省南京"秦淮河——长干里"旅游开发概念性策划，华北及东北区域红色旅游规划，四川省攀枝花市旅游营销总体策划，北京奥林匹克公园创建国家5A级旅游景区全程咨询服务，西咸空港新城城市中心区发展策略研究及城市设计，内蒙古小黑河景观方案、扩初、施工图设计，黄河口湿地公园放飞区景观概念性规划，海西国家级文化产业园概念性规划，山东周村古商城旅游总体规划，重庆万盛黑山谷提升改造策划规划及方案设计，湖南资兴市东江湖创建国家5A级旅游景区提升规划及重要景点修建性详细规划等一大批标志性旅游规划设计项目，并受托为贵州龙宫风景名胜区(5A)、重庆万盛黑山谷景区(5A)、湖南资兴市东江湖旅游景区(5A)、山东周村古商城(4A)、北京十渡景区(4A)、四川泸州张坝桂圆林旅游区(4A)、四川遂宁观音湖湿地公园(4A)、四川阿坝州金川观音桥景区(4A)和内蒙古布苏里北疆军事文化区等国内知名景区提供运营管理服务。

公司遵循"为中国旅游投智"的服务理念，致力于成为我国旅游行业的推动者和领先者，经过十余年的发展，公司在行业内逐渐形成了前沿的技术优势及核心竞争力，已成为行业内具有强大影响力的一流企业。

智点江山，业峻鸿绩，缔造巅峰之作。

湖北省襄阳市南漳县水镜湖休闲度假区空间发展战略研究及规划设计项目

海南万宁、东山岭片区开发咨询与概念性城市设计

湖北孝感临空经济区白水服务区发展策略及概念性规划设计项目

柳泉新城概念性总体规划及重点区域城市设计项目

广西桂林大圩古镇生态文化度假区古镇东区部分鸟瞰

深圳文科园林股份有限公司
Shenzhen Wenke Landscape Co.,Ltd.

公司简介

深圳文科园林股份有限公司是1996年在深圳市注册成立的综合性园林企业。主要从事城市公园、市政道路、高速公路、住宅环境、人造景观、屋顶花园、水景喷泉、市政广场的园林绿化建设和改造工程。

公司承建的清新金碧天下园林景观工程、广州御景半岛园林景观工程、重庆金碧天下园林景观工程、昆明万达滇池卫城园林景观工程、石家庄恒大华府景观工程、深圳南光高速公路绿化工程、深圳梅林公园景观工程、广东恒大国际足球学校景观工程、佛山劲嘉金棕榈湾园林建筑绿化工程、深圳罗湖口岸及火车站东广场园林绿化工程等项目分获国家、省、市各级风景园林优良样板工程奖。

"文化建园，科学造林"。公司的企业战略是：通过服务高端客户，成为精品园林的领导者。自2009年以来，公司启动质量年活动，力创"文科"园林行业的质量品牌。文科园林将继续以锐意进取的姿态，以"创建世界一流的人居环境"为宗旨，为我国生态文明建设和"美丽中国"的伟大事业做出新的贡献。

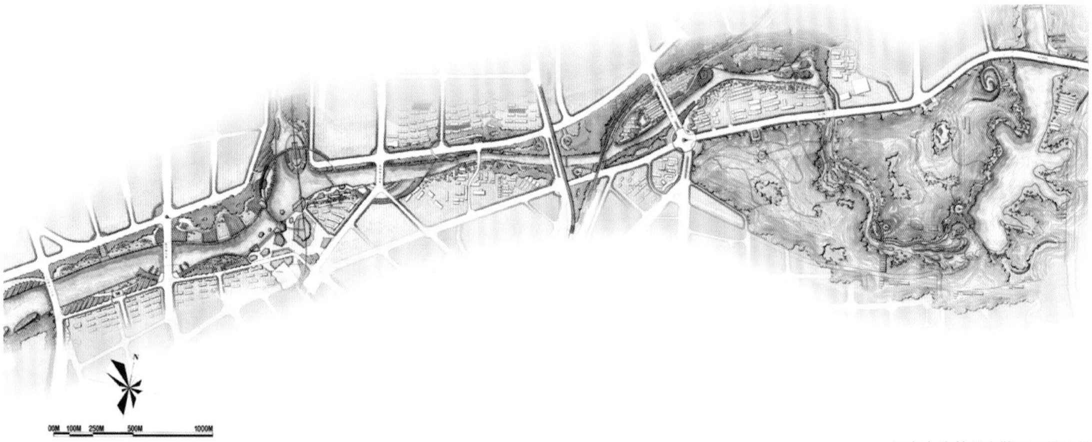

辽宁大连普兰店鞍子河景观带

江西南昌新干酒店

辽宁辽中富兴湖畔欣城

昆明万达滇池卫城

从化富力泉天下

汇绿园林建设股份有限公司
Huilv Landscape Construction Co.,Ltd.

公司简介

汇绿园林建设股份有限公司成立于 2001 年 8 月，公司的主营业务为园林绿化工程施工、园林景观设计、苗木种植及绿化养护。

公司始终坚持以工程质量为本、跨区域经营的发展思路，以科学的管理手段，雄厚的技术力量，精良的施工设备，先后承接了宁波市东钱湖阳光水岸工程、广东清远飞来湖防灾减灾工程、北仑同三高速出口绿化工程、成都体育公园、济宁王母阁公园等工程项目。公司根据＂立足甬城、面向全省、走向中国＂的发展思路，在致力于工程质量提升的同时，公司园林工程施工业务已由浙江地区逐步扩展至江苏、广东、四川、海南、山东、安徽、福建等区域，取得了良好的经济效益和社会效益。公司也荣获了浙江省“进赣施工经营管理先进企业”称号和宁波市建筑行业“走出去”发展先进企业等称号。

面对激烈的市场竞争，公司将以＂汇贤图治、绿境文心＂为企业宗旨，以＂厚德树人、匠心艺园＂为企业理念，真诚与社会各界开展密切合作，为广大新老客户提供优质服务，为生态文明建设和“美丽中国”建设做出贡献。

凤凰湖（一）

凤凰湖（二）

汉阳墨水湖公园－白天

高龙台

高龙台效果

百安木设计咨询（北京）有限公司
Ballistic Architecture Machine （Beijing）Co.,Ltd.

公司简介

BAM 是一家屡获殊荣的艺术、景观及建筑设计公司，在北京和纽约均设有工作室。BAM 拥有对世界各地不同项目的设计及建造经验，可为客户提供全方位的设计服务，实现项目艺术和文化价值最大化。BAM 从环境、城市规划、景观、建筑和艺术多个角度出发思考，为项目寻求最佳解决方案。通过综合分析得出的最佳方案与各专业结合及与客户紧密的互动后，如此所建成的项目无一不为我们的生活环境做出了极具意义的贡献。

BAM 坚信人们关于自然的理念正在逐渐发生转变。随着新技术开始改变我们生存的环境，我们对于自然的理解也开始过时。这些变化不仅减少了我们与自然之间的互动，也使我们变得不再那么珍视周围环境。正是通过艺术和技术领域的思考，BAM 开始重新考虑传统意义上的自然概念。BAM 的目标是通过设计可以改善人们对生活的态度，帮助人们开始重新珍视周围环境，让人类与环境之间建立一种全新的、健康的关系。

BAM 的工作室是一个闪耀着国际化创造激情的工作环境。我们坚信一个好的设计师应当参与项目的各个阶段。来自世界各地的设计师们齐聚在 BAM，共同分享对于设计的激情。工作室中多元化的文化和教育背景间的碰撞使项目在每个阶段的设计和管理中迸发出与众不同的火花。

Company Profile

BAM is an award-winning art, landscape, and architectural design firm with offices in Beijing and New York City. Founded in 2007, BAM became anomalous as a locally grown design firm in China started by foreigners. The experience of establishing a design practice in a rapidly changing contemporary Chinese metropolis gives BAM a unique insight into the role of design in today's cities. BAM's diverse team of designers has delivered projects for clients in China, Taiwan, the US, the UK, Iceland, and Belgium.

Since its founding BAM believes our collective idea of nature is gradually changing. As technology continuously shapes our environment, our perception of nature is becoming outdated. These changes are diminishing not only our interaction with nature but also how we value our surroundings. By thinking across artistic and technical fields BAM reconsiders our civilizations' conceptsof nature. BAM's goal is to create projects that improve people's lives, help us value our surroundings, and enable us to move towards a new and healthy relationship to our environment.

The BAM studio is a stimulating and vibrant workplace that reflects the international nature of the projects. BAM's should be able to contribute to all stages of the design process. Designers from around the world come to work at BAM and share in this exciting approach to design. The studio's combined experience and education result in exceptional design and management service at every stage of a project.

潍坊青华设计有限公司
Weifangqinghua Landscaping Co.,Ltd.

公司简介

潍坊青华设计有限公司成立于 2005 年 9 月，经山东省住房和城乡建设厅批准为风景园林工程设计专项乙级资质，主要从事风景园林工程设计、园林绿化工程设计、规划景观设计、景观配套设计及景观绿化工程技术咨询服务，是山东半岛地区卓有影响力的园林景观工程专业设计公司之一。

潍坊青华设计有限公司本着“诚信、敬业、求实、创新”的企业精神，秉承“客户是永恒的朋友、员工是永远的财富”的核心价值观，先后参与了潍坊、烟台、日照、东营、淄博、青州等地多项大型河道整治、市政景观、旅游景区、公园绿地、厂区、居住区等景观设计工程，公司逐渐从默默无闻到享誉业界，掀开了园林设计行业的崭新篇章。

遵循“传统与现代、古典与潮流、人文与自然、实用与美观、文化与艺术相融合的理念，视工程为艺术，力创经典工程”的设计理念，潍坊青华设计有限公司崇尚创意，首重人才，组建了一支拥有 60 余名专业设计师的高素质设计团队，其中风景园林设计师 40 名、二级注册建筑师 4 名、二级注册结构师 2 名、高级工程师 6 名、高级经济师 1 名、中级工程师 12 名、造价师 1 名、会计师 1 名。

青华公司吸取世界各国多种自然及人文园林景观精华，博采众长，独创新颖，为人们带来舒适享受的同时，也为城市留下了众多具有悠久影响力的艺术工程，增添了无限美感，如：山东潍坊白浪河文化线设计，齐鲁酒地文化产业园系列绿化配套设计，景芝景酒大道环境景观设计，烟台辛安河、马山河大型河道景观工程设计，烟台市通海东河、通海西河景观工程设计，烟台市马山河景观工程设计，烟台市高新技术产业园区海澜路道路两侧环境景观设计，青岛恒易嘉园住宅区环境景观设计，青州云门山风景区景观绿化提升改造规划，青州市南阳河下游四公里滨河景观工程设计，青州市南阳河上游五里段滨河景观工程设计，青州市自行车绿道景观规划设计，山东博纳庄园别墅景观规划设计，山东悠然山麓别墅体验区景观规划设计等。每个作品，无一不展示着青华人足迹所到之处，神奇尽显；青华设计，在成就诸多经典景观的同时，也成就了自己的传奇。

城市，因青华而美丽；生态，因青华而和谐。青华，以一幅幅梦想与写实的作品，让园林景观艺术融入百姓的生活，让人与自然的共处更加和谐。

安丘－景酒大道景观设计

滨海白浪河节点设计

昌乐．悠然山麓

青州：南阳河滨河景观设计

青州：宋城规划设计

和筑国际
DREAM BUILT

和筑（北京）国际工程设计有限公司
Hezhu (Beijing) International Engineering Design Co.,Ltd.

公司简介

和筑设计，前身为天津元正建筑设计有限公司，随着项目量迅增以及业务板块和各资源平台的融合，2014 年在北京成立总部，并正式注册更名为和筑（北京）国际工程设计有限公司。

和筑在规划设计、建筑设计、城市设计、旅游地产及酒店设计、景观园林设计、工程咨询、BIM 等专业领域拥有众多优秀设计师，在国内及海外拥有众多工程项目业绩。

在 2012 年和 2013 年全国人居经典方案竞赛中，和筑设计荣获多个奖项，包括综合大奖、规划金奖、建筑金奖、规划环境双金奖、规划建筑双金奖等。

和筑作为世界酒店联盟副主席单位主持的世界酒店联盟设计中心，针对国内外众多酒店及旅游度假项目，与酒店管理集团及酒店配套商展开从设计到运营的全方位设计服务工作。

和筑作为对外经济合作委员会（中国 PECC 外经委）常务理事单位，与欧盟及国内外科研机构在生态宜居城市社会服务设施配置标准研究、绿色社区标准与评价体系研究、生态智能城市深化设计及指标体系研究等方面进行广泛合作，并在多个城市展开相关标准体系制定及实施工作

随着产业升级，和筑积极开展 BIM 领域的研究与实践，并与资深 BIM 软件开发者，来自匈牙利的 Graphisoft 公司结成战略伙伴，在 BIM 的本地化、标准化和 BIM 咨询方面展开合作。

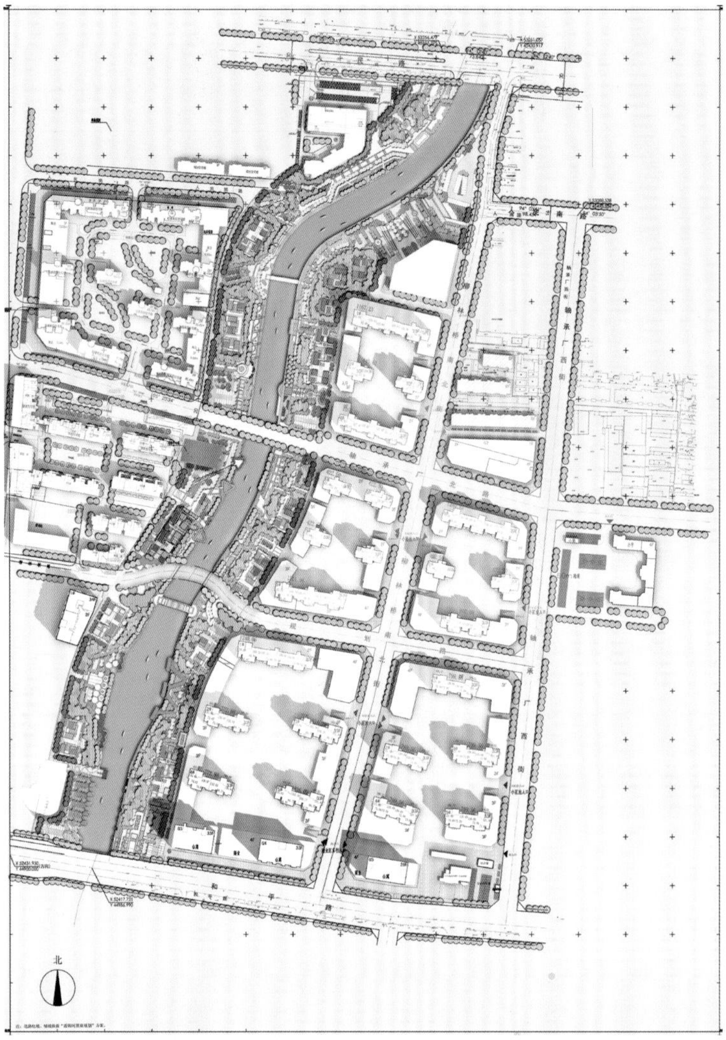

滏阳河

北戴河宾馆鸟瞰实景图

北戴河宾馆台地景观实景图

深圳市铭聿景观设计有限公司
ShenZhen MSP Co.,Ltd.

公司简介

MSP，MINGYU STUDIO + PARTNERS（铭聿景观），前身是美国HSP，是从事景观设计及城市设计的专业公司，于2004年应中国邀请在深圳注册成立办事处。由于业务的扩大和要求，于2008年初在深圳成立深圳市铭聿景观设计有限公司（以下均简称MSP）。2012年在中国香港成立MSP DESIGNS GROUP（铭聿设计集团）并且把总部移至中国香港。MSP拥有一支一流专业水准的国际设计师队伍，专注于高端及可持续发展的环境规划和景观设计，致力于更好地满足客户需求，MSP专注于高端及可持续发展的环境规划和景观设计，为人们提供舒适的生活休闲空间。

在MSP，我们的职责是帮人们创造生活空间，同时我们也享受给人们制造难忘的记忆和愉快的体验。这种体验设计是我们的设计核心理念，无论是景观、建筑还是规划设计，高品质的设计过程能很好的保证空间地美感及其长远价值，而卓越的设计必须体现在建造最终产品的每一个步骤中。MSP一直强调提供给客户合适的设计解决方案，并致力于将传统设计的精髓，和谐比例、周线关系与实际的建造方法完美融合。

东莞滨湖花园总平面图

东莞滨湖花园实景图

惠东虹海湾

牧山丽景

南昌朝阳洲《江上院》

深圳市市政设计研究院有限公司

Shenzhen Municipal Design & Research Institute Co.,Ltd.

公司简介

深圳市市政设计研究院有限公司（原深圳市市政工程设计院）成立于1984年，是一家技术力量雄厚、专业配备齐全、人员结构合理且具有规划、建筑、轨道交通、风景园林、市政、公路、勘察设计综合甲级资质及工程咨询与施工图审查一类资质的国有综合科研设计企业。面对市场竞争，公司坚持“优质高效、规范创新、顾客满意、持续改进”的方针，始终将质量、服务和创新作为工作的重点。

公司全体员工将继续发扬开拓进取、锐意改革的精神，始终怀着强烈的社会责任感，争做城市市政设施和建筑设计的主要实施者、“公共设施总为民”的积极诠释者、城市个性魅力的重要营造者、物质文明与生态文明和谐的实践者，并在上级主管部门及社会各界一如既往的关心和支持下，把公司打造成工作环境一流、技术设备一流、业务质量一流、服务水平一流、信誉保证一流的新型现代化企业。

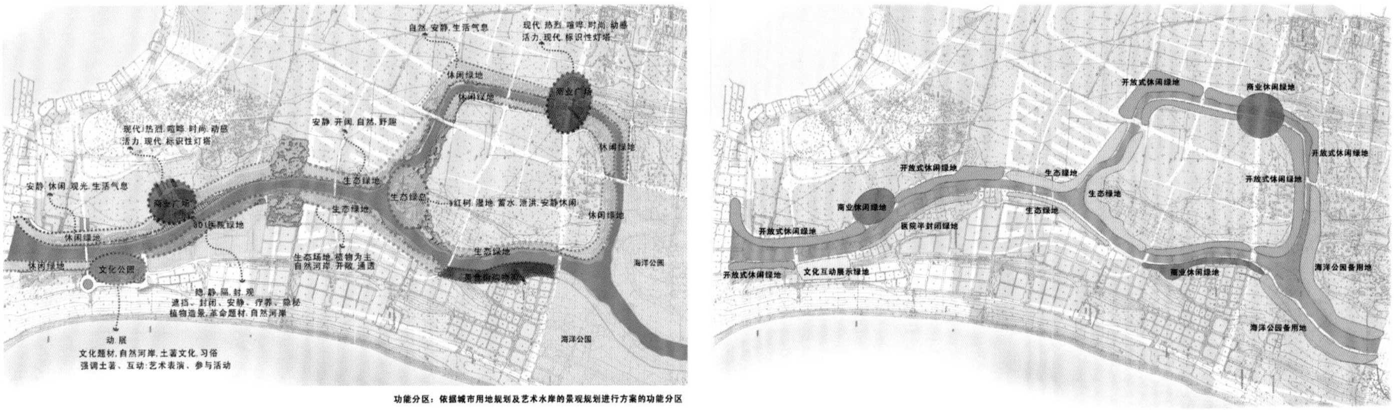

功能分区：依据城市用地规划及艺术水岸的景观规划进行方案的功能分区

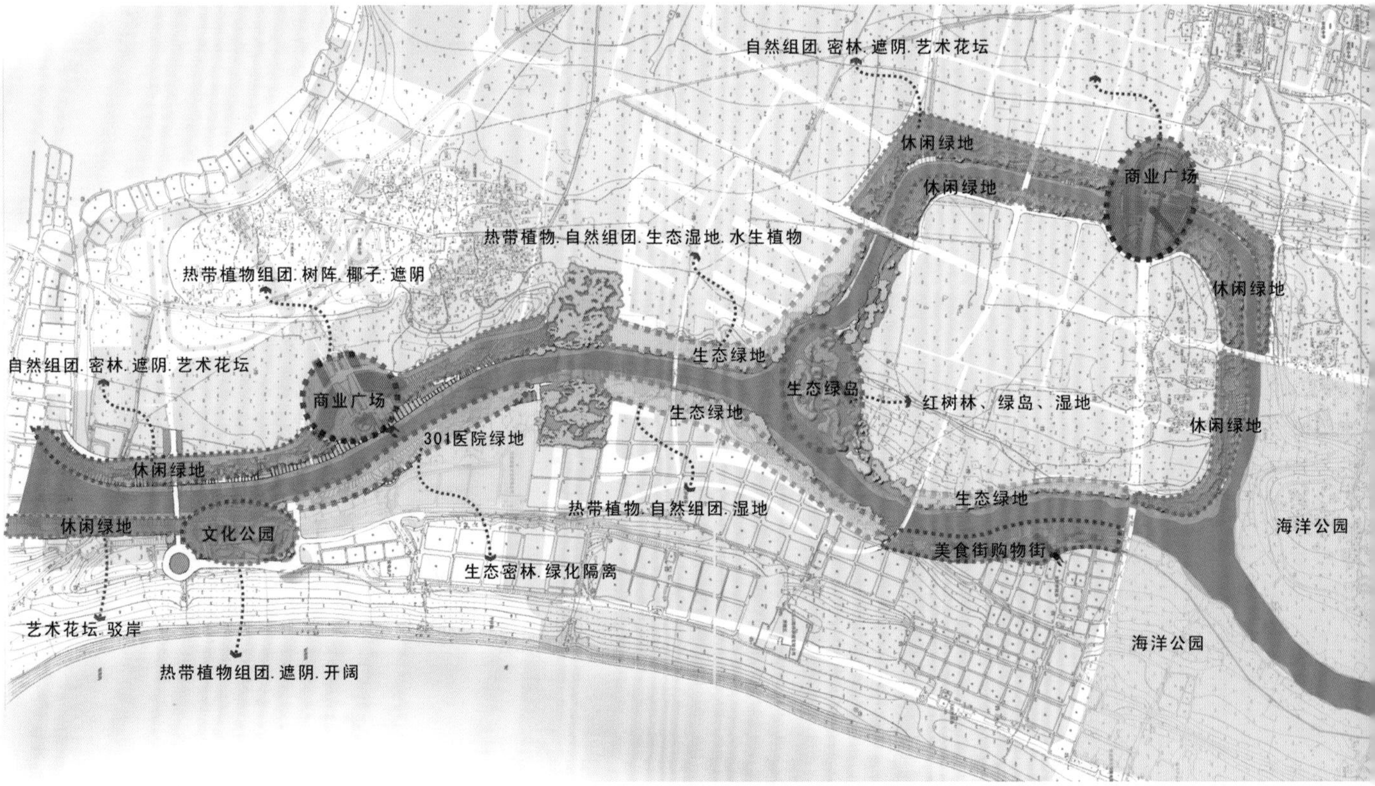

三亚市海棠湾南区水系工程绿化规划图

深圳市大工业区燕子岭生态公园

温州三甲河（金海湖）生态公园工程

银瓶山森林公园二期工程

凯胜 KAISHENG

浙江凯胜园林市政建设有限公司
Zhejiang Kaisheng Landscape Municipal Construction Co.,Ltd.

公司简介

浙江凯胜园林市政建设有限公司成立于2000年，是一家集园林绿化施工、园林景观设计、市政工程施工、苗木生产销售、建筑装饰装修施工及绿化养护为一体的综合性公司。

公司秉承“重技术、重人才”的管理理念，坚持“务实、信誉、优质、和谐”的经营方针，十多年来经过整合，实力不断壮大。公司现已通过质量管理、环境管理、职业健康安全管理三合一体系认证，连续评选为全国城市园林绿化企业50强，浙江省农业、林业龙头企业；荣获浙江省守合同重合同守信誉AAA级单位、企业资信等级AAA级；同时还获得“浙江省绿色农业重点推广优质苗木花卉”、“浙江省质量诚信双达标知名园林绿化单位”、“优秀施工企业”、“浙江省十佳花卉流通企业”等称号。“务实、信誉、优质、和谐”是我们的经营方针，我们将一如既往地为市政绿化事业再做贡献，不断追求创新，为打造生态宜居城市努力奋斗。

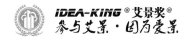

海洋博物馆景观

江北大道以西滨江 1 号地块（姚江 1 号）

九寨沟县城至漳扎镇生态山水花廊概念性总体规划

乾晟景观®
Qian Sheng Landscape

无锡乾晟景观设计有限公司
Wuxi Qian Sheng Landscape Design Co.,Ltd

公司简介

无锡乾晟景观设计有限公司，2014 年 8 月 5 日在上海股权托管交易中心挂牌，是一家具有国家风景园林设计专项乙级资质的专业景观设计机构。主要承接政府部门、国企事业单位大型工程建设项目，为客户提供一流的景观设计和咨询服务。公司在景观设计上对于把控省市重点工程、特大型项目方面具有很强的实力和丰富经验。多年来，公司完成了众多高新科技园区、精品居住区、高档写字楼环境设计，城市大型综合体规划设计，大型道路景观设计，城市公园、大型滨河带景观设计等专业景观设计服务。公司目前拥有雕塑、小品、灯具、桥梁等外观和实用新型专利七十余项，公司凭着不懈的创新设计、追求卓越的作品设计和指导施工后期服务在业界确立了一流的口碑。公司拥有科学的流程管理体系和高素质的优秀设计团队。团队领导人积累了近四十年城市建设领域的丰富经验，精通设计施工全过程。专业团队汇集了景观规划、城市规划、风景园林、环境艺术、结构、水电等各专业资深设计师和新锐设计力量，组成完备的设计构架。

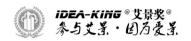

虎丘湿地

丹阳

青岛原创工程设计有限公司
Qingdao Yuanchuang Engineering Design Co.,Ltd.

公司简介

青岛原创工程设计有限公司是住建部批准的，具有建筑工程设计甲级资质的综合性设计公司，拥有建筑、规划、景观、结构、给排水、暖通空调、电气、装饰等各类专业，大批具有设计实力和创新能力的优秀设计师。

公司秉承一贯的精品设计理念，创作设计有居住、教育、医疗、公共、建筑及花园式工业厂区作品，尤其擅长总体设计协调，在力求规划合理，交通组织、空间组织流畅，富有韵律和景观特色的前提下，尽其所能为建设单位增加和提升开发的社会价值和经济价值；并在工程设计中善于总结，积累了大量的设计经验。

我公司秉承创新的设计理念，在功能、经济、美观的基础上，奉献具有长久生命力和社会价值的设计作品。

辉煌灿烂的业绩代表了公司的发展历程，立足当前，着眼未来，青岛原创公司愿竭诚与海内外各界朋友合作，携手共创美好明天。

宁阳海力

中南世纪城

千城（厦门）景观设计有限公司
QNCN Partnership Landscape Architects Inc.Canada China Office

公司简介

QNCN 是 Quadruple Naturalist & Creative Naturalism 的英文缩写，即四个自然主义者与创新的自然主义。千城的始创者是四位自然主义者，一贯尊重自然生态环境和倡导自然主义风格，并致力于创造性的尝试。

千城（厦门）景观设计有限公司是加拿大千城在中国唯一合作机构。提供项目策划、规划设计、景观设计、旅游规划、LEED 技术等专业服务。目前是福建农林大学教学实践、博士和硕士研究生培养基地。

主创人员是具有海外背景的国内顶尖的设计师，都具有丰富的国际项目运作经验，能胜任来自各个领域、各种类型的景观规划设计项目，尤其在土地利用与新城发展规划、城市公共空间规划设计、旅游度假与娱乐设施规划设计、综合性地产开发与社区规划设计、生态系统与可持续发展研究等方面具有极为丰富的经验。

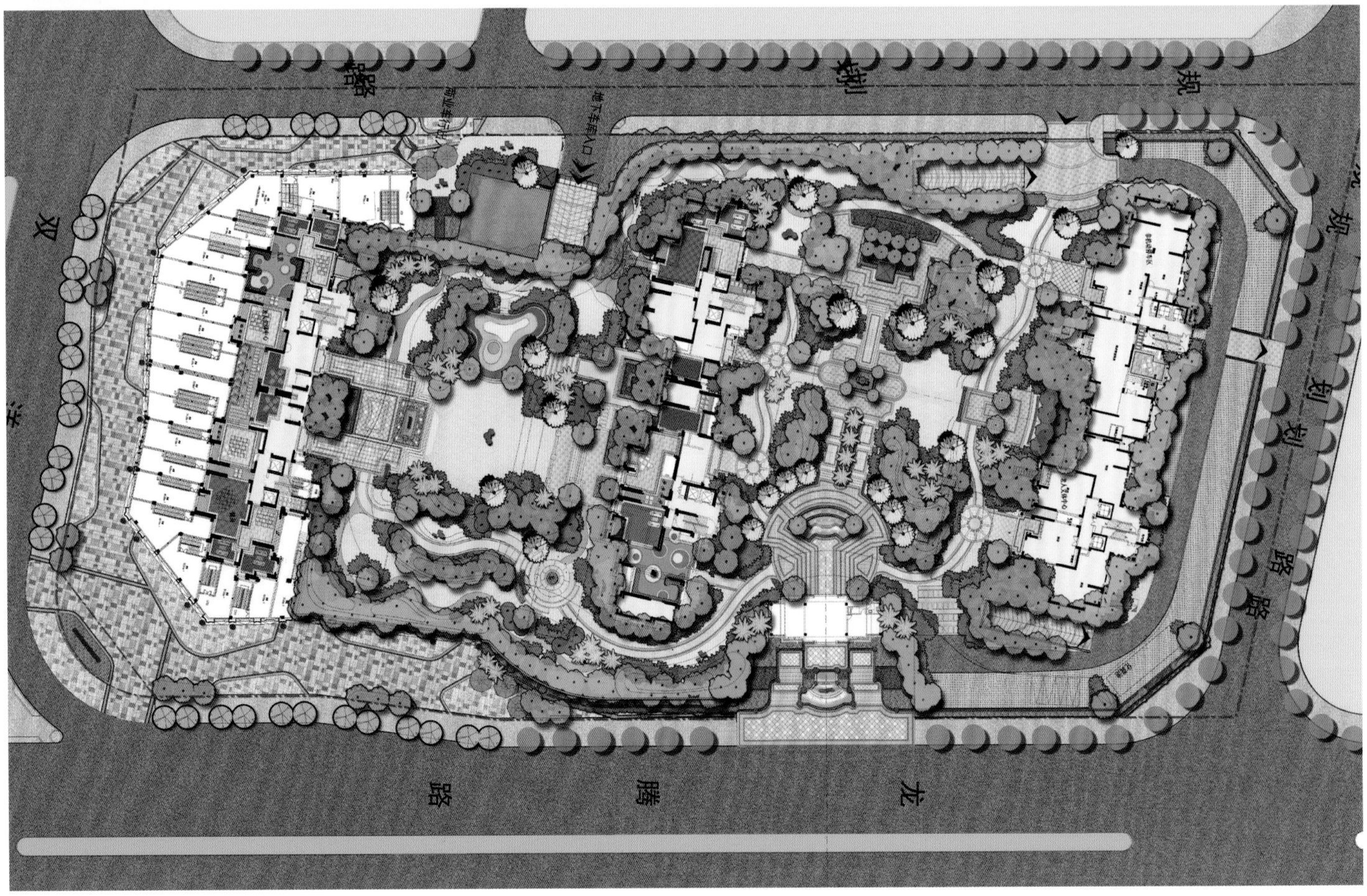

建发地产－央郡

招商地产 – 厦门海德公园

招商地产 – 美仑山庄

招商地产 – 卡达凯斯

广州茏腾园林景观设计有限公司
Guangzhou LongTerm Landscape Architecturue Design Co.,Ltd.

公司简介

广州茏腾园林景观设计有限公司(LongTerm Landscape) 是一家专业的、充满激情和活力的，具有领先理念的园林景观设计机构。设计项目包括小区及别墅园林景观设计、市政园林景观设计、酒店及度假村园林景观设计、从概念设计到施工图设计等一系列全面的园林景观设计公司。我们以"长期合作，战略共赢；团队协作，快乐激情；博采众长，融会贯通；积极向上，勇攀高峰"作为公司的企业精神，以"源于经典、超越经典"作为公司的设计理念。

公司团队参与设计的主要项目有广州星河湾 6 期和 7 期、北京星河湾、鄂尔多斯星河湾、广州星河湾海怡半岛、广州星河湾酒庄、广州海印中心、澳门星河湾、北海北部湾一号、长沙奥林匹克花园、太原香檀一号、佛山君御海城、佛山君域海国际酒店周边、洛阳京熙帝景、上海绿地第九湾、昆山纳帕溪堤庄园、常州银河湾星苑、常州第一城、常州澳新风情街、苏州银河湾花园、无锡银河湾紫苑、烟台星河城、烟台大成门、滨州美信城世贸中心、莱州御龙居、禹城乾丰首府、西宁香格里拉城市花园、平安东方明珠、大通天麒华庭、新余立信帝景观澜等。其中部分项目获得国内及国际大奖。

茏腾园林在专业设计技术水平领先的前提下，更重视服务的品质。做好中国景观，站在客户的角度为每个客户提供最优质的专业服务，是我们始终不变的服务理念。

昆山溪醍纳帕庄园

北部湾一号

昆山溪醍纳帕庄园

西宁香格里拉城市花园

北京四土田环境艺术设计事务所

Beijing Four Soil Field Environmental Art Design Firm

公司简介

北京四土田环境艺术设计事务所成立于 2004 年，主要从事园林景观设计、建筑方案设计及工程施工等方面的工作。公司拥有一个卓越的设计团队，秉持创新的设计理念，以人性化管理，注重设计的独特性、实用性，令每一个作品都能成为客户眼中不可替代的艺术品！公司成立以来，已完成各个领域大小项目数十个，得到了各行业客户的充分认可。

主要项目

2009 年：

中俄合资秦伊铸造有限公司景观设计、山西大同万成华府住宅区景观设计、内蒙古天宇物流厂区景观设计、都市芳园露台景观设计工程

2010 年：

秦皇岛秦冶重工集团有限公司厂区景观设计项目、秦皇岛烟机有限公司厂区景观设计、北戴河云翔度假酒店建筑景观设计、光合展厅室内景观设计、芳园里庭院设计工程

2011 年：

秦皇岛炫 80 小区景观设计、园墅室内景观及庭院、天津武清商场室内景观、金色漫香林室内景观设计及庭院工程、金色漫香林庭院设计工程、盛世龙源庭院设计工程、雪梨澳乡庭院设计工程

2012 年：

橡树湾庭院设计工程、秦冶屋顶花园、润泽悦溪庭院设计工程、龙湖花盛香提庭院设计工程、秦皇岛文物局会所景观设计工程、龙湾别墅庭院设计工程、专家国际花园庭院设计

2013 年：

北京市丰台区芳星园中学校园景观设计工程、通州古韵幽兰会所室内景观设计及庭院工程、摩尔庄园景观设计、领秀新硅谷 B、C、D 区庭院设计工程

秦冶

领秀新硅谷

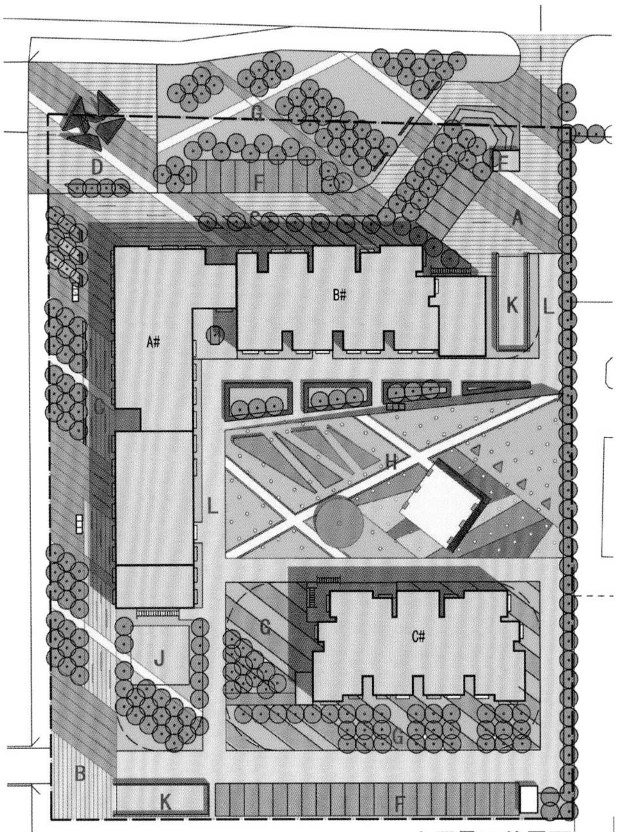

中心景区底层

A 主入口广场　　　G 绿地
B 次入口广场　　　H 中心景区（上层）
C 商业步行街　　　I 中心景区（下层）
D 街角开放式广场　J 自由活动区域
E 小区门卫室　　　K 车库出口
F 地面车位　　　　L 园路
　　　　　　　　　M 室内活动

_ 小区景观总平面

炫 80 小区

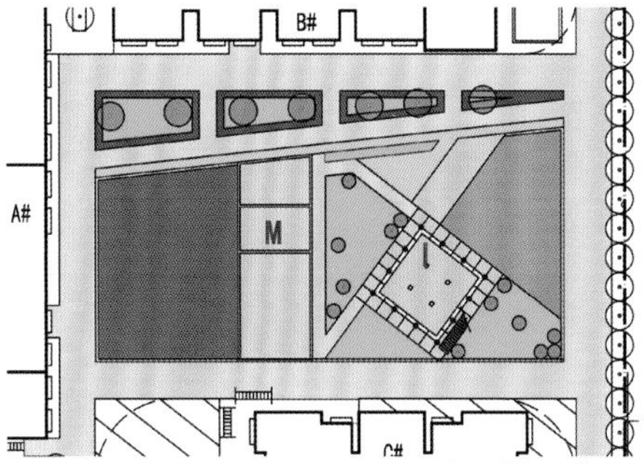

领秀新硅谷

武汉市花木公司
Wuhan Huamu Company

公司简介

武汉市花木公司位于武汉市江岸区解放公园路附34号，成立于1979年，是一家隶属武汉市园林局的综合性园林绿化企业，集园林绿化工程设计、施工、养护、项目代建、苗木花卉生产销售、园林机械销售于一体。公司在原花鸟中心商店和原种苗场、青山苗圃和园林场发展规模的基础上组建，由花木公司对三大苗圃实行统一规划、经营和管理。到现在，公司发展为拥有2个子公司以及安山苗木基地、柏泉苗圃等在内的多个经营实体。经营范围也由最初的园林商品销售发展成为以绿化工程设计、施工、代建为龙头，苗木、花卉生产为依托及园林商品销售等多产业结构齐头并进的综合性公司。

设计项目包括汉口江滩、紫竹花园、南湖花园、琴台文化艺术中心、中山舰景观工程、百步亭游园、武汉市人民政府大院、梅子路道路绿化工程、东一产业园道路绿化工程、首义文化园、武昌火车站西广场绿化、武汉天河机场航站区及配套设施扩建工程绿化景观、武汉火车站西广场、辛亥革命博物馆景观工程、沙湖公园、二七长江大桥、107国道、市民之家等为代表的优质工程。另外厦门园博会项目获室外造园大奖、沈阳园博会项目获设计银奖；琴台文化艺术中心、中山舰景观工程获2010年省优质工程；首义文化园项目获2010年中国风景园林学会“优秀园林绿化工程奖”金奖；黄石市磁湖北岸滨水景观（一期）工程获2011年中国风景园林学会“优秀园林绿化工程奖”银奖；武昌首义广场园林景观工程一标段荣获2012年中国风景园林学会“优秀园林绿化工程奖”大金奖。

左庙路（卸甲路－科技一路）两侧60米红线范围外绿化景观设计实景图

左庙路（卸甲路－科技一路）两侧60米红线范围外绿化景观设计效果图

地形设计立面图

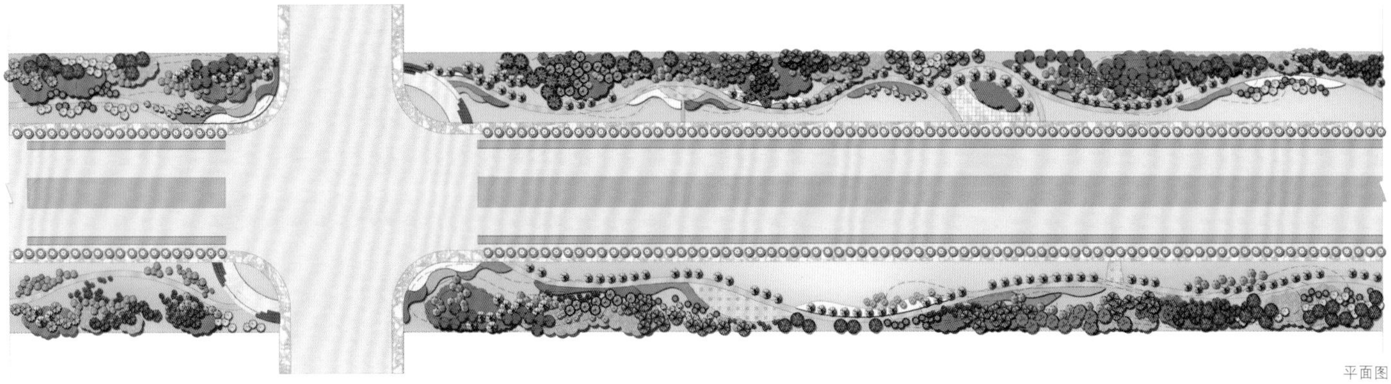

平面图

剖面图

横断图

学生组获奖作品

杰出奖 /102

风景区规划 /118

绿地系统规划 /140

公园与花园设计 /162

居住区环境设计 /194

园区景观设计 /224

城市公共空间 /246

立体绿化设计 /274

诊脉大地——针灸式激活大地的经络，调理回归自然本身的能力

Pulse Feeling of the Earth — Activation of the Earth's Channels in the Way of Acupuncture and Adjustment of the Ability of Returning to the Nature Itself

评委会意见：效法针灸，顺应自然。方案用微小的人工参与启动土地本身的自然修复能力，从而让土地自发演替，最终连点成线，由线织网，形成区域生态网络结构。设计分析全面细致，解决问题思路清晰，富有特色。

院校名称：天津大学建筑学院
指导老师：邱景亮　胡一可
主创姓名：刘俊海
成员姓名：刘利旭　张彧
设计时间：2014.8
项目地点：天津东丽区
项目规模：6.96 hm^2
作品类别：公园设计

设计说明：

天津市将利用废弃的货运铁路，在外环线修建一条总长度45公里的绿色生态环廊，集生态涵养、工业文化、市民休闲等功能于一体。本设计场地内的废弃铁路属于该环廊的一部分。经调研了解到，村民对这片场地留有很深的记忆。然而，随着天津城镇化的加剧，场地周围正在建起新区，原始村落逐步拆迁，周边工厂废弃，村民到城里打工，老人、儿童留守村中，农田被侵占……打破了当地的自然、人文生态平衡，这片土地的历史、社会、人文遗产正在逐渐消失。

本设计在顺应自然发展规律的基础上，像中医针灸治疗一样，微小的介入在关键的穴位上，以激活整个经络。由微小的人工参与启动土地本身的自然修复能力，让土地自发地演替，逐步建立起完善的生态系统。在场地中，利用当地的"蚯蚓堆肥"技术结合最新科技手段，降解重金属污染、堆肥、排盐碱，逐步改良土壤，恢复原生植被，逐年调理被废弃的土地，使之回归自然状态。这样针灸式地激活廊道间的重要节点，连点成线，由线织网，最终形成区域生态网络。

"城市回归自然"作为我们本次设计的核心点，在回归自然的过程中，不仅能够充分恢复破损的生态系统，还能够使这片土地上正在消失的历史、社会、人文遗产得到更好的保护和诠释。

设计感悟：

"生态"不是一个响亮的口号，而是需要我们设计师真正按照"自然"本身运行规律，使环境可持续发展。自然体制的运行过程本身就是生态景观。自然体制的运行当然包括人的参与，这样才能形成一个更加完整的生态机制。人是自然的一部分，人的参与同样是可持续发展的一部分。只有充分、合理考虑人与自然之间的资源配置关系，才能达到真正意义上的环境饱和状态。

只有人与自然和谐相处，才能真正地找回这片土地正在消失的乡土记忆。当地人们构筑农家生态亭、廊，不仅是对传统休闲文化进行了新诠释，同时也是传统空间的可持续发展的表现，能够更好地复兴这片土地本身的历史人文场所精神。

"城市回归自然"的生态过程——回归人文和自然本身的运行机制。作为我们设计的核心点，在这样的回归自然的过程中，不仅能够充分恢复破损的土地结构，还能够使这片土地上正在消失的历史、社会、人文遗产得到更好的保护和诠释，为人与自然的和谐相处提供了一个新的可能性。

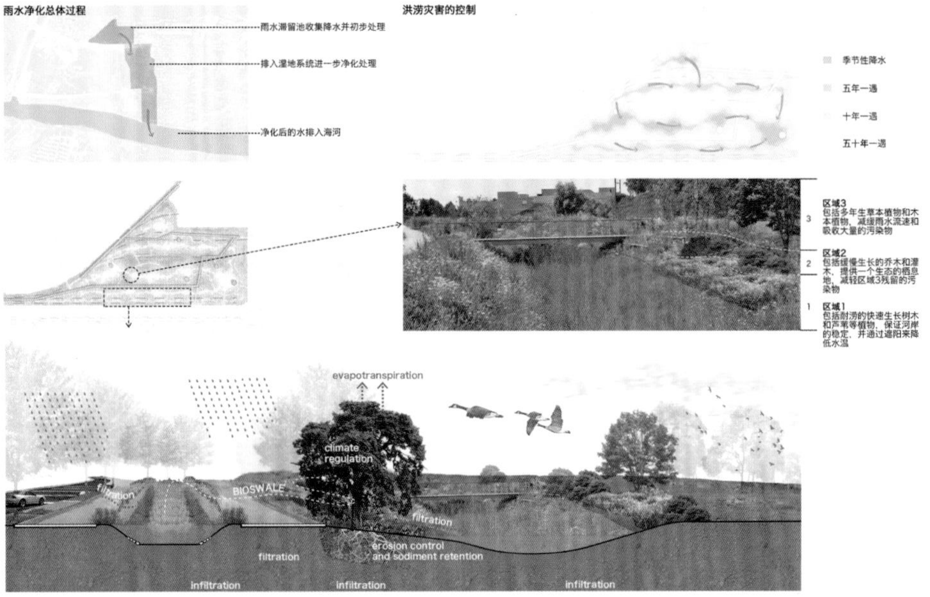

雨洪管理—洪涝灾害的控制

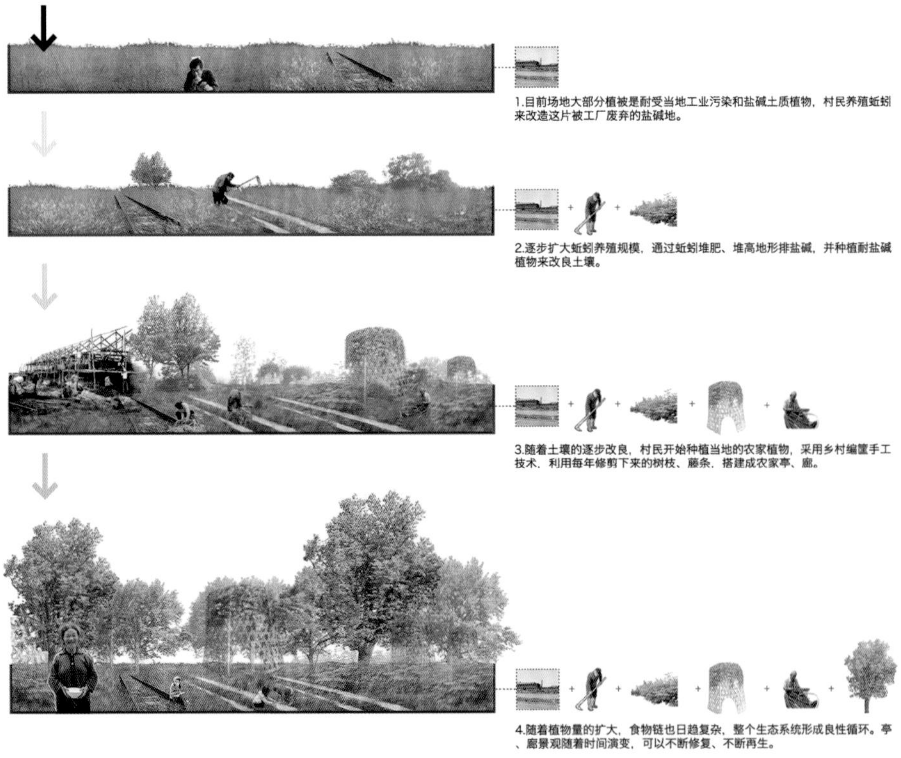
1.目前场地大部分植被是耐受当地工业污染和盐碱土质植物，村民养殖蚯蚓来改造这片被工厂废弃的盐碱地。
2.逐步扩大蚯蚓养殖规模，通过蚯蚓堆肥、堆高地形排盐碱，并种植耐盐碱植物来改良土壤。
3.随着土壤的逐步改良，村民开始种植当地的农家植物，采用乡村编筐手工技术，利用每年修剪下来的树枝、藤条，搭建成农家亭、廊。
4.随着植物量的扩大，食物链也日趋复杂，整个生态系统形成良性循环。亭、廊景观随着时间演变，可以不断修复、不断再生。

核心概念(一)

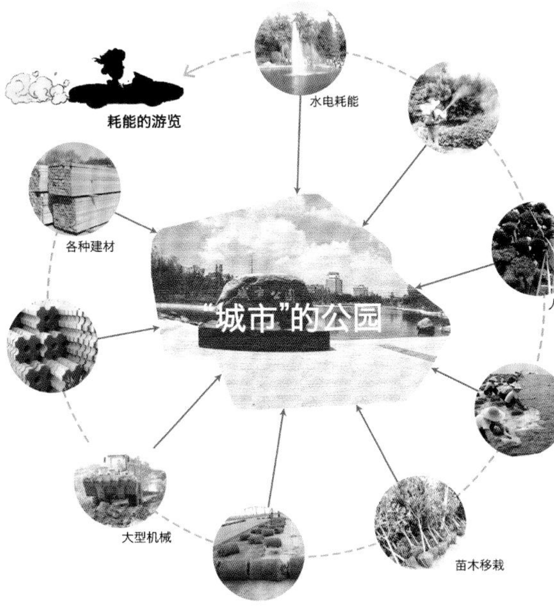

诊大地之脉——"城市"公园的建造：从各种建材和大型机械的使用，到苗木的移栽、大草坪的养护，以及各种园林设施的运行与维护等，几乎都是向内输入型的高投入、高耗能、高污染的过程。而其输出的——给人的游览——往往因城市人依赖私家车去公园游赏，其过程也大多是高耗能、高污染的。

调理回归自然——在顺应自然本身运行能力的基础上，用人类的智慧做微小的启动，以带动这片废弃的土地重新可持续地运行起来，让与之相关的人文和生态过程运行得自然而然、顺应历史和自然的内在发展机理，这便是"自然"的公园。

核心概念（二）

漫步在野草间的木栈道，使城市人亲近自然、回归自然
Walking in the grass between the wooden footway, make the city people close and return to nature

，用乡村手工编筐技术建造的廊上种植农家藤本植物，形成廊内的特色空间。
According to the industrial heritage protection principles, gallery in the path with the steel bar net ground tracks together with design;According to the ecological protection principle, the steel bar net ground in plants to be built, which can not damage the native plant growth, animal habitats, and close relationship with nature;According to reflect local characteristics, with rural handmade baskets technology to build the porch planting farm lianas, formed in the gallery of characteristic space.

废弃的货运火车结合地形设计成休闲娱乐小广场
Disused freight train with terrain designed small leisure square

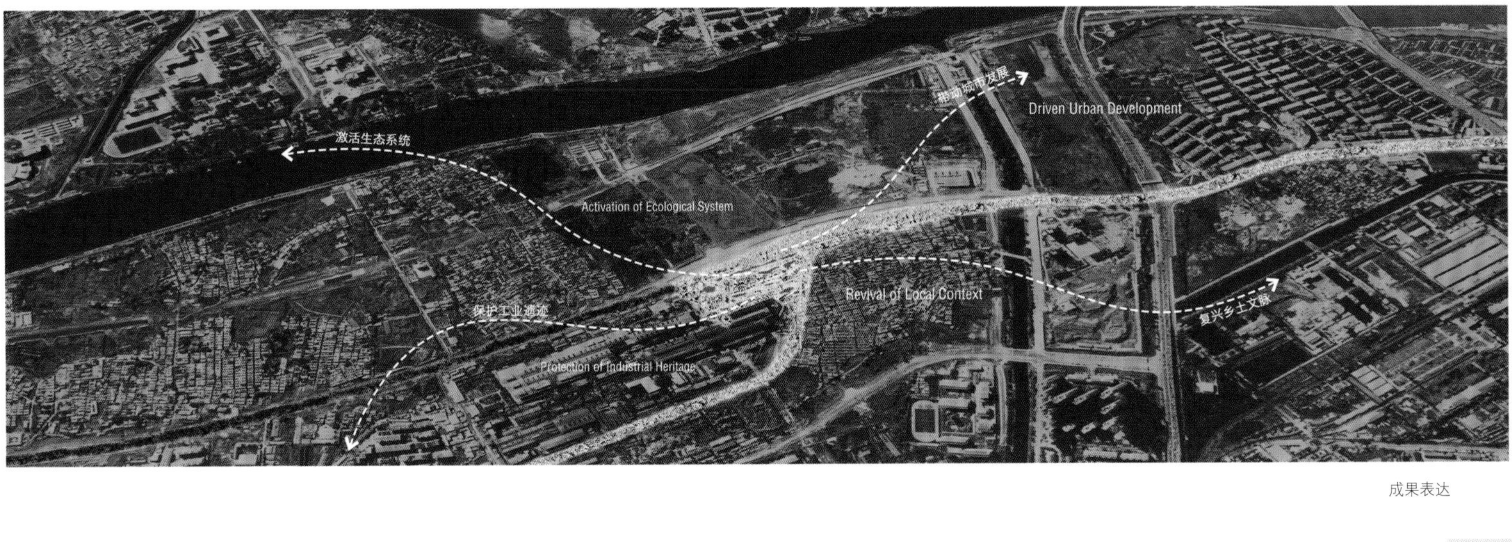

成果表达

绿港·余辉——哈尔滨市港务局景观规划设计

Green Harbor · Afterglow—Harbin Port Authority Landscape Planning and Design

评委会意见：设计针对场地历史文化遗产的保护与再利用、沿江生态环境的恶化以及沿江水利问题等场地现存问题展开。基于科学严谨的分析过程和结果，因地制宜的运用历史、生态和水利的策略逐步解决了场地现存的问题，为同类型城市滨水开放空间景观设计提供了完整的工作框架和清晰的设计思路。

院校名称：哈尔滨工业大学建筑学院

指导老师：赵晓龙

主创姓名：丁福庄

成员姓名：李国杰 李朦朦

设计时间：2014. 6

项目地点：哈尔滨

项目规模：400 km^2

作品类别：园区景观设计

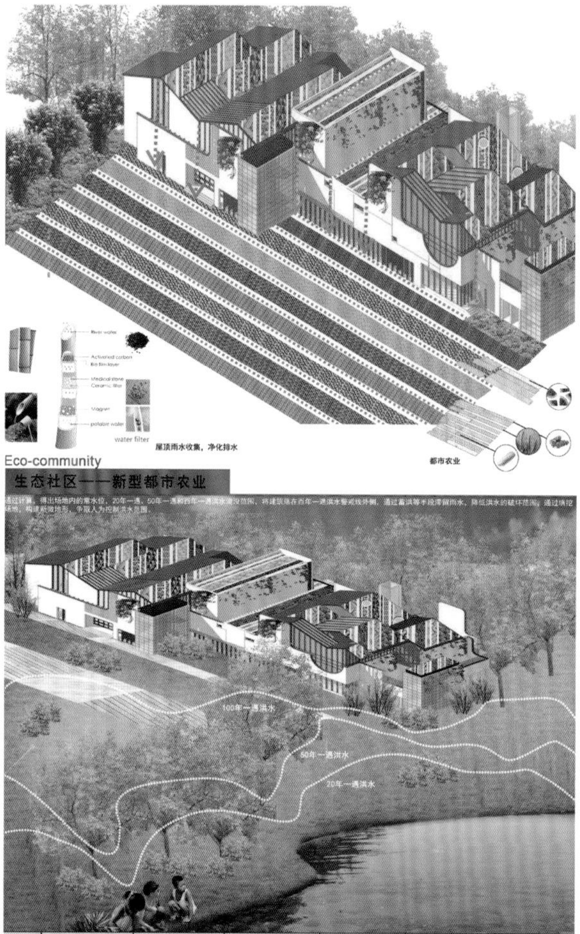

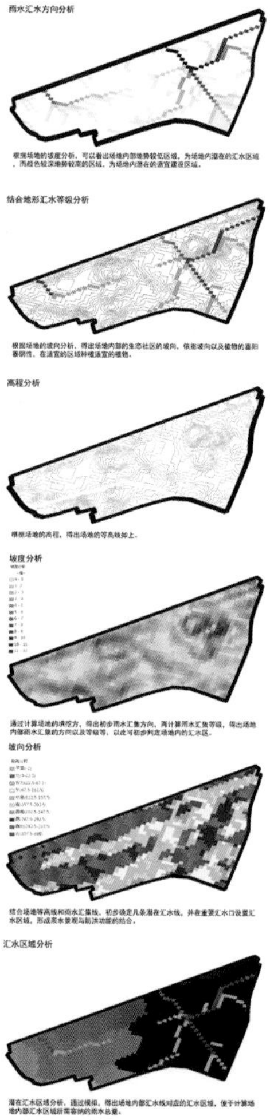

	二十年一遇		五十年一遇		百年一遇		警戒水位及流量		保证水位及流量		最高洪水位及流量	
名称	水位（米）	流量（立米/秒）	水位（米）	流量（立米/秒）	水位（米）	流量（立米/秒）	水位（米）	流量（立米/秒）	水位（米）	流量（立米/秒）	水位（米）	流量（立米/秒）
松花江	117.88	11600	118.54	15100	119.03	17300	116.4		117.5		119.03	17300

设计说明：

该地块北临松花江、南到东北新街、西到江堤二巷、东临港务局船坞。由此围合而成的一个狭长的地块，长约1000m、宽约400m、面积约400km^2。此外，地块向西侧可眺望到国家文化遗产——哈尔滨老江桥，东侧距离地块约800m处正在建设松浦大桥，即将通车。

近年来，由于水路货运的衰退，场地正在逐渐被废弃。针对场地内历史文化遗产的保护与再利用、沿江生态环境的恶化以及沿江水利问题等场地现存问题而兴起的改造设计，以期将场地改造成为一个以城市滨水开放空间为主要功能并结合创意产业园区和居住区为一体的综合景观区。在综合考虑场地同周边用地关系以及地理信息系统 GIS 和现状调研场地现状分析的的基础上，保留场地"港务局"的历史印记并改造以适应新的需求；因地制宜地运用生态措施和水利措施缓解并逐步解决场地内的生态环境问题；研究哈尔滨老道外乡土的居住形式并结合生态社区理念，构建属于自己的生态社区以满足该区域的居住区开发需求。

设计感悟：

该设计是进入研究生阶段的第二个团队合作设计，也是目前配合最默契的一次团队合作设计。在设计过程中体会到了团队的力量和设计的快乐；同时也让我们深刻地认识到了对场地的认识深度对于设计的重要性。比如本科的时候遇到一个新的解决生态问题的方法我们总是迫不及待地运用到自己的设计当中，而不考虑是否适合，但在这次设计中我们接触并运用了诸如 GIS 等分析软件，开始较为客观合理地考虑场地的现状和存在的问题。由于接触时间较短且认识并不充分，在调研和分析这部分今后还需要很好的努力。

另外一个感悟就是思维的活跃对于设计来说也是至关重要的，因为一个活跃的思维十分有利于找到一个很棒的主意，而三个活跃的思维将更有利于找到解决问题的办法。头脑风暴和认真的态度往往会给设计带来意想不到的惊喜。

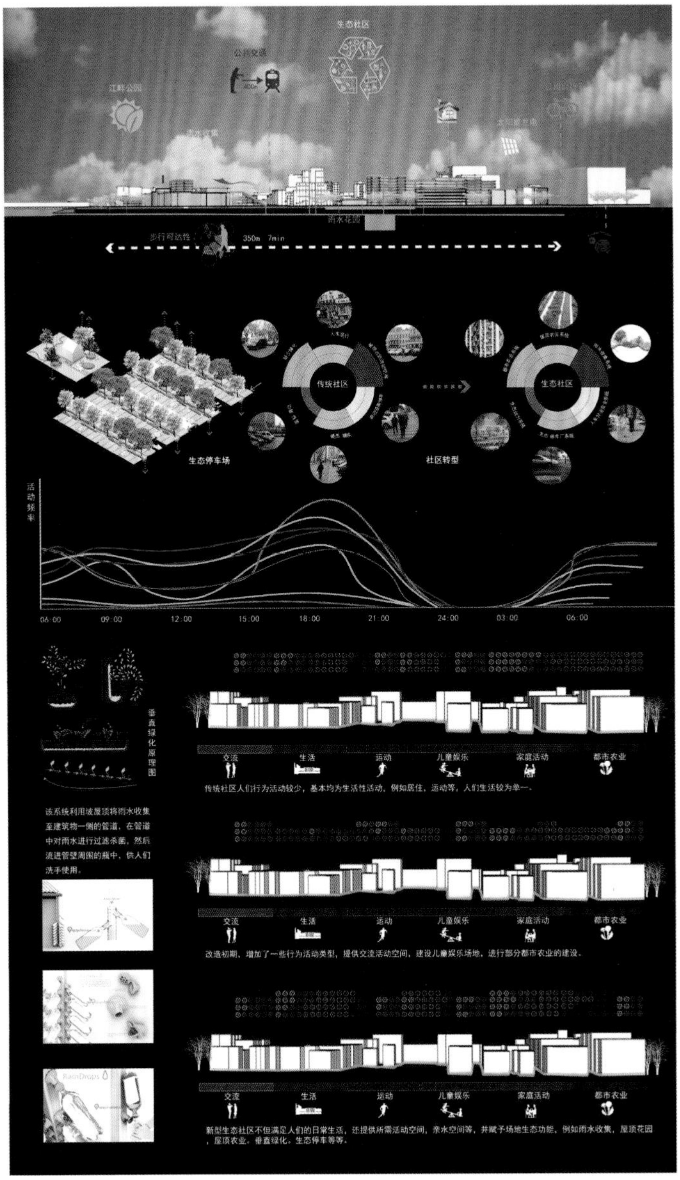

绿港 · 余辉——哈尔滨市港务局景观规划设计

Energy Motor Strip

活力运动带

极限运动区透视图

生境区改造设计

绿港 · 余辉——哈尔滨市港务局景观规划设计

城市中的忆奠园

Place for Thinking and Realizing

评委会意见： 设计以“新城”外来人口为对象，通过一种新型的祭奠方式营造绿色空间让人们获得归属感和参与性。对城市中的社会问题观察细致，思路新颖，富有创意。

院校名称：西安建筑科技大学

指导老师：王葆华

主创姓名：古丽娜　庞冰清　路丹

成员姓名：佟阳

设计时间：2014.6

项目地点：西安

项目规模：3 000 m^2

作品类别：公园设计

设计说明：

城市化进程的加快，导致我国主要城市出现大量的“新城”，曾经的大片绿地取而代之的是大量的建筑。人们的生活方式发生改变，更多的活动转移到室内进行，城市对于人们来说变得陌生，人们对于城市缺乏归属感和留恋感。而来到“新城”的人们主要为外来人口，这些外来者来到这样一个陌生的城市，对于“新城”没有任何记忆、留恋。如何让他们对“新城”产生独特的记忆，和归属感，成了我们本次设计的着手点。设计想寻求一种模式，对城市绿地赋予新的意义，成为具有归属感和参与性的体验空间。最终将这种模式在城市中蔓延开来，让城市回归自然，人们回归家园。

祭奠作为中国传统的习俗，是对逝者的追思与悼念。我们以此为介入点来唤醒人们的记忆。面对城市的这种现状寻求一种解决方式，给人们提供一个空间让他们去延续这样的传统，设计中结合我国传统的祭奠形式，我们同样也提出了一种新的祭奠方式，并且设计力求营造一种绿色空间、静空间，让人们通过这种新的祭奠方式，有所体验，静下心来思考、感悟。希望通过设计真正唤起人们的共鸣，给予他们归属感。

设计感悟：

如果你找不到最初的记忆，那种最质朴的方式，那就静静的感悟吧。

这是城市中的一处绿地、一片净土。它给人们提供场所区休息、思考、静心。这是一个通过行走体验的设计，是一个让人静静思考的“域”，是一个能从“唤醒”传统开始到“凝聚”新记忆的设计。本设计以“土”为设计主线，具有聚焦和凝聚人们注意力的作用，将土壤作为慰藉人们心灵的主要工具。设计通过空间的引导，通过感知和体验，不仅仅给这些“外来者”提供一个祭奠、追思的空间，还能激发人们对生命、生活、和自然的感悟，让人们在喧嚣的城市中，寻觅一片净土。

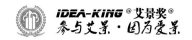

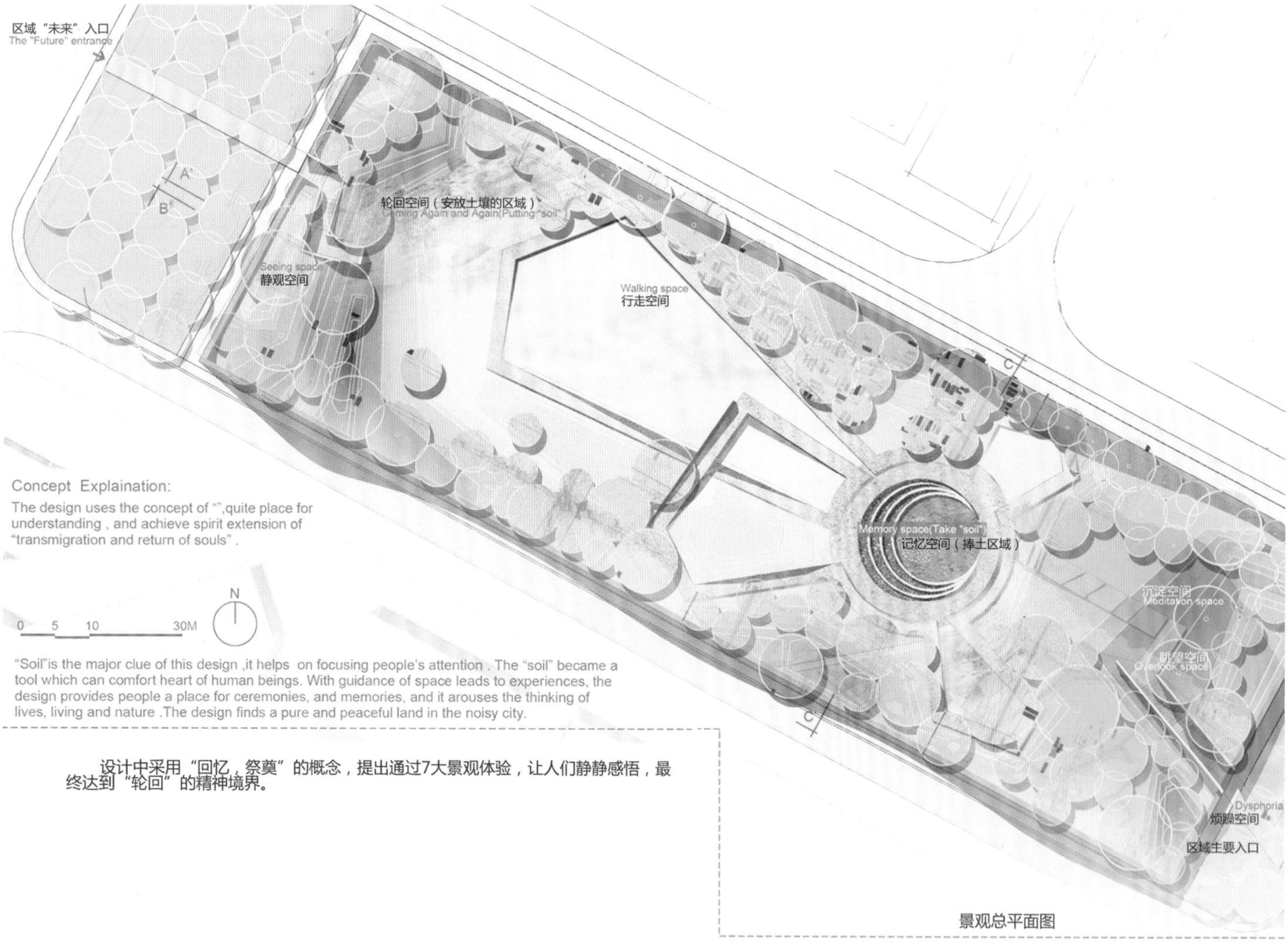
区域“未来”入口
The "Future" entrance
轮回空间（安放土壤的区域）
Coming Again and Again(Putting "soil")
Seeing space
静观空间
Walking space
行走空间
Memory space(Take "soil")
记忆空间（捧土区域）
沉淀空间
Meditation space
眺望空间
Overlook space
Dysphoria
烦躁空间
区域主要入口
Concept Explaination:
The design uses the concept of "",quite place for understanding , and achieve spirit extension of "transmigration and return of souls" .
0 5 10 30M
N
"Soil"is the major clue of this design ,it helps on focusing people's attention . The "soil" became a tool which can comfort heart of human beings. With guidance of space leads to experiences, the design provides people a place for ceremonies, and memories, and it arouses the thinking of lives, living and nature .The design finds a pure and peaceful land in the noisy city.

设计中采用“回忆，祭奠”的概念，提出通过7大景观体验，让人们静静感悟，最终达到“轮回”的精神境界。

景观总平面图

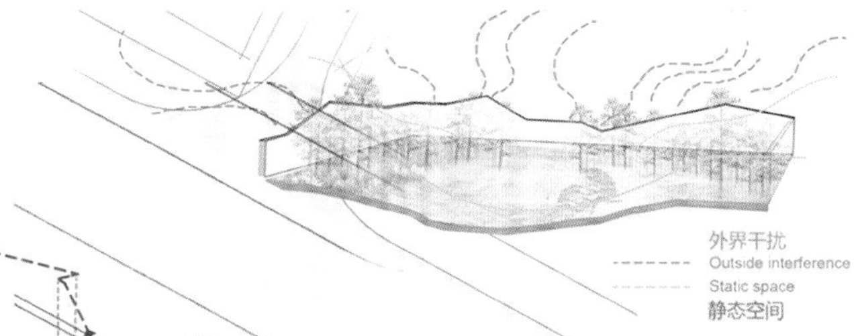
外界干扰
Outside interference
Static space
静态空间

为了分隔空间，避免外界干扰对内部的静态空间造成影响，在边界方面的设计采用随着地形变化的挡土墙来处理，挡土墙不仅仅能分隔空间，而且也起到了一定隔绝噪音的作用。

边界设计 Boundary space structure

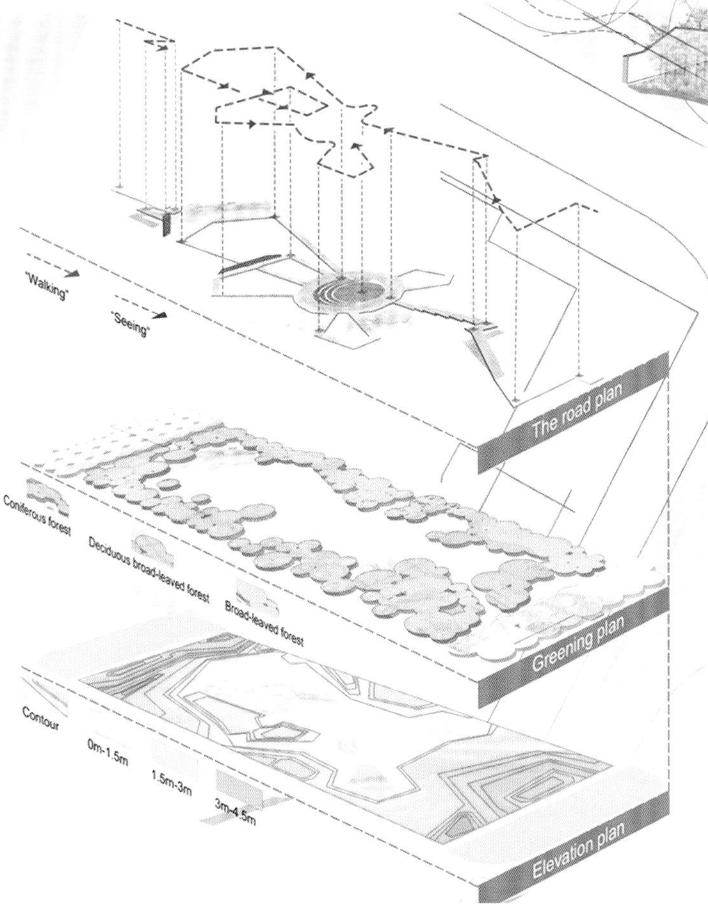
"Walking"
"Seeing"
The road plan
Coniferous forest
Deciduous broad-leaved forest
Broad-leaved forest
Greening plan
Contour
0m-1.5m
1.5m-3m
3m-4.5m
Elevation plan

设计中分为俩条行走道路，红色的为祭奠沉思的道路，蓝色的为眺望的观景平台。

设计中常绿和落叶的搭配是根据地形变化而设计的。在边界区域都为常绿针叶林，在中部区域为阔叶落叶林。

设计意图营造的空间，在边界处得地形较大，通过地形和植物密林的搭配营造出不同的景观效果。

关于时间的设计

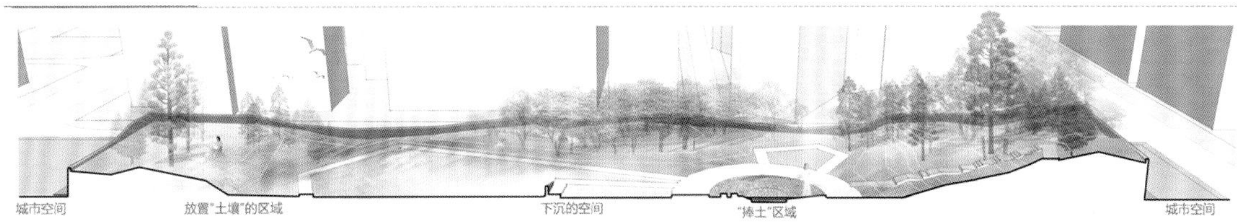
城市空间
放置"土壤"的区域
下沉的空间
"捧土"区域
城市空间

A-A'立面图

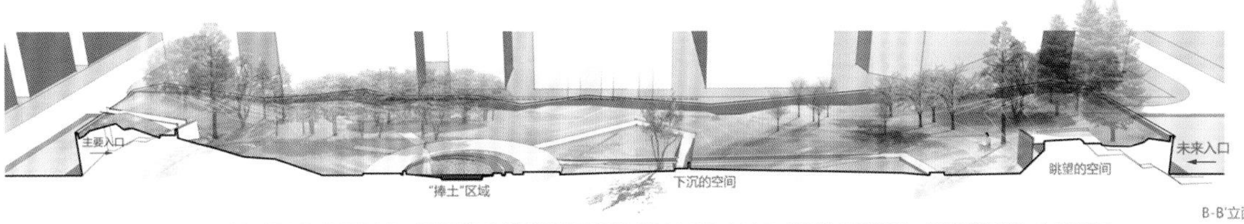
主要入口
"捧土"区域
下沉的空间
眺望的空间
未来入口

B-B'立面图

设计区域周边采用地形和挡土墙，意图更好的划分区域内部和外部的空间；设计有东南侧一个出入口，西北侧为景观展示平台。但随着时间的推移，当人们慢慢对空间产生记忆、情感的时候，西北侧的放置土壤的区域也慢慢堆积到一定高度，与西北侧的景观展示平台相接，人们就可以从西北侧的预留入口出入。

设计中利用植物和边界围墙的分隔，突出中心纯净的空间
边界植物设计大多为常绿的针叶林，保证空间周边一年四季对于边界的弱化

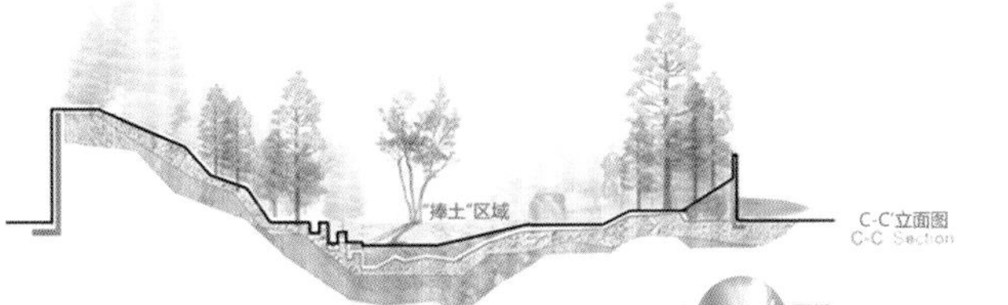

C-C'立面图
C-C' Section

鸟瞰效果图

竖向上的设计

新边界·新生活 ——“地摊”+“景观”商业模式发展

New Border · New Life—“Street market”+“Landscape”Business Pattern Development

评委会意见：方案采用“地摊”+“景观”的商业发展模式，着力解决了商贩售卖与城市形象之间矛盾的突出社会问题。是一份观察细致、富有创意并且表达清晰的设计方案。

院校名称：重庆大学

指导老师：杨玲

主创姓名：夏伟

成员姓名：赵宇

设计时间：2014.7

项目地点：重庆

项目规模：17 511 m^2

作品类别：广场设计

设计说明：

城管管制与地摊贩卖者之间的矛盾日益激化并有扩大之势，严重影响中国城市形象与居民幸福指数，更是给执勤民警带来不便，所以如何协调商贩正常售卖与展现良好城市形象之间的矛盾成为亟待解决的问题。该方案位于重庆市九龙坡区黄桷坪街，紧靠四川美术学院老校区，并属于老城区的居住组团模式，由于地摊商贩的售卖严重影响了该地居民正常生活与大学生学习环境，脏乱差现象屡见不鲜，虽然政府用艺术化的处理方式来进行整合掩盖处理，但地摊乱摆的现象却丝毫未减。基于以上现状出现的诸多问题，我们意将该地块重新整合，把沿街商贩集中于设计好的场地内并进行统一管理，使商贩与居民形成“来往”的有机互动模式，并于靠近居民楼的地段设置减噪设施。此外由于场地面积有限，商贩数量比较繁杂，长期以来存在混乱无序的状态，于是我们将场地“复制”一层，用“桥”的形式解决场地面积问题，底层主要集中创意售卖、商演、大型文娱活动；二层主要是一些商贩与居民的互动（比如商贩可以收购居民的闲置日用品，加工后进行二次售卖，同样居民也可以利用休闲时间到固定的地点进行交易）以及观景，创意地摊的时间可以根据当地居民的时间来定，这样就很好地形成了“地摊”+“景观”的商业发展模式，并且这样的模式还可以在诸如北上广等一线城市使用，在人居较为繁杂的地段可以合理解决商贩与该地居民的关系，不仅使二者和谐共处，还免于城管与商贩的冲突，以此希望能很好的解决一个社会问题。

设计感悟：

本设计围绕社会热点“地摊与城管”作为设计切入点，来讨论该如何利用景观手段解决地摊问题。地摊问题一直是影响城市环境与形象的最大因素，政府也重视地摊的整治并采取了一些措施，最多的是采用比较强硬的手段如强行管制，但这没有从根本解决问题，城市化进程加快，涌入城市的劳动力剧增，导致求大于供，人们为了谋生不得不选择一种求生手段，由于地摊具有成本低廉、移动力灵活等优点，使得地摊成为他们的最佳选择，然而，这也方便了城市居民的生活，进而对地摊也是持中立态度，所以地摊在城市的泛滥是多方面的综合结果。所以我们想用景观来掩盖地摊的缺点，使其变废为宝，用一个综合体与专门的场地收纳地摊，让地摊融入人们日常休闲娱乐活动中，使地摊主在这一个综合体内摆地摊，一方面成为观赏者另一方面也成为城市居民休闲时的被观赏者，带着这些思考做完方案也是满满的成就感。

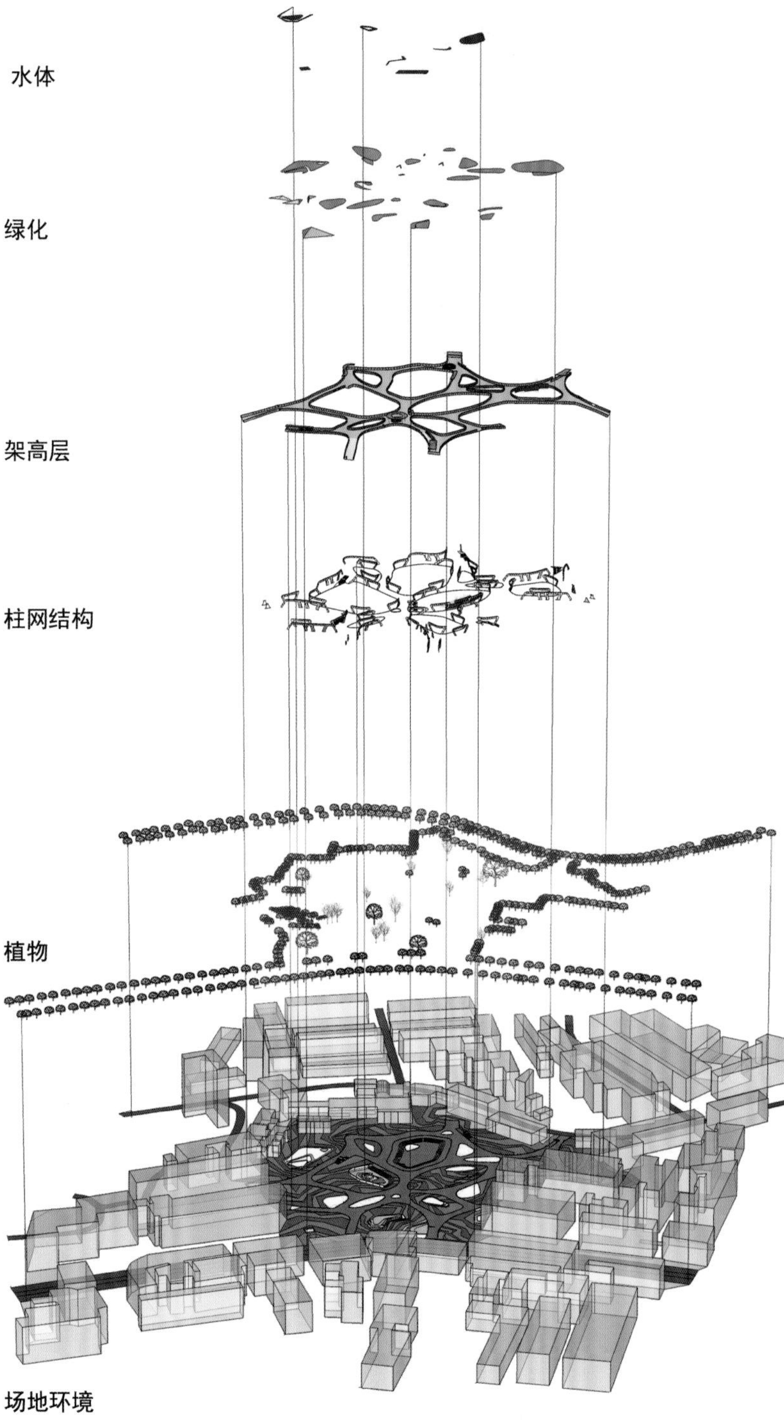

场地立体分层分析

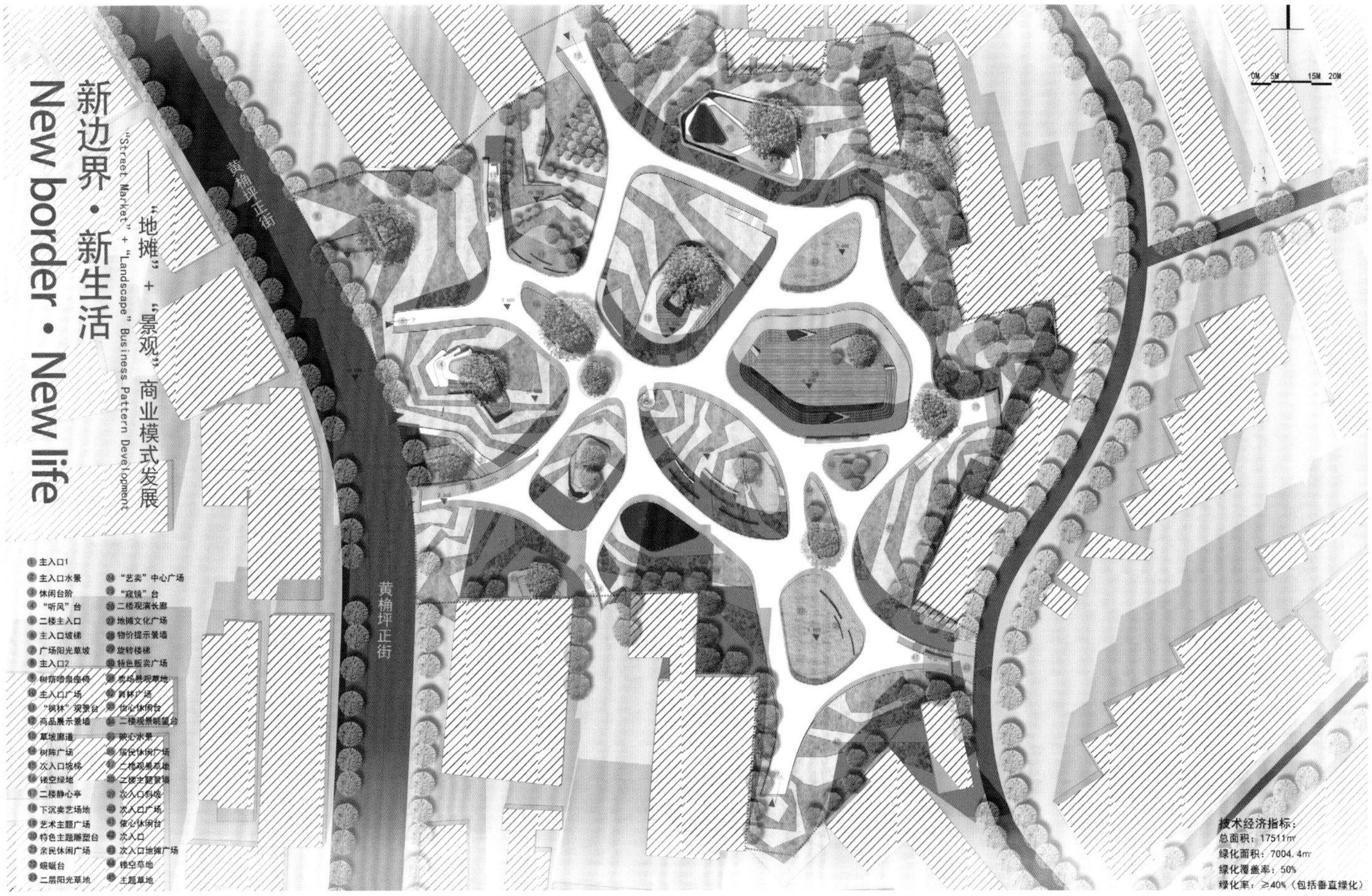

总平面图

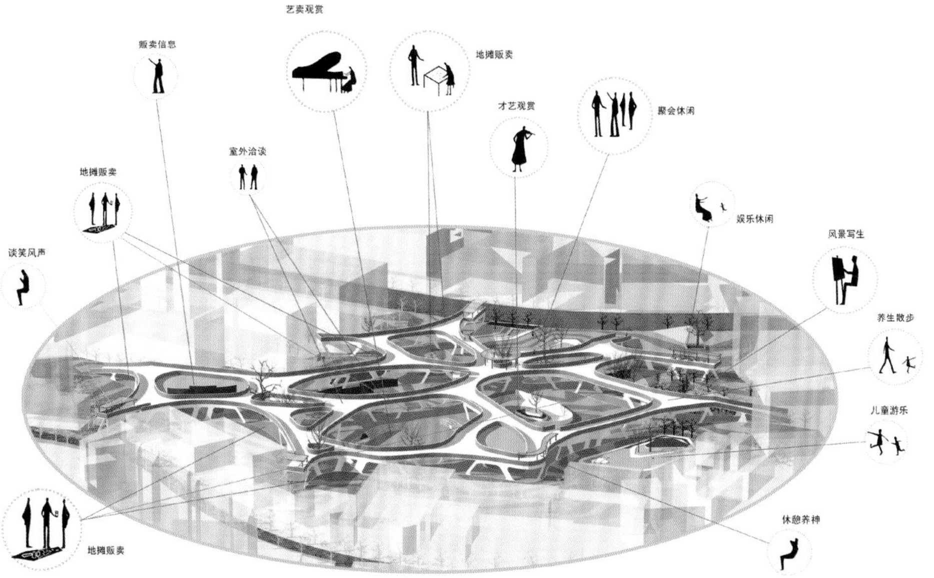

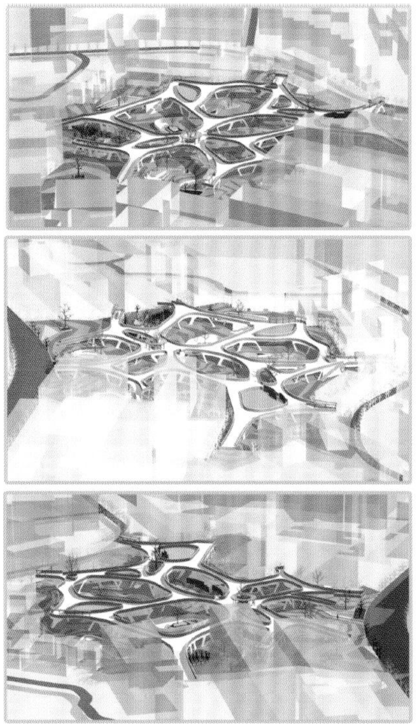

鸟瞰与功能分析

广钢 1957—2013—2030——过程管理视角下的广钢公园规划设计

Guangzhou Steelworks 1957-2013-2030—The Planning and Design of Guangzhou Steelworks Park through Process Control

评委会意见： 方案是将一个较大的废弃工厂区域，以改建为一个公园为目标，通过多样化、多层次的方法与途径，分阶段进行改造规划与设计；在文化沿革、历史保护、生态修复、资源利用、城市内涵和运行方式的再植与演化等方面，设计者进行了全面系统的分析考量，并相应地尝试了棕地污染治理及生态修复、雨水的收集净化与利用、废旧设施的再利用以及与城市大系统的生态与文化功能的衔接等改造的方式方法，较好地体现了为达成可实施的废弃工业区的价值再造和融入城市可持续发展的目标诉求的规划设计理念。本案的突出特点还表现在清晰有序、目标明确的设计改造的过程管理，大大提升了本规划设计方案的可行性的说服力。

院校名称：华南农业大学林学院
指导老师：张文英
主创姓名：刁荆石　蔡灏
设计时间：2014.5
项目地点：广州
项目规模：300 000 m^2
作品类别：公园设计

设计说明：

广钢公园位于广东省广州市荔湾区，基地覆盖了原广州钢铁厂主要生产建筑的集中分布区域。

方案通过分析城市背景、上位规划及基地本身，梳理出基地主要面临的三大困境：一、如何解决土壤因重金属污染带来场地开发利用的难题？二、广钢公园如何满足广钢新城作为大型居住区的功能诉求？三、旧的工业厂房主导下的广钢公园如何与新城发展相契合？

设计正是围绕着三大困境展开，提出分项细化的过程管理策略、遗产活态化的建筑改造保留策略及棕地修复策略。空间组织上通过景观的两个基本要素——时间及空间，展开叙事建构公园景观体系的隐形逻辑，应对城市路网对公园的割裂作用。

设计感悟：

这是一份自选项目的毕业设计。面对基地，我们被复杂的问题深深迷惑，一开始不知所措。我们尝试阅读了《矛盾论》并请教同学将其作为指导思想展开分析，梳理出基地的几大问题。

在矛盾的转化方面上，我们有了一个幼稚的想法，它似乎与过程管理在一定程度上是契合的，我们便大胆地引入动态的视角审视基地，用过程管理的方法处理基地的工业建筑遗产保护与开发问题、棕地修复问题。面对长条状的公园被规划道路切块而出现空间系统不连贯的问题，我们选择了空间叙事的方法构建整个公园的隐性逻辑，去“边界”，去“中心”，去“等级”，意图摆脱空间的束缚，实现游览感受的连续与无尽。

效果图

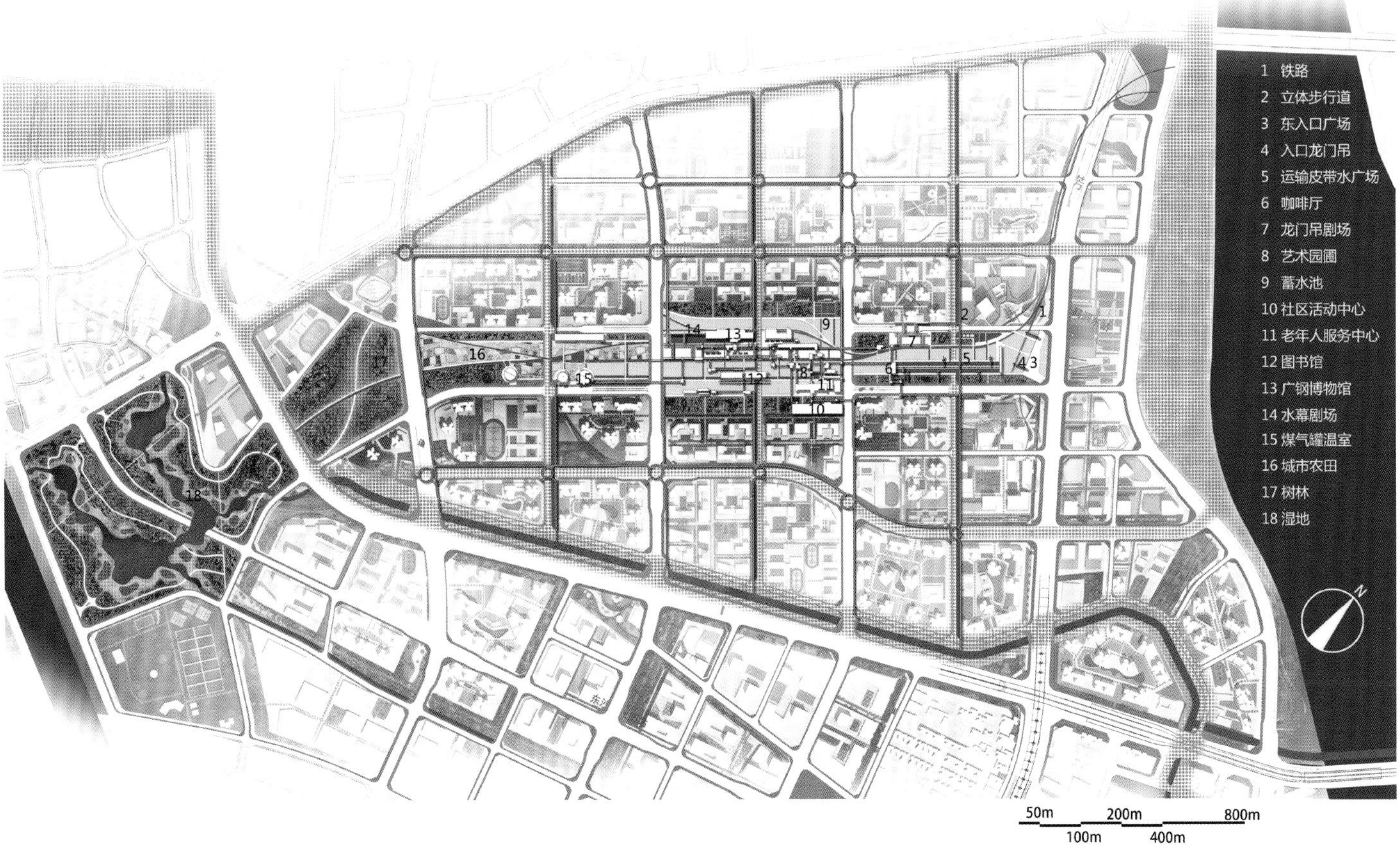
1 铁路
2 立体步行道
3 东入口广场
4 入口龙门吊
5 运输皮带水广场
6 咖啡厅
7 龙门吊剧场
8 艺术园圃
9 蓄水池
10 社区活动中心
11 老年人服务中心
12 图书馆
13 广钢博物馆
14 水幕剧场
15 煤气罐温室
16 城市农田
17 树林
18 湿地
50m 200m 800m
100m 400m

平面图

活动植入

广钢留下的大量工业构筑物成为场地的灵魂，充分利用这些构筑物，通过克制的改建，使得构筑物服务于广钢新城的居民及广州市市民，使废弃的构筑物焕发新的生命力，形成叠合新城与旧址、兼蓄荒凉与活力的城市开放空间。

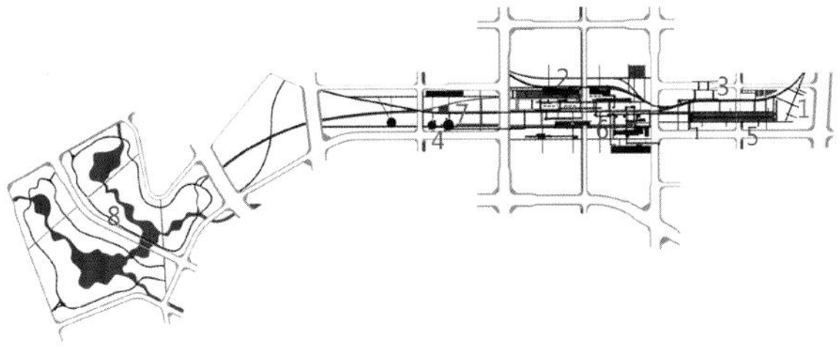

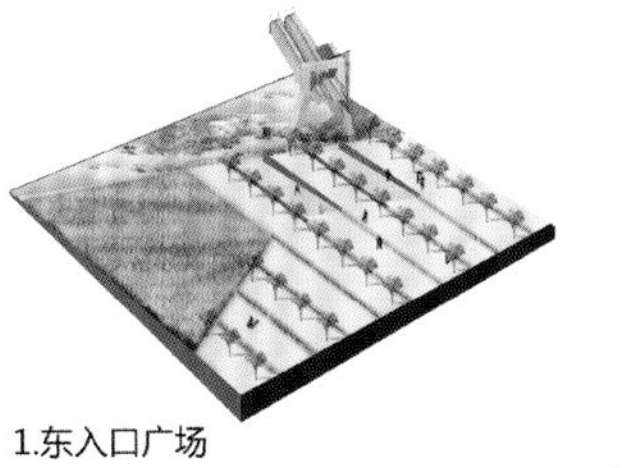

1.东入口广场
利用龙门吊的景观导向性营造入口广场，工业构筑的大尺度从入口开始便表露无遗

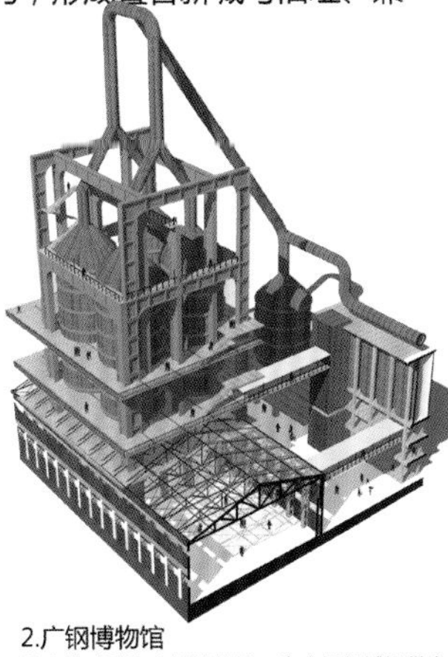

2.广钢博物馆
将高炉改造为广钢博物馆，为广钢新城提供文化服务,展览藏品的同时，高炉本身也是最要的展品

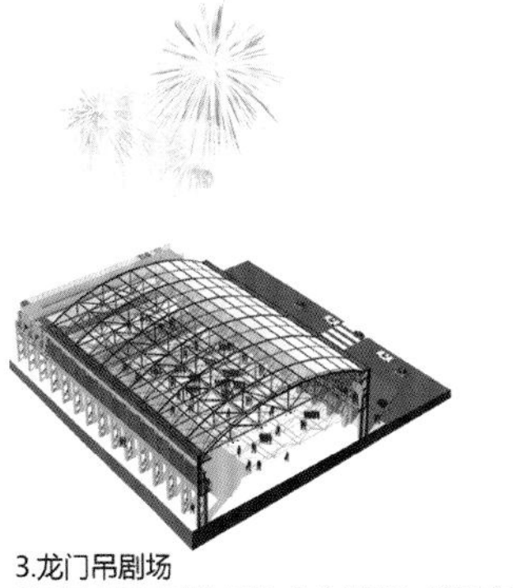

3.龙门吊剧场
利用废料场大尺度的空间，改造为剧场，提升城市活力

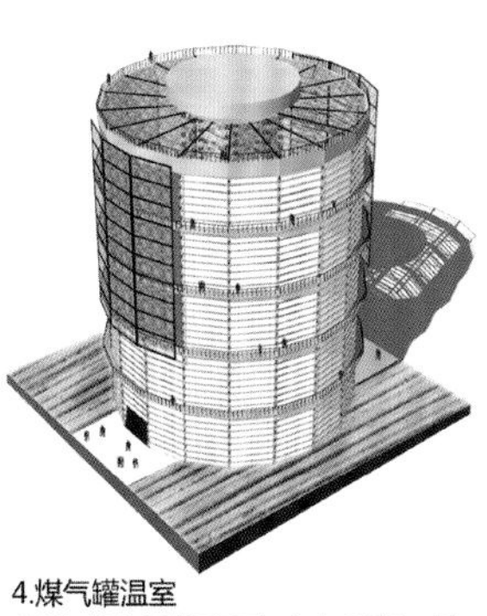

4.煤气罐温室
将煤气罐表皮局部剖开加上玻璃幕墙，形成温室，可栽植蔬菜花卉，供给居民

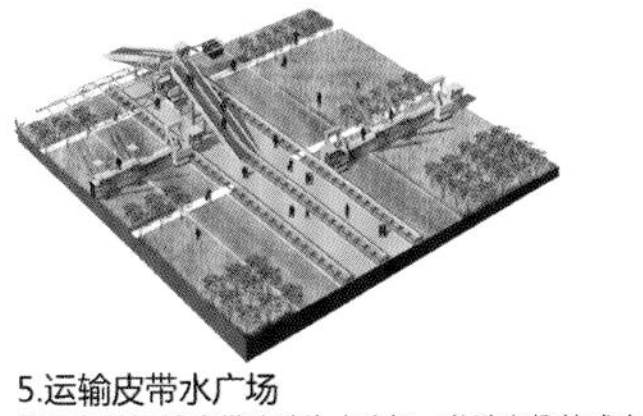

5.运输皮带水广场
将现存的运输皮带改造为水广场，营造有趣的戏水池

6.艺术园圃
利用现存工业构筑物围合的空间，通过园艺及公共艺术途径，营造艺术园圃，与工业构筑物共同营造神秘、有趣的空间体验

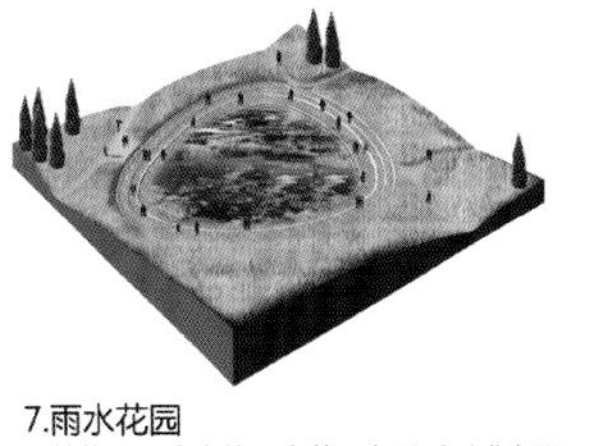

7.雨水花园
以植物景观为主的雨水花园在雨后形成水面，体现雨旱季的变化

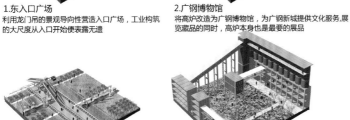

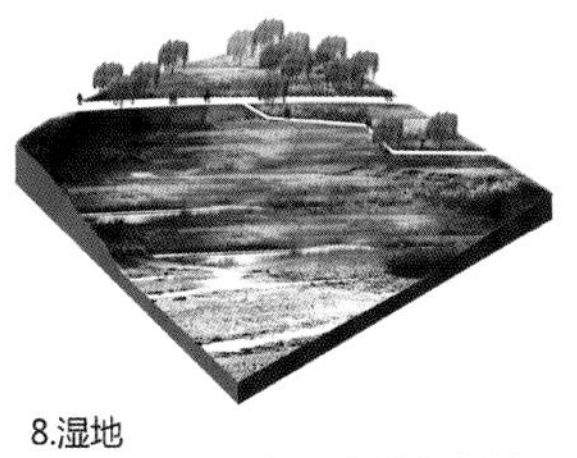

8.湿地
在公园末端设置湿地，塑造生物栖息的场所

社区进化论

Community Evolution

评委会意见： 方案是希望通过一个社区的供需平衡而使整个城市供需平衡的思路，应用鸡蛋理论：鸡蛋从外部打破是食物，从内部攻破是生命的原理，让社区从内部满足需求，是可以永远活下去的社区，进而影响外部环境乃至整个城市社区得到进化。

院校名称：云南农业大学园林园艺学院

指导老师：李东徽　杜娟

主创姓名：马娜

成员姓名：潘俊屹　臧琦

设计时间：2014 .8

项目地点：云南昆明

项目规模：42 205.33 m^2

作品类别：居住区环境设计

设计说明：

城市迅速扩张带来的不仅是经济发展，更是人口加剧，生态破坏，对外界资源供应的极大需求。曾几何时，这里流过清澈的盘龙江，环绕着宜人的大自然，唾手可得的新鲜食材。人们过着快乐的群居生活，共同劳作，朝出而作，日落而息。

现在，我们将探寻最初的大自然，如何在快速发展的城市中建立可进化社区，一个生生不息、永葆活力的社区。

设计感悟：

设计最初的灵感来源于在微博上看到的一个小故事，讲的是一个小猪拿着一筐苹果在椅子上睡着了，当他醒来的时候发现筐子里的苹果变成了梨子，小猪十分高兴。原来是小羊路过看到小猪的苹果就吃掉了，把自己的梨子给了小猪。这样一来，就有了互动，故事就这么一直流传下去了。

我想人与人之间是不是也是这样呢？现代人的生活快节奏，人际关系冷漠，连邻居都互不相识。我们想改善。于是就产生了社区自种地、示范专类园等，人们在种菜的同时相识、攀谈，在楼层中央平台上相见、交流、交换，你尝尝我的，我闻闻你的，一片美好。

而这样并不是长久之计，我们想要的是今后足不出户，或者是足不出社区就可以满足生活所需的基本条件，于是就产生了循环系统。生活垃圾变成了肥料，生活污水得以净化变成了田间小溪中的潺潺流水。鱼儿产生的肥料又可以用在蔬菜瓜果上，而蔬菜瓜果的废叶子又可以喂鱼……这样的话 50 年之内肯定没问题……但是再以后呢？

到 100 年的时候，建筑快要到废弃期限了，建筑也是有灵性的，难道我们要残忍的拆掉他吗？于是一个大胆的想法出现了，能不能让建筑变成垂直山峰呢？让藤蔓植物攀爬在他的表面，增加坚固度；建筑内的水管暴露出来，就变成了垂直瀑布；建筑采用的可种植混凝土上长满了植物，一座垂直山峰出现了。而里面的居民，大家一起开始”轮居生活 ”，搬到另一个正在进化初期的社区吧。让老社区好好休养生息一下！

归根结底，无论怎样的想法，我的出发点都是想让社区回归自然，城市回归自然。不管世界的时间到了哪一天，希望这个世界还是充满绿色。

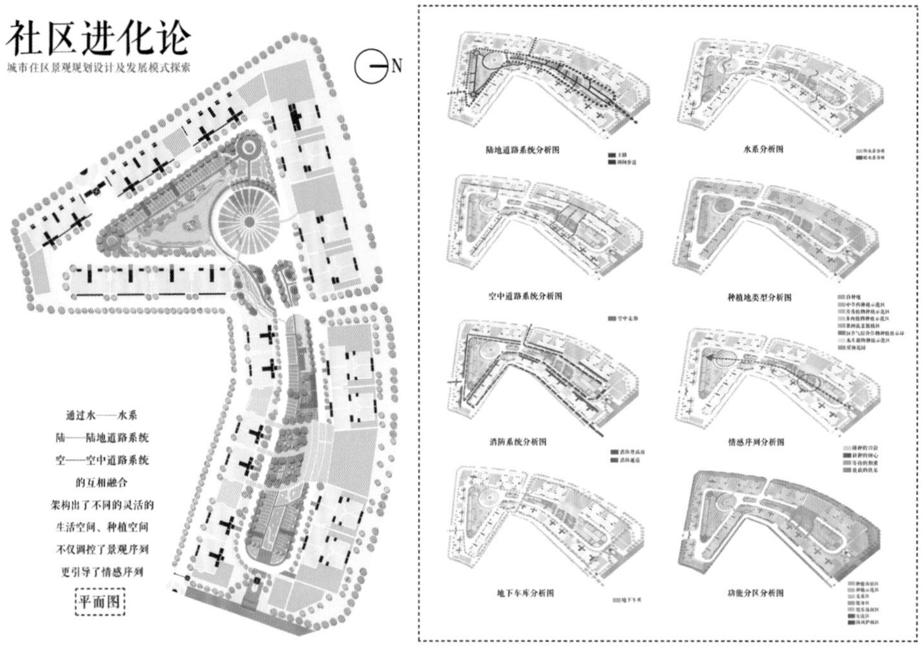

平面图、各层分析图

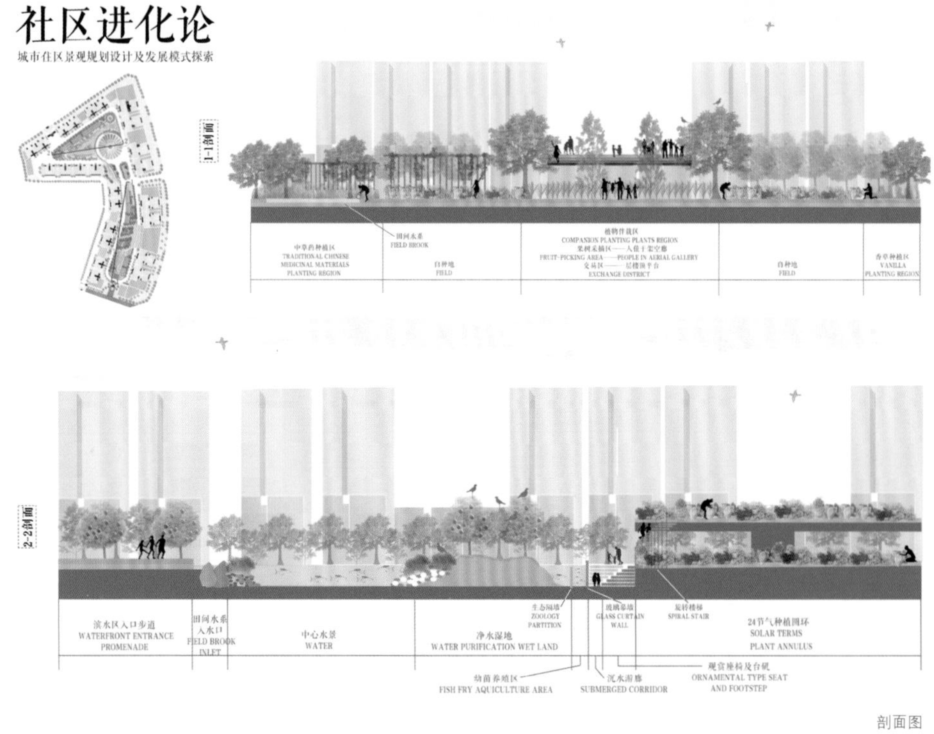

剖面图

社区进化论

城市住区景观规划设计及发展模式探索

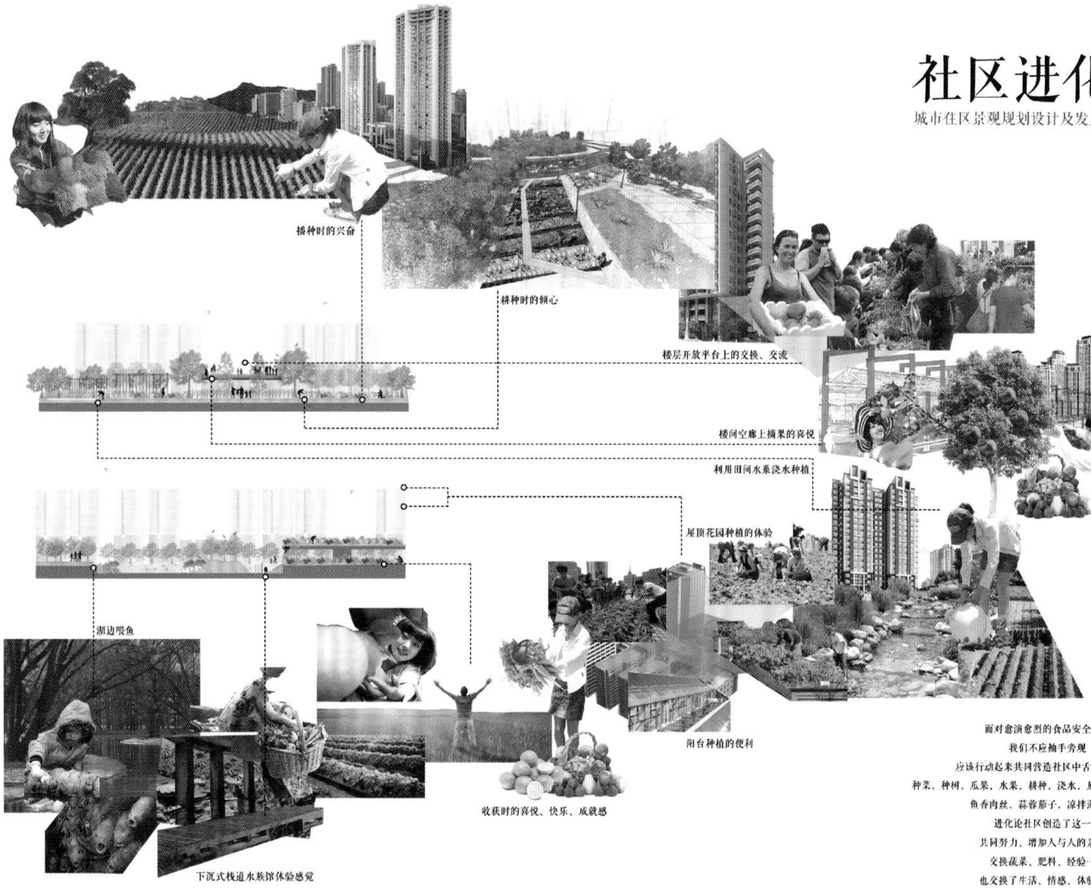
播种时的兴奋
耕种时的倾心
楼层开放平台上的交换、交流
楼间空廊上摘果的喜悦
利用田间水系浇水种植
屋顶花园种植的体验
湖边喂鱼
阳台种植的便利
收获时的喜悦、快乐、成就感
下沉式栈道水族馆体验感觉

面对愈演愈烈的食品安全问题
我们不应袖手旁观
应该行动起来共同营造社区中舌尖上的景观
种菜、种树、瓜果、水果、耕种、浇水、施肥、喂鱼、收获……
鱼香肉丝、蒜蓉茄子、凉拌薄荷……
进化论社区创造了这一切
共同努力、增加人与人的亲密度
交换蔬菜、肥料、经验……
也交换了生活、情感、体验……

效果示意图

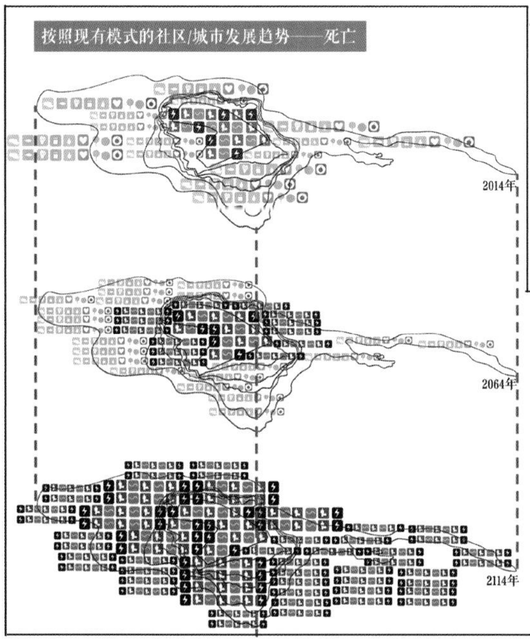
按照现有模式的社区/城市发展趋势——死亡
2014年
2064年
2114年
水果 FRUIT
水产 AQUATIC PRODUCT
蔬菜 VEGETABLES
天然肥料 NATURAL FERTILIZER
纯净水源 PURE WATER
蓝天白云 CLEAN AIR
美好心情 A BEAUTIFUL MIND
绿化 GREEN AREA
水系 WATER
人际关系紧张 CONTENDERS
不良情绪 UNHEALTHY EMOTIONS
雾霾天气 HAZY WEATHER

社区进化论

城市住区景观规划设计及发展模式探索

方案实施目的 一个社区的供需平衡——整个城市的供需平衡

鸡蛋理论 鸡蛋从外部打破是食物，从内部突破是生命

社区进化论 社区从外部汲取
是没有生命活力的
从内部满足需求
是可以永远活下去的社区
进而影响外部环境
乃至整个城市

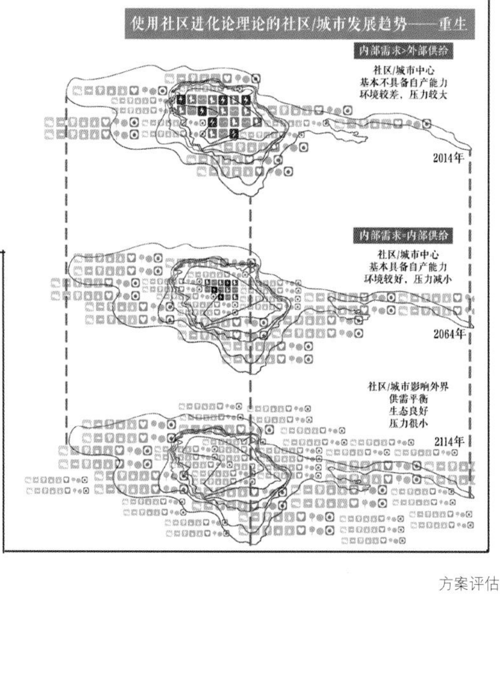
使用社区进化论理论的社区/城市发展趋势——重生
内部需求>外部供给
社区/城市中心
基本不具备自产能力
环境较差，压力较大
2014年
内部需求=内部供给
社区/城市中心
基本具备自产能力
环境较好，压力减小
2064年
社区/城市影响外界
供需平衡
生态良好
压力很小
2114年

方案评估

基于绿色基础设施构建下城市边缘小型网络中心景观规划设计研究

Study on the Planning and Design of City Edge Under the Small Network Center Landscape Construction of Green Infrastructure

评委会意见： 方案在原天津郊区的湿地、荒地、垃圾填埋场的基地上，建设天津都市农田生态公园，设计者重视绿色基础设施以及所伴随的生态功能，同时与各类城市绿地交织在一起形成天津市绿色基础设施网络，创造一个健康、美丽、生态的可持续发展的宜居城市。

院校名称：天津大学仁爱学院

指导老师：赵艳　宋伯年

主创姓名：胡金萍

成员姓名：于晓东

设计时间：2014

项目地点：天津

项目规模：108 hm^2

作品类别：公园设计

设计说明：

在此拟建一座具有特色的天津都市农田湿地公园。设计的最终目的是恢复湿地的生态环境，恢复与吸引湿地动物群落，提升湿地水岸活力，营造特色花海，促进湿地学科的不断发展。创建一个生态的、包容的和多功能的开放空间，吸引家庭和各个年龄的人来此休闲娱乐，将城市空间改为一个可持续的城市“绿色基础设施”，致力于创造一个健康的、美丽的市区，同时让经济、社会和生态的可持续性最大化。

设计感悟：

项目的主题是基于绿色城市基础设施的景观规划设计。设计重视绿色城市基础设施以及所伴随的生态功能，将城市中的公园、湿地、聚会场所、社区花园、休闲空间、野生动物栖息地、滨水空间、绿色廊道等交织在一起，形成天津市的绿色基础设施网络，致力于创造一个健康的、美丽的市区，同时让经济、社会和生态的可持续性得到最大化发展。

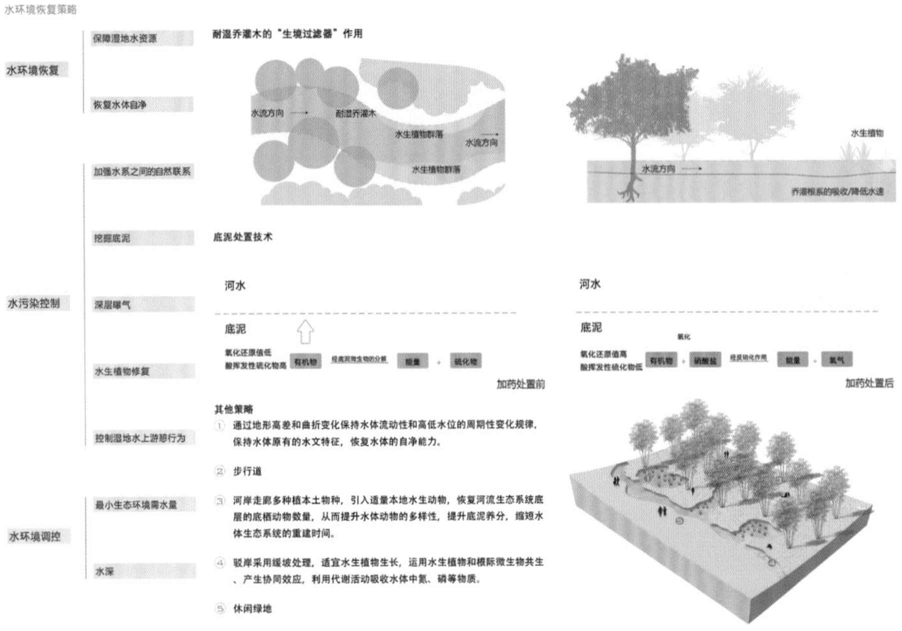

水系设计

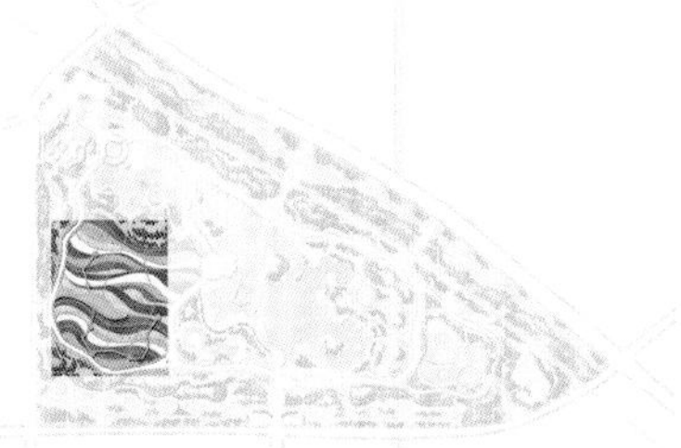

图例
① 密林种植区　⑧ 兰花鼠尾草带
② 园内小径　　⑨ 玫瑰花带
③ 一级道路　　⑩ 郁金香花带
④ 灌溉池　　　⑪ 多种花灌
⑤ 花间小径　　⑫ 百合花带
⑥ 空中架桥　　⑬ 休闲绿地
⑦ 绿色建筑

四季花海
春季开花

夏季开花

秋季开会

冬季开花

图例
N
① 车行主入口　⑫ 净水池
② 车行次入口　⑬ 空中架桥
③ 主要停车场　⑭ 植物标本商店
④ 次要停车场　⑮ 儿童区
⑤ 人行主入口　⑯ 表演台
⑥ 人行次入口　⑰ 垂钓区
⑦ 服务区　　　⑱ 养殖区
⑧ 亲水平台　　⑲ 餐饮区
⑨ 生态保育区　⑳ 采摘区
⑩ 花海　　　　㉑ 观景平台
⑪ 蓄水泡　　　㉒ 散步道

总平面图

缝合失地——青岛里院老街区公共空间景观设计

Renovation of the lost Place—Common Space Environmental Design for Qingdao's Old Town

评委会意见： 方案通过打造多元活动空间，利用场地高差，运用叠加的方法，再现拆迁前道路肌理，缝合南北两侧居民区，再现里院的小尺度空间，折射传统里院的记忆，使场地重新焕发光彩。

院校名称：江南大学设计学院

指导老师：史明

主创姓名：秦嘉

设计时间：2014.4

项目地点：山东青岛

项目规模：3.5 hm^2

作品类别：公园设计

设计说明：

本方案是一个传承青岛里院历史记忆的、为老城区居民服务的、绿色自然的公共活动空间景观设计。随着城市化进程的加快，大规模的城市改造和再开发已经使得“城市再生”成为我国城市化的主要趋势。传统的城市扩张模式和规划方法已凸显弊端，如何延续“城市文脉”，怎样创造“新的城市生活与空间”，是此次方案重点关注的问题。 基地选址在山东青岛的里院老城区内，场地中几十栋二战时期的里院老建筑在 2011 年被毫无保留的推翻，取而代之的是高架建起，使场地的历史记忆消失得无影无踪。从对场地的调研入手总结出三个需要解决的问题：(1) 华人区建筑与人口密度大，居民缺乏公共活动空间和自然景观 (2) 特色的里院格子状肌理遭到破坏，基地南北两侧通达性差；(3) 高架桥的噪声和造型对场地的再生产生消极影响。基于这三点问题提出了下述 6 条策略：(1) 打造多元化的活动空间，便于多人群的多种活动需求；(2) 利用场地现有高差，还原青岛的丘陵地形特质，营造自然景观空间；(3) 运用叠加的手法，再现拆迁之前的道路肌理，缝合南北两侧的居民区，恢复道路的连通性；(4) 再现里院亲切的围合式小尺度空间，营造里院热闹的市井文化氛围；(5) 利用的人的五感特点，设置“红瓦绿树碧海蓝天“四条具有青岛特色地穿过桥下的道路，削弱高架对场地的影响，打造可行可停的愉快通行体验；(6) 利用本土乔木对桥下进行二次空间限定，形成大自然的顶棚。多元活动空间的营造映射着传统的里院记忆也融入了现代城市生活功能，通过对里院印记的再现与现代生活的结合延续了城市的文脉，使得场所精神得以重新焕发光彩。

设计感悟：

中国式大拆大建应该使我们深刻地反思：我们是否可以通过设计去转化消极空间的问题，赋予其新生命？尤其对于一些历史地块，这种思路是有意义的。青岛的里院老街区是我从小出生成长的地方，记忆中老人和孩子们玩耍在并不宽敞但树木茂盛的街道两旁，大院儿里的邻居们每天聊着家常共享美食，每个生活在这里的人都可以自得其乐，这大概是我对人性场所的最早定义。然而这一切戛然而止于 2011 年的某一天，老建筑拆除，老街道也随之消失，高架桥拔地而起。在搬家的那天我看到了老人们眼里的失落。出于对家乡的热爱和对童年生活的纪念，毕业设计的地块最终选择了这里，场地从未被开发，到里院建筑，再到拆迁废弃，设计后最终回归到延续场地历史记忆的绿色自然之所，希望重新踏入这块场地的人们可以得到丰富的城市新生活体验的同时，再次嗅到里院的气息，找回他们关于“生活”的最初定义。

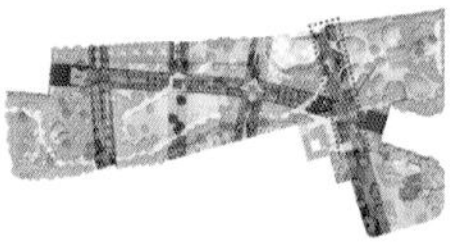

红檐之路
Red Road

通过视线引导与视觉焦点，吸引游人穿越场地，以愉快的视觉色彩体验虚弱高架桥对场地的消极影响
“红瓦”意向：亲切，闲致
延续里院的空间形态与墙体，采用里院屋顶的朱红色作为斑马线人行道，给人以穿越里院的空间感受，结合青岛当地的沙地柏，给人以亲切，追忆似水年华的空间氛围。

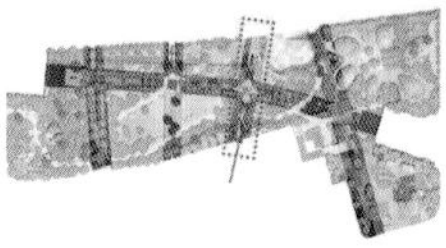

云镜之路
Cloud Road

通过地面反光材质将天空的景色反射到地面上作为视觉焦点，激发路人的好奇心，配合镜面装置，整条轴线呈现热闹的互动
“蓝天”意向：互动，穿行
特有的里院蘑菇石挡土墙，以及玻璃轴线作为视线引导，最终到达中央立柱平台，营造出轻松，欢乐互动的空间氛围。

青岛里院老街区公共空间景观设计

方案生成过程

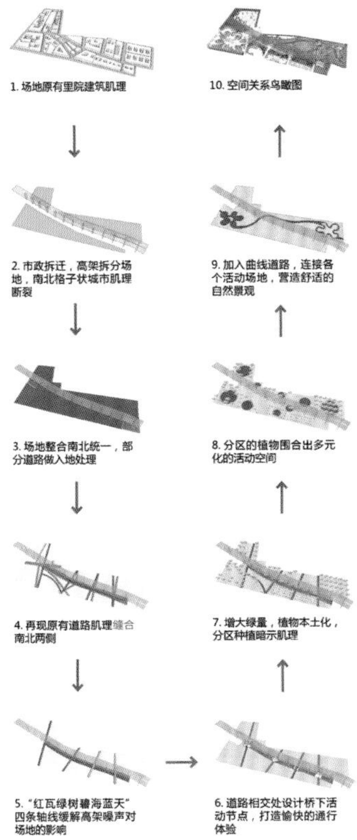
1. 场地原有里院建筑肌理
2. 市政拆迁，高架拆分场地，南北格子状城市肌理断裂
3. 场地整合南北统一，部分道路做入地处理
4. 再现原有道路肌理缝合南北两侧
5. "红瓦绿树碧海蓝天"四条轴线缓解高架噪声对场地的影响
6. 道路相交处设计桥下活动节点，打造愉快的通行体验
7. 增大绿量，植物本土化，分区种植暗示肌理
8. 分区的植物围合出多元化的活动空间
9. 加入曲线道路，连接各个活动场地，营造舒适的自然景观
10. 空间关系鸟瞰图

红顶乐园效果图

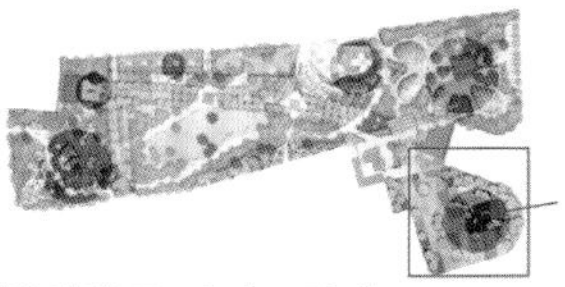

街头聚集区：青春，动感

这是一个为青年人提供极限活动的空间，在这里人们可以尽情享受运动带来的快乐，轮滑，滑板，跑酷等极限运动都可以在这里展示，整体营造青春动感的空间氛围。

哈哈森林效果图

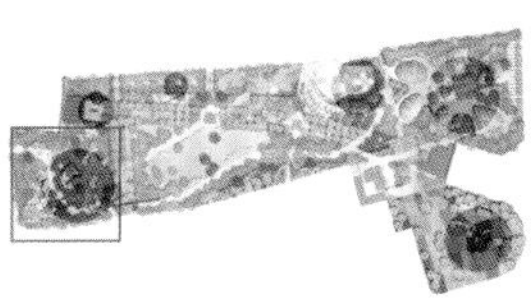

密林区：神秘，探索，趣味

采用哈哈镜面与自然的结合，反射的镜面使得人处于看与被看的状态，带来新奇的探索与神秘感，与自然互动的情感体验，同时也照映出街边里院的城市风景，使得整个空间充满活泼与欢乐的空间氛围。

呼吸——灵宝市豫灵镇阆锦园景观规划设计

Landscape Planning and Design of Wenjinyuan in Lingbao Yuling Town

指导老师：关伟峰　王云中

主创姓名：邢启艳

成员姓名：王贝贝

设计时间：2014.3

项目地点：河南灵宝

项目规模：120 000 m²

所获奖项：研究生组金奖

▶ 设计说明：

　　城市化过程是一步步渗透侵蚀大自然的过程，城市面积越来越大，我们不能否认城市化为我们带来的巨大便利与富足。但它已威胁到人类的生存，我们必须及时制止城市化对乡村城镇的进一步侵蚀，保证村镇绿化率，并充分利用农业景观，尤其是耕地资源，耕地作为人工调控生态系统，由于接受更多的物质投入，因此成为一个高生产性的快速物质循环生态系统，其生物产量比林木和草坪大得多。将农田"绿肺"深入城镇腹中，对城市气体交换有比乔木更好的作用。所以在设计中将农业景观、农作物与景观设计结合，满足村镇功能性的同时，降低了景观绿化的造价，保证了当地生态系统的循环。

▶ 设计感悟：

　　项目位于河南省灵宝市豫灵镇，为镇区建设的唯一较大型城市公共开放空间，由于村镇居民密度小、绿化率高且呈斑块出现，因此设计中经常忽略村镇的绿化设计，规划中出现大面积硬质广场来迎合村民审美，我们要做的是避免土地硬化，使土地能够呼吸，创建有特色的可生产性的农业景观。

Landscape Planning and Design of Wenjinyuan in Lingbao Yuling Town

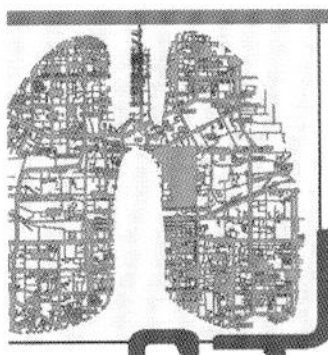

BREATHE 呼吸

【城市化的副作用The Side Effect Of Urbanization】

空气污染
噪音
沙尘
雾霾
人力浪费

人类城市化过程是一步步渗透侵蚀大自然的过程，城市面积越来越大，而自然慢慢消失于我们的生活之中，不能否认城市化对我们带了巨大的便利与富足。但它已危机到人类的生存，我们必须及时制止城市化对乡村城镇的侵蚀，现在城镇建设仍在面积的铺设广场，硬化河道，浪费大量的石材，为了所谓的形象工程，我们的大自然再次收到重创，作为景观设计师必须有社会责任感，努力寻求村镇规划、村民审美与生态野趣的结合点，这样才能创造更大的经济效益“集聚间有离析——最优景观格局”。

【设计思考Design Thinking】

太极八卦图，阴阳结合，万物相互渗透，才能维持平衡。

创建田园都市，城市生态建设与自然相互渗透保持均衡。

广场设计中，绿化与硬质广场相结合，生态斑块与集散广场互动。

【区域概况Regional Profile】

项目位于河南省灵宝市豫灵镇，为镇区建设的唯一较大型城市公共开放空场地位于镇区中心地带，边界呈不规则形状，用地北侧毗邻镇区主要干道亚疝南侧、西侧临新建规划道路，东侧为镇区主干道金镇路，整个项目占地12万m约合180余亩。

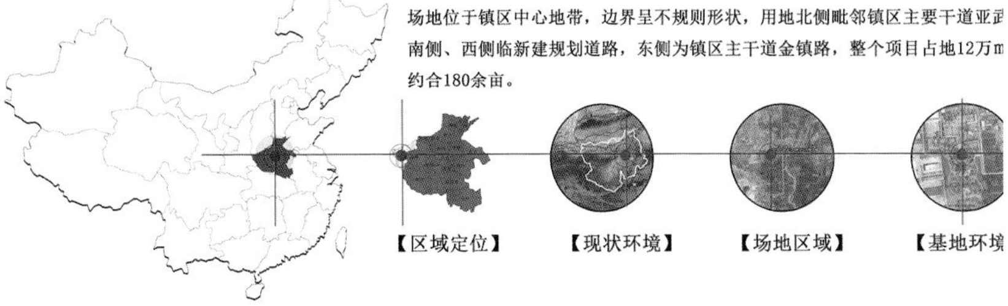
【区域定位】
【现状环境】
【场地区域】
【基地环境

【气候分析Climate Analysis】

豫灵镇属暖温带大陆性季风干旱气候，四季分明。该镇最大风力为六级，平均二级。主导风向夏季东南风，冬季西北风。历年平均气温为13.8℃，最低气温-10.7℃，最高气温为40℃，平均降水量619.5毫米，日照2270时，无霜期213天，相对湿度40%，全镇灾害天气主要有干旱、雨涝、干热风，低温等。

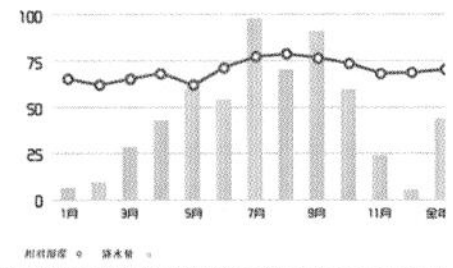

【基地调研Base Research】

人文环境
自然环境

项目位于河南省灵宝市豫灵镇，为镇区建设的唯一较大型城市公共开放空间，近年来，村镇广场建设快速发展，为人们休闲、娱乐提供了公共交流场所，由于村镇居民密度小、绿化率高且曾现块出现，因此经常忽略村镇中的绿化设计，规划中出现大面积铺设广场、硬化河道来迎合村民的审美，导致对生态的破坏；如何将村民所需的广场与生态野趣相结合，是我们当前所探讨的。

【设计草图Sketch Of The Design】

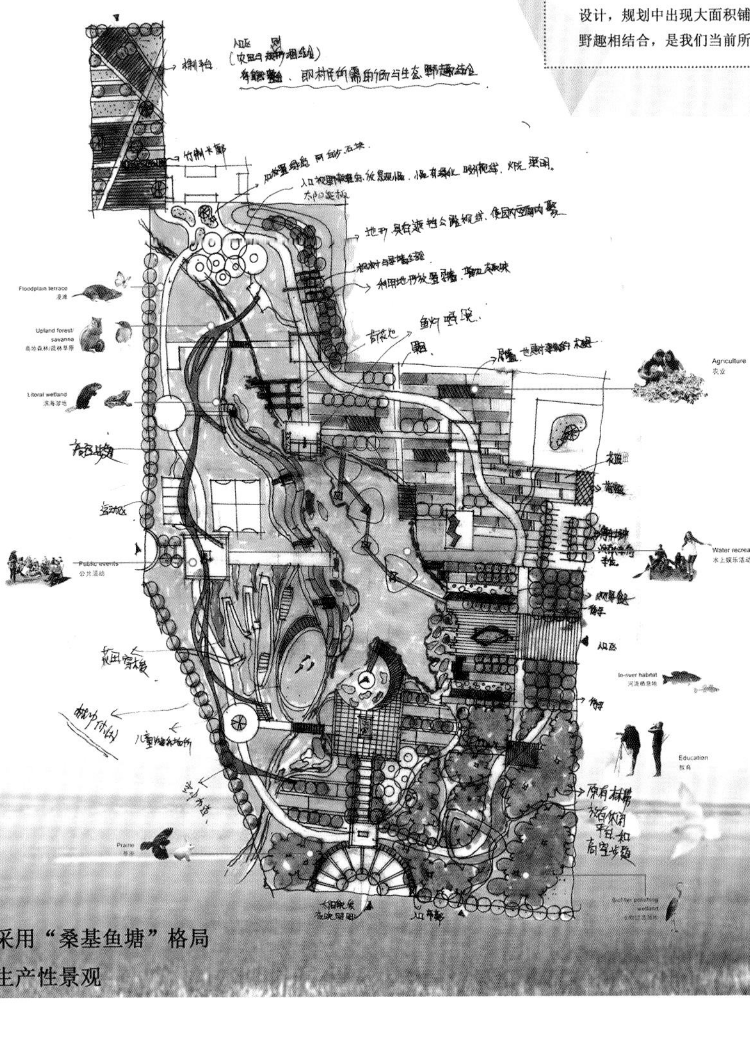

• 采用“桑基鱼塘”格局

• 生产性景观

【设计理念Design Concept】

耕地的生态服务功能表现在：有机质的合成与生产（吸收二氧化碳、释放氧气）生物多样性的维持、调节气候（降温）环境缓冲功能与有害物质的降解功能。

耕地作为人工调控生态系统、由于接受更多的物质投入，是一个高生产性的快速物质循环的生态系统，其生物产量比林木和草坪大得多。将农田“绿肺”深入城市腹中，对城市气体交换有比乔木更好的作用。

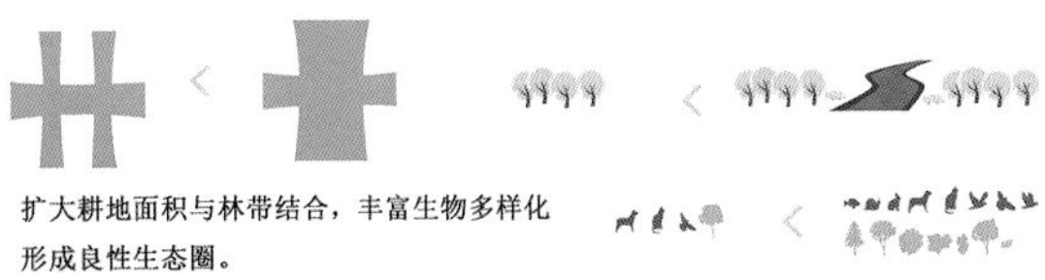

扩大耕地面积与林带结合，丰富生物多样化形成良性生态圈。

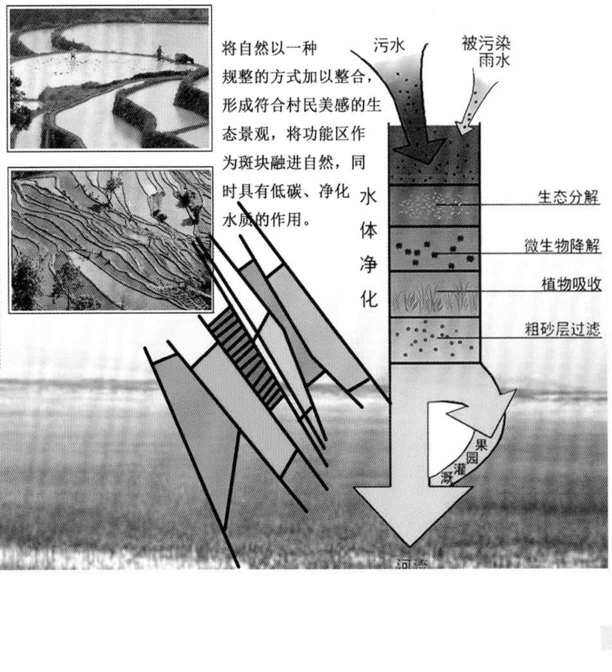
将自然以一种规整的方式加以整合，形成符合村民美感的生态景观，将功能区作为斑块融进自然，同时具有低碳、净化水质的作用。
污水
被污染雨水
水体净化
生态分解
微生物降解
植物吸收
粗砂层过滤
果园灌溉

“压、缩、放”慢步自然、漫步生活——龙津石桥遗址保育长廊概念设计

“Pressure, Shrinkage, Put” Walk of Nature, Walk of Life—The Design of Nature Conservation Longjin Bridge Site Corridor Concept

院校名称：西安建筑科技大学

指导老师：王葆华

主创姓名：薛杰

成员姓名：张灿 董撒 罗斐文

设计时间：2014.8

项目地点：香港九龙

项目规模：约 8100 m²

所获奖项：研究生组银奖

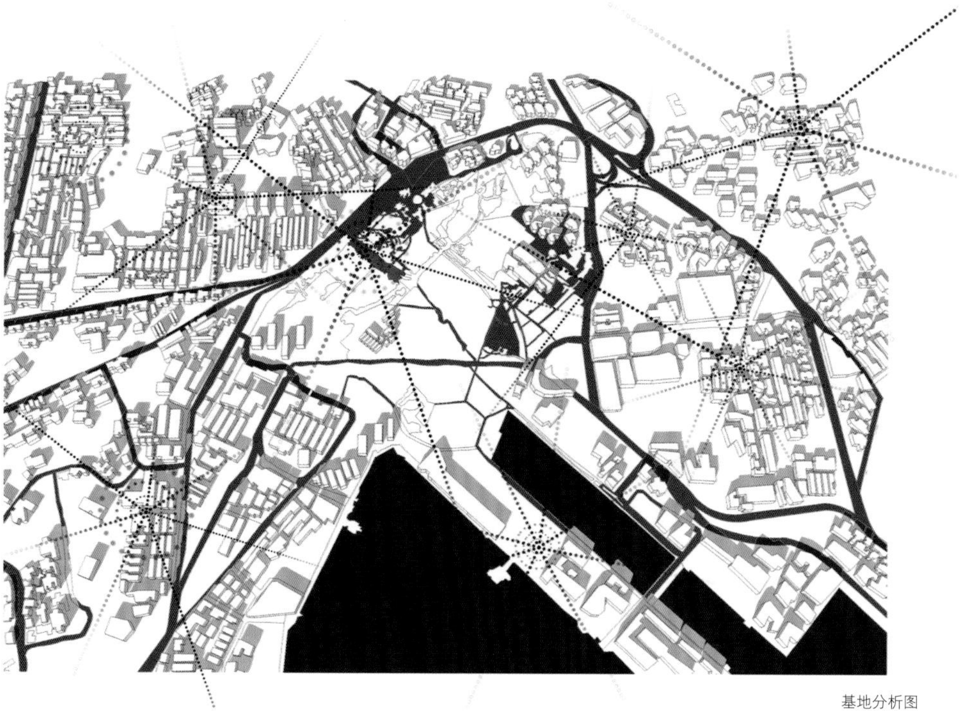

基地分析图

设计说明：

深处自然中，我们应该顺应自然发展的规律，合理利用自然资源，发展人类社会。珍惜我们生活的这片热土。掌握自然规律，顺应自然规律，开发有尺，利用有度。自然犹如弹簧一般，人类社会的发展，不可避免地会打扰到自然，但是过度的开发利用则会让它失去原本的面貌，近些年来，灾难频发，这些不都是自然对我们的启示吗？设计首先选择了遗址保护的主题，对人类文明遗址的保护也就是对自然的保护。

在形式上，该设计将自然和人类社会物化为红色弹簧，弹簧的特点就是可以压、缩、放，展示了人们生活和运用自然的节奏感，松弛有度，收发自如，才是合理的方式。人类外力的作用下，弹簧会发生形变，然而只要合理用力，它还是会恢复原态。但一旦超过限度，它将发生形变，无法恢复。所以安下心来，掌握弹簧的“压、缩、放”，切勿操之过急，漫步生活，慢步自然吧。

在功能上，石桥保育长廊三层的空间设计是此设计中最想突出展现的地方。在局部区域中设计玻璃罩进行保护，同时在一些区域设计了可上人的玻璃，而红色醒目的屋顶，则对一些无玻璃保护的部位进行另一个层面的保护，防止了日晒雨淋。

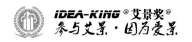

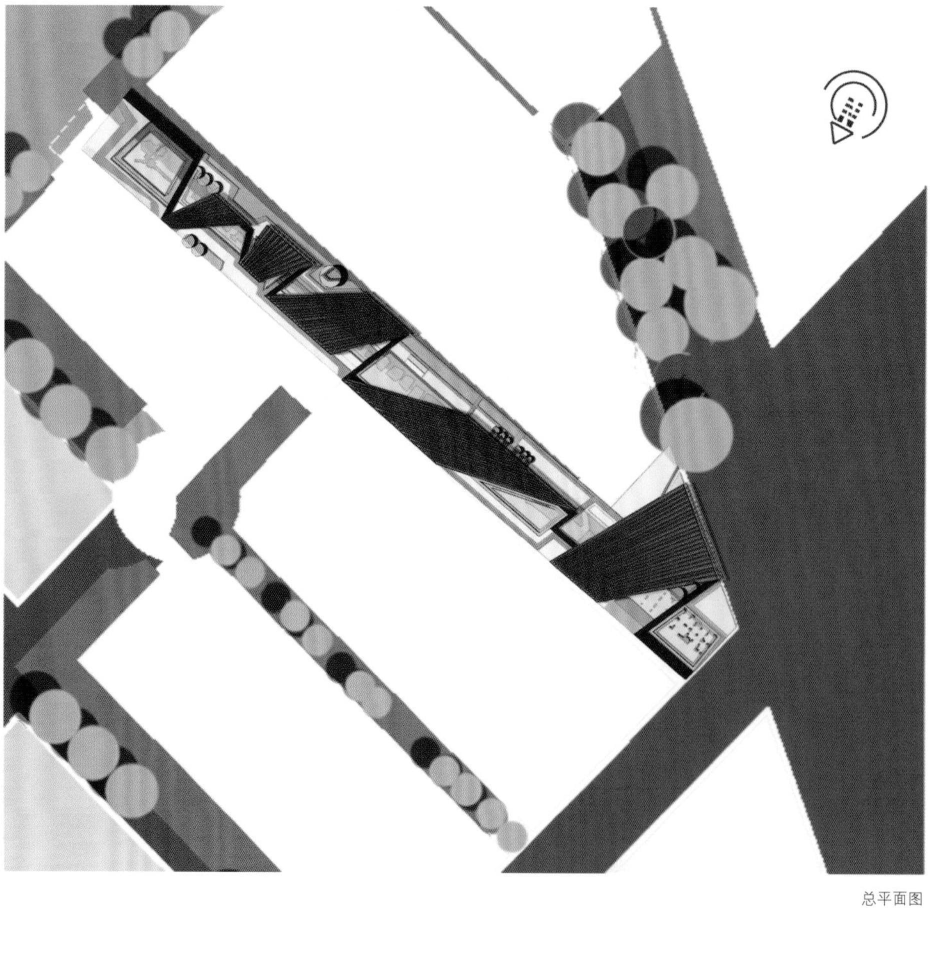

总平面图

设计感悟：

苏东坡曾云：“宁可食无肉，不可居无竹。”此语道出了中国人民从自古以来就崇尚自然、亲近自然。把自然界中的植物看作生活中的必需组成部分。如今，城市生活总是充斥着钢筋水泥，忙碌的工作节奏与黯淡无光的步履匆匆，也正是因为这样的生活，尤其更加向往回归自然。

钢筋水泥建构的城市，在不断挤压空间的同时，仿佛把空气中的氧气也抽空了，让人感觉窒息。当压力不断的蔓延，自然的、原始的回归便成为渴望。我们最初为之雀跃的、骄傲的，如今却成了我们所忧虑的、心痛的。曾经古人留下的文化遗产，让现代人了解以前的故事，如今的破坏却让历史永远消失。通过本次设计的文化遗产保护让我更多从人的内心出发，从自然角度考虑问题，同时让我们知道了人们要爱护祖先给我留下的资源和文化，这也是我们这次设计的主旨：在维持生态平衡的基础上保护文化遗产，美化环境。设计中的红色屋顶也更加醒目的告诉我们文化保护的重地，文化、自然、城市的结合，更完美的保护我们的地球。

让我们洗去尘埃、洗去污浊、洗去疲惫人们的生活，回归自然一个洁净的脸庞！

保护自然，保护文化，保护遗产，保护城市！

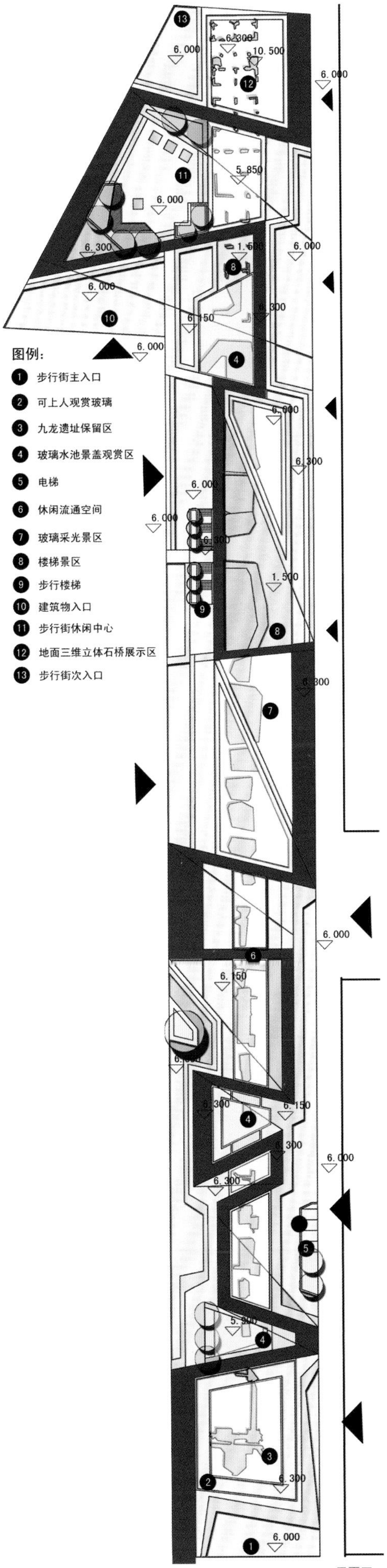
图例:
1 步行街主入口
2 可上人观赏玻璃
3 九龙遗址保留区
4 玻璃水池景盖观赏区
5 电梯
6 休闲流通空间
7 玻璃采光景区
8 楼梯景区
9 步行楼梯
10 建筑物入口
11 步行街休闲中心
12 地面三维立体石桥展示区
13 步行街次入口

平面图

效果图

鸟瞰图

效果图

渴望与回归——内蒙古英金河水土涵养与生态湿地营造计划

Desire and Reborn—The Transformation Design of The Inner Mongolia Mother River

院校名称：沈阳建筑大学
指导老师：李辰琦
主创姓名：王曦
设计时间：2014.8
项目地点：内蒙古赤峰
项目规模：50 hm^2
所获奖项：研究生组铜奖

设计说明：

生态方面：利用生态湿地改造技术，对内蒙古英金河干涸的河床进行治理，通过阶段性分季节的生态改造措施，逐步给养水土，恢复生态湿地环境。

人文方面：根据游牧民族特有的文化历史背景，设计出相应的节点，复兴草原文化，追溯草原文明。

功能方面：强调跑马场、牧羊场及新概念蒙古包等游人聚集点设计，与内蒙古的旅游文化相契合，同时与生态改造达到双赢。

设计感悟：

对家乡景观的改造设计，希望通过自己的微薄之力，造福家乡人。

THE DIRECTION OF THE TRANSFORMATION
Soil and water conservation transformation of different stages and in different seasons

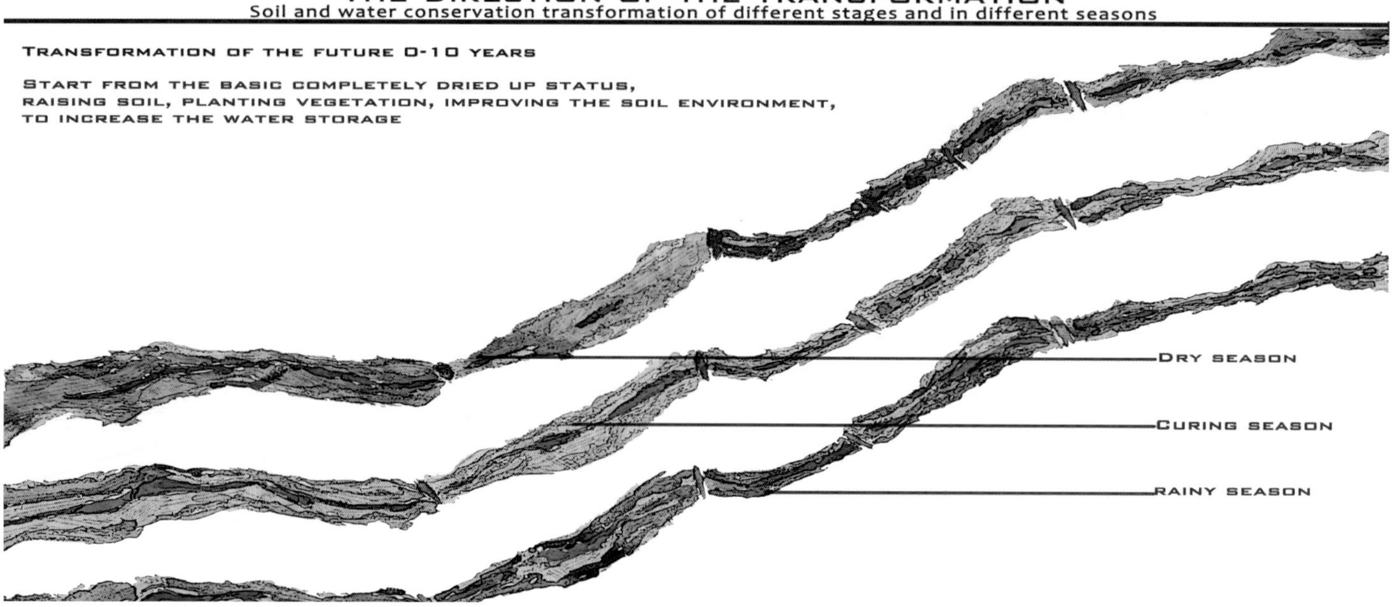
TRANSFORMATION OF THE FUTURE 0-10 YEARS
START FROM THE BASIC COMPLETELY DRIED UP STATUS,
RAISING SOIL, PLANTING VEGETATION, IMPROVING THE SOIL ENVIRONMENT,
TO INCREASE THE WATER STORAGE
DRY SEASON
CURING SEASON
RAINY SEASON

THE FINAL ACHIEVEMENT OF TRANSFORMATION DESIGN
Detailed design results are presented

THE FINAL ACHIEVEMENT OF TRANSFORMATION DESIGN
Detailed design results are presented

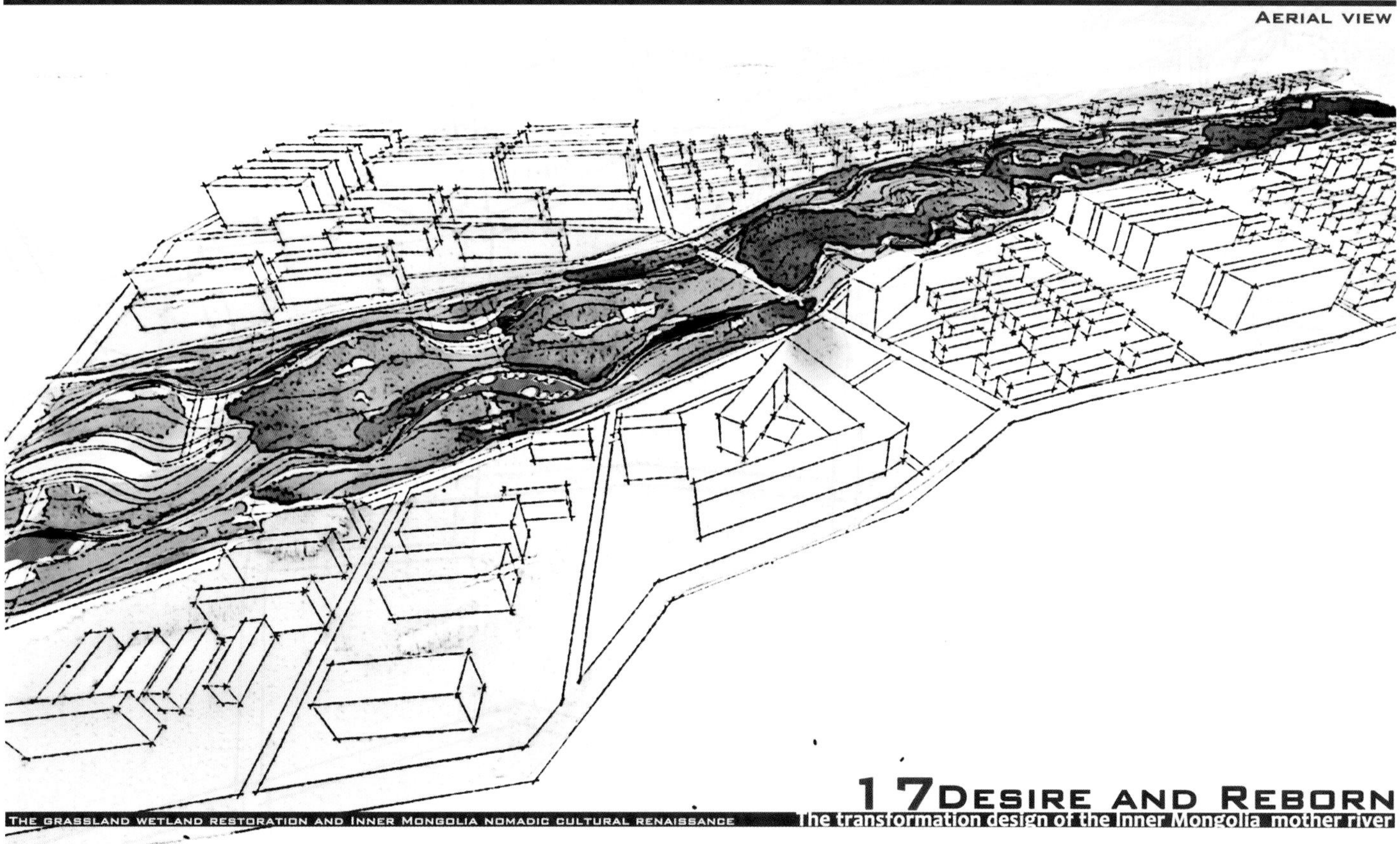
AERIAL VIEW
17 DESIRE AND REBORN
THE GRASSLAND WETLAND RESTORATION AND INNER MONGOLIA NOMADIC CULTURAL RENAISSANCE
The transformation design of the Inner Mongolia mother river

THE FINAL ACHIEVEMENT OF TRANSFORMATION DESIGN
Detailed design results are presented

AERIAL VIEW
REBORN
THE GRASSLAND WETLAND RESTORATION AND INNER MONGOLIA NOMADIC CULTURAL RENAISSANCE
The transformation design of the Inner Mongolia mother river

“云南普洱六顺文化生态旅游区”概念性规划设计

The Concept Design of Culture and Ecological Tourism Zone in Liushun, Puer, Yunnan

院校名称：云南大学

指导老师：李晖　韩菡

主创姓名：农振华

成员姓名：金青青　杨瑶　蔡慧婕　韦晓田　杨冬梅　邱丽慧

设计时间：2014.5

项目地点：云南普洱

项目规模：约 260 km²

所获奖项：本科组金奖

设计说明：

该项目方案位于云南省普洱市六顺镇。毗邻绿三角，南接西双版纳，地理位置独特，区域内目前共有野象 33 头，占中国野象总数的十分之一，具有较高的生态保护价值，兼具优质咖啡等资源优势，本规划基于景观生态规划的原理和方法，凸显优越的野象资源与咖啡资源特色，以喀斯特地貌为基质，对该地进行风景旅游区规划，同时，从野象的保护角度出发，提出人象共生的“象域”概念。旨在人类生活、生产、发展的同时，运用生态保护的手法，找到野象、自然生态与人类和谐共处的契合点，营造具有独特风情的＂象域＂。

设计感悟：

云南普洱六顺，在 30 年的封山育林之后，让一直生存在这片土地上的野生亚洲象在消失了 30 年之后又回来了，但是我们应该怎么欢迎这个土地原来的主人？不断发展的人口、产业、城镇规模与野生亚洲象生存现状之间的矛盾不断激化，我们又应该怎么处理矛盾？六顺作为旅游区，又如何解决野象生存的需求以及游客的观赏游憩需求？ 这些问题一直围绕着我们，我们体会着野象的困境，希望带着歉意把这片土地还给它们，同时又希冀着当地城镇的发展以及居民生活的改善，如何用生态文化旅游规划找到这些问题的平衡点，以及处理人象的边界冲突，是我们这次设计的重点。无疑，野象是所有问题的中心，在这条西双版纳—普洱（六顺）—临沧艰难的迁徙之路上，给野象一个安全自由的乌托邦，给六顺游客一个完整的动植物群落和良好的生态环境；远远象影，悠悠象鸣，这就是我们的象域！

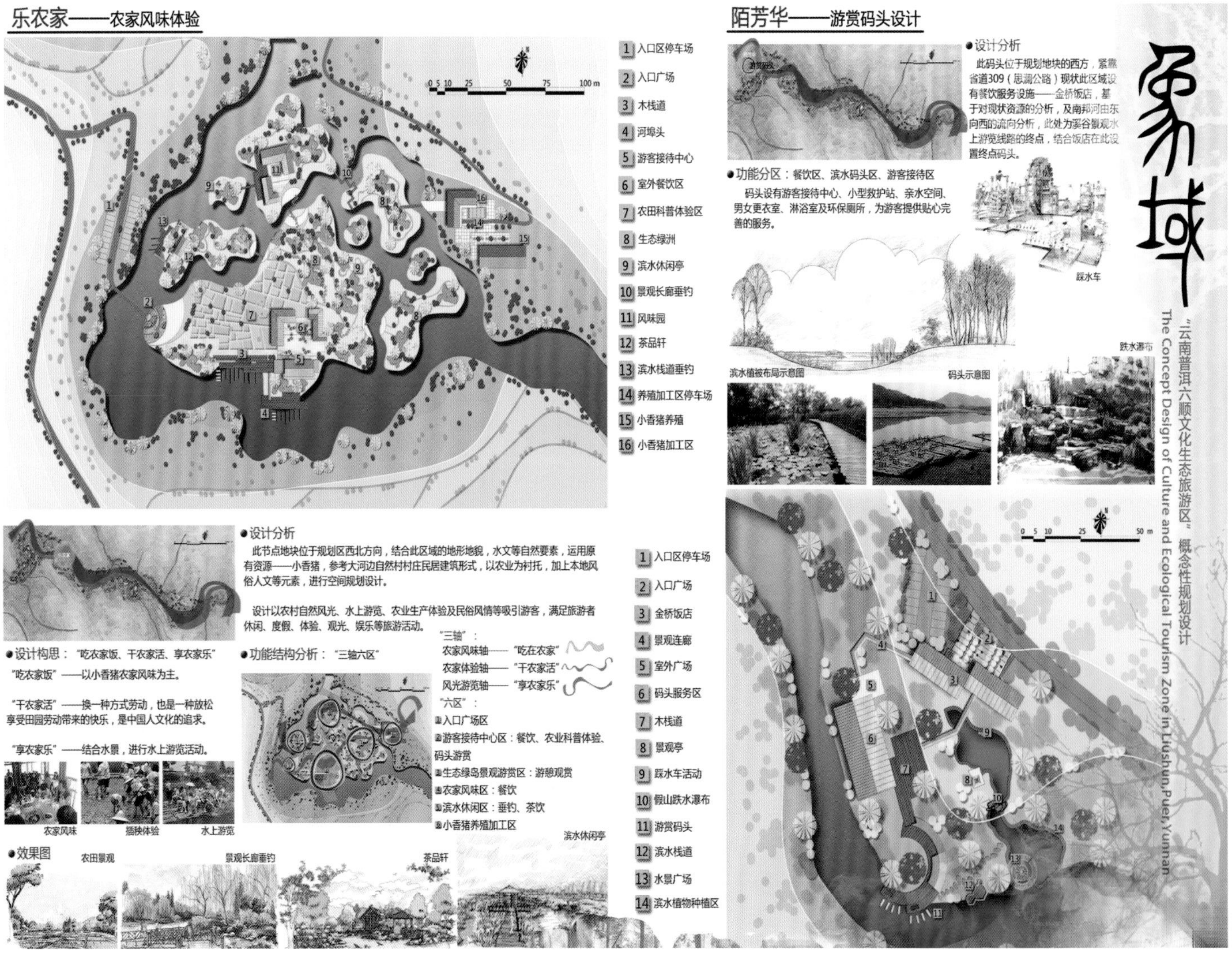

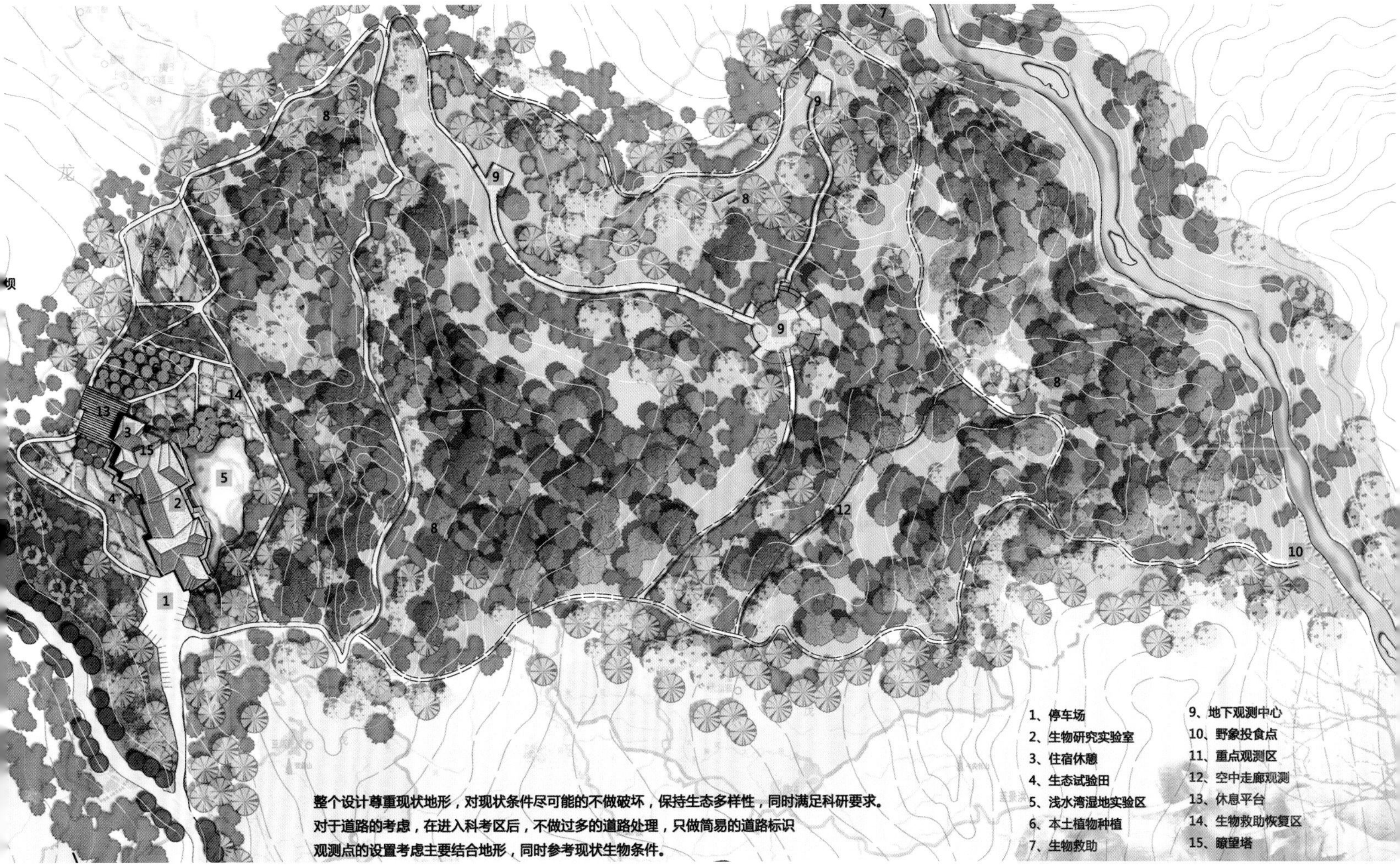
龙
坝
整个设计尊重现状地形，对现状条件尽可能的不做破坏，保持生态多样性，同时满足科研要求。
对于道路的考虑，在进入科考区后，不做过多的道路处理，只做简易的道路标识
观测点的设置考虑主要结合地形，同时参考现状生物条件。
1、停车场
2、生物研究实验室
3、住宿休憩
4、生态试验田
5、浅水湾湿地实验区
6、本土植物种植
7、生物救助
9、地下观测中心
10、野象投食点
11、重点观测区
12、空中走廊观测
13、休息平台
14、生物救助恢复区
15、瞭望塔

总规划平面图

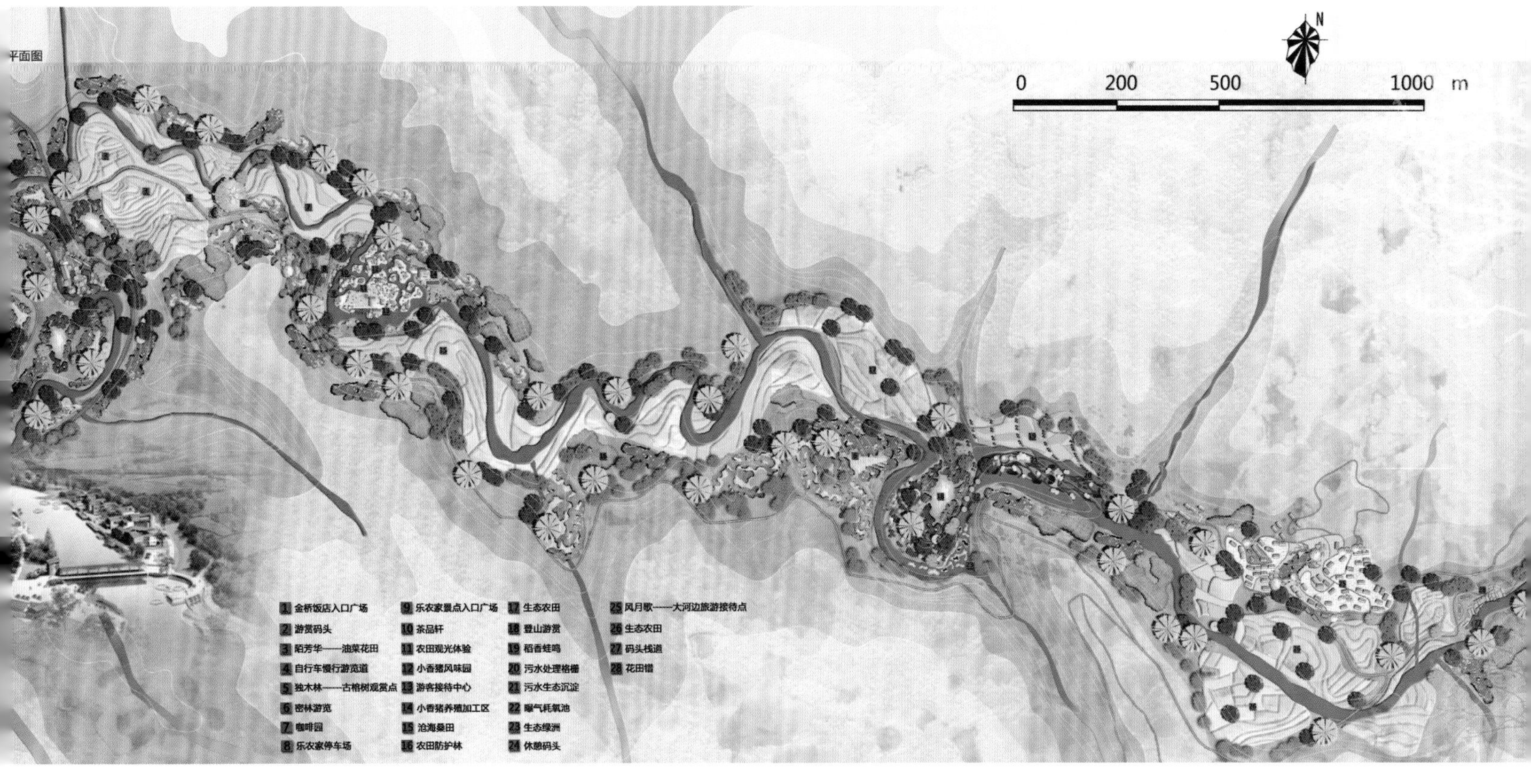
平面图
N
0 200 500 1000 m
1 金桥饭店入口广场
2 游赏码头
3 陌芳华——油菜花田
4 自行车慢行游览道
5 独木林——古榕树观赏点
6 密林游览
7 咖啡园
8 乐农家停车场
9 乐农家景点入口广场
10 茶品轩
11 农田观光体验
12 小香猪风味园
13 游客接待中心
14 小香猪养殖加工区
15 沧海桑田
16 农田防护林
17 生态农田
18 登山游赏
19 稻香蛙鸣
20 污水处理格栅
21 污水生态沉淀
22 曝气耗氧池
23 生态绿洲
24 休憩码头
25 风月歌——大河边旅游接待点
26 生态农田
27 码头栈道
28 花田错

一沃黄土，一座城池

A Fertile Loess, A City

院校名称：南京林业大学

指导老师：祝炜

主创姓名：韩冰

设计时间：2014.6

项目地点：甘肃

所获奖项：本科组金奖

▶ 设计说明：

追溯历史，窑洞文化往往代表着黄土高原部落形成，黄土高原的城市雏形依靠河谷有利的地理位置，利用天然的黄土层挖窑洞，渐渐形成村落再到城市。这种窑洞文化才是黄土高原的根脉。窑洞的优势在现代的社会发展中越来越明显。它在保护生态、冬暖夏凉、造价低廉、传承文化等方面都是独一无二的。窑洞作为黄土高原社会形成的元素存在，千百年来代代相传的窑洞不能因为社会发展就被淘汰。所以设计积极倡导窑洞发展，继承窑洞文化，在窑洞文化中能感受当地的风土人情及民俗习惯。

窑洞发展可以改善生态环境，如果以乡村旅游为前提，加强乡村景观建设，归还的民居土地和闲置土地回归自然，恢复黄土高原脆弱的生态结构，保护黄土高原最后的自然生态河谷。同时在主要项目的发展中改善传统民居，针对传统窑洞因为洞内设施简单落后、灰尘、光线不足、透气性差等问题提出整改方案，这样才能使得当地居民重拾信心。窑洞文化可以吸引现代都市快节奏的人过来感受另类的文化冲击，放松身心。结合当地窑洞文化展现黄土高原的真正魅力，废弃的窑洞通过现代化改建，将窑洞文化传承下去。窑洞的重生需要社会发展的带动，传统的窑洞除了保留也要加入现代化建设。

▶ 设计感悟：

当代窑洞建筑更应该用新的视角展现窑洞的魅力。用新的材质、理念、功能、作用和方式展现窑洞景观的魅力。首先，窑洞过去作为居住环境，受到材质、光线、科技手段的限制；新的窑洞，将代替传统窑洞的单一作用，窑洞或是民居、也可能是酒店、博物馆、游乐场所，休闲场所等。在它的身上有过去也有未来。根据黄土的特点以及窑洞的形式创造出不同的景观效应。通过窑洞文化的深入，用当代的方式结合当地的地形特色，建造独特的窑洞，或是将原有的窑洞加以改善保持窑洞活力。多方式开发都使得窑洞形式会越来越多，地位也会越来越重要。

黄土高原

世界最大的黄土地和区，土质结构紧密，具有抗压、抗蚀、稳定性好的力学特征，无支护直立边坡高度可达10m~20m，且能长期稳定，为挖掘窑洞创造了得天独厚的地形及地质条件。常๑分布在山西、陕西、甘肃、河南、宁夏等5省。

窑洞是黄土高原上独特的建筑，人们回归为依靠黄土高生存，古往经来这里的人民顺应自然，将家园建设在厚重的黄土中，挖洞为家，代代相传。这种居住形式，被誉为"东方一绝"它神秘又散发着深厚的黄土气息，使得我们团队深入黄土高原探寻它巨大的发展潜力。

规划设计理念

窑洞建立在黄土塬之间，来到这里的游客体验黄土之趣，就应该将游乐融入景观中去，使得更加原汁原味。

窑洞结合全新理念，打造文化产业的窑洞体验吧，将是一个未来领域首次尝试，不论自然条件还是人文□地理，都是符合西部大开发战略，也是地区旅游业也□多层次多方面发展，提供了良好的策略。

第五景区分布图

人造生态区
窑洞体验馆
林洞放松区
平塬集会区
自然农田区

距禹城区不暇远，在嘛山文化景区范围内。

窑洞靠近公路，沿着国道深入还有许多风景区。倒旬十万沟，太统山、龙隐寺、大洞山等总面积约130平方公里。

依靠嘛山周围烟雾腾腾的嘛山。可以在窑洞周围眺望惊腾的嘛山。

窑洞景观

人工种植林
受到雨水的冲刷土流失威胁，所以：保护环境与公路。

构建景观桥梁联通南北。选用上下拱形结构支撑桥梁稳定性，同时与窑洞建筑样式产生强烈的共鸣。

为了改善居民现状，应该结合当重识窑洞灿烂文化，将它的价值提升

山体建筑
随自然地形做等高差的减法设计，在建筑外轮廓设计中按照地表纹理变化而设计。

窑洞景观

窑洞建筑主视图

窑洞建筑草图

甘肃陇东自然地形
建筑的设计构想来源于对自然地形的熟悉与了解。
黄土高原由于不同的地域差异因此要窑洞的造型也是千差万别。
依靠地形的外轮廓将山体与窑洞建筑合理安排才是对窑洞建筑最好的解决办法。

窑洞建筑总是离不开自然因素制约，一方面窑洞形式是依靠地形条件，分为下沉式、靠山式、硬山式三种造型，这次选用靠山式窑洞建筑。

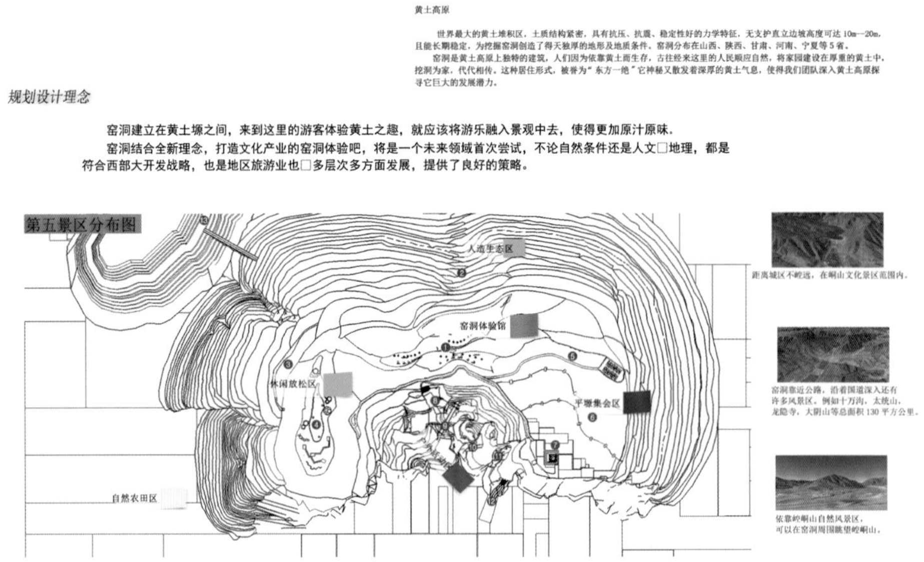

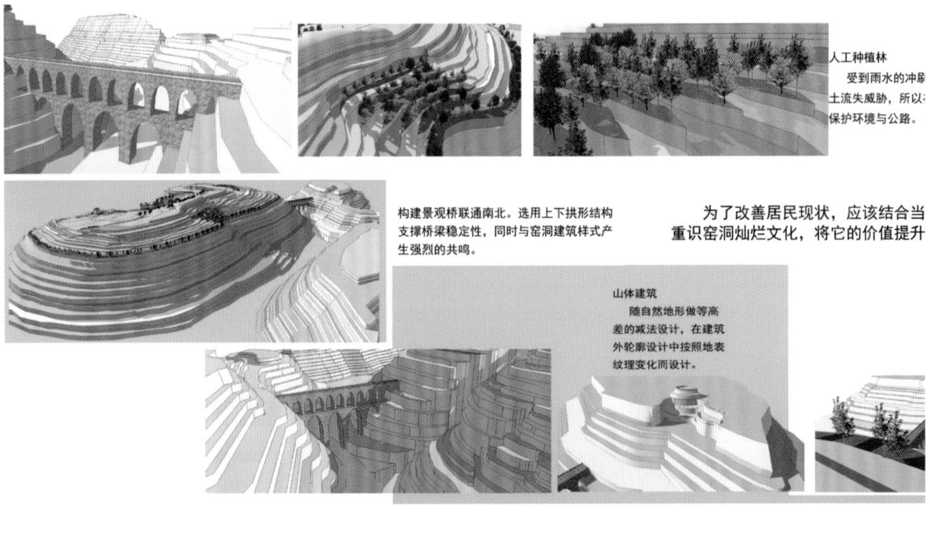

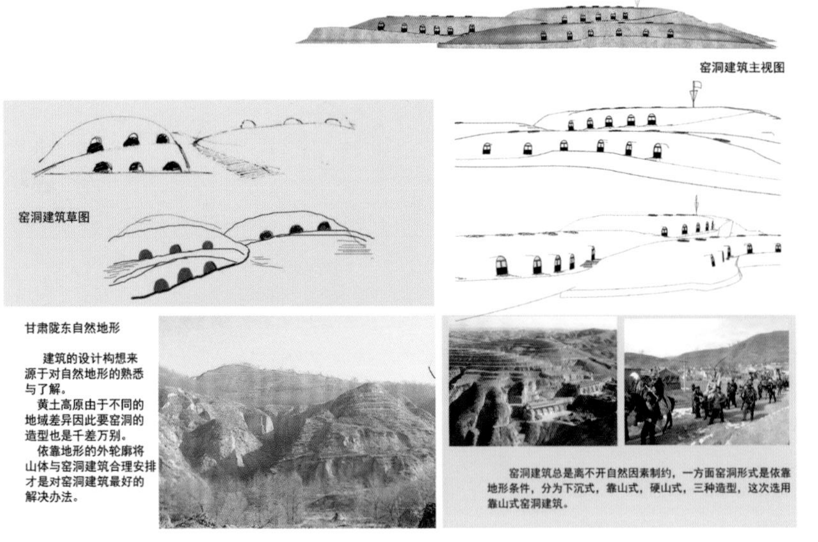

窑洞建筑

第五景区 植物

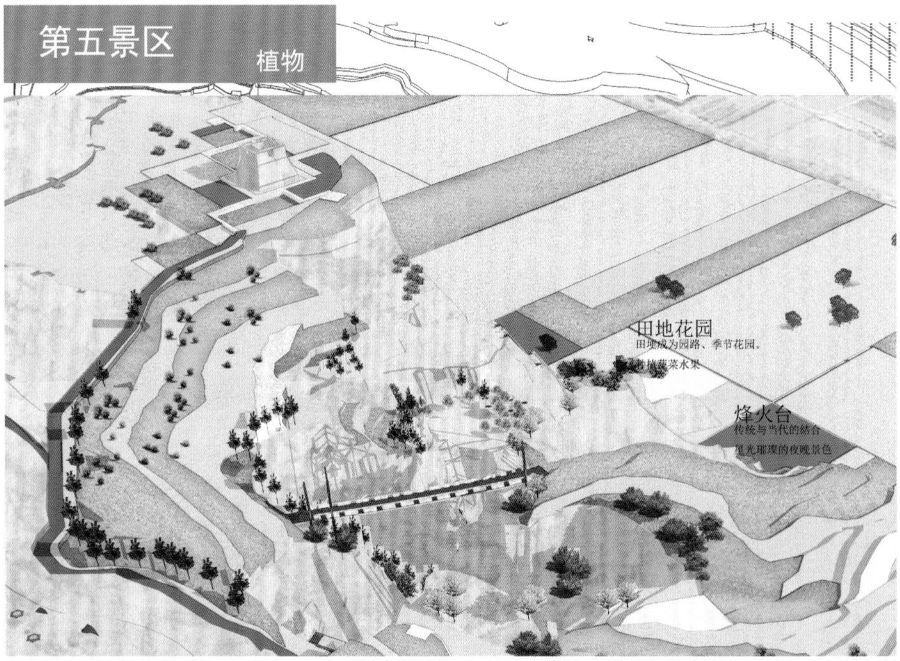
田地花园
田埂成为园路、季节花园。
植蔬菜水果
烽火台
传统与当代的结合
星光璀璨的夜晚景色

平凉植物群落：

植物普遍具有耐干旱，耐碱性，蒸腾性小，深根性强，适应环境强，喜阳，耐热，水土保持等，例如：

A黄蔷薇：生山坡向阳处、林边灌丛中，海拔600—2300米。阳性，耐寒，耐干旱

B小叶栒子：喜半荫，光照充足亦能生长，喜空气湿润，耐寒，对土壤要求不严，耐干旱瘠薄，石灰质土壤也能生长。

C柏树：对土壤要求不严，耐干旱瘠薄，石灰质土壤也能生长。

D沙棘：特性是耐旱，抗风沙，可以在盐碱化土地上生存，因此被广泛用于水土保持。特别是沙棘果实含有丰富的营养物质和生物活性物质，可以广泛应用于食品、医药、轻工、航天、农牧鱼业等国民经济的许多领域。

E槐树：平凉市树，深根性耐盐碱，是一种春季观花乔木。

F榆树：阳性树种，喜光，耐旱，耐寒，耐瘠薄，不择土壤，适应性很强。根系发达，抗风力、保土力强。萌芽力强，耐修剪。生长快，寿命长。能耐干冷气候及中度盐碱。

G柽柳：该属植物能够适应荒漠区多种不良的生态环境，具有抗干旱、耐盐碱、耐贫瘠、耐风蚀沙埋、耐水湿、寿命长、根系深、

H紫花苜蓿：以苜蓿为前茬的草粮轮作是一种历史悠久的耕作制度。国内外大量研究表明，将以苜蓿为代表的豆科牧草引入作物轮作系统，可以改善土壤物理环境，增加土壤肥力，提高后茬作物的产量和品质。

I沙打旺：抗逆性强，适应性广，具有抗旱、抗寒、抗风沙、耐瘠薄等特性，且耐盐碱，但不耐涝。

白花车轴草

栾树

柳树

刺柏

梨花

平凉农业与大地景观结合：

平凉以冬小麦为主。冬小麦是稍暖的地方种的，一般在9月中下旬至10月上旬播种，翌年5月底至6月中下旬成熟。收割麦子之后，田地闲置，农民会种荞麦、糜子，这种速生粗粮，自6中旬生长10月中下旬收割。

玉米：在平凉，是4月中旬播种，到10月中下旬收获。

土豆：平凉因气候凉爽，日照充足，昼夜温差大，极适宜于土豆生长，土豆开花非常漂亮。

苹果：平凉市自2006年成功注册了全国第一个苹果类证明商标——“平凉金果”。

第五景区 植物

结合农业景观：

通过梯田地形特点色将农业与自然时间规律结合在一起，成为旅游一大特色。

现状是生态环境问题产生主要是黄土高原的水土流失，特殊的黄土地质为该区强烈的土壤侵蚀提供了物质条件，地表起伏大和地面破碎是引起严重水土流失的地貌条件，另外地区降水时空分布不均、多暴雨，人口增加和需求上升对生态系统过分施压，超出了资源和环境承载能力。

解决黄土高原生态环境问题必须从两个方面着手：对自然生态系统进行治理，提高资源和环境承载能力。调整人类活动要素就成为黄土高原地区生态治理的关键要素，由于黄土高原环境相当脆弱，而人类活动应尽可能少地干预其脆弱的生态环境系统。

发展适宜当地环境的高效优质农牧业，减轻居民对土地资源和农业经济的依赖性。农牧产品加工为主的工业和旅游为龙头的第三产业：利用独特的黄土高原大力发展旅游，同时积极发展生态农业。

观赏花卉

木槿

萱草

碧桃

桃花

向日葵

黄蔷薇

连翘

芍药

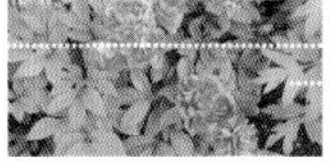

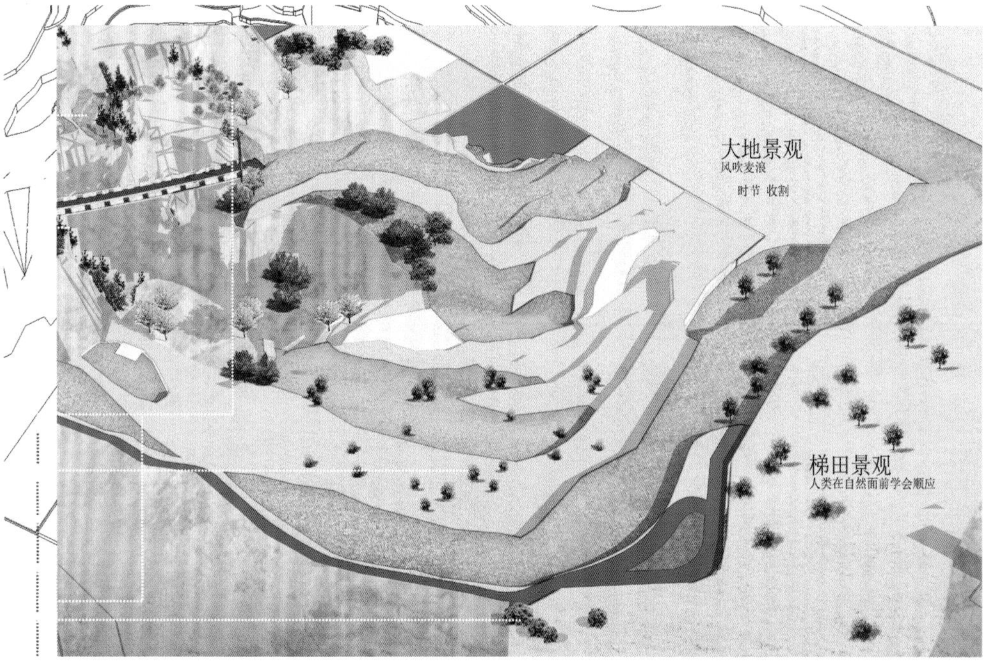
大地景观
风吹麦浪
时节 收割
梯田景观
人类在自然面前学会顺应

重逢自然——给孩子一个自然回忆的童年

Reunion of Nature—Give Children a Natural Childhood

院校名称：中国美术学院

指导老师：袁柳军

主创姓名：林欣荷

设计时间：2014.3

项目地点：浙江杭州

项目规模：330 m^2

所获奖项：本科组银奖

效果图 1

设计说明：

随着生活节奏不断加快，日益增长的压力剥夺了孩子们在大自然中玩耍的时间。而科技的发展使得孩子们终日与电子产品做伴，加剧了与大自然的隔绝。与大自然的接触，是孩子们必不可少的活动。自然环境会刺激所有的感官，孩子们通过感官来学习、感知世界，激发创造力。

从前我们的童年丰富多彩，夏天看天上的银河、听泥塘里的蛙鸣，秋天捉螃蟹，冬天堆雪人。而现在的孩子，他们的童年记忆只剩下电脑、游戏机等电子产品。增加孩子们与大自然的接触刻不容缓。

设想打破常规历史城区的改造方式，以生物的栖息环境为切入点，营造一个美好的自然环境，来吸引野生动物、水中的昆虫、两栖动物、微生物以及鸟类等。在这些生物的停留点上，结合儿童的户外活动，拉近孩子与大自然的距离。设计一个儿童可以回忆的童年，唤醒充满跌水、野草、儿时游戏的乡土记忆。回归当地人的使用方式，促进市政项目改造的多样性，以及老人和孩子之间的相互监督与交流，为孩子提供自然的嬉戏场地，一段快乐的游戏时光。

效果图 2

设计感悟：

当前城市中的儿童活动空间日益消减，儿童面临着非常严重的自然缺失问题。如何给孩子们提供一个美好的自然环境，恢复我们童年摸鱼捉虾的记忆，是本次设计需要解决的问题。为此我对儿童成长空间，活动种类和各种昆虫鸟类的生存环境进行分析。希望能创造一个儿童和各种昆虫鸟类共同成长的自然环境。由于个人的能力和经验有限，设计还存在一些不尽人意的地方，但是在这个过程中，我收获了很多知识和能力，这样就是设计的意义。

效果图 3

吸引昆虫方式：植物手段

水生植物
hydrophyte

通过种植水生植物，放置石块来为鱼，虾和螃蟹提供安静的角落和遮蔽的空间。同时能够在一定程度上净化水体释放氧气。

蜻蜓将它们的卵产在露出水面的植物上，不仅是优雅的飞行家还能帮助消灭蚊子

灌木篱墙
hedgerow

灌木篱墙是野生动物的最佳栖息地，保护鸟类和小动物在其间休息、进食以及繁殖.一些树种的果实，成为小鸟的食物，树种开花的季节也成为一道美丽的风景。

冬青秋天结出黄绿色的小果子，可以用来维持鸟儿的生命。它的枝叶茂密，是鸟儿栖息筑巢的佳选。

海棠4月开的粉色小花，首先吸引来采蜜的蜜蜂，海棠果是许多鸟的最爱。

樟树在8到10月结出的果子是白头翁、麻雀等鸟类的最爱。它散发着特殊的气味可以用来驱虫。

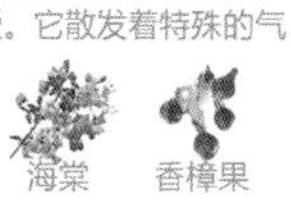

田地
field

红薯、土豆、小麦、青菜可以作为知鸟，蚱蜢、田螺的食物，田里的作物秸秆、蔬菜碎屑又能作为泥鳅的食物。

油菜花含有大量的花粉，吸引许多蜜蜂前来采蜜

花草丛生
flowers clustered

蝴蝶喜欢花草丛生的地方，它们将卵产在波浪状的叶子上，与其他昆虫比如蛾一起，常招到鸟类的掠食。

树叶遮蔽产生的阴影为各种各样的苔藓的生长提供了条件。

杨树、榆树、杨树通过其茂密的树枝，为动物提供隐蔽的场所。

平面图

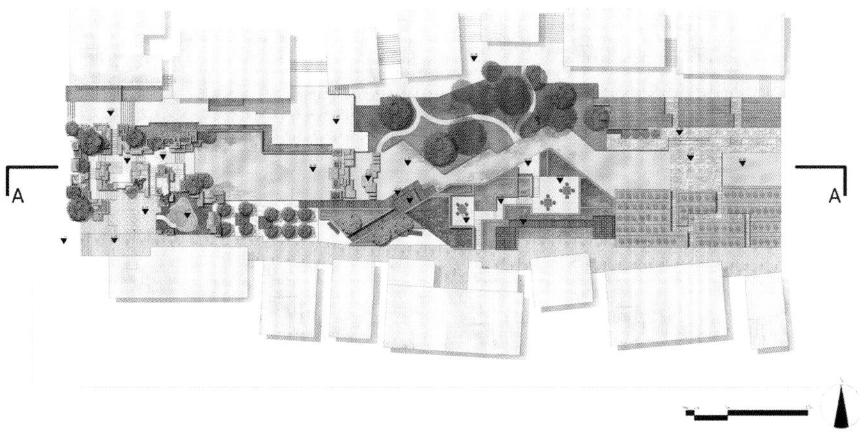

A-A剖面图

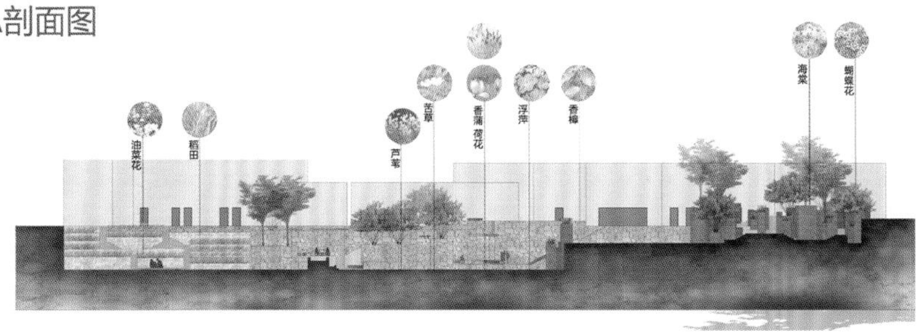

分层分析图

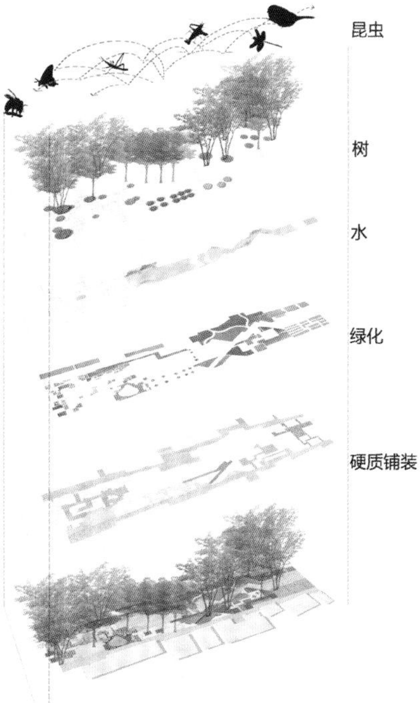

地铁公园——杭州文泽路地铁口及其周边环境探讨

Metro Park—Hangzhou Wenze Road Subway Station and Its Surrounding Environment to Explore

院校名称：浙江理工大学艺术与设计学院

指导老师：杨小军

主创姓名：万胜

成员姓名：沈施一 闫展衫 许杨 曾碧婧

设计时间：2014.6

项目地点：浙江杭州

项目规模：40 000 m^2

所获奖项：本科组银奖

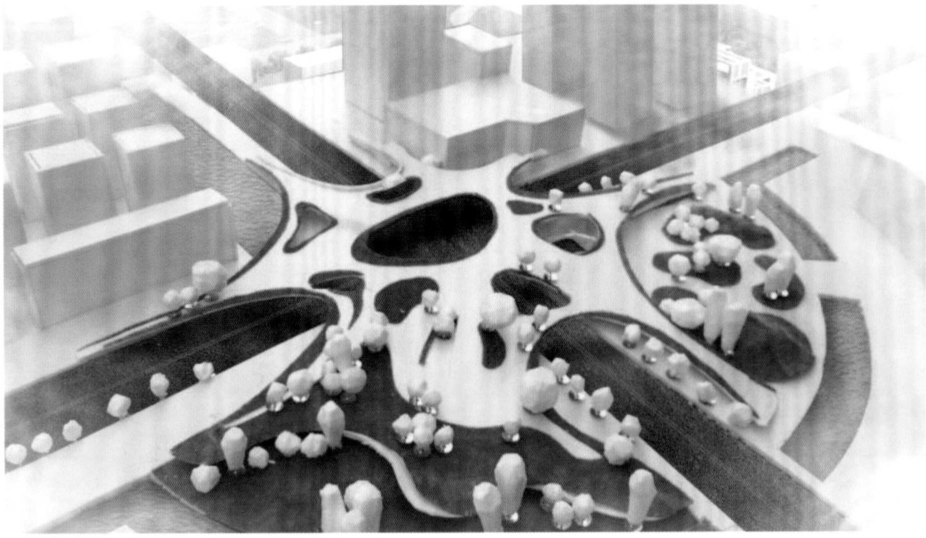

模型效果

设计说明：

设计一个以地铁为主题的公园，在地域宽广的城市新区中打造一块绿地，使其像一张绿网一样使原本并无联系的四个地铁口成为一个整体，并以公园的结构形式和绿色特征使地铁周边环境更加生态化、绿色化；以点、线、面的设计手法，连接从地下到地上的三层空间，从而为人们提供一个集娱乐、集会、休闲、审美、文化和交流于一身的多功能、多层次的多异化空间；解决交通问题、停车问题，同时丰富了人们的生活，解决绿化问题，方便人们的通行。打造一个绿色生态的城市空间绿地。

文泽路所在的下沙高教园区是杭州的城郊结合区，密度小，辨识度低，对周边环境的限制，地铁公园可以成为标志性景观的一部分。作为城市新区，文泽路所在场地历史感、文化感弱，所以对于新事物有很强的接受性，新时代城市新区的发展离不开地铁，所以以地铁为缩影做公园可以更具时代感。

阳光森林

设计感悟：

我们从材料、技术、功能等多方面考虑。从前期的调研、发现问题、探讨问题、解决问题，到方案的实现和形成，经过老师的几次意见，我们不仅记录了，而且反复听老师的每个建议进行深入的研究。使我们受益匪浅，从地铁公园概念的形成，到每个节点和细节，使我们明白了有时候突破点就是在大量的收集和积累过程中得到的。

方向和展望：

(1) 将地铁与公园有机结合在一起 建设城市新区的标志性景观。

(2) 改善人与自然、人与交通之间的关系，达到和谐共生。

(3) 传递出一种绿色、生态环保的理念，形成一种健康、舒适的生活方式。

(4) 探求一种适合新区地铁出入口站并可推广的全新模式，提供人们一种全新的城市地铁生活体验。

二层空间

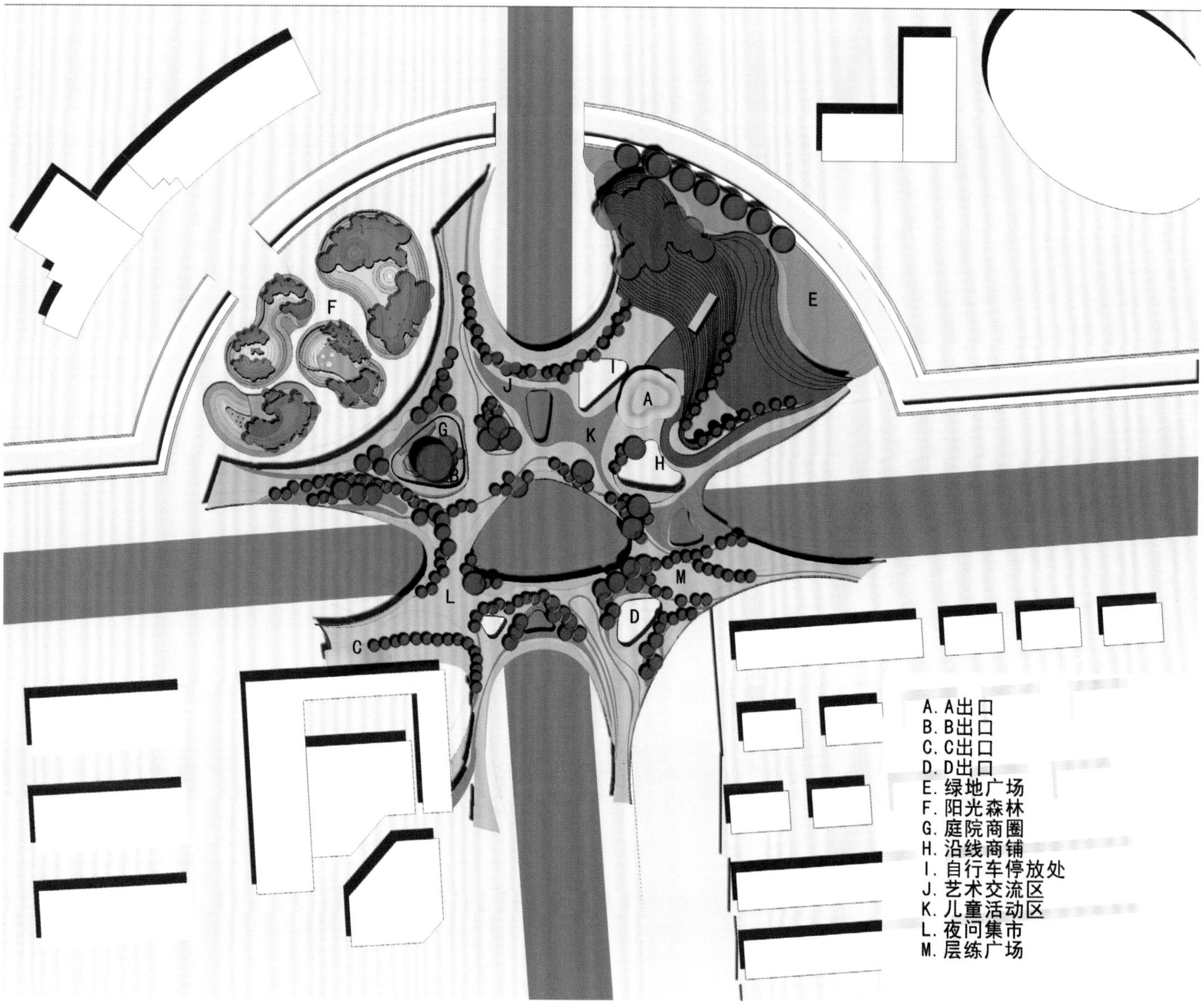
F
G
B
J
K
I
A
H
E
M
L
D
C
A. A出口
B. B出口
C. C出口
D. D出口
E. 绿地广场
F. 阳光森林
G. 庭院商圈
H. 沿线商铺
I. 自行车停放处
J. 艺术交流区
K. 儿童活动区
L. 夜问集市
M. 层练广场

总平面图

总效果图

藏匿·穴居——五峰里规划设计

Hiding • Caveman– Wufeng in Planning Design

院校名称：福建农林大学

指导老师：郑洪乐

主创姓名：王益鹏

设计时间：2014.6

项目地点：福建福州

项目类别：风景区改造

所获奖项：本科组铜奖

设计说明：

设计区位位于福州旗山森林公园，对该区域进行有机改造，将建筑融于地形之中，让人们在闲暇之时能够得到心灵的休憩。

设计感悟：

在城市化的进程中，有太多的环境遭到了破坏，最后受到大自然的惩罚，现今能做的事情微乎其微，但积累了绵薄之力也能有大作为。

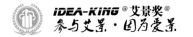

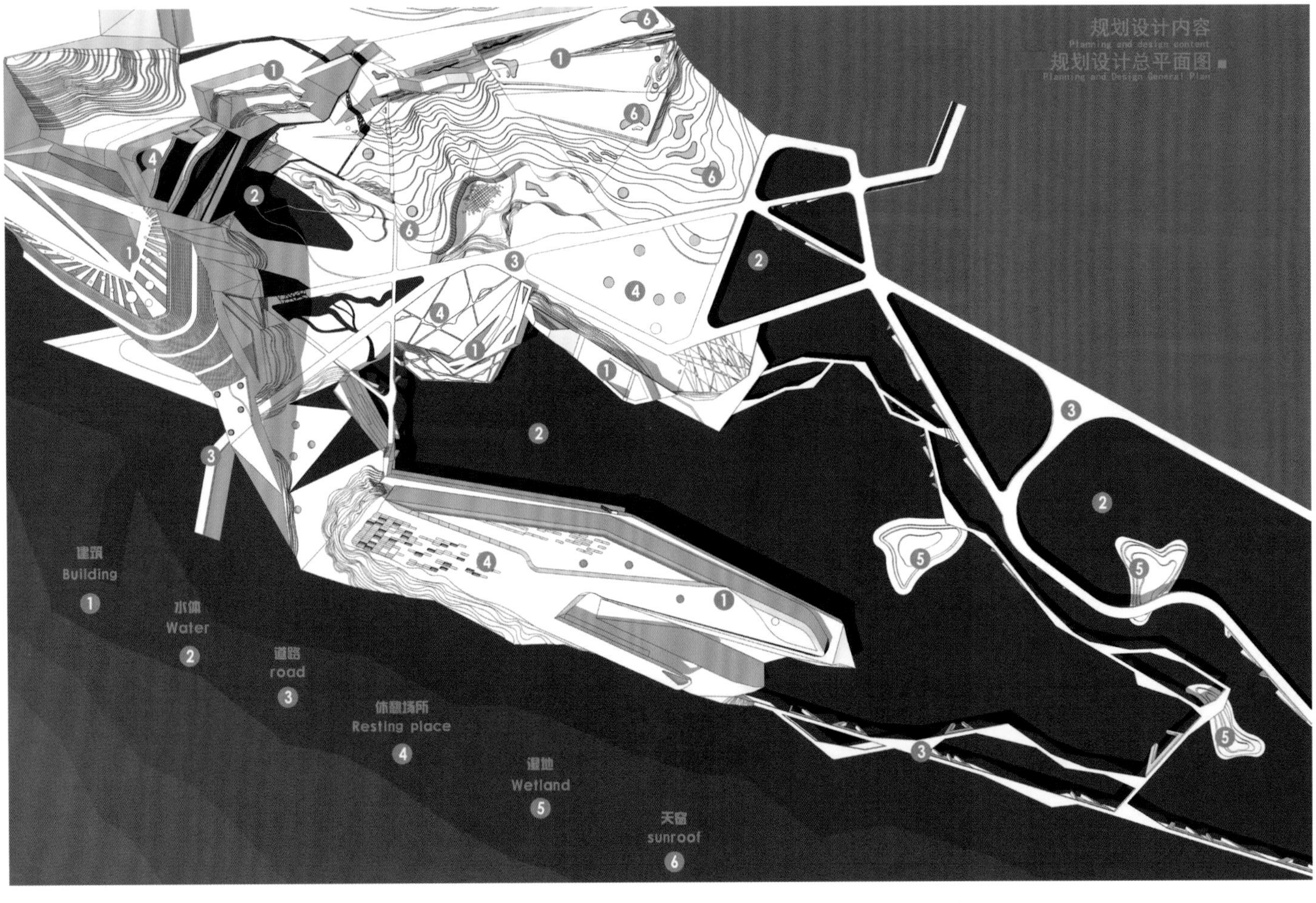
规划设计内容
Planning and design content
规划设计总平面图
Planning and Design General Plan
建筑
Building
1
水体
Water
2
道路
road
3
休憩场所
Resting place
4
湿地
Wetland
5
天窗
sunroof
6

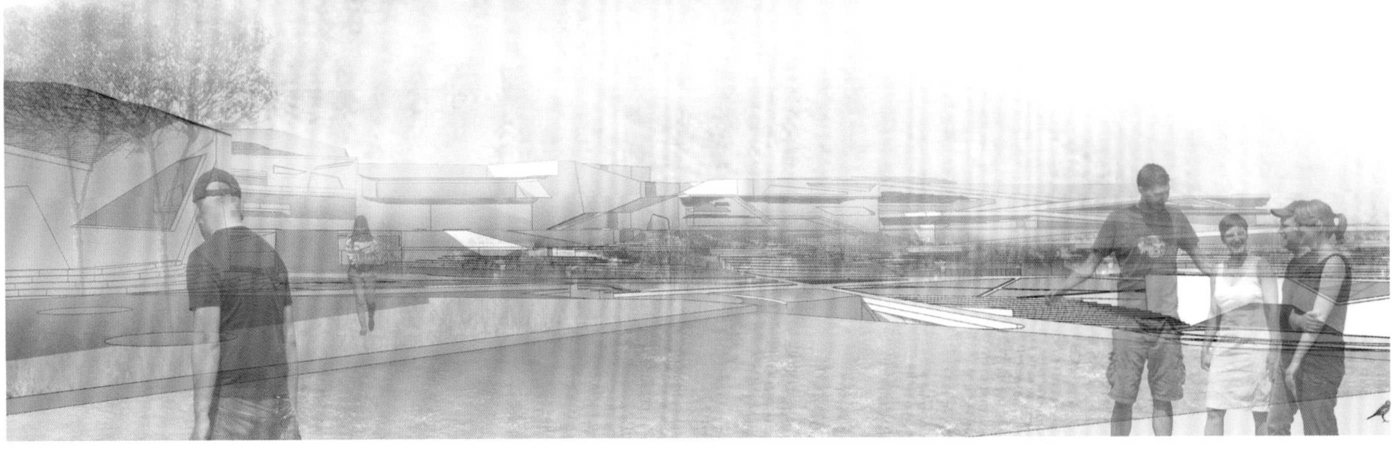

第四届艾景奖 · 国际景观设计大奖获奖作品
学生组获奖作品

规划设计内容
Planning and design content
局部透视图 ■
A partial perspective view of

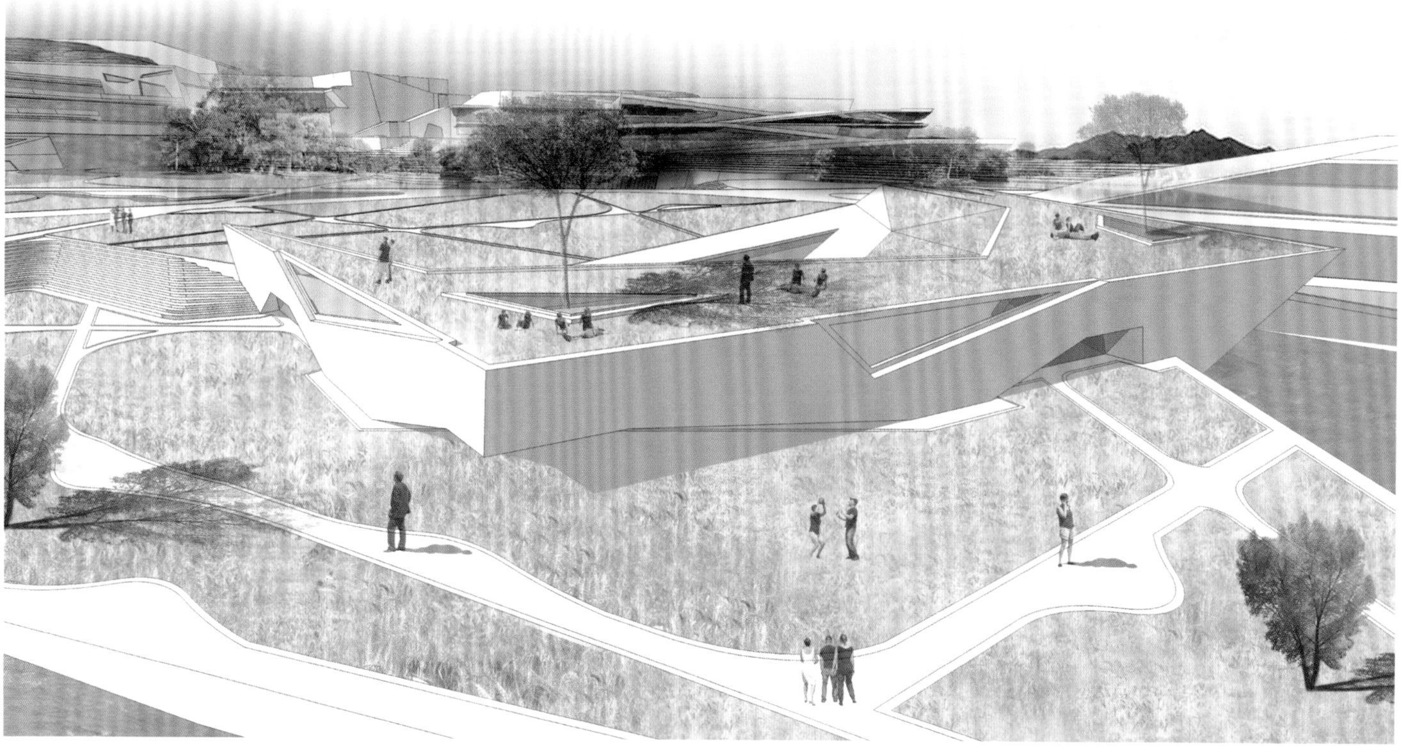

规划设计内容
Planning and design content
局部透视图 ■
A partial perspective view of

湖南省沅江市廖叶湖城市湿地公园景观规划设计

Landscape Planning and Design of Hunan Province Yuanjiang City Wetland Park

院校名称：集美大学美术学院

指导老师：汪晓东

主创姓名：周山

设计时间：2014.3

项目地点：湖南沅江

项目规模：250 hm^2

所获奖项：本科组铜奖

公园广场效果图

设计说明：

公园位于洞庭湖湿地保护区沅益生态长廊的城区中心地带。公园总面积 380 000m^2，是沅江城区最大的市民休闲生态公园。

设计的主题为“蔓延”。设计将采取有效措施保护原有湿地生态景观和修复已被破坏的湿地景观，以植物脉络蔓延的网状形式为出发点通过人工水渠的引流和原有的自然河道将整个公园改造为集净水功能、景观观赏及娱乐休闲为一体的多功能市民休闲湿地公园。

寥叶湖公园的整体改造设计将采用植物脉络的蔓延构造形式为视觉冲击点，结合植物脉络蔓延的形式和原理对整体的地面和水系做深层次的思考。寥叶湖公园的整体改造设计将以湿地景观为主轴视点，以人工湿地和自然湿地的结合来体现城市到乡村的蔓延，打造城市与乡村，人与自然的和谐。

设计采取的总体措施：（1）保护和恢复原有湿地；（2）开挖人工水渠；（3）人工净化水池；（4）人工雨水收集和沉淀池塘；（5）人工净水与自然净水的结合。

为减少地被占用面积，本次设计将大量采用木栈道架空的形式减少对自然的干预，针对公园承载量重的问题，本次规划将设计一道空中集观景、休闲、娱乐于一体的休闲观景天桥长廊。

湿地景观体验区效果图

设计感悟：

植物脉络如同每个自然生命体的构成，通过脉络，每个生命体得以循环净化和生命的延续，本次设计的空间格局构造可以自由呼吸，自我净化，它牢牢地锁住生命体必需的元素——水。设计项目以“蔓延”为设计主题，以植物脉络的蔓延曲线为视觉形式，对湖南省沅江市廖叶湖公园进行景观规划改造设计，以保护生态，回归自然为原则结合人工湿地和自然湿地来体现城市到乡村的蔓延，打造城市与乡村，人与自然的和谐。

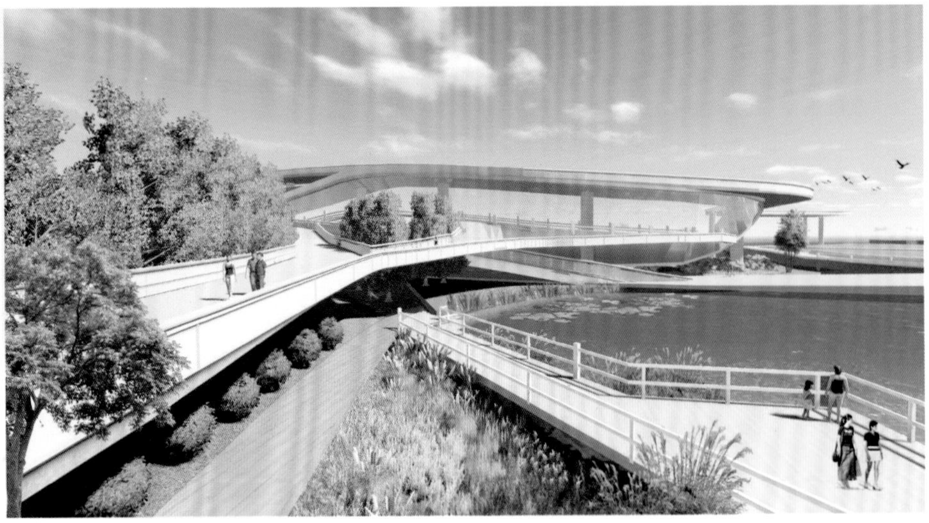

休闲景观长廊效果图

设计元素:

蔓延 包含

一·设计说明:
1、设计主题: 蔓延
2、设计来源: 植物蔓延的脉络
3、设计元素: 整体元素: 蔓延的脉络
　　　　　　形式元素: 反嘴鄂飞行的动态流线
4、设计寓意: 植物脉络的蔓延就如同每个自然生命体的构成,通过脉络,每个生命体得以循环净化和生命的延续。植物脉络的构造就像蔓延开来的网,它自由呼吸,自我净化,它牢牢地锁住生命体所需的必须元素——水。
5、设计理念: 寥叶湖公园的整体改造源将采用植物脉络蔓延的构造形式为视觉冲击点,同时结合植物脉络蔓延的形式和原理对整体的地面和水系做以深层次的思考。就目前对国际上的研究分析和当地的实际情况,寥叶湖公园的整体改造设计将以湿地景观为主轴视点,结合人工湿地和自然湿地的结合来体现城市到乡村的蔓延,打造城市与乡村,人与自然的和谐。
6、设计原则: 和谐——循环——传承

二·地层分析:
水系层面
交通道路层面
绿化层面
底部结构层面

湖南省沅江市寥叶湖城市湿地公园 景观规划设计
景观天桥长廊与休闲长廊的一体设计:
景观长廊的设计采用架空的天桥将寥叶湖一期与二期区域联系起来。架空的景观长不仅不影响原有植被的生长环境,而且可以更好的观赏然风景,对于处于城区边缘的市民公园而言景观长廊也是休闲长廊的结合体,天桥分为两层上层为漫步观赏,下层为休憩娱乐。建筑与桥梁的双向结合使观光与休憩变得更加的便利,同时也呵护了大自然的本来面貌,是整个公园成为城区绿洲,在不影响环境的前提下容纳更多的市民和游客。
景观长廊天桥的造型以洞庭湿地保护区的反嘴鄂鹤类的流线形式和植物蔓延开来的脉络为视觉元素,结合现代景观元素将景观长廊打造为极具流线感和现代感的视觉冲击力。

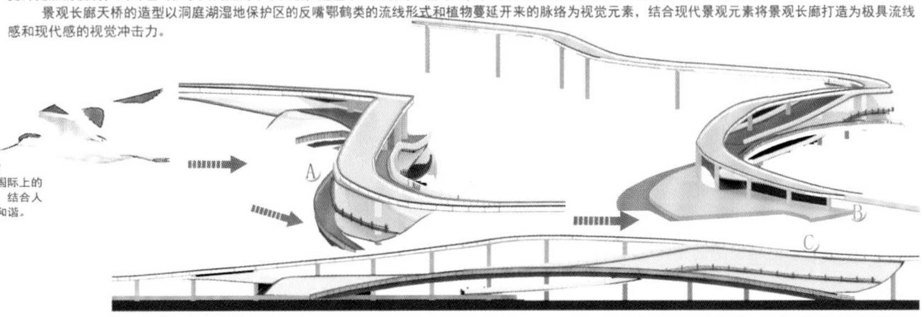

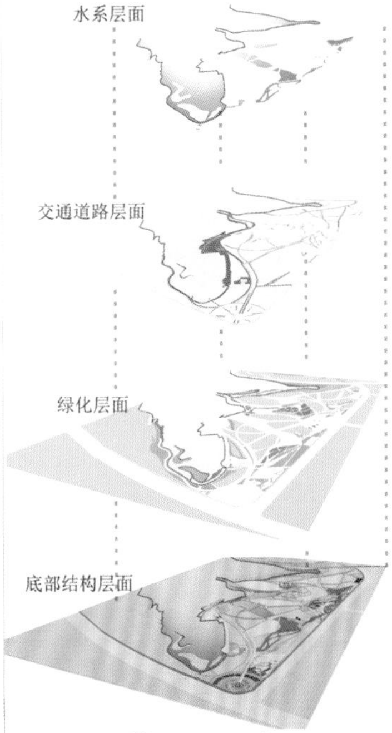

鸟瞰图

三、中心广场
中心广场的整体设计源泉以植物脉络蔓延开展的动态形状,和洞庭比较典型的鄂类,反嘴鄂飞行的流线形式作为中心广场道路绿化道等空间格局的思考元素,将中心广场的道路穿插造型上做了比较深刻的思考,广场以类脉络的缠绕,众多的而又有规律可循,在整体空间视觉上,结合宽厂的地形营造一种不端上升的张弛感,中心台阶有层层上升不断的提升人们的视线,让人们在百忙之后放空心灵飞翔思想。
在广场的入口处用绵延曲折的折线水池对公园外界繁杂和公园内做一空间上的隔离,同时这一部分也是净水系统的重要组成部分。

a·中心广场平面图

c·广场立面图

b·广场透视图

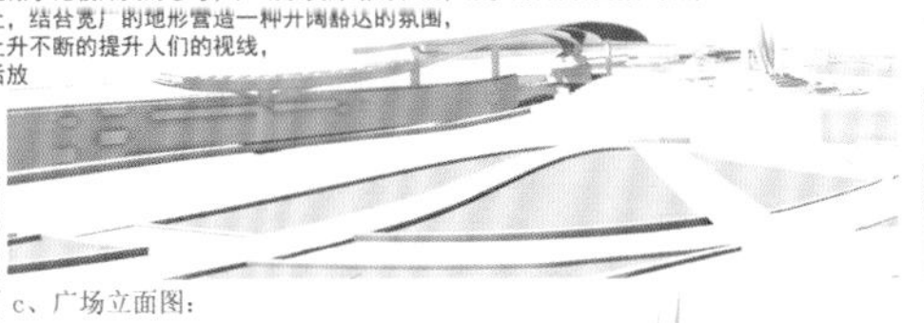

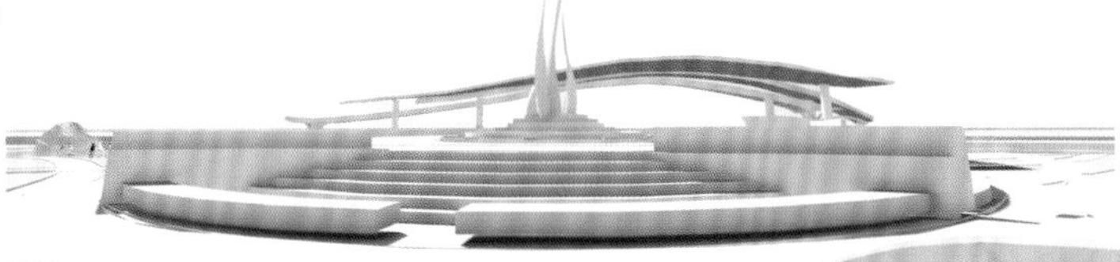

四、公园入口设计:
公园主入口的设计以反嘴鄂飞翔的流线形式为启发点,当地风动的芦苇为动态元素,整体形式采用风动的形式为觉冲击点大门顶部的支点以树干向上生长蔓延为启发点。

A·入口大门顶部结构图
B·入口正门前视图
C·入口透视图

五·功能分析图:
景点视线图
功能分区图
交通路线图
人流聚散图

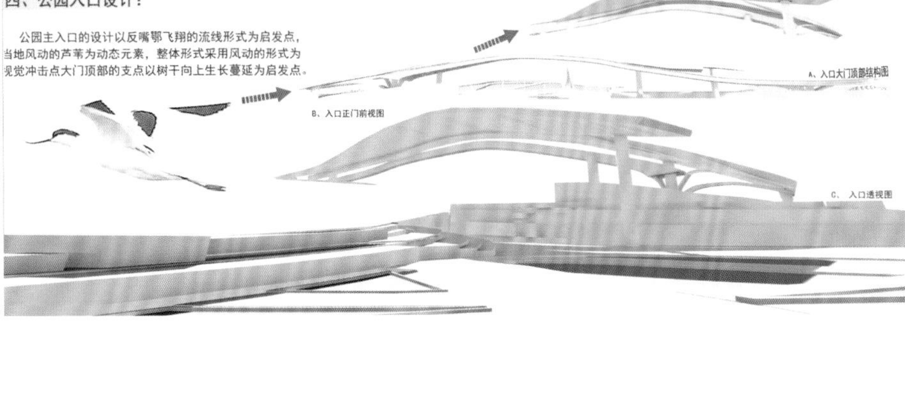

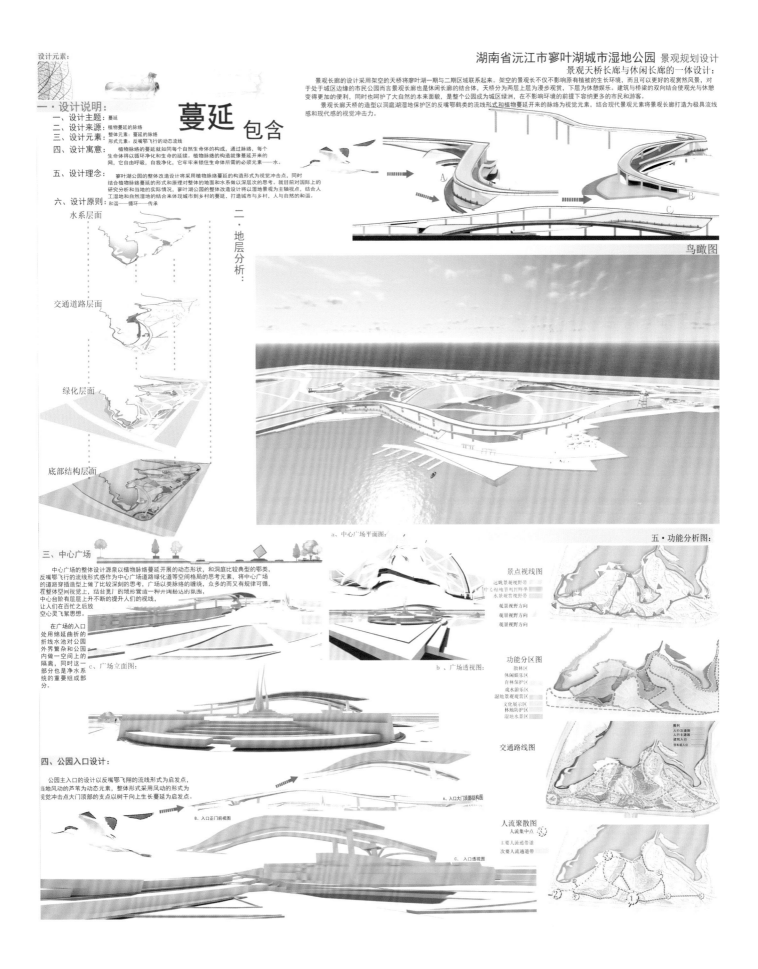

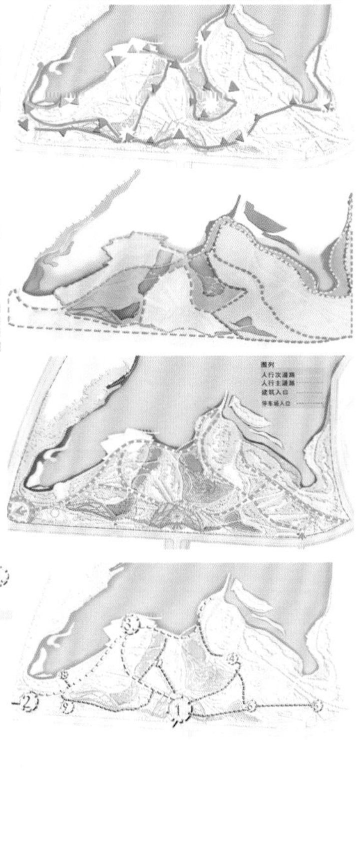

浪里白城——白城沙滩景区改造计划

Waves in Baicheng —Baicheng Beach Resorts Transformation Plan

院校名称：厦门大学艺术学院

指导老师：俞显鸿 钟贞

主创姓名：竺迪 邓师瑶

设计时间：2014.8

项目地点：福建厦门

项目规模：120 000 m^2

所获奖项：本科组铜奖

效果图

设计说明：

一、设计理念

环境是构成自然的主体，又是构成城市的重要根源。本设计中以保持“城市与自然”之间的和谐为设计理念，改造厦门白城沙滩这个位于城市中的自然风景区。设计中注重景区本身与周边环境的协调，在内部环境中强调生活、文化、景观间的连接，以达到美化景区环境、丰富景区功能的目的。

二、设计构想

1.总平面布局

在本规划设计中采用的是周边式布局方式，围绕白城沙滩在其周边与城市相交处进行节点式的平面规划。

2. 功能、结构形式

一轴三中心——以东西向城市干道为轴，以重要交通节点为设计中心的功能分区。

功能区与观景区相结合——在南部设置观景台与轴线处的功能区相呼应。

3. 交通组织

在景区内设置两条相对独立的机动车道，以保证东北片区的公交车交通相对独立顺畅。设置自行车道和人行道为游客提供多种方式的观景途径。

4. 绿化景观规划

在空间上以 " 点、线、面 " 的设计手法，与景观设施和交通路线相结合。

“点”状绿化——节点绿化，分散布置。提供人们休闲、游戏空间。

“线”状绿化——道路行道树绿化，以及道路沿线灌木绿化所形成的带状绿化，形成绿化网络，起了划分空间的作用。

“面”状绿化——将景观分成块状，形成联系各个绿化空间的纽带，使整个景区的绿化更加整体。

效果图

设计感悟：

设计不仅是一次艺术的自我旅行，也是源自对人类变化着的各种需求做出智慧的、敏感的、富于创造性的有力回应，并与自然环境、传统文化、社会经济达到有机统一。

人的一生，绝大部分时间都在人造环境中度过，因此人们精心设计创造周围的物质环境，追求功能与美感的完美统一。著名设计师理查德·沙普曾指出：“我们不应该再发明创造那些已经存在但没有人真正需要的产品。我们应该只创造那些人类真正需要的、现在还没有的产品”。同理，景观设计必须满足实用并且因地制宜的特性。在此基础上，景观设计才能够通过不同的元素例如平面、立面等阐释设计师赋予它的美学价值。

设计对于我们的意义是多层面的，对于开发商而言，设计是提升企业品牌形象、提高区域附加值、促进景区游客量的一种策略手段；对设计师而言，设计是表达内化为自身感受的公众需求；对于人（游客和居民）而言，设计是服务于其需求的价值；而对于环境而言，设计能够最大化地发挥其自身魅力。因此，我们说设计是一种使自身有实用意义的艺术行为，而这种艺术行为则一定是要以环境和人为本源而进行的不过分的艺术行为。

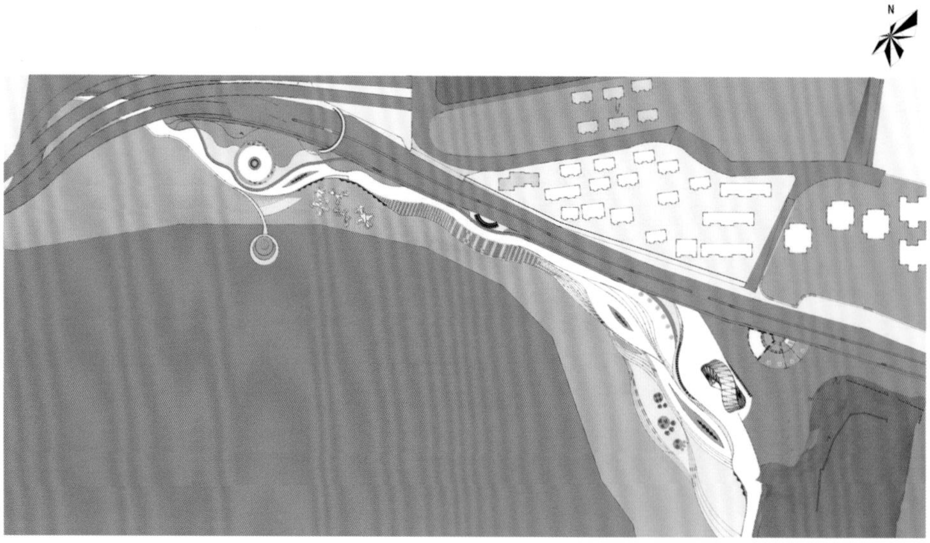

总平面图

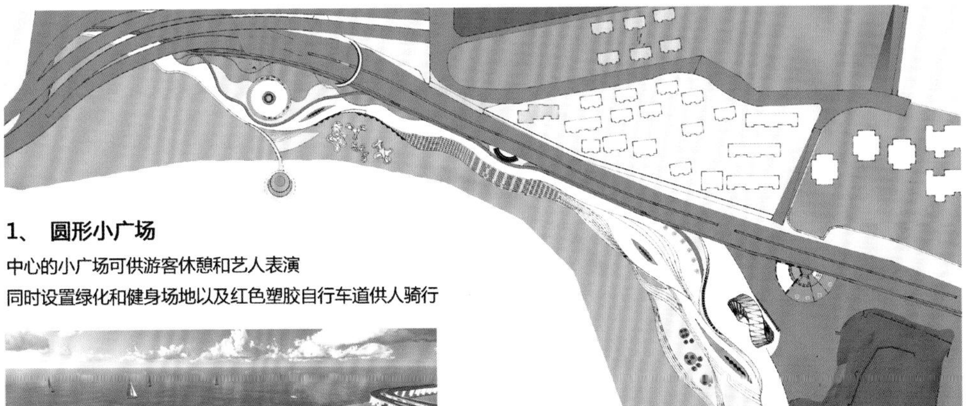

1、 圆形小广场

中心的小广场可供游客休憩和艺人表演
同时设置绿化和健身场地以及红色塑胶自行车道供人骑行

2、 厦大白城公交站

保留公交车站原本的位置
拓宽公交站的场地以形成一个小广场
设有台阶以便其通向沙滩

3、 胡里山总站及游客集散中心

建设圆形镂空游客集散中心，配备齐所需的公共设施，方便游客观景、休息及购买所需商品。除此之外，总站设有半圆形休息等待区供游客休憩候车

4、 大台阶及游客活动区域

根据波纹的图样和等高线设计
较大空地形成游戏区、休闲区和观景区
将观景与台阶结合在一起

5、 亲水平台

将坡度与平台相结合
在涨潮时会将通道淹没，退潮时可见全景

植栽配置

心·址

Spirit · Site

院校名称：厦门城市职业学院

指导老师：罗英

主创姓名：苏云燕

设计时间：2013.5

项目地点：福建漳州

所获奖项：专科组铜奖

设计说明：

为确保原寺庙的环境氛围，保护其视线走廊和空间环境，在道路及门区等视线敏感区禁止设置大型构筑物及各种与景点氛围不和谐的元素；对已有影响构筑物予以拆除或改造。现状中是以关帝为主题的宗教建筑，规划中建议在原有基础上加以利用和改建，大力挖掘寺庙的历史文化内涵，修建能全面体现东山庙山文化的历史背景、社会作用，充分体现中华古老的文化艺术风格与成就及文化特点的场所。

进一步完善庙山公园中心景观带的植被和经典建设，增强其绿化观赏功能，为本地居民创造一个环境优美，功能齐全，布局合理，立意别致，造型典雅的综合性休闲、娱乐、健身场所。

项目位于山体东部，景区内生态环境良好，有大量的自然野趣环境，规划在植被群落学和景观生态学的指导下，依据不同的景观规划要求，规划不同的植物群落，从而创造出不同景趣的景点。如生态竹林，以山坡竹林景观为特色，点缀秋色叶和针叶类植物，在园路交叉口和景观优美的地段设立静听和弧廊等景观小品，为游人观景休息。改造现有园路，使其达到“曲径通幽”的效果，同时形成本区朴野、自然的景观特色。

展示“水”主题，广场开敞、明朗，以水景环境小品、精致的铺装地面、观景观叶植物的不同为表现对象。

次入口景观效果图

设计感悟：

从景观地理环境特点及景区划分的实际出发，根据山体公园的特征以及景区的规划布置，本次规划形成“一线、一环、九点”的结构。

“一线”指的是由此公园南北方向入口中轴景观一轴，集文化、景观、旅游为一体的空间主体；“一环”为娱乐休闲区，体育文化区、自然风景生态区环绕庙山而成，集娱乐、休闲、体育、文化、自然为一体环形空间；“九点”指的是主入口雕塑景点、瀑布观赏亭、喷泉广场、放生池、莲花广场、入口水景广场、景墙文化广场、生态竹林、水景观赏区所组成的各具特色的景点。“点”、“线”和“环”有园路游线加以沟通，以多种方式丰富了游览形式和游览内容，满足不同游人的需要。

希望给当地居民和游客提供一个环境优美、功能齐全、布局合理、立意别致、造型典雅，集休闲、娱乐、健身的综合性场所，让人们体会动静结合、从心而发的畅游之所。

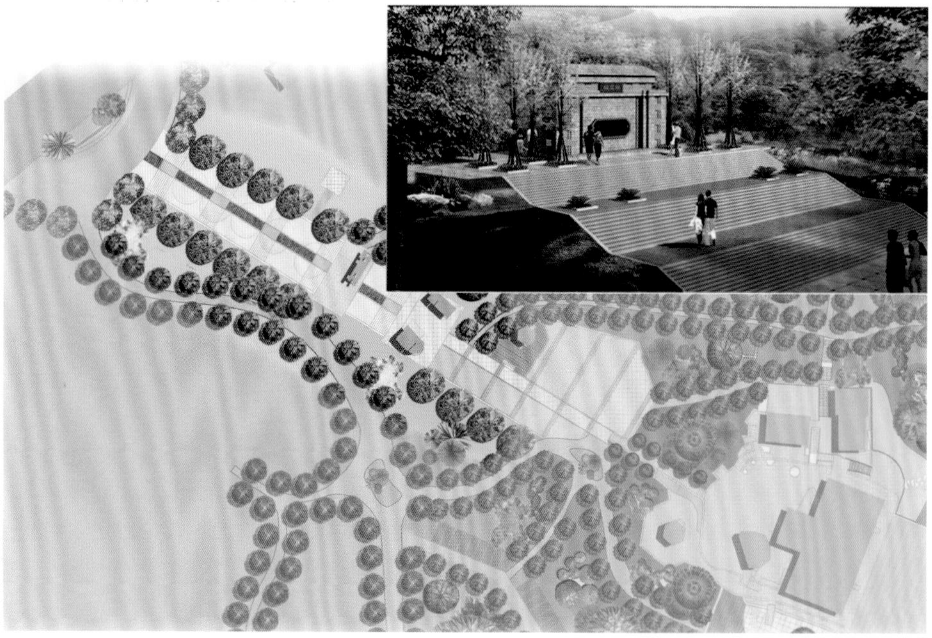
阶梯入口景观效果图

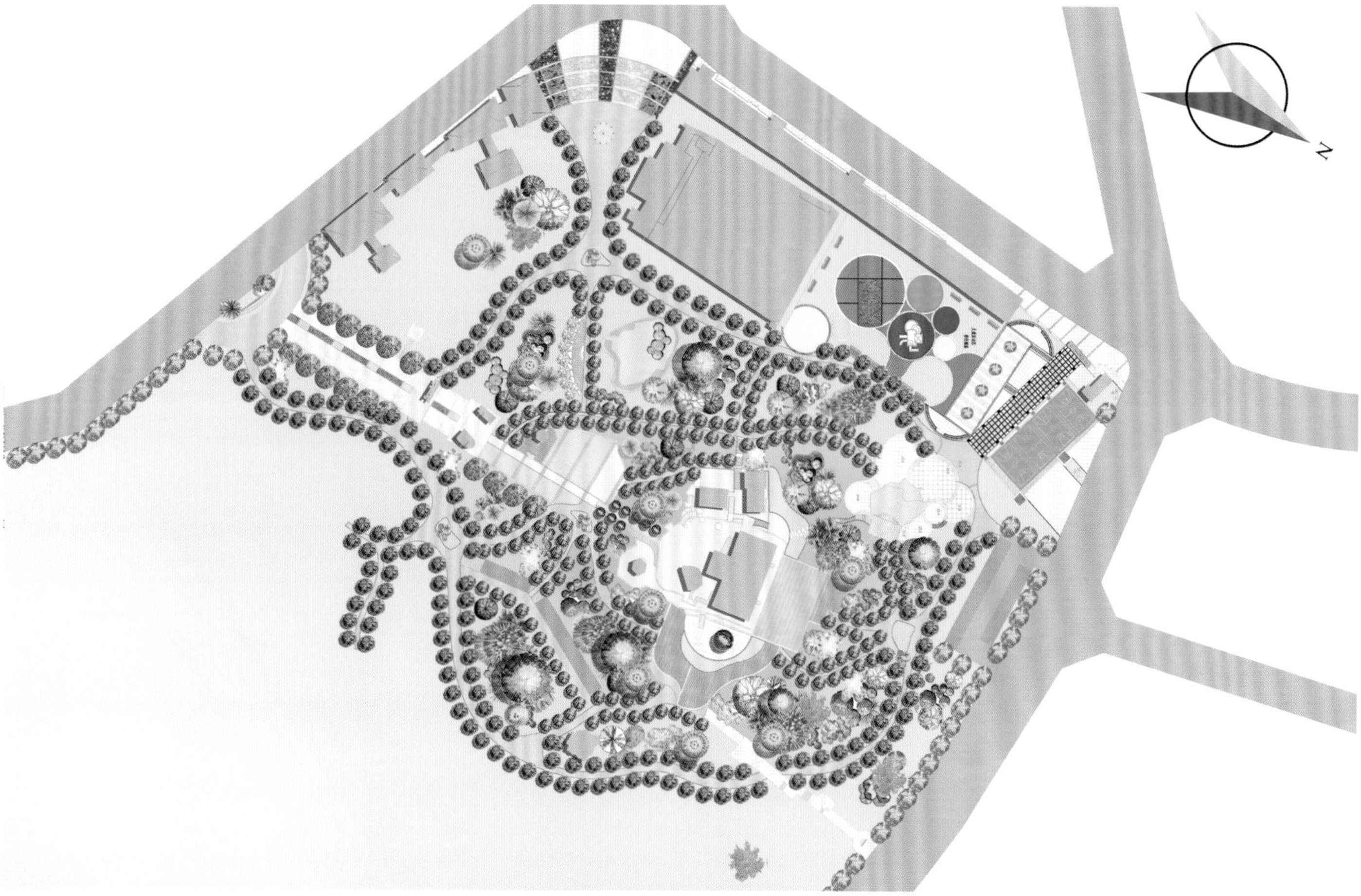

总平面图

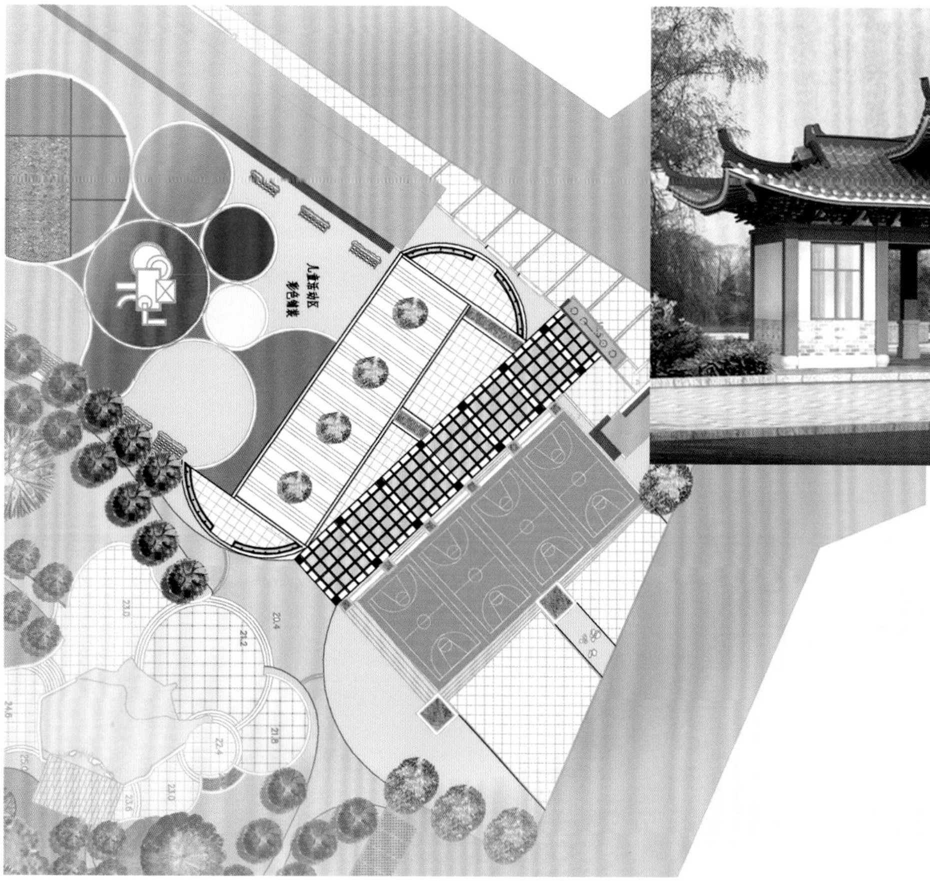

主入口景观效果图

桐城市绿道总体规划

The Greenway General Plan of Tongcheng City

院校名称：安徽农业大学

指导老师：陈永生

主创姓名：丁瑞

成员姓名：田野 黄梦晨 许腾 马少逸

设计时间：2013.6

项目地点：安徽桐城

项目规模：市域 1 546 000 m^2，中心城区 42 000 m^2

所获奖项：研究生组金奖

中心城区绿道总体规划图

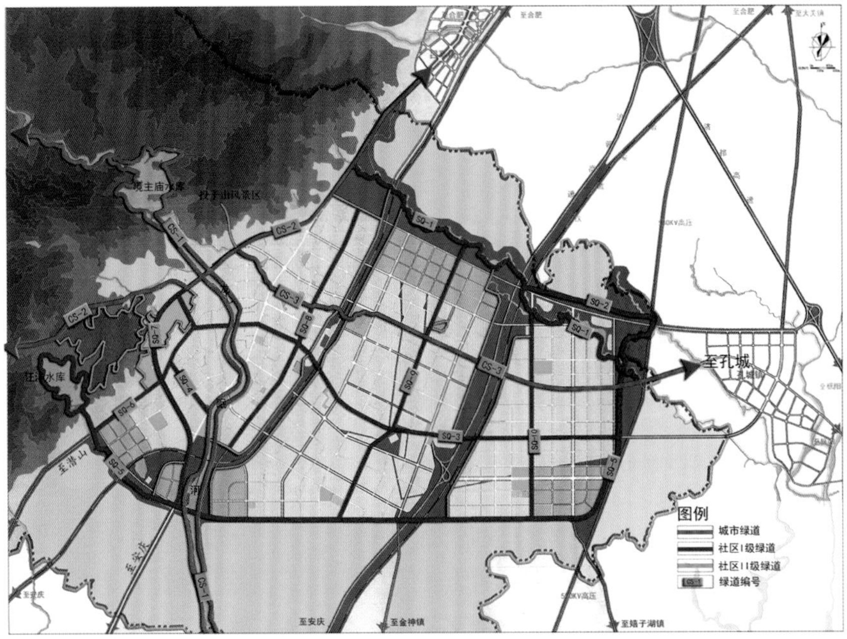

设计说明：

桐城市绿道总体规划结合桐城市现状景观资源条件，从市域范围以及中心城区范围两个层面上对桐城市绿道进行总体规划。

桐城是桐城派的发祥地，自古以来不仅历史人物底蕴深厚，自然环境也十分优美。基于本次“融合、互动”的规划理念，在市域范围内绿道规划时，希望通过绿道连通桐城市西部绵延的龙眠山脉以及东部生态环境优良、景观资源丰富的嬉子湖，将山水景观资源引入城市，让城市回归自然！中心城区景观资源及人文资源更是十分丰富，城区西依龙眠山及境主庙水库，更有龙眠河穿城而过，境内优美的自然山水景观，对改善城区生态环境有着十分重要的作用。众多历史遗迹散落城区内，如六尺巷、桐城文庙、吴樾故居、张廷玉墓等。千百年来，自然与历史在这座城内相互交融。

中心城区绿道规划秉承“融合、互动”的规划理念，运用斑块-廊道-基质模式，结合城区自然资源因子、景观资源因子及历史人文资源因子的分布，合理科学地进行绿道线路布置规划。力求通过绿道的规划构建，在保护生态环境的基础上串联自然景观及历史人文景观资源，使自然与城市共生共荣，和谐发展。使绿道成为沟通自然与城市的纽带，将自然引入城市，让城市回归自然！

中心城区绿道断面规划图

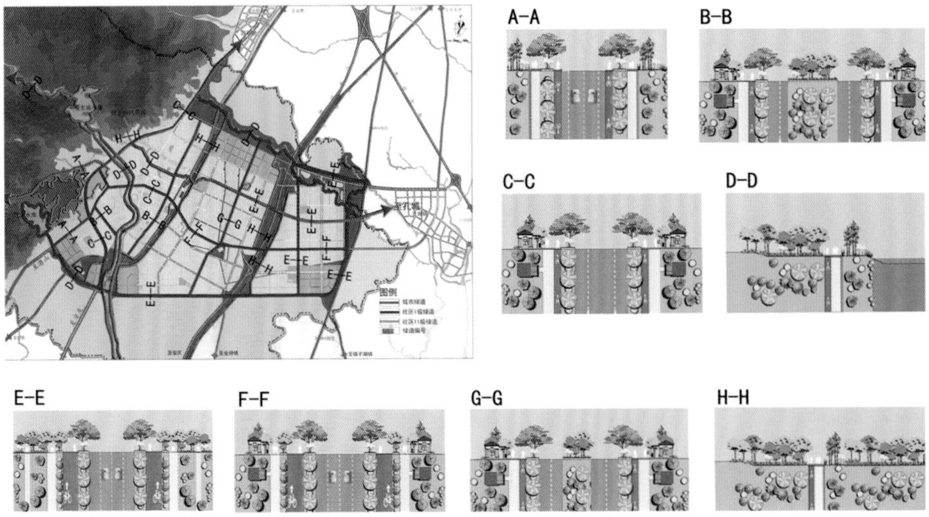

设计感悟：

人们常说，人生就是一场修行！于我而言，景观规划设计何尝不是一场修行。而本次桐城市绿道总体规划则是一场让我们感悟自然、感悟城市，获益良多的修行。在景观规划设计的道路上，我们总是高喊设计结合自然、保护生态环境等口号，此次的桐城市绿道总体规划让这些口号落到了实处！

绿道是一种线形绿色开敞空间，通常沿着河滨、溪谷、山脊、风景道路等自然和人工廊道建立，内设可供行人和骑车者进入的景观游憩线路。做好绿道的规划建设，对推动区域生态环境保护、实现生活休闲一体化、促进宜居城乡建设和增强可持续发展能力具有重要意义。在本次规划中，我们将绿道看作是沟通城市与自然间的绿色通道，结合绿廊的设计，使得绿道既有景观效果，同时也能够达到保护生态环境的作用，充分发挥绿道的生态功能、游憩功能、社会功能及经济功能。

绿道建设在我国还处于尚未完善的阶段，其中还有太多需要我们去探索的东西。惟愿在探索绿道建设的道路上，我们能够始终秉承一颗敬畏自然之心，将城市回归自然融于我们的规划设计之中，走出人与自然、城市与自然和谐共生的道路！

市域绿道规划总图

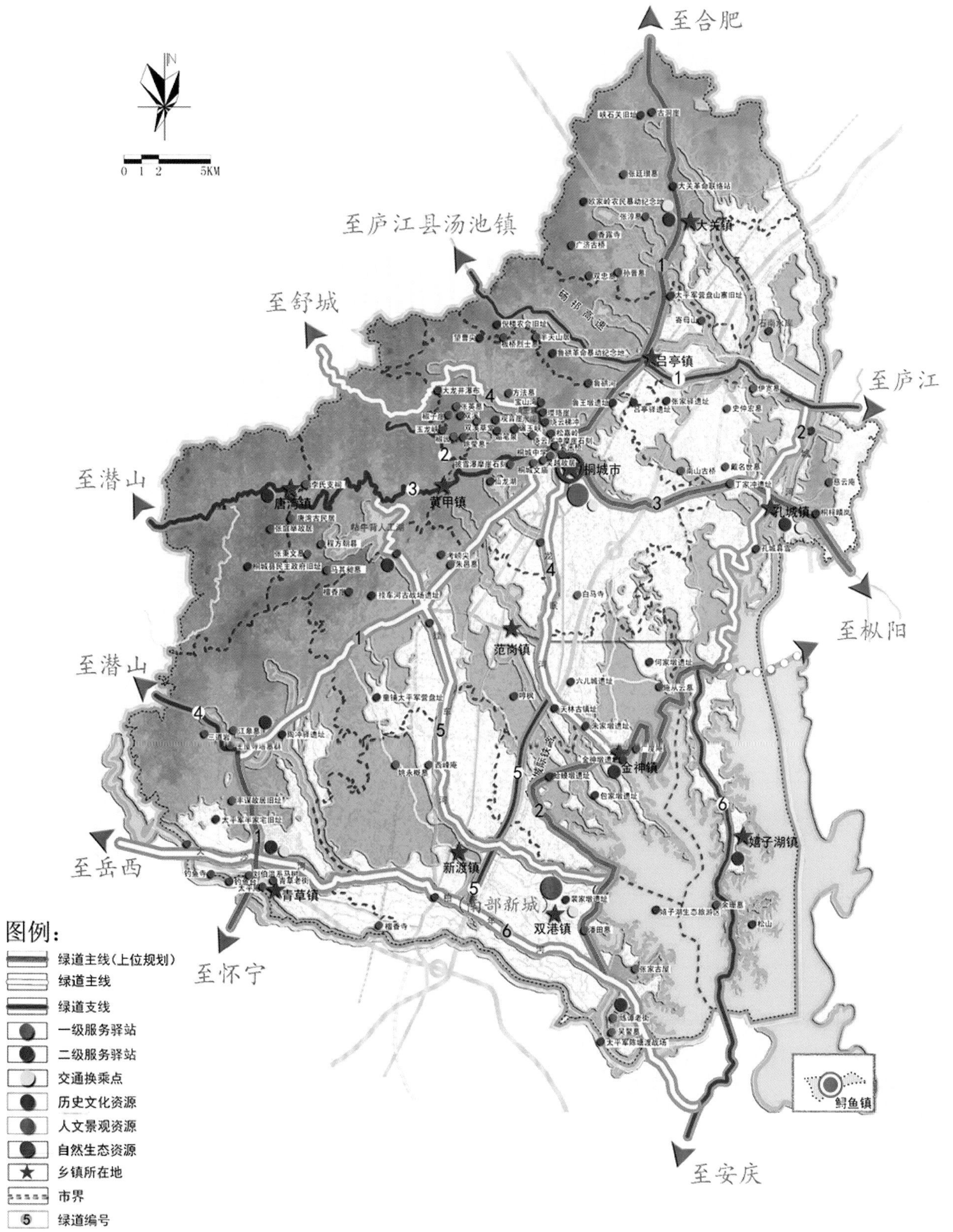
至合肥
至庐江县汤池镇
至舒城
至庐江
至潜山
至潜山
至枞阳
至岳西
至怀宁
至安庆
0 1 2 5KM
大关镇
吕亭镇
桐城市
唐湾镇
黄甲镇
孔城镇
范岗镇
金神镇
嬉子湖镇
新渡镇
双港镇
青草镇
鲟鱼镇
图例:
绿道主线(上位规划)
绿道主线
绿道支线
一级服务驿站
二级服务驿站
交通换乘点
历史文化资源
人文景观资源
自然生态资源
乡镇所在地
市界
绿道编号

台北市内湖三里生态足迹与承载力之绿地系统研究规划

Green Space System Planning for Ecological Footprint and Bearing Capacity in Neihu Three District of Taipei City

院校名称：西安建筑科技大学艺术学院
指导老师：蔺宝钢 杨洪波
主创姓名：李欣玮
成员姓名：王贝贝 唐春晓
设计时间：2014.2
项目地点：台湾台北
项目规模：49.6 hm^2
所获奖项：研究生组银奖

设计说明：

针对台北市日渐短缺的都市绿地系统资源，尝试引入生态系统理论及算法对台北市456个里的生态现状进行通盘检讨，进行同质里的等级划分。引入生态系统服务的概念，针对生态足迹承载比严重失衡的典型里提出逐步改善并最终可以达到平衡的课题和对策。

为了增加城市内部自身粮食及能源的供给，将都市绿地系统中的都市公园、线性绿带、开放空间、游憩设施等现有绿地及未使用土地等作为可生产土地。城市内部生产力提高，达到生态足迹与生态承载力平衡的目标，使都市里的人类与相应的土地共生共存。

本规划透过理论与趋势发展的回顾，用生态足迹的观点检讨在台北不同的生活单元以"邻里"为基础，针对各区进行每个里的生态足迹与承载力的实证研究，透过大量气候分析软件与SPSS计算群落相关模式中的因果关系研究，探讨提高土地使用效率，增加自身生产力，减少生态足迹的可能的规划计划。

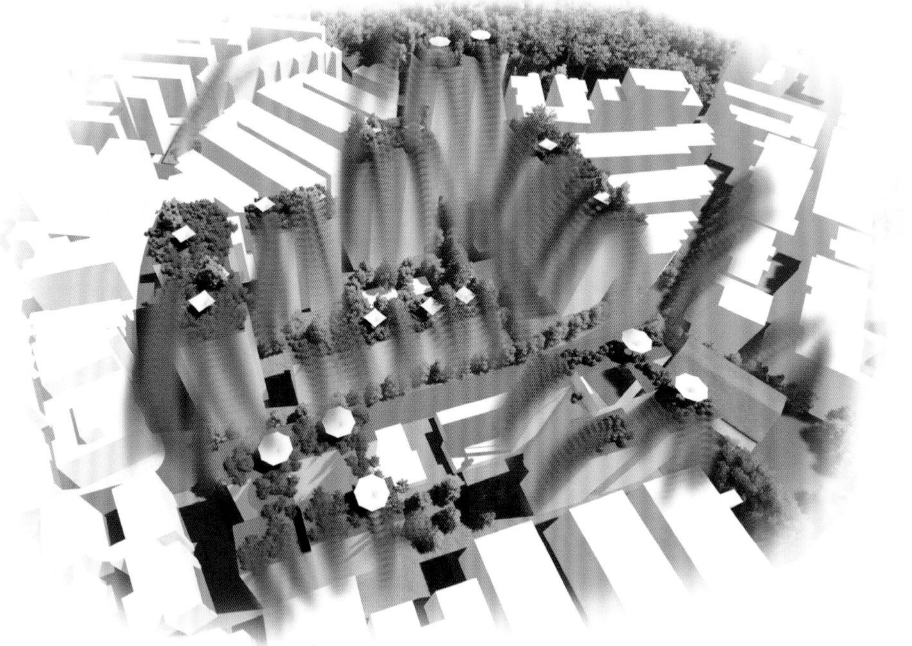

创意构想鸟瞰

设计感悟：

现今所谓的各种永续手段，是否能真的能达到永续的目的？人口依然在增加，对粮食和能源的消耗依然在上升。在永续课题下讨论的各种手段，如绿色建筑、可再生能源、公共运输系统的利用等对能源的利用仍然存在，使得都市对外界环境的强大依赖依旧存在。

使用生态足迹来探讨都市的生态平衡只是一种手法，因为在以往土地分类中并未将绿地考虑为具有生产消耗品及能源的功能，所以是将绿地视为都市建成地或即将成为都市建成地的一部分。但是用生态足迹来检讨台北市的土地消耗，已经证明台北市所需要的资源提供土地面积远远超过台北市所能提供的土地面积。在都市范围不扩大的情况下应该如何提高土地生态承载力达到自然与都市的平衡，将绿地系统转换为可生产能源或消耗品的土地面积，是本次绿地系统规划所致力改善的最核心的方向。

大量的分析模拟让我们了解到一个适宜人们生活的区域与环境的关系自然是和谐并具有美感的，延续基地周边既有的自然纹理，适当的反映基地的风土人情，配置与环境和谐共处的使用空间，这要求我们设计团队在整个规划中，都应当秉承尊重自然的心情来规划，同时也是城市回归自然的必备条件。

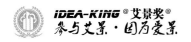

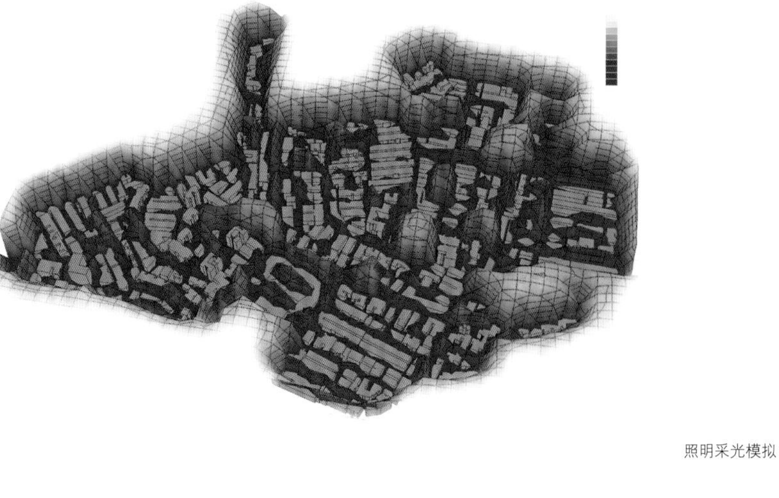

照明采光模拟

总平面图

东湖里

1. 乐康派出所
2. 内湖妇女服务中心
3. 内湖老人服务中心
4. 东湖国小
5. 东湖国小地下停车场
6. 东湖四号公园
7. 东湖里民活动场所

安湖里

8. 东湖三号公园
9. 安湖公园
10. 安湖里民活动场所
11. 安湖区民活动场所

乐康里

11. 东湖国中
12. 东湖五号公园
13. 康乐停车场
14. 乐康区民活动中心
15. 乐康里民活动场所

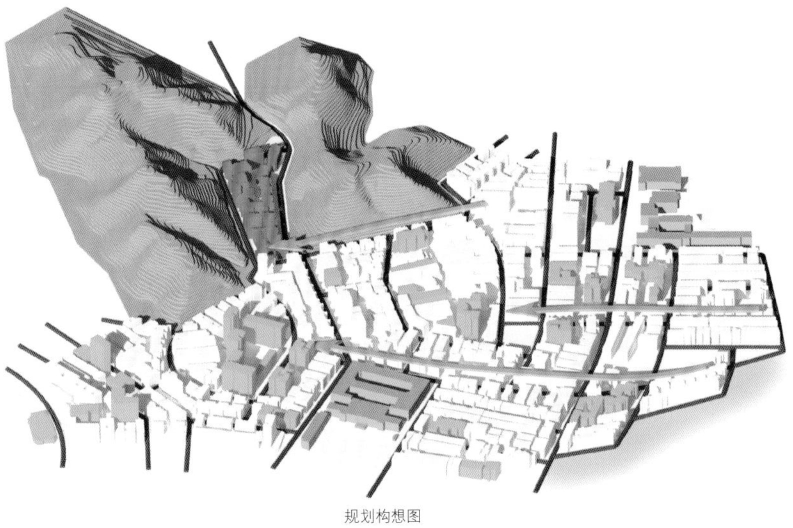

规划构想图

基于水质净化的南京珍珠河生态修复研究与景观设计

The Research of Ecological Restoration Based on Water Purification and Landscape Design for Pearl River in Nanjing

院校名称：东南大学建筑学院

指导老师：赵思毅

主创姓名：周予希

设计时间：2014.8

项目地点：江苏南京

项目规模：3.18 hm²

所获奖项：研究生组银奖

▶ **设计说明：**

本研究定位于水质净化，首先通过现状分析与水质调研，提出宏观设计目标：净化水质并恢复整个珍珠河流域的生态环境。微观设计目标：完成去除以总氮、总磷、氨氮总量等污染物的量化指标，使水质达到Ⅳ类水质标准。

由于珍珠河当前为一条高度混凝土化、渠道化的人工河流，为实现上述目标，需通过生态工程措施进行宏观层面的河道改造与初步的水质净化，其次通过浅滩（"微湿地"）和生态浮床技术对河流浅水、深水区进行整体的水质净化，再通过人工浮岛、螺旋形水道、生态堤岸等景观构筑形式对水质进行进一步的净化，从而实现水质净化的主要生态目标。

其中，重点研究的是浅滩净水植物组合设计：通过选取南京地区湿地常见的 12 种具有较好净水能力的植物，基于"主要植物＋次要植物"的搭配原则，随机搭配出 28 种搭配组合。再从中筛选出 10 种搭配组，并通过净水能力数据的多向比较与本设计的量化目标，最终得出 6 种组合。

本研究同时对生物多样性与人的行为活动等方面进行了一定关注，并提出多样的生物栖息地与不同的人群在珍珠河中活动受不同的限制等观点，以实现在完成水质净化基础上的珍珠河生态环境最终能得到生物（包括人）的认可。

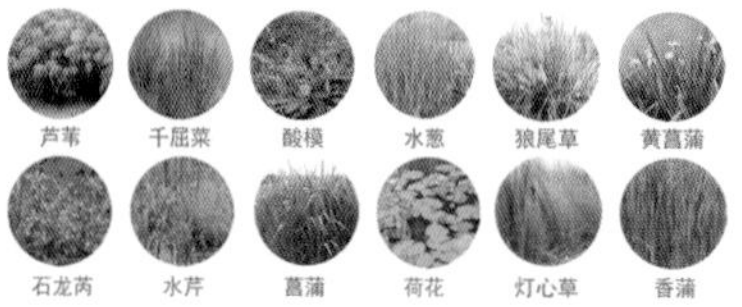

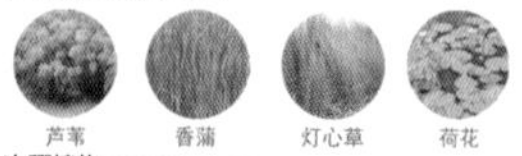

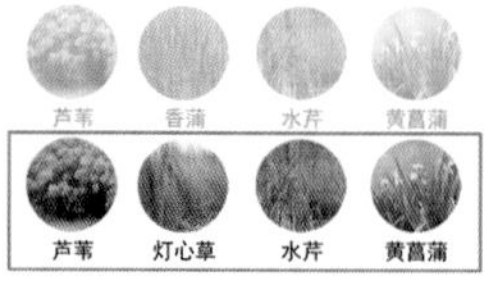

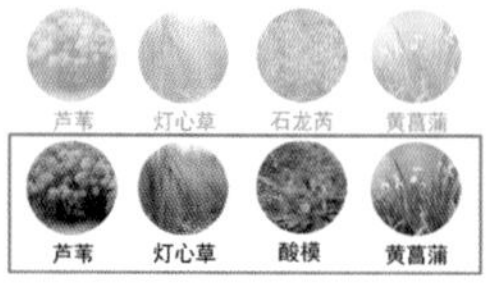

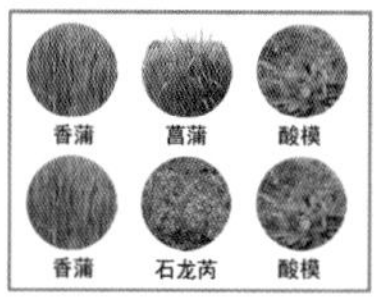

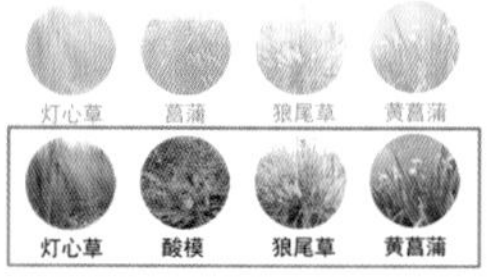

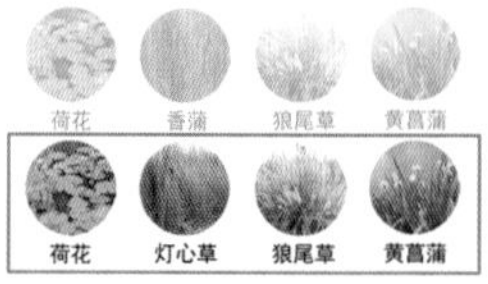

▶ **设计感悟：**

基于水质净化的珍珠河生态修复与景观设计成为我研究生阶段的一个研究课题。东南大学建筑学院连续数年邀请瑞士拉帕斯维尔应用科学大学的彼得·派切克（Peter Petschek）教授与德国河道修复专家彼得·凯兹（Peter Geitz）先生开展"景观技术前沿"的联合教学，他们在智慧造景与河道修复工程方面给予了我很大启发。

此次设计以水质净化为主题，水质是设计的主要服务对象，而非生物或人，所以与我平时做的设计具有很大的不同。通过现状与水质调研分析，得知问题所在并提出宏观与微观量化的设计目标。通过生态工程措施进行宏观层面的河道改造与初步的水质净化，然后通过浅滩（"微湿地"）与生态浮床技术分别对河流浅水、深水区进行整体的水质净化，再通过人工浮岛、螺旋形水道、生态堤岸等景观构筑形式对水质进行进一步的净化，从而实现水质净化的主要生态目标。

其中，通过量化数据对净水植物组合的筛选过程让我认识到景观设计中的科学性，生态工程措施与景观设计的结合很好地体现了技术与艺术的统一性，同时，此次设计使我认识到通过减少人为参与、自我修复的模式不失为一种好的设计理念。

净水植物组合 AQUATIC PLANT GROUPS

南京地区湿地常见水生植物 AQUATIC PLANTS OF WETLAND

基于上述南京市自然地理信息与数据的分析，以净水能力的好坏为标准，我从南京地区湿地常见水生植物中选出了12种综合净水能力较好的植物：

芦苇　千屈菜　酸模　水葱　狼尾草　黄菖蒲
石龙芮　水芹　菖蒲　荷花　灯心草　香蒲

本方案拟选用的12种净水植物及其净化能力示意

（数据来源：中国科学院南京地理与湖泊研究所）

指标	芦苇	香蒲	水葱	灯心草	千屈菜	水芹菜	荷花
DO	4.1						0.1
SS		*		*			
COD	90.26%	80.35%	27.85%	80.35%		63%	35.48%
NH₃		96.3%		94.74%	96.6%	95%	39.13%
TN	70.18%		55.03%			66.67%	19.4%
TP		99.00%	84.25%	90.12%	52.75%	76.53%	24%
Cd			5.312				
Pb	9.06		11.85				
PCB		79%		68.75%			

指标	酸模	黄菖蒲	狼尾草	石龙芮	菖蒲
DO					
SS		*		*	2.9
COD	52%			*	
NH₃	99.76%			48%	60%
TN	87.53%			99.3%	75%
TP	76.53%			85.11%	82%
Cd				86.7%	65%
Pb			*		

说明：1. *号表示有去除能力，但不做完全量化
2. 水中溶解氧（DO），铅（Pb），镉（Cd）数量单位为：mg/L·棵（株）·天

根据上述图表中的综合净水能力进行进一步比较，将12种水生植物实行"主要植物+次要植物"原则搭配，以保证净水植物组合为水质提供更好的净化。

主要植物 PRIMARY PLANTS

芦苇　香蒲　灯心草　荷花

次要植物 SECONDARY PLANTS

千屈菜　菖蒲　水芹　酸模　石龙芮　狼尾草　黄菖蒲　水葱

净水植物搭配组合筛选 GROUPS OF AQUATIC PLANTS

基于"主要植物+次要植物"的植物搭配原则，可以随机搭配成近30种的主次植物搭配方式，所以我认为此次方案中净水植物搭配应符合以下原则：（1）适合偏静水环境的植物搭配（2）高度上具备三个层次或两种较矮的层次（3）同一搭配中具备3种总体型态（4）搭配中至少有一种植物可以种在深于20cm的水里。

因此，我从中筛选出10种净水植物组合，并希望通过对比较再次筛选：

搭配A与搭配B净化能力相当，然而其有三种植物是重复的，从景观效果来看，灯心草更合适，因而舍弃搭配A，**搭配B作为搭配组合1**。

芦苇　香蒲　水芹　黄菖蒲
芦苇　灯心草　水芹　黄菖蒲

搭配C与搭配D有三种植物重复，但是由于搭配D的净化效果较好，因而舍弃搭配C，**搭配D作为搭配组合2**。

芦苇　灯心草　石龙芮　黄菖蒲
芦苇　灯心草　酸模　黄菖蒲

搭配E和搭配F净化效果和种类程度都较好，故不做舍弃，**搭配E作为搭配组合3，搭配F作为搭配组合4**。

香蒲　菖蒲　酸模
香蒲　石龙芮　酸模

搭配G与搭配H有多种植物重复，但是由于搭配H的净化效果较好，因而舍弃搭配G，**搭配H作为搭配组合5**。

灯心草　菖蒲　狼尾草　黄菖蒲
灯心草　酸模　狼尾草　黄菖蒲

搭配I与搭配J有三种植物重复，但是由于搭配J的净化效果较好，因而舍弃搭配I，**搭配J作为搭配组合6**。

荷花　香蒲　狼尾草　黄菖蒲
荷花　灯心草　狼尾草　黄菖蒲

景观节点设计 LANDSCAPE DESIGN IN DETAIL

生态浮床植物选择及设计 ECOLOGICAL FLOATING BEDS

之所以详细探讨的是浅滩（人工湿地）植物主要针对河流浅水区的水生净化。两深水区的水浮莲化主要借助以生态浮床水平台的净水模式，针对缩除水质中存在的总氮超标的情况。生态浮床的植物选择应有相对性。

旱龙葵　美人蕉　石菖蒲　茭草　茭白

文脉传承

南朝疏浚玄武湖从武庙闸口到的珍珠河，而珍珠却于是珍珠河名称的由来。在此通过对自然层面、珍珠的几何布局组合，创造生态浮床的景形式，在设计中体验珍珠河的文脉传承。

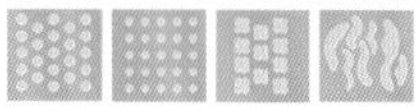

生态浮床造型与排列方式

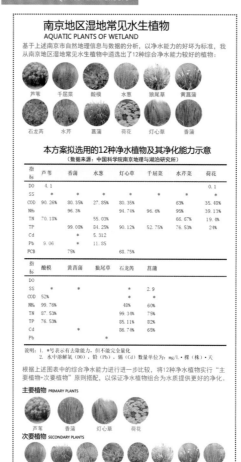

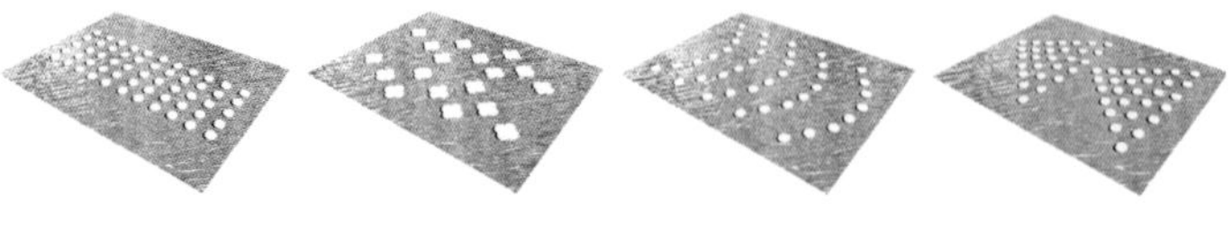

排列形式①　此排列形式设置在文昌桥与四铁桥之间，紧邻阳光活动的浅水区域。

排列形式②　此排列形式设置在珍珠桥与文昌桥之间，此处水域较窄。

排列形式③　此排列形式设置在四铁桥与文庙重桥之间，位于深水沉淀内浮岛。

排列形式④　此排列形式设置在文德桥与珍桥之间，是南朝两岸生态浮岛的特点。

整体设计策略
DESIGN STRATEGIES ANALYSIS

雨水+城市径流处理
WATER FILTRATION

洪水防护
FLOOD PROTECTION

水体流态
DIFFERENT FLOW FORMS

生境构建
BUILDING HABITATS

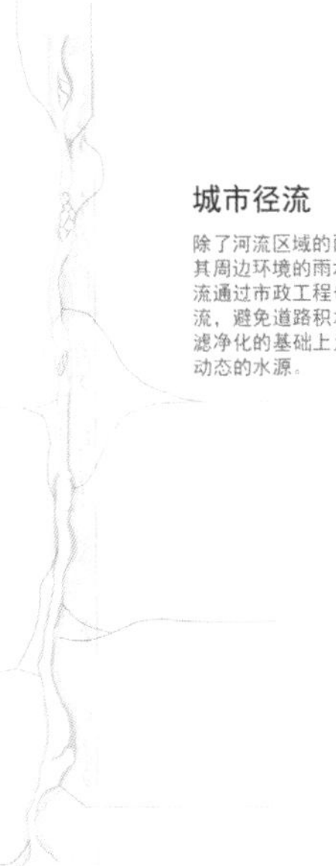

城市径流
除了河流区域的雨水收集之外，其周边环境的雨水——城市径流通过市政工程也可以汇入河流，避免道路积水，同时在过滤净化的基础上为动植物提供动态的水源。

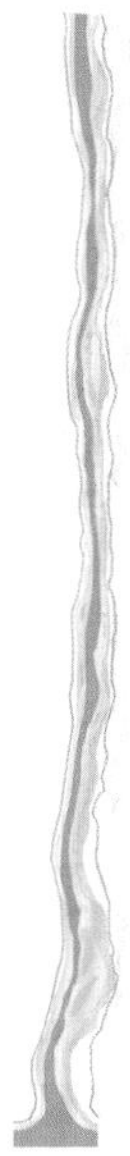

急流
河道中的平缓渠道承担河流的主要流量，水速较快，是珍珠河作为城市渠道的体现。

蜿蜒水流
通过河道地形起伏与浮岛等构筑物的设置，形成不同形态的慢速水流，有利于形成浅滩湿地环境。

静水
此处的水主要由城市径流汇集而成，并主要通过浅滩植物组合进行水质净化。

浮岛+深浅水塘
丰富的水体流态对净化水质具有积极作用。通过在河道中引入景观斑块（浮岛、生态浮床等）丰富景观多样性与水体流态，同时这些斑块可利用本身的净水植物组合对滞留的水体进行净化。

- 雨体过滤湿地
- 过滤水体释放

- 主要承载
- 二级承载
- 三级承载
- 四级承载
- 承载极限

- 急流
- 蜿蜒水流
- 静水

- 流域边界
- 浅水塘
- 林下溪流
- 深水塘
- 浮岛

雨水过滤湿地
城市径流被沟槽统一收集，通过浅滩中的湿生、水生植物（与部分陆生植物），即雨水过滤湿地使水质得到净化，并满足这些植物的生长需要，最终返回到河流。

洪水控制能力
通过扩展的泛洪平原来实现可变化的洪水承载能力，中心河道作为运洪的主要承载区，当因暴雨或源头出水增多时，其周边区域可以滞留或分洪的作用，并形成干湿交替的生境。

水流导向与生成
由石笼结构、砾石层、土壤、植被层构成的生态浮岛可以引导水流通向不同的方向，形成各式水体与流态，为构建生境、人们多样的娱乐体验、缓解洪峰提供了必要条件。

自然边界与生境
非线性的、自然形态的边界打破了原本渠道化、单一线性的边界模式，为更多层级的生境生成提供景观条件，并推动生物群落与生态交错带的多样性。

景观节点设计
LANDSCAPE DESIGN IN DETAIL

生态浮岛设计
ECOLOGICAL ISLANDS

通过斑块状的生态浮岛置入河流之中，其上可以种植耐水湿植物，形成多种生境。同时，浮岛与河流之间亦会形成多种互动关系：水体流态会更加丰富，形成诸如林下溪流、地表径流等等。当然，为了保证人为置入的生态浮岛能够在河流中保持稳固，考虑采取下述设计：

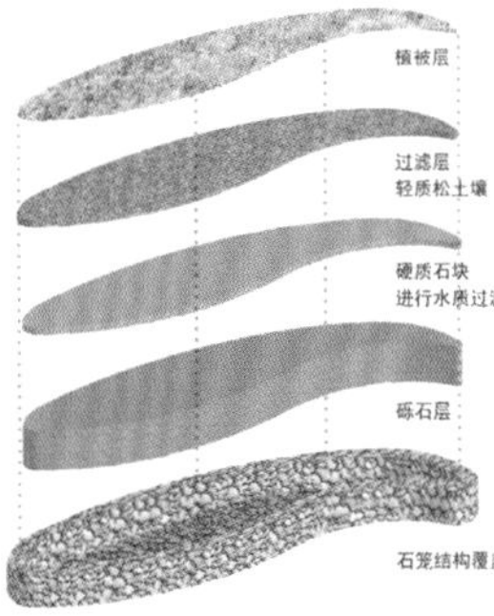

- 植被层
- 过滤层 轻质松土壤
- 硬质石块 进行水质过滤
- 砾石层
- 石笼结构覆盖

生态浮岛的功能示意

在河道中创建新的静态空间

低矮灌丛与水生植物，在净化水质的同时，形成不同的生境，为生物提供更好的栖息地和避难所

石笼的空隙结构可以收集雨水或地表径流，供给植物和土壤，保持活力

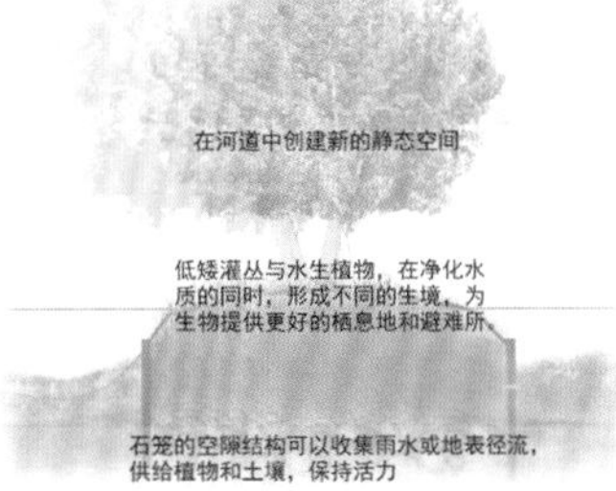

生态浮岛的生成过程

河床地形上的人工改造
首先通过构筑，实现生态浮岛的基本外形，使得河床地形上出现较小改变。然后置入植物种子，使其可在自然条件下自由地生长。

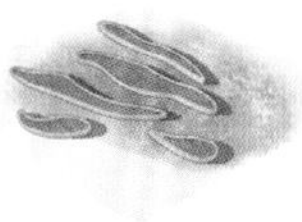

冲刷沉积
尽管构筑工程使生态浮岛的造型基本确定，但在水流冲击、延长接触时间与面积的过程中，依然会在一定程度上沉积水中的小型杂质。

生态浮岛的初步生成
在水流接触的过程中，各种人工培植植物种子（以净水植物为主）开始生长，从而在较短时间内形成初步的生态浮岛景观，改变河道环境。

生态浮岛的自然生成
在较长的时间中，自然环境带来的植物可能会在浮岛上生长（也可以由人工适当调节），从而形成丰富的生境，以满足生物的栖息需要。

都市生态之芯

The Core of Urban Ecology

院校名称：中国文化大学
指导老师：李俊霖
主创姓名：唐春晓
设计时间：2014.8
项目地点：台湾台北
项目规模：700 hm^2
所获奖项：研究生组铜奖

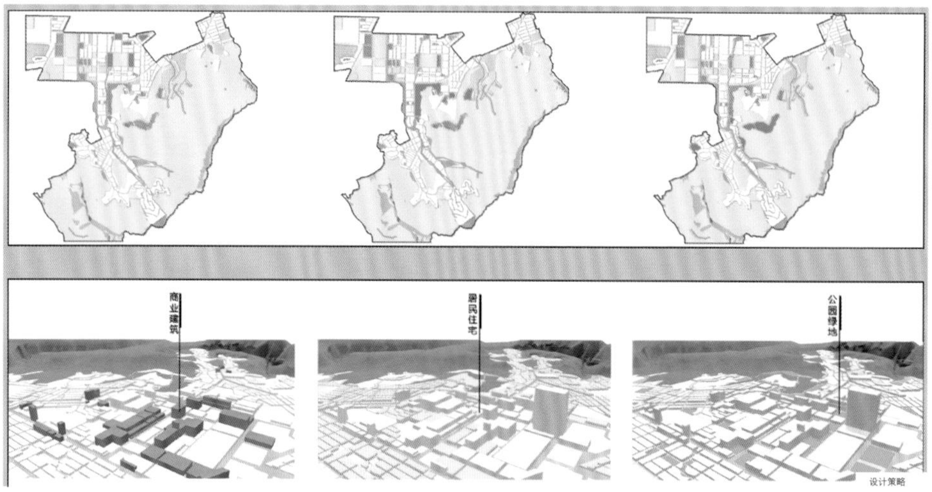

设计策略

设计说明：

过去40年，我国台湾地区绿地空间的规划与管理，主要受到美国土地使用分区管制影响，以"人均公园绿地面积"作为各城市计划区的绿地空间规划标准，因此，长久以来，各县市标准下提供符合该面积门槛的绿地面积，而公园路灯管理处则依据该面积发包进行公园的规划、设计与施工，其主要的目的仍以提供城市居民安全的休闲生活空间为主。自 Daily（1997）生态系统服务功能（ecosystem service）的观点来分析土地对人类所扮演的功能性后，森林、农地与城市绿地系统所扮演的多功能性角色开始被重视。

本设计主要以台北市信义区为基地，强调有充足绿地空间与浅山生态系统的象山对于建成地区中的绿地资源的补充与帮助，其中水在生态系统中所扮演的重要功能作为重点考虑与设计。希望能从不同于以前的角度出发，讨论设计来强化生态系统服务功能的设计的优势。

设计感悟：

设计对于一个城市来说是必不可少的部分，设计也是一个漫长的过程，需要设计师有前瞻的目光和想法，怀着真诚和执着，摒弃商业和利益带来的浮躁，真正去关心自己能为这个社会带来些什么。通过这次设计，我明白了虽然现在我的一些想法还不能真正地落地，但是努力地将课堂上、论坛里的热门理念与实际的项目基地相结合将会是一件非常有意义的事情，也是我今后的努力方向。

随着人类社会的发展，城市的建设扩张，都市的绿地越来越少，如果一味用以前的标准来决定绿地系统规划和设计无疑是不行的。我们应该从多角度出发，从系统的、整体的角度考虑，在有限的绿地空间中提高生态系统服务功能的使用效率。也许我们今后将会面对比现在更严峻的环境挑战，但是只要有愿意从不同方向解决难题的想法，就一定能达到我们想要改善环境的目的。

绿地系统规划
Green System

利用 30~50m 的生态绿廊联系其余内的红领巾与地区公园，形成区域生态、景观的延续

通过住宅和商业的更新，形成各具特色的时间廊公园与艺术公园，构成绿地系统的核心

通过与沟道水系，强化区域性的水网格局，并结合步行道、绿化的设计，形成丰富的滨水空间节点

安全高效的支撑系统
Technical Support for a L-C future

- 生态基础设施构建生态弹性格局
  Eco-Infrasture and Elastic Eco-Pattern

- 优化现状，强化绿核
- 区域系统，固碳绿斑
- 垂直绿化，指标控制斑廊贯穿，战略互补

- 生态规模
  Eco-Number

- 绿化率：30% 绿化覆盖率：35%
- 生态廊道宽度：不少于 7 米

- 提出绿色容积率概念，实现碳氧平衡
  Green Space Rrtio

CO_2 O_2

- 实施环境友好的交通体系，建立一个高效、人本、安宁的绿色生态系统
  Environment-friendly ECO System

支持功能

土壤的形成、养分循环以及初级生产都是比较漫长的过程。

Supporting

文化功能

将在地文化融入到绿化设计，给游客更多的教育和美学引导，更多地精神寄托，不仅仅是地方感的体现也是文化遗产的保护价值。

Cultural

供给功能

粮食、纤维、淡水、燃料、遗传资源、装饰资源等都是供给功能的体现，如何将将景观中得水再利用。

Provisioning

调节功能

将植物对小气候调节、维护空气质量的功能善加利用，同时将气候对于生物的授粉，控制疾病等也纳入设计。

Regulating

LEGEND 图例
山体
城市公园
水体

绿地系统规划图
Green System

总体规划

景观排水与净化
Waterfront

LEGEND 图例
山体
城市公园
水体

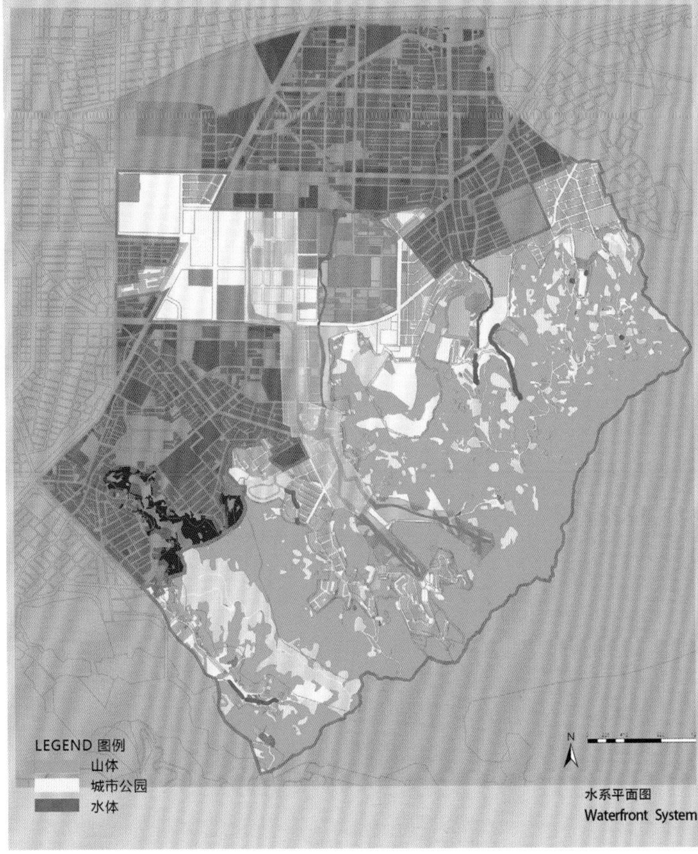

水系平面图
Waterfront System

改造建成地区已形成的绿地公园，进行景观防洪与排水的展示区。

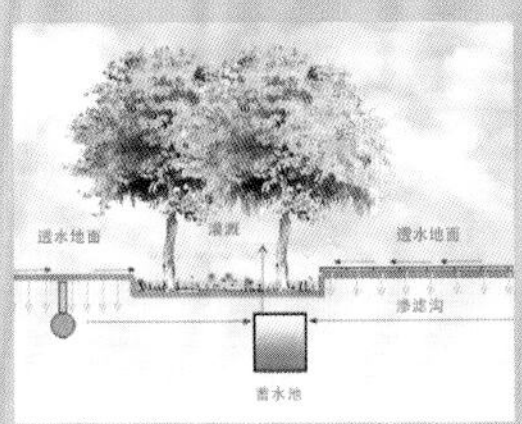

通过在学校建立进行水净化的景观与教育的基地进行宣传教育。

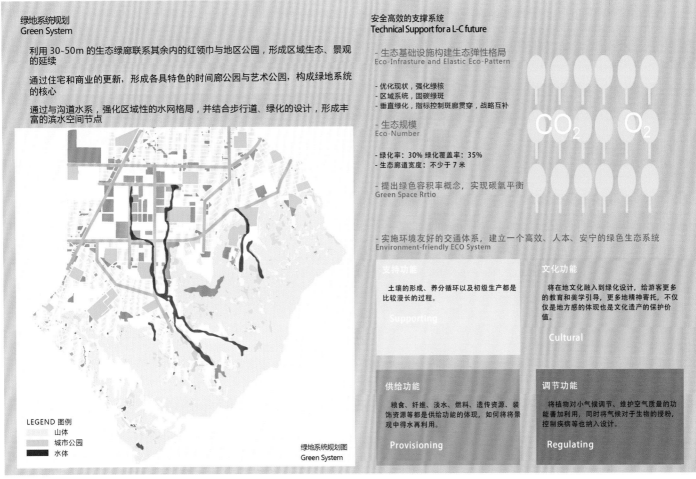

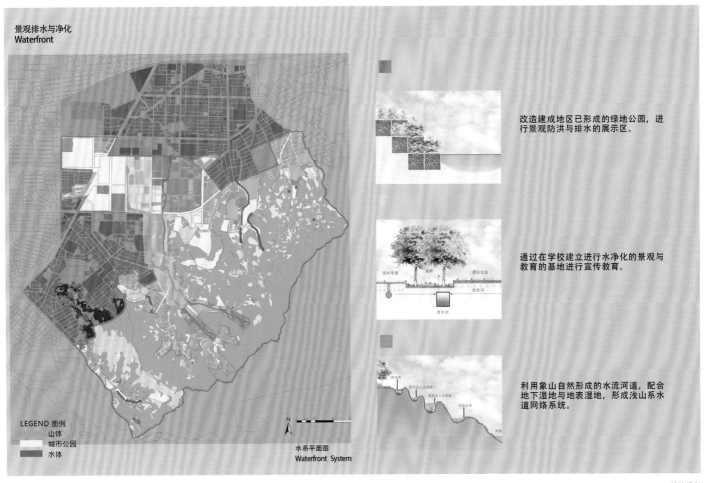

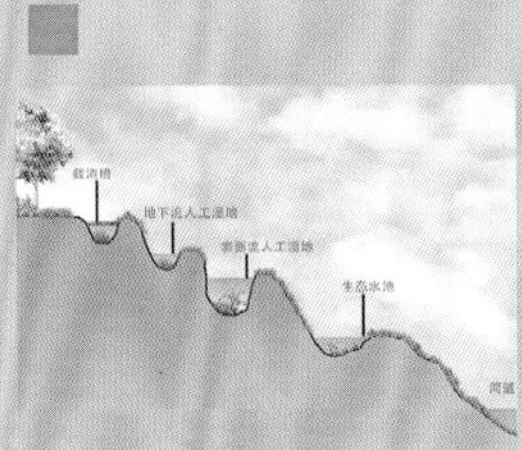

利用象山自然形成的水流河道，配合地下湿地与地表湿地，形成浅山系水道网络系统。

生态防洪坝——牡蛎礁

Oyster Reef, the Ecological "Riprap"

院校名称：北京林业大学园林学院

指导老师：魏民 梁伊任

主创姓名：王珺珠 冯天成 庞宇

成员姓名：李志

设计时间：2014.8

项目地点：辽宁大连

项目规模：60 hm^2

所获奖项：研究生组铜奖

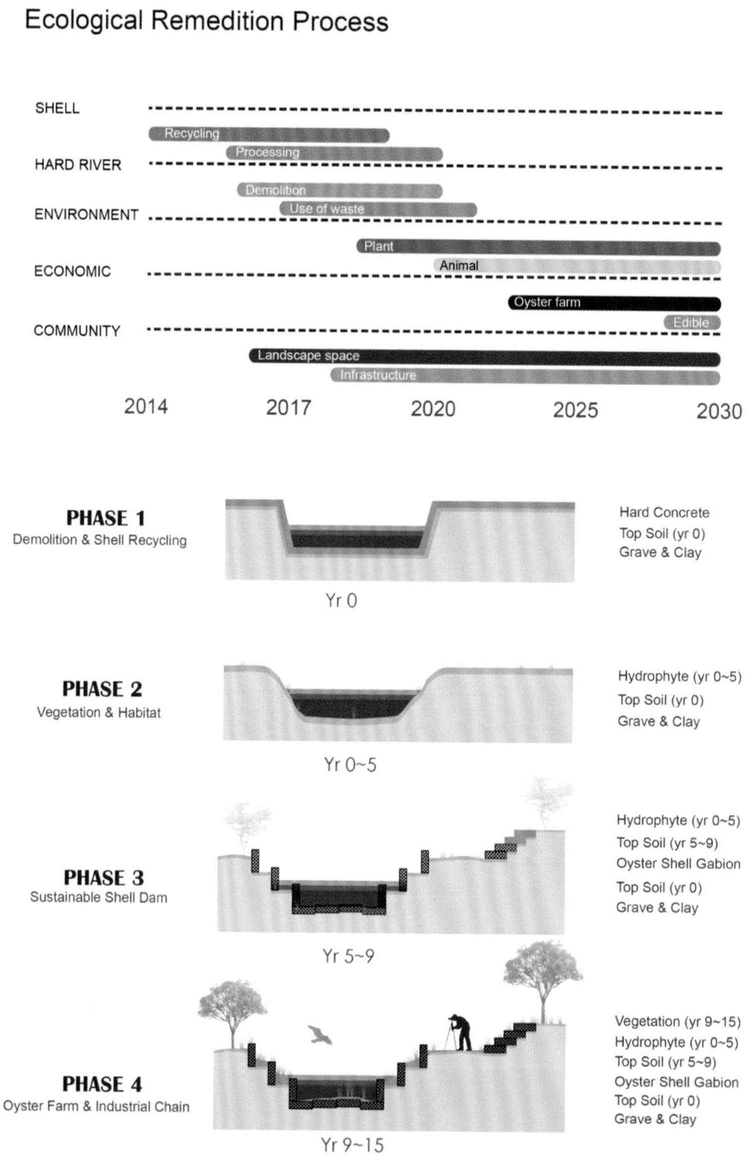

改造步骤

设计说明：

泉水河位于中国大连甘井子区，是大连市区内唯一的一条自流河，泉水河沿线绿地及下游的渔业与泉水湿地都是大连城市生态经济重要的组成部分。然而随着城市的发展，美丽的泉水河遭受到了前所未有的生态危机。一方面，泉水河的源头被填埋改造，成了名副其实的“地下河”；另一方面，为了满足城市的排洪需求，原本的生态河流被混凝土修砌覆盖，河水变质发臭，下游的渔业与泉水湿地遭到破坏，阻碍了城市生态与经济的可持续发展。为了促进城市经济与生态的和谐发展，方案设计利用了下游丰富的牡蛎壳资源，将贝壳收集加工成透水性很强的块体，让这些“贝壳块”分台滞水从而达到过滤河岸污染物、防洪固岸、净化水质、促进生态发展的效果。方案先净化源头水质，进而改善下游牡蛎养殖环境，再利用牡蛎自身的净化水质功能来改善入海口湿地生态，形成完整的生态链条。前期的牡蛎养殖会为河岸改造提供原材料，经过几年的修复与过滤，养殖的牡蛎将供市民食用，形成完善的经济链条。拆除的混凝土堤岸将在河岸的生态景观中重复使用，达到资源的合理运用。这种充分利用当地现有资源，从上游到入海口逐步完善的方式将促进城市的可持续发展，让城市回归生态。

设计感悟：

随着城市发展，单一混凝土的河道改造已成为全国治理城市雨洪的主要方式，这种看似简单便利的改造方式却破坏了城市的生态系统，河水与自然缺乏物质交换导致了城市中的生命河成了“臭水沟”，不仅严重影响了居民的日常生活，还破坏了生态平衡，最终将阻碍城市的进一步发展。在设计中，我们主要面对两大难题：一是河岸恢复，必须采用更加生态的方式改善原有的混凝土河岸，使原本脆弱的河岸既能够防洪，又能够生态自然；二是利用当地资源，方案设计必须切实可行，利用大连现有的资源改善河道，这种改造要有利于城市的经济发展。面对上述问题我们采取了如下对策：第一，我们对大连的多条河流做了大量的资料收集、调研与分析，认为解决河道生态必须有步骤、有方法的进行；第二，在现场调查中，我们发现泉水河下游有许多废旧贝类养殖区以及大量散落的牡蛎壳，牡蛎壳本身质地坚硬，表面沟壑纵横，可阻挡部分沉淀物，是最好的过滤垃圾以及防洪的天然材料，并且现在大量的研究成果表明活牡蛎本身具有很强的水质净化功能；第三，我们对牡蛎壳进行了改造，利用它对河岸进行改造与修复，并且采用“先上游后下游，下游补给上游”的改造过程，使泉水河成为生态与经济可持续发展的城市景观。

效果图

Oyster breeding is a prosperous industry and oyster shells are abandoned everywhere. Oyster shells can be used as main materials in the wetland construction due to its sediment filtering and flood control function. The system of wetland will purify water by filtering the source of water and separating sediment with rebuilding riverbed as first step.

Contributing
(Dog, Jogging and Scenery viewing)
(Habitat, Dining and Production Value)

Roof Garden
Rain Collection System
Oyster "Riprap"
FOOD STREET
Restrants
help recycling oyster
Multistep garbage collector
Recycling Garbage
from the Seafood Market
Barricade & Oyster Shell
Water Filtration & Flood Preventing System
Boardwalk

剖透视分析

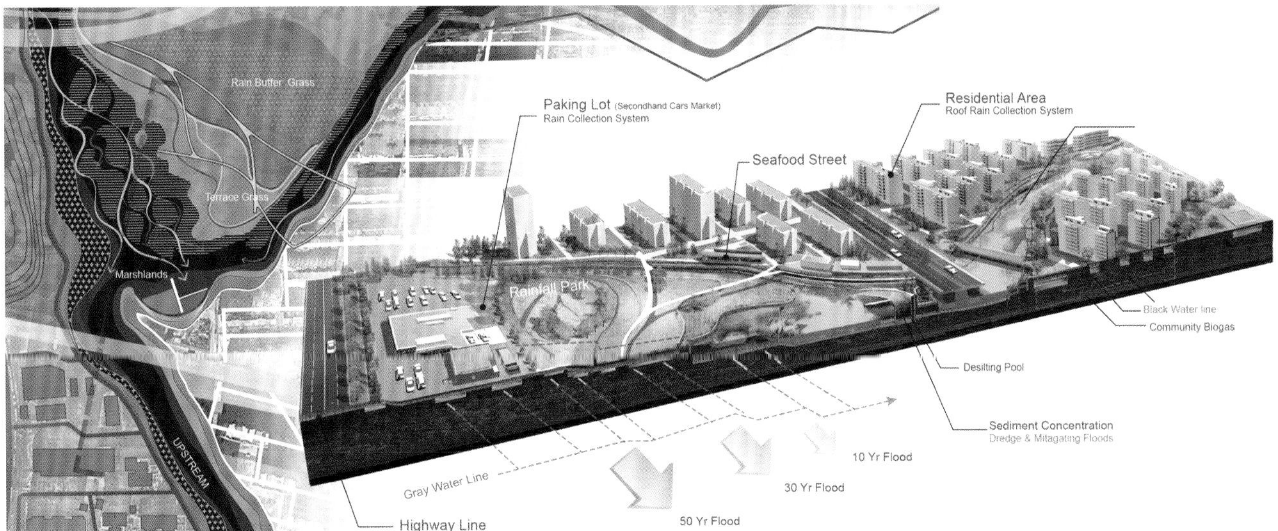
Rain Buffer Grass
Terrace Grass
Marshlands
UPSTREAM
Paking Lot (Secondhand Cars Market)
Rain Collection System
Residential Area
Roof Rain Collection System
Seafood Street
Rainfall Park
Black Water line
Community Biogas
Desilting Pool
Sediment Concentration
Dredge & Mitagating Floods
10 Yr Flood
30 Yr Flood
50 Yr Flood
Gray Water Line
Highway Line
Train for northen railway station

SITE SECTION

Oyster breeding is a prosperous industry and oyster shells are abandoned everywhere. Oyster shells can be used as main materials in the wetland construction due to its sediment filtering and flood control function. The system of wetland will purify water by filtering the source of water and separating sediment with rebuilding riverbed as first step. When the quality of water is improved, aquaculture and fishery near the estuary will recover soon and they can bring economic benefits.

剖透视分析

PLANTS

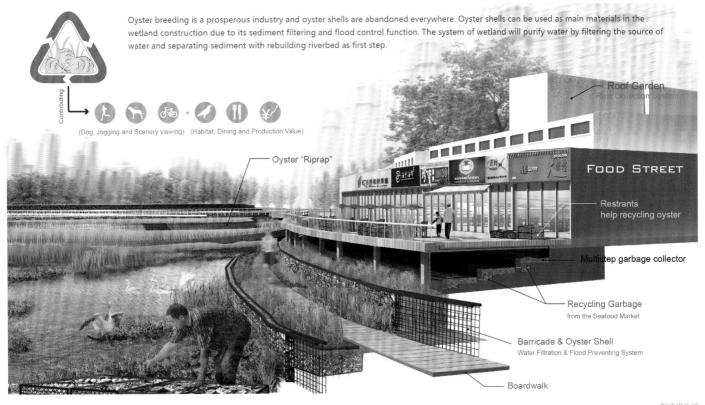

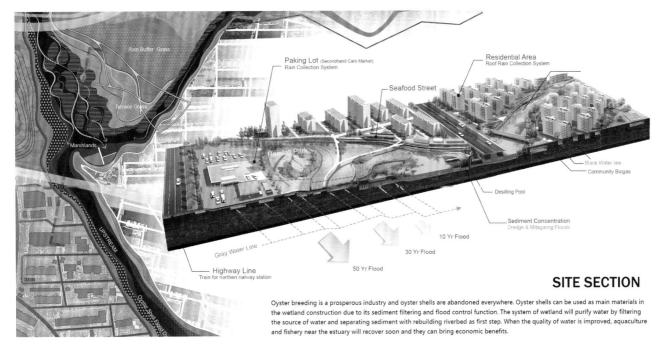

RESIDENTIAL AREA
Terranced Planting
OYSTER DAM
RIVER WETLAND
ECOLOGICAL LANDSCAPE AREA
RIVER
SEAFOOF MARKET
RESIDENTIAL AREA
Metasequoia glyptostroboides
Populus alba
Scirpus validus Vahl
Oyster dam
Phragmites australis
Typha orientalis Presl
Salix matsudana var
Steps from Hard
Buxus sinica
Forsythia suspensa
Lythrum salicaria
Sabina chinensis

植物分布剖透视图

彩色紧急系统

Colorful Emergency System

院校名称：南京林业大学

指导老师：祝遵凌

主创姓名：郑璐 肖振东 赵梦思

设计时间：2014

项目地点：江苏南京

项目规模：114 235 756 m²

所获奖项：研究生组铜奖

▶ 设计说明：

森林火灾防御：综合隔离带

综合分析人群活动分布及珍贵资源分布，将防火隔离带沿主干道、避难场所外围布置。综合隔离带包括工程法（道路阻隔带）、天然法（沟壑和河流）以及生物法（复层防火林带）。防火树种选择遮蔽率高，含油脂少，含水量大，燃点高的植物。综合隔离带具有延缓、遮断火势蔓延的作用，可以有效防御火灾。

森林火灾逃离：彩色逃离漫道

逃离路线的设计主题为彩色逃离漫道，设计依据步道色彩间长度变化指示逃生方向，将橙色定为安全色，蓝色为危险色，两色相间布置，越靠近避难处橙色越多，反之则较危险。

森林火灾避难：复合避难设施

复合避难设施设计突出安全性（结构）和易识别性（形态、色彩）特点，其设计概念来源于山体的轮廓，三角形具有稳固、坚定和耐压的特点，通过三角形演变、叠加，形成安全、稳定的避难设施。蓝、橙相间为复合避难设施主体色，主体材料选择具有透光、防火（隔烟、隔火、遮挡热辐射）、隔声、抗冲击性能的防火玻璃，连接处选用阻燃型塑料（聚乙烯）芯材两面复合的防火铝塑板。复合避难设施靠近山体消防通道布局，增加撤离概率。

森林火灾发生时，彩色逃离漫道与复合避难设施结合，能够有效保护人的生命安全，降低伤亡率。而平时，彩色防火林带可以起到净化空气、降低城市热岛效应、提高生物多样性和科普教育的作用，而彩色逃离漫道和彩色避难构筑物则可作为个性化的市民休闲游览空间，成为地区标志。

▶ 设计感悟：

与美国、日本等发达国家相比，我国在城市防灾避险领域的研究水平仍然较低，系统建设也相对落后。本文针对南京幕府山地区存在的火灾隐患，在系统分析地区空间特点和现状问题的基础上，从景观设计的角度，通过完善现有景观中的火灾防御与应急功能，综合得出城市山体火灾防治措施——彩色紧急系统。设计通过彩色树种隔离带、彩色逃离漫道、彩色避难构筑物三层系统结构，有效降低火灾发生概率、缩小受灾范围、增加安全救援时间，尽可能最大限度地减少火灾带来的损失。通过提出具有可行性的设计方案，从而达到节约和高效利用土地资源、完善城市山体防火避险能力、创造与城市防灾系统相结合的山体慢行系统空间、提高环境品质的目的，让城市回归自然。

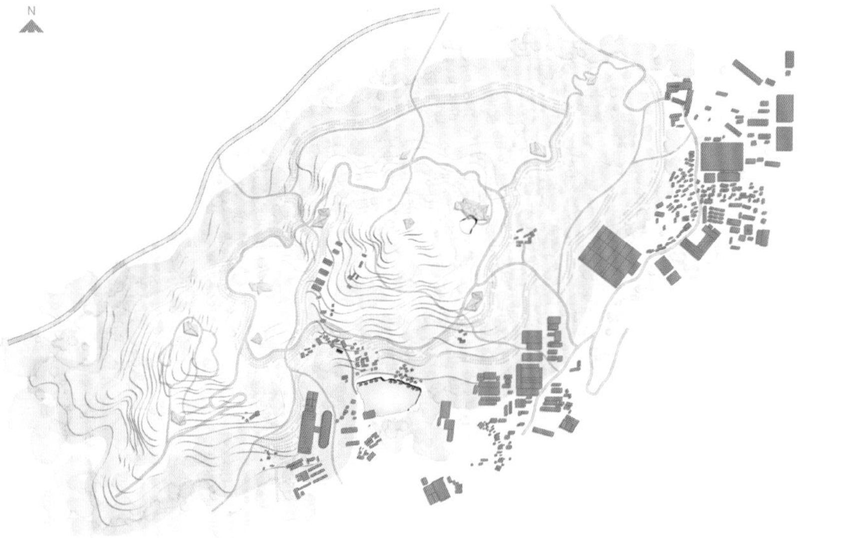

Forests, as a principle component of terrestrial ecosystems, have brought tremendous effect to global environment. However, there have taken place of approximate 220 thousand forest fires every year, from which the main fire source accounts for 98% are caused by people and more than 10 million hectares are destroyed.

MuFu, located at middle and lower reaches of the Yangtze river, is the natural barriers of Nanjing. MuFu, the birthplace of the national secondary protected plant of Sinojakia xylocarpa, is rich in natural and cultural landscapes resources including mountains, rivers, gardens and cities. With the development of forest tourism, forest are becoming activities frequently. Once fire disaster breaks out, a great loss are hard to calculate. How to defence, escape and asylum from forest fires are the theme designed of forest landscape emergency system.

DEFENCE: Comprehensive Barriers

According to the comprehensive analysis of the distribution of human activity and precious resources, fire barriers are arranged along the main roads and rivers in the human activity frequently zone. Comprehensive barriers consist of engineering method(road barriers),natural method(chasms and river systems) and biological method(multi-layer fireproof forest belt). Fire resistance tree species are choosed, especially the high forest coverage , high water content, high ignition point and less grease trees.

ESCAPE: Colored Escape Roads

Colored escape roads is designed by the change with interval length of road colors to direct the escape exit. By analyzing fire protection engineering, chromatics and ergonomics, orange is designed as the safety color, more orange, more safer, while color blue opposite.

REFUGE: Comprehensive Shelter Facilities

Structure security and recognizability of color and form are stressed in the comprehensive shelter facilities.

总平面图

Engineering method: build roads and make the roads become the barrier strip.Fire guard is the fire control line which is built to prevent the spread of fire in the forest. As the fire control line,it can be used as a road,which is advantage to determine the location of the fire.

The river width>8m

Using naturalgullyand river to makefire barrier strip. Rivers, lakes, pond, highway above level 4.0 ,, and the width of hardwood forest in 8m above. can be regarded as a natural fire barrier.

Arbor forest : biological methods: fire plant belt of arbor and shrub. arbor forest: It is composed of broadleaf trees and medium trees to prevent and control the spread of crown firewhich.
shrub forest: It is composed of some refractory shrubs to block the surface fire.

Integrated fire prevention system: natural + engineering + biological

The windbreak's direction is perpendicularred with the wind direction

east wind

biology (arbor , shrub , fire forest belt)

engineering (road)

natural (gully)

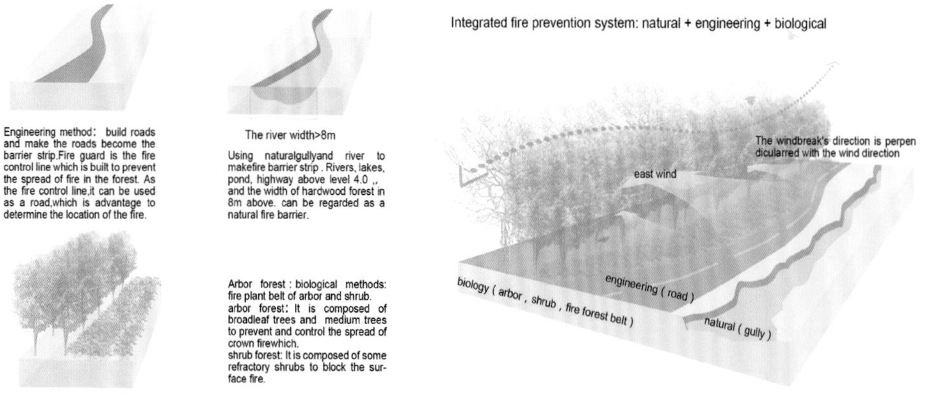

分析图－防火综合隔离带

彩色紧急避难构筑物

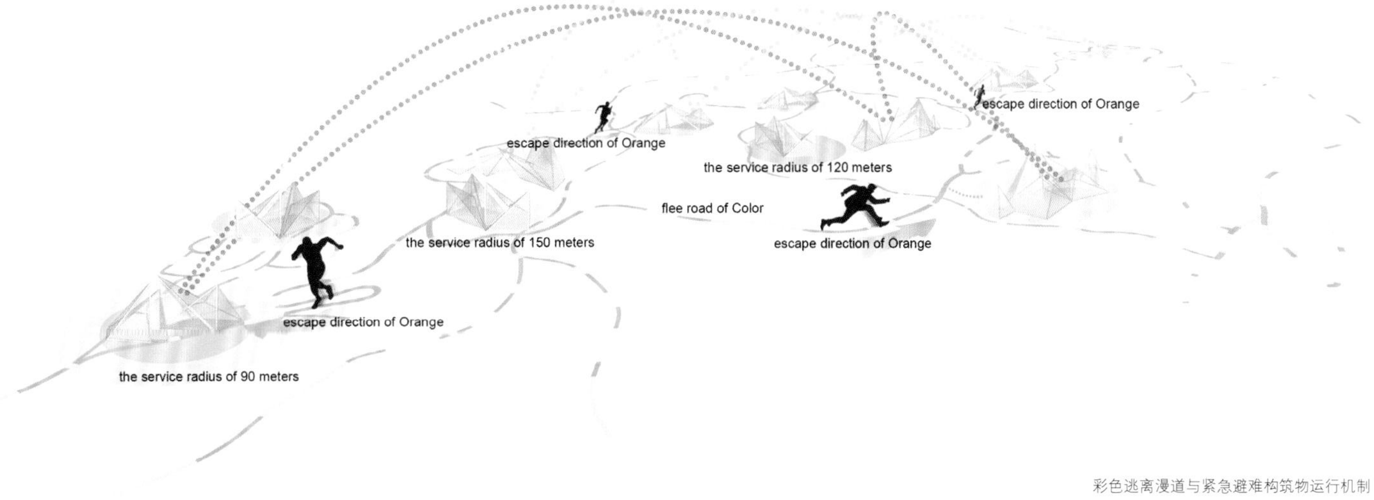
escape direction of Orange
escape direction of Orange
the service radius of 120 meters
flee road of Color
the service radius of 150 meters
escape direction of Orange
escape direction of Orange
the service radius of 90 meters

彩色逃离漫道与紧急避难构筑物运行机制

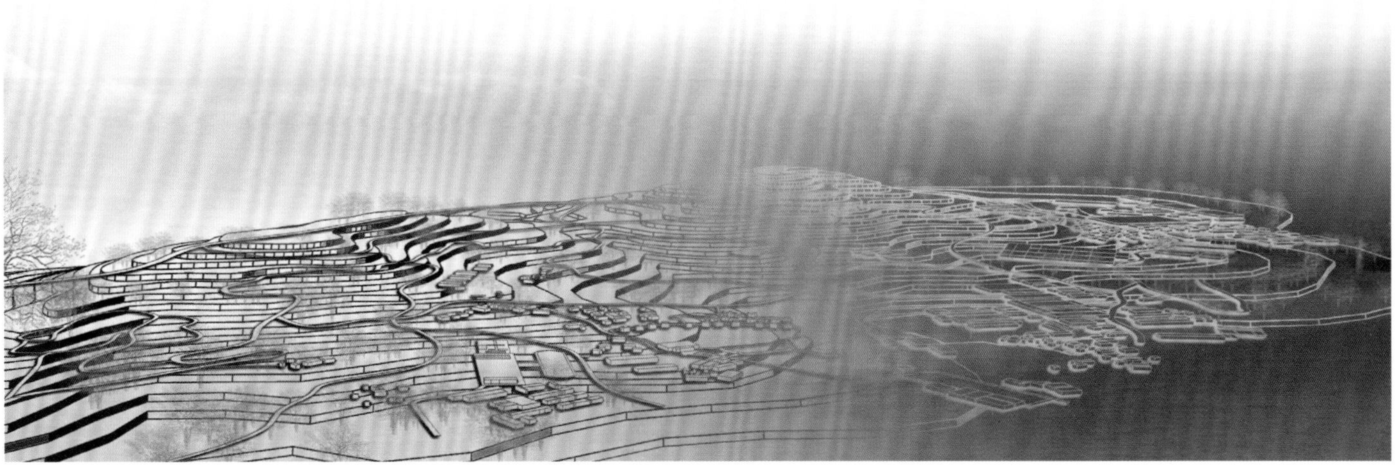

鸟瞰图

绿沈·月白——基于福州油纸伞工艺的ST系统概念性规划设计

Strong Green·Moon Blue—The Conceptual Planning About ST System Bases on the Technology of Oil Paper Umbrella in Fuzhou

院校名称：福建农林大学园林学院

指导老师：兰思仁　董建文　李霄鹤

主创姓名：江育　庄晨薇

成员姓名：吴心宇　王淞　黄诗佳

设计时间：2014.8

项目地点：福建 福州

所获奖项：研究生组铜奖

改造平面图

设计说明：

随着现在城市人口的不断增加，建筑面积的不断扩张，城市化的发展程度与日俱增，热岛效应也越发严重，由此产生了高温、暴雨洪涝等灾害，而这些灾害仍在不断的恶化中。福州由于城市化进程的不断发展，已成为全国四大"火炉"之首，暴雨等极端天气时常出现，造成福州市区陷入恶劣天气之中，损失惨重。此次设计的总体思路以福州油纸伞的制作过程为参考，融入福州文化特色，再现福州城风貌，将现代化的福州城运用其独有的特色，结合科学的设计方法，从风景园林角度，缓解福州的环境问题，使福州向更加自然的方向发展。根据福州市区洪峰时期暴雨水总量，从"排"与"留"两个方面着手，利用浅草沟、人工湖、喷雾等技术，巧妙的形成温控雨洪防御模型，其中融入福州油纸伞元素，以绿色的伞骨形式为意向，从边缘区域向城市中心聚集，形成如伞骨般的网状结构，旨在减缓福州城内涝现象的同时，达到一定的降温效果。与此同时，降温地区与高温地区，形成一定温差，加速空气流动，形成以白色伞面为意向的风路，使得福州的高温天气得到一定的控制，实现了福州生态宜居城市的目标。

设计感悟：

本次设计，从主题解读，到最终成图，经历了将近两个月时间，这期间，小组的每位成员都学习到了很多，规划设计是一个质量管理的过程，当我们解读城市回归自然这一主题时，不难发现这一主题是针对现在城市存在的各种问题进行解决的，而"自然"是什么，作为风景园林专业的学生，在我们眼中的自然，不是不能改造，而是要使设计的地点处于最舒服的状态，最能造福人类的状态。所以我们根据自己的生活经历，挑选了适合我们的城市，从中选取出最典型的问题，根据科学的手法，结合风景园林的设计手段，将问题更加合理化的解决，同时，加入城市的元素，创造城市特色，使设计地点有别于其他城市。我们的设计就是我们对问题的解答，也许这并不完善，但是它可以给我们一定方向，这或许将会是今后我们的研究方向。一次设计从开始到结束都是知识和技巧的提高。同时也是我们能力的体现，对我们有着深远的影响。

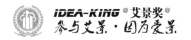

效果图

绿沈·月白

——基于福州油纸伞工艺的S.T.系统概念性规划设计

绿沈化骨，月白为面

福州因水多而灵动。意大利旅行家马可波罗在其游记上就明确写着，福州是他所游历过的中国城市中桥最多的美丽水城。福州是我国内河密度最大的城市，城内 42条、总长达99.3公里的内河纵横交错地滋润着这个城市。水的比热容大，在控温等多方面有着重要作用。因此本次城市规划设计总体利用城市的内河系统，同时结合城市道路系统，采用浅草沟的网状设计，形成城市伞骨，同时结合城市公园已经街头绿地，将降温系统点状分布在城市各处，形成较为完善的排洪-降温的体系。这不仅节约了水资源，同时缓解了城市的内涝灾害。

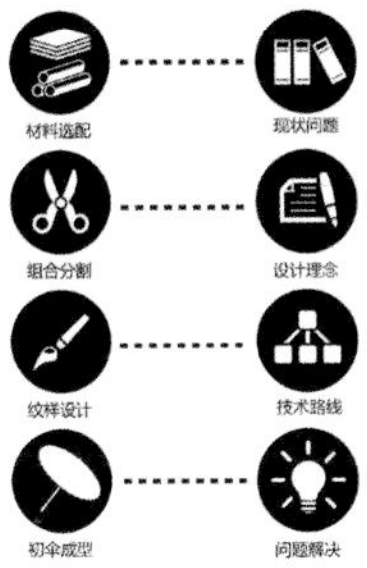

福州油纸伞作为福州三宝之一，其制作工艺复杂，大体上可以分为几个步骤，号竹，即选竹；做骨，即削伞骨，并进行水浸、日光晾晒等必要的技术处理，然后钻孔、拼架、穿线、串联伞柄伞头制成骨架；把裁好的纸粘上骨架，修边、定型，曝晒；于伞面绘上图案，晒干；在伞面刷上熟桐油。油纸伞作为福州的特色之一，承载了福州的历史与特色，而本次设计以油纸伞制作工艺为灵感。传承福州经典，回归城市特色，解决城市问题，恢复城市景观。

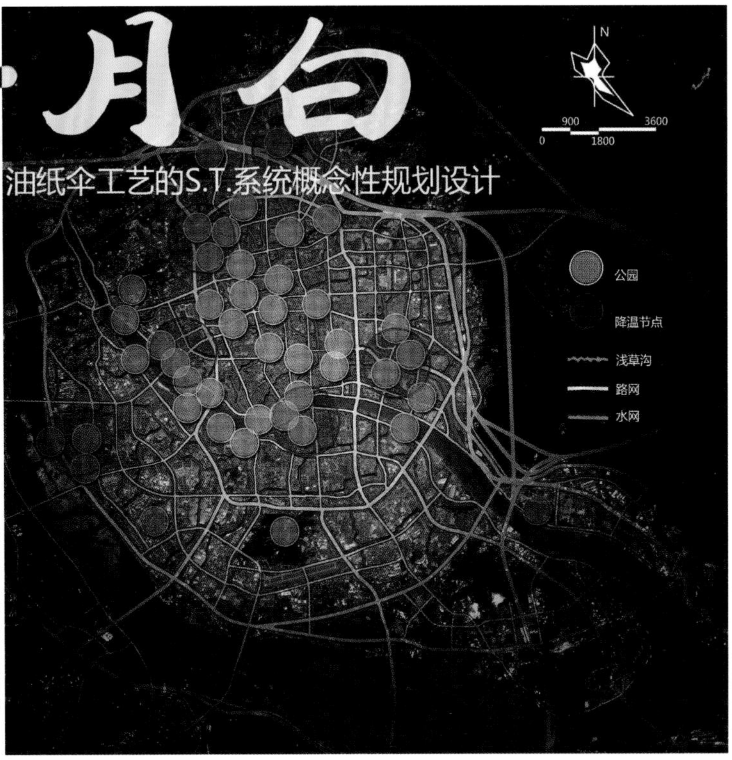

逻辑结构 & 总平面

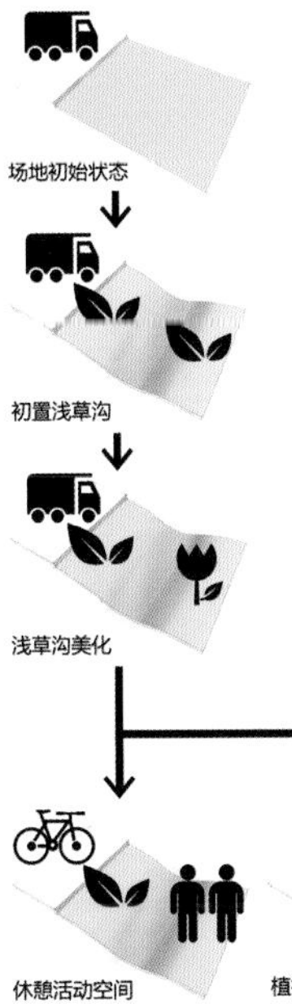

洪峰期暴雨水流量计算

I=2041.102(1+0.7001gTE)/(t+8.008)0.691

A=159.8，A_1=67km²，A_2=92.8km²

C=0.55，t=60min，TE=5，I=164.64L/s*ha

$Q_1=CIA_1=606.71m^3/s$

$VOL_i=Q*T$

$VOL_{i1}=3025224m^3$

$Q_2=CIA_2=840.34m^3/s$

$VOLi_2=3025224m^3$

I：福州暴雨强度

A：区域汇水面积

A_1：山地区域汇水面积

A_2：城区汇水面积

TE：暴雨重现期

t：暴雨延时

Q_1：山地区域降雨量

VOL_{i1}：山地区域集水区入流量

Q_2：城区区域降雨量

VOL_{i2}：城区区域入流量

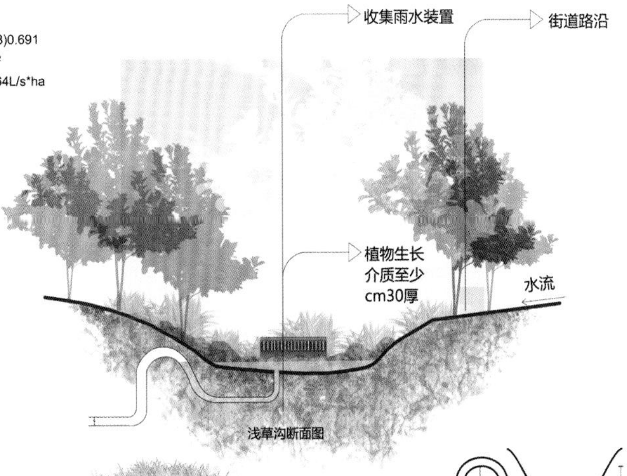
收集雨水装置
街道路沿
植物生长
介质至少
cm30厚
水流

浅草沟断面图

滞留池容量计算

A_3=40.53km² · I=164.64L/s*ha，C=0.55

$Q_3=CIA_3=367.01m^3/s$

$VOL_{i3}=Q_3*T=13212336m^3$

A_3：水库汇水区域之外的面积

Q_3：滞留池需要容纳的降雨量计算

VOL_{i3}：大型滞留池（人工湖）入流量

浅草沟径流量计算

$Q_4=S^{2/3}R^{1/2}i/n$

$R=\frac{h(e+b)}{b+2\sqrt{h^2+e^2}}$

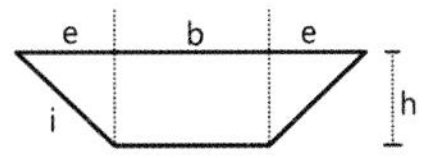

S=0.255m²,

R=0.18,

i=2%

$Q_4=0.035m^3/s$

n=流速范围在0.76～ 11.65cm/s时为0.026～ 0.416,而平均值为0.098。

Q：浅草沟输送的暴雨径流量

S：横断面面积

R：横断面的水力半径

i：浅草沟的纵向坡度

n：曼宁系数(阻力系数)

植物
种植土
土工布
砾石(10~20mm)
土工布
素土夯实

浅草沟结构示意

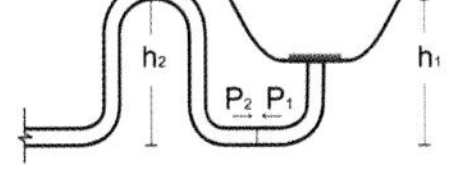

当$P_1>P_2$时，蓄水装置开始排水

排水连通器

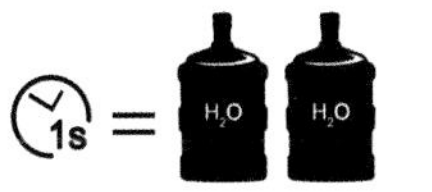

暴雨天气
浅草沟
蓄水装置
人工湖
河流水体

行于雨涧

通过福州市区洪峰时期暴雨水总量计算，从“排”与“留”两个方面着手，巧妙利用连通器原理结合浅草沟，人工湖等技术，构建雨洪管理系统模型(SWMM)。

在规划中融入福州油纸伞意向，设计节点由城市边缘区域向中心扩散，形成绿沈色伞骨结构，旨t在减缓福州城内涝现象的同时，达到一定的降温效果。

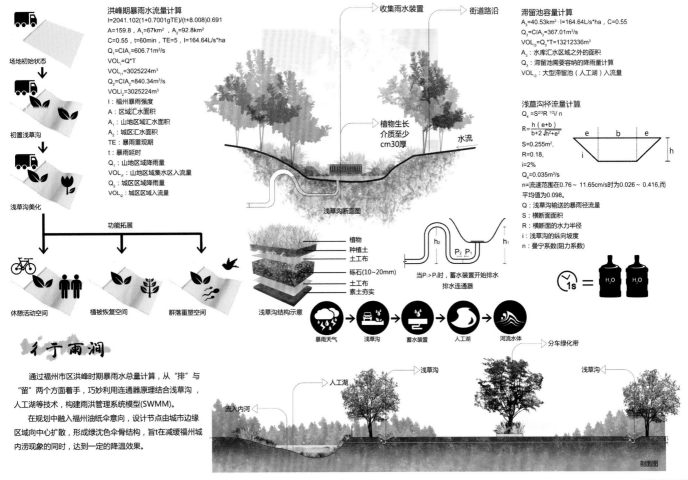

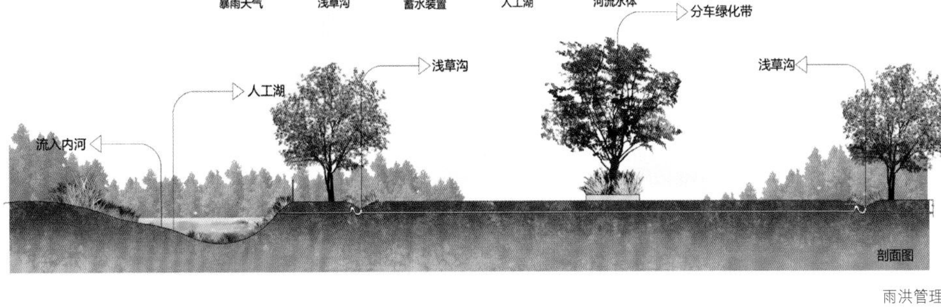
分车绿化带
浅草沟
人工湖
浅草沟
流入内河
剖面图

雨洪管理系统

绿地系统资源共享模式——“城区—河道—村庄”

Pattern of Green Land Resources Sharing—“Town-Rive-Village”

院校名称：西安建筑科技大学
指导老师：张蔚萍　杨豪中
主创姓名：申东利
成员姓名：王艳　岳雅典　何英杰
设计时间：2014.5
项目地点：陕西高陵
所获奖项：研究生组铜奖

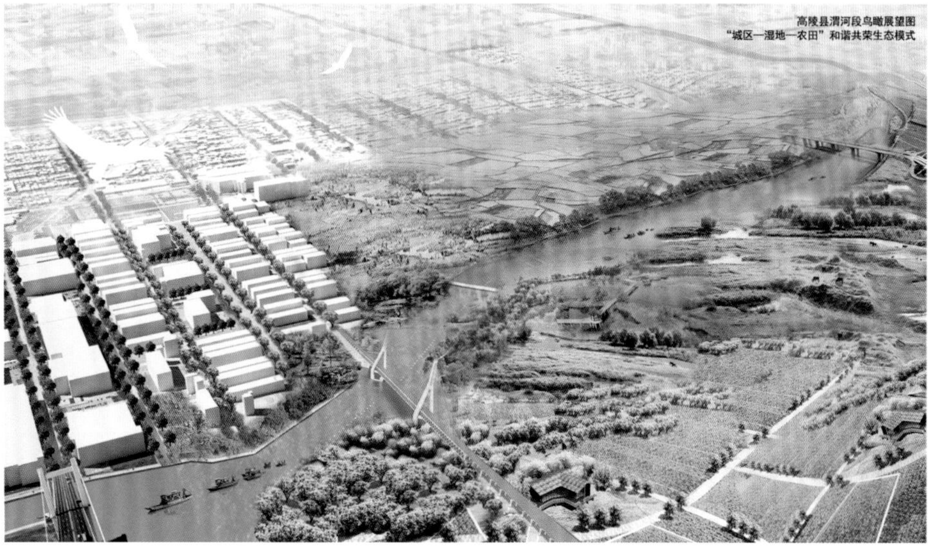

鸟瞰图

设计说明：

本次竞赛参选的内容为陕西高陵县渭河段河道及其周边环境景观规划。高陵县，夏季降水及渭河水量充沛，周边天然滩涂及动植物资源丰富，农业是该地区的支柱产业。充分分析当地雨热条件，构想在雨洪期利用农田水渠汇集雨水，达到其最大存储时再排向湿地，以此来缓解洪河流排洪压力，并能减缓流速，减低含沙量；如遇干旱季节则可利用收集来的雨水用于农业生产及引水入城。

如今人地矛盾日益加剧，在增加城区绿地的同时，如何寻求更多生态绿地，并帮助农民转变农业生产切实增加收入，做到资源共享、和谐共荣，成为本次设计研究的主要内容。如何为居民提供一个宜居、互动交流的活动场所，加强社会交往性活动的发生，激活河道景观在“城区—河道—乡村”模式中的重要作用，是本设计的中心表达思想。在该模式中，三者首先通过景观的建立做到激活自我从而达到内部循环，然后打破各自的界限，相互包容、渗透，达到资源共享，和谐共荣。

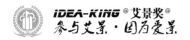

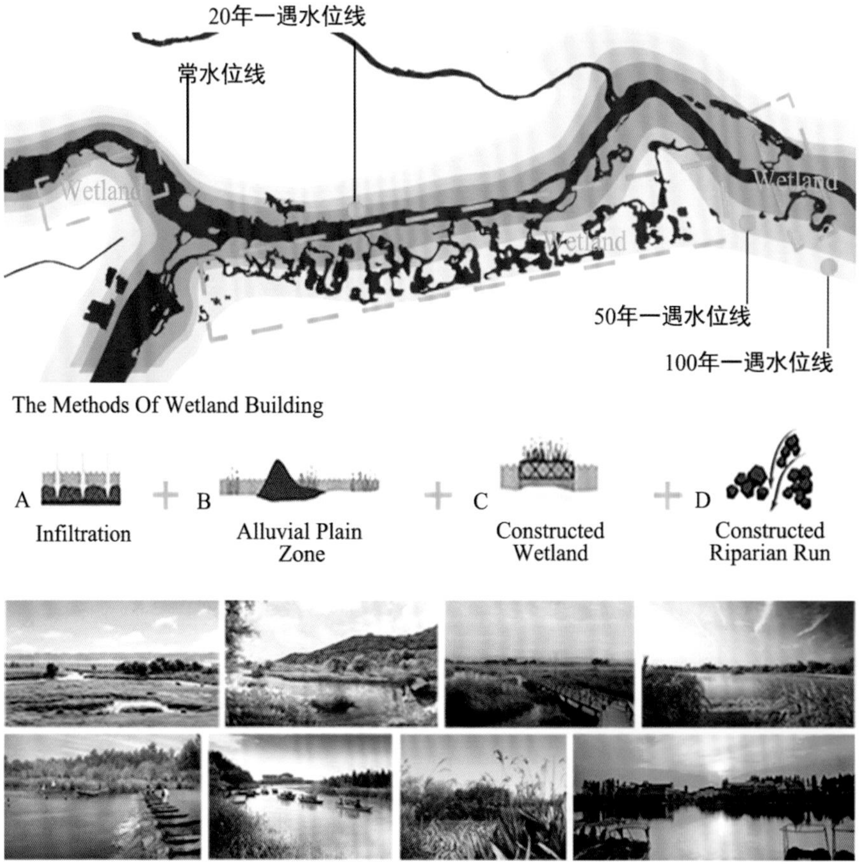

水位线及生态湿地分析

设计感悟：

本次参赛选择了绿地系统规划类别，希望通过对陕西高陵县渭河段河道及其周边环境的分析及对“城区—河道—乡村”绿地共享模式的探索，能对现代景观绿地规划提供一点建设性意见。

参赛成员深知在绿地系统研究方面还有很多不足，在以后的学习与实践中会不断弥补不足，争取最大的进步。同时还要感谢“艾景奖”组委会为我们学生组提供这样一个高质量、高水平的学习与锻炼平台，还要感谢咨询老师们的细心解答，你们辛苦了！

CHANGING PERCEPTIONS, REBUILD GREEN LAND OF TOWN ,SHARING RESOURCES ,BUILD SHIGHTSEEING AGRICULTURE ,EDUCATING A HARMONIOUS PATTERN TOWN-RIVER-VILLAGE

陕西高陵县渭河段河道及周边环境平面图

城区绿色蔓延　主干道　慢行系统　雨水收集及引水路径

城区 TOWN
乡村 VILLAGE
林地 FOREST
农田 FARMLAND
天然湿地 HUMANLANDSCAPE
人文景观

总平面图

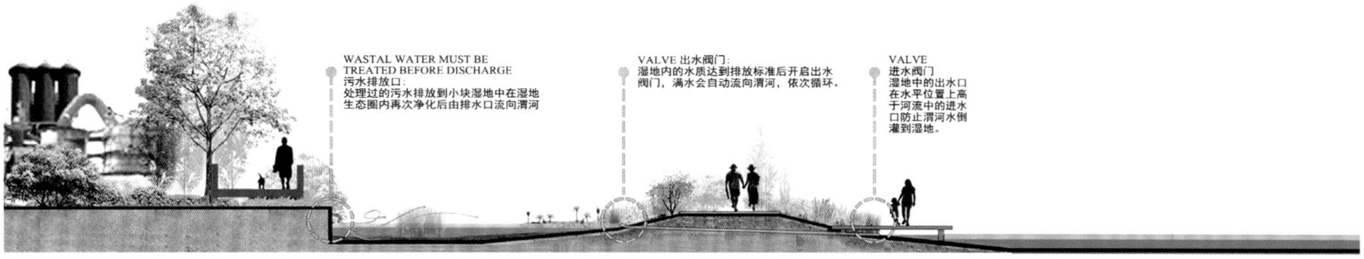
WASTAL WATER MUST BE TREATED BEFORE DISCHARGE
污水排放口:
处理过的污水排放到小块湿地中在湿地生态圈内再次净化后由排水口流向渭河
VALVE 出水阀门:
湿地内的水质达到排放标准后开启出水阀门，满水会自动流向渭河，依次循环。
VALVE
进水阀门
湿地中的出水口在水平位置上高于河流中的进水口防止渭河水倒灌到湿地。

陕西高陵县渭河段河流剖面图　The profile of Weihe Shanxi Gaoling

洪水期时，允许洪水漫过自然湿地，发挥湿地的最大作用收纳雨水。不仅起到分流减缓流速、降低含沙量的作用，而且通过植物净化水质。

渭河北岸为河水冲击岸，河岸线每年都在向北移动。针对现状问题，在北岸常水位线处采用钢丝网固定的石块堆积方式来缓解河水冲击力，防止河岸线不断北移。

生态湿地效果图

“缘溪行，忘路之远近”——牛首山河渠化支流生态修复设计

“Make Way for Streams”– Ecological Restoration Design of Niushoushan River's Channelized Tributary

院校名称：东南大学建筑学院

指导老师：李霁

主创姓名：卓百会 郑振婷

设计时间：2014.7

项目地点：江苏南京

项目规模：12.16 km^2

所获奖项：本科生组银奖

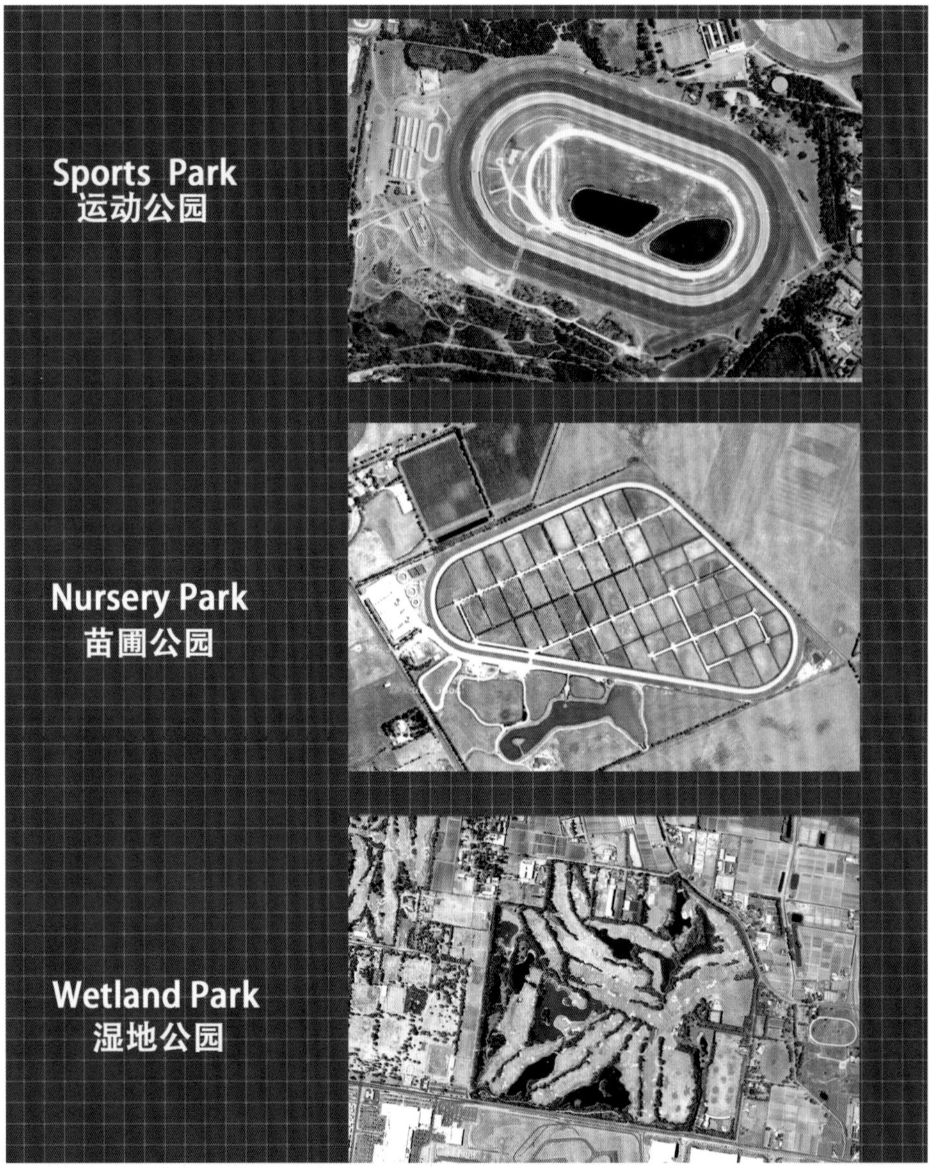

. 典型节点公园平面图

设计说明：

项目位于南京市江宁县牛首山河片区，场地面积约 12.16 平方米。该片区以工业为主，三面环山，一面临水，地势西高东低，山中雨水流经该区后被打断。

调研显示牛首山河上游 5 条水源全部来自山水，由于水量较小，长度过长，它们被采用简单的渠化方式进行管理，但是，这不仅严重破坏了当地的生态环境，也阻断了人与自然之间的交流。沿着水流排列的大大小小的排污管使问题更加严重。场地上数量相当的闲置用地为这一问题提供了解决的余地。通过对沿溪的这些空地进行合理的管理，我们希望恢复当地的生态环境，并为当地人提供通往自然的“道路”。

设计根据地形恢复场地溪流原貌，并利用片区内荒废用地设计雨水收集和污水净化系统，设置典型节点公园（主要包括湿地公园、运动公园、苗圃公园），使整个片区内原先被打断的生态廊道重获活力；溪水和节点雨园将片区连成一体，为当地工人、学生、居民和各类动植物提供健康和充满生机的环境。

设计感悟：

城市河道是城市景观的重要组成部分，20 世纪 80 年代，出于对防洪治水的考虑，我国很多城市河道被进行了混凝土渠化改造，使河流丧失了原有的自然特性。随着生态景观规划概念的逐渐普及，渠化河道作为一个典型的现象越来越受到人们的关注。

本次设计的选题正是以此为背景，通过对牛首山河主干及支流的实地调研，对场地内的几个典型问题：渠化河道、工厂污染、闲置用地、人群活动进行综合考虑，以“溪水”为概念，试图在恢复原先地形地貌的同时，又能使当地的居民工人从中获得益处。

综上所述，对“城市回归自然”主题一步步解读的过程，体现了我们设计的理念与思想。以“渠化河道”解读城市、以“自然面貌”解读“自然”，以“生态恢复”解读“回归”。从而把设计的重点放在了回归的内容与方法之上。

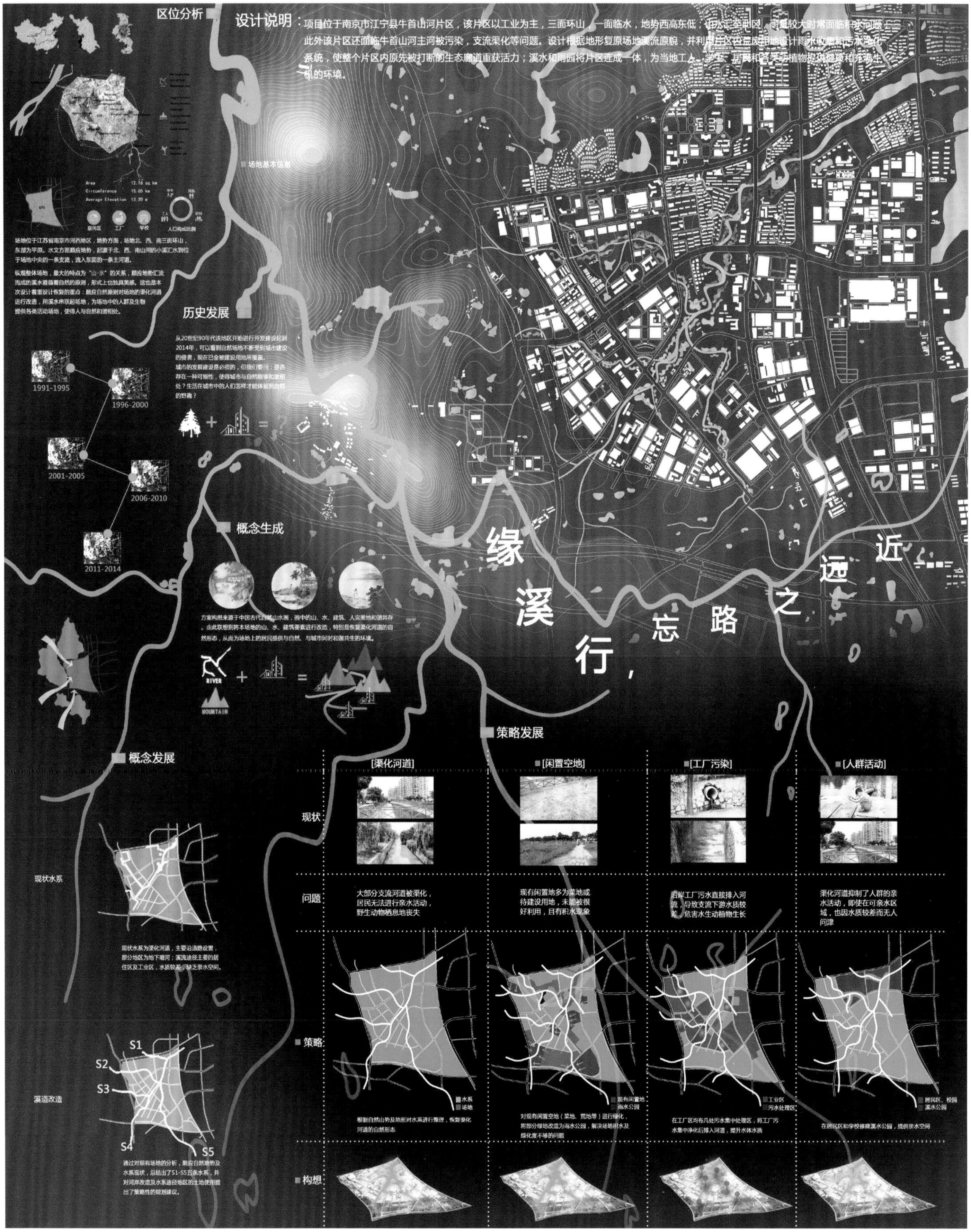
区位分析
设计说明：项目位于南京市江宁县牛首山河片区，该片区以工业为主，三面环山，一面临水，地势西高东低；
此外该片区还面临牛首山河主河被污染，支流渠化等问题。设计根据地形复原场地溪流原貌，
系统，使整个片区内原先被打断的生态廊道重获活力；溪水和雨园将片区连成一体，为当地工人、
机的环境。
场地基本信息
Area 12.16 sq.km
Circumference 15.65 km
Average Elevation 13.20 m
居民区
工厂
学校
人口构成比例
场地位于江苏省南京市河西地区，地势方面，场地北、西、南三面环山，东部为平原。水文方面顺应地势，起源于北、西、南山间的小溪汇水到位于场地中央的一条支流，流入东面的一条主河道。
纵观整体场地，最大的特点为“山-水”的关系，顺应地势汇流而成的溪水遵循着自然的原则，形式上也独具美感。这也是本次设计着重设计恢复的重点：顺应自然原则对场地的渠化河道进行改造，用溪水串联起场地，为场地中的人群及生物提供各类活动场地，使得人与自然和谐相处。
历史发展
从20世纪90年代该地区开始进行开发建设起到2014年，可以看到自然场地不断受到城市建设的侵袭，现在已全被建设用地所覆盖。
城市的发展建设是必须的，但我们要问：是否存在一种可能性，使得城市与自然能够和谐相处？生活在城市中的人们怎样才能体验到自然的野趣？
1991-1995
1996-2000
2001-2005
2006-2010
2011-2014
概念生成
方案构思来源于中国古代自然山水画，画中的山、水、建筑、人完美地和谐共存，由此联想到将本场地的山、水、建筑要素进行改造，特别是恢复渠化河道的自然形态，从而为场地上的居民提供与自然、与城市同时和谐共生的环境。
RIVER
MOUNTAIN
缘溪行，忘路之远近
概念发展
现状水系
现状水系为渠化河道，主要沿道路设置，部分地区为地下暗河；溪流途径主要的居住区及工业区，水质较差，缺乏亲水空间。
S1
S2
S3
S4
S5
溪道改造
通过对现有场地的分析，顺应自然地势及水系现状，总结出了S1-S5五条水系，并对河岸改造及水系途径地区的土地使用提出了策略性的规划建议。
策略发展
[渠化河道]
[闲置空地]
[工厂污染]
[人群活动]
现状
问题
大部分支流河道被渠化，居民无法进行亲水活动，野生动物栖息地丧失
现有闲置地多为菜地或待建设用地，未能被很好利用，且有积水现象
沿岸工厂污水直接排入河流，导致支流下游水质较差，危害水生动植物生长
渠化河道抑制了人群的亲水活动，即使在可亲水区域，也因水质较差而无人问津
策略
水系
场地
现有闲置地
雨水公园
工业区
污水处理区
居民区、校园
溪水公园
根据自然山势及地形对水系进行整理，恢复渠化河道的自然形态
对现有闲置空地（菜地、荒地等）进行绿化，将部分绿地改造为雨水公园，解决场地积水及绿化度不够的问题
在工厂区均布几处污水集中处理区，将工厂污水集中净化后排入河道，提升水体水质
在居民区和学校修建溪水公园，提供亲水空间
构想

从绿色补丁到城市山林

From Green Cell to City Forest

院校名称：西安建筑科技大学艺术学院

指导老师：张斌

主创姓名：胡凯睿　陈可为

成员姓名：韩杰林　鲁超

设计时间：2014.7

项目地点：陕西西安

项目规模：70 hm^2

所获奖项：本科生组铜奖

效果图

设计说明：

让绿色补丁修补灰色肺泡，让绿色肺泡形成城市山林。城市快速发展中形成众多城中村，它们逐渐陷入非城非村的窘境，被视为灰色肺泡，其中的环境问题、安全问题以及景观风貌，折射出城市演变中的丑陋。我们选取了西安市中较有代表性的铁炉庙村作为研究对象，把绿色补丁到城市山林的景观生态修复与建构理念作以阐述。该城中村的发展与其所处的台原地貌，与中日文化融合的青龙寺出现了极端的矛盾。一方面在缺乏规划和整治的情况下，台原地貌不断被蚕食，严重破坏了城市生态及景观特征。另一方面，城中村的脏乱差等现象与紧临的青龙寺的上层文化出现失谐现象。我们试图引入“绿色补丁”因子，逐步改善城中村建筑单体，街巷及活动场地等空间，利用商效、生态农业、植物展现出城市农田农舍的景象，与青龙寺景观空间有机融合，逐渐形成城市统一的绿色斑块。

设计感悟：

西安有着大大小小的城中村，他们是城市发展的漏洞，被人们遗落的边缘。而在佛教圣地文化中心的青龙寺边，围绕着大量的城中村，二者相互碰撞，使环境与文化问题更加凸显。在设计之初，我们进行了多次的实地调研，充分了解青龙寺的地理位置及周边环境所存在的问题，切身感受到问题的突出与严峻。通过详细的询问当地的城中村的居民，我们了解到居民的真实想法，这也促使我们确定了设计理念并总结了设计思路：让寂静山林显露自然本质。通过对青龙寺遗址景观的规划，辐射至周边居住环境，通过“绿色补丁”对城市和村落，文化和传统，绿化和生活进行缝补，使青龙寺与城中村相融合。通过查找相关的资料，我们了解到城市的快速发展使最原始的农耕观念断裂，也使更多的城市人文从本源断裂，而我们提出的“绿色补丁”概念，可以弥补城市中所缺失的这些部分。青龙寺台原的规划设计，唤醒了城市人心中最淳朴的生活状态，使用“绿色补丁”将佛教文化和农村生活缝补，让城市中出现山林，出现农田，出现城市新的活力。在这次团队设计中，我们学会了立足实践的视角，探讨设计观念、设计方法及设计感悟等，对全面认识空间环境，了解历史与周边环境如何相融合有了很大的帮助，这是一个自我完善、逐渐成长的历程。

总平面图

鸟瞰图

城市静脉

City Vein

院校名称：广西艺术学院

指导老师：罗舒雅

主创姓名：李迪 高莉敏

设计时间：2014.6

项目地点：广西南宁

项目规模：约 3 339 000 m^2

所获奖项：本科生组铜奖

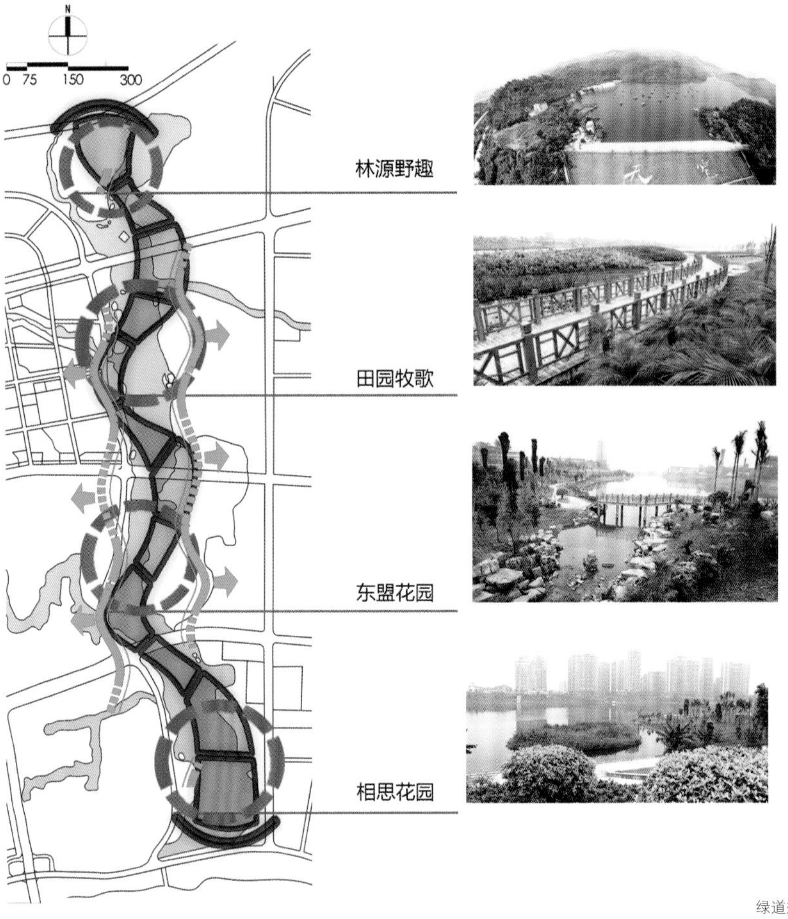

绿道规划理念

设计说明：

"静脉"将沟通各个片区（学校、商业区与居住区等）与景观绿化结合，为场地提供一个"慢行"的绿道交通系统。利用亲水道、林间道和悬挂列车道三层不同视角高度的交通线穿插绿地，丰富绿地的交通沟通能力与趣味性。其沟通西乡塘区与高新区，提高片区间人群流动的聚散与输送能力，减少城市主干道的交通负担与交通能源的消耗，降低废气排放量。利用原有的景观规划设计四个大区（林源野趣—生态观赏区、田园牧歌—林地景观、东盟花园—休闲娱乐、相思花园—商业广场），根据丰富的景观特色与车道景观等美化片区的绿化生活环境。相对于地铁系统成本较低的悬挂列车是片区间公共交通建设的新策略，其施工期短、方便维修、占用绿地少，并能有效的通达各个交通汇集点，聚散能力强。并且为绿地提供一个高视角的俯瞰浏览景观线路，提高环境的利用率与科技化水平，增强可玩性、观赏性与旅游价值，促进整个组团的发展，提高经济效益。

"静脉"在为片区输送细胞（既人群）的同时也在流动中，通过浏览、穿越、触碰与感受景观等方式为人群输送"自然氧分"。

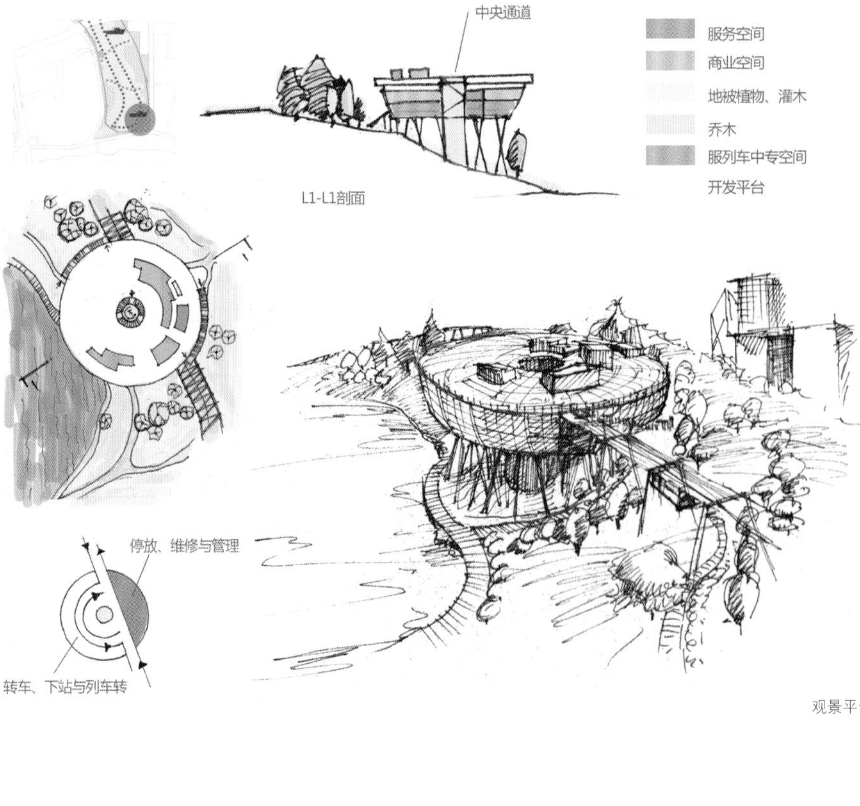

观景平台设计

设计感悟：

随着城市的发展，绿地建设是城市发展中一个重要的要素。将一个城市比喻成生命体，利用"脉络"的视角去看待城市片区关系，主干道如同动脉血管；各个地块就像肌体组织；绿道、步行道、水系道路与绿化带等如同静脉血管，人群就像细胞。交错的脉络组织将细胞输送到各个肌体中，维续肌体的健康与肌体功能。脉络的不健康使得各个城市的肌体鲜活性降低，进而使肌体间相互促进的作用降低。用设计的方式去整理区域的相互关系，使之更加富有鲜活性。片区间的绿地是两地的缓冲、过渡区，"静脉"系统将游憩交通沿着城市绿道、水系和城市绿地等绿化地块延展，将构成一个片区与片区间的公交通网络。随着南宁市地铁线、"绿城"与"水城"的建设，"静脉"系统伴生发展，将城市绿道、公园与水系等系统串联起来，将达到不用车行即可游览全城的目的，并且为小片区上班族、学生与游客等人流提供便利的"公交"系统，降低城市主干道交通负担，降低燃料消耗。

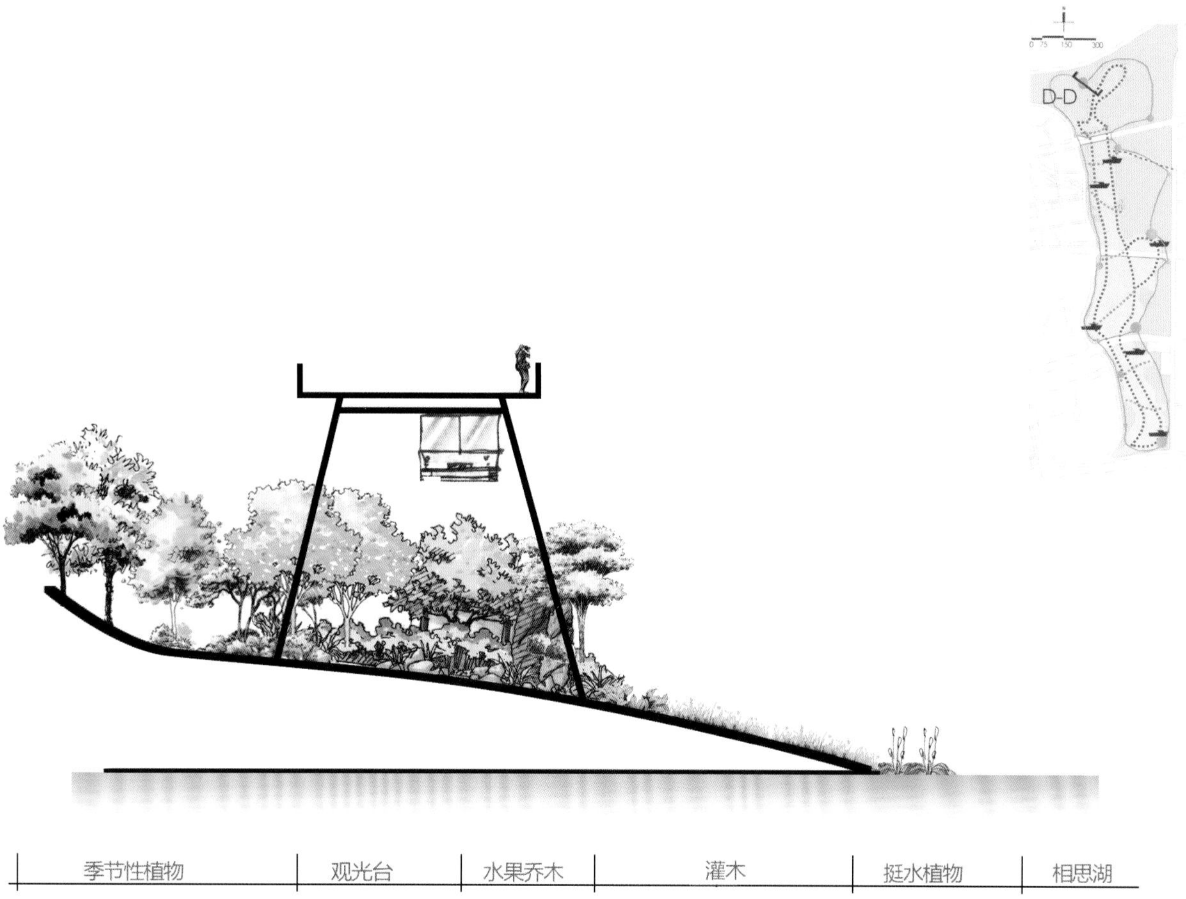
D-D
季节性植物
观光台
水果乔木
灌木
挺水植物
相思湖

竖向设计

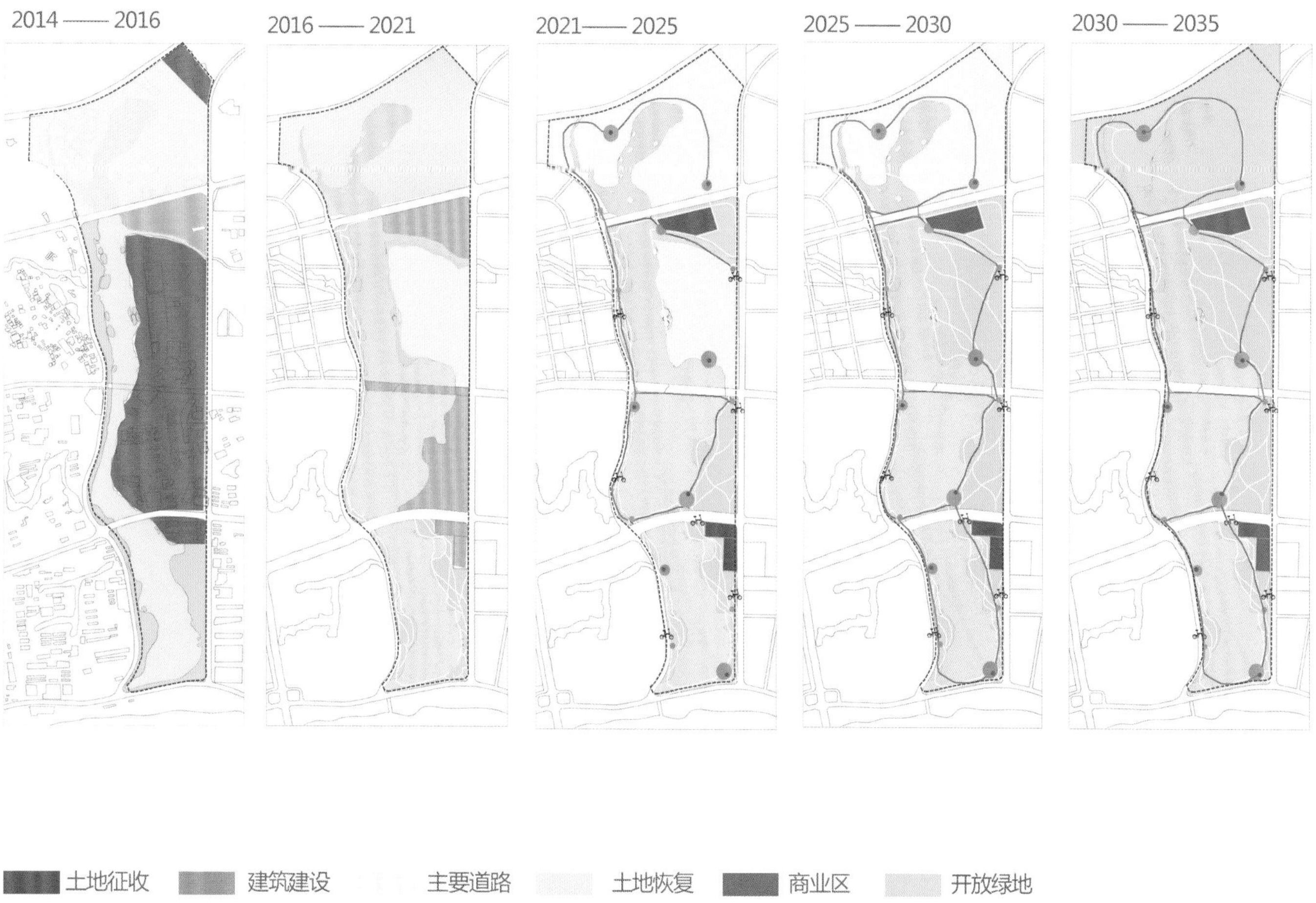
2014 —— 2016
2016 —— 2021
2021—— 2025
2025 —— 2030
2030 —— 2035
土地征收
建筑建设
主要道路
土地恢复
商业区
开放绿地

分期建设

“境游心生”——一场城市与绿脉的邂逅

Inner Experience of Ecological Environment Image—A City with Green Pulse Encounters

院校名称：华中科技大学

指导老师：黄建军　甘伟

主创姓名：李晓萌

成员姓名：钟江波　向烨

设计时间：2014.7

项目地点：河南郑州

项目规模：约 11.4 hm^2

所获奖项：研究生组金奖

设计说明：

灵动的设计：方案整体设计围绕“活跃、美观、洁净”三个关键词，强调整体设计功能组成、空间序列以及细部空间的设计处理，并在设计中基本保持基地原有的地形地貌，保留基地的绿化。在设计上营造便捷的车行及人行流线，在空间的处理上力求步移景异，每个功能区给予人不同的感受。在其中，人们可以感受到独属于自己的“停留、休憩、观赏”的游览路线。

自然的诗意：在空间内容与形态布局上，涵盖自然的肌理与质感。采用强调空间的舒适性、自然情调及人文关怀，注重功能空间组成的趣味性，并与绿色生态相融合，山水意象、都市意象相互衔接，体现现代都市之中精致而又清新、自然而又充满活力的亮丽景观，提升城市环境的价值。在设计处理上，采用诗意的处理方式，特别在“水落平湖”和“沉思空间”的设计上，让人回味渐行渐远的自然情怀。

生态的处理：属于自然范畴的“绿色脉搏”概念，其与现代化的都市“邂逅”中，无论是在形式还是在技术上都巧妙地结合起来，处理手法张弛有度，具有特色。在前沿技术的运用上，考虑可行性和可持续性，构思出雨水收集、垂直绿化、覆土建筑等生态处理手法，塑造出雨水花园、空中花园、屋顶花园等生态景观。在节水措施、渗透性材料的利用、减少城市热岛、二氧化碳排放等方面，体现了低碳可持续的理念。

设计感悟：

抽象的城市肌理：将城市肌理融入了方案中有氧密林（疏斜廊影）等功能区的组织结构中，俯瞰公园平面，多条曲折、笔直的交通线纵横交错，仿佛置身于一个城市的道路中。在设计时采用几何设计的概念，运用了具有现代感的分割形式。

跃动的城市意象：在廊桥的形式处理中，采用了郑州的城市天际线的意象。

延续的城市水脉：采用了城市中水脉的元素，和沉思空间、洗尽铅华、沐光草坪等景观功能区的形态设计结合起来。设计中带状的功能地形和包括长廊的笔直折线形成了鲜明的对比，形成一种奇妙的视觉感。

贯穿公园的雨水生态系统（雨水收集与利用）：当前面对的环境问题，雨水的直接流失而没有得到充分的利用，而现在则过度依赖使用饮用水灌溉树木，造成水资源的浪费。所以在设计中水管道贯穿整个公园，进行雨水搜集和循环利用，用于灌溉公园内的植被及塑造水景观。蜿蜒的水槽用防锈涂层的钢材为原料，保证其即使在枯水期也能够向周围土地均匀地输送存储的雨水。公园通过各种景观和相应的设施将雨水收集储藏，然后经过过滤介质和植被的自然作用实现净化，并通过分流管分流给需要的区域。

雨水收集与利用 RAINWATER HARVESTING AND UTILIZATION

在“水落平湖”景观中，清水绿堤是一个两端下倾的坡道，两端底部设置有蓄水的水槽，可以将流经此处的雨水收集起来，净化并用于灌溉和制造水景观。

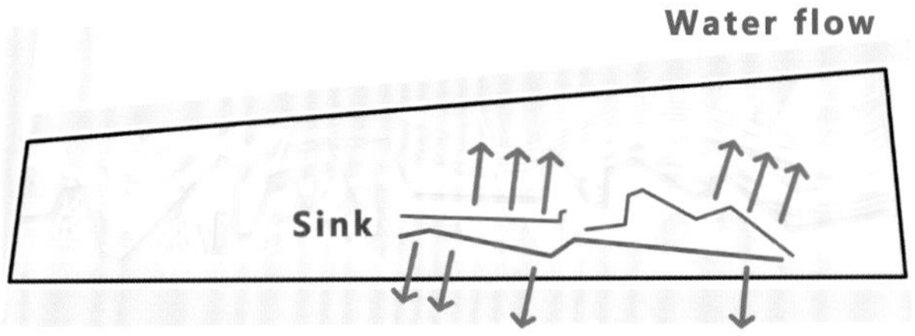

COLLECTION

在公园多处设置有可渗透性水流入口和可渗透性材料铺装。充分吸收水景观产生的水流或雨水并加以利用，又可有效防止地面雨水沉积，消除不便。

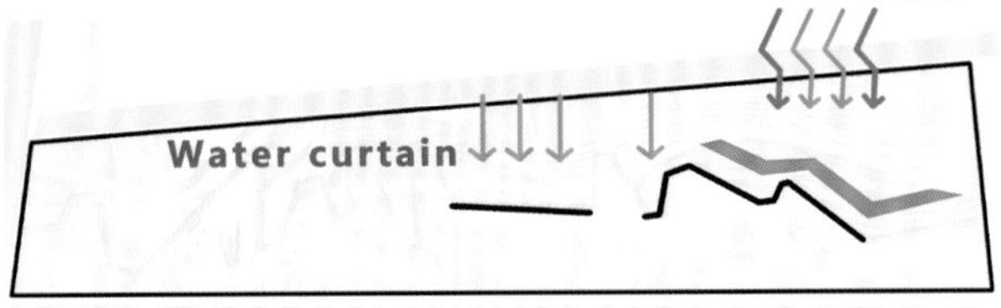

ABSORPTION

公园中设有覆土建筑（生态屋顶）、空中花园（垂直绿化）及雨水花园，这些区域不仅可对雨水进行充分吸收利用，还可减少城市热岛、二氧化碳排放，并形成宜人的景观，具有可持续性。

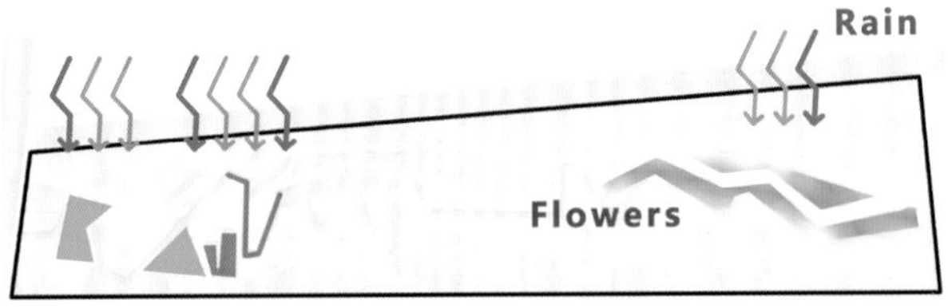

VERTICAL GREENING

被储集的水源，在处理后用于大面积植被的灌溉和水景观的营造。这个系统贯穿公园整体。

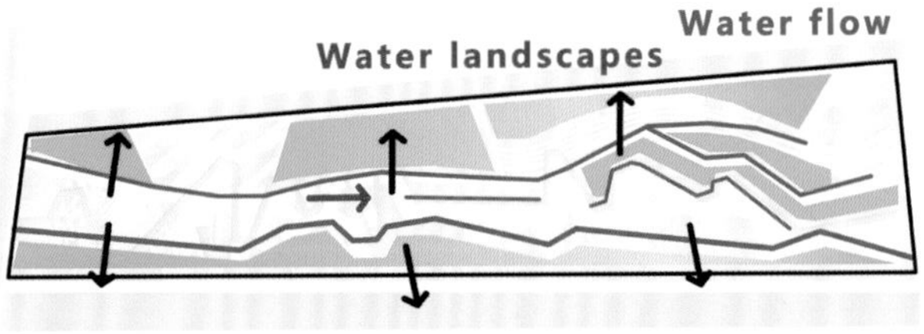

USE

雨水花园 RAIN GARDEN

"境游心生"
一场城市与绿脉的邂逅
INNER EXPERIENCE OF ECOLOGICAL ENVIRONOMENT IMAGE
A city with green pulse encounters
曲意廊桥 CURVED BRIDGES
廊桥的形式富有动感，又是郑州市天际线的缩影，它贯穿公园的中轴，是公园的一道亮点，使得公园拥有了独特的魅力和连贯的设计感。其的形式采用了郑州的城市天际线的意象，高低起伏、错落有致，路线忽上忽下，给予人完全不同的体验。这又是一个多角度的观望台，将公园的每个角落尽收眼底，相当于整座公园的标志性景观。这座散步休闲长廊在其中的几点还设有下坡的空间，与地面的场地形成了自然的过渡，避免了突兀感。廊桥上还设置有休闲座椅，可供休憩。廊桥中间设置了多个上下可以便利地通往各个功能区，其中还可直接连接覆土建筑及露天剧场。其在公园的场地上塑造了一个变幻流动的折线，并依据不同的场所需要而起伏，打破了传统城市公园的单调。

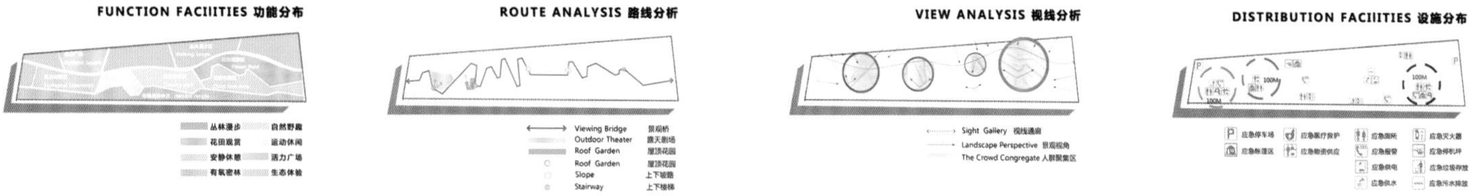
FUNCTION FACIIITIES 功能分布
丛林漫步
自然野趣
花田观赏
运动休闲
安静休憩
活力广场
有氧密林
生态体验
ROUTE ANALYSIS 路线分析
Viewing Bridge 景观桥
Outdoor Theater 露天剧场
Roof Garden 屋顶花园
Roof Garden 屋顶花园
Slope 上下坡路
Stairway 上下楼梯
VIEW ANALYSIS 视线分析
Sight Gallery 视线通廊
Landscape Perspective 景观视角
The Crowd Congregate 人群聚集区
DISTRIBUTION FACIIITIES 设施分布
100M
应急停车场
应急医疗救护
应急厕所
应急灭火器
应急帐篷区
应急物资供应
应急报警
应急停机坪
应急供电
应急垃圾存放
应急供水
应急污水排放

分析图

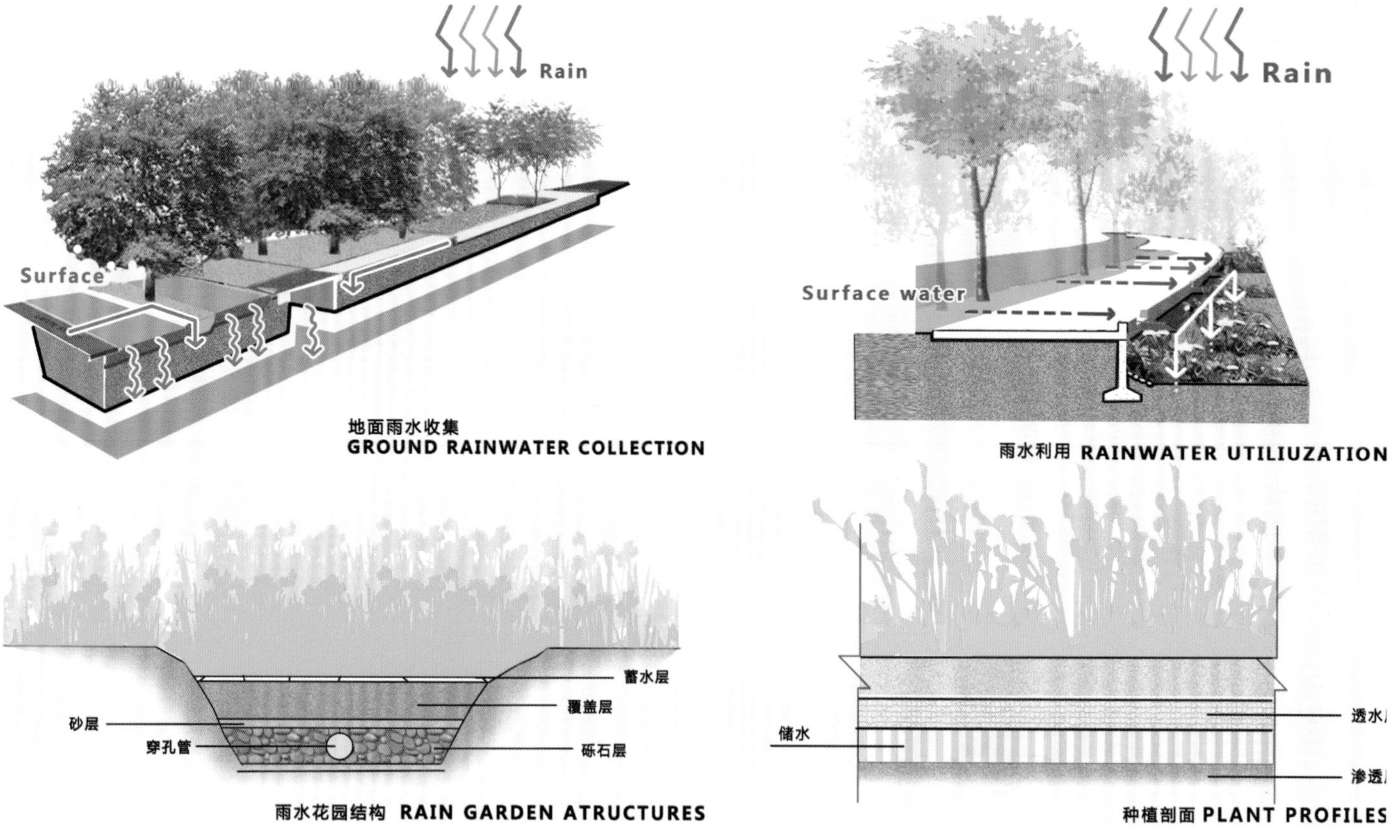
Rain
Surface
地面雨水收集
GROUND RAINWATER COLLECTION
Rain
Surface water
雨水利用 RAINWATER UTILIUZATION
蓄水层
覆盖层
砂层
穿孔管
砾石层
雨水花园结构 RAIN GARDEN ATRUCTURES
储水
透水
渗透
种植剖面 PLANT PROFILES

雨水收集细部图

“都市无悔策略”与多功能暴雨水管理实践——台北青年公园改建设计

Urban No-Regret Policy and Multi-Functional Storm—Water Management Practice: Responding and Reconstruction of the Youth Park at Taipei

院校名称：中国文化大学、福建农林大学

指导老师：林开泰　董建文

主创姓名：黄美云

成员姓名：王雅

设计时间：2014.7

项目地点：台湾台北

项目规模：24.44 hm^2

所获奖项：研究生组银奖

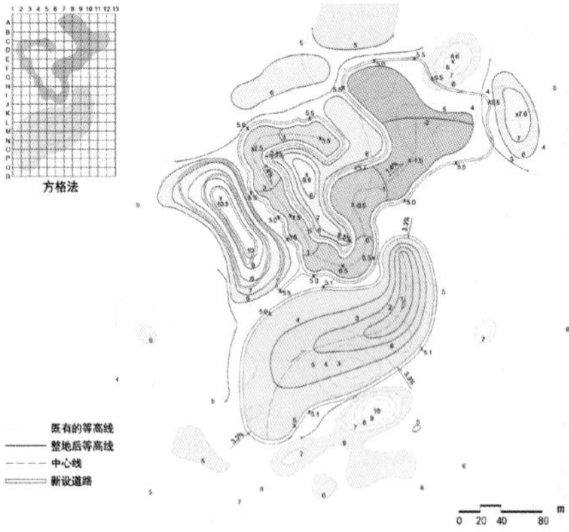

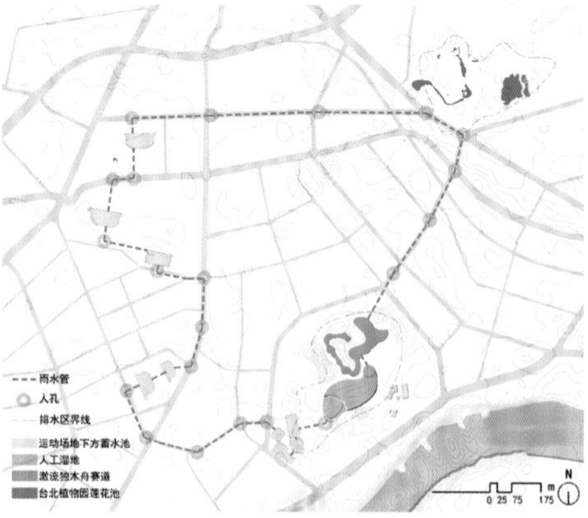

设计说明：

青年公园位于台北市万华区，面积约为 25 hm^2，园内安设多种运动设施，中央为大面积的高尔夫练习场地，其周边为眷村与住宅区。设计策略为：在公园内创造更加多元化的运动游憩空间以满足不同人群的活动需求，同时在青年公园场地内外布置多种结构性暴雨水流管理设施，增加绿色空间，从而提高雨水的收集利用率，减少地表径流及污染，降低尖峰径流速率与延迟洪峰。在青年公园内，对现有高尔夫练习场进行改造，创建人工湿地与激流独木舟竞技赛道。前者用于蓄集、净化与利用雨水，后者在蓄集雨水的同时为青年人提供惊险刺激的运动项目。在青年公园外，通过在各条街道下方埋设管道，串联台北植物园水域和附近 5 所学校运动场下方的蓄水池，同时衔接青年公园内运动场下方的蓄水池、人工湿地和激流独木舟赛道，以形成一个集雨水贮存、雨水净化和雨水利用等功能于一体的循环系统。此外，沿街道两侧设置径流植栽区（Storm Water Planter），用于在一般降雨事件中收集和净化路面径流，经过滤、入渗后回补地下水。如遇强降雨事件，超出径流植栽区处理能力的额外径流则通过埋设于其下的溢流管导入街道中间下方的排水管道。为此，全部雨水管理设施的布置都意在考虑如何能够在高度城市化的地区，最大限度地利用城市绿地模拟自然水文循环，以缓解极端暴雨事件所引发的洪涝灾害，让城市得以回归自然，健康发展。

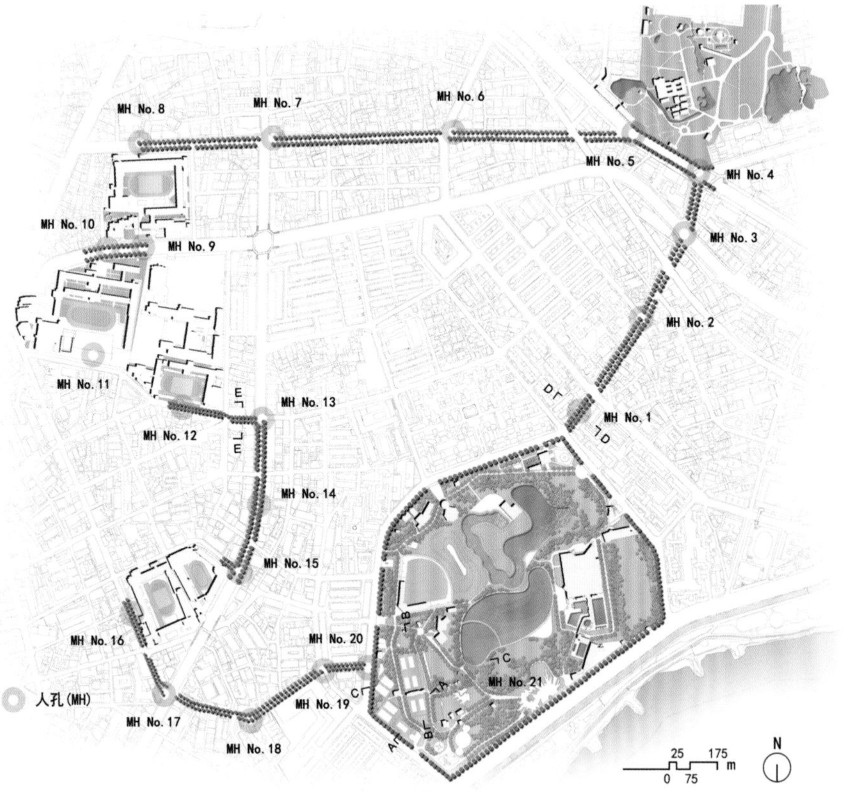

设计感悟：

通过参加这次比赛，我和队友都获益良多。在筹备比赛的过程中，从对基地现状的调查，设计理念的思考、提炼，数据的计算分析到图面呈现方式的选择及报名参赛等前期准备工作，使得我们的专业素质都有了一个较大的提升，同时也给予我们一个良好的机会去学习团队合作。

首先，想要设计出一个好的作品绝对不是一件容易的事情，在摸清基地现状的过程中，除了要进行基地的调查，还得全面地收集、分析有关基地的资料，在此基础上发现场地的机会与限制，并制定设计策略，切实地为创作提供设计依据。其次，关于设计的灵感，大部分情况下不是天马行空的想象。为了使得设计有据可依，可实际操作，我们常常需要计算数据、分析数据，查看设计元素的设计尺寸、标准及工艺等。此外，好的作品不仅要具有丰富的内涵，出色的理念，在关于作品理念的表达方式和图面呈现的美观精致等方面都需要很深的功底（涉及设计人员的文笔、手绘技巧和绘图软件运用等）。最后，设计需要团队成员之间进行有效的沟通，合理的分工合作，以博采众长。

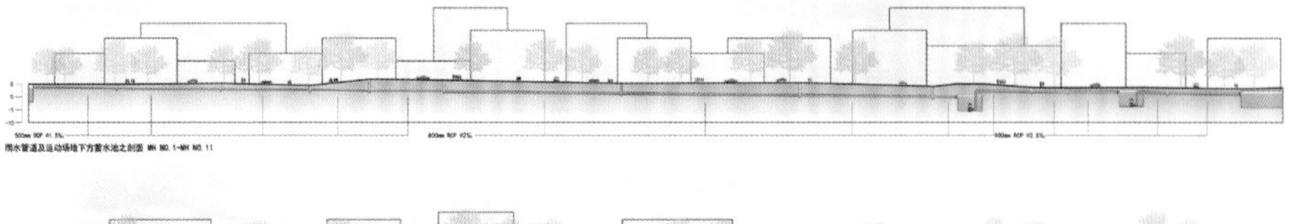

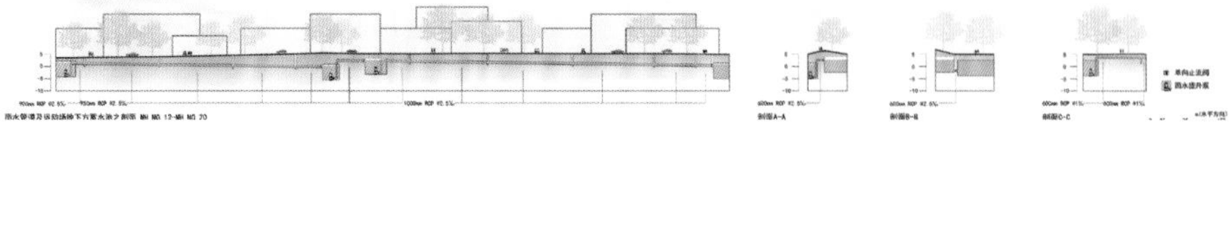

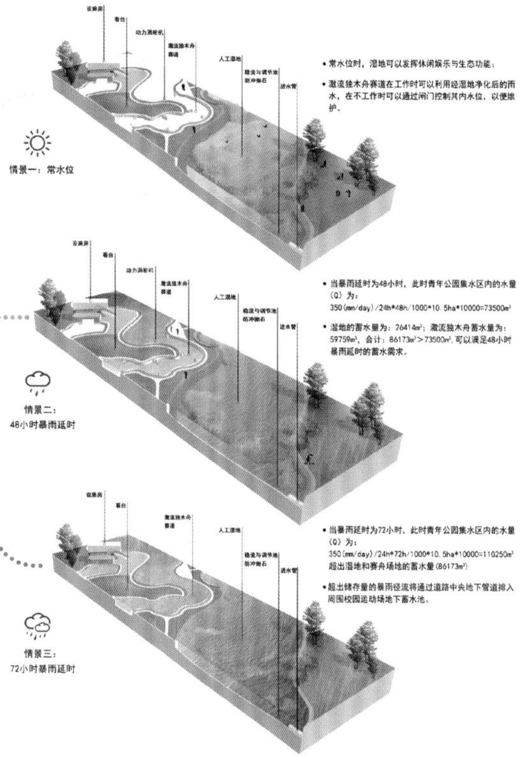

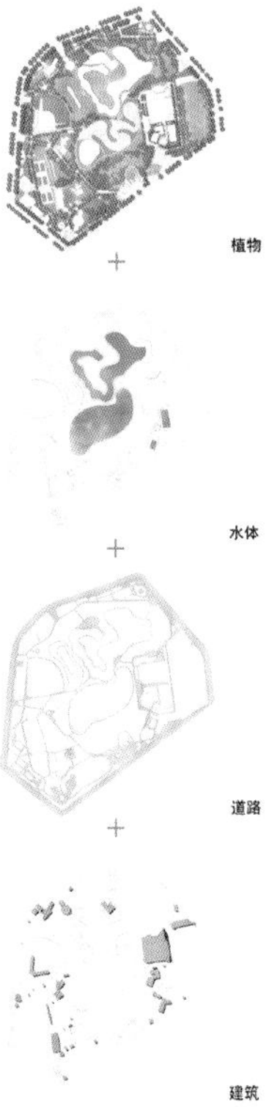

F: 前置池/Forebay　R&L:稳流与调节池防冲抛石/Riprap Settling Basin & Level Spreader　GW: 石笼/Gabion Wall　HM: 深沼泽/Hi Marsh　LM:浅沼泽/ Lo Marsh
M: 净水池/Micropool　HRTR: 半圆拦污栅/Half Round Trash Rack　E:堤坝/Embankment　SDA:沉积物处理区/Sediment Disposal Area　B:缓冲区/Buffer
SP:开始池/Start Pool　S:看台/Stand　VA:观看区/Viewing Area　FB:设施房/Facility Building　VP:观看平台/Viewing Platform　G:高尔夫运动场/Golf
FL:结束池/Finishing Lake　BF:棒球场/Baseball Field　TC: 网球场/Tennis Courses　BC:篮球场/Basketball Courses　P:广场/Plaza　SR:旱冰场/Skating Rink
ISP: 室内游泳池/Indoor Swimming Pool　OSP:室外游泳池/Outdoor Swimming Pool　CP:儿童游乐场/Children's Playground　MB: 维护通道/Maintenance Bench

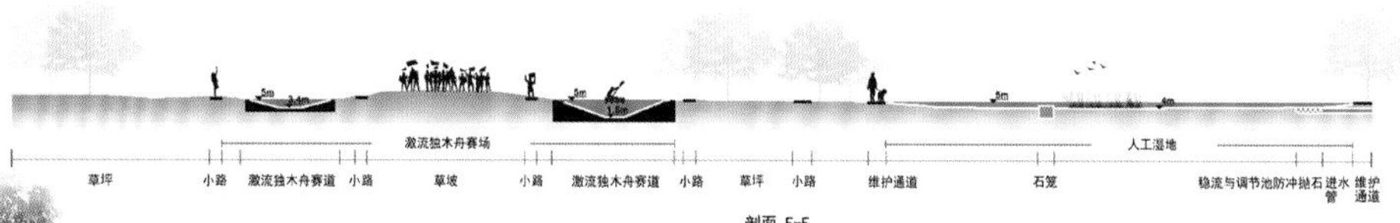

剖面 F-F

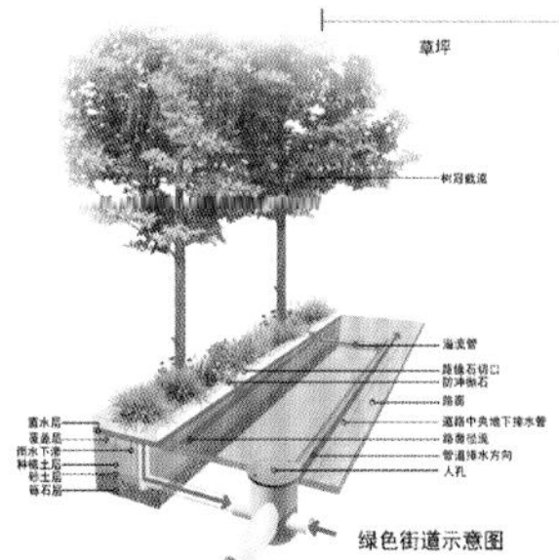

绿色街道示意图

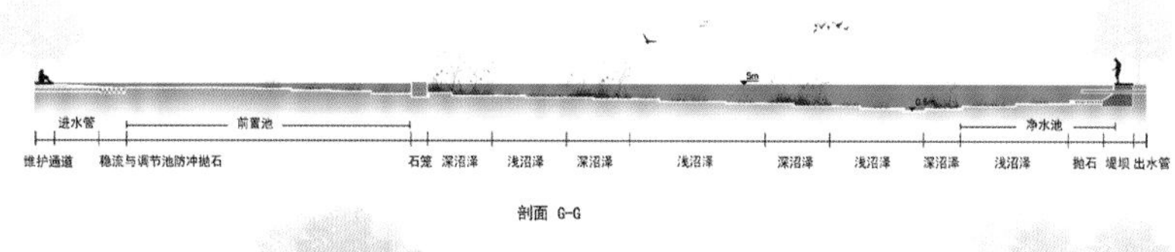

剖面 G-G

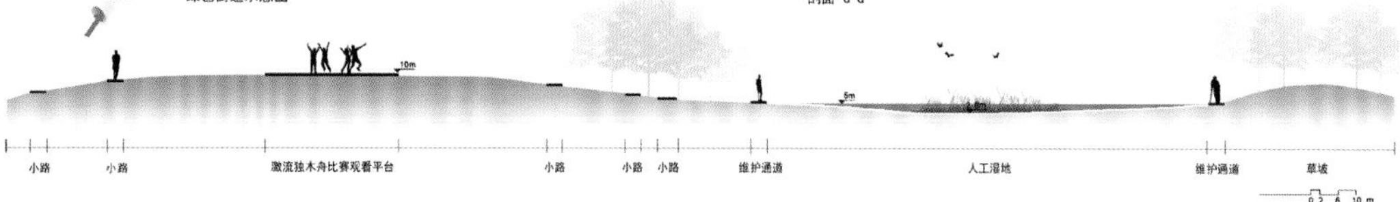

剖面 H-H

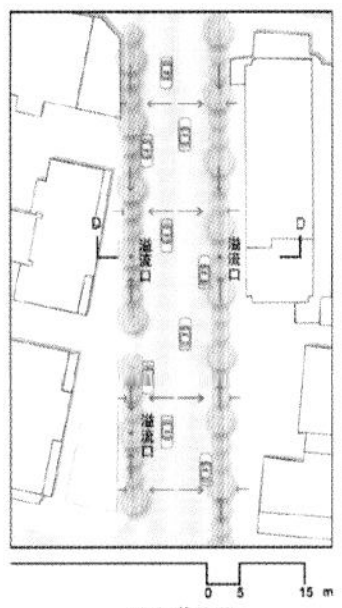

四车道平面

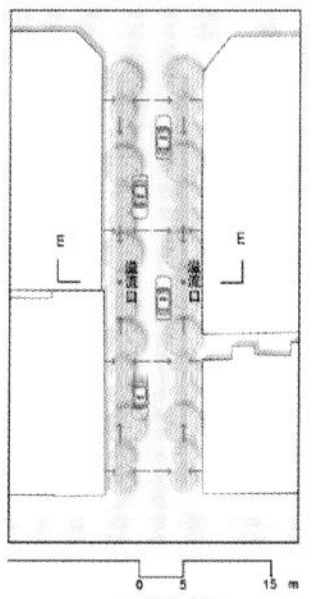

双车道平面

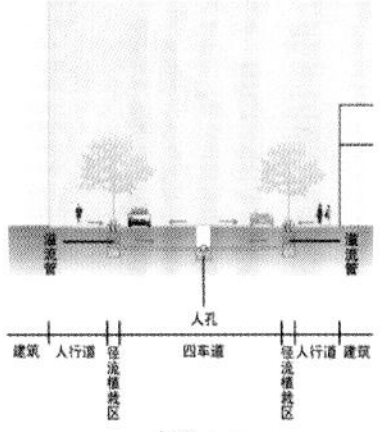

剖面 D-D

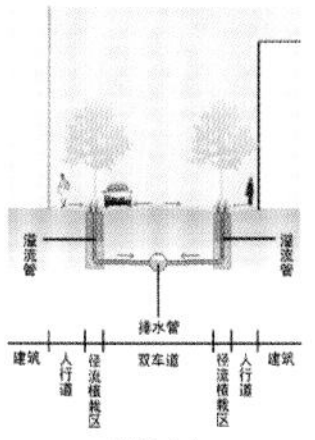

剖面 E-E

人工湿地　激流独木舟赛道

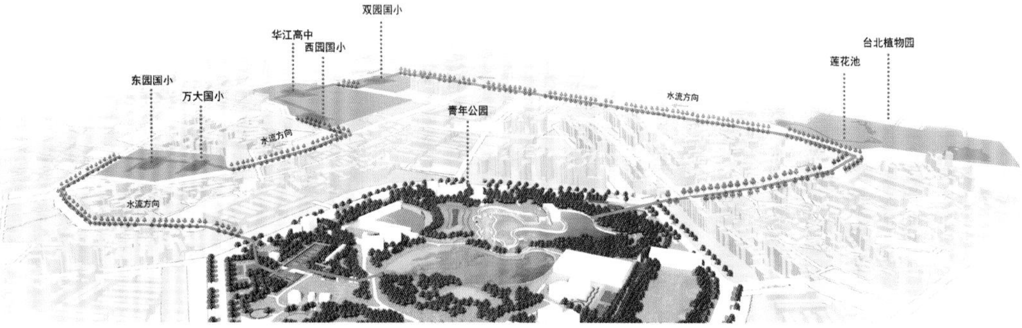

森活

Forest Life

院校名称：南京林业大学

指导老师：张哲　赵兵

主创姓名：葛倍辰

成员姓名：李传文　陈诚　刘星

设计时间：2014.7

项目地点：南京

所获奖项：研究生组银奖

鸟瞰图

设计说明：

设计选取了一块位于城市中的绿地——南林大北大山树木园，现状场地只有一些单调老旧的水泥道路，缺乏吸引力，绿地与城市中的人们没有形成很好的交流与联系，人们对自然的感情难以建立。因此，我们在尽可能保留场地原有树木和原有学习功能的前提下，增加了架空的树屋、步道等景观元素，丰富了树木园的景观效果和服务功能，将人引入了自然，实现了城市回归自然的第一步 ---- 城市主体回归自然。

设计选择了代表顽强生命力的树木作为景观意向，这也是自然界最具代表性的意向，同时也是场地最突出的特点，让城市回归自然，在设计中便是让人回归到这个森林一般的场地中，亲近自然、了解自然，达到人与自然的和谐境界。设计截取树枝作为主要意向元素，并将树枝进行简化处理，提取树枝的主干和枝桠为设计中的道路原形，结合场地原有的丰富植物资源，形成了一株平面上生长着的树。为了控制场地的人流量，把人对场地的影响降到最低，设计中采用的都是较小尺度的景观构筑，通过构筑物的容量，自然而然的控制场地人流。设计根据地形设置广场、树屋等设施能满足学生不同的功能需求，同时在树干上粘贴二维码，学生可以通过扫描二维码来学习有关植物的知识。

效果图

设计感悟：

“城市回归自然”，谁回归？如何回归？回归到哪里？设计之初我们一直在思考这些问题，思维也一度局限于城市、自然这些题目中的字眼。经过一段时间的反复讨论，我们终于找到了方向，也许城市回归自然，回归的并不是真正的自然，也许是城市中的自然，人造的自然，回归的主体可以是由城市中的人开始，渐渐辐射到整个城市，从而使整个城市回归自然。而要做到这一点，就需要让人的内心回归自然，从城市的水泥森林中解脱，培养人们一颗热爱自然的心，这样的回归才是主动地、自发的，在这种状态下形成的人与自然、城市与自然的关系才不会是对立的，而是共生和谐的。城市中的人不会为了发展而破坏自然环境，而是选择保护自然，爱自然，因为在人与自然的接触中，城市人渐渐体会到了自然的珍贵，享受到了自然带给我们的愉快。经过这次比赛，我们学会了如何打开思路去寻找解决问题的方法，也许很多事情的答案需要我们跳出盒子去寻找。

立面图

总平面图

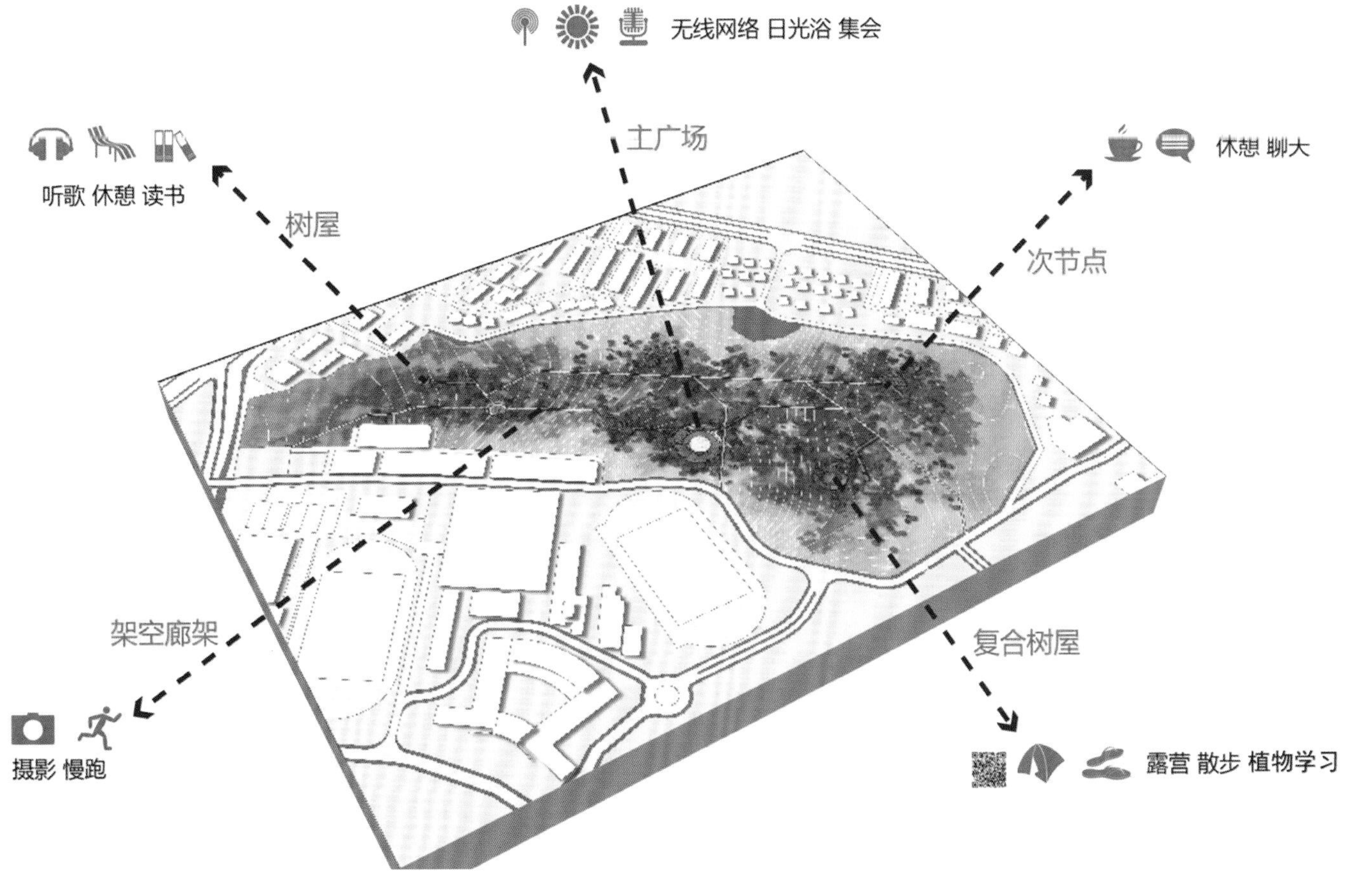
无线网络 日光浴 集会
土广场
听歌 休憩 读书
树屋
休憩 聊天
次节点
架空廊架
复合树屋
摄影 慢跑
露营 散步 植物学习

景观功能分析图

破茧——成都市温江区光华公园后花博遗址改造设计

Cocoon Break–Wenjiang District Guanghua Park after Reconstruction Design Expo Site

院校名称：四川农业大学风景园林学院

指导老师：江明艳

主创姓名：易晓文

成员姓名：余进

设计时间：2014.5

项目地点：四川成都

所获奖项：研究生组铜奖

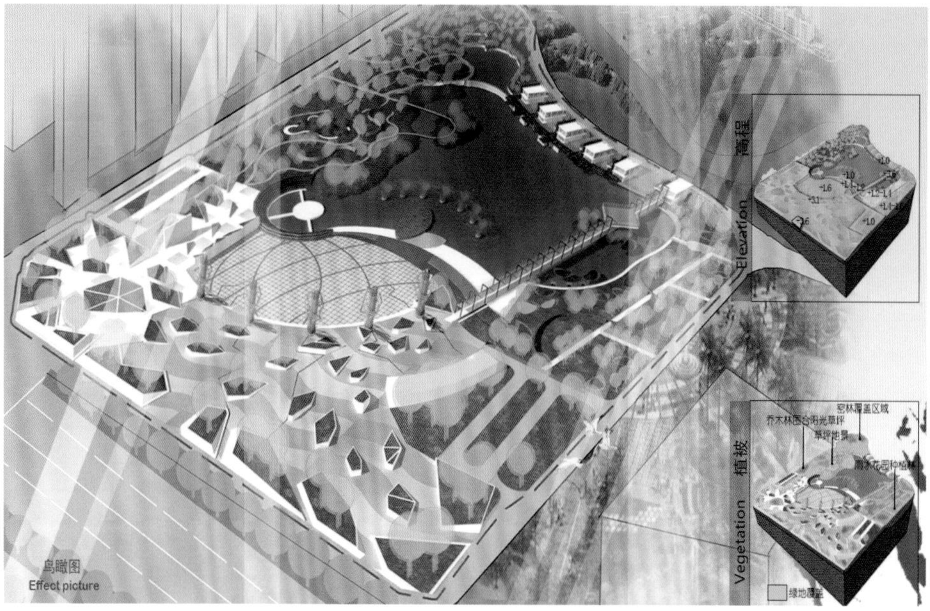

鸟瞰图
Effect picture

Elevation 高程

Vegetation 植被

▶ **设计说明：**

花博园区主场馆总建筑面积4万平方米、占地800余亩，其中主展览馆室外江安河两岸布局景观会作为永久景观保留。2005年以后，花博园花卉撤展，场地废弃。接着各大房地产商纷纷入驻，建筑群如雨后春笋般破土而出。到2013年，花博会遗址只剩下江安河沿岸景观，以及本次规划基地——光华公园。如今，人们逐渐忘却这片土地曾经繁荣过。如再不保护留存，温江城将失去这个非物质文化遗产。通过本次遗址改造，旨在唤醒花博，使之在人们的记忆留存。以"后花博"为切入点，我们的观点是：在一个漫长的消寂周期后重现花博繁荣，敲破城市坚硬的外壳，回归城市原本的绿心。绿心逐渐扩散，植物向城市化传递正能量，最终使植物包围城市。

围绕对"后花博"的思考，我们的研究对象是遗址公园场地、标志性设施等。我们的手法可以是拆、留、移或者改造。我们的目的是为了让"后花博"的城市更和谐。

"后花博"首先是一个时间的概念，就如同蝉蛹破茧是一个周期性的过程，在沉寂时通过不断的积累，在某一刻迸发。同样也是一个有关城市可持续发展的理念，对场馆、设施的再利用。也可能是对"后花博"的一个反思。

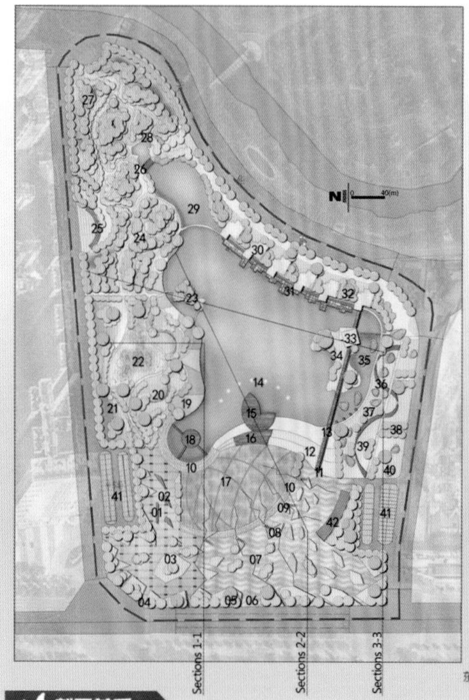

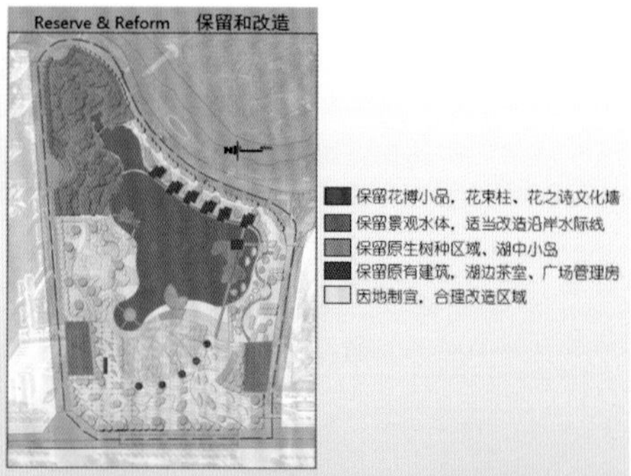

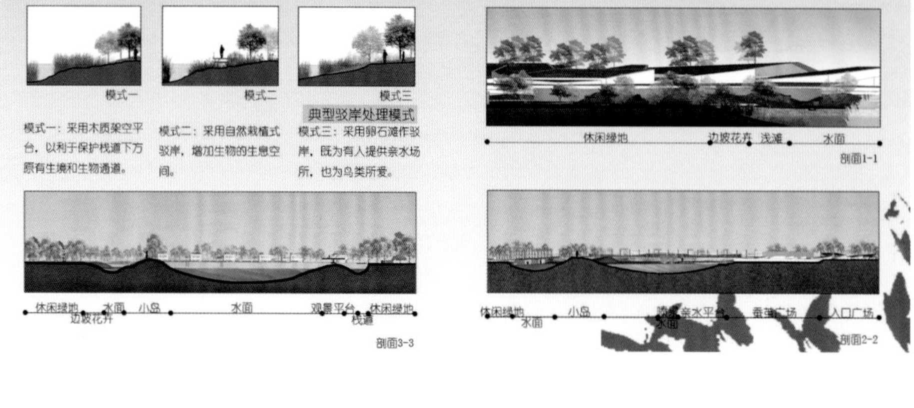

▶ **设计感悟：**

人类的城市化过程是一步一步侵蚀大自然的过程，城市越来越大，自然却渐渐退去。城市化带来便利的同时也带来了巨大的污染和破坏。花博园内一派欣欣向荣，十天之后繁华落尽。这层繁华的外表下，花博园面临诸多现实问题。在反思城市化带来的一系列问题的国际背景下，在中国当下惨不忍睹的环境现状下，在城市如火如荼的土地建设中，花博会后如何交出满意的答卷，既能满足城市发展的需要，又能为子孙后代留下一些历史印记。在城市的整个发展历程中，环境被破坏无一幸免，作为景观设计师，看到日渐消失的自然光景，难免感到一丝荒凉。在整个设计方案里，我们通过实时的土地勘测，保留原有的绿地系统，在原有土地上力求做到最少的改造，以顺应场地的绿地生态功能。城市，无疑是一个硬质铺装的代名词，而我们的设计，希望传达一个绿心扩散，最终由绿地包围城市这样一个正能量，希望最终城市回归自然。以花博会为文化背景，改造成为一个拥有历史底蕴的文化绿地系统。

Reserve & Reform 保留和改造

■ 保留花博小品、花束柱、花之诗文化墙
■ 保留景观水体、适当改造沿岸水际线
■ 保留原生植种和区域、湖中小岛
■ 保留原有建筑、湖边茶室、广场管理房
□ 因地制宜，合理改造区域

01 花之诗文化墙	17 蚕茧广场	33 观景平台
02 立体浮雕	18 亲水舞台	34 暗香盈袖
03 阳光草坪	19 边坡花卉	35 生态浮岛
04 可进入通道	20 绿篱墙	36 框景廊架
05 边界立体蚕茧	21 阳光坡地	37 次级雨水收集池
06 广场主入口	22 儿童乐园地景	38 东侧可进入通道
07 大地龟裂纹	23 桃红宿雨	39 活动场地
08 不规则立体蚕茧	24 有氧健康游憩林	40 初级雨水收集池
09 花束柱	25 次入口藤架	41 生态停车场
10 草坪嵌入式台阶	26 木桥	42 公园管理房
11 无障碍通道	27 鸟语林	
12 阶梯绿化	28 引水源头	
13 观景架空廊架	29 内湖	
14 湖光蝶涌	30 湖光茶室	
15 破茧成蝶	31 花盒子	
16 下沉式台阶	32 茶盘绿化	

东篱把酒黄昏后，有暗香盈袖。——李清照《醉花阴》

桃红复含宿雨，柳绿更带朝烟。——王维《田园乐·其六》

▶ **剖面关系** Sections

模式一
模式二
模式三

模式一：采用木质架空平台，有利于保护橇道下万原有生境和生物通道。

模式二：采用自然栽植式驳岸，增加生物的生息空间。

典型驳岸处理模式
模式三：采用卵石滩作驳岸，既为有人提供亲水场所，也为鸟类所爱。

休闲绿地   边坡花卉   浅滩   水面

剖面1-1

休闲绿地   水局   小岛   水面   观景平台   休闲绿地
边坡花卉   桃道

剖面3-3

休闲绿地   小岛   滨水茶室   亲水平台   蚕茧广场   入口广场
            水面

剖面2-2

破茧
——成都市温江区光华公园后花博遗址改造设计

蚕茧广场 Cocoon square

主题：破茧
Theme：Cocoon

三层意义：
一、敲破城市坚硬的外壳，回归城市原本的绿心。
二、破茧是一个生命循环过程，唤醒花博会记忆
三、在积蓄大量能量后，蝶才能破茧而出，比喻植物不断积累力量，迸发出大地。

灵感来源 Inspiration source

大地景观：龟裂纹

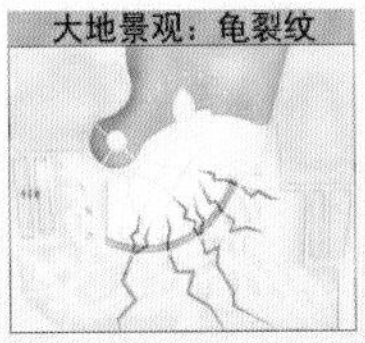

城市化进程加剧，城市铺装渐渐覆盖原本的绿地。本次设计旨在唤醒植物的能量，向城市传递。广场设计保留花博会花束柱，以花束柱为起点，作龟裂元素表现地下植物的力量。蚕茧广场保留现有形态，铺装线表示茧的束缚形态，而龟裂纹则表示破茧成蝶的那一刻。

流线：茧块

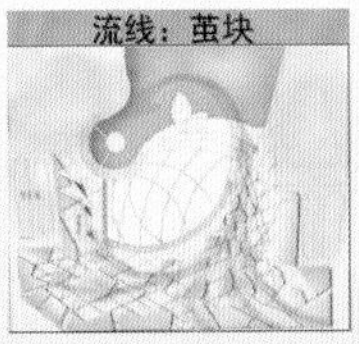

破茧，茧碎裂后分散成单体不规则形茧块。由不规则形茧块、湖中喷泉构成广场的动感流线。茧块的位置并不是随意摆放，而是通过场地花博会历史轴线进行平行、相交等韵律构图而成。广场边缘为大型茧块围合整个空间，西侧是开敞空间，东侧是茧块围合而成的私密休息交流空间。成蝶，广场北面是蝶形的亲水平台。平台边缘流线顺应广场动感流线趋势。

Detailed design 详细设计

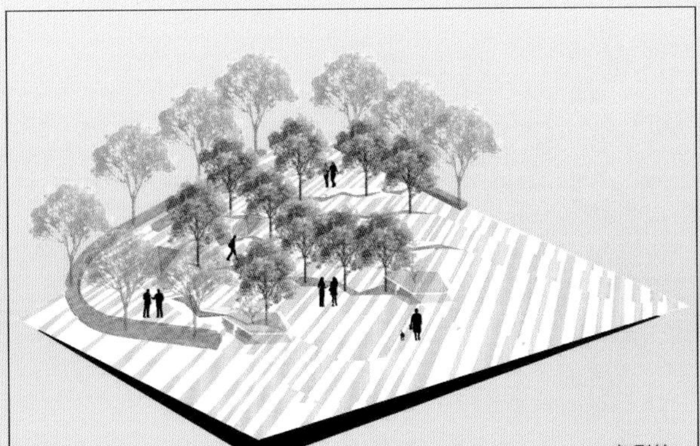

龟裂纹

大地中长出的景观
Landscape: send forth the earth

广场龟裂纹成波浪状延伸开，最宽处不超过60cm，行人可以轻易跨过。裂缝两侧可根据空间性质设置石凳，增加空间功能性。裂缝里面生长着草坪，象征着植物的力量突破铺装，突出破茧主题。

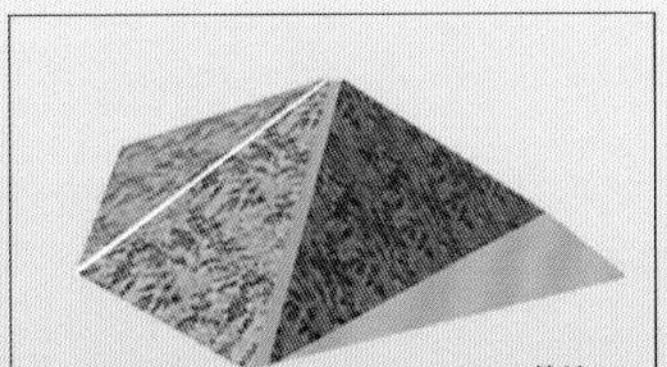

茧块一

茧块呈不规则形状，此类茧块不设置休息设施，多置于开场空间。寓意植物冲破城市铺装，同时也起着教育警示作用，提醒人们保护绿心。

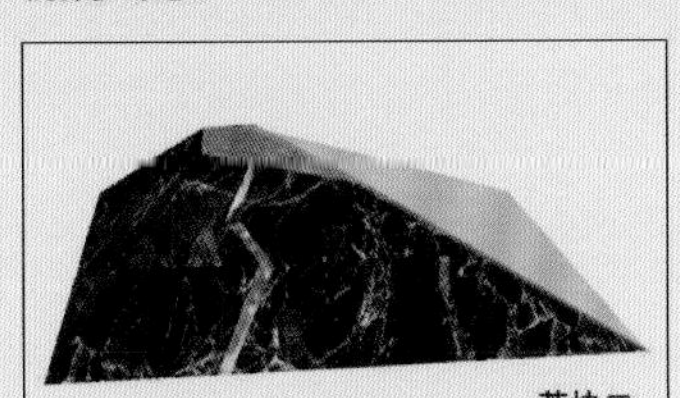

茧块二

大理石茧块作为花博产物花之诗文化墙的附属小品，为的是更加凸显文化氛围。大理石铺装和雕刻花博历史或者花的诗句，营造文化空间氛围。

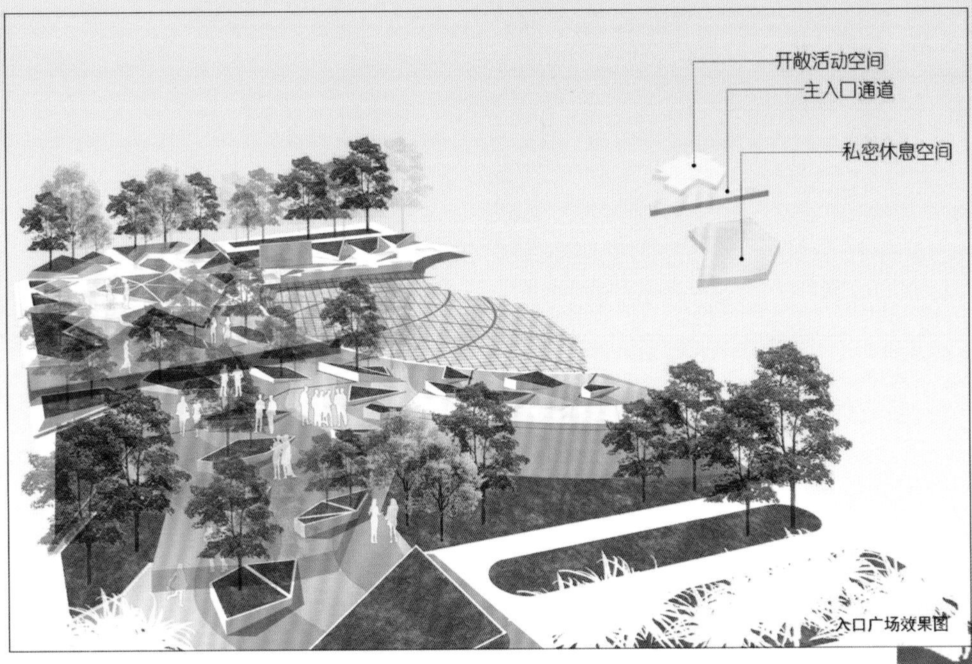

入口广场效果图

茧块三

此类茧块主要是分布在私密休息空间区域。由茧块围合私密空间氛围。同时提供休憩设施，满足功能上的需要。

新佃运动——永春桃溪流域石鼓镇段景观方案设计

New Farming Movement—Yong Chun Tao River in Shigu Area Landscape Concept Design

院校名称：福建师范大学美术学院

指导老师：毛文正

主创姓名：耿苒　马婵媛

设计时间：2013.11

项目地点：福建泉州永春

项目规模：298 000 m²

所获奖项：研究生组铜奖

▶ 设计说明：

　　设计以新"佃"运动为主题，将本地传统文化之一的农业文化与城市肌理元素的提取相结合，以生态设计理念为前提，在尽量保留场地现状设计的同时渗入自然水系与农作物的丰产美景，唤起参与者对土地本能的喜悦和热爱之情。

　　设计通过对城市肌理的梳理与整合，发现农田这一与生活密不可分的景观形式承载着当地人的生活与成长。本项目采用当地农业特有的耕作田地形式，并对其进行变形与重新整合，成为设计中的主要元素，贯穿整个永春桃溪流域石鼓镇段的景观方案设计中。

▶ 设计感悟：

　　为了实现设计场地的生态功能在设计上提出三个总体设计理念。
(1) 土地伦理：尊重土地文脉，延续大地上的农业景观的土地利用模式是解决现有河道生存问题的一种生存艺术，凝聚了永春人民与自然和谐相处的智慧，是永春大地上一种宝贵的历史文脉，更是一种独特的大地景观。(2) 让自然做功：创造多样的绿色财富创造可持续的生态环境最好的方法就是让自然做功，使绿地承担更多的功能，创造出多样的生态服务功能。例如保留和改造水塘使其承担更多的防涝蓄涝的功能；引入净化湿地净化污水；保留滩涂和林地供生物栖息；保留鱼塘的部分产出功能，使得城市外的基塘改造成公园的同时，也使其成了城市的"绿肺"、"绿肾"和"菜篮子"，为创造可持续发展的永春新城打造坚实的基础。(3) 休闲公园：创造出多样化的休闲模式满足城市的生产、生态、游憩和展示等方面的需求。

度假酒店效果图

蕉基鱼塘效果图

竹墙效果图

油菜花效果图

休闲酒吧街效果图

重回净土——汉口江滩法式园林改造设计

Give the Agriculture Landscape to the Cities—Transformation Design in France Garden of Marshland in Hankou, Wuhan

院校名称：华中科技大学建筑与城市规划学院
指导老师：熊和平
主创姓名：张姝
设计时间：2014.7
项目地点：湖北武汉
项目规模：6.5 hm^2
所获奖项：研究生组铜奖

设计说明：

在城市“摊大饼”的发展过程中，人们与自然的距离越来越远，缺失了曾经心中的一片净土，如何让人们在城市中看得见山，望得见水，记得住乡愁，变成了设计师的首要任务。作为第二自然的农业景观，对于城市来说更具有适用性和经济性。而其广泛的使用性及一定的景观、经济价值更应该被城市居民所接受。而城市中存在着太多因为设计不当而导致的消极空间，如何利用城市中这样的消极空间引入农业景观成为了本设计的出发点。

本设计通过利用城市中的规则式园林引入艺术田园的方式，结合市民的亲身参与，并使用了丰富场所空间、引入自然要素、增加植物季相等多种手段。营造一片接近自然的，有公众参与交流的，闹中取静的安稳去处。同时，通过耕种让市民感受乡愁、童趣，增进邻里交往。

本设计的应用面较广，街头绿地、使用效果较差的广场公园等都具有应用条件，有一定的普适性意义。

设计感悟：

本设计的设计理念是利用城市中的消极空间引入农业景观，达到让居民回归自然的目的。

如何利用最低的成本，最简单的手段，最大程度地化解城市的冷漠和喧嚣，是我们考虑的最主要问题。而在消极空间中引入农业景观均满足以上要求，并具有一定的推广意义。

而本设计在实际中面临的最大挑战，将是人们以及政府的观念，但是我们相信，通过良好的设计及审美营造的艺术田园，是结合农业景观与美好的景观为一体的。这让大众更容易接受。

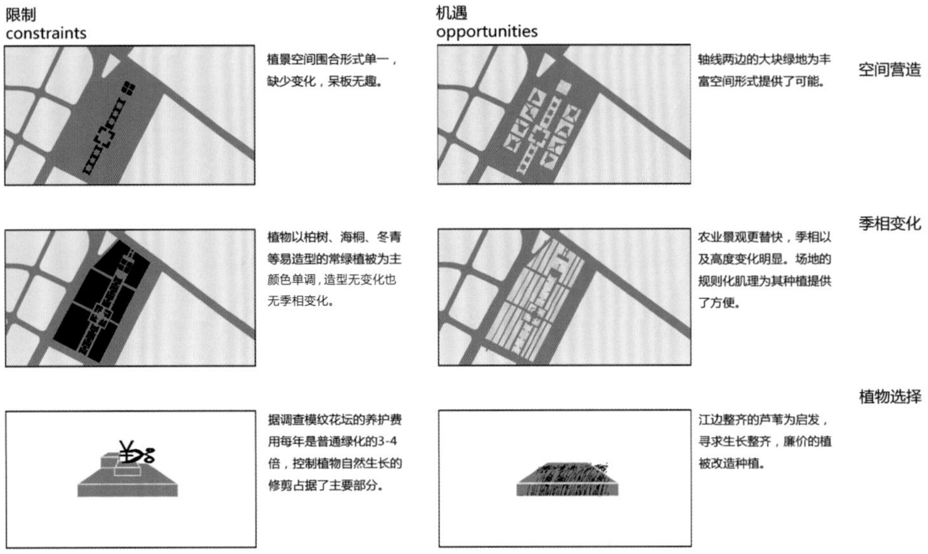
限制
constraints
机遇
opportunities
植景空间围合形式单一，缺少变化，呆板无趣。
轴线两边的大块绿地为丰富空间形式提供了可能。
空间营造
季相变化
植物以柏树、海桐、冬青等易造型的常绿植被为主颜色单调，造型无变化也无季相变化。
农业景观更替快，季相以及高度变化明显。场地的规则化肌理为其种植提供了方便。
植物选择
据调查模纹花坛的养护费用每年是普通绿化的3-4倍，控制植物自然生长的修剪占据了主要部分。
江边整齐的芦苇为启发，寻求生长整齐，廉价的植被改造种植。

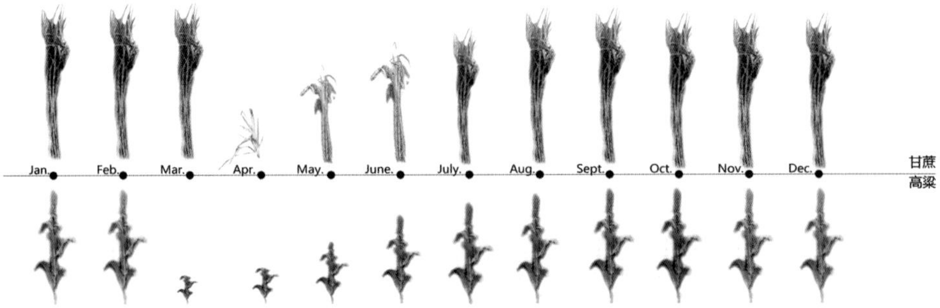

植物季相变化

现场照片

N
0m 10m 50m 100m
湿地
季节性植物（菜薹、油菜花）
兼有眺望功能的垂直农业塔
稻田
甘蔗
艺术之路
水体
高粱
景观树

总平面

玉米田 Corn Field
长江 Yangtze River
长江二桥 Yangtze River Bridge
稻田 Rice Field
垂直农业竹塔 Vertical Farming Tower
甘蔗田 Sugarcane Field
城市 City

效果图

Timescape——金河湾湿地公园房车营地景观设计

Timescape—Landscape Design of Golden Bay Wetland Park Caravan Camp

院校名称：哈尔滨工业大学
指导老师：曲广滨　王未
主创姓名：崔倩倩
成员姓名：陈艺文
设计时间：2014.4
项目地点：黑龙江哈尔滨
项目规模：27.5 hm^2
所获奖项：本科生组金奖

设计说明：

本案位于哈尔滨市松北区金河湾湿地公园的西北角，占地面积约 27.5 公顷，其中水域面积约 10 公顷。设计依据项目背景及现场调研，以哈尔滨四季分明的气候特点为设计出发点，通过植物设计、场地设计、景观小品设计再结合特色活动让房车营地与公园业态有机结合。设计在最大程度上尊重场地现状，注重生态环境的恢复与保护，通过生态保育区实现房车营地与公园内其他场地的衔接，生态保育区的生态结构为：湿地—林地—果园；营地中一条花径串起营地内的休闲娱乐区域，使休闲场所分布均匀且融入到露营活动中去；在水岸设计中采用了几种驳岸护坡技术解决原有沙质驳岸被侵蚀的现象，并且设计连接水岸两端的架空桥以解决雨季部分驳岸被淹没的问题。为了突出哈尔滨的地域特色设计中也融入了塔头、松花江石、冰雪活动等元素，在细部设计中充分考虑到了气候特点，设计了可以适应季节变化的“四季亭”作为营地中的休憩亭，在冬季也可以放置于冰上作为冰上运动中临时的避寒空间。

设计感悟：

房车旅行在国内已经被越来越多的国人熟知并发展迅速，人们之所以选择房车旅行就是因为可以观赏沿途的风景，设计在对哈尔滨开展房车露营的背景调研之后提出“Timescape”的概念，就是讨论在哈尔滨四季分明的气候背景下，风景对房车露营会产生什么样的影响与变化。由于特殊的地理位置，设计在前期对松花江水文情况进行了详细的调研，并将露营地设在高处。营地中的水就地取材取自松花江，经过植物自然净化之后结合人工处理供游客使用。污水会进行分类处理，一部分合格的污水经过净化后排放回松花江，另一部分不合格的接市政管道排走。本案在宏观上通过景观设计结合业态规划打造具有季节特色的休闲娱乐环境，在微观上也具体到了小品设施的季节性转换。房车露营虽然在国内仍处于起步状态但有着很大的发展前景，通过本次设计让我第一次接触到了房车营地的设计并将其与湿地公园有机结合，相信通过这次全新的体验一定会对我今后的设计生涯有所帮助。最后感谢指导教师的悉心教导还有组内其他同学的默契配合。

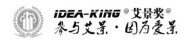

节点设计—林地与果园

鸟瞰图

效果图

天机

RE

院校名称：青岛理工大学建筑学院

指导老师：刘森

主创姓名：张胜楠

设计时间：2014.5

项目地点：山东青岛

项目规模：7.67 hm^2

所获奖项：本科生组金奖

设计说明：

该设计以石油爆炸点为起始，以生态恢复被石油污染的水域跟土壤为结束，重建 RE park。我们旨在用灾难后的死亡对比自然中的生命不息，从死亡到重生，感悟生命轮回。轮回——流转之意，指生命相续，无有止息，是一种关于生死的中国传统哲学。我们努力修复被污染的区域，并且以九个部分，提醒人们正视曾犯的错误，从情感上逐渐引导人们从反思到感受自然的重生，尊重生命，感悟生命。使人们重新获得自然快乐以及生命与土地的和谐。我们的设计从人身体上的感受和心理上的感受出发，综合考虑了人行走的距离与身体的疲劳程度以及视觉上的感受后，设计九个各具特色的圆形园子是最适宜的。同时，九与圆形在中国的文化中也极具意义。

设计感悟：

从选题开始，这个项目对我们来说就非常沉重，也是一种挑战。我们一次次去现场考察，附着油污的礁石、泥土、飞鸟以及海洋生物，都在那片区域，静静地看着日落日出，萧瑟的环境中，背景是大片的工厂以及袅袅青烟，我们怎能不为之动容。我们将这种情绪变成设计，落在笔触，每一个设计，每一种颜色都饱含着我们的感情。诚然，景观设计师并不是万能的，我们不可能立刻恢复生态阻止石油泄漏，保护这片区域的生物；但是我们仍然有作为设计师的理想，用设计，唤醒一部分人心中一点点的对自然的感恩之情。当我们终于将设计落在纸上，望着自己的设计，百感交集，它或许不是那么完美，存在很多的缺陷，或者它只是一个设计师的乌托邦，我们依然非常满意，因为它满载了我们的梦、感情以及对设计的激情。它让我们知道，我们想要什么，到底想追求什么。我们发现自己确实是从心里热爱设计，热爱生活，热爱这片土地。诚挚地希望，中国景观会更好。

基地内有很多礁石被石油污染，运用礁石作为元素，既可以让人人们休憩沉思，也可以反思石油泄漏带来的危害

反思园

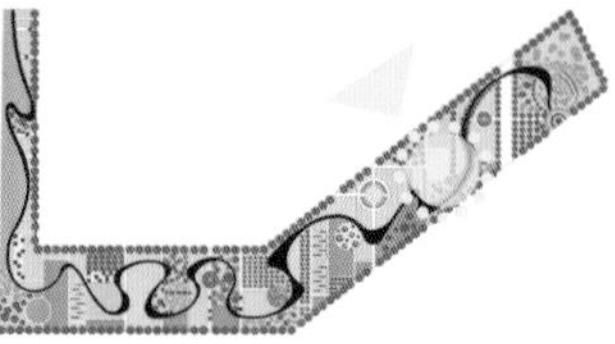

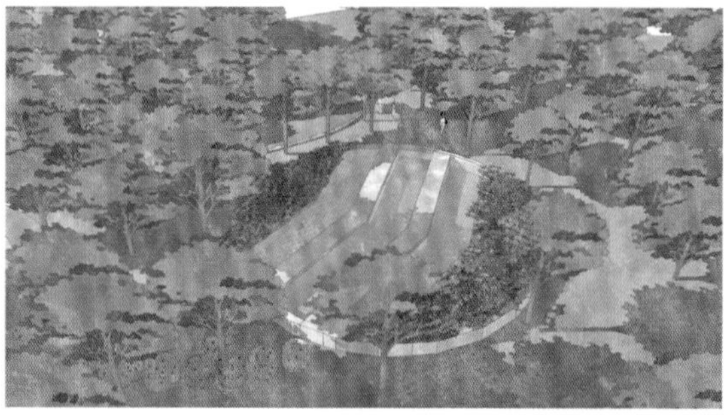

警醒园

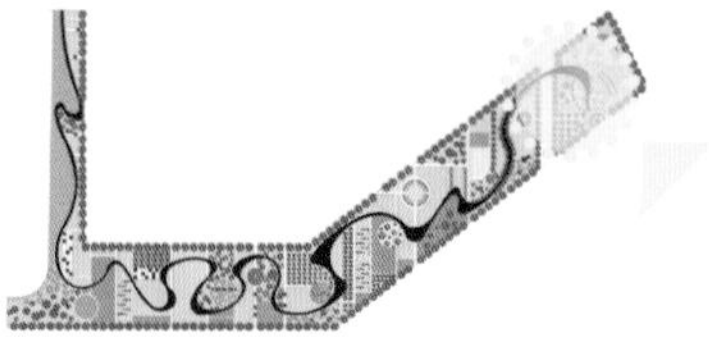

该园是建立在爆炸点上，希望能引起游客们对这起事故的重视，感受，在断壁残垣上重新生长的植被的不易。

效果图

效果图

窒息·重现

该景观构筑物，是设置一些红色盒子，在顶层，安置玻璃夹层。夹层中是氧气、石油以及能吸收石油的微生物。在一定时间内，石油是不会被吸收的，而当人们置身于装置之中，犹如在海底中，感受，受石油危害的，看不到阳光的海底动植物。

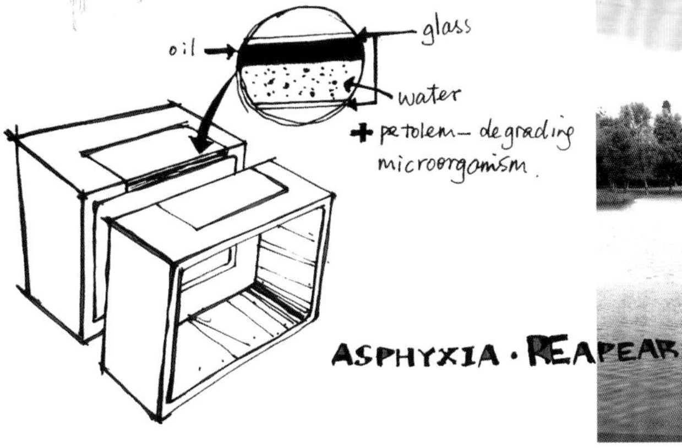

体现式景观构筑物

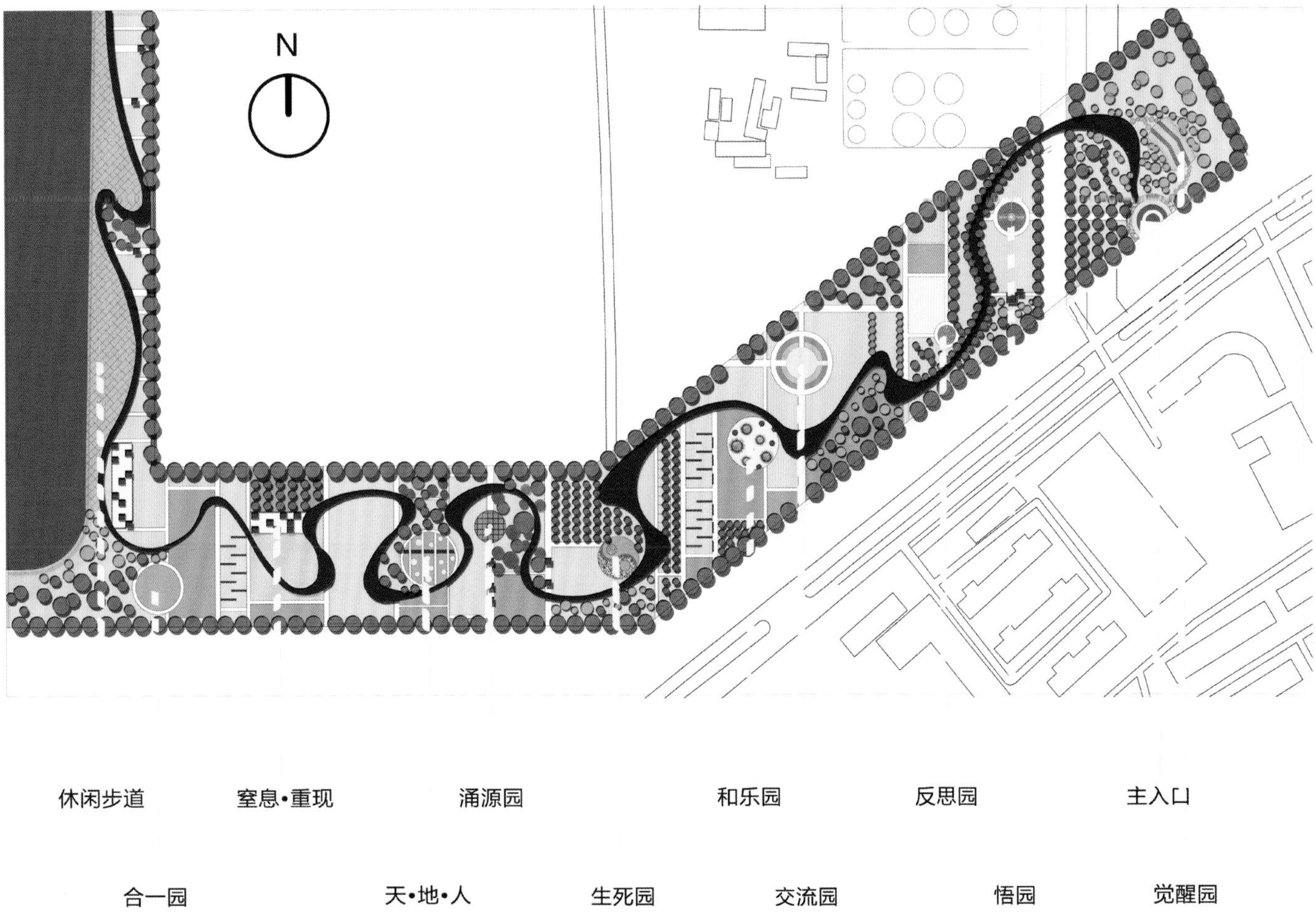

平面图

归巢——旧城的温暖

Homing—The Warmth of the Old City

院校名称：江西农业大学园林与艺术学院

指导老师：罗谡 周建国

主创姓名：焦翔

成员姓名：戴坤利 凌智 李勇强 管国凤

设计时间：2014.6

项目地点：江西南昌

项目规模：5220 m²

所获奖项：本科生组银奖

📖 **设计说明：**

日益繁忙的我们如蜜蜂般勤劳的去筑巢，却忽略了为老年人筑起一个自然的家，在老龄化日益突出的当下，让老人如晚莺归巢有一方街头停留的绿地是我们设计者应担起的社会责任。

本设计提出以"归巢——旧城的温暖"为主题，通过感知自然形态中巢的景观元素和场景，按照老年人生理和心理需求，营造各具特色的园林空间氛围。老年人通过游赏参与各个空间，可以感受到场地对老年人身心的关怀，同时现代时尚的景观元素为古板的旧城区注入了鲜活的生命。

根据区位分析和现状分析我们得出老年人需要一块适合自己的专属绿地，在老年人活动服务半径范围内设置的适合老年人休憩活动的场所。即老年社区绿地。

在老年社区绿地设计中我们从生理和心理两方面进行设计构思，在生理上遵循老年人的安全性、易达性、可识别性和功能性。在心理上尊重老年人的交往性和安全性。在场地空间中设计无障碍坡道空间、棋牌休闲空间、安全私密空间、林下休息空间、动态空间、静态空间、开敞的广场空间、水边安全扶手、健身区安全垫层等满足老人在场地活动中的舒适性和安全性。希望旧城区的老年人因充满关怀的设计而受益。

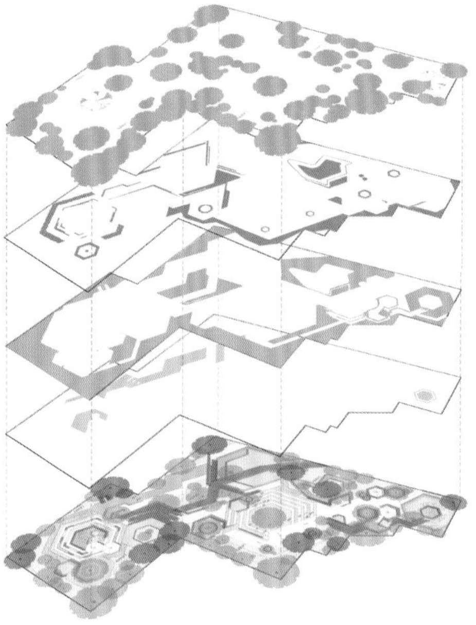

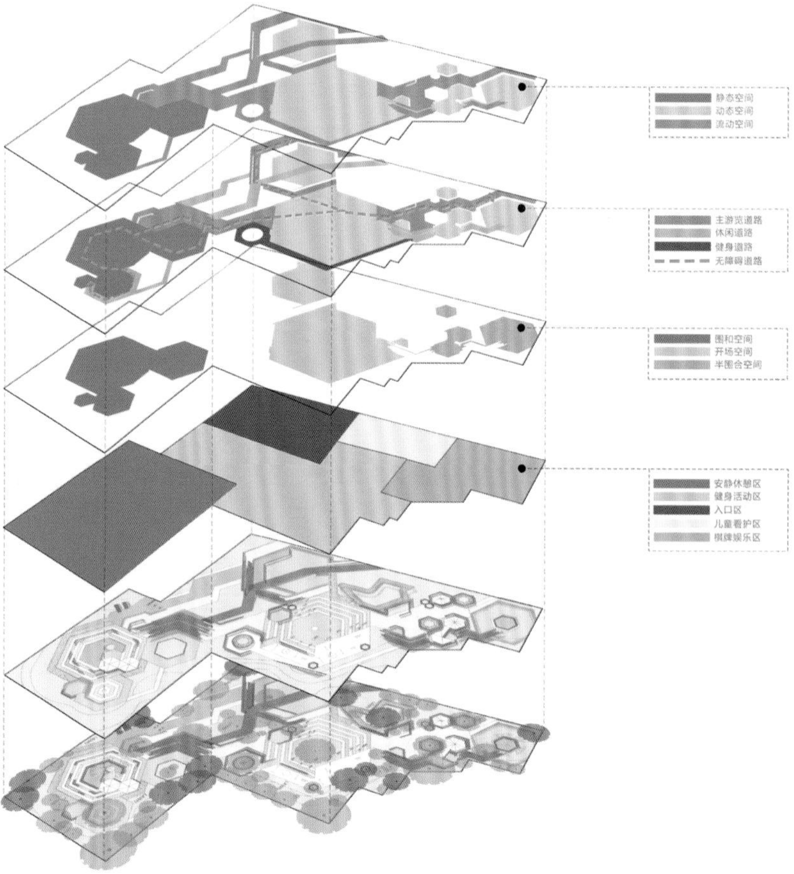

📖 **设计感悟：**

树欲静而风不止，子欲养而亲不待。

日益繁忙的社会中，老人，在许多人眼里已经不再重要，甚至成了负担。在社会年轻人眼里老人是曾经盛开的花朵，现在已经凋零，是曾经忙碌的蜜蜂，现在已经空巢。

空巢老人越来越多，老人缺乏照料，加之没有适合的活动场所、设施，因此，他们的闲暇时间无法自主安排，造成很少外出，整日无所事事，精神抑郁，成为家庭和社会的负担，严重影响了老年人的正常晚年生活。

"出门一把锁，进门一盏灯"，这是时下许许多多空巢老人晚年生活的真实写照。

社会老龄化速度的加快，老人这一群体的日益庞大，我们所面临的问题也在不断增加。如何老有所养，老有所依，老有所乐是我们迫切需要解决的难题。

植枝设计在保证安全的前提下，如避免使用有毒的、多刺的、产生不愉悦感觉的或能导致过敏的植物。另一方面通过植物空间序列的组织，使绿化空间形成了"关键点—过渡空间—关键点—中心空间—关键点—过渡空间"，这样一个起、承、转、合完整、连续、层次清晰的绿化空间序列。各层次活动空间的组织，为不同类型的老年人提供良好的室外活动空间及交往场所。作为结构要素遮蔽、掩蔽、遮阴、划分空间。植物季相上的变化、颜色、纹理、气味、生长的习惯等引起人们的兴趣；使人怀旧等。

乔木控制着植物的种植结构。种植结构提供植物景观的基本结构和整体的连续性。它界定不同的空间，形成掩蔽和遮蔽，为整个场地提供掩蔽的同时，旧城界形成旧风林，还能在景观范围内围合出更小的领域。这种自然的掩蔽能使老年人在室外逗留更长的时间。如香柏、樟树、香樟、紫楠、杜英、女贞、深山含笑、乐昌含笑等。

灌木在组织景观内的空间和形成区域方面有一定的作用。它可以为老年人提供不同的景观空间层次，特别是坐息空间背后的树篱；有一种老年人喜欢的安全感和领域感。如刺柏、珊瑚树、小叶黄杨、大叶黄杨、木槿、阔叶十大功劳、金叶女贞、小叶女贞、红花檵木等。

地被覆盖植物把不同种群的植物组合起来可以营造出各种各样的效果，巧妙处理的地被覆盖栽种能营造一种家的感觉，使用地被覆盖，翻修形成由一种植物构成的一个连续的区域，利用混合种植能多种多样的植物组合起来，以营造一种不同风趣、形式、纹理和展示的、有创造性的空间。同时，混合种植还有在视觉上更吸引人和更被老年人所接受的优点。如高羊茅、马尼拉、草地早熟禾、假俭草、结缕草、狗牙根、阔叶山麦冬、葱兰、红花酢浆草等。

植物分析

静态空间
动态空间
流动空间

主游赏道路
休闲道路
健身道路
无障碍道路

围和空间
开场空间
半围合空间

安静休憩区
健身活动区
入口区
儿童看护区
棋牌娱乐区

设计分析

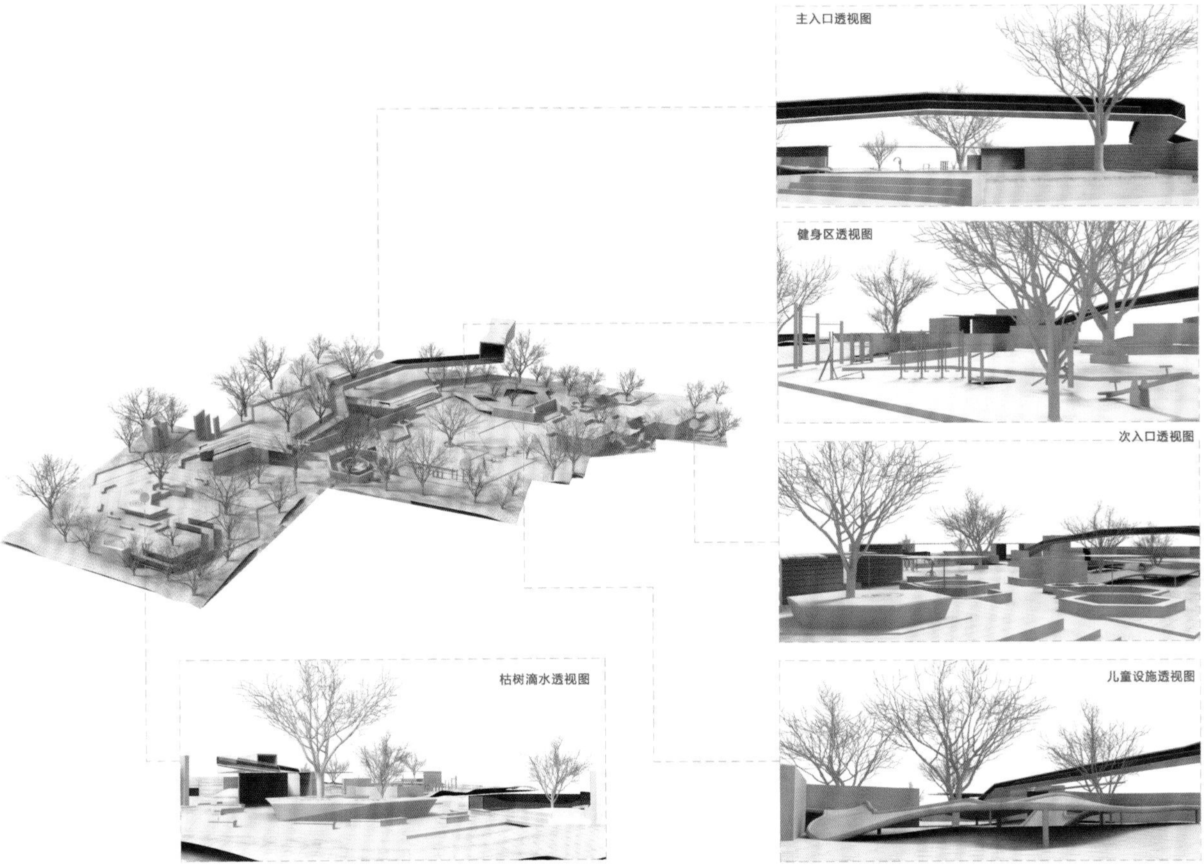
主入口透视图
健身区透视图
次入口透视图
枯树滴水透视图
儿童设施透视图

效果模型

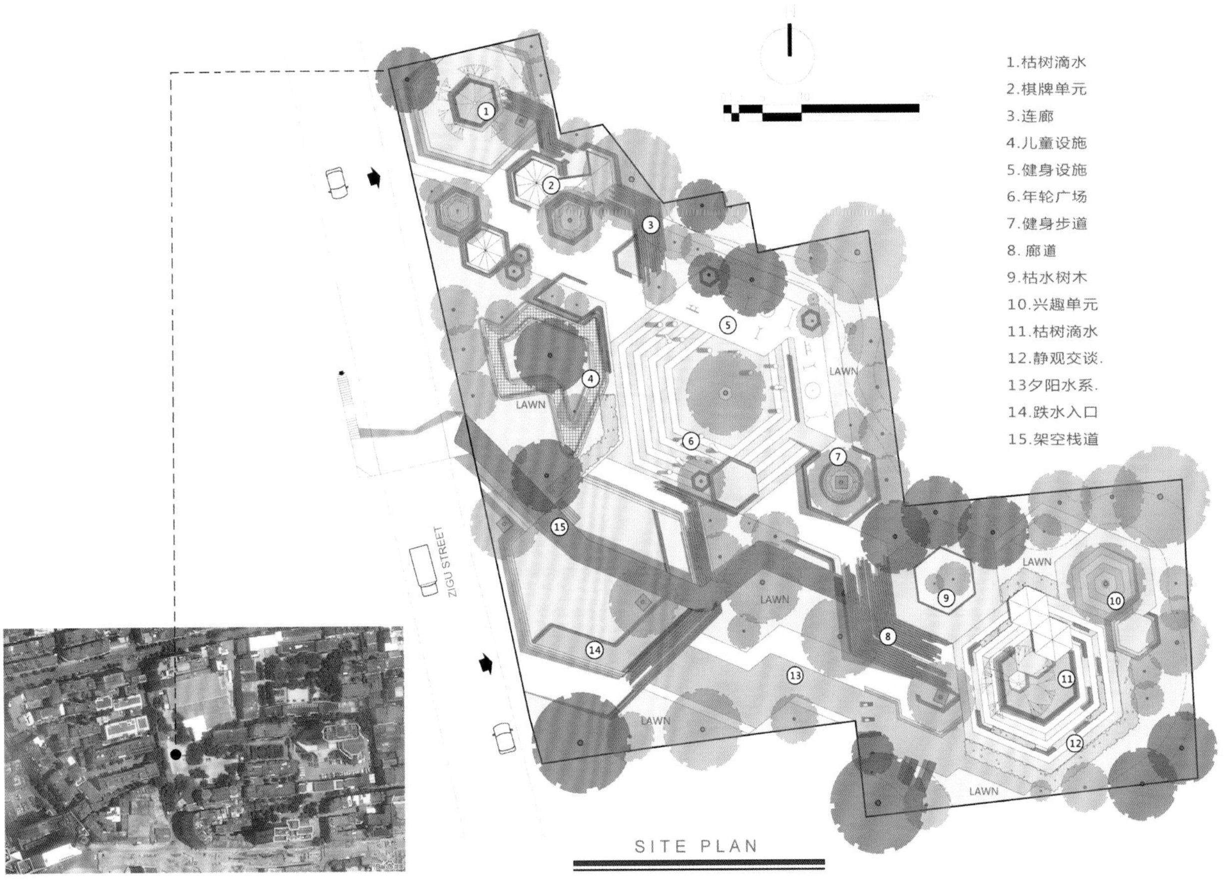
1.枯树滴水
2.棋牌单元
3.连廊
4.儿童设施
5.健身设施
6.年轮广场
7.健身步道
8. 廊道
9.枯水树木
10.兴趣单元
11.枯树滴水
12.静观交谈.
13夕阳水系.
14.跌水入口
15.架空栈道
LAWN
ZIGU STREET
SITE PLAN

总平面图

首钢二通——可调节的土地成长

Er-tong—The Adjustable Land Growing

院校名称：东海大学景观学系

主创姓名：蒲文珺

设计时间：2014.7

项目地点：北京

项目规模：80 hm^2 工业废弃地

所获奖项：本科生组银奖

设计说明：

北京市常年面临着严重的洪涝灾害，但集中的降雨并未缓解地区的水资源短缺问题，相反加剧了区域的雨水泛滥现象。同时伴随城市发展所带来的大量人口迁入和开发，也刺激了棕地的出现以及破坏了原有的生态系统。首钢二通是城市工业化发展所遗留的产物，大面积的工业棕地加剧了对周边地区的环境污染，如何处理这类废弃地将是城市可持续发展所考虑的必要路径。

在处理二通污染过程中存在四个问题：(1) 怎样处理原工厂内废旧设施，为周边地区提供社会可能性；(2) 怎样清理内部、外部的水、空气、土壤污染；(3) 怎样缓解北京市普遍存在的热岛效应，以及减弱暴雨水侵袭；(4) 怎样提供给社会一个高品质的景观生活空间，去适应周边居民的需要。

针对二通修复需主要解决的问题提供四个方面的解决措施：(1) 保留原址内具有代表性的工业建筑，并结合公共空间的使用赋予其新的功能，维系二通的工业建筑文化；(2) 通过植被修复还原棕地，并创造新的绿色基础设施加快区域内生态系统的恢复，从内部解决二通的土地污染问题；(3) 提供新的雨水管理系统，对雨水进行收集与利用，同时进行暴雨水管理；(4) 通过一系列的修复及管理措施，能够有效地解决区域内的污染问题，提供周边居民安全、健康的活动空间。

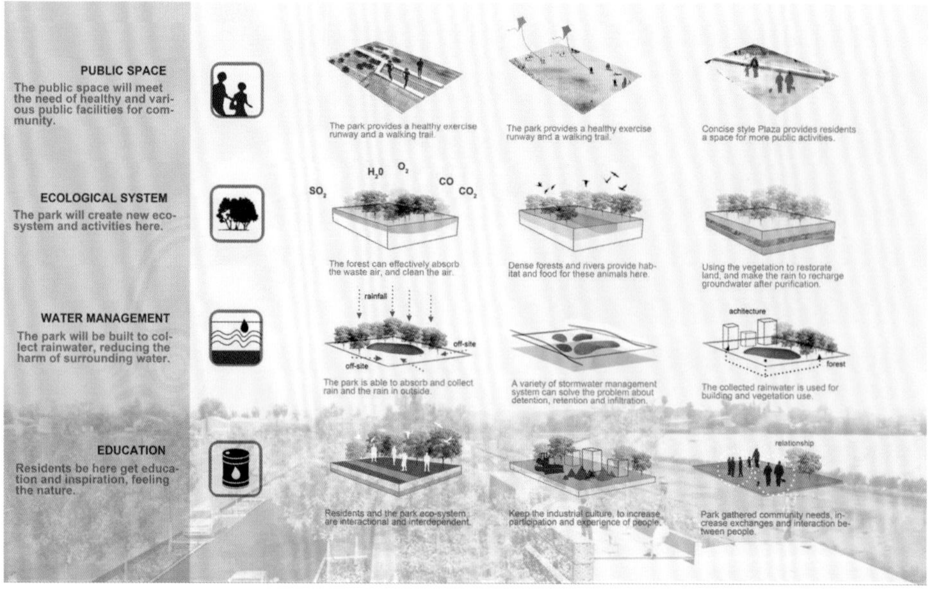

设计感悟：

土地污染以及水资源短缺已经成为城市景观设计中必须考虑的问题，城市的发展已经损坏了土地原有的自我修复能力以及净化的生态效应。大量的硬质界面取代了有机的植被群落，环境的污染已经超过了其自身的还原能力，人们面对更为严重的环境安全、健康问题，这些问题包括：雾霾、水污染、洪涝等。

都市化发展对自然界原有的生态系统和水文循环造成破坏，由暴雨水侵袭所带来的环境问题和经济损失越发严重，城市建设改变并损坏了土地储备雨水和自我修复的能力，并超过了土地及排水系统的承受力。传统的排水模式早已不能满足都市化发展的需求，只有探寻新的方式解决暴雨水问题，才能实现城市的真正可持续化发展。

本设计在于分析北京所面临的环境问题，并提出以土地自我成长和控制为基础的解决方案，找到有效缓解当地环境问题的设计方案，并对土地进行不同时期段的发展趋向及能实现的目标进行设计和预测，最终提出适应区域内其他具备相同特性棕地可执行的解决方向和目标。

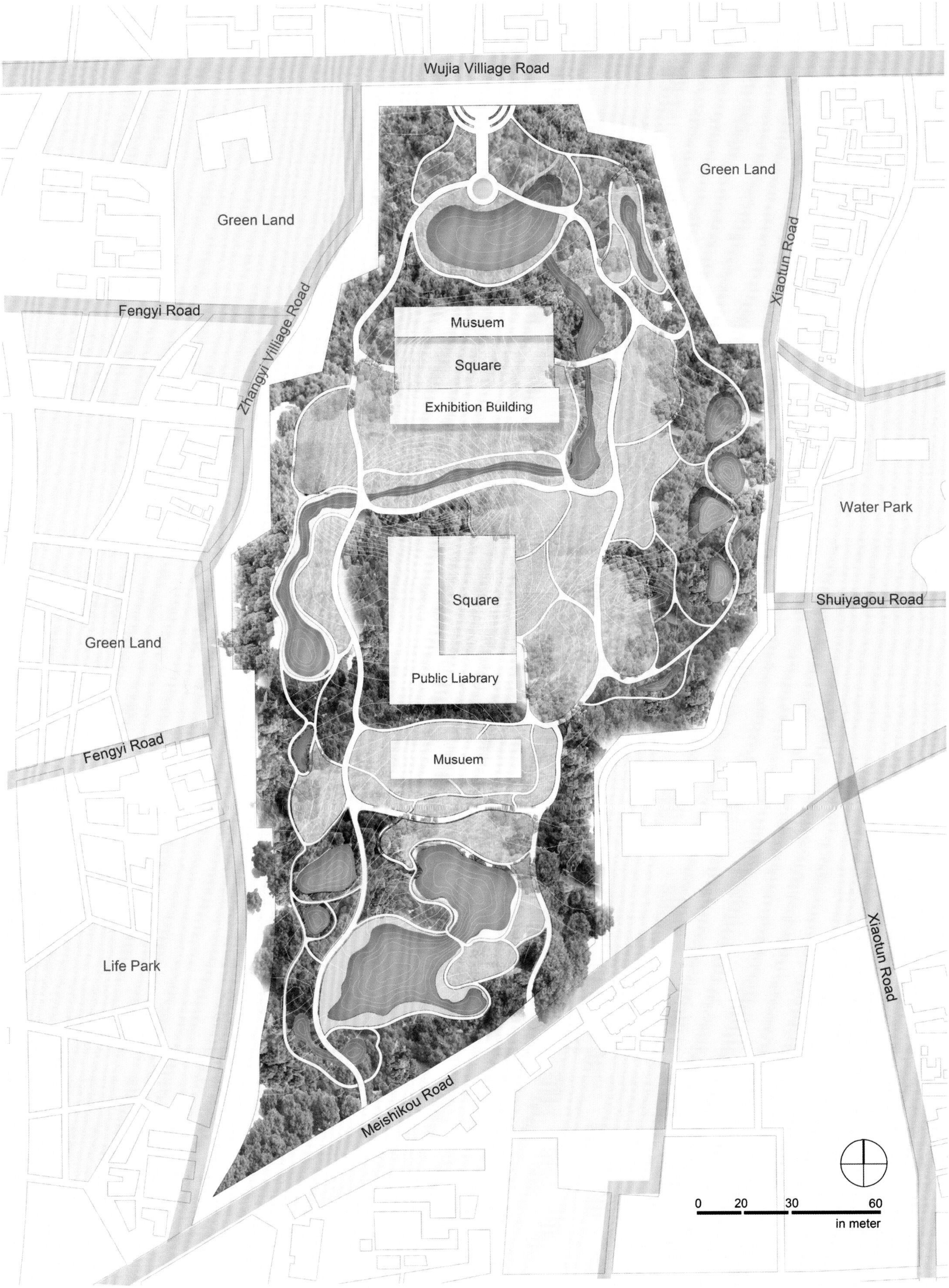
Wujia Villiage Road
Green Land
Green Land
Xiaotun Road
Fengyi Road
Zhangyi Villiage Road
Musuem
Square
Exhibition Building
Water Park
Square
Shuiyagou Road
Green Land
Public Liabrary
Fengyi Road
Musuem
Life Park
Xiaotun Road
Meishikou Road
0
20
30
60
in meter

总平面图

连接性城市滤体——城市绿色空间的激活

Linking City Filter—Activation of City Green Space

院校名称：清华大学美术学院

指导老师：方晓风

主创姓名：甘子轩

设计时间：2013.12

项目地点：北京

项目规模：220 000 m^2

所获奖项：本科生组银奖

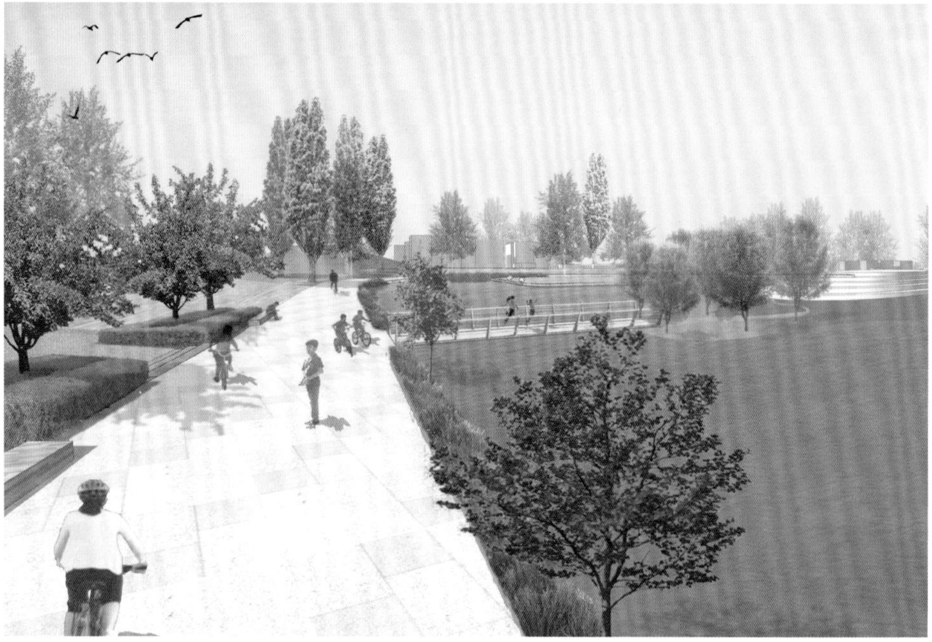

设计说明：

本设计通过对城市公园发展规律的探究以北京城市的发展状况及市民的生存状态为研究背景。选取废弃的北京游乐园为场地进行改造设计试验。提出三个设计策略：(1) 将公园内部的空间植入城市的道路系统中，使其成为连接周边居住区与交通节点（公交总站）的枢纽，使得市民进入公园享受景观成为一个自然而然的过程；(2) 将公园内部的道路与空间环境重新组合，向不同尺度的空间中注入不同的空间信息（包括：不同的声音环境、材质、视觉开阔度、植被配置方式等），形成不同的空间意象并通过路径将这些异质空间串联起来构成一条过滤系统，对如今城市中杂乱无章的信息进行隔离过滤，使人在行走的过程中从城市环境逐渐过渡到一个轻松自然的环境，使人们紧张的心情得到放松，缓解市民的生活压力，从而实现“过滤”的作用；(3) 连通场地南侧边界一层平房的屋顶构成第二高度游线，实现拓宽游人视野的同时将公园内部的景观资源向城市进行渗透的效果。最终利用统一的语言形式和路径以及植被种植方式将三个策略统一起来，形成一个完整的环境系统。意在通过此设计探索当代城市发展背景下的城市公园设计并为其他城市公共空间的建设提供借鉴意义。

设计感悟：

今天的城市景观设计已经不再局限于环境美化的单一层面。设计者在思考设计的过程中需要更加敏锐的目光发现城市发展过程中所产生的一系列矛盾问题，并尝试通过多维的角度来看待和分析这些问题，最终通过统一的设计手段来尽可能全面地解决这些复杂综合的问题。我们的设计一方面要在当今社会的语境下来探讨这些话题，另一方面还要使得现状问题得到有效解决。

此次设计分为两个阶段。第一个阶段：发现公园在城市中存在的种种问题之后，首先对当代城市的发展现状和市民的生活做出分析和判断，过程中探讨今天社会背景下城市公园的发展去向，并展开对国外城市公园的优秀案例（法国雪铁龙公园、巴西贝利公园、美国高速公路公园）的借鉴与学习。第二阶段：根据前期的理论推导确定了今天城市公园的两个发展方向之后，选定了具体的场地（现已废弃的北京游乐园）进行设计实践，通过具体的设计来验证和完善前期的策略。最终得出结论和设计成果。

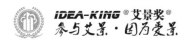

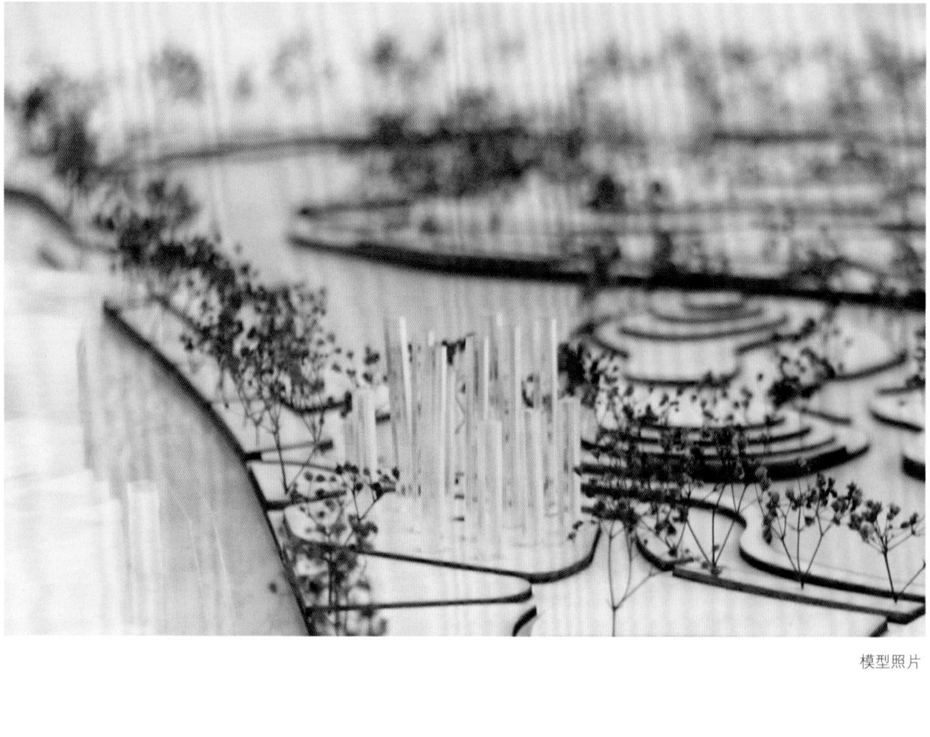

模型照片

连接性城市滤体——城市绿色空间的激活 LINKING CITY FILTER——ACTIVATION OF CITY GREEN SPACE

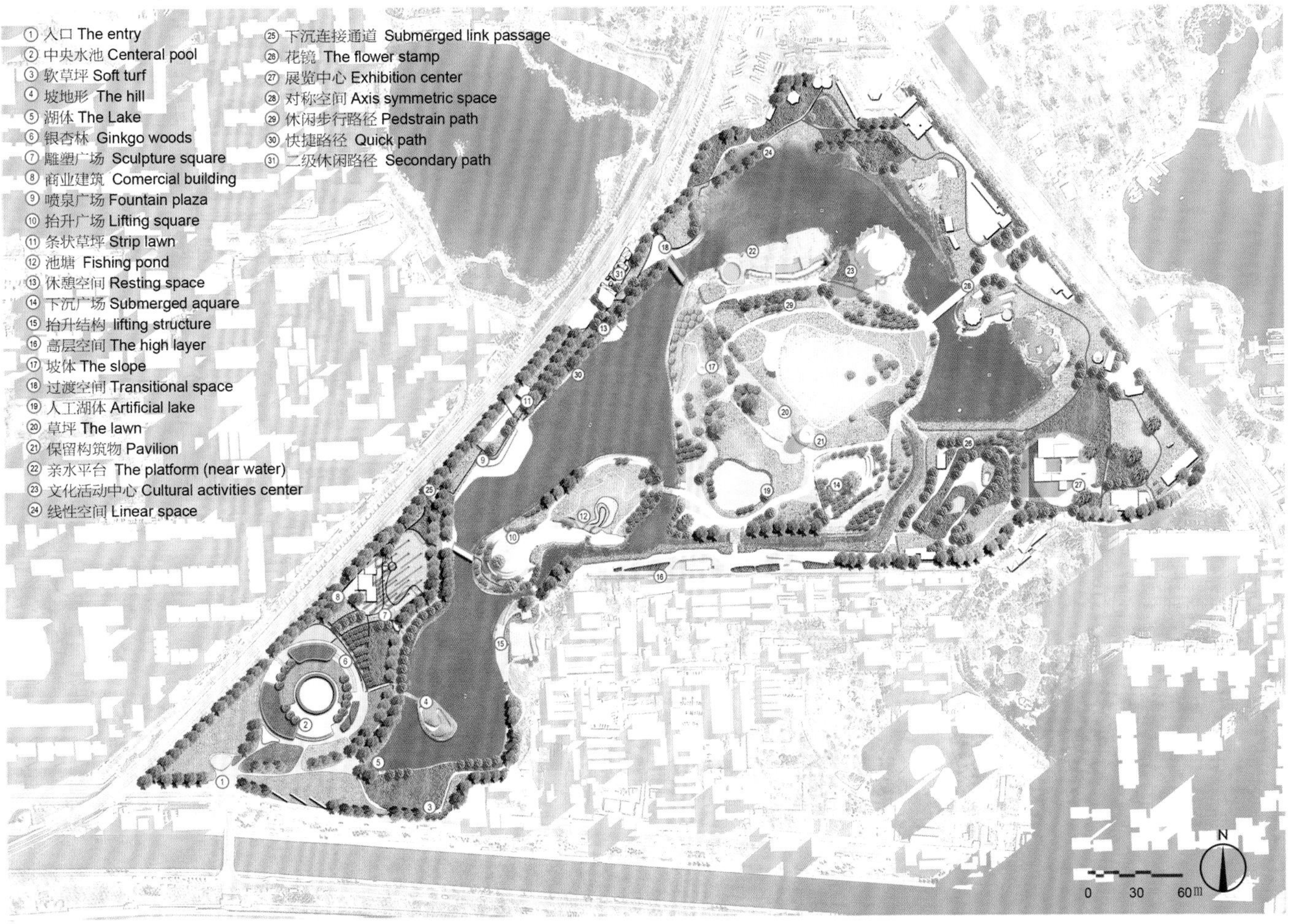
① 入口 The entry
② 中央水池 Centeral pool
③ 软草坪 Soft turf
④ 坡地形 The hill
⑤ 湖体 The Lake
⑥ 银杏林 Ginkgo woods
⑦ 雕塑广场 Sculpture square
⑧ 商业建筑 Comercial building
⑨ 喷泉广场 Fountain plaza
⑩ 抬升广场 Lifting square
⑪ 条状草坪 Strip lawn
⑫ 池塘 Fishing pond
⑬ 休憩空间 Resting space
⑭ 下沉广场 Submerged aquare
⑮ 抬升结构 lifting structure
⑯ 高层空间 The high layer
⑰ 坡体 The slope
⑱ 过渡空间 Transitional space
⑲ 人工湖体 Artificial lake
⑳ 草坪 The lawn
㉑ 保留构筑物 Pavilion
㉒ 亲水平台 The platform (near water)
㉓ 文化活动中心 Cultural activities center
㉔ 线性空间 Linear space
㉕ 下沉连接通道 Submerged link passage
㉖ 花镜 The flower stamp
㉗ 展览中心 Exhibition center
㉘ 对称空间 Axis symmetric space
㉙ 休闲步行路径 Pedstrain path
㉚ 快捷路径 Quick path
㉛ 二级休闲路径 Secondary path
N
0 30 60m

策略①——“连接”：

通过下沉空间打破场地封闭的边界，连接居住区与公交节点，为居民提供便捷路径。

Strategy ①—— "Link"

Open the submerged space to link the residental area with the park, give a new shortcut to the bus station for the residents.

策略②——“过滤”

打破原有的道路模式，以空间为主导。向不同空间中注入不同信息，对城市的恶劣环境进行隔离过滤，利用道路将不同空间串联起来形成过滤系统。以实现对游人的心理进行过滤减压的目的。

Strategy ②—— "Filter" :

Break the original space structure, inject different spacial information to the main path, provide the slower activitiesto "filter" the bad information from the city.

策略③——视觉渗透

利用现场地南侧边界的低层建筑条件对其进行改造，通过新的高差提高游览者视点，扩大区域内游人的视野范围，为公园内部的景观资源向城市进行渗透提供条件，扩大公园景观在城市中的辐射力度。

Strategy ③—— visual radiate

Raise the viewpoint by the construction, break the closed boundary, make the landscape of the park can "radiate" to the other environments of the city.

后工业时代的绿色情怀

Green Highlight Feelings Of the Post-Industrial Era

院校名称：四川农业大学风景园林学院

指导老师：刘维东 江明艳

主创姓名：余进

设计时间：2013

项目地点：四川自贡

项目规模：约 5 hm^2

所获奖项：本科生组铜奖

设计说明：

18 世纪工业革命开启了人类现代化生活，直到 21 世纪，工业文明造成了众多次生环境问题：绿地破坏、森林消失；能源危机；资源过度消耗；全球变暖（北极熊）；大气污染；“城市病”等。

前工业社会以传统主义为轴心，以高烟囱为代表的高消耗、高污染的模式存在，到了工业社会，经过厂房的改建，增加绿地，部分环境得到改善，但这不是我们最终的希望，我们呼唤绿色，我们期待以绿肺为中心的工业园区的绿心发展模式。工业园区模式的变化与发展正一步步实现着我们美丽的中国梦。

作品以黄桷山山地公园——一个被工业园区和居住区围绕的山体为基地，以绿色生态为畅想，展现后工业时代的绿色情怀，勾画出后工业时代的美丽中国梦。绿色生态、低碳环保不是奢望，美丽中国不是幻想，绿色生活将以一种巨大惯性延续下去。

设计感悟：

在准备作品的这一个月里，感悟颇多。

旅行的意义所在不仅仅是目的地，还在于沿途的风景，和看风景的心情。设计就像一场旅行，经历过，汗水就代表收获。一个月里，有时候做梦都会梦到在做方案，仿佛我已走进我自己设计的公园，清晨的阳光将我唤醒，又开始抖擞精神，整装待发。

我很高兴，在本科阶段以个人名义参加艾景奖。我想在多年以后，这依然会成为我整个人生长河最澎湃的波涛，一段最美好的回忆。

项循环广场

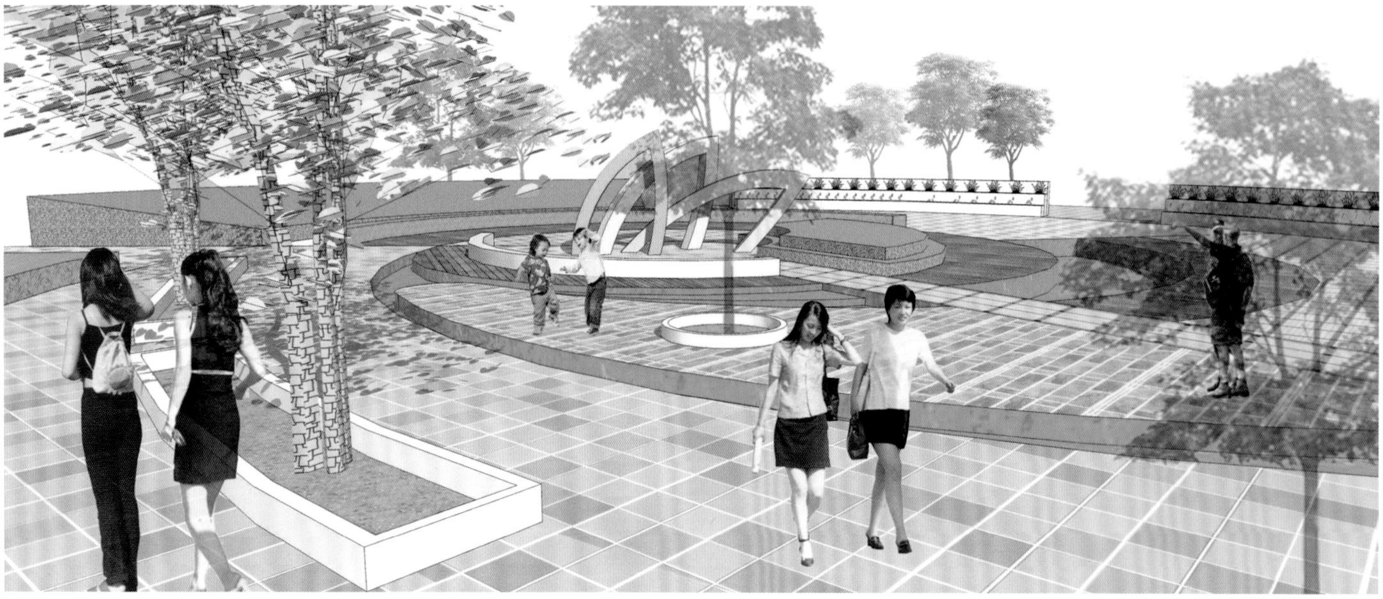

项循环广场

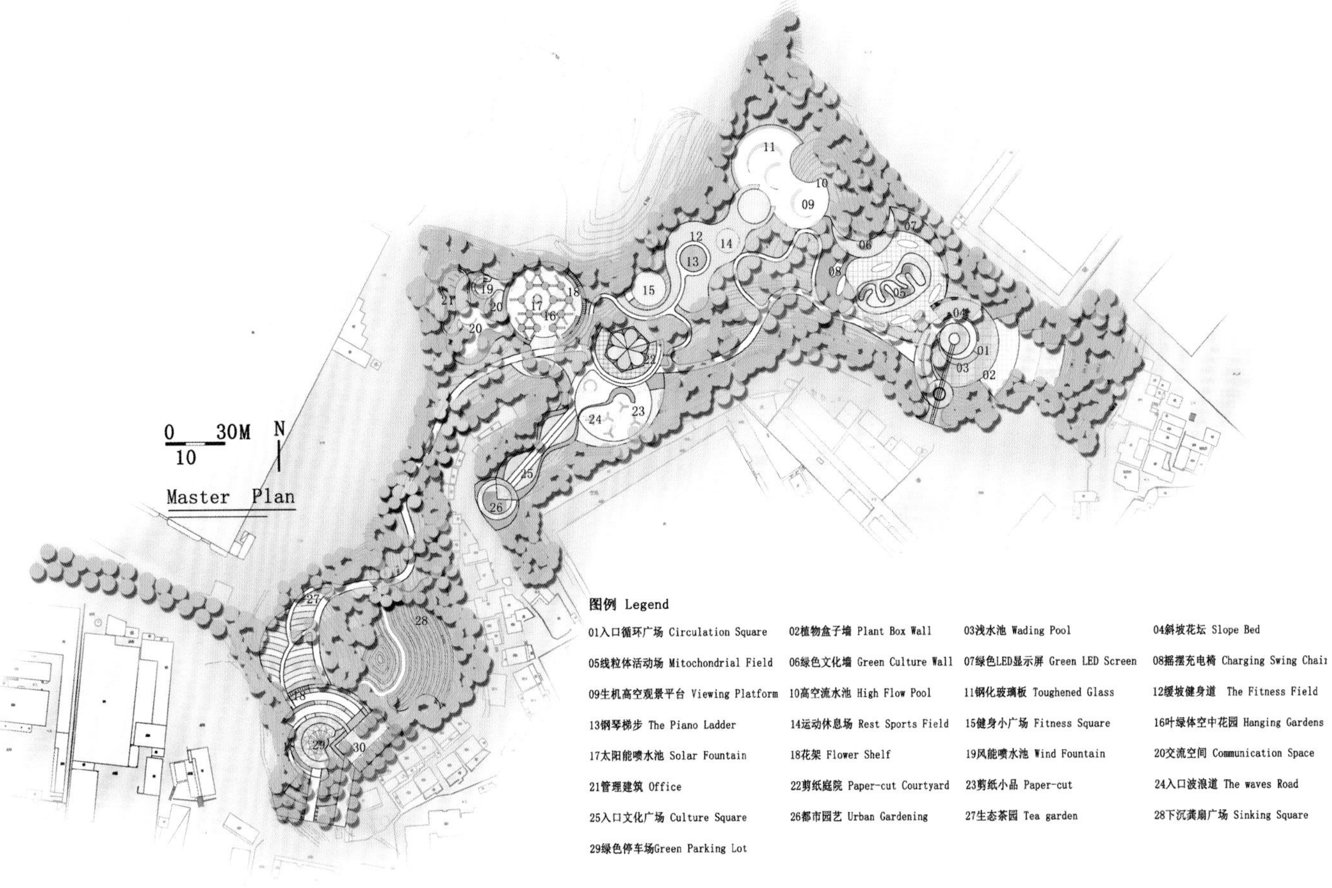
0 30M N
10
Master Plan
图例 Legend
01入口循环广场 Circulation Square
02植物盒子墙 Plant Box Wall
03浅水池 Wading Pool
04斜坡花坛 Slope Bed
05线粒体活动场 Mitochondrial Field
06绿色文化墙 Green Culture Wall
07绿色LED显示屏 Green LED Screen
08摇摆充电椅 Charging Swing Chai
09生机高空观景平台 Viewing Platform
10高空流水池 High Flow Pool
11钢化玻璃板 Toughened Glass
12缓坡健身道 The Fitness Field
13钢琴梯步 The Piano Ladder
14运动休息场 Rest Sports Field
15健身小广场 Fitness Square
16叶绿体空中花园 Hanging Gardens
17太阳能喷水池 Solar Fountain
18花架 Flower Shelf
19风能喷水池 Wind Fountain
20交流空间 Communication Space
21管理建筑 Office
22剪纸庭院 Paper-cut Courtyard
23剪纸小品 Paper-cut
24入口波浪道 The waves Road
25入口文化广场 Culture Square
26都市园艺 Urban Gardening
27生态茶园 Tea garden
28下沉粪扇广场 Sinking Square
29绿色停车场Green Parking Lot

城市再生

Urban Regeneration

院校名称：北方工业大学建筑工程学院

指导老师：杨鑫

主创姓名：成超男

成员姓名：胡凯富

设计时间：2014.7

项目地点：武汉

项目规模：2 000 m^2

所获奖项：本科生组铜奖

设计说明：

本次展园的理念主要是传达对于“生态环保”生活理念的理解。在21世纪，面临着很多环境恶化问题，包括空气污染、缺水与水污染、温室效应等问题。作为大学生的我们，应该提出创新和可行的方法解决这样棘手的问题。

本园主要解决两个方面的问题：(1) 对于生活垃圾的处理。(2) 对于雨水收集及处理的问题。随着技术和生产的进步，人们生活水平的提高，消费能力的增加也促使了生活垃圾的泛滥。生活垃圾可以分为可循环垃圾和不可循环垃圾。本次设计主要运用可回收垃圾，建造了园子的园路、景墙、座椅等。向游人传达出可回收垃圾的重要意义，呼吁人们在日常生活中要重视垃圾的分类和回收。

雨水的收集主要采用两种常见的手段。第一种方法是采用旱溪的方式，堆叠地形，用自然的方式收集雨水。第二种方式是采用雨水收集塔的方式，既解决高差问题又解决雨水收集问题。最后把收集的雨水排到园中的微型湿地中进行过滤，达到生态环保的目的。

设计感悟：

通过本次设计，对于城市垃圾的分类和再利用进行了相对深入的了解。从而认识到城市垃圾分类的重要性，以及对于城市垃圾再利用方面有很多实用方法。因此本次设计主要是把收集来的垃圾进行改造，成为整个花园中的主体材料，例如废旧的砖块作为主要的底层园路；锈铁板作为复层交通的主要材料，还有旧铁网制作成的生态景墙等等。

本花园还有一大特点就是利用改造后的装置进行雨水的收集和净化。首先最主要的雨水收集方式是园中的旱溪，其次是通过改造后堆叠而成的台地植物种植池进行收集，最终汇入到种满水生植物的微型湿地进行净化。随着水资源的日益紧缺，我们对于水资源不仅是节约使用，对于水资源的再生利用也是迫在眉睫，这个花园紧密结合本次参赛的主题，对于城市的垃圾和雨水进行了再利用，从而使人们深刻地体会到城市再生的真正含义，同时为了创造更美好的城市环境而努力。

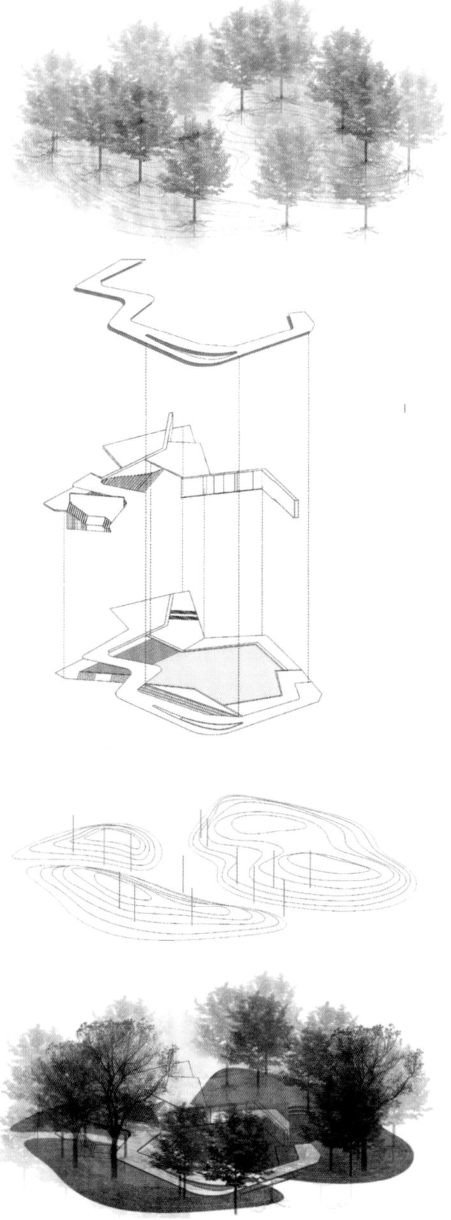

千层饼分析图

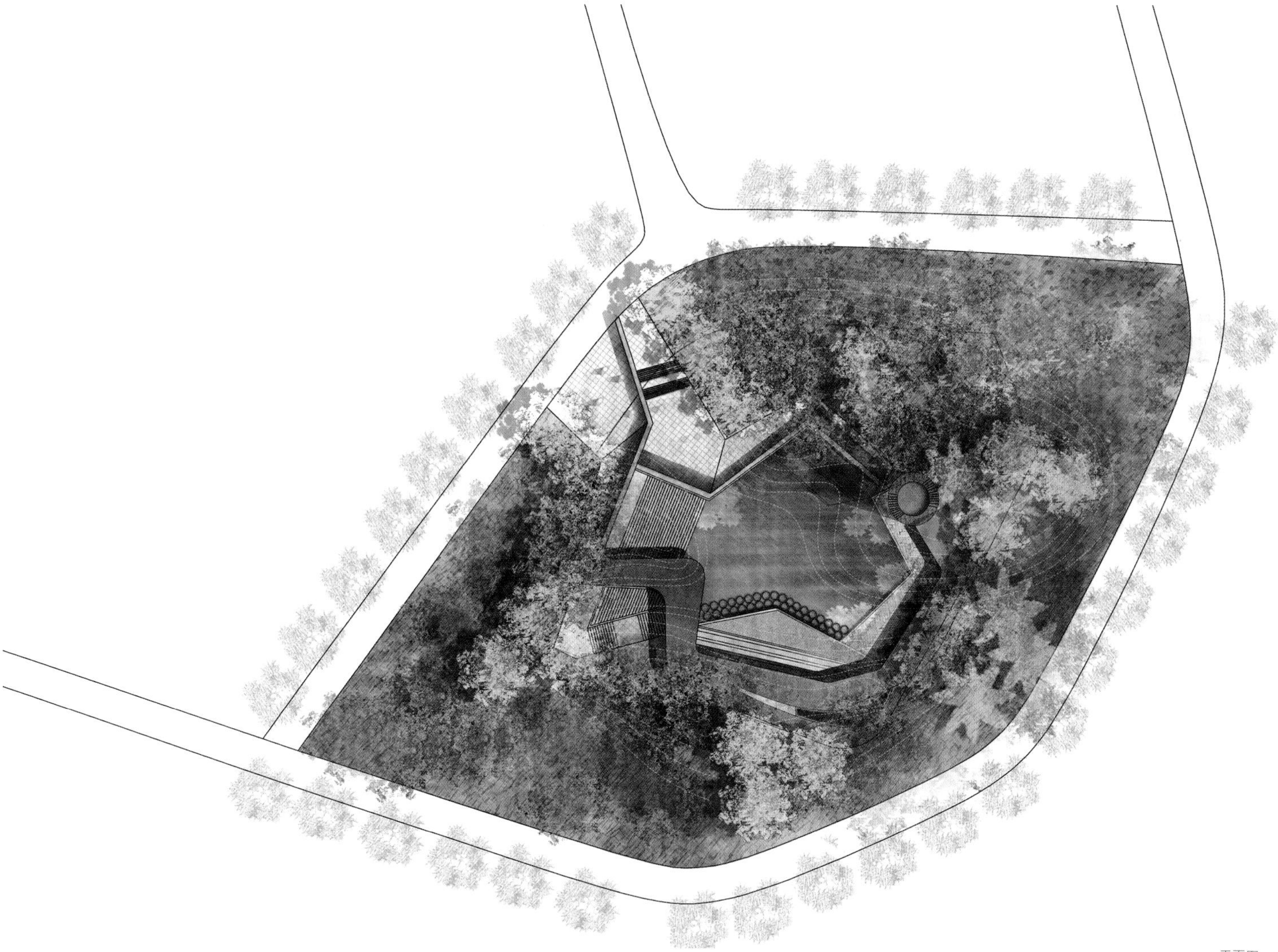

平面图

效果图

温州杨府山城市公园景观规划设计

Landscape Planning & Design of City Park in Yangfu Mountain ,Wenzhou

院校名称：南京林业大学
指导老师：熊瑶
主创姓名：张嘉欣
设计时间：2014.6
项目地点：温州
项目规模：67 hm^2
所获奖项：本科生组铜奖

设计说明：

温州杨府山城市公园位于温州滨江新区内，北接黎明东路，南接学院东路，东西接加州路与府东路，占地面积 678 000 平方米。其中山体面积约 30 公顷，最高海拔 141.39 米，可以远眺瓯江，俯瞰温州，具有良好的景观视线。公园以“城中山水”为设计理念，以人文、生态、游憩为设计原则，规划绿化面积占 71.5%，水体面积占 16%，位于温州滨江新区 CBD 规划绿轴端点，打造城市山水公园，让城市回归自然，提供望江游憩的新去处，为人们提供可游、可观、可玩的绿色游憩空间。

温州杨府山城市公园规划结构为一环两片八区，分为山地与湖泊两大景观片区，宗教文化区，少年儿童体验区，山地景观核心区，岩生植物展示区，（山地景观片区）农业观光区， 主入口景观区，湖滨景观游憩区，滨水生态特色区（湖泊景观片区）。

温州杨府山城市公园以城中山水为特色，利用基地现有杨府山与基地水系，重塑园中山水，连接园区南北两侧城市排水渠，开挖景观湖，结合雨水花园形成“雨水—排水明沟—雨水收集点—景观湖—河流—城市排水渠”的园内水循环系统，使得园区水系与城市排水网络连成一体，同时起到行洪蓄洪的目的。另外利用杨府山得天独厚的海拔与视线优势打造望江景观塔，塑造瓯江观景新去处。植物规划方面以植物生境为依托，将全园分为坡地林生境，平地林生境，农田生境，湖泊生境，灌丛沼泽生境。结合乡土树种、土壤、地形等多方面要素塑造生态持久的植物种植群落。设施规划上除了常有的公园设施外，特地增加了饮水处的设置，为市民爬山慢跑提供新便利。并且结合园内原有人文景观资源，扩建法云寺，打造宗教景观区，保留青少年活动中心，重塑景观结构，利用温州市自来水厂原有建筑改建岩生植物馆。打造生态、游憩、人文的现代城市山水公园。

设计感悟：

城市让生活更美好，可是随着城市的扩张与经济的发展，城市已渐渐失去自然。越来越多的人为了找寻自然跋山涉水。那么我们何不在城中塑造山水公园？杨府山公园区位良好，场地内靠山面水远眺瓯江；所在地温州又为中国山水诗的发源地。山水公园的塑造符合城市的功能需要与场地现状和人文地理条件。 设计者希望对于杨府山公园的重塑，为温州市民打造一个“罗曾崖于户里，列镜澜于窗前”的公园之景；将山水塑造于城市之中，塑造城中山水，让城市回归自然。 同时在塑造园中山水的同时考虑到行洪蓄洪的功效将城市公园的生态效用充分发挥，将公园设计结合城市水系规划，避免在极端降雨天气给城市造成严重内涝，在枯水期起到补给城市河流的良好生态作用。 杨府山公园通过对水系的梳理，连接公园南北水渠，充分利用公园内近 11 公顷的水系，起到涵养水源，行洪蓄洪的作用。

另外在城市回归自然的同时倡导建造持续发展的公园，避免城市公园因无人管理而荒芜，降低公园的养护成本，打造低碳生态的公园环境，通过雨水花园、太阳能照明设置等降低公园的能耗成本。杨府山公园通过打造雨水收集系统，将全园雨水收集利用，塑造景观水景。

城市回归自然，并不是像自然保护区一样禁止游客入内，而是为游客提供一个良好的生活环境，温州杨府山城市公园，通过对园内地形的利用打造了登山、跑步、划船等特色游憩活动。将公园回归市民，让城市回归自然。

雨水花园示意图

雨水花园最早出现于20世纪90年代，是人们对于生态可持续发展的持续重新思考，在杨府山公园中通过对于雨水花园的打造，希望游人在游园的同时了解自然，了解公共绿地对于城市的重要性。
并且在游憩的同时感受水带给人们的乐趣。
雨水花园与园内其它的开放水体构成了全园的水循环系统的核心。再由这些核心排入景观湖。由景观湖和河道排入城市排水渠。

雨水 → 排水明沟 → 雨水收集点 → 景观湖 → 河流 → 城市排水渠

雨水花园意向图

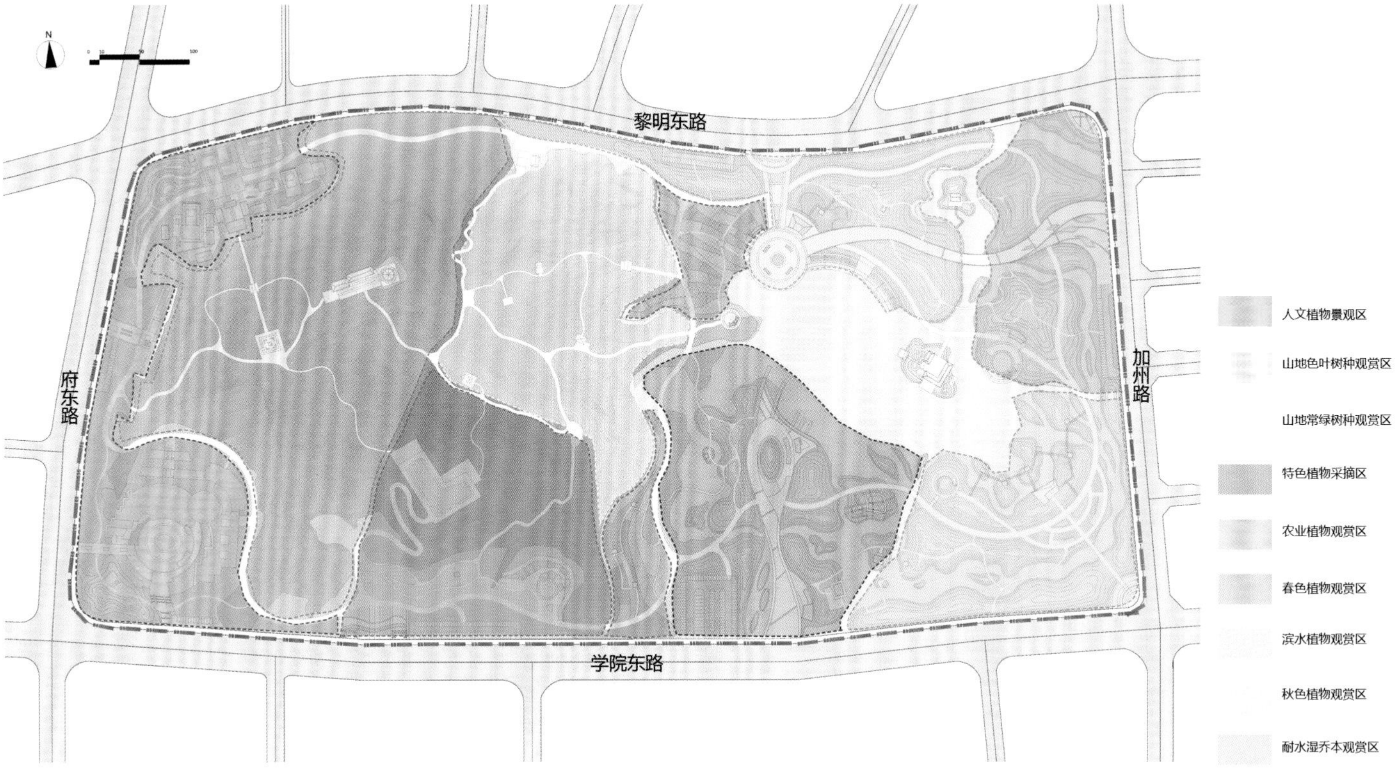

人文植物景观区

山地色叶树种观赏区

山地常绿树种观赏区

特色植物采摘区

农业植物观赏区

春色植物观赏区

滨水植物观赏区

秋色植物观赏区

耐水湿乔本观赏区

观赏植物规划

1. 宗教文化广场 5. 远望阁　9. 植物园入口 13. 登高亭 17. 登山广场 21. 梯田观光带 25. 主入口广场 29. 山居园 33. 广场小卖 37. 观景平台 41. 水香树 45. 水循环展示馆 49. 亲水平台 53. 景观绿轴大道 57. 登山服务中心 61. 文化雕塑 65. 停车场
2. 法雨寺　6. 户外攀爬 10. 岩生植物馆 14. 山间休息广场 18. 青云亭 22. 荷香谢 26. 入口管理中心 30. 景观大道 34. 公园餐厅 38. 人行道入口 42. 环形天梯 46. 滨水广场 50. 雨水广场 54. 游客服务中心 58. 枯山水 62. 景观溪流 66. 滴水广场
3. 竹林精舍　7. 攀爬广场 11. 乡土植物园 15. 廊架　19. 府山阁 23. 观水平台 27. 码头服务中心 31. 水上苗圃 35. 音乐喷泉 39. 在水一方 43. 生态游步道 47. 杉前小舍 51. 生态浮岛 55. 景观盒 59. 攀爬服务中心 63. 景观湖
4. 碑亭　8. 青少年活动中心 12. 矿坑花园 16. 叶学成蒹 20. 山间茶室 24. 景观草坪 28. 码头广场 32. 归园田居 36. 东篱园 40. 森林氧吧 44. 雨水花园 48. 杉间小径 52. 律动广场 56. 青云梯 60. 蔷薇岛 64. 城市水渠

总平面图

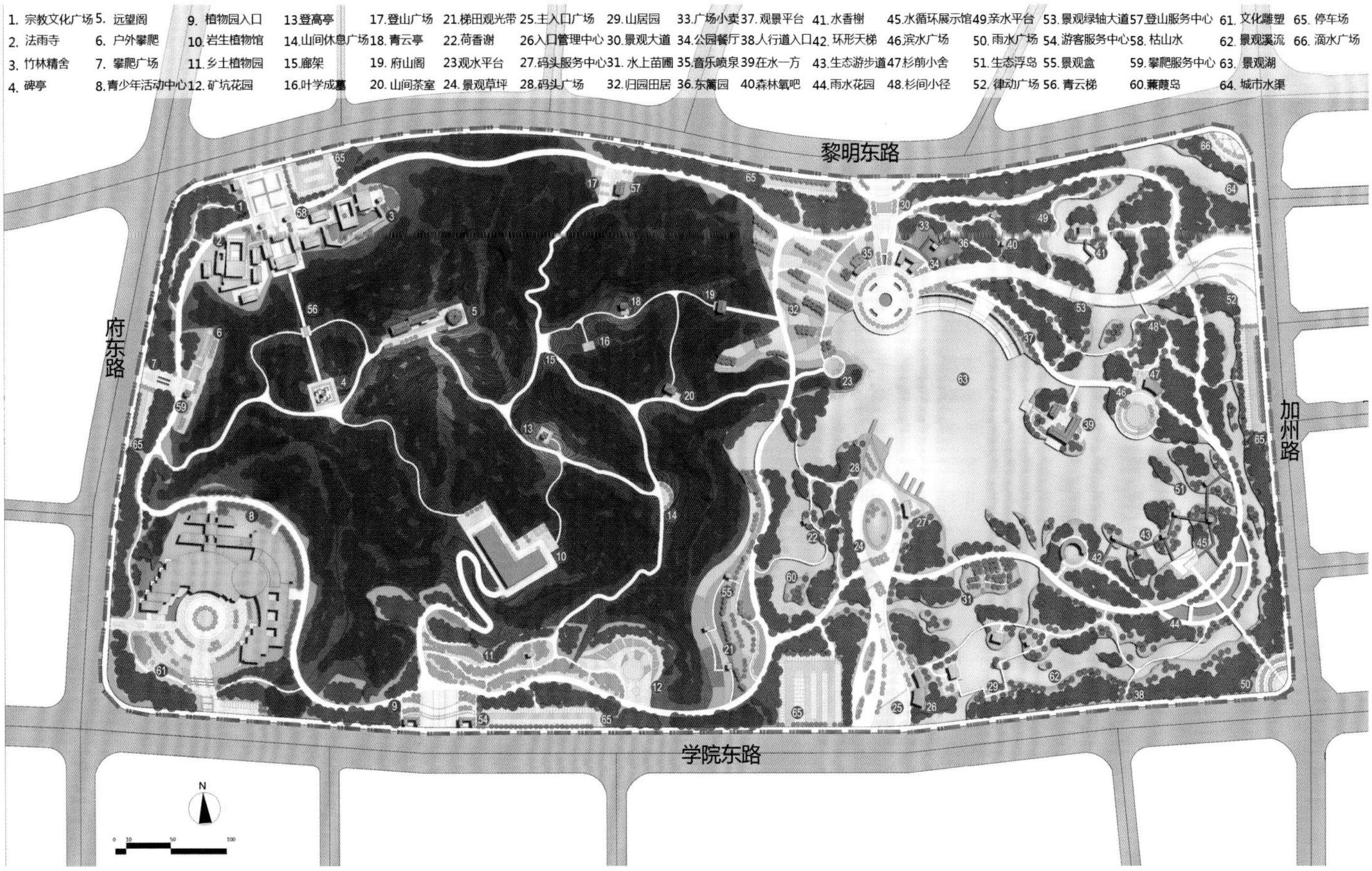

野兽逆袭——生态公园改造设计

Park of Wild Rejuvenation

院校名称：哈尔滨工业大学建筑学院
指导老师：刘晓光
主创姓名：张嘉帅
成员姓名：王悦人　钟蕾
设计时间：2014.5
项目地点：哈尔滨
项目规模：37 hm²
所获奖项：本科生组铜奖

设计说明：

生态公园为哈尔滨工业大学科学园改造项目。作为城市中不可多得的大面积绿地，方案着眼于生境的营造和恢复。通过对本地物种栖息特性的研究，设计涉及了六大生境：灌草地生境、水域生境、滩地生境、森林生境、草地生境、建筑生境。通过植被的恢复、地形的营造，人类活动的限制（包括交通的引导、观览的提示、活动的组织），为城市野生动物创造了理想的栖息地，构建了一个人类和动物可以和谐共存的生态公园。

设计感悟：

生态公园的建设涉及两个重点：一是生境的恢复和营造，二是人类社会活动的研究。如何将这两个方面有机地结合在一起，形成安全的生态格局是整个设计的难题。如何让人类的活动生态化，让场地可栖息化并不是一朝一夕可以完成的，对于整个设计来说，对于未来远景的预测和把握是非常必要的。构建景观生态安全格局，不仅可以帮助指导那些对整体生态安全具有关键性意义的空间、位置和点的恢复，还能为针对区域实施长远的、整体性的保护提供依据。在科学园这块场地上，通过生态安全格局的分析和构建逐年恢复植被，人工的重构栖息地，被动诱引动物前来，建立从局部（科学园）—整体（哈尔滨），从宏观—微观，从主动恢复—被动恢复的思想，让人的活动参与到整个生态环境的恢复中，营造一个和谐的空间。相信在不远的将来科学园这块场地会为城市的发展产生更广大的生态效益。

总平面图

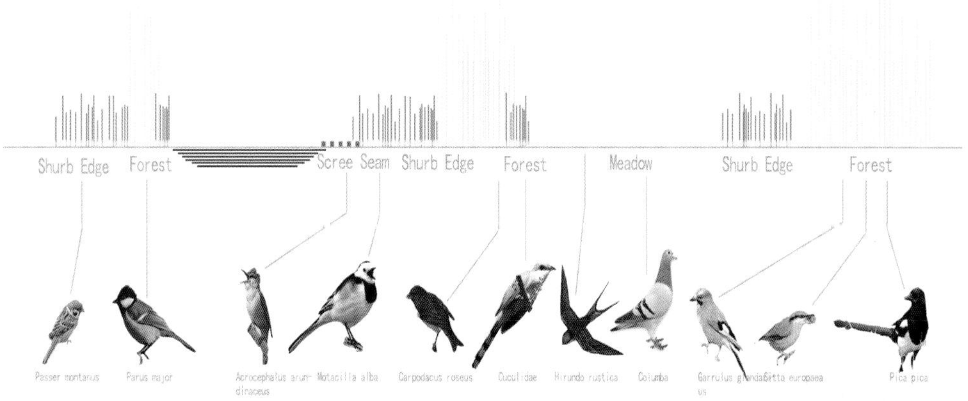

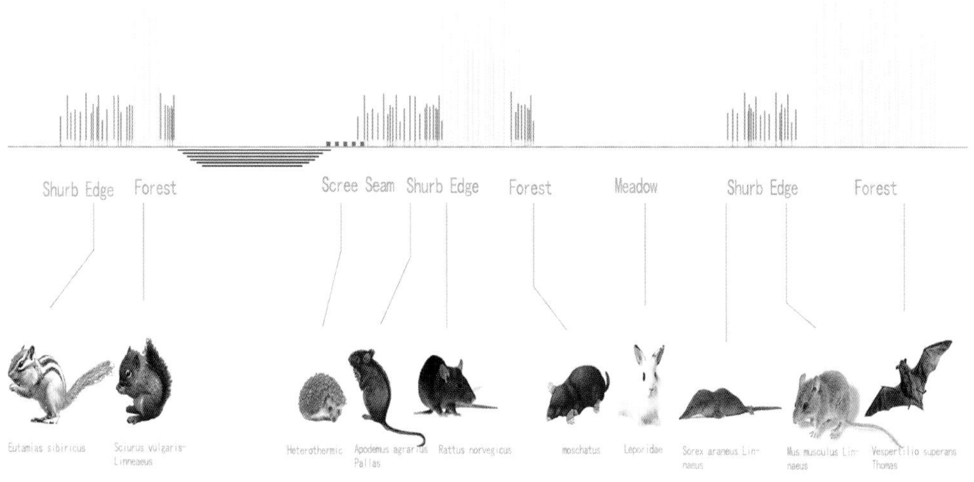

栖息地适宜性分析Habitat suitability analysis

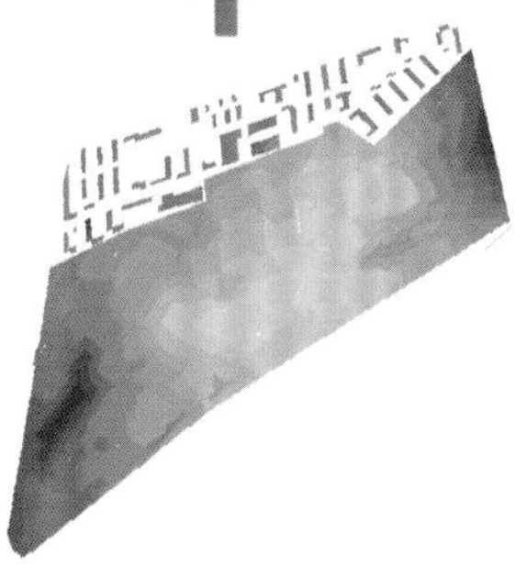

阻力成本分析cost resistance analysis

栖息地模型

筑绿联盟——城市湿地生态系统营造的推广性实践

The Eco Raisers—A practice of Constructing a Generalized Urban Wetland Ecosystem

院校名称：浙江理工大学
指导老师：吉立峰　吴捷
主创姓名：崔艺桐
成员姓名：陈成雯　黄梦琳　沈施　刘彦辰
设计时间：2014.8
项目地点：江苏苏州
项目规模：78.19 hm^2
所获奖项：本科生组铜奖

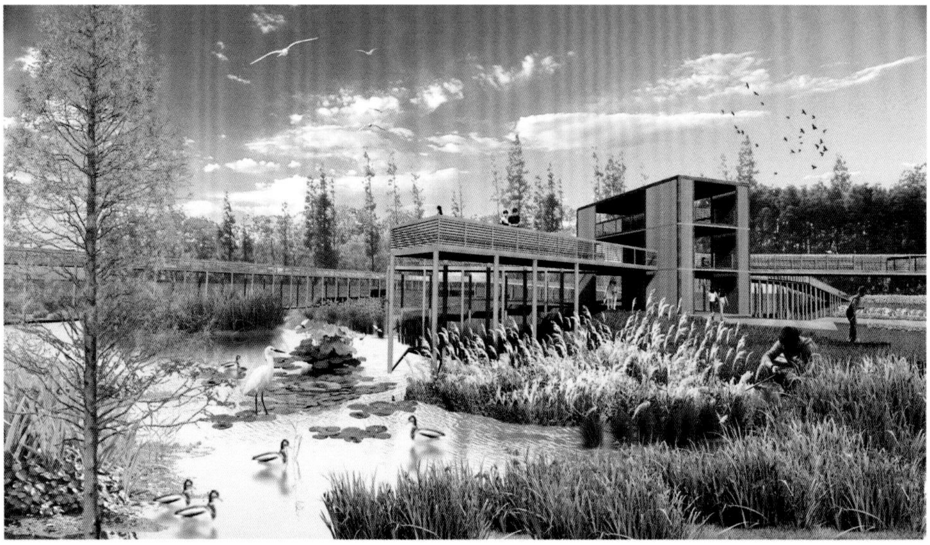

设计说明：

本案将整个地块建设成城市生态系统中的一个斑块，与城市中其他斑块、廊道等连接而构造出整个生态格局。借助本案城市湿地生态系统的营造，实现我们对景观生态学等理论进行实际应用的尝试，并且探索可以进行模块化推广的设计方式。我们营造城市湿地生态系统的基础要求在于以下几个方面：雨洪调节、雨水径流净化与沉降、清洁能源的生产、废弃物质的运用、生产性景观等。最终在此基础上，利用园内生态资源进行科研和教育活动，主要面向对儿童及青少年的科普与推广，从而达到我们的最深层目的——影响人们的意识形态进而呼吁市民提升环保意识。

因此，为了方便让低龄的主体受众更乐于接受生态理念，我们将本案取名为“筑绿联盟”，让生态系统中的生物成分“生产者、消费者、分解者”担任“筑绿联盟”中的超级英雄们。这些超级英雄们各司其职，保护自然与城市的安全稳定，提供给人类新鲜的空气、水、食物以及美景。

设计感悟：

作为景观专业的学生，我们在做本次设计的时候想得最多的就是传达一种信念，一种让人们转换思维的愿望。城市并不是一部机器，它是一个有机的、活的容器，容纳的不仅是人类的生活，更是人类的梦想，这个梦想需要获得自然的支持，因为人类的一切追根溯源在于自然。

A

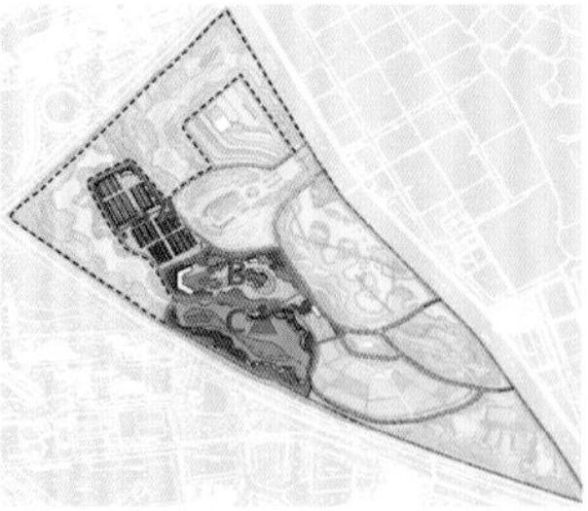

效果图展示：
A.香蜜海
B.牧心农场
C.悠游水岸

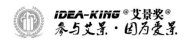

效果图

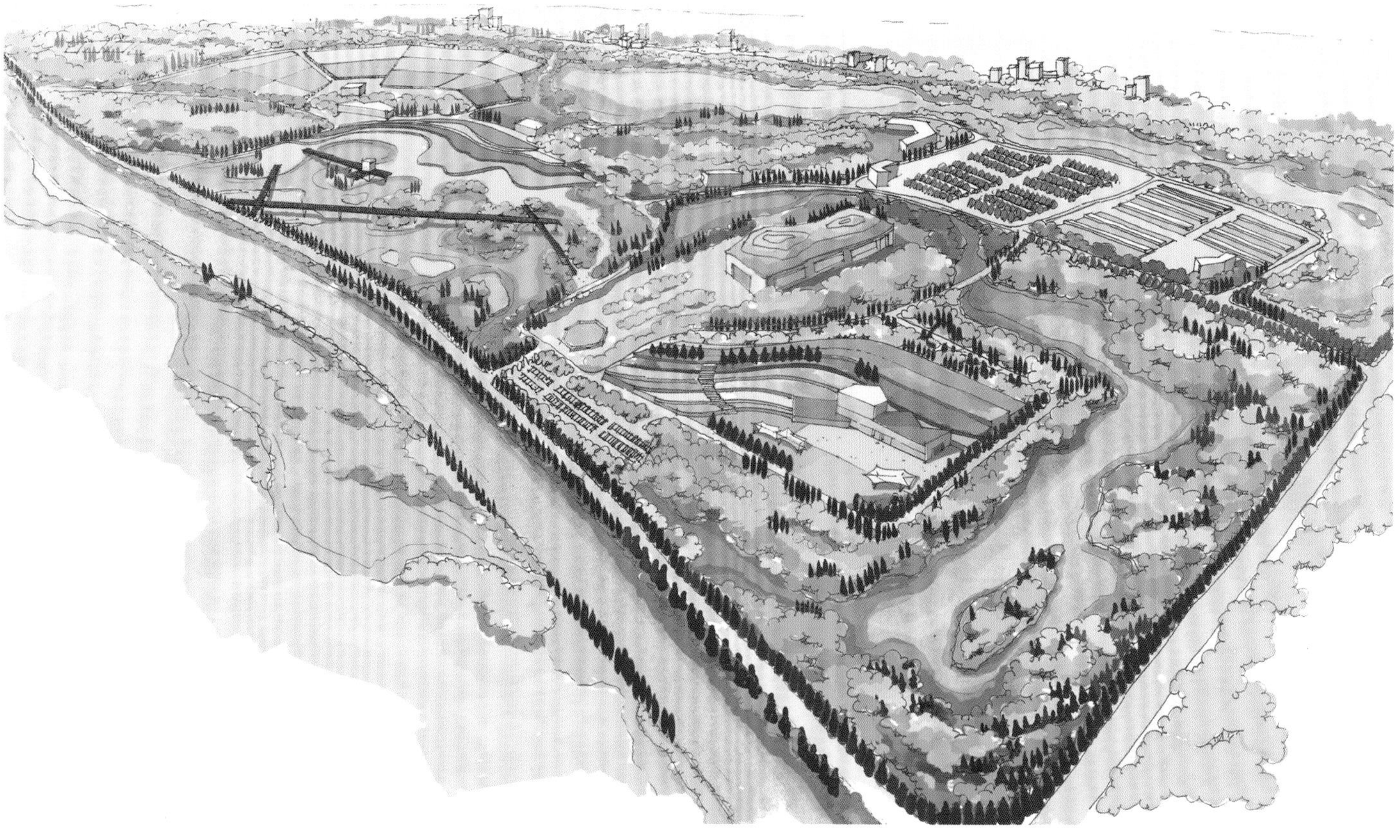

鸟瞰图

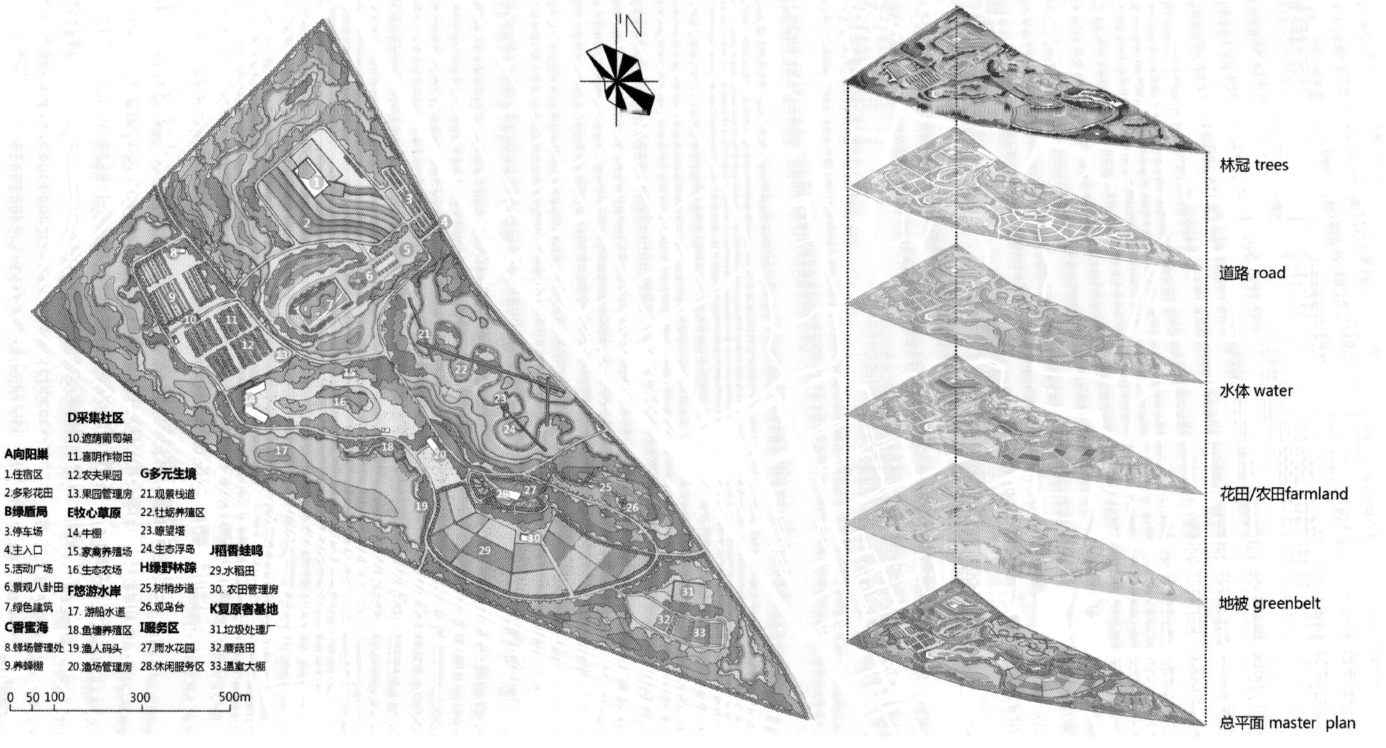

N

林冠 trees

道路 road

水体 water

花田/农田 farmland

地被 greenbelt

总平面 master plan

A向阳巢
1.住宿区
2.多彩花园
B绿盾局
3.停车场
4.主入口
5.活动广场
6.景观八卦田
7.绿色建筑
C香蜜海
8.蜂场管理处
9.养蜂棚

D采集社区
10.遮阴葡萄架
11.喜阴作物田
12.农夫果园
13.果园管理房
E牧心草原
14.牛棚
15.家禽养殖场
16.生态农场
F悠游水岸
17.游憩水道
18.鱼塘养殖区
19.渔人码头
20.渔场管理房

G多元生境
21.观景栈道
22.杜鹃养殖区
23.瞭望塔
24.生态浮岛
25.观鸟台
26.观海台
I服务区
27.雨水花园
28.休闲服务区

J稻香蛙鸣
29.水稻田
30.农田管理房
K复原者基地
31.垃圾处理厂
32.蘑菇田
33.温室大棚

0 50 100   300   500m

总平面图

宿息井树——西安古城墙内甜水井街区居住环境更新改造

Live in the Nature—the Sweet Water Well Block's Residential Environment Renovation in the Ancient Wall of Xi'an

院校名称：西安建筑科技大学建筑学院

指导老师：惠劼

主创姓名：张国华

成员姓名：赵晓旭　周松　刘宁

设计时间：2014.5

项目地点：陕西西安

项目规模：25.5 hm^2

所获奖项：研究生组金奖

设计说明：

基地甜水井街区位于西安古城城墙内西南角，在民国时期由于特有的甘甜井水而被人们熟知，从明清开始逐渐发展成居住用地，明清之前少有建设，是自然化的状态，而现状已经完全被人工化建筑、环境所替代。方案以解决基地缺失自然、夏季高温、自然空间较少、建筑密度较高的居住环境为切入点，根据基地历史沿革、气候环境与地形的基本特征，在现状的基础上，采用"做减法"的方式降低建筑密度，避免大拆大建，对现状居住环境的更新改造，提出"宿息井树"的设计主题。规划以"井"、"树"为原形，一方面依"井"营造邻里空间，另一方面借"树"与"井"创造与基地互相融合的自然系统。规划根据"井里"的居住模式，进行组团划分，疏通各组团空间改善通风，并形成主要风走廊，同时也是两条主要汇水廊道之一。结合"树"与其水分的运输方式，根据地形与组团进行汇水渠与蓄水池（井）的布置，形成两条主要汇水廊道与多条次要汇水廊道。结合各层级汇水廊道，依此组织居民日常活动与步行系统，将自然融入人们的日常生活中。景观节点结合汇水廊道成等级布置，形成景观系统。规划试图改变模式化的居住环境设计手法，依托自然元素与基地自然特征设计城市，期望人们居住在自然中，自然地生活。

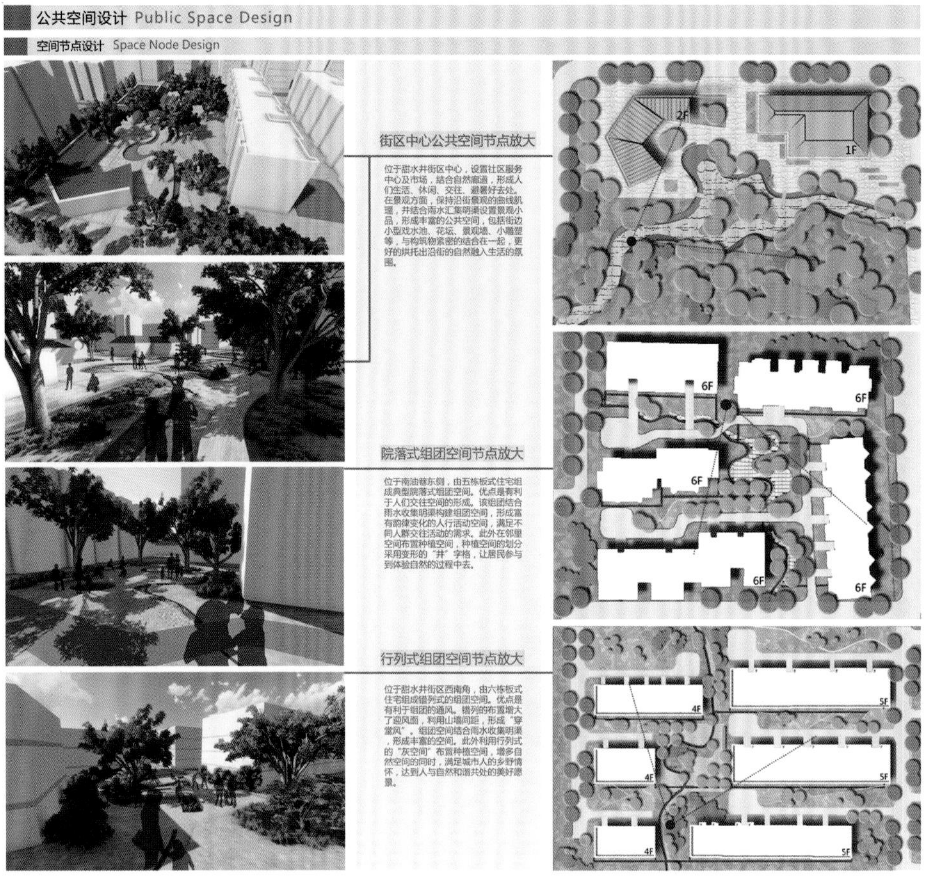

设计感悟：

随着城镇化脚步的加快，城市变化越来越大，城市问题应运而生。当我们一直在关注城市的经济发展有多快，几年后变成什么样的时候，城市是否越来越宜居被我们忽视。从最初人类生活在一种完全自然的环境之下，探索适应自然的一种居住模式与建设方式，到今天人们居住在大部分人工化环境里，模式化的设计，经济效益最大化的建设，自然离我们越来越远。我们应该反省：我们要考虑的是城市如何结合自然进行设计，而不是在城市里怎么规划"自然"。我们应该居住在随自然应运而生的环境里，而不是耗费资金建设的人工化牢笼里。当现阶段城市发展对"自然"的态度既爱又恨，当我们居住在缺失自然的城市里向往自然，当"生态城市"成为城市发展的口号，而城市回归自然、结合自然的城市设计，无疑是城市建设发展过程要着重考虑的城市设计路径，我们应该意识到回归自然的重要性。

从开始收集资料，认识"什么是自然"、"城市为什么与自然相违背"、"自然给予了我们什么"等基本问题，到选择了西安古城墙内地势偏低，自隋唐以来一直处于自然状态，从明清之后逐渐有居住需求，到现在成为大片居住用地的甜水井街区，去寻找回归自然的途径与方法。此次设计不仅让我们从思想上理解了"城市回归自然"的含义，也将这个思想融入到规划设计实践中，针对基地提出它特有的与自然结合的设计方案，是我们组员规划设计学习过程中，一次有意义的规划思路与设计能力整体提升的课程。

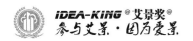

总体鸟瞰图

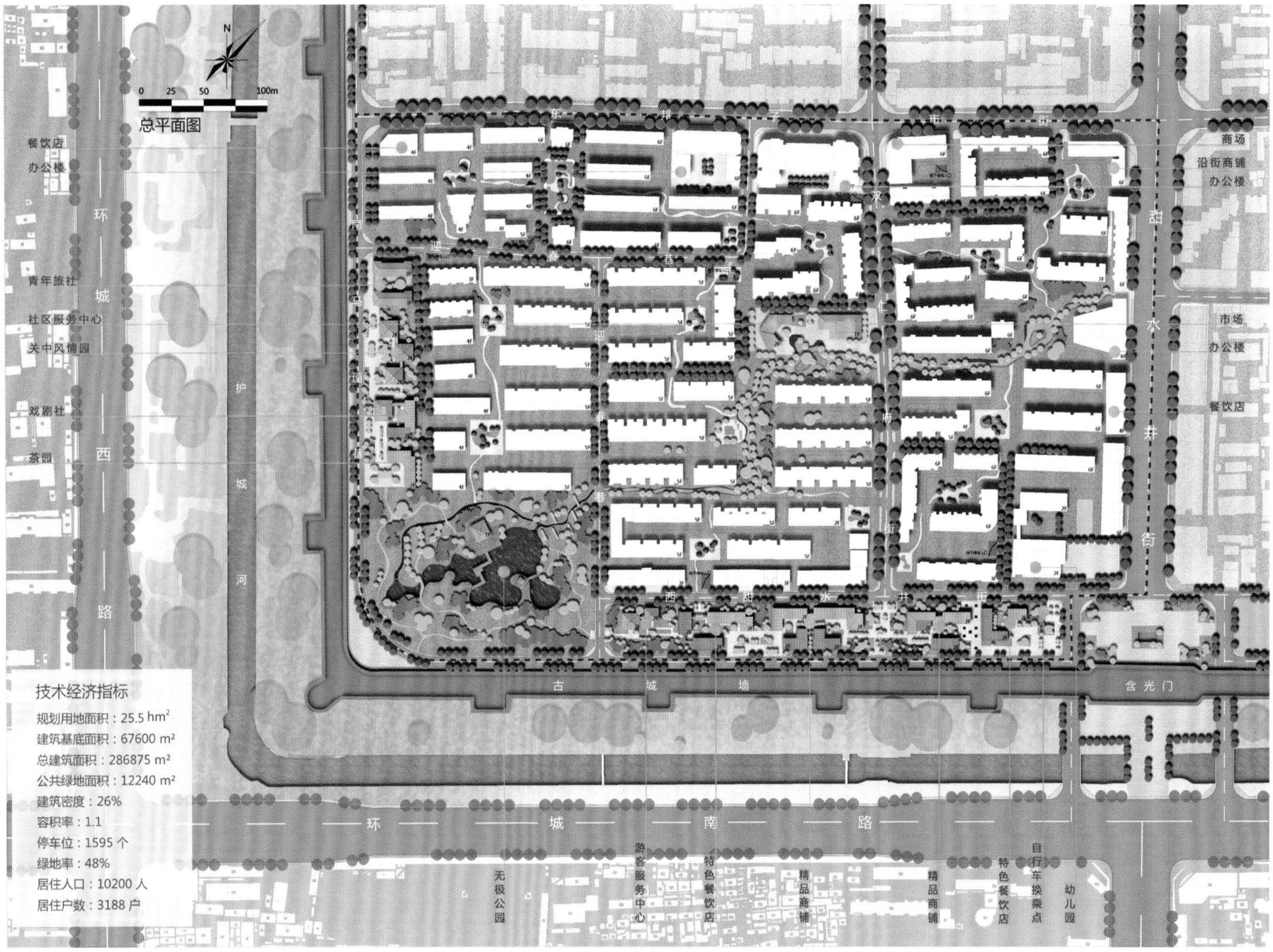
N
0 25 50 100m
总平面图
餐饮店
办公楼
青年旅社
社区服务中心
关中风情园
戏剧社
茶园
环城西路
护城河
古城墙
含光门
环城南路
无极公园
游客服务中心
特色餐饮店
精品商铺
精品商铺
特色餐饮店
自行车换乘点
幼儿园
商场
沿街商铺
办公楼
市场
办公楼
餐饮店
甜水井街
技术经济指标
规划用地面积：25.5 hm²
建筑基底面积：67600 m²
总建筑面积：286875 m²
公共绿地面积：12240 m²
建筑密度：26%
容积率：1.1
停车位：1595 个
绿地率：48%
居住人口：10200 人
居住户数：3188 户

绿色空间营造 Green Space Construction

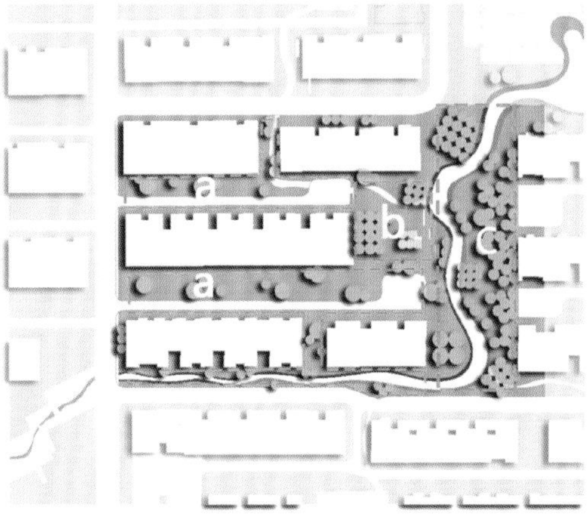

本设计针对不同层级开敞空间及人们的不同的行为采取不同的种植策略。通过孤植、阵列种植及组群种植等，着力在重点区域打造避暑空间，满足人们日常行为活动，为居民提供休闲纳凉之所。同时提供人们亲近自然的空间，满足城市人的乡野情怀，创造诗意的栖居。

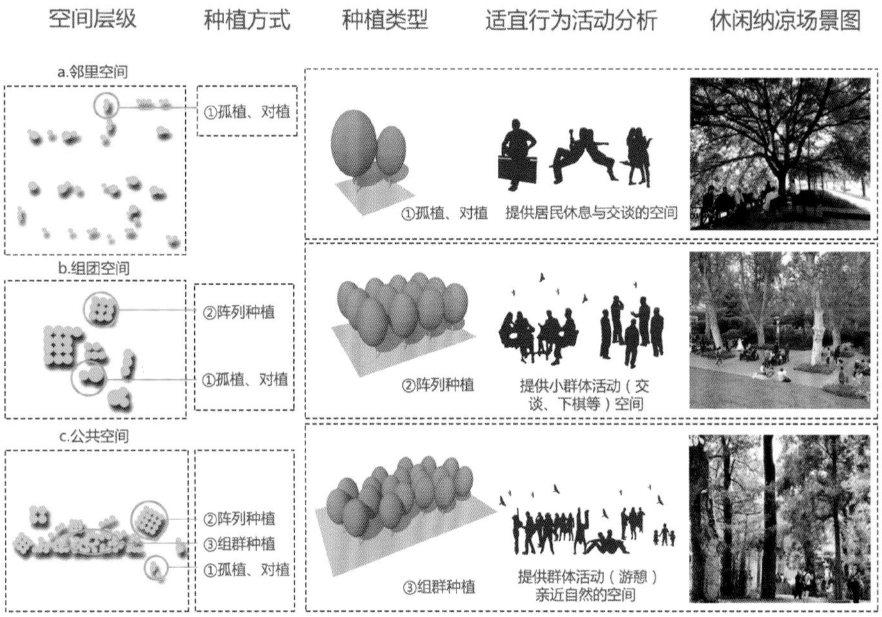
空间层级
种植方式
种植类型
适宜行为活动分析
休闲纳凉场景图
a.邻里空间
①孤植、对植
①孤植、对植
提供居民休息与交谈的空间
b.组团空间
②阵列种植
①孤植、对植
②阵列种植
提供小群体活动（交谈、下棋等）空间
c.公共空间
②阵列种植
③组群种植
①孤植、对植
③组群种植
提供群体活动（游憩）亲近自然的空间

碎片故里

Fragments of Hometown

院校名称：中国美术学院建筑艺术学院

指导老师：康胤

主创姓名：戴骏玮

设计时间：2013.6

项目地点：江苏丹阳

项目规模：32 000 m^2

所获奖项：研究生组金奖

设计说明：

“城市回归自然”中的自然状态，我的理解应该是由一个地域最原始的原住民在长期生活中构成的一种涵盖了自然、人文、历史的聚落景观，在城市化过程中这种特点逐渐消失，城市慢慢变成了千篇一律的形式。在这种定义下寻找自然应从传统生活中寻找灵感，因此我做了一个具有怀旧性质能够折射家乡七八十年代传统居住区的自然、人文景观，最终通过重要节点——一个后现代的入口公园重点表达主题。从对场地的调研入手总结出丹阳这个江南小城的地域特色：以水建路、建镇、建村、建市。基于这点产生了居住区规划概念策略一：主次水网划分居住区，主次路网缠绕主次水网分布，从各支脉上生长出四个景观组团为五个居住单元服务。策略二：从故里众多碎片中萃取四个具有历史传统文化价值的碎片：桥、岸、树、井，并按照原本由外而内的空间顺序组织纳入到四个景观组团中形成由桥进入每个居住景观组团，经过沿岸菜地来到树下庭院，井园这个重要的节点成为了四个景观组团的核心中心。节点井园的空间形式来源于对故里原有土地上居住空间肌理形态的解构，最终萃取出一个向心感极强且具有边缘丰富效应的空间形态，再基于对后现代文脉继承的理解上继续纳入四大碎片：桥成为入口，驳岸埠头和树池纳入到丰富的边缘小空间成为滨水空间和树下庭院，井成为了整个公园的精神中心。通过对碎片的萃取拼贴和与现代生活的结合延续了城市的文脉，使得场所精神得以重新焕发光彩，回归到城市居民生活的自然状态。

设计感悟：

自然可以寓意多种含义：生态、环保、低碳、原真等，而整个设计的立足点正是基于对一个城市的自然状态本质的思考。追本溯源，城市的本质应该是一种人与自然和谐相处的聚落形式，这种形式应该是由原住民受民俗、文化、自然条件等等各种地域因素影响在历史长河中逐渐形成的。历史文脉在现代社会城市化进程中仍然为人们所需要，并且能够通过不断地演变融入现代生活中。历史元素、空间肌理、场所感等这些因素是经历多年“自下而上”自然形成的，这才是城市的自然状态，是构成居民归属感的心理外化结果，通过拼贴的方法使其演变，能够延续城市文脉，维系场所精神，而这种古今融合最终应通过人的生活方式体现，非简单的形式或元素。

材料分析
Material analysis

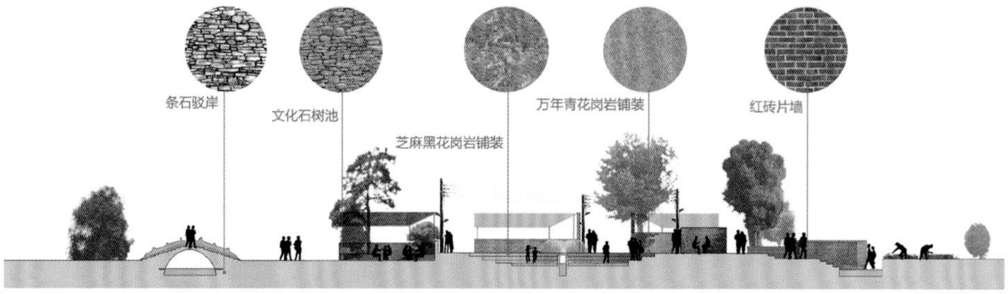
条石驳岸
文化石树池
芝麻黑花岗岩铺装
万年青花岗岩铺装
红砖片墙

Section1-1

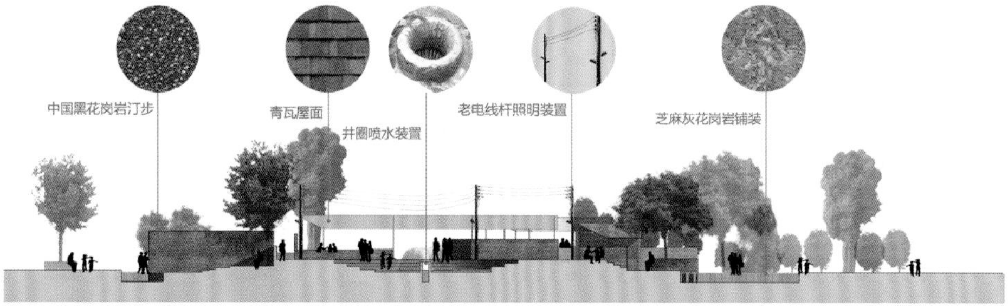
中国黑花岗岩汀步
青瓦屋面
井圈喷水装置
老电线杆照明装置
芝麻灰花岗岩铺装

种植分析
Plant analysis

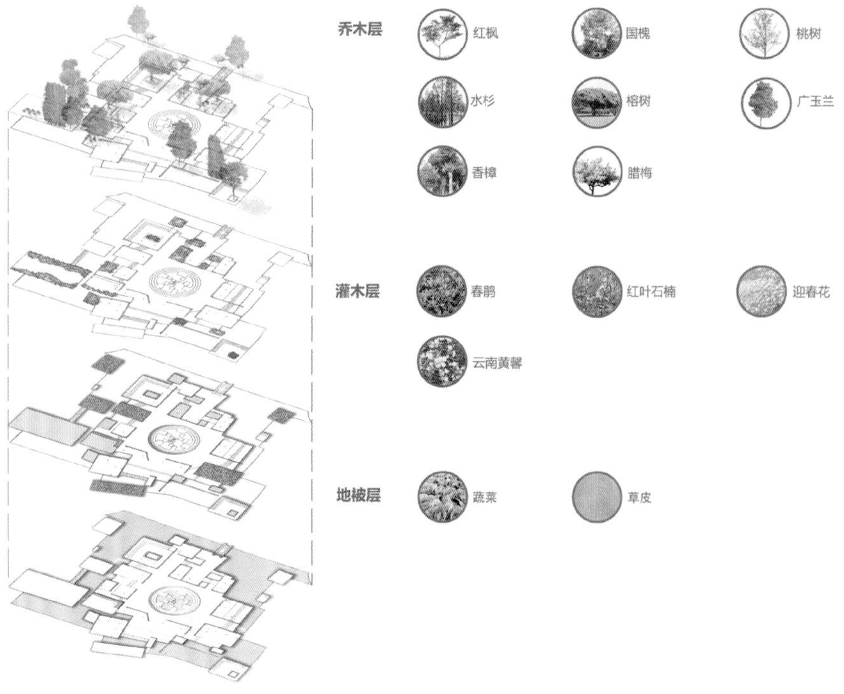
乔木层
红枫
国槐
桃树
水杉
榕树
广玉兰
香樟
腊梅
灌木层
春鹃
红叶石楠
迎春花
云南黄馨
地被层
蔬菜
草皮

总平面
Master Plan

A. 主入口
B. 故里之河
C. 井园
D. 菜地
E. 运动广场
F. 草坪
G. 滨水游廊
H. 树庭
I. 次入口
J.停车场

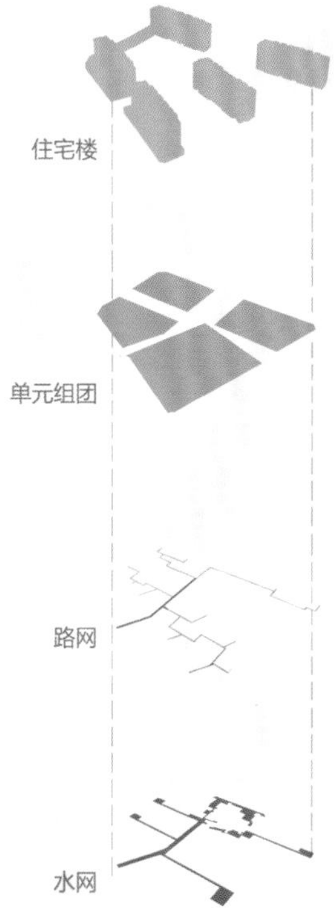

为健康而设计——水秀北苑改造

Design for Health—Transformation of the Shuixiu North Garden

院校名称：江南大学设计学院

指导老师：史明

主创姓名：曹莉莉

成员姓名：李绮雯 潘馨兰

设计时间：2014.05

项目地点：江苏无锡

项目规模：1300 m^2

所获奖项：研究生组银奖

设计说明：

本设计通过对组团空间的营造，以五感为切入点，为老年人打造一个健康的休闲交流公共空间。

1. 该基地位于无锡市滨湖区水秀新村东北角的一块社区绿地，服务对象大多数为老年人，但设施陈旧单一，居民满意度低，现对其进行改造。

2. 平面上以流线型为主，空间开合自然流畅。东、西、北各有一个出入口，方便路人穿行和通向公厕。

3. 以中间的集众广场区为中心，周围分别为聊天交流区、棋牌会友区和听水沉思区，通过道路将它们分隔开。集众广场区是整个绿地的中心，在这里，老年人能够得到丰富的感官体验；聊天交流区通过塑造凹形空间，让人们能够面对面交流；听水沉思区运用了一体化的座墙，竹籁和泉水之声交相辉映，营造了宁静祥和的氛围；棋牌会友区中的矮墙分隔了空间，形式上绵延起伏，富有动感，材质上采用粗糙毛石，带给人触觉上的体验。

4. 植被。保留了场地内原有的几棵大树，并增添了花草和灌木，丰富了植被的层次和色彩。

5. 标志物。广场上新建的红色构筑物，颜色醒目，既能遮阴又是场地中的标志。

6. 雨水回收系统。雨水通过石质铺砖间的缝隙汇聚到地下的收集装置中，既用来灌溉植物，又为广场上的旱喷提供水源，形成一个良好的水循环系统。这为不同季节的观景提供条件，使雨天也有景可观。

设计感悟：

从前期调研到方案构思，再到后期的设计表现，小组的每个成员都尽心尽力，同时指导老师的鼓励也给了我们很大动力，整个过程让我们受益匪浅。

通过该方案的设计，我们了解了老年人的心理特点，他们是社会上的弱势群体，听觉、视力和记忆力也逐渐下降，缺乏信赖感和安全感，不喜欢孤单，渴望与人交流。我们想能否运用多感官的设计为该地区的老年人提供一个健康的休闲交流公共空间呢？于是我们查阅了大量资料，列举了五感在景观设计中的各种表现和体验方式，同时借鉴了一些国外康复花园的做法。

通过调查我们发现，该社区以老年人为主，他们的儿女多在外工作，孤独的他们在这里与同龄人聊天下棋，社区是他们日常生活中不可缺少的休闲场所。如今，中国正迈入老龄化社会，人口结构老化、社保制度滞后已成为未来发展的重大隐患。养老除了保障老年人的基本生活之外，还需要大量的适合老年人心理、医学等诸多方面的专业护理服务。未来养老的发展应该是老年人的生活保障逐渐走向社会化，变家庭养老为社会养老，其中最直接有效的方式是做好社区养老。

所以，作为设计师，在居住区环境的设计中，应该充分考虑到老年人的心理和生理上的需求，让他们能够近距离感受社会的温暖。

矮墙：
形式—起伏—灵动
材质—毛石—触觉
功能—分割空间、遮挡视线

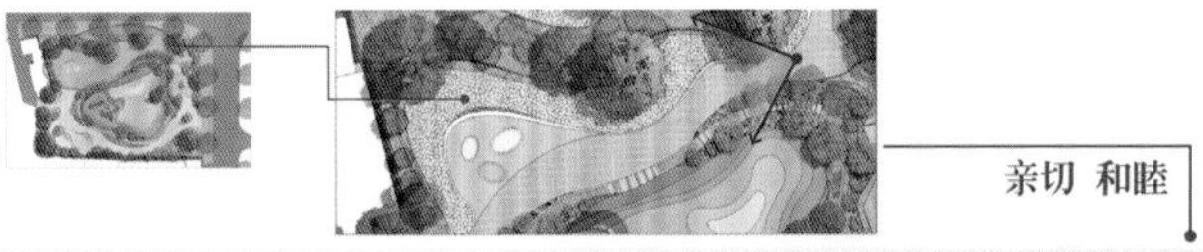

聊天交流区

集众广场区是整个绿地的中心，在这里，老年人能够得到丰富的感官体验。在触觉上，运用旱喷体验和保健卵石步道刺激老年人；在听觉上，通过潺潺流水唤醒老年人；在视觉上，用形式感强、颜色醒目的标志构筑物吸引老年人，在嗅觉上，运用花香触动老年人。

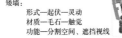

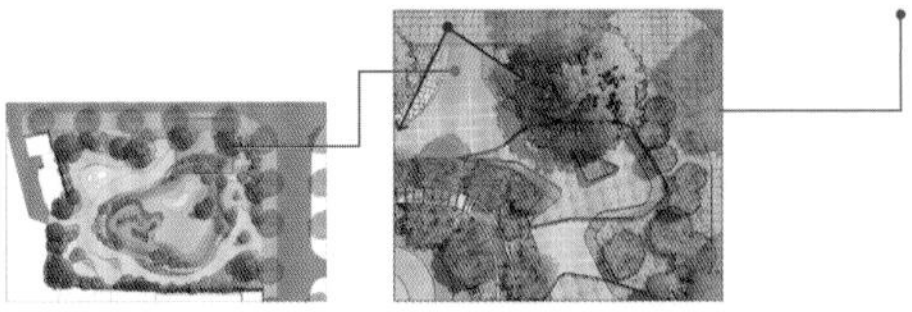

方案演变

平面图

棋牌会友区

听水沉思区

聊天交流区

集众广场区

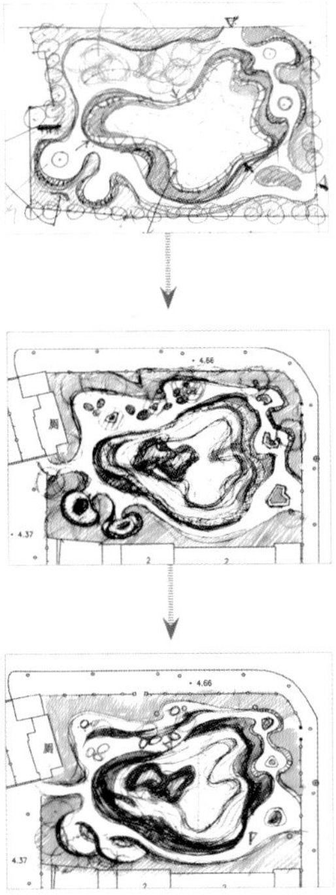

雨水收集分析

雨水通过石质铺砖间的缝隙汇聚到地下的收集装置中，既用来灌溉植物，又为广场上的旱喷提供水源，形成一个良好的水循环系统，这也为不同季节的观景提供条件，使雨天也有景可观。

生活景观

Landscape of Everyday Life

院校名称：西安建筑科技大学艺术学院

指导老师：杨豪中　吕小辉

主创姓名：应雅婧

成员姓名：方海清　李启

设计时间：2014.5

项目地点：陕西西安

项目规模：272 hm^2

所获奖项：研究生组银奖

设计说明：

生活景观，以社区为载体，以里坊制的邻里亲密关系为概念，注入我们的设计元素；可移动景观，使社区里的生活更加的丰富，邻里之间的关系更为亲切和谐。

景观设施的可移动性，空间的可组合和再创性，能更为有效地满足不同人群的不同需求，使空间和邻里环境更为充分的利用。

设计感悟：

通过与同学在一起相互合作，一起思考，从刚开始思路的凌乱和意见的层出不穷，到后续的达成一致、并肩同行，我们一起磨合了很久。思想的碰撞和讨论的过程中擦出灵感的火花，是最为回味和有趣的事情。

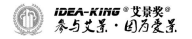

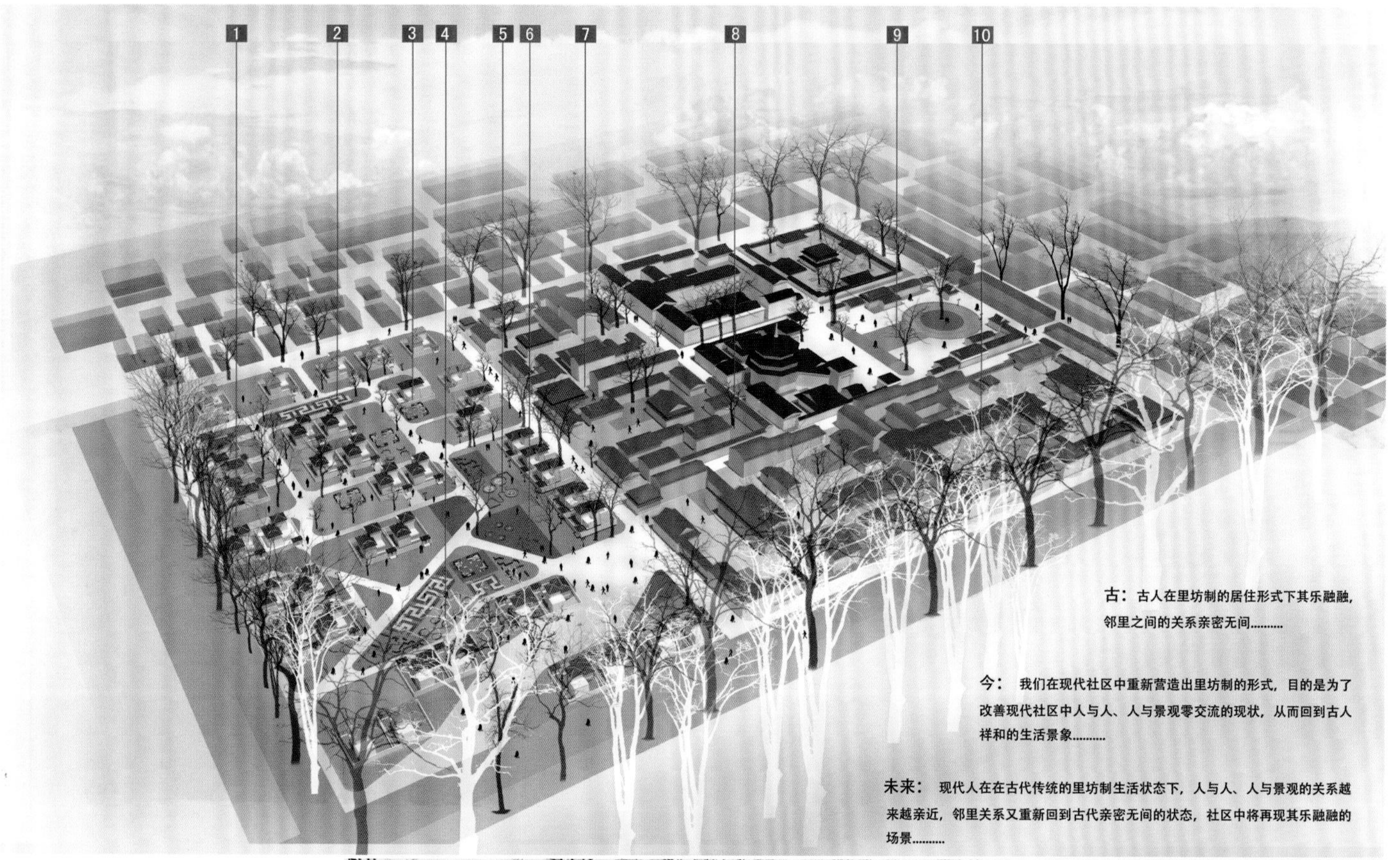
1
2
3
4
5
6
7
8
9
10
古：古人在里坊制的居住形式下其乐融融，邻里之间的关系亲密无间.........
今：我们在现代社区中重新营造出里坊制的形式，目的是为了改善现代社区中人与人、人与景观零交流的现状，从而回到古人祥和的生活景象.........
未来：现代人在在古代传统的里坊制生活状态下，人与人、人与景观的关系越来越亲近，邻里关系又重新回到古代亲密无间的状态，社区中将再现其乐融融的场景.........

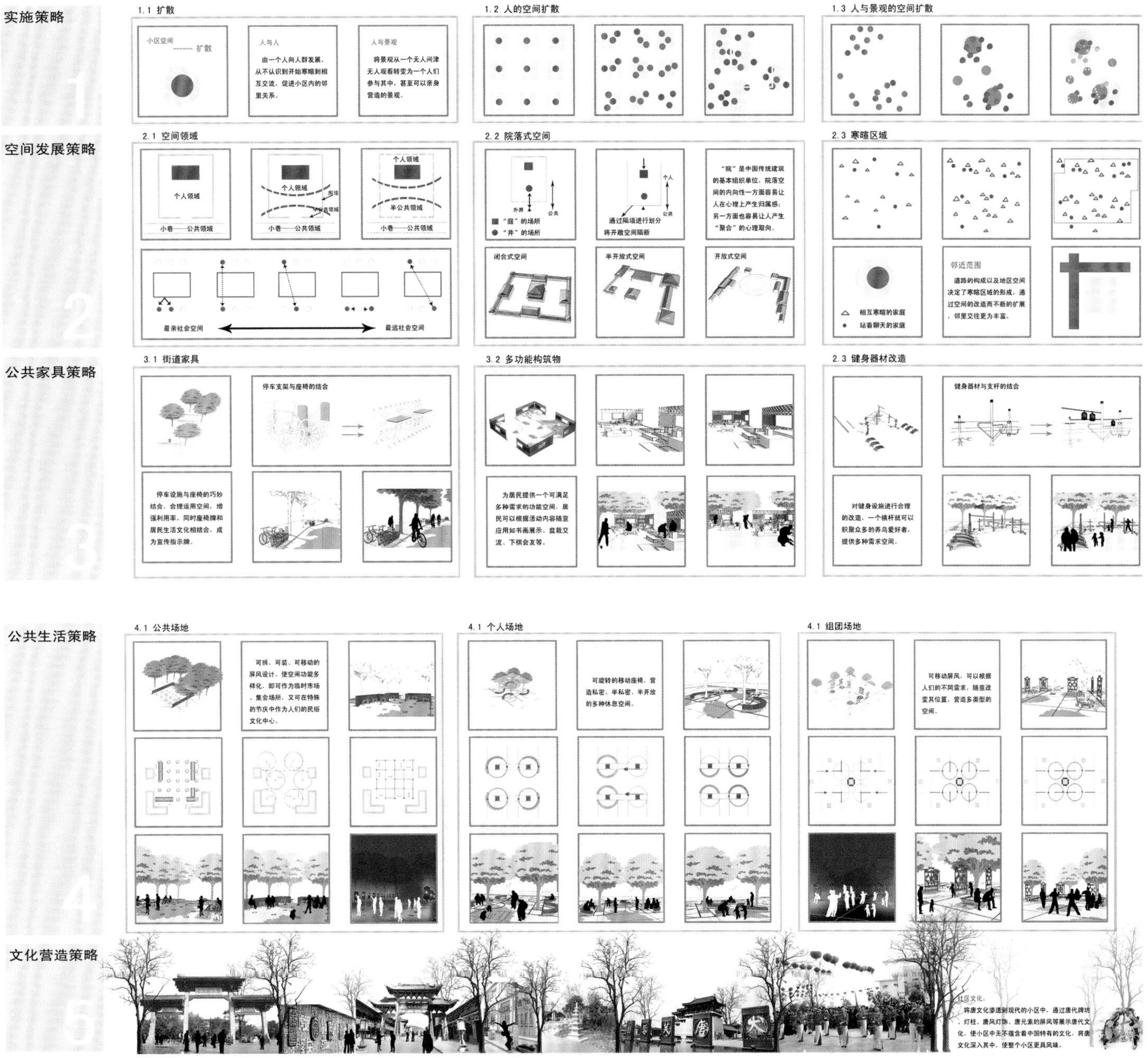

里坊内部舍、亩、井、庭以及商铺等设施分布规整。里坊的道路体系分为三级，一级为十字街和沿墙街，用于分隔不同的里坊，前者宽度为15米，后者则小于15米。二级是十字巷，宽度为5到6米，三级为曲，宽度为2到3米。里坊之间既相互联系又相互独立。

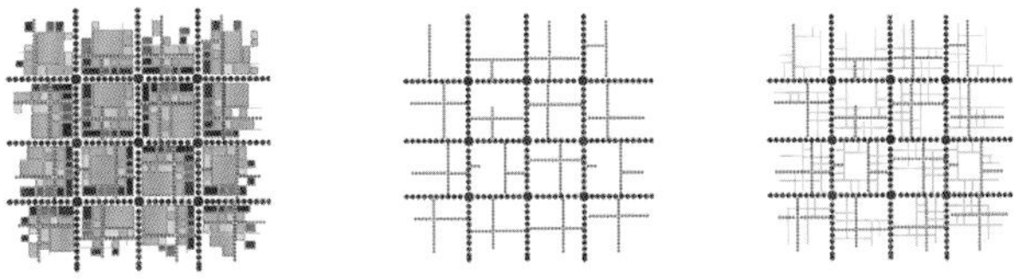

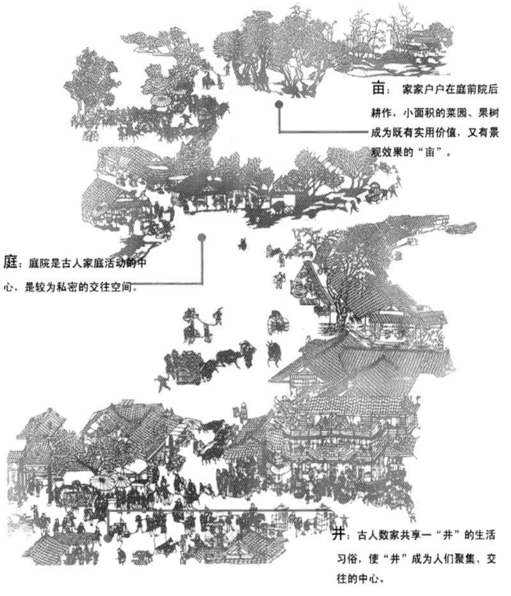

竹之趣——都市农场景观策略

Bamboo Fun—The Strategy for Urban Farm Landscape

院校名称：华中科技大学建筑与规划学院

指导老师：甘伟 白舸

主创姓名：王谧子 袁磊

成员姓名：杨宇锋 朱晨 郭乐天

所获奖项：研究生组铜奖

设计说明：

本次大赛的主题为"城市回归自然"。我们希望通过设计来改变城市生活中"不自然"的城市化现象，而不仅仅是将景观设计带入城市中。现代都市人群，生活节奏很快，很少有机会可以和城市景观进行互动。因此我们本次设计将选址定为广州市某住宅小区内，希望能在改善居住环境的同时，让景观真正地融入城市居民的生活中。本次设计的一大亮点是将城市绿化与农业景观相结合，在居住区域内采取了一种新型的农产品采购模式，居民将可以购买到新鲜、安全的水果和蔬菜，从而解决城市食品的安全问题。与此同时，我们改变了传统的食物运输方式，精简运输途径，节约资源。

将农业景观与城市绿化相结合的手法不仅十分新颖，更是缩短了城乡之前的差异，让城市与乡村文化景观相互渗透，从而真正地让我们的城市回归自然。

设计感悟：

回顾起此比赛过程，至今仍感慨颇多，从理论到实践，在这段日子里，可以说得是苦多于甜，但是可以学到很多很多的东西，同时不仅可以巩固以前所学过的知识，而且学到了很多在书本上所没有的知识。通过这次设计比赛使我懂得了理论与实际相结合是很重要的，只有理论知识是远远不够的，只有把所学的理论知识与实践相结合起来，从理论中得出结论，才能真正为社会服务，从而提高自己的实际动手能力和独立思考的能力。在设计的过程中遇到问题，可以说是困难重重，但可喜的是最终都得到了解决。实验过程中，也对团队精神进行了考察，让我们合作起来更加默契，在成功后一起体会喜悦的心情。果然团结就是力量，只有互相之间默契融洽的配合才能换来最终完美的结果。

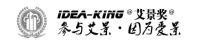

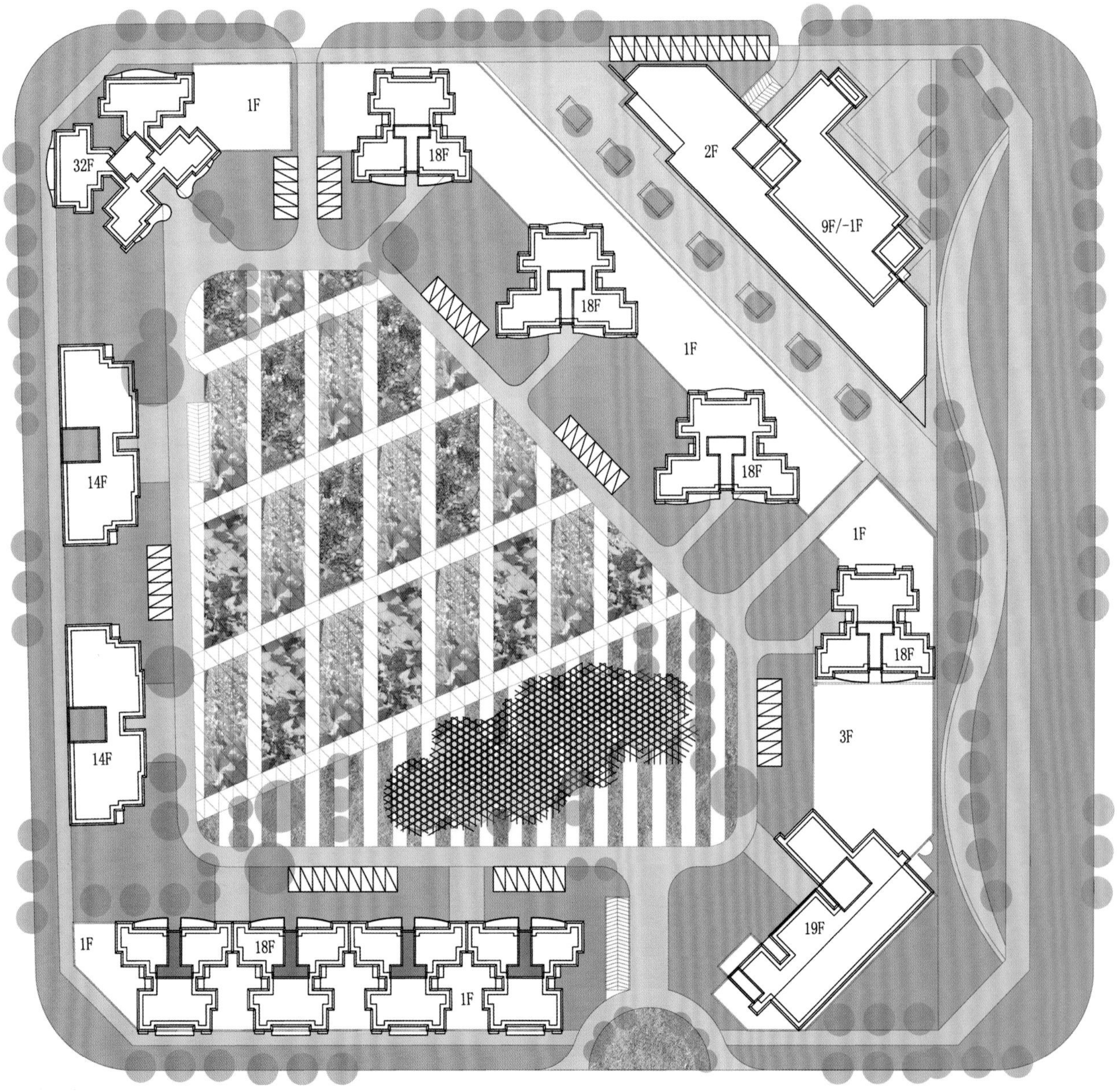

小区总平面图

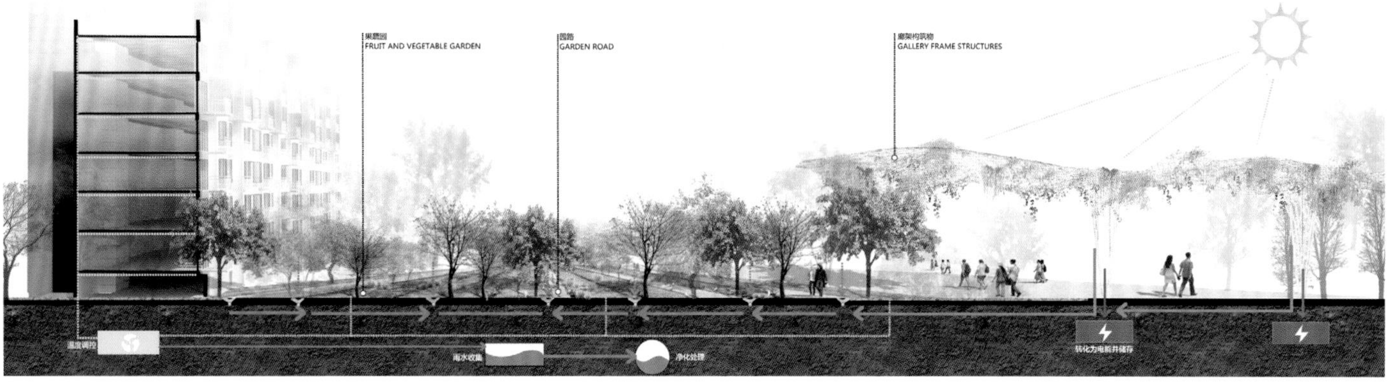

剖面图

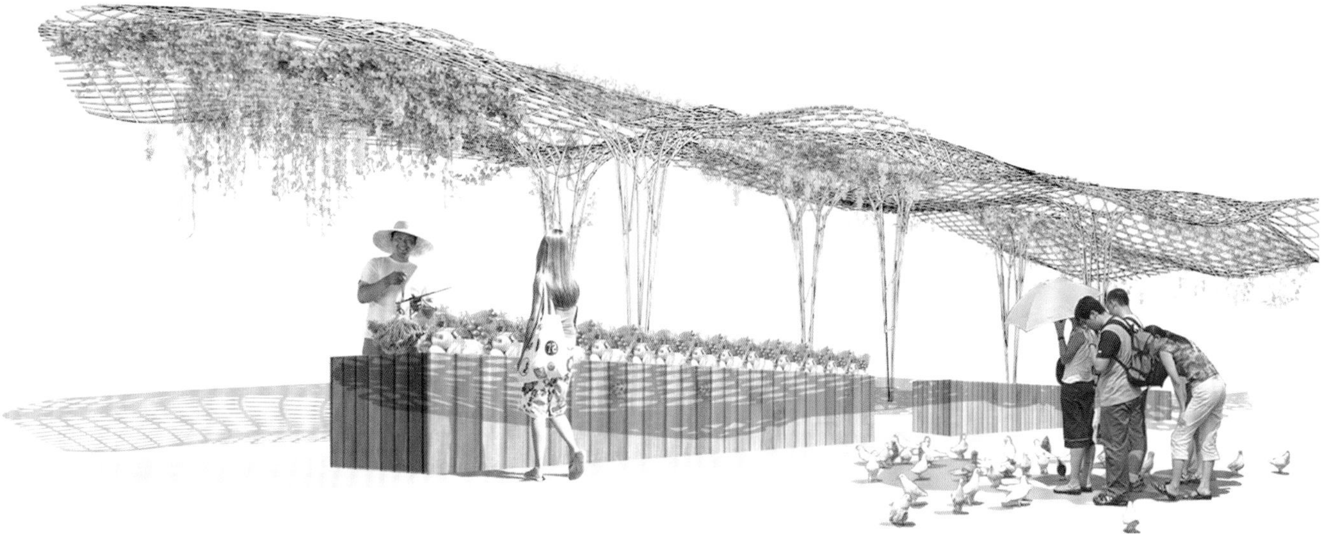

效果图

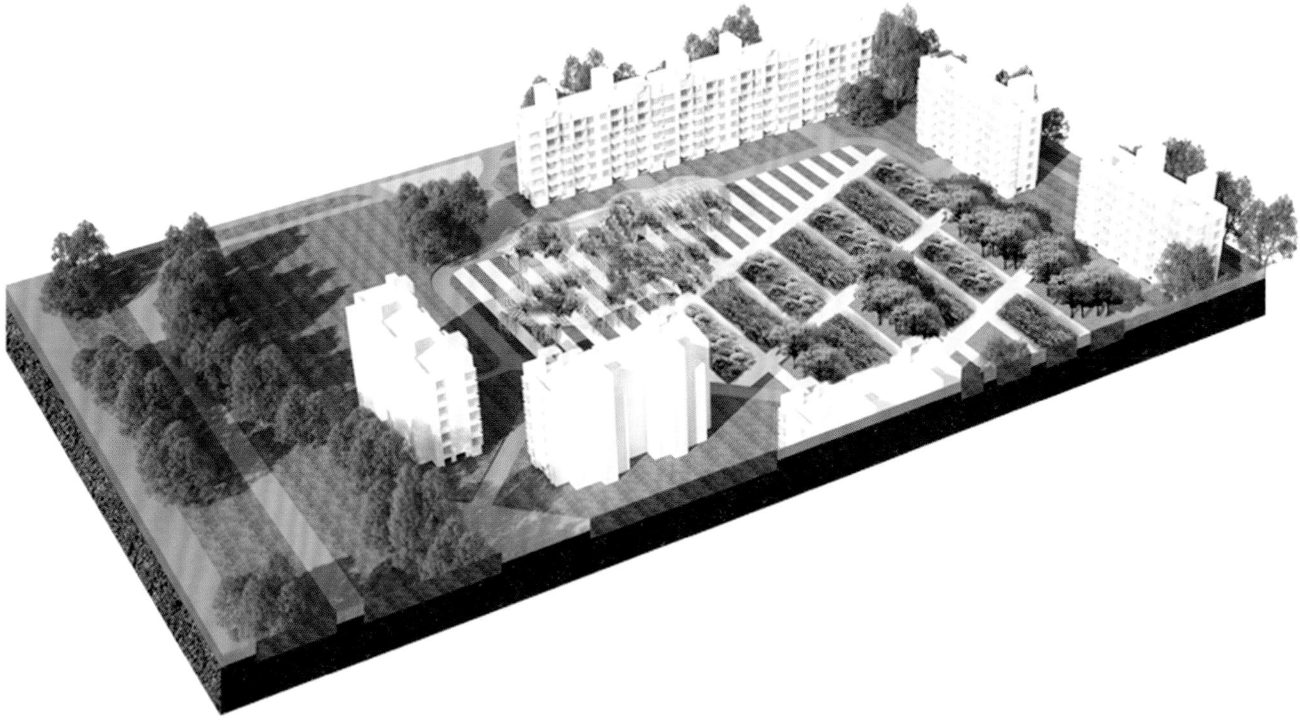

轴测图

"门"空间

Door Space

院校名称：天津大学

指导老师：陈学文

主创姓名：秦川

设计时间：2013.6

项目地点：上海

项目规模：2060 m²

所获奖项：研究生组铜奖

▶ 设计说明：

目前上海城市公共活动空间缺乏系统的城市广场规划，绿地面积过大，市民活动空间较少；已建广场分布不均，类型单一，居住空间的小型广场缺乏。这些问题是快速城市化过程中产生的环境问题，需要通过系统梳理城市空间和整合城市历史文化来重新构建人们生活圈内的小型活动空间，并利用"针灸"式的改造，营造小尺度、人性化的城市袖珍广场，为市民提供一个集休闲、活动、交流为一体的公共"城市客厅"。

时空是连接历史与当下和未来的通道，每一个重要历史节点好比一扇扇门，是人类迈过的足迹，记录着赋有历史意义的时间。推开一扇门我们就打开通往下一个时空的大门。由于本项目位于上海市虹口区四川北路，是上海市历史文化街区。所以本设计意在通过"门"为线索串联起的空间场所为生活在历史街区的人们提供一个追忆往昔的媒介，并采用象征性的手法来记录上海历史。

▶ 设计感悟：

城市的历史是不可复写的遗迹，是记录人们进步的诗卷。城市的现代化进程中，设计者应该停下脚步思考，到底城市能留给我们什么，而不断更迭的城市使用者又能为城市贡献什么。袖珍广场作为城市公共活动空间的一种，是以便民、亲民的方式为城市使用者提供生活圈内一处安宁、平静的历史修复和共鸣的场所。"门"空间设计，通过空间框架的方式构建上海的过去、现在和未来，以景观语汇记录上海的历史。这是作为设计者能为城市历史所贡献的力量。我们应该以现代语言诠释那些"老房子、老街道"带给我们曾经的记忆。

1. "门"空间入口——玻璃反映院
2. "门"空间——"地"景院
3. "门"空间——"号"景院
4. "门"空间——"雷"景院
5. 宅前绿化
6. 街角绿化空间
7. 袖珍水景广场
8. 交通空间绿化

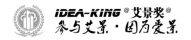

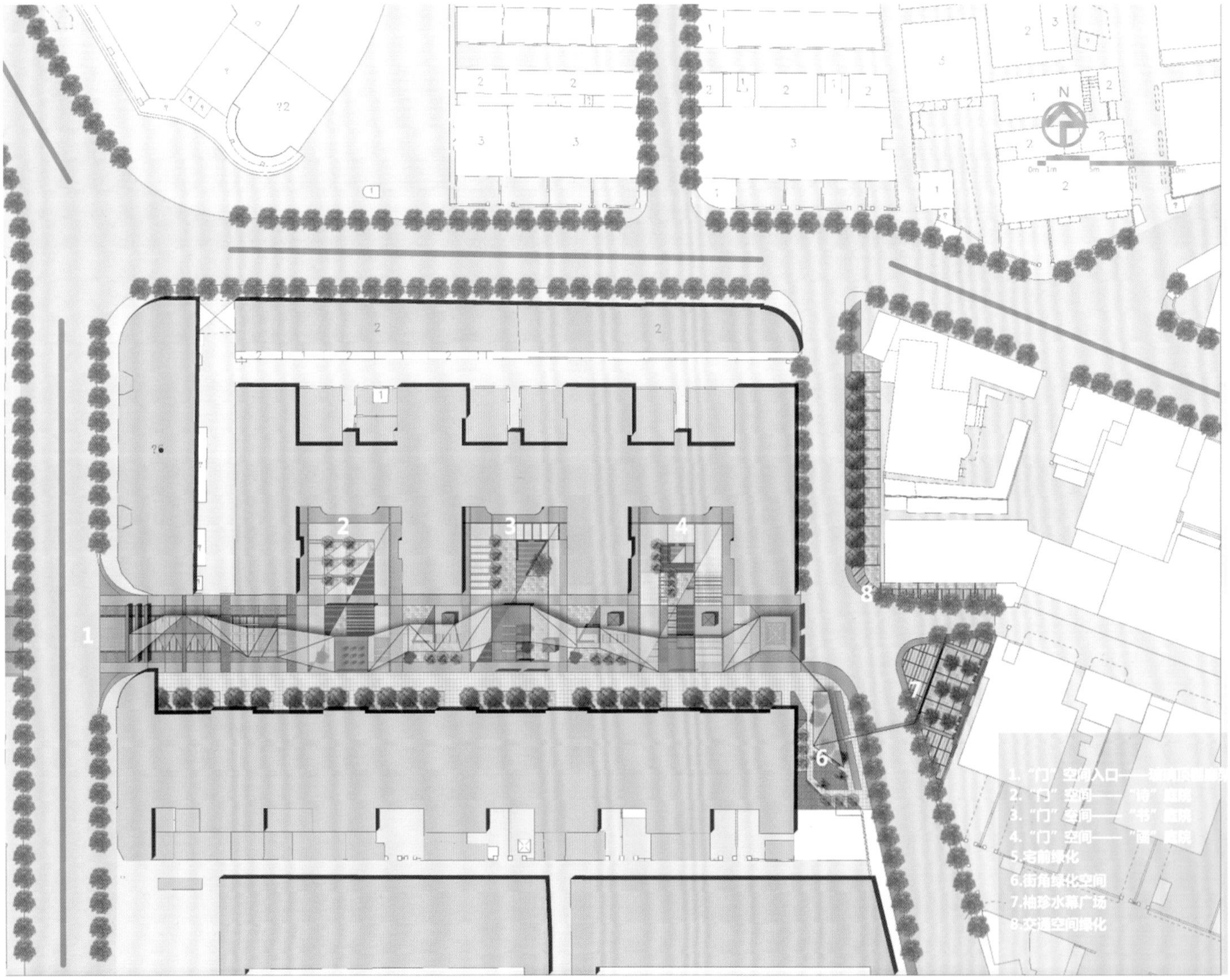

总平面图

“诗”庭院

“书”庭院

“画”庭院

庭院效果图

顶棚效果图

班吉重拾——北京市正白旗村垃圾景观生态化设计

Bangui Regain—Design of Garbage Landscape Ecology in Plain White Banner

院校名称： 中国农业大学农学与生物技术学院

指导老师： 徐峰

主创姓名： 王凯琳 赵勍 李朋瑶

成员姓名： 高函宇 秦璐

设计时间： 2014.3

项目地点： 北京

项目规模： 1500 km^2

所获奖项： 研究生组铜奖

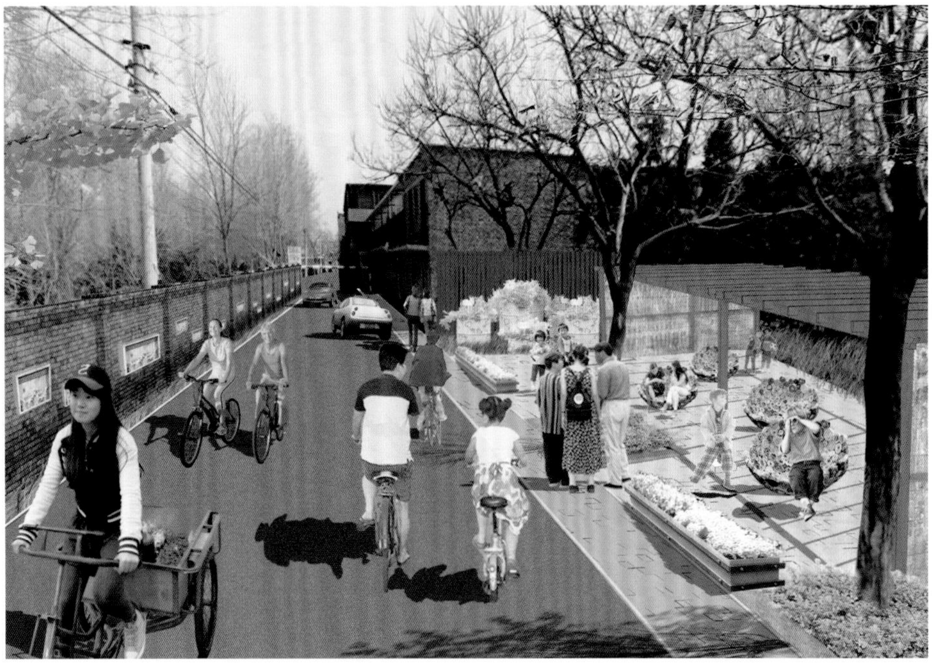

效果图

设计说明：

本方案位于北京市海淀区树村，近年来由于利益的驱使以及人们保护环境的意识淡薄，垃圾处理等必要的基础设施不完善，大量无规划的民居、工厂的建设，导致正白旗村生态系统遭到严重破坏。

本方案旨在利用垃圾的景观化及景观的生态恢复模式提高垃圾分类效率和回收利用率，融合满族文化特征，重拾“班吉”图腾，运用垃圾景观在物质和能量流动中的循环作用，使破碎的景观在一轮轮的循环过程中逐渐恢复与重新构建，形成完整和生态的持续性景观。

运用垃圾景观化和景观生态化的整合模式，在空间规划层面建立以水系为中心，林地包围过渡，绿色公共空间辐射的功能组合，在建筑群密集、人口稠密区域布置公共空间，建立垃圾分类回收设施系统以发挥以下功效：(1) 污水经过生态林地后，被砾石过滤、沉淀，微生物降解、转化，水质得到改善；(2) 有害物质经过固体废物层降解、收集后形成渗沥液，用于垃圾堆体回灌；(3) 需转化物质夹入土壤之间，被土壤分解、吸收后，与土壤形成有机质，可用于种植各种蔬菜。

通过垃圾景观化和景观生态化形成的一个个系统的物质生态循环圈，使得整个村落的生态环境得到逐步改善。人们的保护意识逐渐提高，形成良性的循环，使当地环境与社会回归真正的自然。

设计感悟：

满族人是大自然的崇拜者，“班吉柱”是满族人延续至今的族图腾柱，图腾柱上雕刻着满族人对自然的崇拜。在经过为期一个月的调查和资料收集后，我们意在重拾“班吉柱”崇尚自然的寓意，恢复正白旗部落的生态性，利用垃圾的景观化及景观的生态恢复模式使正白旗村环境得到恢复。

我们利用垃圾景观化的模式将正白旗村最敏感的垃圾处理问题进行有效处理，将垃圾分成可直接利用物质、转化后可利用物质、有害物质和污水四类。再利用垃圾景观生态化的整合模式针对这四类垃圾建立生态循环模式，借助我们引入的班吉河流，重建正白旗村的生态系统。利用河流的自我更新，土壤的恢复力以及公共空间维稳性，达到借助最少的人工外力，充分发挥自然的回归能力，恢复村落的自然风貌的目的。充分利用自然的生态特性，解决垃圾问题，也是对满族文化崇拜自然的尊重。“班吉柱”即满族人与自然的桥梁，而我们也为正白旗村搭建了回归自然的桥梁。

“城市回归自然”是本次盛会的主题，也是我们设计的初衷。作为景观设计师，保护满族部落延续至今的历史文化，尊重自然，帮助他们改善生活环境，用既简单又科学的方法解决城市环境中的棘手问题，使正白旗村重新成为城市中生态自然的一方宝地。

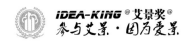

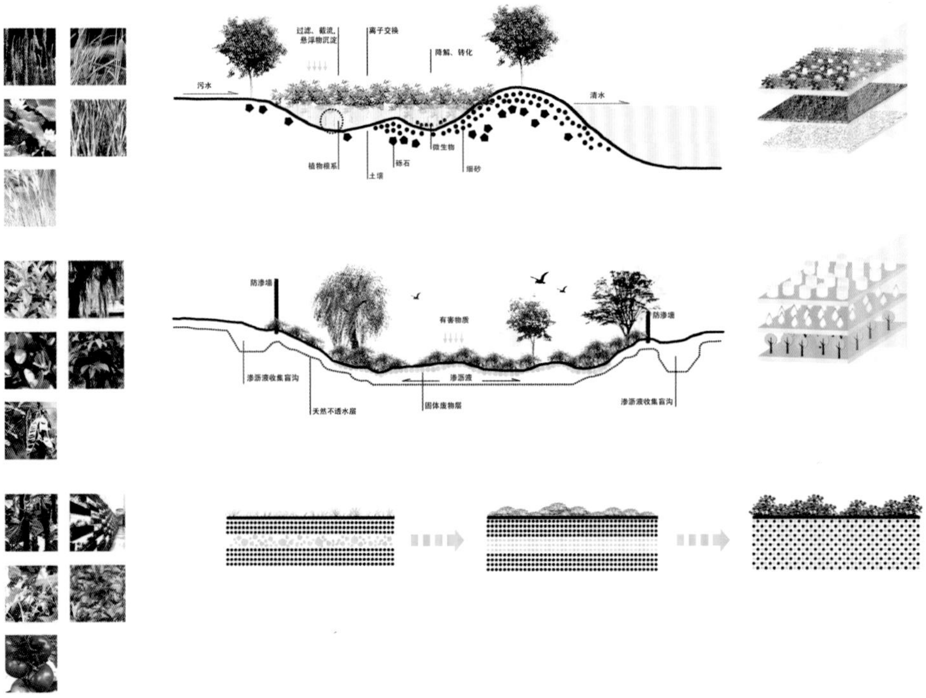

功能单元

总平面图

鸟瞰图

功能分区：

根据生态服务系统将正白旗村规划为以水系为中心，林地包围过渡，绿色公共空间辐射的功能组合。

公共空间分析：

在建筑群密集、人口稠密区域布置公共空间，改善生活态度，调节生态系统。

垃圾收集点：

在村落下风向、交通便利、易到达的位置设立集中垃圾回收点，促进垃圾回收科学有序化。

绿色交往——为城市贡献绿带的居住空间探索

Green Communication—Exploration of Residential District Planning

院校名称：东南大学建筑学院

指导老师：雒建利

主创姓名：米雪

设计时间：2014.6

项目地点：江苏南京

项目规模：24 hm^2

所获奖项：本科生组金奖

设计说明：

基地位于南京河西——秦淮河以西，河西地区近年来作为南京副中心承接由市中心——新街口疏散而来的大量公共设施及人口。以基地为中心 1km 之内有三个地铁站，交通方便，是南京现如今的黄金地块。

本方案从城市角度出发，希望基地中能贡献出城市绿带从而缓解城市中人的居住生活压力，提供绿色交往的可能性。设想一：通过绿带解决机动车行、非机动车行和步行交通，并蔓延至整个绿带；设想二：通过绿带实现人们的不同交往与活动需求，如东北方向为商业办公混合区，城市绿带为办公人群服务；西南方向为小学及幼儿园，绿带为儿童服务。最终努力探索解决城市绿带的公共性与居住空间私密性之间的矛盾。

设计感悟：

通过这次居住区规划设计，积累了对于公顷级的地块处理手法经验。认识到城市与自然相融合的重要性。

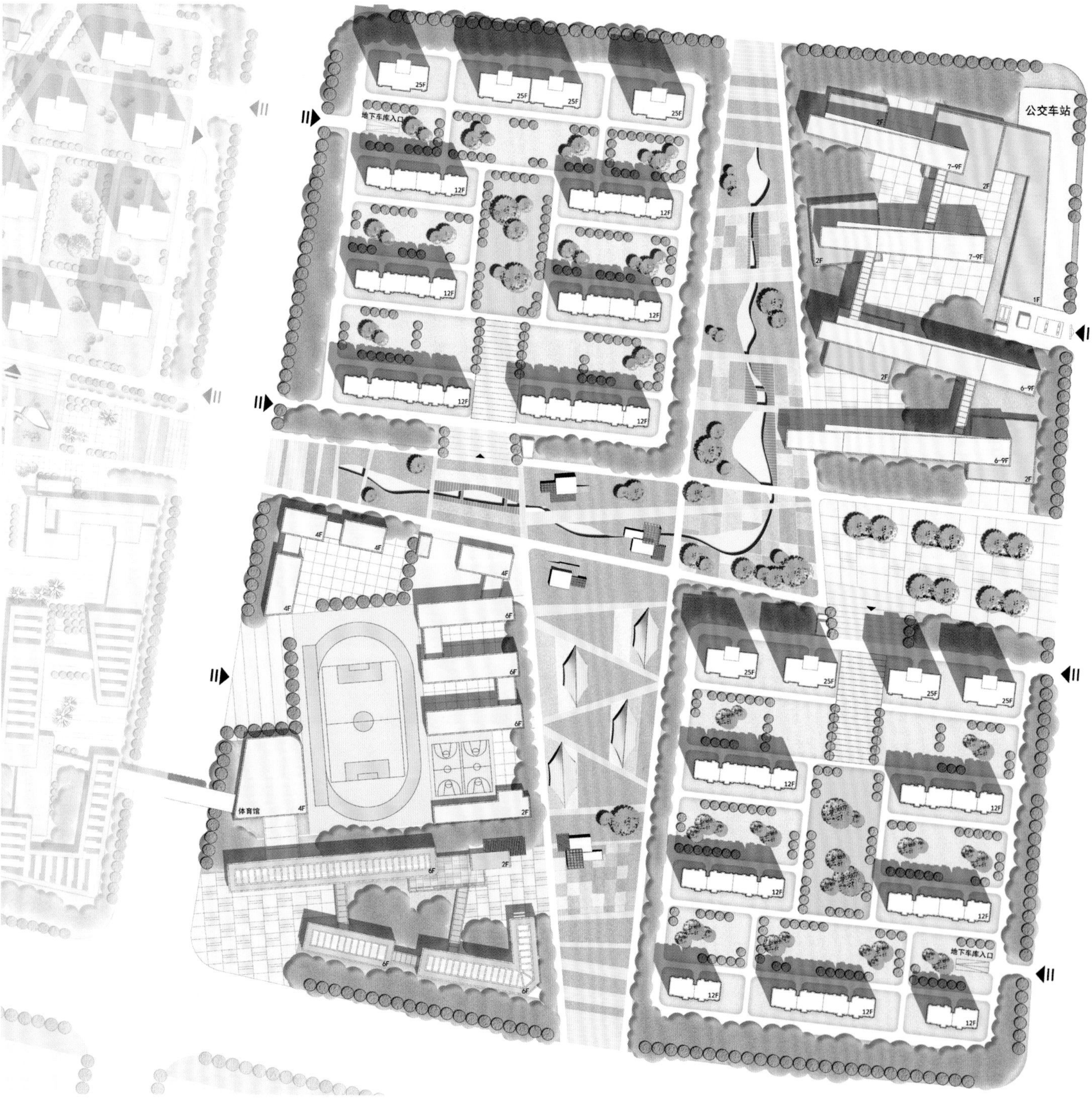

总平面图

鸟瞰图

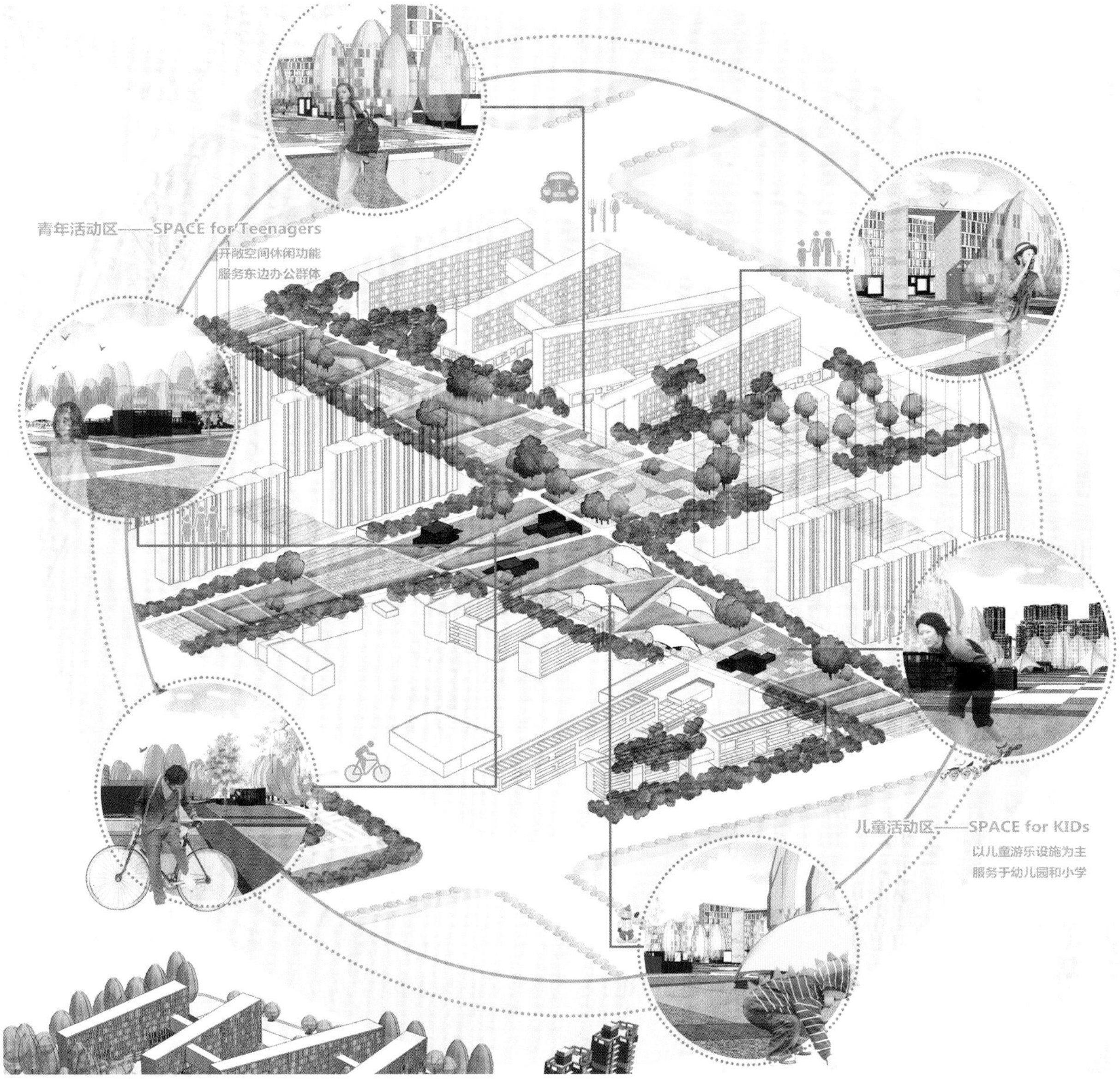
青年活动区——SPACE for Teenagers
开敞空间休闲功能
服务东边办公群体
儿童活动区——SPACE for KIDs
以儿童游乐设施为主
服务于幼儿园和小学

轴测图

一天

One Day

院校名称：华中科技大学

指导老师：甘伟

主创姓名：朱媛卉

成员姓名：安宵雨 贺新宇 刘蕊 宋曼琪 郑佳宁

设计时间：2014.8

项目地点：湖北武汉

所获奖项：本科生组银奖

设计说明：

随着科技的发展、时代不断前进、更新换代的节奏越来越频繁，高科技电子产品渐渐取代了传统的工具，在钢筋水泥筑起的城市里缺失的不仅是那一株草、一棵树，更是最原始本质自然生活的淡然。

由此我们想通过该设计让城市回归到自然最本真的状态。自然不仅仅是阳光、空气、水这些元素，更是一种不加雕琢粉饰的自由状态，我们旨在用各类原始生态的物品和交互方式来置换当下无足轻重的高能耗电子设备，在满足同样功能需求的前提下删繁就简，用自然而然的方式来实现。

该设计旨在保留自然界的一草一木，将它们渗透到生活的点点滴滴从而实现同样甚至更完善的功能，增添更多趣味性，让人们渐渐拂去因城市的喧闹而衍生出的浮躁与欲望，逐步回归到本来纯净质朴的生活。

回归是一个漫长而循序渐进的过程，我们希望通过该设计让人在这个过程中心灵得到净化，生活得到升华，城市回归原有的平静与和谐，而自然终会找到最安定的归宿与人共生共存。

人是城市的主体，是它的创造者也是使用者，是人的一举一动影响了这个城市，当生活回归到自然的状态时城市也就回归到了自然。

设计感悟：

如果哪天，我们走出家门来到大街上，可以感受舒适的温度，更多的花草丛生、莺歌燕语，甚至出其不意给你的美妙惊喜，这该是多么美好的画面啊！

城市的发展是人类无法也不可阻挡的，但是我们可以利用科技、运用现有的资源回归到最本质的状态。混凝土还是混凝土，但是它给你草地的功能；大树仍是大树，但它不仅充当城市吸尘器，还是最本质的自然空调。而当这种纯净自然的一点一滴慢慢渗沁我们的街道、居民楼、直至我们的大城市时，我们的城市将拥有一种有着质朴气息、自然本质、和谐美好的状态。并且，回归自然已从一种心灵追求上升到一种感官可受的状态。阳光、空气、树木、花草以及最本质的生活习惯都自然而然地填充到我们的生活里，成为我们不可缺失也不会缺失的一部分。

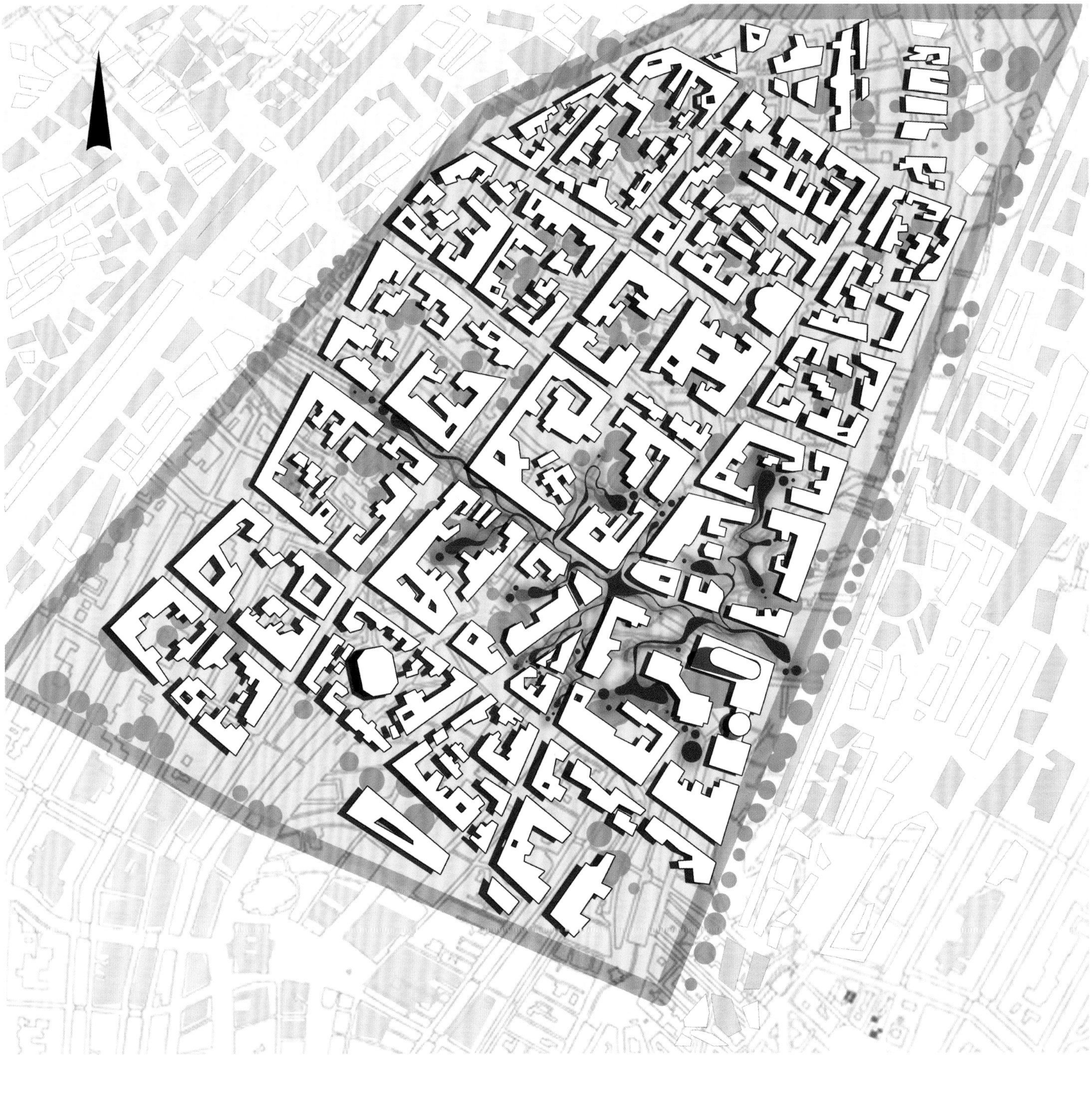

以废易珍，荫翳数顷——后八家生态住宅区设计

Reuse the Waste and Reate Things of New Value, A Dozen Hectares of Leafy Green Garden—Hou Bajia Ecological Residential Design

院校名称：北京林业大学
指导老师：丁可
主创姓名：张云飞
成员姓名：薛波 马信华
设计时间：2014
项目地点：北京
项目规模：200 000 m²
所获奖项：本科生组银奖

设计说明：

全球每年产生约500亿吨的城市生活垃圾，而在这其中就有10%~20%的厨余垃圾。在今后十几年间，北京市餐饮业、居住小区和高校食堂的餐厨垃圾产生量将分别以每年6、0.7、35.4万吨的速度增长。而北京市目前对厨余垃圾所采用的处理方法主要是直接排放法和填埋法，给环境带来诸多危害，这是个亟待解决的问题。

所以我们通过一系列的考察最后选定高校林立的后八家作为设计规划地点，这也是作为一名大学生，对学校食堂的厨余垃圾浪费现象的真实体会。我们以生态系统中河口三角洲几株大树对自然界废物利用的循环模式为设计理念，借鉴学习当下国外城市对厨余垃圾的回收利用的先进模式和技术，结合设计美学来规划思考现代城市的生态居住区的诸多可行性。另外充分考虑了北京市内涝、空气污染等诸多问题，以及城市人对田园的向往，综合这些因素，设计规划了后八家新型生态住宅区。

我们的期望是通过这样的大胆设计，为学院区设计一座生态性地标建筑，更重要的是来探讨学习生态美学在当下城市住宅区设计中的更深层次的联系，从中学习更多的当下生态设计方法。

设计感悟：

生态设计是当下社会的一个十分流行的设计理念，而生活在一个钢筋混凝土的国度增加了现代城市人对优美宜居田园的向往，而生态居住区的形成需要考虑多方面的因素，综合多学科的知识，这也为我们的毕业设计团队带来更多的挑战。另外，作为对四年大学课程学习的最后汇报，几个月来我们小组为此做了很多准备，付出了诸多努力，包括选题、实地考察、案例分析等工作。在毕业设计的开始阶段更深入地了解到所选题目体现的现代城市问题，相信也会为以后的学习生活与工作树立一个生态行事的理念。首先感谢丁可老师对这次方案的悉心指导，在方案设计的每个阶段都给予了宝贵的意见，包括题目的选题是否合适，是否体现现在社会急需解决的问题，是否具有创新性等。

图书馆

图书馆

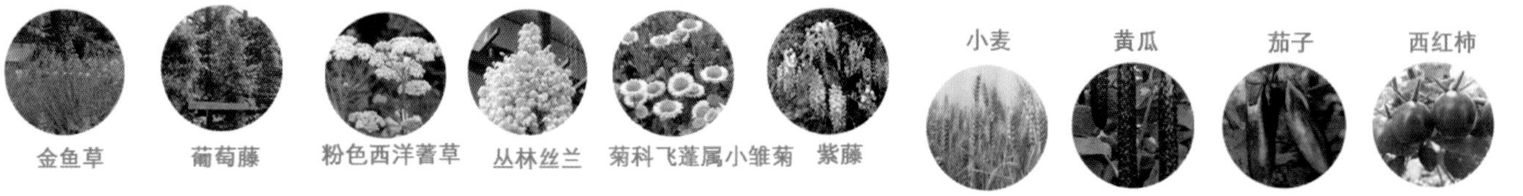

植物分析

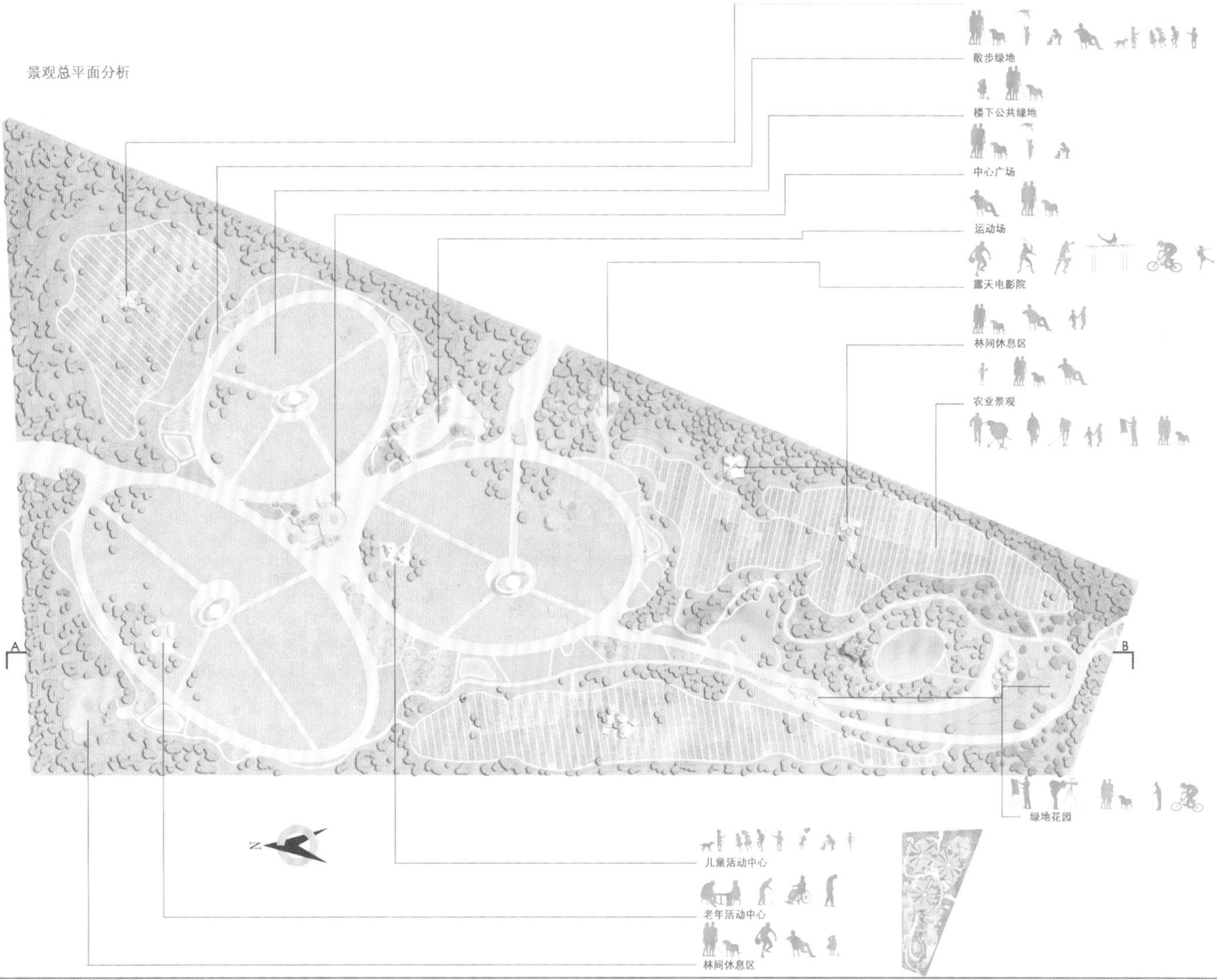
景观总平面分析
散步绿地
楼下公共绿地
中心广场
运动场
露天电影院
林间休息区
农业景观
绿地花园
儿童活动中心
老年活动中心
林间休息区
A
B
N

总平图

建筑效果图

寻找遗失的家园——居住区园林景观设计

Looking for the Lost Home—Residential Landscape Design

院校名称： 湖南城市学院

指导老师： 雷文韬

主创姓名： 符光伟

成员姓名： 王晓娜

设计时间： 2014.8

项目地点： 湖南益阳

项目规模： 14.59 hm^2

所获奖项： 本科生组铜奖

设计说明：

家园是人栖息的主要场所，人是“家”的使用主体，这就需要考虑人在家园中体验的感受。“家”最核心的意义是让人们在工作学习后放松精神、缓解压力。如何让这里的一草一木、一砖一瓦、流水泥土回归自然，使人与自然和谐共生，是设计的一大挑战。本次设计为小区内的不同年龄人群的习性偏好和行为心理设计不同的自然景观和空间场所，注重在环境的设计中充分考虑人文关怀和邻里交流等因素。设计的方向是要发现小区存在的各种弊端，并吸取教训，通过提取本地特色，尊重本地人的生活习惯，寻找人类最初想要的每一种生活方式及其生活环境，以便保持和维护人与自然合理而稳定的关系。只有当人们乐居其中并愿意走到户外活动和他人交往时，才是家园存在的意义。

设计感悟：

本设计中想寻找的家园不追求有多么的华丽富贵和精致，也不追求有多么的时尚新潮，只求能够以最经济和最真实的环境去吸引人们，让人们能够在冰冷的城市中找到一片轻松自在且带有温暖的家园。我们设计的目的很简单，那就是使居民能够参与到设计中去，明白设计的原有意义，亲近自然，感悟自然，从自然中来到自然中去。对于这一场地设计，通过挖掘本土特色，尊重自然规律，引导人们选择正确的生活方式也是本设计想传达的信息。

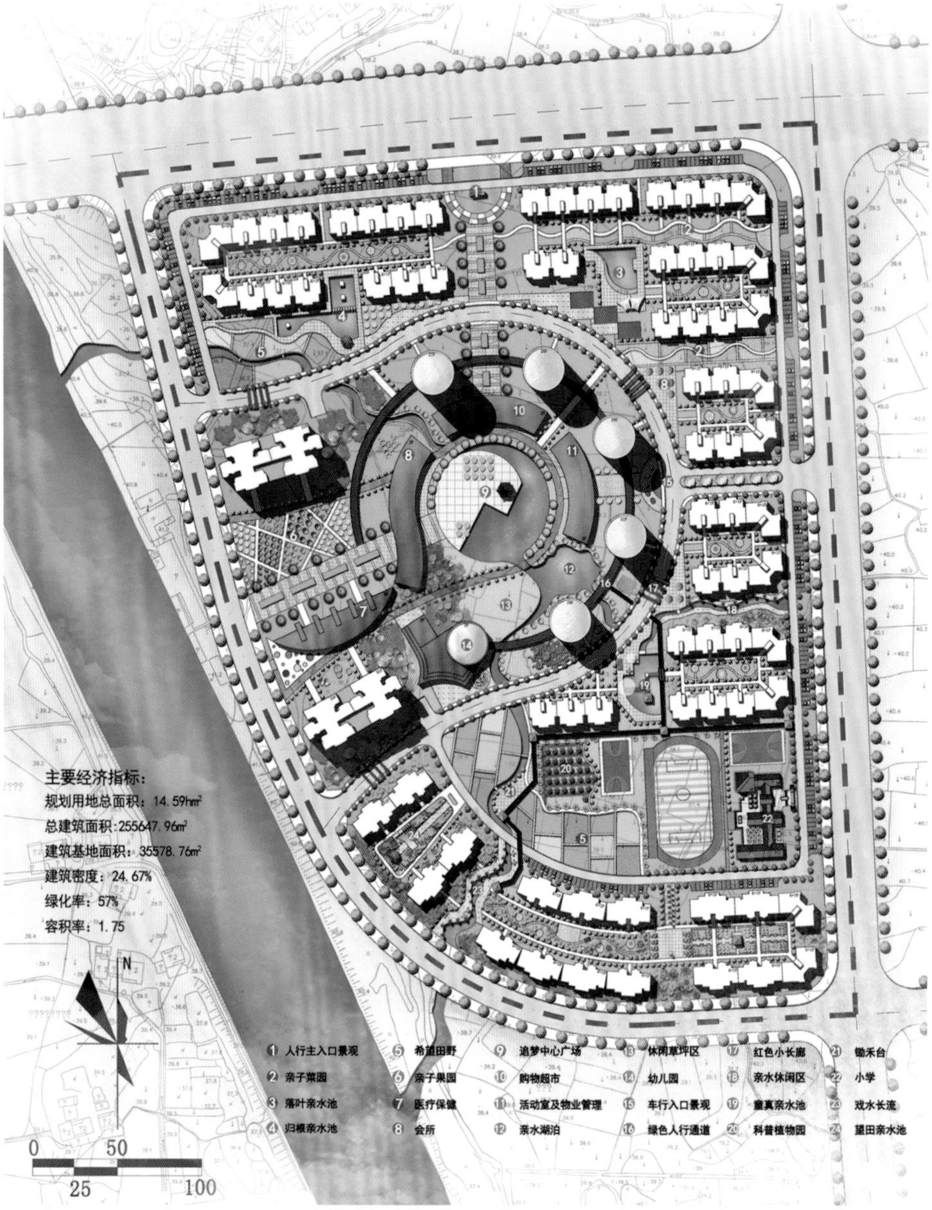
主要经济指标：
规划用地总面积：14.59hm²
总建筑面积：255647.96m²
建筑基地面积：35578.76m²
建筑密度：24.67%
绿化率：57%
容积率：1.75
N
0
50
25
100
1 人行主入口景观
2 亲子菜园
3 落叶亲水池
4 归根亲水池
5 希望田野
6 亲子果园
7 医疗保健
8 会所
9 追梦中心广场
10 购物超市
11 活动室及物业管理
12 亲水湖泊
13 休闲草坪区
14 幼儿园
15 车行入口景观
16 绿色人行通道
17 红色小长廊
18 亲水休闲区
19 童真亲水池
20 科普植物园
21 锄禾台
22 小学
23 戏水长流
24 望田亲水池

居住区园林风景设计

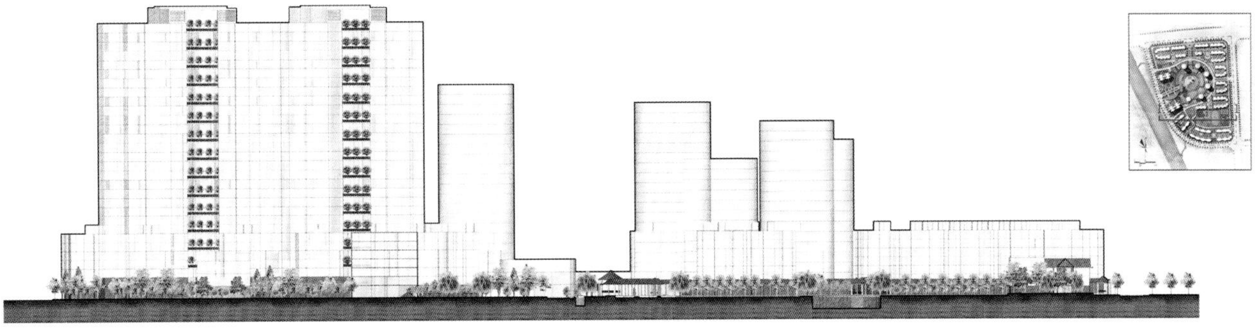

1-1剖面图

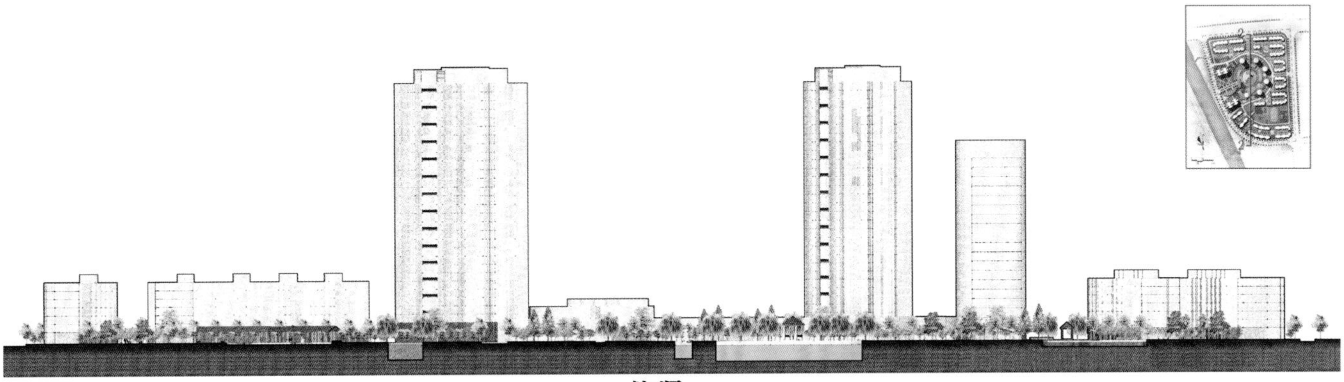

2-2剖面图

鸟瞰图

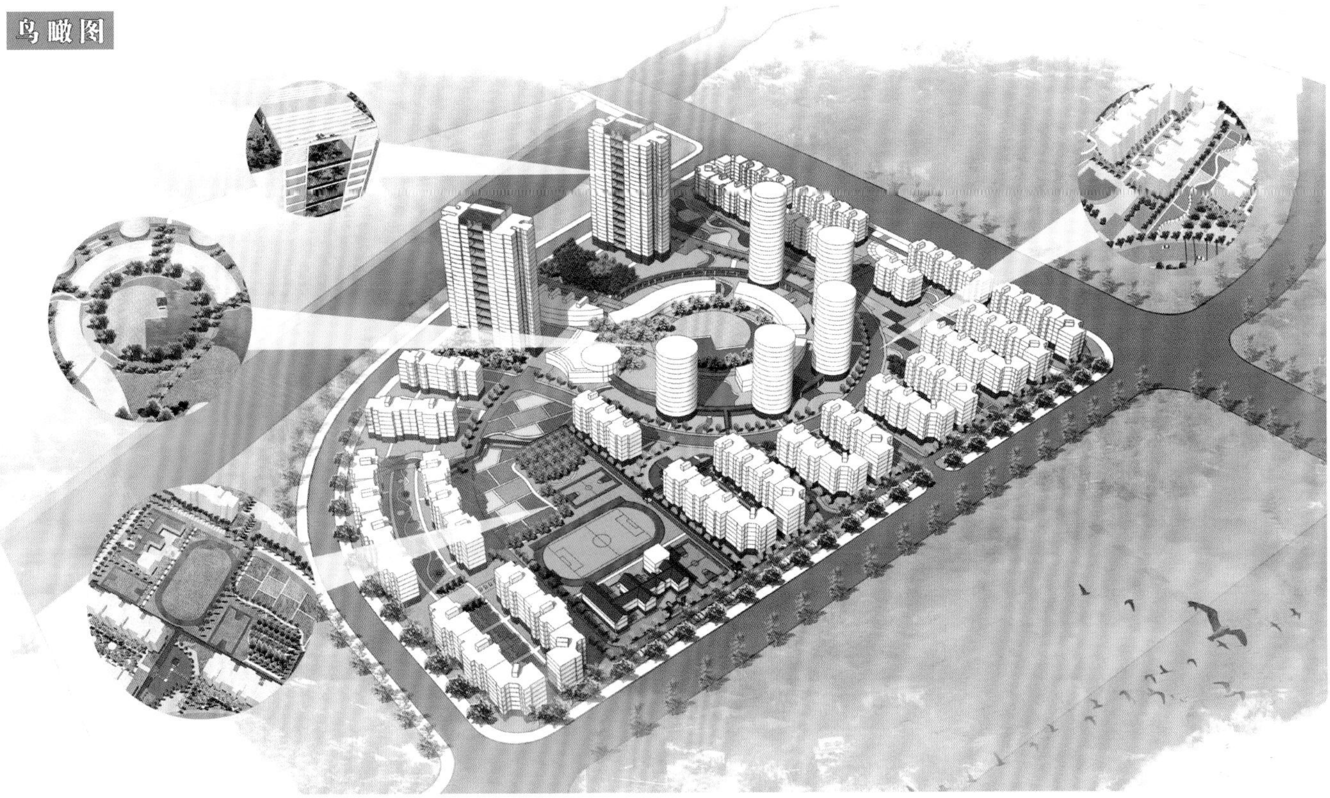

焕发新生——新农村社区的交往与空间的改造设计

Activation—Transformation of New Rural Community

院校名称： 广州美术学院建筑艺术设计学院

指导老师： 陈鸿雁

主创姓名： 苏镜科

设计时间： 2014.7

项目地点： 广州

所获奖项： 本科生组铜奖

设计说明：

洛场村位于广州市花都区，洛场村散落着些许碉楼，空气清新，树荫袅绕，然而社区的公共交往空间缺乏，道路堵塞，使村子逐渐变为空心村。设计通过串通内部空间与碉楼的道路，置入有功能的交往与空间，激活人们交互能力；根据村子的经济衰落与种植特点，采用具有绿色效益的交往空间，让人们主动的维护这一场所。

设计感悟：

探寻与记录，传承与创新。如何让一个逐渐变为空心村的村子重焕生机，让村落中的交往与空间保存其本身的特点，既不被其他同化，又能为人们提供新的生机与活力，是这次设计中让我一直思考的问题。

一个村落的交往空间如果能让村民愉悦的交往与生活，我想这才是更为重要的。

设计策略一: 功能置入

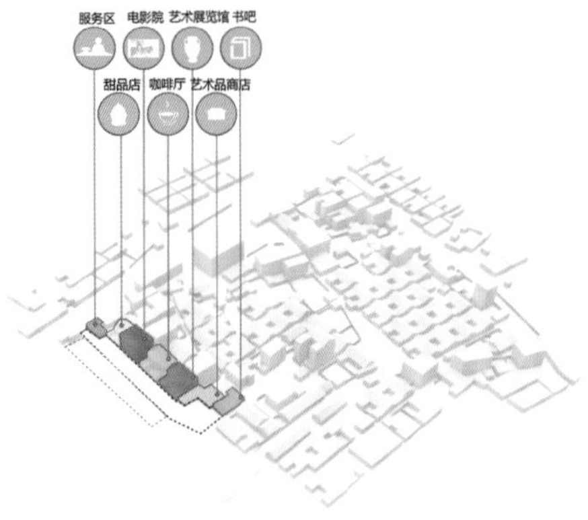

商业的分布，以小资为主导，设置为户外的咖啡厅、书吧，艺术品、展览馆等。

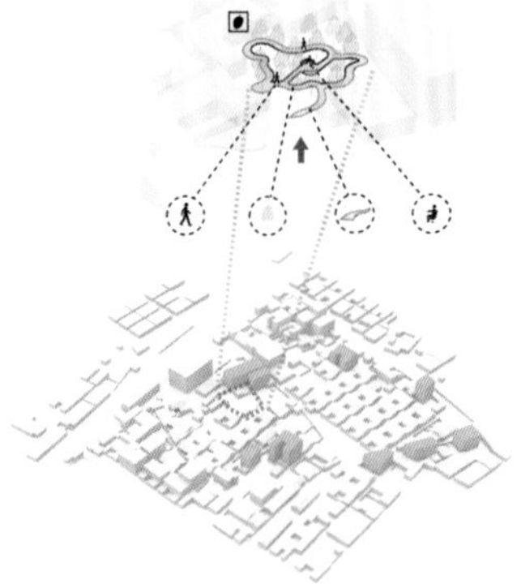

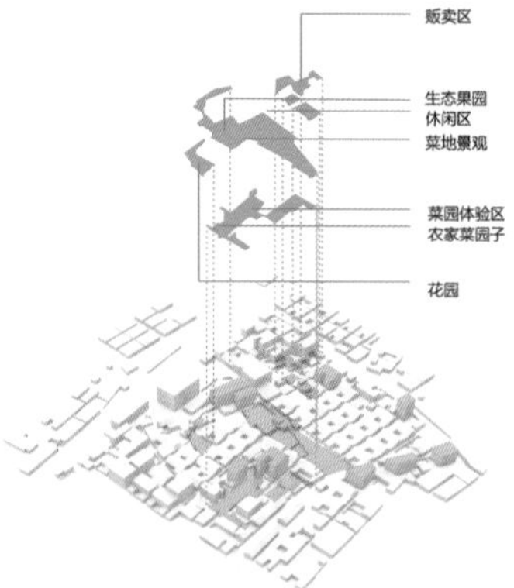

设计策略一:道路

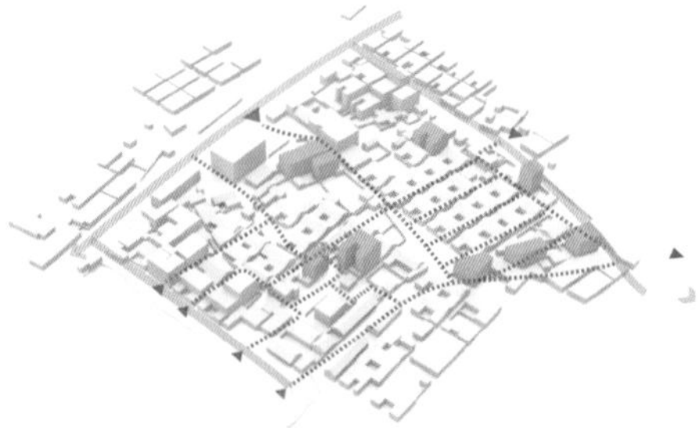

以入口、碉楼为定点，来改善原来的交通组织关系。

道路节点一：

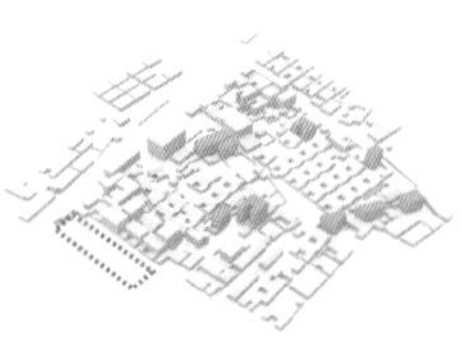

道路节点二：

道路节点三：

┈┈ 行人路线 Pedestrian route
▸ 行人入口 Pedestrian entrance
▬ 外部交通 External Traffic

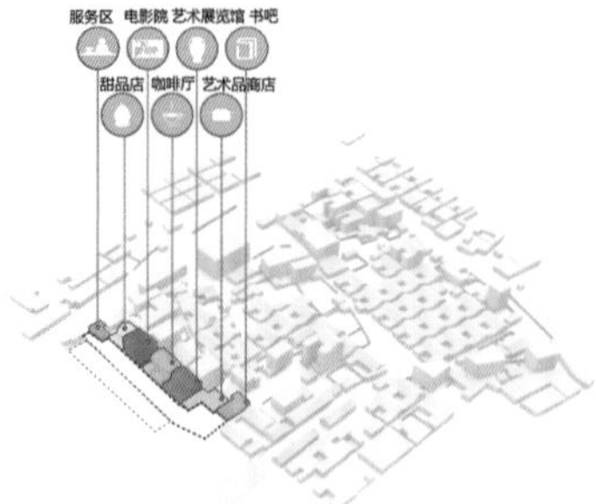

平面图
立面图
500mm
约70 000mm
平面图
轴测图
GOOGLE GLASS RFFECT
旧物新用
大块的碎石
条形石头
青砖
灰瓦
红砖
改造前
改造后
改造前
改造后

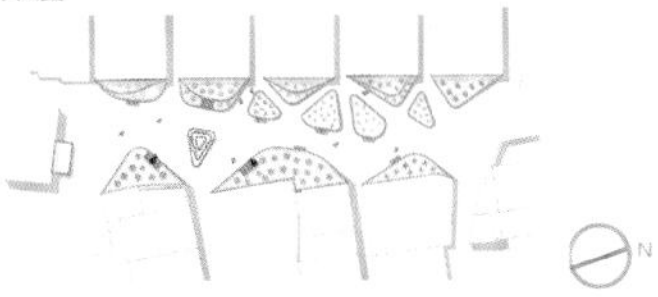

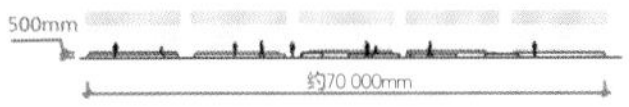

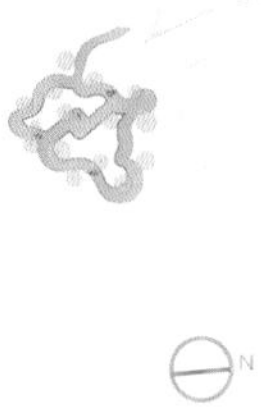

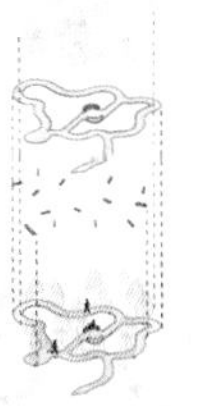

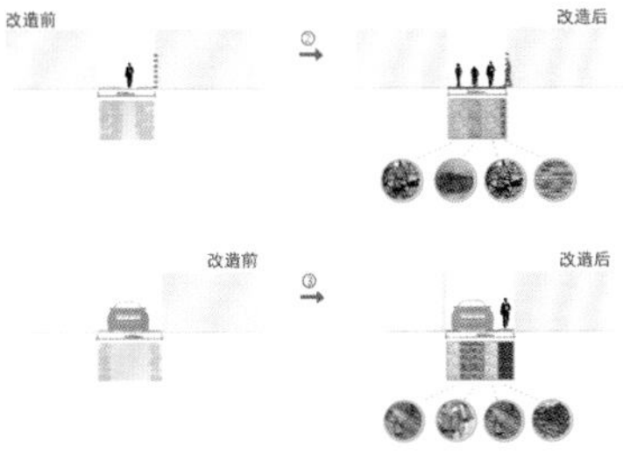

陕西关中农村养老医疗空间环境概念设计

Shanxi Guanzhong Rural Old-age Medical Environment Concept Design

院校名称：西安科技大学
指导老师：吴博
主创姓名：张娅妮
成员姓名：陈冬琳 郝东华
设计时间：2014.6
项目地点：陕西白水县史官镇
项目规模：51 843.27 m^2
所获奖项：本科生组铜奖

主入口效果图

设计说明：

将家庭养老模式与机构养老模式融合，让老人在情感、生活、生理、心理上与子女交织，与朋友交织，与生活交织，与社会交织。为当下农村不够关注养老环境模式的老年人提供一个适宜的养老医疗环境和探讨模式。

人性化设计原则：

平面的设计中应考虑到老年人这一特殊群体以及场地的性质。从人体工程学与环境行为学的角度出发，不断形成老人与子女的亲密空间、邻里空间以及社区空间。结合当地村落的布局形式，打破传统的养老院的圈养模式，将家庭养老模式融入到机构养老模式中，让老人回归生活。多样的街巷关系形成多种邻里关系，使得老人与周围的老人产生交集，逐渐融入社会。并将设计中的每个功能空间融入到老年人的生活空间中，让生命延续，产生幸福感、归属感。

整个场地主要分为流动康复区和常住养老区，流动康复区主要针对以康复为主短暂疗养的老年人，为他们提供便利的康复设施和舒适的疗养环境。常住养老区主要为长期居住的空巢老人以及不方便居家养老的老年人，提供一个温馨的养老医疗环境。

场地公共空间与生活空间穿插组合，居室方便老人的日常生活需求、形成景观空间的相互穿插、渗透。

常住区公共空间效果图

设计感悟：

建筑上采用当地民居特有的窑洞，加入现代化的手法进行设计，天窗的设置是为了更好地为老年人居室引入自然风及光照。采用生态环保材料，雨水循环再利用。

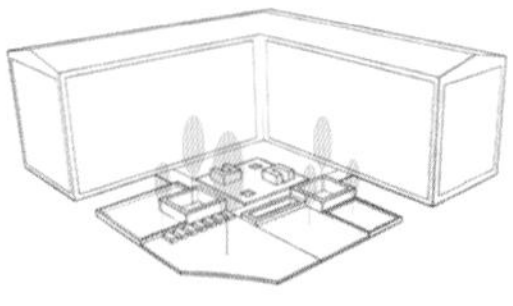
形态一 form 1

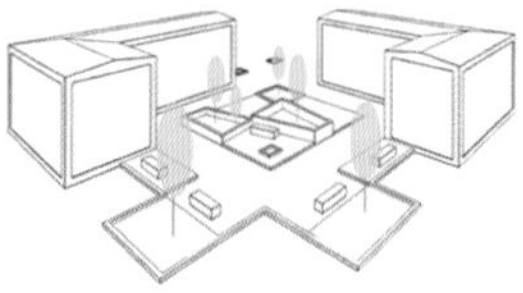
形态二 form 2

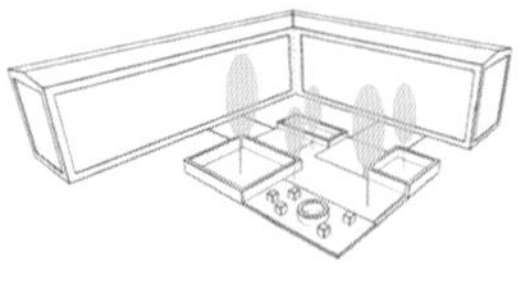
形态三 form 3

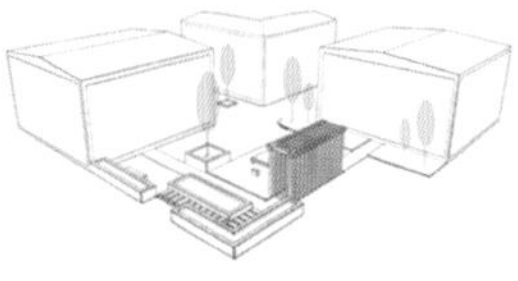
形态四 form 4

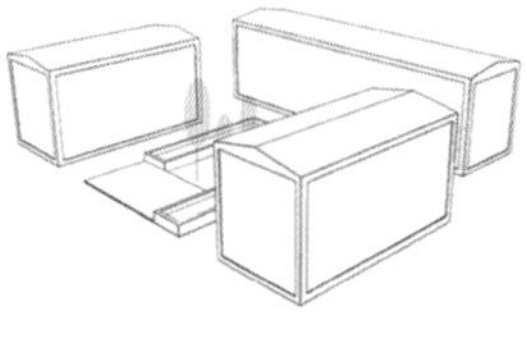
形态五 form 5

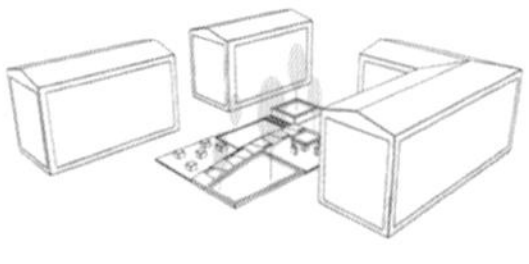
形态六 form 6

庭院空间

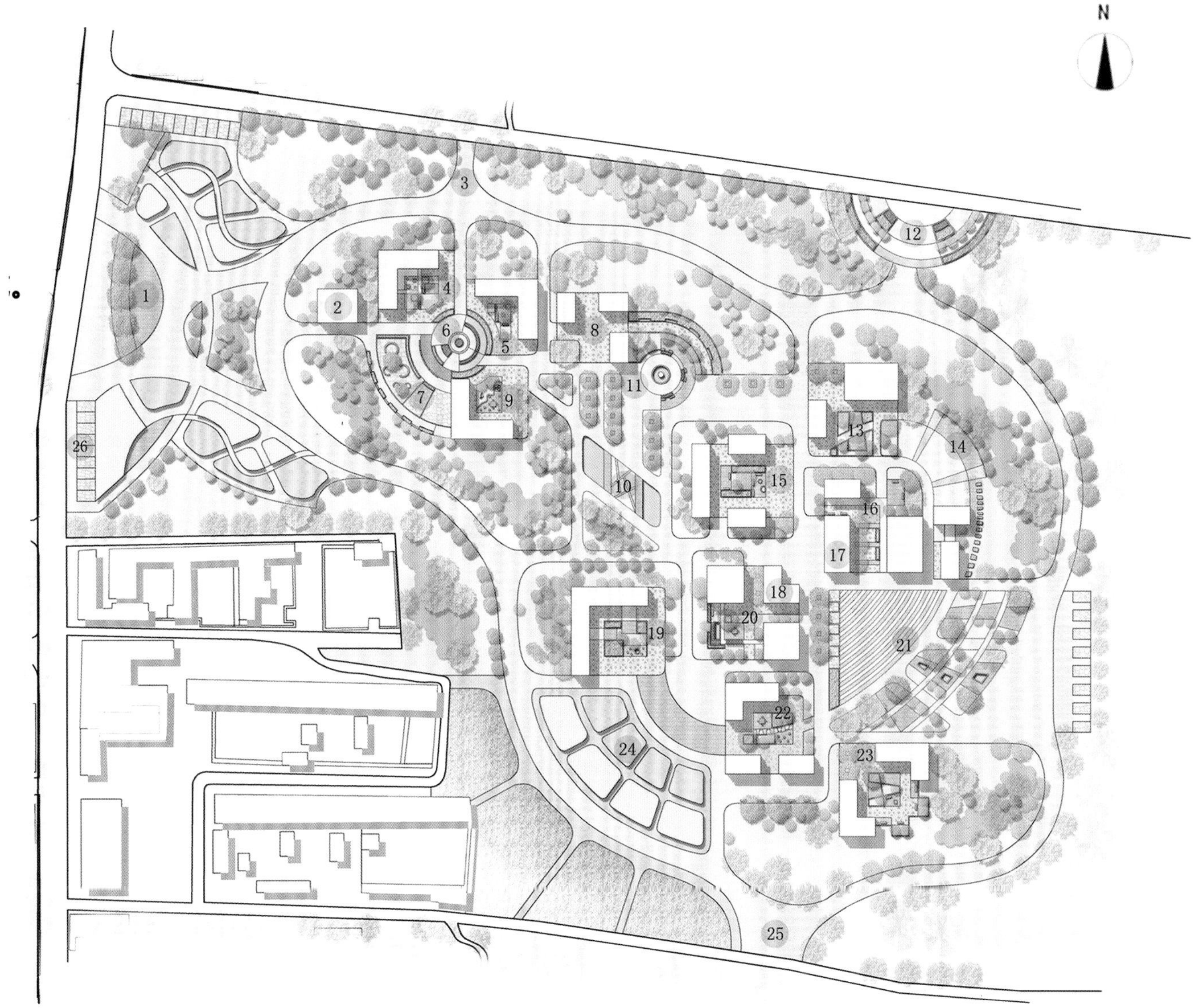

图例：

1、主入口　Main entrance
2、流动区医疗点　Flow area of the quantities
3、次路口　Secondary entrance
4、流动区院落一　Flow area compound 1
5、流动区院落二　Flow area compound 2
6、流动区广场　Flow area square
7、康复区　Recovery area
8、流动区院落三　Flow area compound 3
9、流动区院落四　Flow area compound 4
10、中心公共空间一　Center of public space 1

11、中心公共空间二　Center of public space 2
12、次路口广场　Secondary entrance plaza
13、常住区院落一　Permanent area compound 1
14、常住区公共空间二　Living area of public space2
15、常住区院落二　Permanent area compound 2
16、常住区院落三　Permanent area compound 3
17、餐厅及超市　Restaurant and supermarket
18、常住区医疗点　Permanent medical
19、常住区院落四　Permanent area compound 4
20、常住区院落五　Permanent area compound 5

21、常住区公共空间一　Living area of public space1
22、常住区院落六　Permanent area compound 6
23、常住区院落七　Permanent area compound 7
24、采摘区　Picking area
25、次路口　Secondary entrance
26、停车场　Paring area

比例 Proportion
5m　15m　25m

弈景嘉园小区景观

Chess King Jiayuan Residential Landscape Design

院校名称：重庆工程学院传媒艺术学院

指导老师：李颖 刘涛

主创姓名：陈竑铃

设计时间：2014.6

项目地点：四川攀枝花

项目规模：7780.70 m²

所获奖项：专科生组铜奖

▶ 设计感悟：

　　通过这个方案的设计和学习，我对设计有了一些感悟。我认为设计最重要的是既定空间及风格的准确定位、准确表现。(1) 明确特色功能定位，满足休闲游憩功能，体现小区景观生态系统，表现出富有节奏感的居住韵律。(2) 满足休闲功能，将景观视为一个可持续发展的有机生命体，随着时间的推移，必将与周边景观体系相连接、相渗透。根据本方案的实地情况，本案提出以下具体目标：(1) 完善居住生态系统，建立符合科学规律的城市生态系统，以规则式植物群落模式充分发挥绿地净化空气、涵养水源、减弱噪声等生态作用；(2) 营造特色小区景观，充分发挥方案现有的自然景观特色，重视营造绿色生态结构，强化和美化小区绿地品质，创造绿地精品；(3) 满足休闲游憩功能，改造绿地植物布局，利用植物群落形成小气候环境，提供舒适宜人的健康休闲场所。

▶ 设计说明：

　　本设计主要以规整式风格为主，在游乐以及主楼附近原设计上采用自然式布局，做到规整与自然式结合。主体建筑周围的绿化突出生态、安静、清洁的特点，形成具有良好环境的居住区。其布局形式与建筑相协调，为方便住户的通行，多采取规则式布置，在建筑物四周考虑到室内通风、采光需要以及生态元素。靠近建筑物栽植了低矮的灌木或花卉，并建造健身区、休闲区及主题晨练广场。

1 健身区
2 休闲区
3 主出入口
4 次出入口
5 停车场出口
6 停车场入口
7 主要景观区
8 入户景观区
9 室外停车场

总平面图 1:500

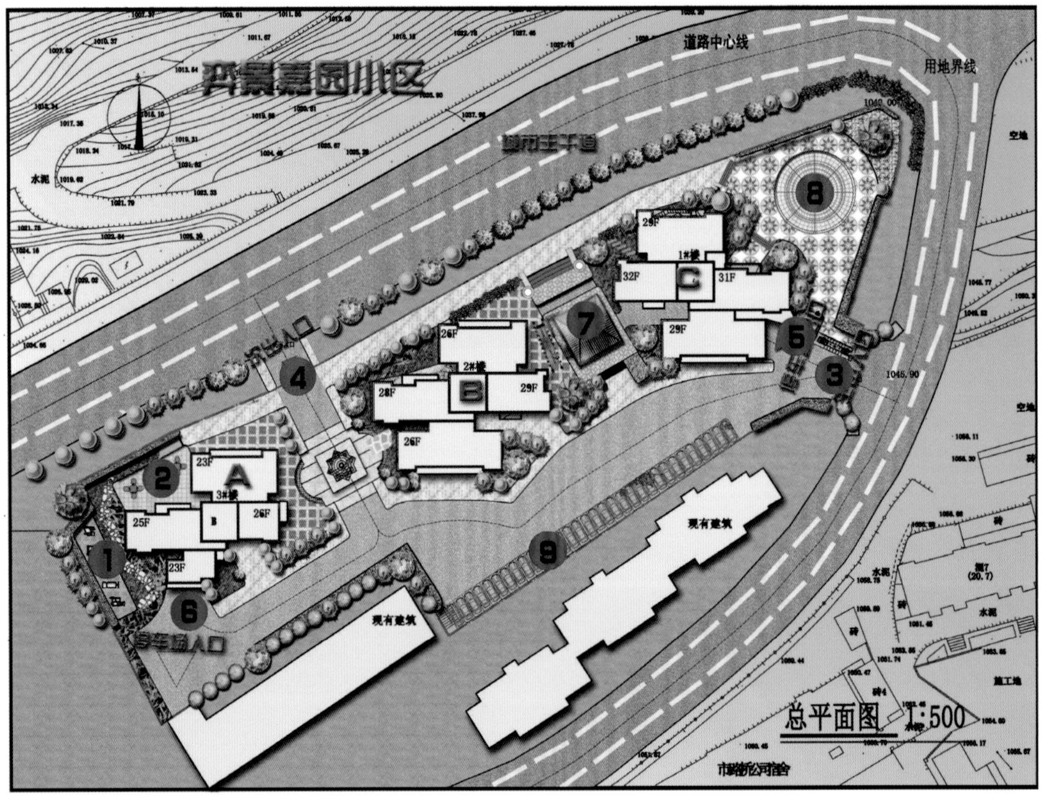

休闲区效果图

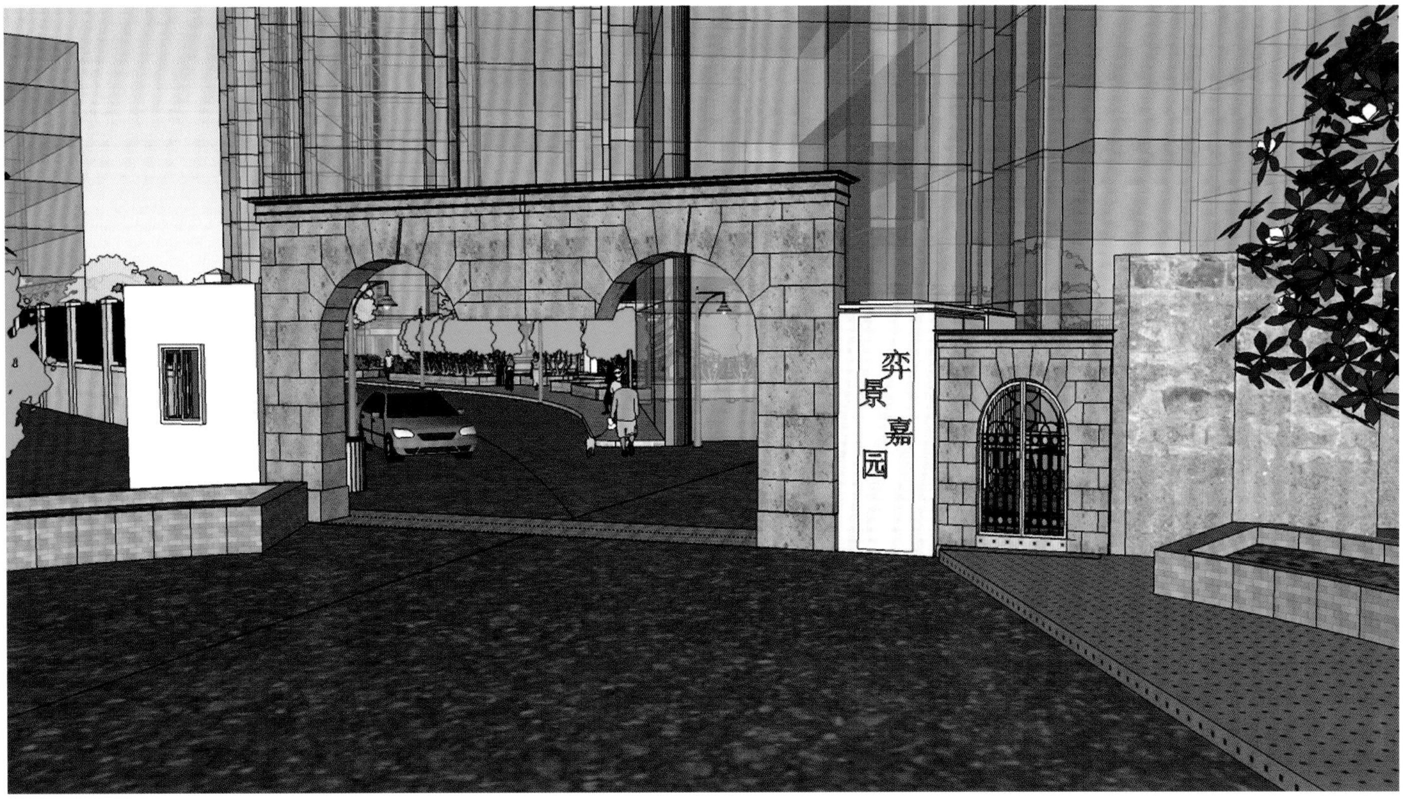

主入口图

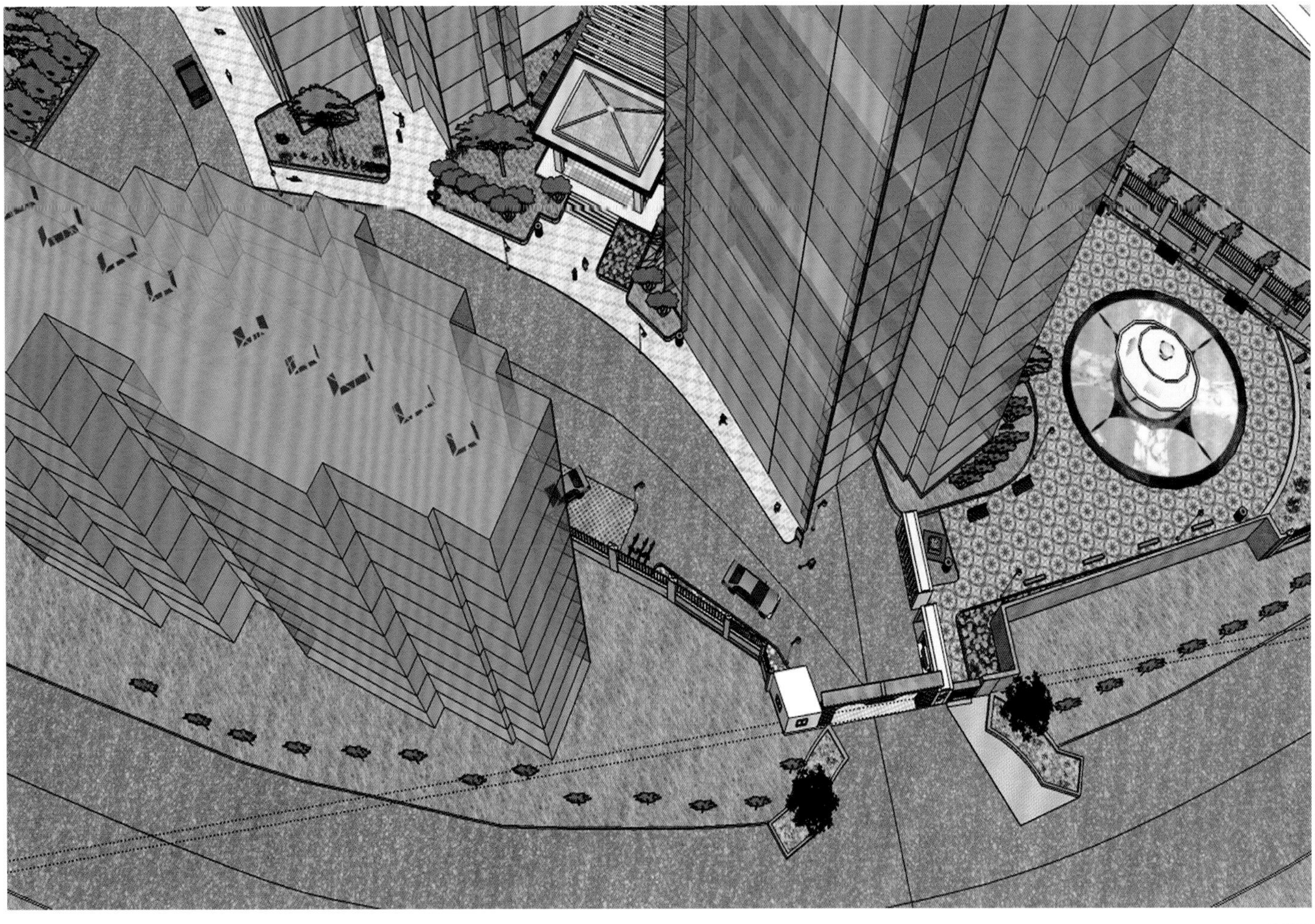

鸟瞰图

城市旧社区公共空间景观改造概念设计——2000 平方米的，白云下时光

Urban Transformation of the Old Community Public Space Landscape Concept Design—2000 Square Meters, Time under White Clouds

院校名称：广东轻工职业技术学院

指导老师：黄帼虹

主创姓名：袁卓勋

设计时间：2014.5

项目地点：广州海珠区

项目规模：2000 m^2

所获奖项：专科生组铜奖

设计说明：

经过总结归纳得出目前的场地上的绿地休憩空间与设施都不能满足人群的生活需求，单一的设施缺少人性化，绿地的植物缺少一个完整合理的生态系统，现状的形象陈旧，空间没有得到更好的利用，造成人群在休息和活动的时候产生压抑、焦虑的情绪，环境功能单一，景观特色严重缺乏，失去生活的韵味。旧社区有很多值得我们去发掘的元素创新的平台，然而，作为设计者的我们可以对这些即将丢失的文化进行大胆的设想。站在人们需求的角度，我们更多的是去观察和发现，观察旧社区的环境需要什么，人们需要什么，从而，我们可以去发现一些适合社区而且有趣的形式，一些好玩而且新颖的设施。对于整个场地的构思，结合了大自然的元素：木材、水、土壤、植物、阳光、意在让黯然失色的旧社区真正的活起来！从而，对于场地设施的亮点，我利用了自然中的天空与场地里的建筑，结合休闲、娱乐、使居住者得以放松身心，晒太阳，仰望天空。多功能的缓坡装置，意在打破场地现有的“井底之蛙”的形式的同时，人们可以仰望着那洁白无瑕的白云和一望无际的蓝天，享受那美好的时光。

设计感悟：

站在城市工业发展蓬勃、人口剧增、经济迅速发展和城市土地文化生态环境持续发展的角度，我们试图寻找一种在旧城区里丢失的尊重和消逝的活力。设计最大程度地利用旧城区的公共空间，并以繁忙的城市生活为切入点，与旧社区的人群需求和特殊环境条件相结合，以该社区的儿童作为这次场地活起来的元素，意图提供一个旧社区的灵动空间，使旧社区活起来。场地处于广州市海珠区，在 21 世纪时代变迁、工业化同时，环境的不断破坏，旧社区渐渐离我们远去。但旧社区仍有很多有待我们去发掘的地域文化元素，每个场地有每个场地的特点，作为设计者的我们应该以设计场地的环境条件来作为设计前提，然而，我们应该更多的去关注民生，关注生活，因为设计就来源于生活！

能量转换

这是个生态交换的过程，由贫瘠土壤的消极空间向生态积极空间转变，平台下的植物群落提供了良好的转换空间，调节了气候的同时为社区人群营造一个舒服的居住和休息环境。

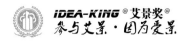

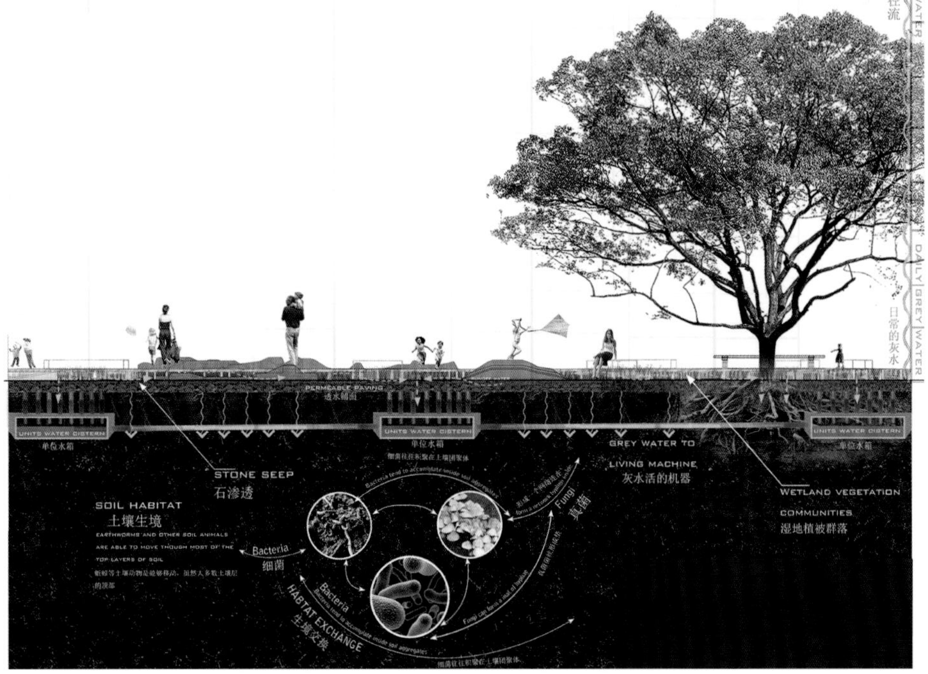

效果图

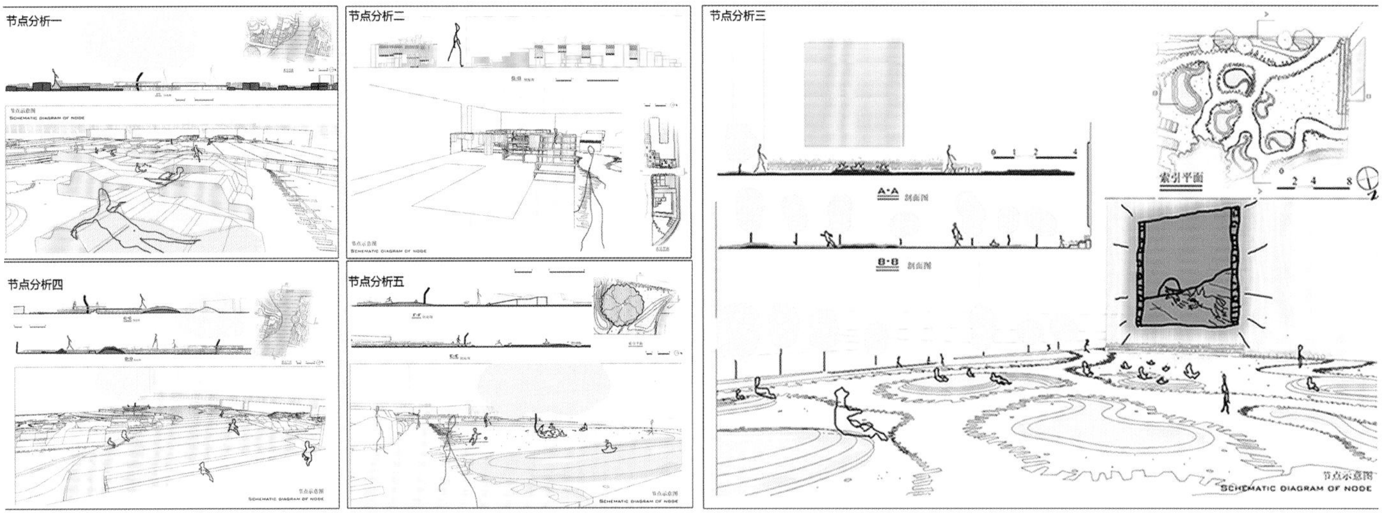
节点分析一
节点分析二
节点分析三
节点分析四
节点分析五
A-A 剖面图
B-B 剖面图
索引平面
节点示意图
SCHEMATIC DIAGRAM OF NODE

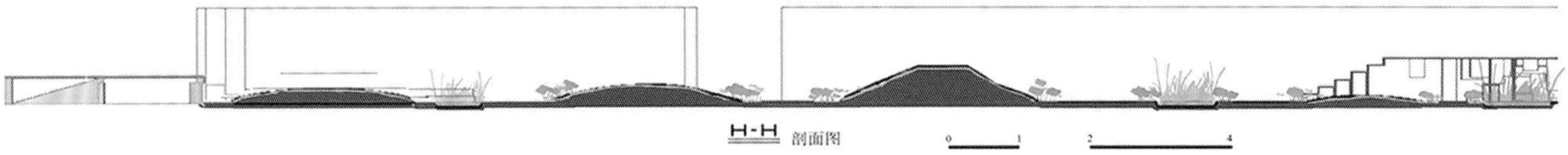
H-H 剖面图
0 1 2 4

节点示意图
SCHEMATIC DIAGRAM OF NODE

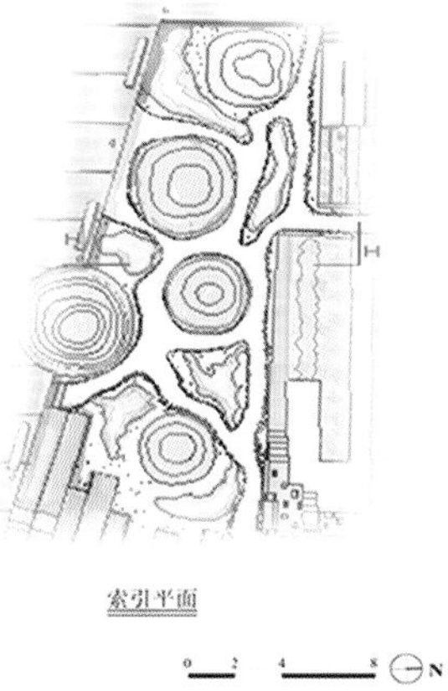
索引平面
0 2 4 8 N

节点设计

鸟瞰图

缝合——重庆特钢厂景观规划设计

Integrate History and Future Into the City—Landscape Planning and Design of Chongqing Special Steel Factory

院校名称：重庆大学

指导老师：李向北

主创姓名：赵宇

成员姓名：夏伟　厉秀娟

设计时间：2014.7

项目地点：重庆

项目规模：33.6 hm²

所获奖项：研究生组金奖

设计说明：

该项目是对重庆特钢厂园区遗址进行的改造规划设计，项目基地地理位置优越，自然资源及历史人文资源优良，设计时严格尊重场地原貌和历史，并没有盲目的大拆大建，而是将场地作为一个时间、空间相结合的实体，通过景观及建筑将特钢厂的历史面貌和记忆与现代景观构件有机"缝合"在一起，这也是我们的初衷。本次设计着重对场地构筑物进行了详细探讨，将部分保留并赋予了新的使用功能，比如高炉等工业设施可以让游人安全地攀登、眺望，废弃的高架铁路可改造成为公园中的游步道；高高的混凝土墙体可成为攀岩训练场；在人流相对集中的区域用不同的色彩为不同的区域做了明确的标志等，处理方法不是努力掩饰这些破碎的景观，而是寻求对这些旧有景观结构和要素的重新解释。最终在规划设计中形成"四区一带一园"的空间布局形式。基地任何地方都能让人们去看、去感受历史，建筑及工程构筑物都作为工业时代的纪念物保留下来，它们不再是丑陋难看的废墟，而是如同风景园中的点景物，供人们欣赏。

设计感悟：

重庆特钢厂有着辉煌的历史，但如今却荒废，优越的自然资源、人文资源严重浪费，每次路过总想通过自己所学专业对其进行改造，使之重焕生机，正好借此次艾景大赛机会圆了这个小小的梦想。而此次参赛并最终获奖，也给了我莫大的鼓励，使我对今后的学习、工作更加有信心。

鸟瞰图
Bird's eye view

创意工厂效果

雨水之歌——南京某大学公寓景观设计

Song of Rain—Landscape Design of the Student Apartment in a University in Nanjing

院校名称：南京林业大学艺术设计学院

指导老师：曹磊

主创姓名：马晓宇

设计时间：2014.8

项目地点：南京

项目规模：24 000 m²

所获奖项：研究生组银奖

设计说明：

本设计内容是为南京林业大学东北角新建的学生公寓进行配套的景观设计，设计的出发点是解决场地内现存的噪声污染、空气污染以及随之带来的水污染。同时营造轻松惬意的大学校园环境。根据现有的地形高差，一方面设计不同大小和功能的雨水花园，有效进行水资源的节约和水质改善，另一方面设计特色台阶以及结合水景的开放空间，为学生提供学习、交流和聚会的室外场所。校园围墙设计作为本次设计的第二个重点，则在充分研究了植物种植和建筑材料对噪声的吸收弱化能力的前提下，将垂直绿化墙、植物种植墙、石材围墙三者有机结合，在一定程度上解决了场地严重的噪声污染，也提高了绿化覆盖率。局部水景和主题雕塑的点缀，丰富了视觉，强化了校园内的人文气息。

设计感悟：

通过对场地的前期调研发现，新建的学生公寓距离南京市最繁忙的道路——玄武大道很近，作为南京市的主干道之一，它给周围的长途车站、学校以及大量居住区带来的噪声污染和空气污染是非常严重的。那么如何在设计这一大学校园景观的同时，解决场地中存在的切实环境问题，是本设计所追求的。在前期对基地进行的充分了解和研究中，我总结了项目所面临的突出问题：一是来自玄武大道上车流的污染问题；二是场地中的高差变化带来的问题；三是校园内紫湖溪的污水直接排放出校外的问题。综合上述问题，在设计中运用雨水花园结合水净化的装置，以及生态性围墙，对环境问题进行了有效的解决。

通过这次设计让我体会到，其实景观设计就应当是一个解决实际问题的过程，除了要带给使用人群舒适的感受，也应当尽到改善环境问题的义务。也希望这个设计能赋予南京林业大学新的功能与活力，为在校师生们提供一个生态绿色、开放轻松的惬意环境，让处在喧闹城市中的校园走进自然。

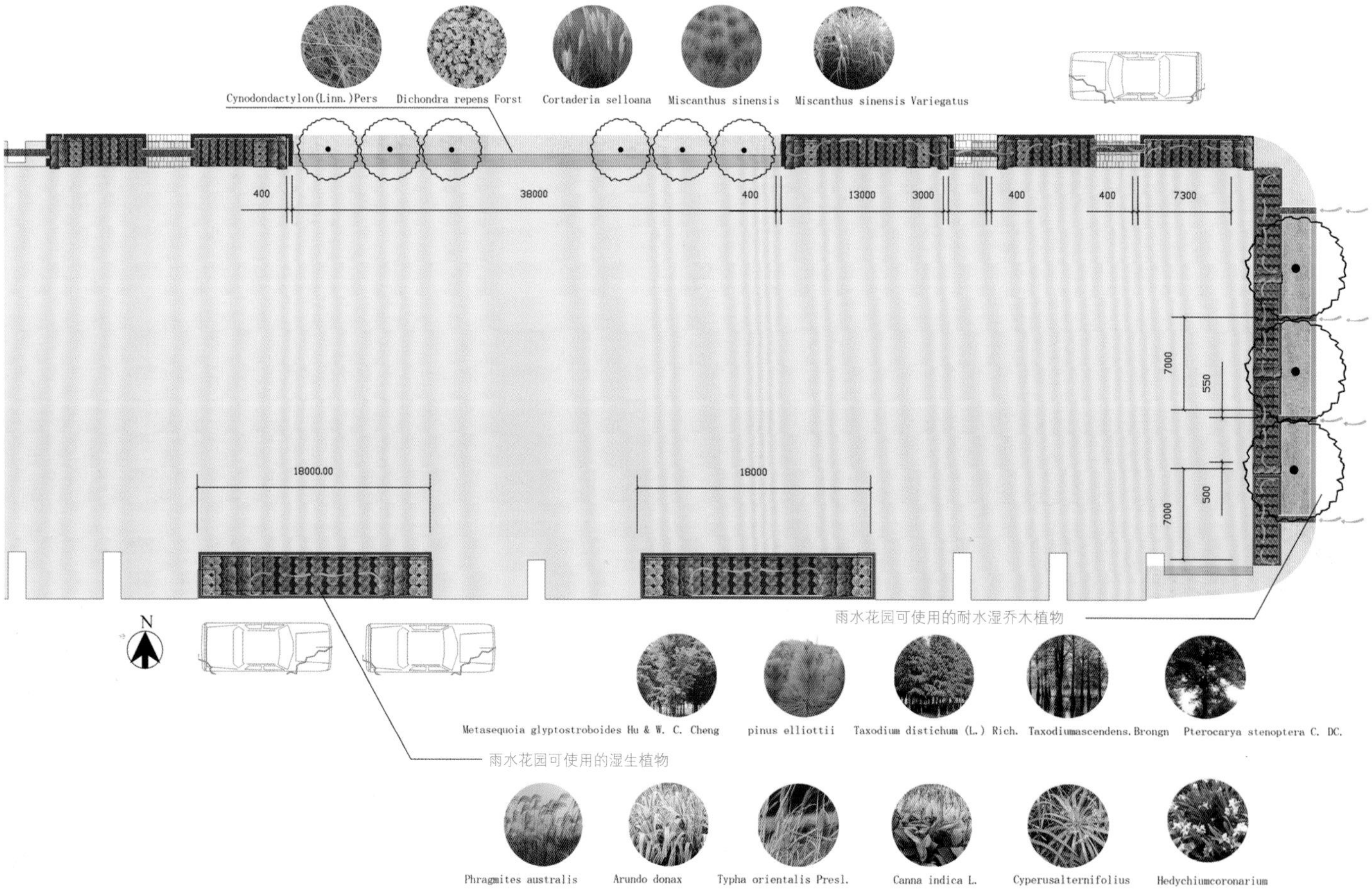

雨水花园平面详图
Rain Gardens Plane Detailing

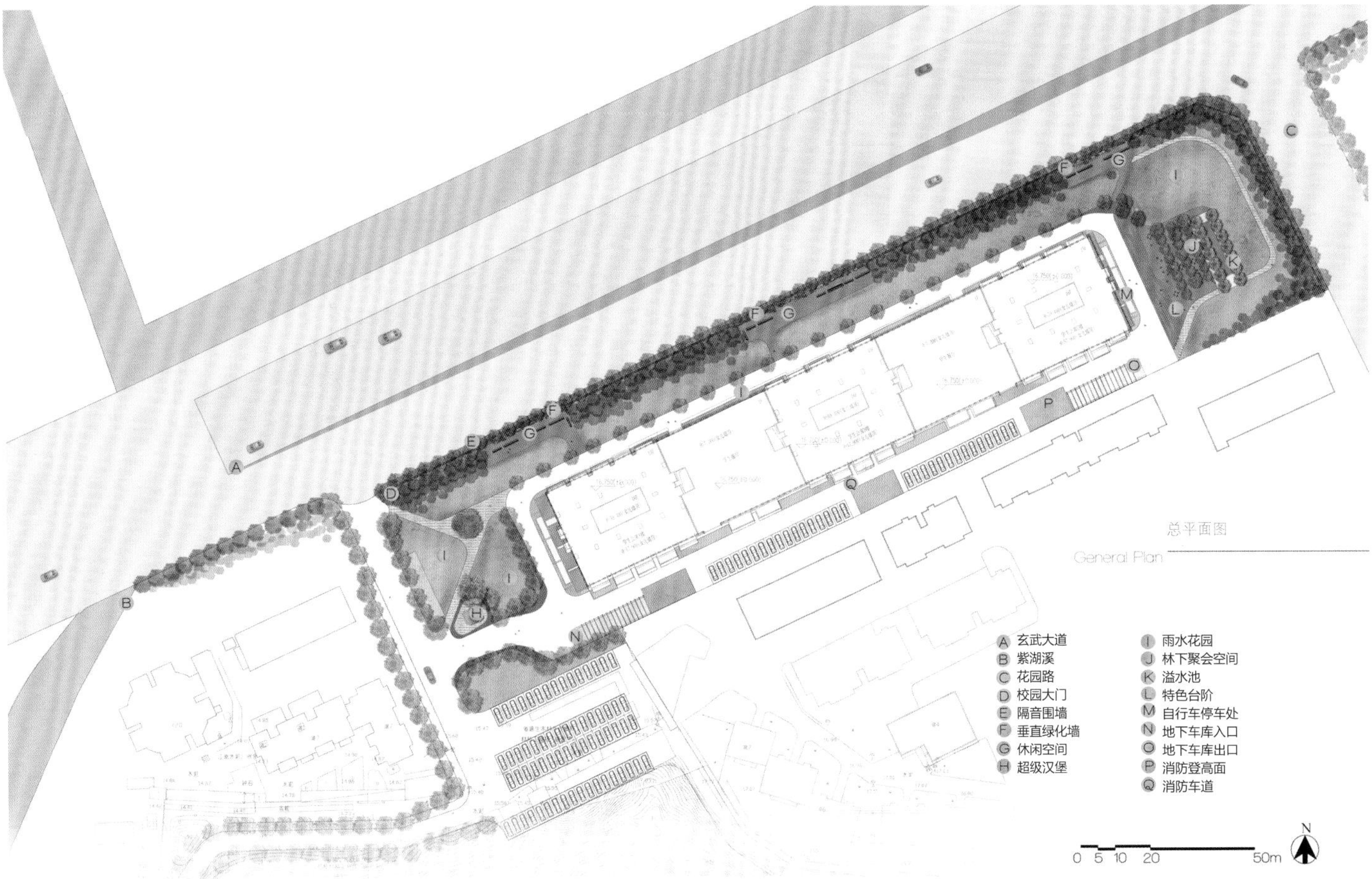
A 玄武大道
B 紫湖溪
C 花园路
D 校园大门
E 隔音围墙
F 垂直绿化墙
G 休闲空间
H 超级汉堡
I 雨水花园
J 林下聚会空间
K 溢水池
L 特色台阶
M 自行车停车处
N 地下车库入口
O 地下车库出口
P 消防登高面
Q 消防车道
0 5 10 20 50m
N

总平面图
General Plan

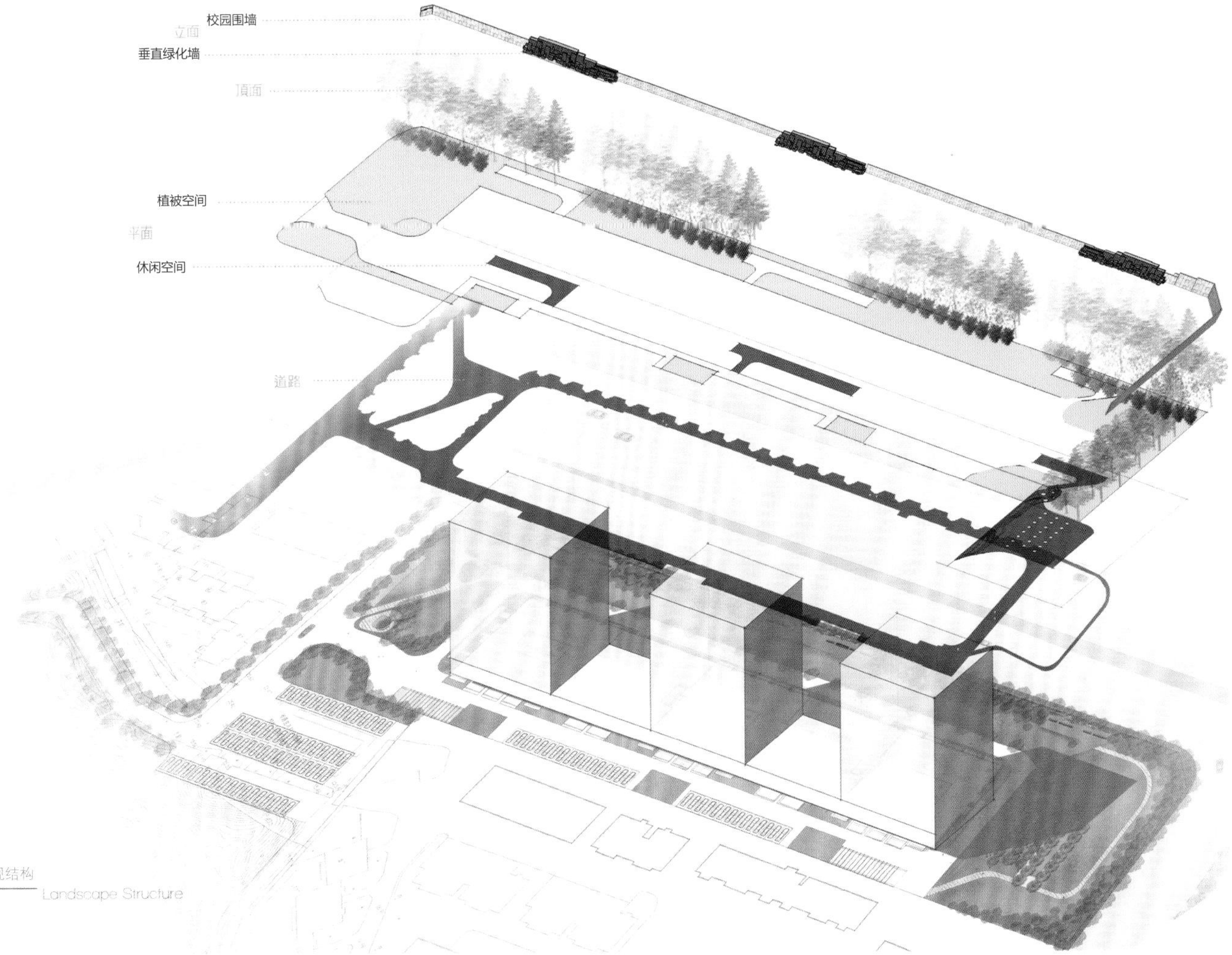
校园围墙
立面
垂直绿化墙
顶面
植被空间
平面
休闲空间
道路

景观结构
Landscape Structure

行如流水——中学校园景观设计

Move Like Flowing Water—Campus Design of an Middle School

院校名称：北卡罗来纳州立大学
指导老师：Carla Delcambre
主创姓名：王雯
设计时间：2014.8
项目地点：美国罗利
所获奖项：研究生组银奖

设计说明：

水，既有流动的状态，又有静止的状态。水，具有非常强的可适应性，水本身并没有形状，它能适应各种形状的容器。

考虑到校园里有两种对比鲜明的活动，即静止的课堂和课后欢乐的活动，因此在设计中将学生的活动作为设计的焦点，将水的流动与静止比拟学生们的活动类型，为校园中提供两种活动类型的空间体验。

设计中，主要由三种水的流动过程来比拟活动体验，水过滤、水分流和水收集。水过滤和水分流为动态的流动空间体验，主要为校园内的人流交通导向空间；水收集为静态的空间体验，主要为校园内提供活动的开阔场地，即户外学习空间和体育操场。

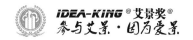

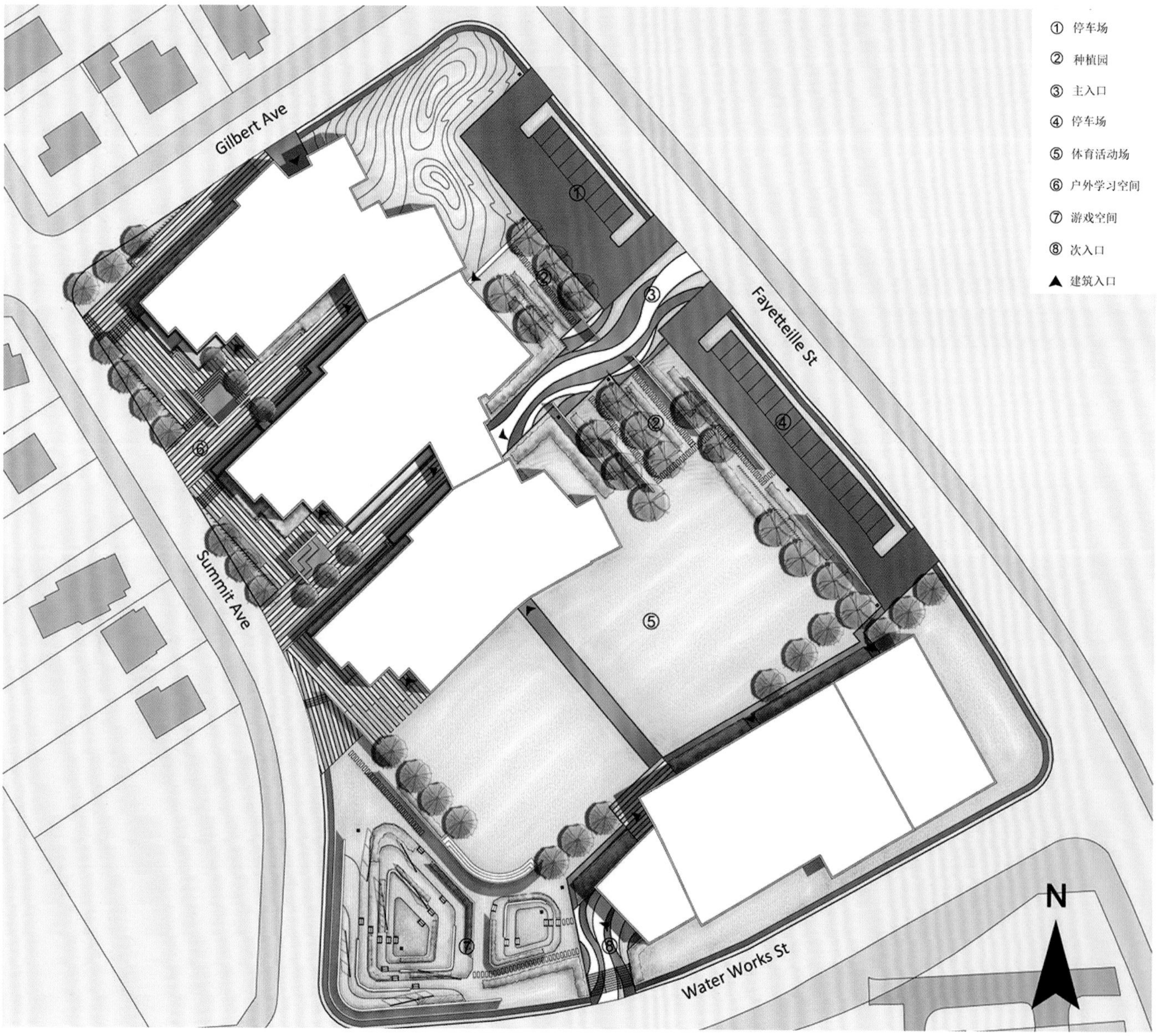

总平面图

Collect 水收集

The dispersed movement will collect in two open spaces, play areas and sport fields.

人的活动经过分流空间后将导入两种类型的收集空间，游戏场地和运动场地。

循环活动
Recycle Movement

The three type of the movement are connected and make a recycle movement

三种类型的活动相互串联，成为循环的活动体验。

Filter 水过滤

The movement begins from the main entrance of the site. and the building and path function like "filter" to divide one movement to multiple directions.

人的活动从主入口开始，道路和建筑比拟过滤器将人的活动从单一的变为多向的活动。

Disperse 水分流

Then the movement disperse by the walls into different spaces.

人的活动由具有导向性的景观墙分流。

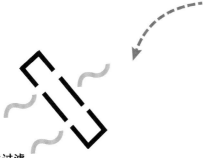

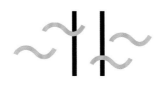

禅茶一味——基于地域空间组织的茶馆空间探索

Zen Tea Blindly—Based on Regional Spatial Organization of the Teahouse Space Exploration

院校名称：东北师范大学美术学院

指导老师：王铁军

主创姓名：尹春然

设计时间：2014.5

项目地点：四川

所获奖项：研究生组铜奖

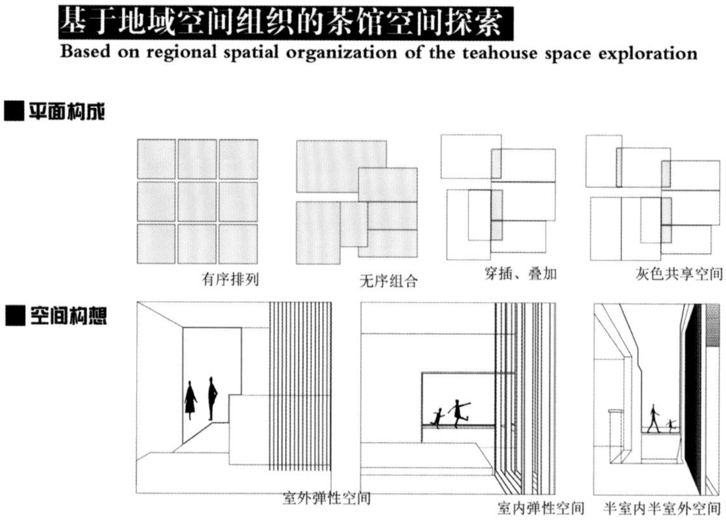
基于地域空间组织的茶馆空间探索
Based on regional spatial organization of the teahouse space exploration
平面构成
有序排列
无序组合
穿插、叠加
灰色共享空间
空间构想
室外弹性空间
室内弹性空间
半室内半室外空间

设计说明：

本设计通过对中国园林和传统民居的分析总结，提炼出具有象征意义的空间语言，以室内整体空间的布局、边界空间的构成以及室内外空间的流动三部分作为塑造茶馆空间的主要表达的手法，注重人在空间中行进时心理体验的变化，通过对茶馆空间的感受来体现中国传统茶文化。

本设计是在园林布局的基础上对茶馆进行空间设计，作为互相独立空间，相互间没有任何的交流和对话，排列秩序单一、呆板。把独立空间加入空间语言，通过独立空间水平、垂直方向的偏移、穿插、旋转、叠加后，出现灰色共享空间，丰富水平方向空间层次。使原本呆板的空间生成不同程度的空间属性，灰色空间出现。整体空间划分为开敞式空间、半开敞式空间、半私密性空间、私密性空间。茶馆空间层次的变化为品茶者在茶馆间游走过程中提供了丰富的空间体验。

平面分区按照不同的功能分区划分为不同性质空间，本方案的设计特色在于，结合园林布局手法，模糊室内外各个空间的独立性，使室内原则上较为封闭的空间与室外开敞式的空间之间产生互动。打破原有空间的独立性。室内部分为引进自然采光个通风，对局部空间进行了天花开敞处理，在室内种植具有象征意义的竹子，从而打破室内封闭，增加了室内空间的活力。

设计感悟：

提取地域建筑元素，应用于茶馆空间设计。茶馆入口处通过上升台阶进入封闭感较强的入口空间，由狭窄辗转到半封闭半开放的中庭空间。局部上升及下沉空间的设计丰富了品茶者对茶馆的整体空间体验。吧台空间部分青竹元素的植入，为整个空间提供了一丝绿意，位于茶馆外的路人通过过渡空间，被室内的青竹所吸引。步入整个空间，在不同的视角可以通过被打开局部墙体看到青竹，墙体局部开口且低于正常人视线，通过遮挡人视线，加强了人与空间的互动交流，给人一种探索的乐趣，增强了整体空间的趣味性。

从茶馆空间角度分析，空间之间相互渗透，人流线从入口的幽静到半室内半室外的中庭空间再步入室内空间。这种曲折的路线不仅丰富了空间的层次，同时对视线有不同的导向作用，让饮茶者在移动的过程中发现不同的功能空间，饮茶者只有身处其中，才能体会到空间的流动。整个设计通过对传统建筑中“庭院”这一基本元素的运用，在保证茶馆室内空间隐私性的基础上，向室外空间拓展，衍生出一个由室内空间向室外空间过度的室外露台空间，以及一个由室内空间通过下沉台阶延伸出一个室外下沉空间。茶馆半开放式的灰色过渡空间连接了室外开敞空间与室内的私密空间，为身处茶馆的茶客提供了开阔的视野，增强了室内空间与室外空间的互动交流。为空间使用者提供了不同的空间感受。

禅茶一味 Zen tea blindly

基于地域空间组织的茶馆空间探索

Based on regional spatial organization of the teahouse space exploration

采光通风

通过半开放式建筑空间语言的介入，利用风压、热压的作用，增强了室内、外空气的流动。为建筑内部提供清新、洁净的空气，使原本较为封闭的空间提高了自身的自然通风和自然采光能力。

自然密码——校园景观被动式生态设计

Nature Code —Ecological Design of Passive Campus Landscape

院校名称：四川农业大学
指导老师：鲁琳
主创姓名：王琦
成员姓名：易超 郑志永 吴东霖 胡娅竹 胥诺
设计时间：2014.5
项目地点：四川成都
所获奖项：研究生组铜奖

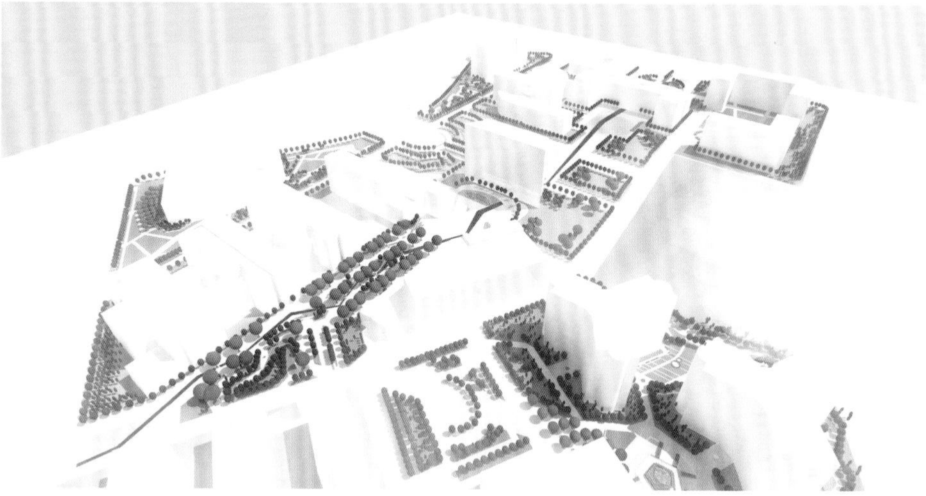
鸟瞰图

设计说明：

本设计以"城市回归自然"为主旨，围绕"家融合的校园和你我"这一主题，选择母校四川农业大学成都校区五个重点地块展开景观规划设计，旨在改造校园景观、优化校园环境，为师生提供绿色生态的学习生活环境。

针对校区现有景观存在的不足，尝试从场地、生态与情感三大板块进行景观的改造与设计。"几何叠加"，因地制宜，因势造景，加强景观肌理联系，梳理空间秩序，丰富空间多样性，营造"场地之家"。"阡陌生姿"，将设计与前沿科学技术相融合，打造雨水花园与生态绿地，视觉上绿色校园，为师生提供教学试验实践平台，打造"生态之家"。"多元交融"，尊重人本精神，深入挖掘川农大文化底蕴与内涵，使空间被感情所围合，充满归属感与亲切感，促成场所精神的升华，人与景观的交融，打造"情感之家"。

设计以被动式生态设计为设计理念，基于场地现状进行被动设计。设计尊重场地、尊重自然，在认知场地、感知空间的基础之上，以人的舒适度与环境适宜性为本，利用生态模拟自然、地理条件，为园林设计提供科学数据信息，达到场地信息量化，力求将园林景观表达、景观生态性与环境舒适度三者达成和谐最优的有机融合，创造绿色校园，让城市校园充满自然气息。

五路口广场全景效果图

设计感悟：

"慈母手中线，游子身上衣。临行密密缝，意恐迟迟归。谁言寸草心，报得三春晖。"学校之于学者就是这样的慈母。以母校校园景观改造设计作为主要内容。设计一条红轴穿越校园，动感韵律，气宇非凡。它串联着四川农业大学的百年历史，见证着四川农业大学的累累硕果，展望着母校的美好未来。四方学子离别小家，挥别故土，走进了川农这个大家庭。正如母亲手中的红线拼织着学校的辉煌成就，牵引着学校的继往开来，缠绕牵挂着学子的成才立业。你我都是川农人，身远游心相连。家 ---- 融合的校园和你我！

被动式生态设计理念是基于场地现状的被动设计。其根本在于尊重场地、尊重自然，在认知场地、感知空间的基础之上，以人的舒适度与环境适宜性为本，利用生态模拟自然、地理条件，为园林设计提供科学数据信息，达到场地信息量化，力求将园林景观表达、景观生态性与环境舒适度三者达成和谐最优的有机融合。这种设计理念与园林景观规划设计的巧妙融合，不仅让我们在不断探究的设计过程中，改变了视角、开阔了视野、积累了知识和技能，更让我们重新审视和思考：作为一名园林景观规划设计专业的学生，应当如何正确认知设计与自然的关系，城市与自然的关系，以及人与自然的关系，并且受益匪浅。

水景与植物配置效果图

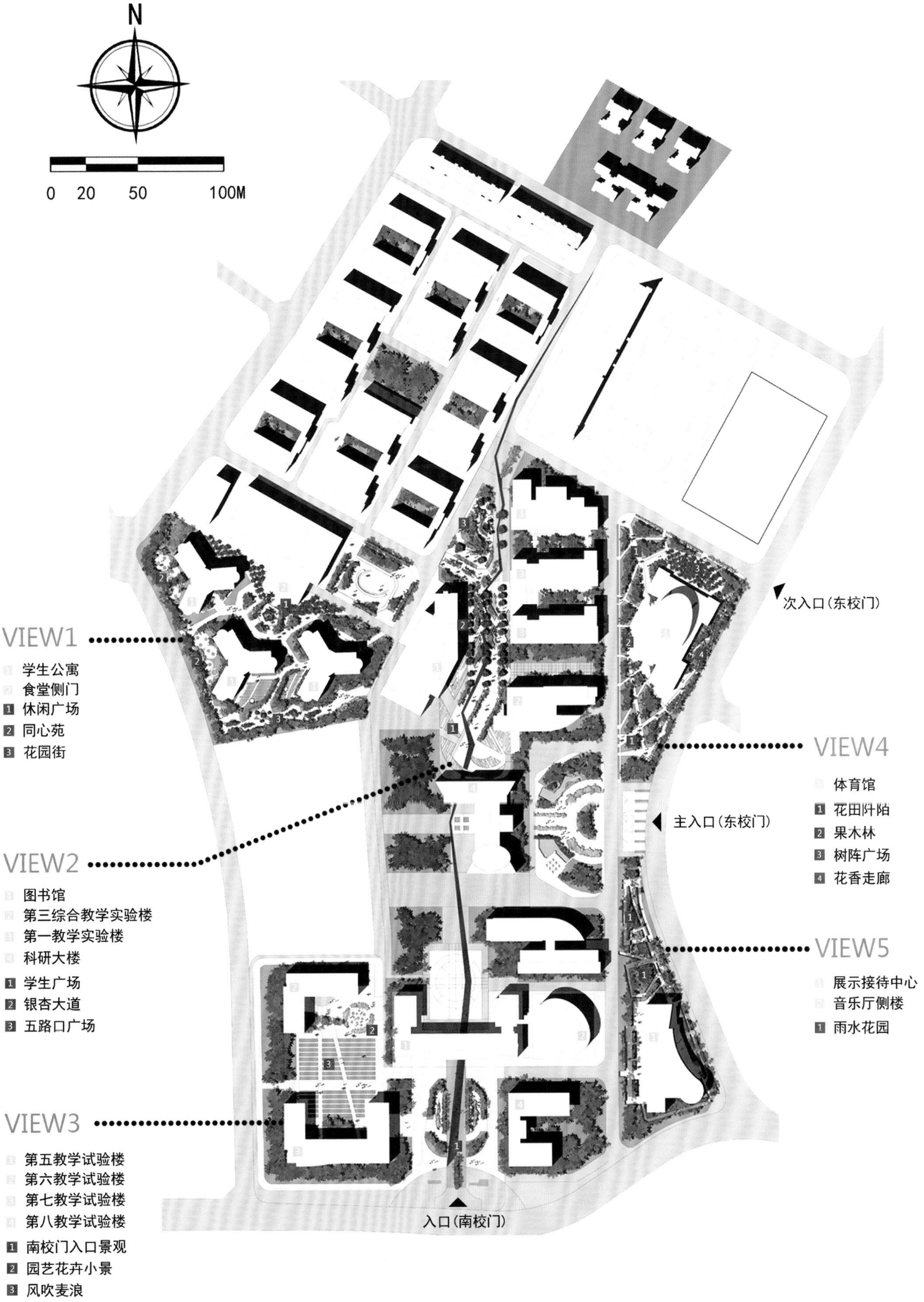

N

0 20 50 100M

VIEW1
....

① 学生公寓
② 食堂侧门
❶ 休闲广场
❷ 同心苑
❸ 花园街

VIEW2
....

① 图书馆
② 第三综合教学实验楼
③ 第一教学实验楼
④ 科研大楼
❶ 学生广场
❷ 银杏大道
❸ 五路口广场

VIEW3
....

① 第五教学试验楼
② 第六教学试验楼
③ 第七教学试验楼
④ 第八教学试验楼
❶ 南校门入口景观
❷ 园艺花卉小景
❸ 风吹麦浪

次入口(东校门) ◀

VIEW4
....

体育馆
❶ 花田阡陌
❷ 果木林
❸ 树阵广场
❹ 花香走廊

主入口(东校门) ◀

VIEW5
....

① 展示接待中心
② 音乐厅侧楼
❶ 雨水花园

入口(南校门) ▲

绿动纺织城，演绎新能量

Green Textile City, Deduce the New Energy

院校名称：西安建筑科技大学艺术学院
指导老师：张蔚萍 杨豪中
主创姓名：王艳
成员姓名：刘恒、申东利、岳雅典、兰娜
设计时间：2014.6
项目地点：陕西西安
所获奖项：研究生组铜奖

设计说明：

尊重特有的纺织城历史情感，延展丰富的工业文化厚度，唤醒、激发内在活力，作为改造策略的切入点。行动首先从针对性的局部切除入手，对导致整体淤塞的增生部分进行清理：东侧清除临时性私搭乱建，将杂乱的停车移出，留出安静前院；西端拆除粘连在两座主体结构之间的简陋铁皮房，形成后院；进一步清理两侧部分被堵死的胡同，贯通前后联系，让多层次的院落空间重见天日。将有历史价值的工业建筑或是质量好的、只需适当维修加固的老建筑保留，将其改造成为标志性景观。

激活/生长

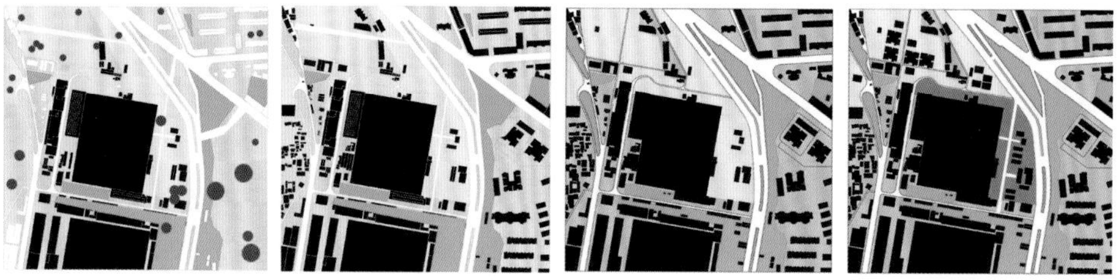

厂区里原本无法到达、消极而各自孤立的空间，被游廊全面唤醒，演变为高低错落的区域景观。每个区域的高度、景观体验、到达方式各不相同，是纺织城艺术区中的流动风景。随处可见的节点景观弥补了地面空间的不足，为每个内部单元都带来了亲近自然的机会，更创造了放松邂逅的交流场所，成为激发创新灵感的源泉。僵化呆滞的空间状态破解之后，共同生长出多样性的丰富环境聚落，是最适合文化创意生态发展的土壤。

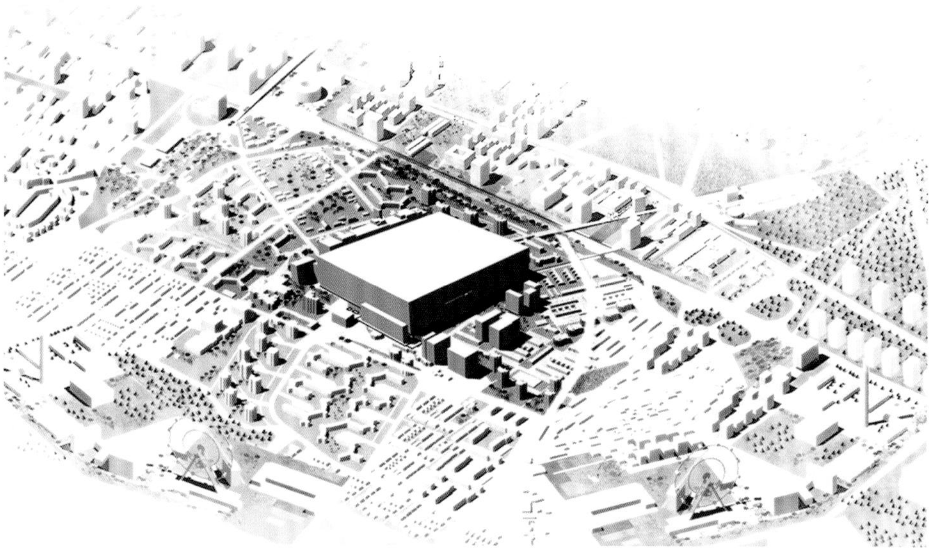

鸟瞰图

设计感悟：

在这次竞赛中我们的同学关系更进了一步，同学之间互相帮助，有什么不懂的大家在一起商量，听听不同的看法对我们更好的理解知识，所以在这里非常感谢帮助我的小伙伴们。不管学会的还是学不会的的确觉得困难比较多，真是万事开头难，不知道如何入手。最后终于做完了有种如释重负的感觉。我们认为知识必须通过应用才能实现其价值！通过这次比赛大大提高了动手的能力，使我充分体会到了在创造过程中探索的艰难和成功时的喜悦。虽然这个设计做的也不太好，但是在设计过程中所学到的东西是这次竞赛的最大收获和财富，使我终身受益。

剖面图

场地外环境分析 EXTERNAL ENVIRONMENT ANALYSIS

目前场地位于纺织街西段西侧，纺织厂的东北为西安半坡博物馆，东侧为各个棉纺社区，居民为常住居民。从纵向的角度可以发现，遗弃的纺织厂对其周边环境已经失去了其功能性作用，而且遗弃的荒芜与博物馆区域形成了较大的反差，多年失修的建筑也对周边的居民造成一定的危险系数。

策略 STRATEGY

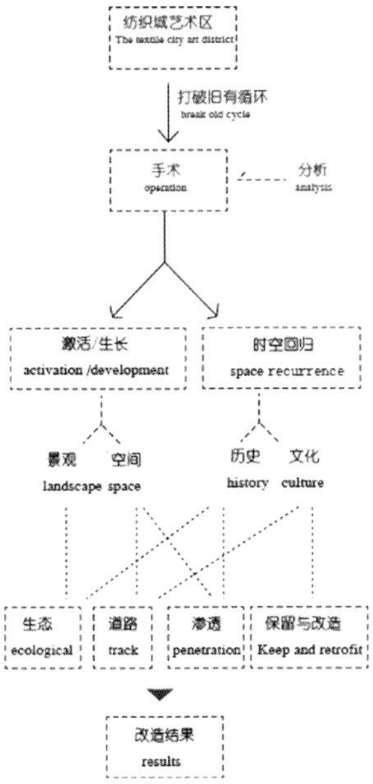

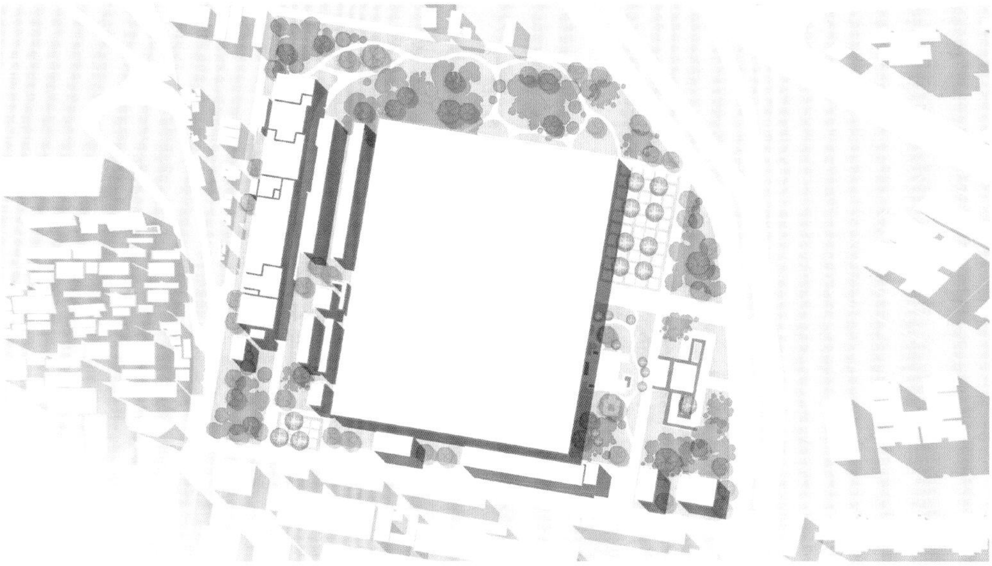

在旧厂景观改造中，是对原有工业景观的处理，是设计中重要的组成部分。这里的工业景观，是指纺织城废弃的工业建筑物、构筑物、机械和与工业生产相关的运输仓储等设施，将有历史价值的工业建筑，或是质量好的，只需适当维修加固的老建筑保留下，将其改造成为标志性景观时引起人们的对历史的联想和记忆。

场地改造的完工将会为周边社区提供一个休闲，交流和活动的空间，打造出一个全民受益的人性场所，该场所会在接下来的阶段为该区域起到文化中心的作用，也会吸引大量的人流到此参观，在此过程中不仅提高了改地区人们的生活质量也提高了该地区的知名度，将会给该地区带来不可估量的繁荣度。

废弃集装箱的重生——城市居住区公园休息“廊亭”创意设计

Waste Container's Rebirth—Residential City Park Rest "Gallery Pavilion" Design

院校名称：湖北大学艺术学院

指导老师：陈鲲

主创姓名：吴雨

成员姓名：丁天祁　赵院波

设计时间：2014.6

项目地点：武汉

项目规模：1578.6 m^2

所获奖项：本科生组金奖

设计说明：

本课题的设计主要是针对集装箱二次改造，为提高废弃集装箱的再次利用率进行的生态环保设计。本方案设计是针对城市居住区公园休息“廊亭”的创意设计，设计主要分两个方面，一是通过对传统集装箱的改造设计，集装箱的特性非常适合作为单体人居空间或建筑元素使用，通过切割、装饰、叠加摆放、覆土等手段设计出适宜人居的空间尺寸。二是主要针对集装箱表面进行的植物墙设计，为了解决“廊亭”隔热问题，生态植物墙的设计等于在集装箱铁皮上种植了一层植被，起到了很好的隔热效果。随着2010年上海世博主题馆植物墙的设计，植物墙已经成为我国建设绿色城市、发展绿色建筑的楷模。然而，目前建设植物墙的水准参差不齐，存在着技术不够完善、建造与维护成本较高、景观欠稳定、层次不够丰富等问题。本方案植物墙的设计借鉴世博植物墙的设计进行理念转化设计出适合用于小型建筑及集装箱的植物墙装置。

设计感悟：

集装箱有着丰富的创意应用空间，创意成果应用领域广阔。在国际上，利用废弃或旧的集装箱改装成房屋、临时场所、流动展馆艺术馆或商业展示、移动店铺等循环利用项目十分广泛。尤其受到运动、户外、餐饮、汽车、科技等行业的青睐。随着中国经济的快速发展，中国经济成为了国际集装箱产业发展的主要动力，中国集装箱化率也不断提高，数据显示，2012年，我国集装箱进出口总额84.35亿美元，进出口数量247.97万个。其中，集装箱进口额达1300.66万美元。然而在国内废旧集装箱的利用率极低，集装箱建筑的发展总体尚处于起步阶段，基础设施简单，组合形态和外观表皮的处理比较单一，设计还不够人性化，或者说缺乏专业的设计，集装箱建筑还没有引起主流意识的认可，很难达到有效的推广。本方案的设计希望能够提高对集装箱再利用率，挖掘城市绿化空间景观的生态环保价值。设计中共用了8个集装箱上下错落的拼接组合，形成开敞和封闭，疏与密相结合的不同的廊道空间。无论站在哪个角度上都能完全感受到这种如醉如痴的环境。

绿色、生态、环保是新时代景观设计的主题，本方案设计主要体现时尚现代的建筑与自然环境的完美结合，努力创造人与城市环境的和谐，使忙于城市的工作一族找到一块庇荫之所来放松心情。

集装箱改造尺寸数据

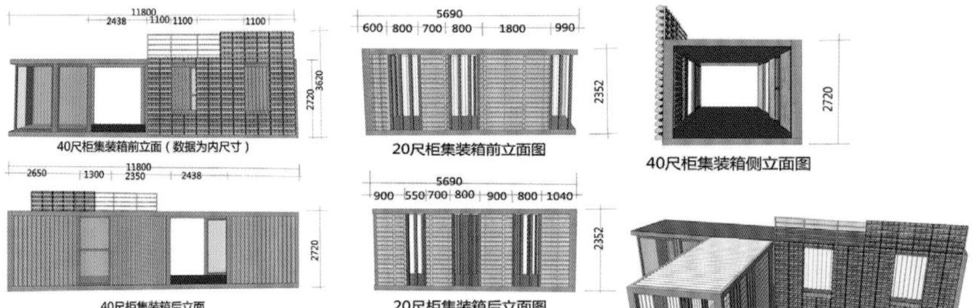

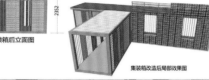

40尺柜集装箱前立面（数据为内尺寸）

20尺柜集装箱前立面图

40尺柜集装箱侧立面图

40尺柜集装箱后立面

20尺柜集装箱后立面图

集装箱改造后局部效果图

简约自然的“廊”内环境设计

1. 廊亭内功能布置合理，木质休闲座实用。强调自然材肌理的应用，营造一种朴实无华、清新自然、实用舒适的环境氛围。

2．廊内墙多采用竖向木材，不仅能起到隔热保温的效果，而且使整个空间在视觉上延伸了高度，使空间显得不那么拥堵。

3．廊内三面通透，阳光充足，采用光影变化来增强整个空间的气氛，用意境和情趣来满足人的审美要求。

廊内空间

4．二层平台采用了屋顶花园的设计手法，来增加一些细节，也为整个建筑增加了气色。使室内外通透一体化，创造出开敞的流动空间。多种艺术手法的设计打造，使枯燥的废旧集装箱重新焕发建筑生命的光彩成为可能。

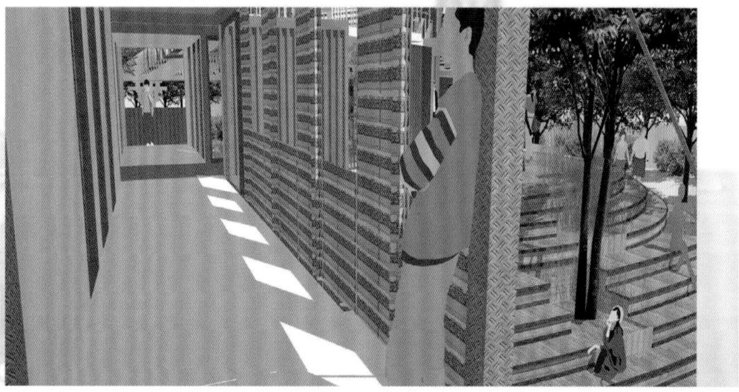

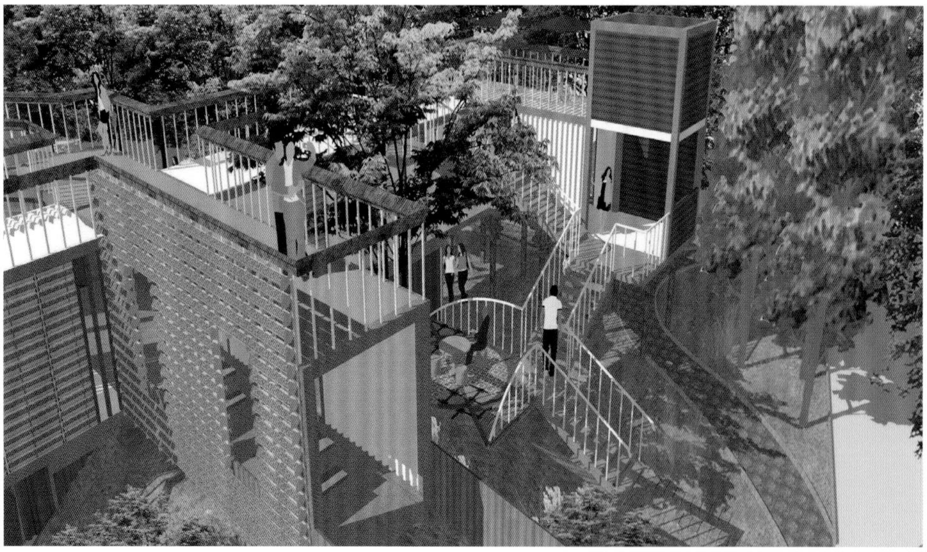
效果图

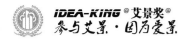

1. 生态隔热草皮
2. 生态植物墙
3. 板凳挑支柱
4. 狗尾草
5. 覆土集装箱
6. 观景亭
7. 廊道
8. 绿荫桥

方法论1：集装箱建筑的顶部隔热及节能技术运用：本设计方案是在集装箱顶部植入人工草皮，或做太阳能即热屋顶，将光照热能转化为箱体使用的能耗。进入夏季，集装箱空间封闭，金属外壳受阳光直接照射产生室内高温，也可在集装箱顶层增设一个空气隔热间层。

方法论2：集装箱体的围合面的节能技术应用：可采用夹芯板、玻璃丝棉、亚麻锡箔保温层等围合结构进行围合和保温，可多种材质混合使用，为提高保温系数，本方案采用植物墙的方式进行保温隔热以减少热能的流失

方法论3：集装箱建筑关于门窗的实践节能应用：可采用中空保温玻璃，或玻璃镀膜，反射光照，或采用高强度的镀膜防火隔热玻璃，采用木框架等基本造价低廉的方式镶嵌即可。

本方案设计主要体现时尚现代的建筑与自然环境的完美结合，使忙于城市的工作一族找到一块庇荫之所来放松心情。设计中共用了8个集装箱上下错落的拼接组合，形成开敞和封闭，疏与密相结合的不同空间。无论站在哪个角度上都能完全感受到这种如醉如痴的环境。

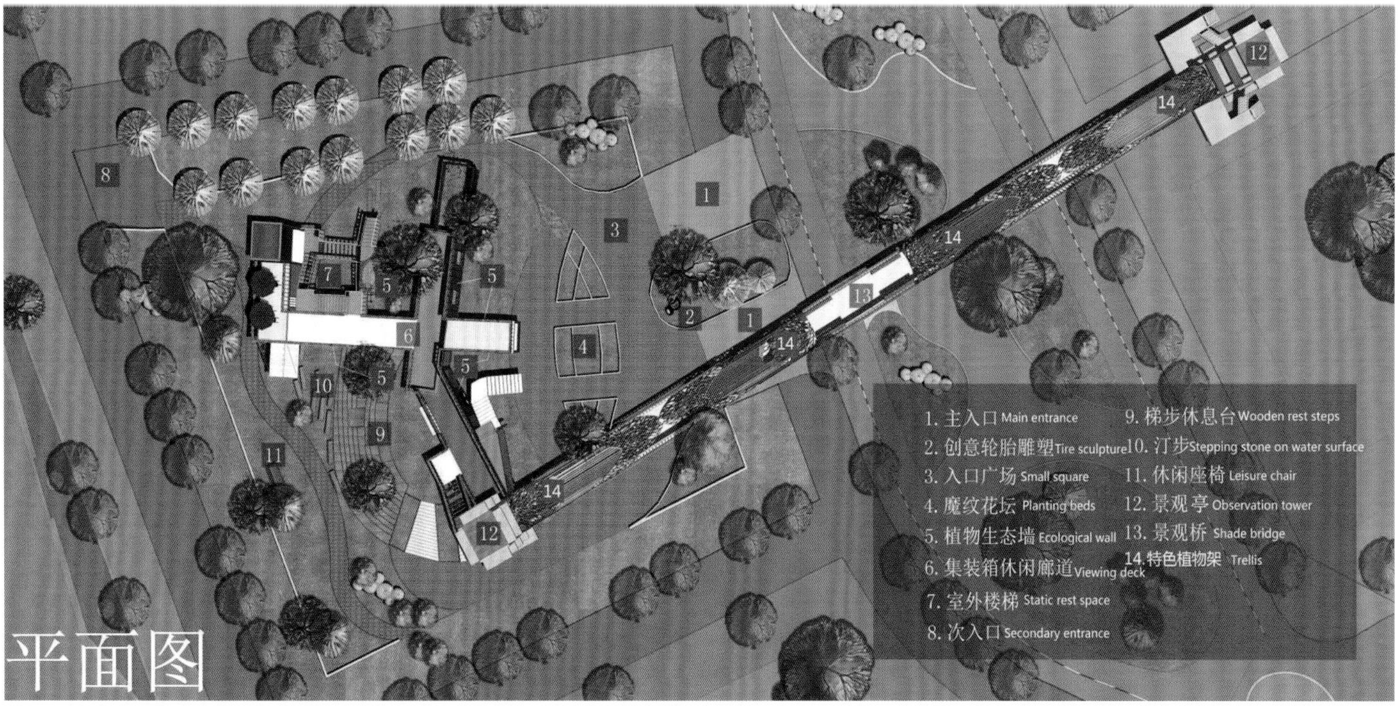
1. 主入口 Main entrance
2. 创意轮胎雕塑 Tire sculpture
3. 入口广场 Small square
4. 魔纹花坛 Planting beds
5. 植物生态墙 Ecological wall
6. 集装箱休闲廊道 Viewing deck
7. 室外楼梯 Static rest space
8. 次入口 Secondary entrance
9. 梯步休息台 Wooden rest steps
10. 汀步 Stepping stone on water surface
11. 休闲座椅 Leisure chair
12. 景观亭 Observation tower
13. 景观桥 Shade bridge
14. 特色植物架 Trellis

平面图

激活地带

Activation Zone

院校名称：湖北大学艺术学院

指导老师：陈鲲

主创姓名：赵院波

成员姓名：丁天祁　吴雨

设计时间：2014.6

项目地点：武汉

项目规模：约 1630 m²

所获奖项：本科生组银奖

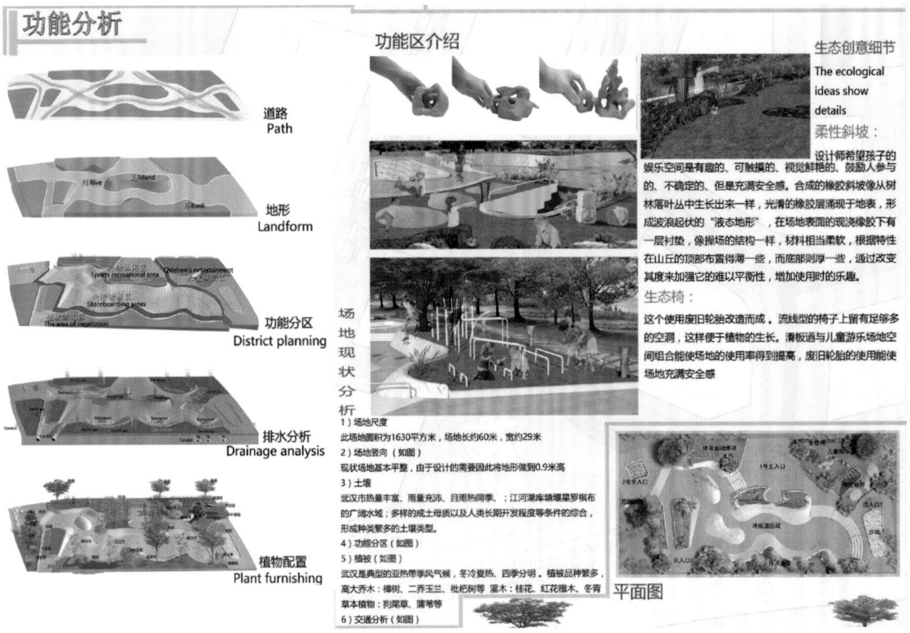

设计说明：

本方案是主要为充满活力的青少年及儿童设计的室外运动娱乐空间，同是也给附近居民及游客提供一个舒适的休憩场所主要功能分区有滑板道与儿童游乐场地。目的就是营造一个富氧的运动性空间。其场地形式设计灵感来源于元代黄公望的《富春山居图》。蜿蜒的滑板道与突起的滑坡障碍台，象征着水与岸。水、岸互相拍打与融合象征着生命与自然交织依赖。本设计有意把《富春山居图》里的文人的理想的山水诗意栖居转化为符合当代社会青年朝气蓬勃的激活空间，看似两种相反的境地，却都是对生命意义的诠释。

“激活地带”中滑板道使用混凝土统一铺装地面，使得青少年更舒适地做滑板运动。滑道中设有多种滑行障碍，让滑板爱好者更大程度地做各种运动，满足使用者心理需求。滑板道中设计了比较合理的排水和雨水收集系统，不仅雨天不积水，还更好地进行植物灌溉。

“激活地带”里儿童游乐场地是建立在草坪上，上面有弹性地带，沙坑，橡胶楼梯等儿童娱乐装置。奇异的装置让人们充满想象。设计师希望孩子的娱乐空间是有趣的、充满想象的。

场地通过合理的水循环建造雨水花园，植物多种植抗污植物，尽快恢复原有绿色生态系统，建立一个绿色，生态，可持续，低碳，富氧的自然城市运动场。

设计感悟：

滑板项目可谓是极限运动历史的鼻祖，许多的极限运动项目均由滑板项目延伸而来。50 年代末 60 初由冲浪运动演变而成的滑板运动，如今已成为地球上对于青少年来说是最“酷”的运动项目。本方案设计的“激活地带”最主要是为青少年户外运动提供一个好的平台。滑板的技巧主要包括：The Aerial(在滑杆上)、The invert(在 U 台上)、The ollie(带班起跳)，这些技术可说是除了翻版之外最重要的滑板动作，为此本方案的设计为了满足这些功能上的需求专门设计了具有针对性的设施平台。在滑板道设计过程中我们查阅了很多资料，参考了好多此类设计方案，并询问一些滑板爱好者。最终还是较有收获。在此方案我们设计了各种形式的障碍，可以让使用者得到较好的体验。在一个自己几乎不了解的领域里，做这项工作我们的确遇到很大的困难，结果还是好的，对这个方案我们还较满意。

面对生态这一主题，此方案为滑板场地设计了特殊的水网系统体系，并围绕雨水花园形成了可回收利用的雨水浇灌系统。剧烈的运动，就要消耗大量的氧。所以我们在方案中加了花园的设计。利用现代的雨水收集与循环系统，加之高抗污染的植物配置，来建造一个天然氧吧运动场。

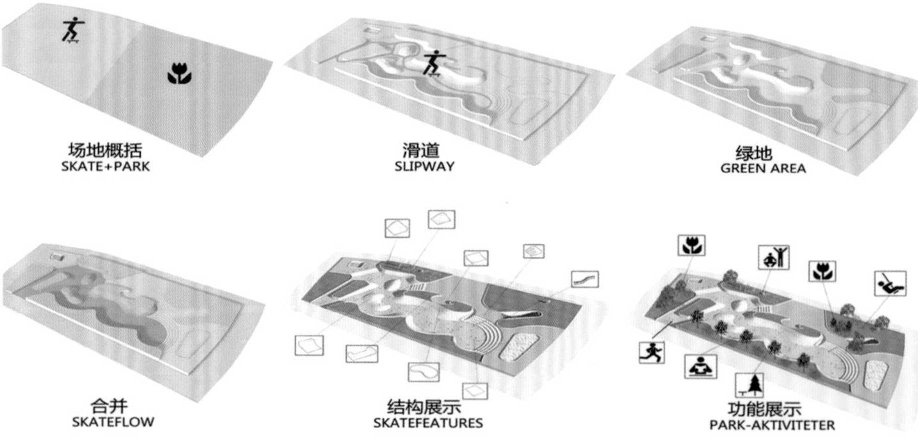

设计理念解析图

雨水花园

场地的植物配置的灵感来源于《楚辞•离骚》，主要植物有：木兰、扶桑、白玉兰、紫玉兰、楸树、花叶芦竹、千屈菜、美人蕉、矢羽芒、灯芯草等 。 一边用植物建构楚辞的意境，一边做雨水花园的植被。雨水花园既是装点区域环境的景观系统，也是一种有效雨水收集和净化系统，因此花园内植物必须要兼顾观赏性又有去污能力。

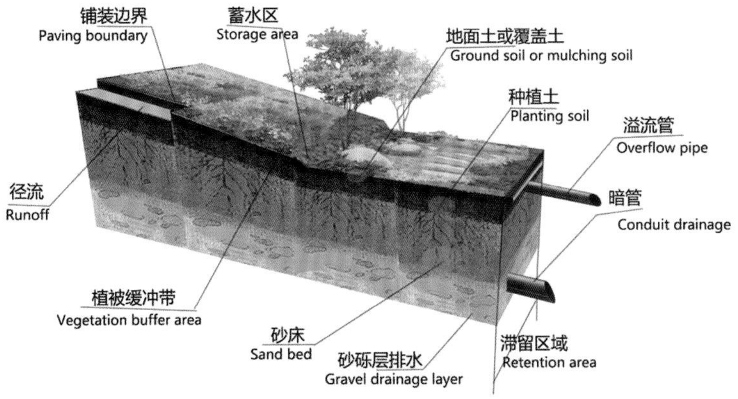
铺装边界
Paving boundary
蓄水区
Storage area
地面土或覆盖土
Ground soil or mulching soil
种植土
Planting soil
溢流管
Overflow pipe
径流
Runoff
暗管
Conduit drainage
植被缓冲带
Vegetation buffer area
砂床
Sand bed
砂砾层排水
Gravel drainage layer
滞留区域
Retention area

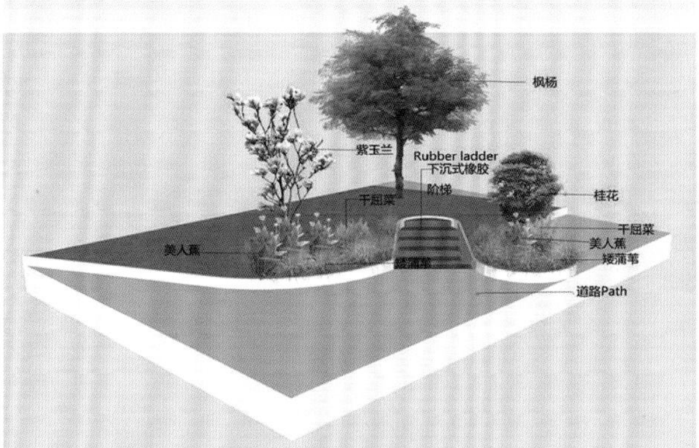
枫杨
紫玉兰
Rubber ladder
下沉式橡胶
阶梯
千屈菜
桂花
美人蕉
千屈菜
美人蕉
矮蒲苇
道路Path

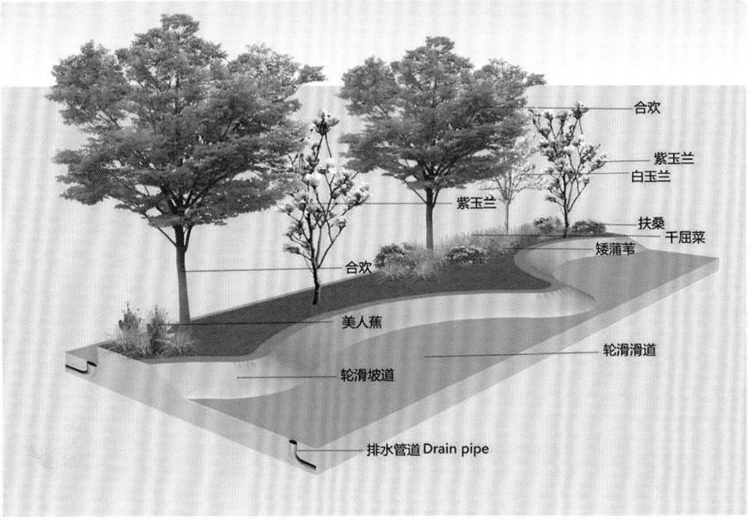
合欢
紫玉兰
白玉兰
紫玉兰
扶桑
千屈菜
矮蒲苇
合欢
美人蕉
轮滑滑道
轮滑坡道
排水管道 Drain pipe

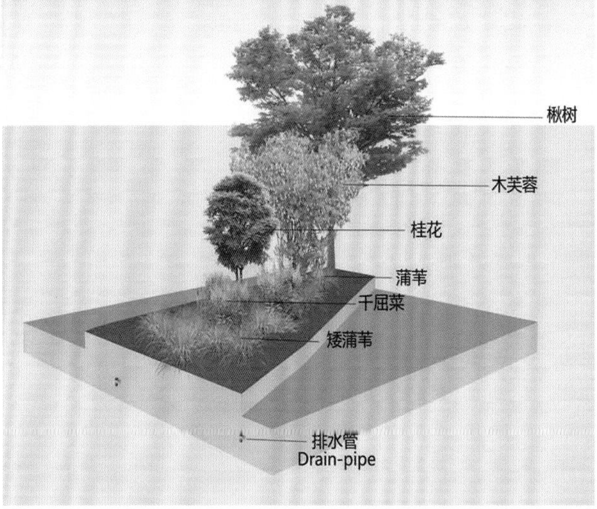
楸树
木芙蓉
桂花
蒲苇
千屈菜
矮蒲苇
排水管
Drain-pipe

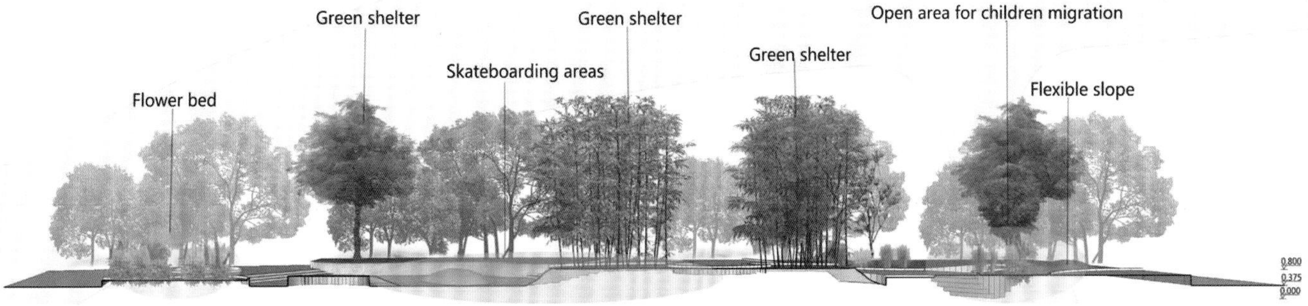
Green shelter
Green shelter
Open area for children migration
Green shelter
Skateboarding areas
Flower bed
Flexible slope
0.800
0.375
0.000

效果展示

鸟瞰图

破垒·校园

School in Between

院校名称：西安建筑科技大学艺术学院

指导老师：吕小辉 杨豪中

主创姓名：刘雨雁

成员姓名：刘雨雁 韦焱晶 李歌 李阳

设计时间：2014.4

项目地点：陕西西安

所获奖项：本科生组银奖

设计说明：

随着城市人口的不断增加及人们对美化生活的需求不断增长，使得现在中国城市严重缺乏公共绿地。城市中绿地数量不断减少，使得大学校园作为可用的潜在绿地的价值日益凸显。中国大学校园通常采用一种类似"紫禁城"的规划方法，无法被临近的市民所共享，造成了大学与周边环境的差异与隔离。

本设计在认识到围墙在中国现有教育体制下的重要性的同时，也通过重新审视边界，以及共享资源的现有作用，提出了有别于传统的大学校区的规划方式。本案将中国陕西西安的西安建筑科技大学作为设计介入的场地。

设计感悟：

显然大学的开放心态，开放的不仅是校园，它给拥挤的城市提供了更多的绿地空间，同时也给市民提供了丰富的共享资源。可以想象，未来中国校园的学生，其心态一定也是开放自由富有创造力的。

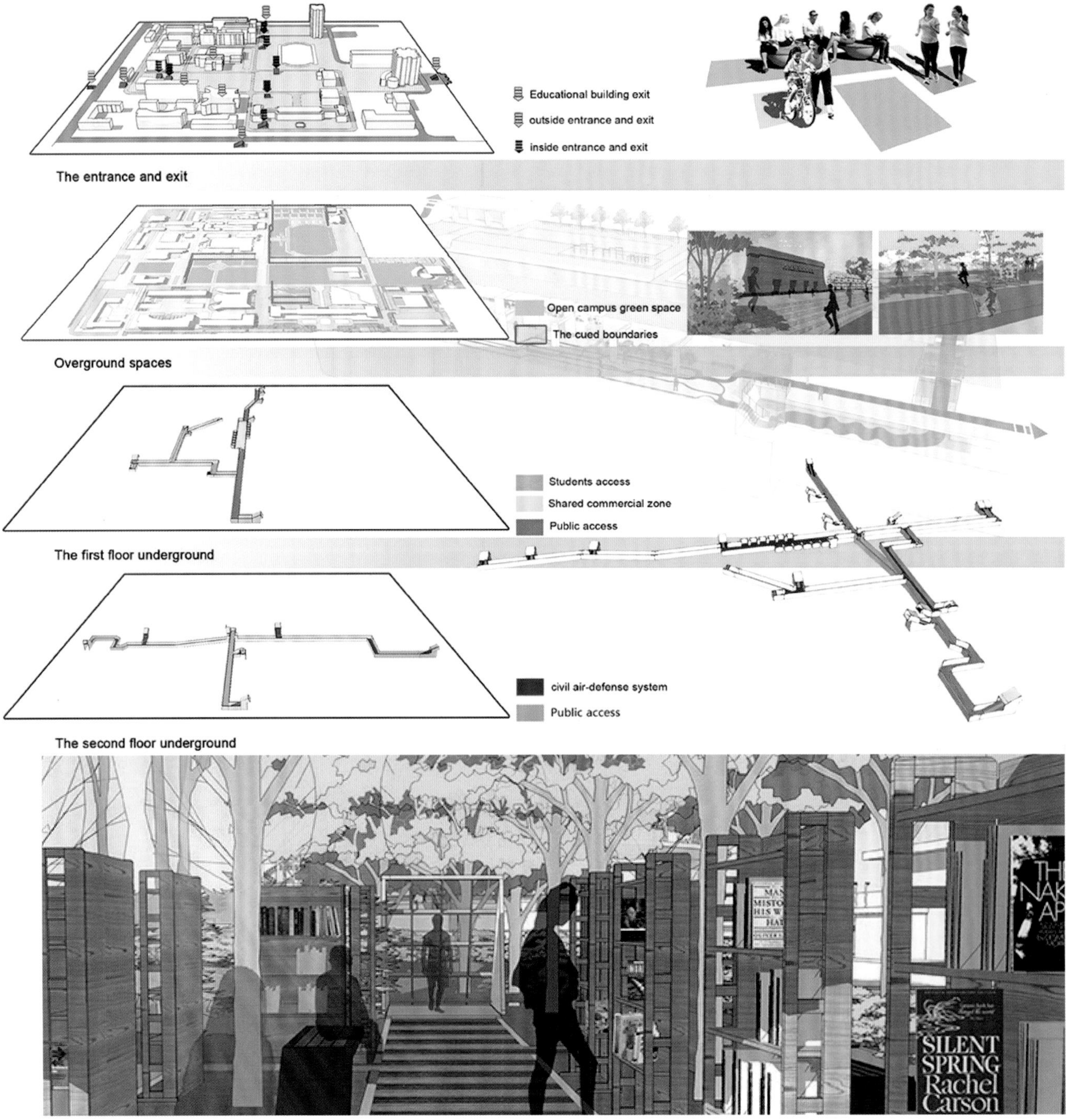
Educational building exit
outside entrance and exit
inside entrance and exit
The entrance and exit
Open campus green space
The cued boundaries
Overground spaces
Students access
Shared commercial zone
Public access
The first floor underground
civil air-defense system
Public access
The second floor underground
SILENT
SPRING
Rachel
Carson

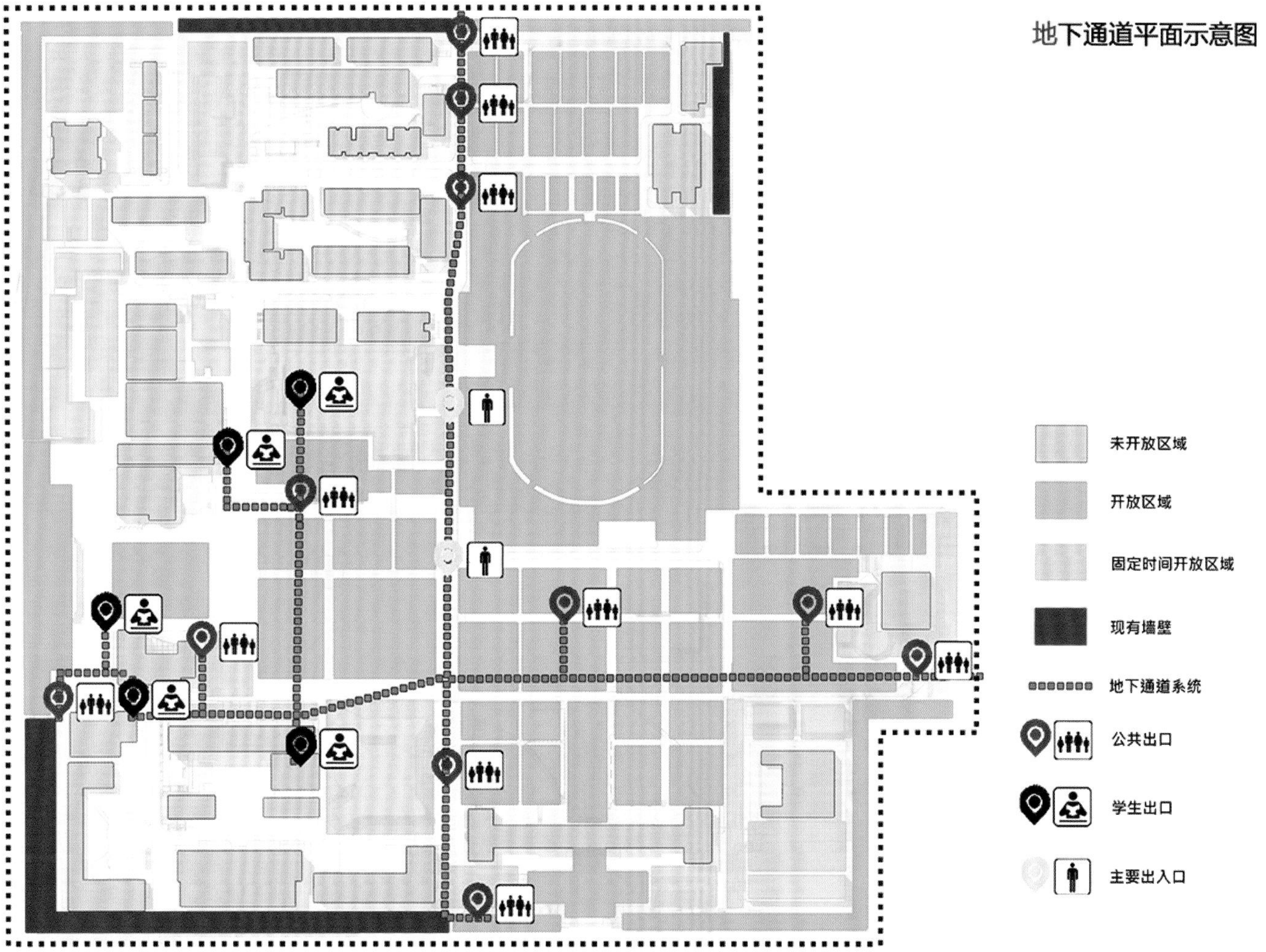
地下通道平面示意图
未开放区域
开放区域
固定时间开放区域
现有墙壁
地下通道系统
公共出口
学生出口
主要出入口

折“现”理工——基于规划建设型大学背景下的校园景观改造

Constructive University Institute of Technology Based on Planning Under Background of the Campus Landscape

院校名称：厦门理工学院

指导老师：王瑶

主创姓名：施一帆

成员姓名：芦钰 李尧融 王欣

设计时间：2014.6

项目地点：福建厦门

项目规模：32 000 m^2

所获奖项：本科生组铜奖

设计说明：

规划型建设大学为教育体系做出了贡献，却造成了大量资源的浪费。基地位于厦门理工学院的理工湖畔。设计关注的重点是如何增加校园的活性，提升人在校园景观中的重要性。现有的校园环境无法促使我们走出宿舍亲近自然。我们需要的是一种可以满足师生各方面活动交流的景观模式——以人为本，亲近自然。

在设计中，充分利用现有资源，引入雨洪理念和环境心理学理念以最小的景观改造实现最大的学习生活方式的改变。为师生展现一个自然、功能、和谐、特色的厦门理工学院校园景观。

设计感悟：

设计的概念来源于理工精神的超越性和跨越性。故以严谨的折线构成，和丰富的阶梯绿化作为厦门理工校园景观的设计基础。通过问卷调查等方式，根据师生的实际需求对设计区域进行重新分区，意在提高休闲设施的利用率及改变传统的教学方式。

根据场地的问题及场地的特点，因势利导，融入前沿的生态概念，最大限度地提高理工湖的雨水收集率。枯水期：减少用淡水进行灌溉的水资源浪费及成本浪费；丰水期：梯田式阶梯绿化尽可能的提高雨水在绿化上的径流时间，从而最大限度的提高自然下渗率，避免了雨期汛期的校园雨洪问题。同时在理工湖东南面增添人工岛，减少了湖面面积降低湖水蒸发量还为鸟类、两栖类动物提供不受外界打扰的栖息地。

节点剖面图

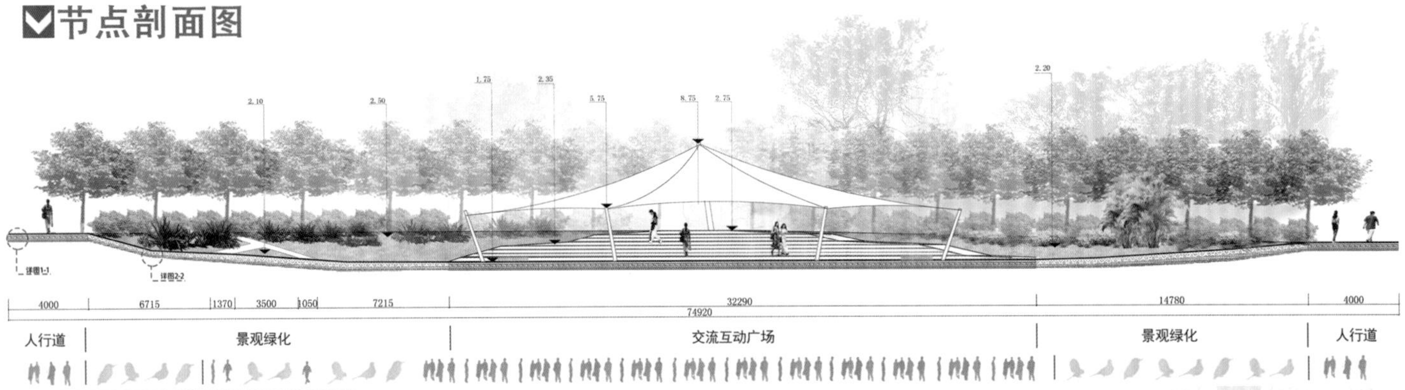

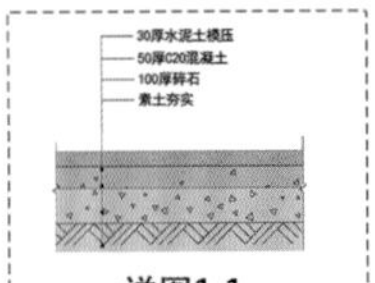

详图1-1

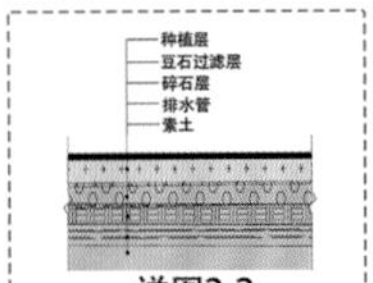

详图2-2

1—1 剖面图

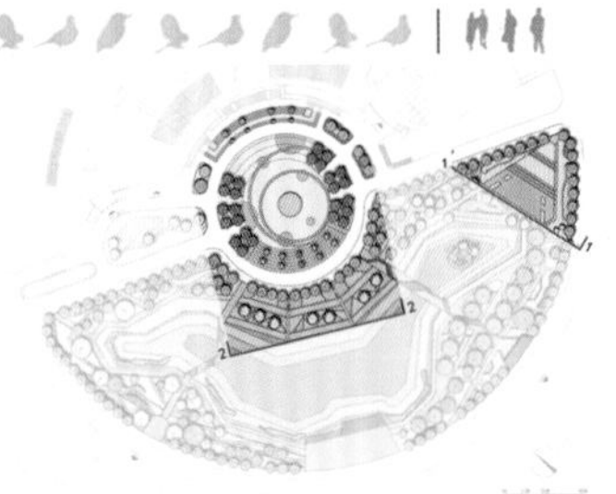

2—2 剖面图 0 1 5 10(m)

实验楼梯田式休息区效果图

平面图

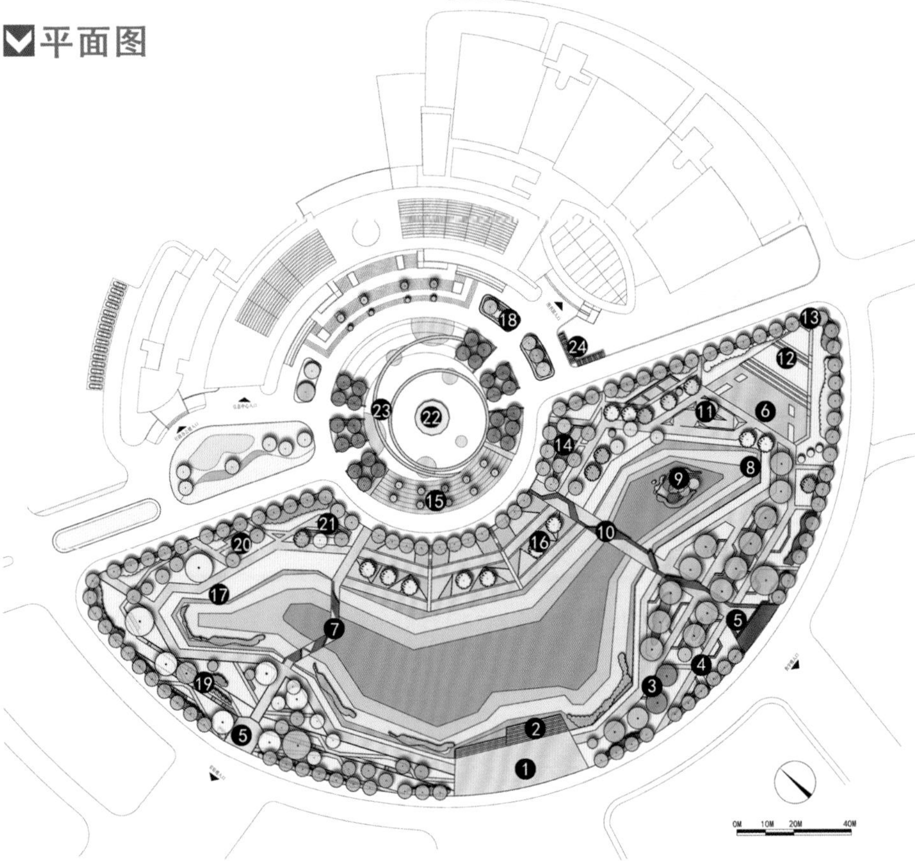

1. 观景广场 Scenic Square
2. 下沉式平台 Sunken platform
3. 连接式座椅 Connection seat
4. 林荫步道 Tree-lined trails
5. 入口小广场（一） Small entrance plaza (a)
6. 交流互动广场 Interaction Square
7. 景观廊道（一） Landscape corridor (a)
8. 碎石湖岸 Lakeshore gravel
9. 生物栖息岛 Habitat island
10. 景观廊道（二） Landscape corridor (b)
11. 特色体验区 Features Experience Zone
12. 步道式平台 Trail platform
13. 次出口 Second outlet
14. 学习区 Learning Zone
15. 入口小广场（二） Entrance small square (b)
16. 特色景观绿化 Features landscaping
17. 沿湖绿化 Green lake
18. 图书馆入口绿化 Green Library entrance
19. 坡道座椅 Ramp seat
20. 晨读空间 Morning Reading Space
21. 阅读空间 Reading room
22. 镜面水景 Water Mirror
23. 铺地绿化带 Paving the green belt
24. 多彩公共停车架 Colorful public parking racks

陕西民俗主题公园景观规划与设计

Shanxi Folk Theme Park Landscape Planning and Design

院校名称：延安大学西安创新学院

指导老师：柴艺超 王洋

主创姓名：杨楠

设计时间：2014.4

项目地点：陕西西安

项目规模：中小型广场

所获奖项：本科生组铜奖

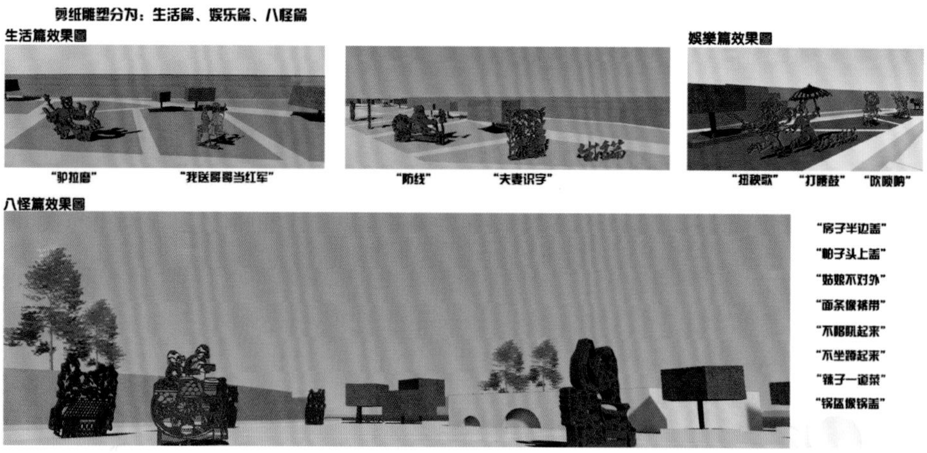

剪纸雕塑

设计说明：

陕西民俗主题公园是以“陕北剪纸”为主要设计元素。

陕西民俗主题公园主要体现陕北人民的文化和风俗面貌，生活和娱乐风情；从建筑上以简单的几何形体体现陕北人民的憨厚、淳朴、善良、热情的性格特点；从建筑小品上以剪纸为主，体现陕北人们的生活习性，他们与世无争、和睦相处、日出而作、日落而息、男耕女织、繁衍生息。

项目地选址为：曲江一代，项目地周围无以纯建筑艺术为主的公园设计，使得整个曲江地带没有纯色的景观设计。曲江兴起于秦汉，繁盛于盛唐，其主题文化为盛唐文化，却也缺少了陕西的风俗人情。

整体项目的设计构思为：运用所学知识，结合现代设计理念的同时，利用剪纸纹样的灵感来源和陕北地区的风土人情，同时依附于黄土高原的地域特征，将黄土高原、窑洞住宅“搬”进城市，从而设计出一个既现代又不失民俗的主题公园，使其成为都市里的非物质文化遗产之一。

本项目设计目的：完善周边环境所缺失的景观氛围，为曲江地带增添人文气息和民俗韵味，同时被游客接受。突出剪纸艺术，表现剪纸艺术与现代元素的融合和统一，使中华民族丰富多彩的民俗文化与我们的城市建设、城市文化得到同步发展。将黄土文化运用到现代景观当中，传承黄土高原的渊源历史，体现黄土人民的生活习俗。

景观局部

设计感悟：

经过本次长时间的设计、收集资料等一系列的学习，让我对本科在校期间所学的知识重新的，彻底地回顾了一次，并且弥补了所缺失的知识系统，从从前不知从何下手，变成了一个有计划，有规划，有体系，有理念，有步骤的专业设计人员，为工作打下了较扎实的基础。

由于这次设计中剪纸作为主题元素的应用，在设计过程中对剪纸文化产生了浓厚的爱意，也使得我深知剪纸文化所蕴含的深刻意义，他不仅是一个图案，一个纹样，他可以讲述华夏上下五千年，讲述黄土高原的民风乡俗。

通过对陕西本土的地域特征和风土人情的了解，体会到了黄土地上的乡民们，憨厚，淳朴，善良，豪放。他们的勤劳和朴实会让在这生活四年的我将永远痴迷，怀念，神往，依恋。陕北，这块肥沃而又美丽，古老而又神奇的土地，是我人生旅途的第二故乡，这里有我的理想和欢乐，这里有我青春最美的日子。

景观局部

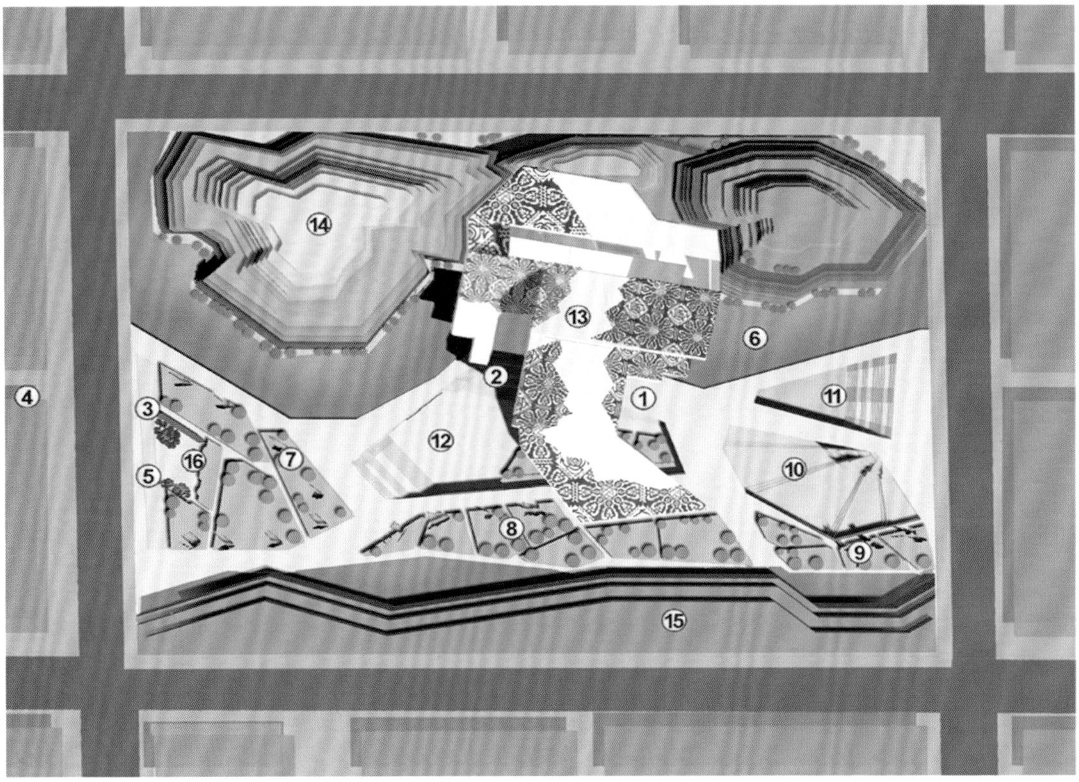

1. 主要入口
2. 博物馆出入口
3. 停车场入口
4. 待开发住宅区
5. 主要停车场
6. 中心水景
7. 八怪篇剪纸雕塑
8. 生活篇剪纸雕塑
9. 娱乐篇剪纸雕塑
10. 下沉文化广场
11. 下沉娱乐广场
12. 商务服务中心
13. 剪纸博物馆
14. 山体景观
15. 景观平台
16. 公共卫生间

平面图

設計元素

陕西民俗主题公园——剪纸博物馆，其设计灵感来源于陕北剪纸文化。建筑外形主要以简单几何元素通过拼接、剪切得来。而建筑外观的剪纸纹样来源于树的简单形体，加以扇形剪纸的特有纹样，拼贴，重组，得到最终的图案，做到景观与建筑相结合民俗剪纸与现代设计手法相结合。力求充分展示陕北民俗特点。

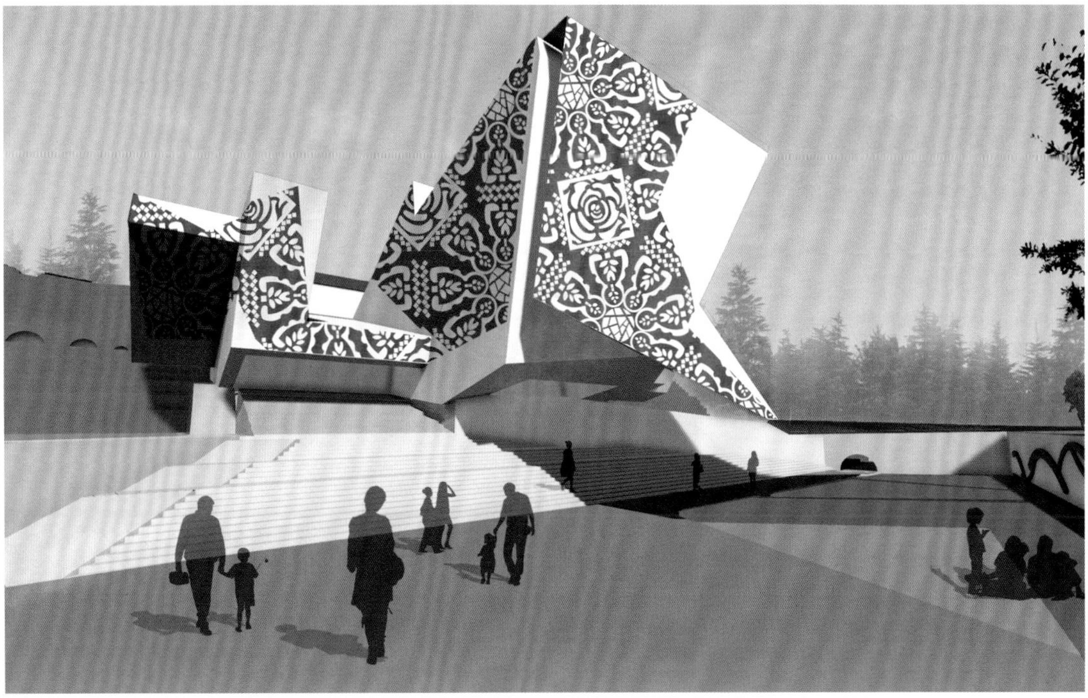

主题建筑效果图

后首钢时代的“新蚁居”——基于模仿蚁群生态利用模式的体验型城市设计

Urban Design of Industrial Park Inspired by the Ants Behavior in Post Shougang Era

院校名称：北方工业大学
指导老师：梁玮男　李婧
主创姓名：李博洋
成员姓名：敬鑫
设计时间：2013.12
项目地点：北京
项目规模：42 hm^2
所获奖项：研究生组金奖

设计说明：

对于概念。方案契合首钢搬迁的历史机遇，希望通过概念来传承首钢众志成城、团结奋进的内在精神。基于上位规划将后首钢时代的功能定位为文化创意产业；其从业人群具备与蚂蚁相似的高智商、爱群居、爱扎堆、精力充沛、协作共事等特点。因此方案以满足此类人群的需求为目标并将其定义为“新蚁族”，提出打造“蚁城”的概念，将涉及回归至自然中的动物世界；让“蚂蚁”切实生活在“蚁穴”中，从而借助日后的“蚂蚁精神”将“首钢精神”发扬光大。

对于设计。首先，方案借鉴自然界中蚂蚁的群居模式，划定规划结构明确主次核心，营造视线通廊。其次，借鉴蚂蚁穴居模式中合理应用现有自然条件，营造冬暖夏凉居所的智慧，通过建筑风环境验算，推敲最合理的建筑布局形式以应用于设计，使城市回归于自然，有效地利用自然，并符合北京地区的节能要求。再次，运用蚂蚁算法将建筑定义为障碍物，从而推敲园区内的道路系统，使步行道路如自然界中一样，不断优化，从混沌到有序。借鉴蚂蚁的觅食模式，在室外空间打造多处吸引点，形成集消费、休憩、旅游、体验于一体的多功能公共走廊。最终形成设计。

设计感悟：

方案在原有设计模式分析基地条件的基础上，突破性的引入仿生的手法，将人类比喻为自然界中的蚂蚁而产生设计，因此城市建设也最本真的回归自然。如此的构思及切入点更加新颖，内容也更为多样、有趣。另一方面，将城市规划与高科技模拟软件结合，通过风环境的模拟确定最为舒适节能建筑布局，从而使得设计更加严谨、更具科学性。

1. [新旧建筑间的连接体] 设计基于保留建筑的基础上进行，如何将新建筑与保留建筑融会贯通成为设计的关键。为解决这一问题，设计以[旧建筑作为基点]，通过空中连廊将旧建筑与新建筑[串]在一起，从而形成方案。

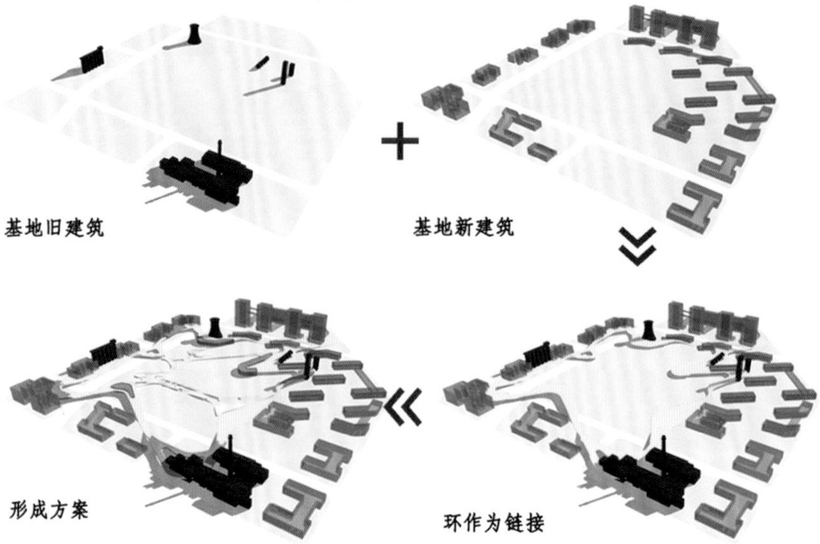

2. [水平设计] 在确定环基点位置后，环开始在水平方向上延伸，其形态以[模仿]蚁穴的[沟壑地貌]为主，环环相套，水平构图[类似洞穴]的形式。

3. [垂直设计] 设计以水平方向的平行连接为基础，分别将环[向下变化形成入口][向上变化形成空中走廊]，同时在上下[共同作用下形成空间]雏形。

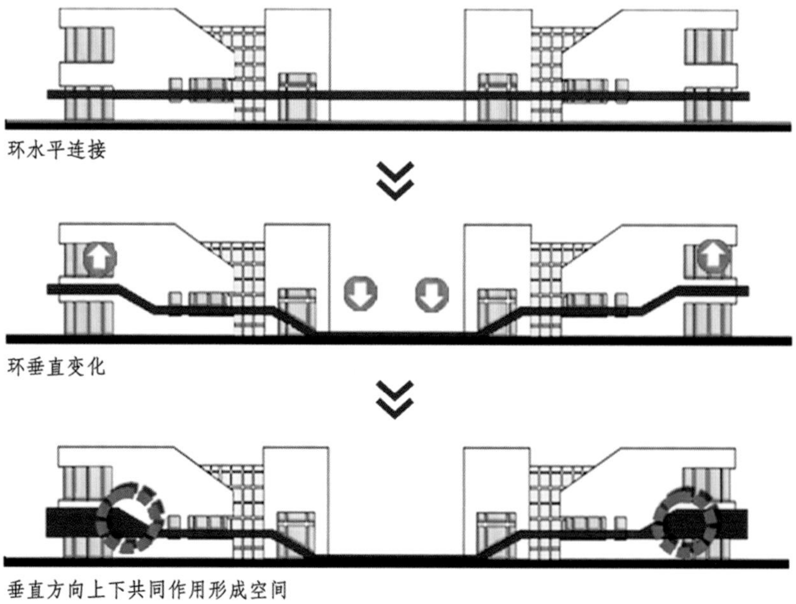

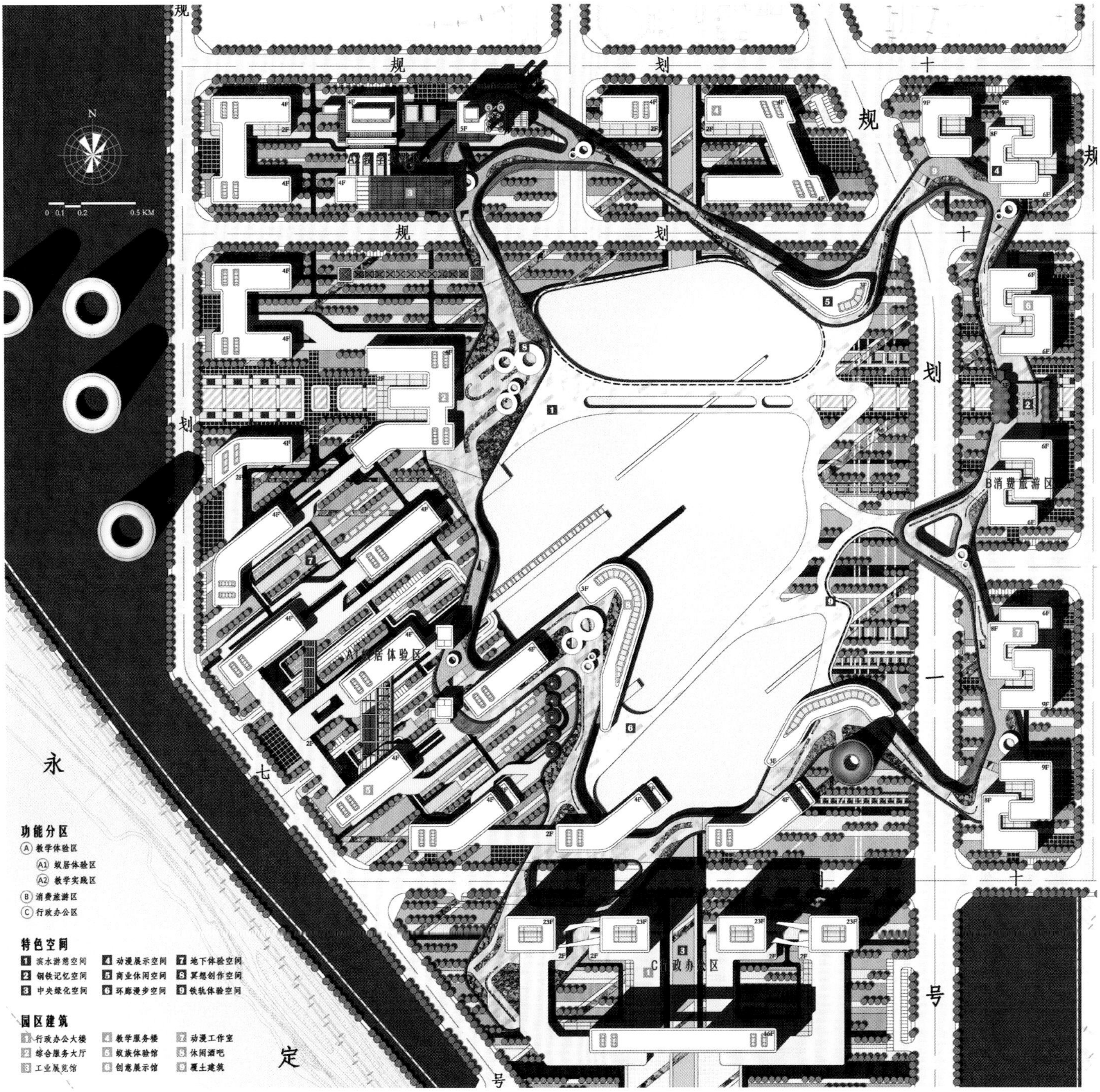

■ 空间结构

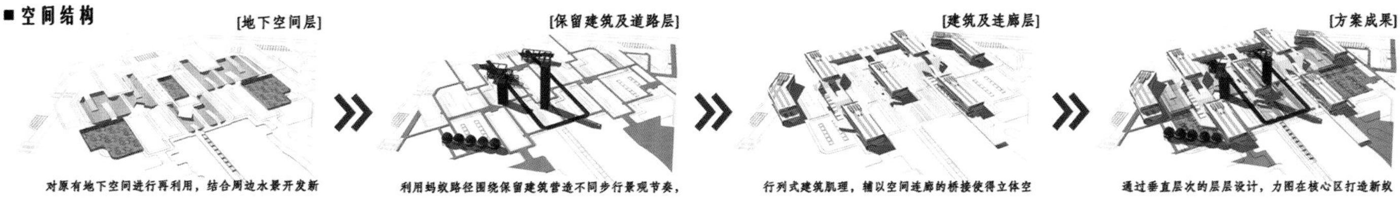

对原有地下空间进行再利用，结合周边水景开发新地下视角。

利用蚂蚁路径围绕保留建筑营造不同步行景观节奏，保持秩序感与空间感。

行列式建筑肌理，辅以空间连廊的桥接使得立体空间更加多变。

通过垂直层次的层层设计，力图在核心区打造新蚁族体验空间。

■ 空间设计构思---蚂蚁生活的空间形态模拟

A [桥空间]---片区大量运用空中连接平台将建筑与建筑相互连接。

B [丘空间]---下沉广场处的覆土建筑如同山丘一般，亦引导人们上下广场 。

C [荫庇空间]---运用不同形式的建构筑物营造多荫庇空间，创造舒适的室外环境。

D[光影空间]---通过运用富有工业特色的框架，营造出丰富的光影变化。

■片区透视图

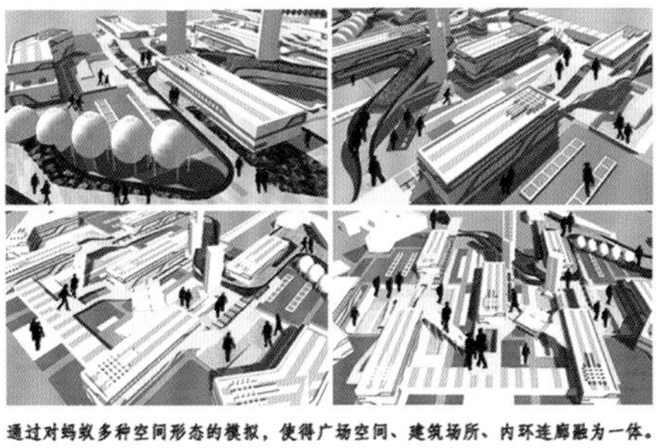

通过对蚂蚁多种空间形态的模拟，使得广场空间、建筑场所、内环连廊融为一体。

消失的地平线——减缓地面沉降：城市渗滤景观系统

Redemption of the Disappearing Horizon—A Infiltration System for the Ground Subsidence

院校名称：园林学院

指导老师：周曦 朱建宁 赵明 张凯丽

主创姓名：王敏

成员姓名：杨子旭 尹露曦 张新霓 毕文哲

设计时间：2014.8

项目地点：北京

项目规模：7 hm^2

所获奖项：研究生组金奖

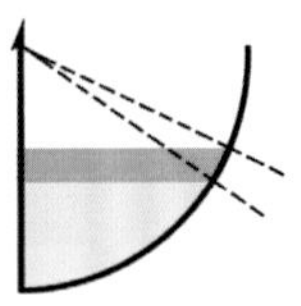

二次净化区

设计说明：

世界上几乎每一个大城市现在都面临着不同程度的地面沉降威胁。中国北京是受此灾害相当严重的城市之一，很多地面出现了塌陷。我们景观的专业人士应该用自己的智慧，对被破坏的景观进行修复。造成这一问题的罪魁祸首是地下水位的降低导致的土壤自然压实。地下水过度开采，城市大面积不透水硬质铺装也阻隔了地下水重要补充来源的雨水，这都导致了地下水位降低。我们建造了一个模型来解决这个雨水回渗的问题。模型分三个部分，一是湿地初步净化区，占地面积最大，是一个小型的湿地净化系统；二是净化区，对初步净化区的水进行再次净化，并建立围绕第三区的景观廊道；三是中心回渗区，主要由进行微地形处理的漏斗状绿地及中心的回渗井组成。第一、二部分的主要由各种湿地净化植物组成。第三部分还包括游人可以参观游览的栈道。由这个模型组成的点 - 线 - 面的雨水回渗思想在北京被推广开来。点状系统营造结合过滤系统的小型湿地，线状系统沿着城市道路和亮马河的下沉绿色空间，可收集和过滤雨水，面状系统最重要的部分安置我们的净化 - 回渗模型，它集景观和功能为一体。

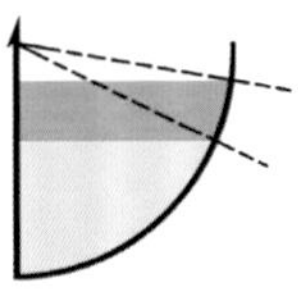

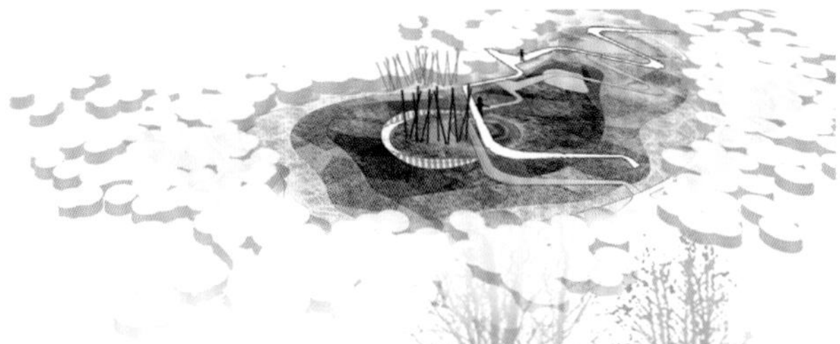

设计感悟：

随着城市发展，很多矛盾突出出来，这是城市化带来的代价。要解决这些问题，不仅可以从政府、社会的层面进行。作为设计师的我们，也可以利用我们的专业知识通过景观的手法，改善一些社会问题。在解决例如地面沉降这种问题时，要深究其产生原因，争取从根源上进行解决。解决的手法最好有可复制型和推广型。这样不止一个试点，才能解决更多问题，同时也可以验证模型的合理性和可实施性。其次，景观手法最好在解决问题的同时，适当增加人为活动，这样可以让人们对解决方法有更好的理解，同时也可以休闲娱乐。

同时，在这次竞赛中，我们了解到，做竞赛需要团队协作。一个团队协作的力量是 1+1>2 的效果。在定题的初步阶段，一定要多多开放思路，积极讨论，这样才能创造出具有创新性的设计。

中心回渗区

设计平面

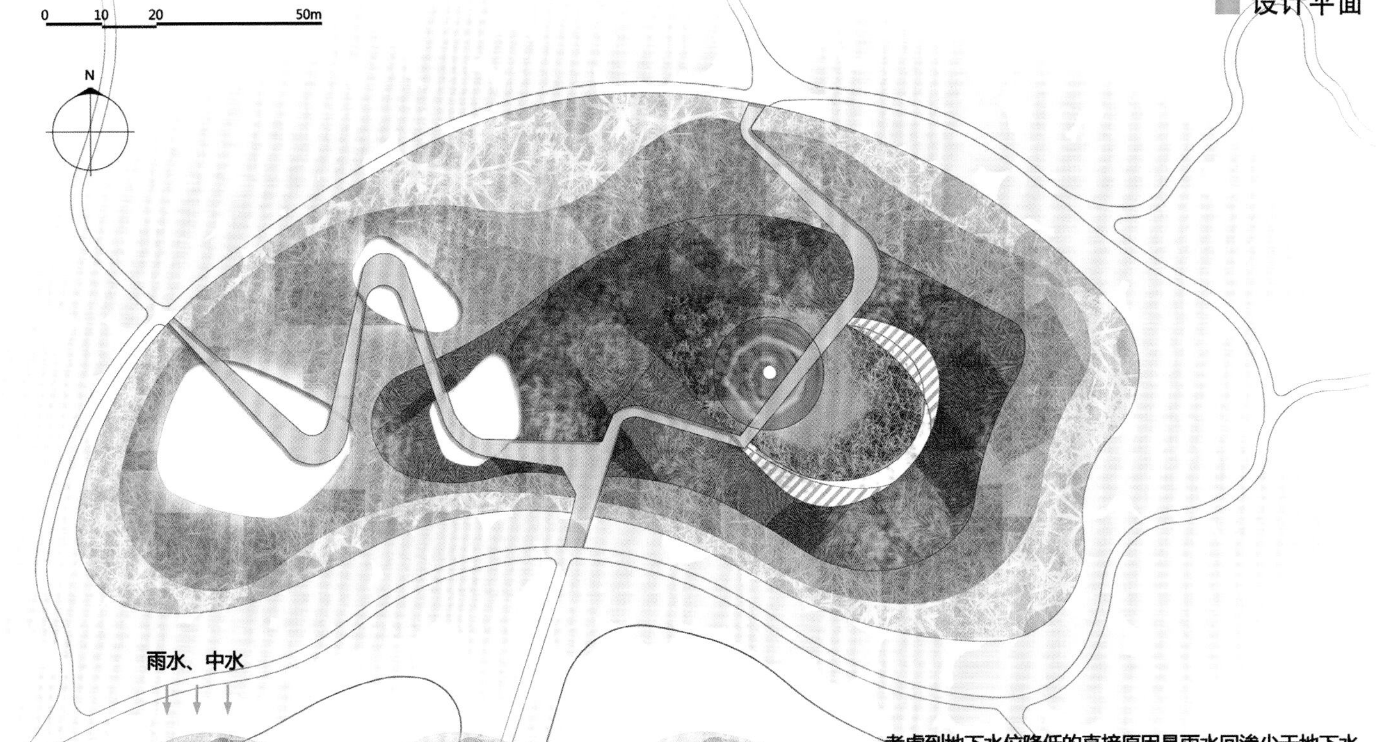
0
10
20
50m
N

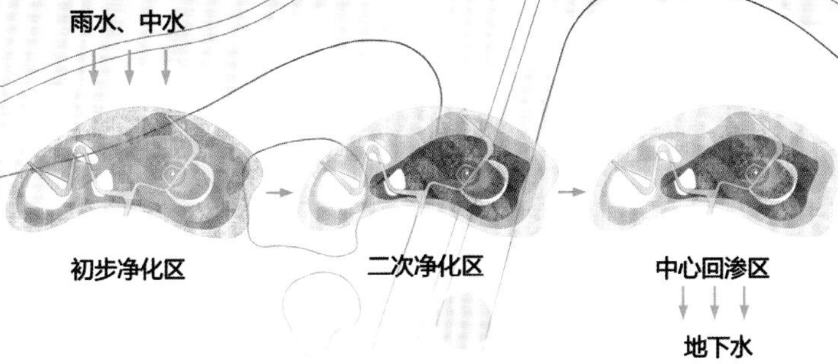
雨水、中水
初步净化区
二次净化区
中心回渗区
地下水

考虑到地下水位降低的直接原因是雨水回渗少于地下水开采，我们在朝阳公园内设计了一个基础“净化——回渗”模型，它通过一系列综合、连贯的措施在结合景观的同时来解决地面沉降问题。

它包括三部分：1.湿地初步净化区、2.植物、微生物二次净化区、3.回渗中心

空间分析

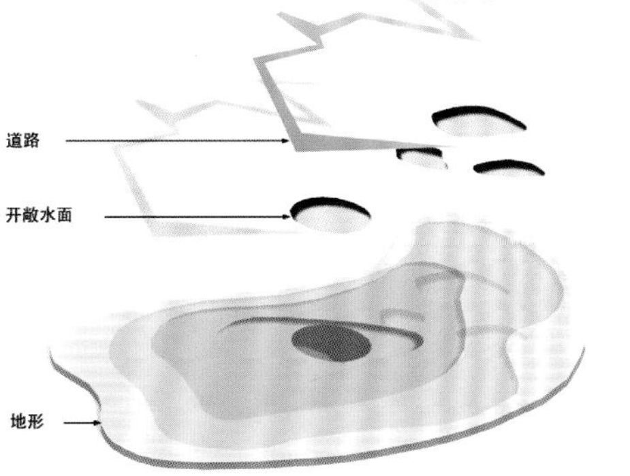
道路
开敞水面
地形

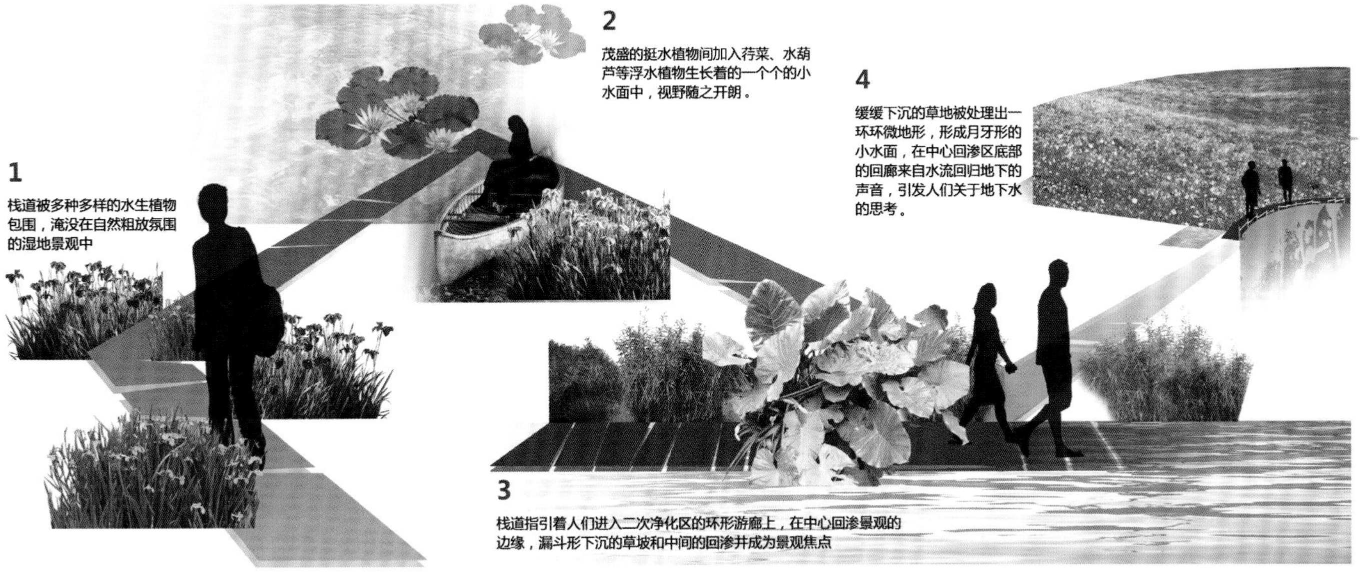
1
栈道被多种多样的水生植物包围，淹没在自然粗放氛围的湿地景观中
2
茂盛的挺水植物间加入荇菜、水葫芦等浮水植物生长着的一个个的小水面中，视野随之开朗。
3
栈道指引着人们进入二次净化区的环形游廊上，在中心回渗景观的边缘，漏斗形下沉的草坡和中间的回渗井成为景观焦点
4
缓缓下沉的草地被处理出一环环微地形，形成月牙形的小水面，在中心回渗区底部的回廊来自水流回归地下的声音，引发人们关于地下水的思考。

基于时间——空间维度哈尔滨市道外区港务局地段开放空间设计

Time Space—The Opening Space Design of the Port Authority in Harbin City

院校名称：哈尔滨工业大学

指导老师：赵晓龙

主创姓名：马紫晗

成员姓名：韩琪瑶 姜婷 罗艳艳

设计时间：2014.5

项目地点：哈尔滨

项目规模：66.4 hm^2

所获奖项：研究生组银奖

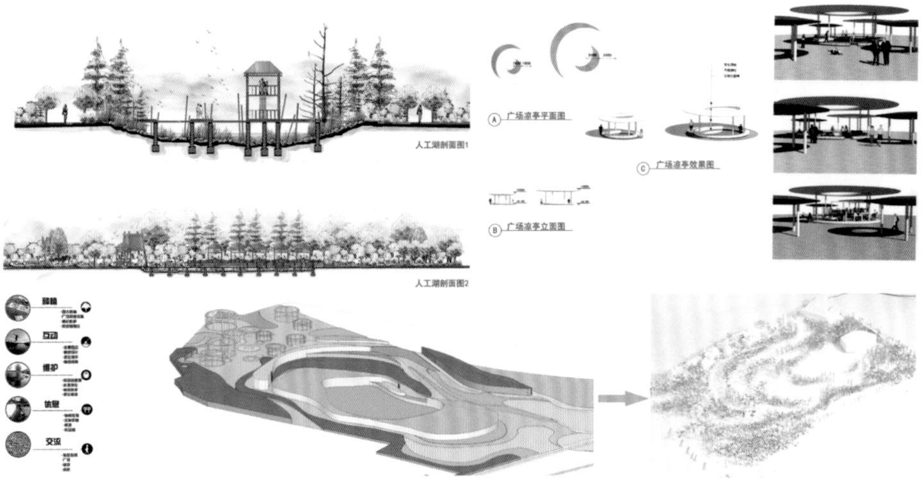

环湖公园设计

设计说明：

本设计以“时间·空间”双维度并行为主题，通过四个层次进行设计。第一个层次是针对工业污染严重的问题进行棕地改造，通过GIS对场地的坡度、坡向、高程、土壤、风向、风速、现状植被、光照等条件分析，从而进行三个层级的生态关键点的选择，再建立三个生态修复阶段，并参考人们游憩流线预留活动空间，最终进行空间整合建立生态恢复区；第二个层次是考虑滨水活动与防洪，重新进行岸线设计；第三个层次是通过GIS和地表流经分析，通过雨水花园滞留、地表径流收集、增加可渗透路面、屋顶绿化、垂直绿化、植物滞留等，最大化地收集雨水，将其用于地下水的补充、场地内植被的灌溉、改善场地微气候，建立雨水冲击缓冲区；第四个层次是通过对场地内废旧工业遗产的改造，述说场地工业历史，再现工业文化场景，局部保留场地中原有的铁路，形成游憩体系的一条特色风景线。并利用贯穿各个功能区的流动绿带激活整个场地的文化灵动性，力求在城市中打造一个既体现时间流动的自然美景同时又具有文化厚重感的滨水休闲开敞空间。

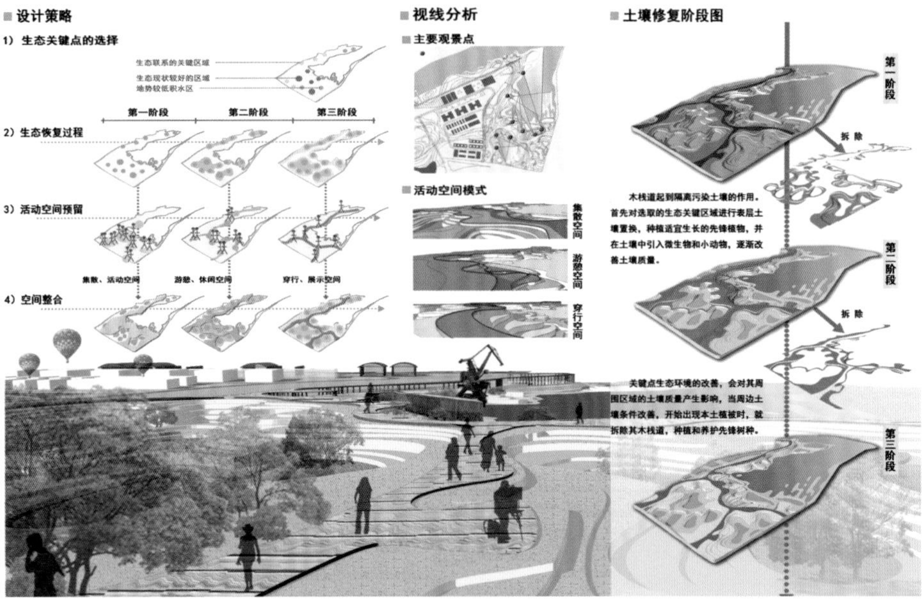

生态恢复区设计

设计感悟：

在为期三个月的哈尔滨尔滨道外区港务局地段开放空间设计与工业遗址改造规划中，我们运用多学科交叉的知识来尝试景观规划与设计。港务局地段是工业遗址用地，同时兼具滨水休闲功能，在设计中我们深入研究了国内外有关于开放空间设计、滨水休闲区设计、工业遗址改造、棕地复兴与生态保护的各方面知识，建立了系统设计体系。在设计过程中，针对场地的复杂性，我们对调研后的数据进行分析，咨询了环境科学专业、地理信息专业、土地管理专业的专家和教授，确保规划设计的科学性和严谨性。我们在本次设计中建立了针对港务局地段被污染土地的生态恢复方法，同时提出了低冲击的雨水收集设计理念，应用生态的思想贯穿整个设计过程中去。初期调研、中期设计到最终成果，是小组内成员不断进行磨合的过程，我们更加理解分工合作的重要性。我们的团队通过这次设计，增加了理论知识的学习，提升了设计能力，同时建立的深厚的友情。作为预备役的景观规划师，我们通过这个设计意识到了，我们不仅是城市未来的建设者，同时也是城市环境的守卫者。修补缝合大地的创伤，改善城市环境是我们的职责和义务。

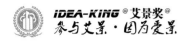

滨海岸线设计

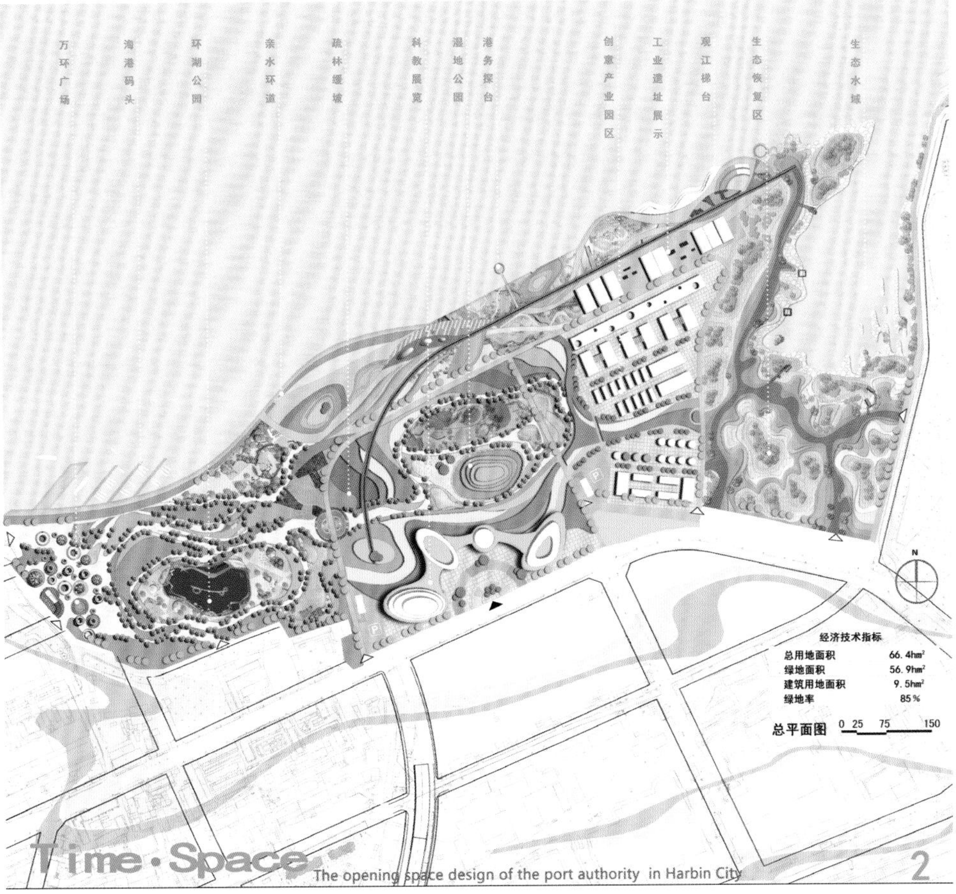

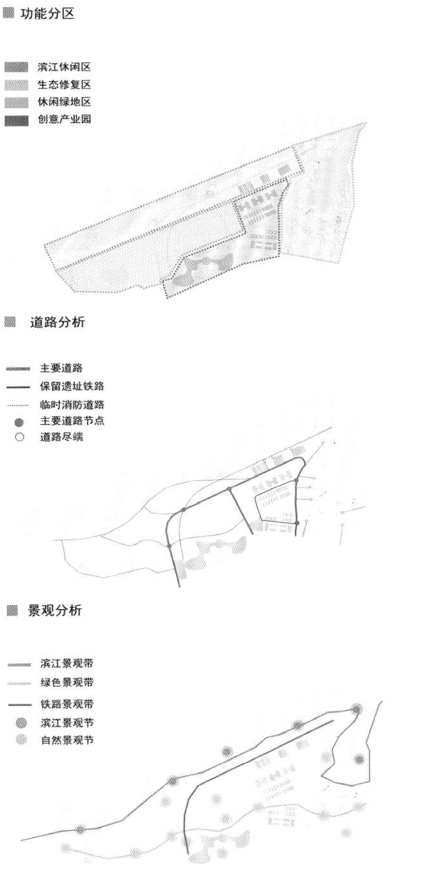

总平面图

Design notes/设计说明

此次设计的重点是从产业、文化、空间的角度来达到复兴场地的目的。土地利用置换、棕地的改良、良好环境的创造成为策划过程中的难点。设计选取时间和空间两个维度来实现复兴之路。场地在纳入开放空间、生态保护区的同时，引入部分创意产业、生态教育、休闲娱乐等来拉动场地的活力。通过绿轴的串联和少量体验游览功能的进几渗透，将时间和空间两个维度的激活策略融合以达到提升整个区域活性的目的。

Perspective/小透视

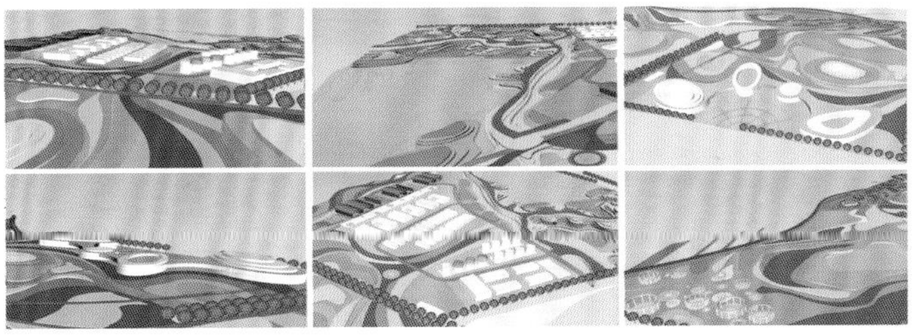

Bird view/鸟瞰图

鸟瞰图

空间的层·时间的级——阿奇齐亚兵营战后景观修复

Layers & Levels—Landscape Restoration of Bab Al-Aziziya Barrack

院校名称：福建农林大学

指导老师：兰思仁 郑郁善 董建文 闫晨

主创姓名：李奕成

成员姓名：王隽 洪惠山 林心蕾

设计时间：2014.8

项目地点：利比亚黎波里

项目规模：11.9 hm^2

所获奖项：研究生组银奖

设计感悟：

一次竞赛犹如一次心灵的旅行，对利比亚战争背后的苦难了解得越多，感叹，悲痛，惋惜的背后越是想通过努力，为仍处于水深火热中的人们做些什么。

设计立足于解决战后人民在生活中遇到的种种问题，分层次整治构思。从空间与时间两个向度进行思考，期望通过风景园林技术的介入，唤起满目疮痍土地的活力，抚平灾后人民的创伤。同时，也为场地未来如何发展进行构思。我们一直在思考如何将场地的过去、现状、未来进行逻辑联系，我们在试图抚慰场地与人民的同时，毫不犹豫的想要记录下些什么。即便是痛苦的过去，也应该尊重，隐晦保留，引后人思考。

我们在保留、生存、发展中寻求平衡，希望这个作品能对战后景观恢复的相关实践有些许启示作用

设计说明：

一切战争，都必将给环境、社会、人民心理带来难以愈合的伤痛。北非中部的利比亚首都的黎波里在 2011 年的利比亚战争中遭遇严重破坏，阿齐齐亚兵营 (Bab al-Aziziya)，位于的黎波里市阿布·哈利达大街西侧，由于政治因素，此区域矛盾突出，在利比亚战争中多次遭空袭，作为景观修复重点。

战后的土地上，人民渴望和平，渴望回归往昔的宁静与安稳。风景园林师能做的便是利用风景园林技术方法修复受伤场地，慰告失落的灵魂。通过对场地特有空间形态梳理利用，改变场地现有状态，通过时间做功，逐步恢复场地环境质量，在未来场地将成为城市生态绿脉的重要组成部分。

策略 1：地下空间层的利用

现阶段的密道将承担临时的避难安置场所、临时生产性场所（淡水、食物、能源），为地下综合体开发提供基础。

A. 密道水净化装置

B. 沼气装置

C. 地下农业

D. 临时住所

策略 2：地上空间资源的整合

蓝色水之园与绿色林之园在阿奇齐亚兵营交汇。提供充足水源与食物，改善场地生态环境，城市绿带雏形初现。

蓝色的引入

海水的引导与收集；海水淡化处理；淡水的搜集与输出。

绿色的蔓延

农业种植；构建防护林；绿带形成。

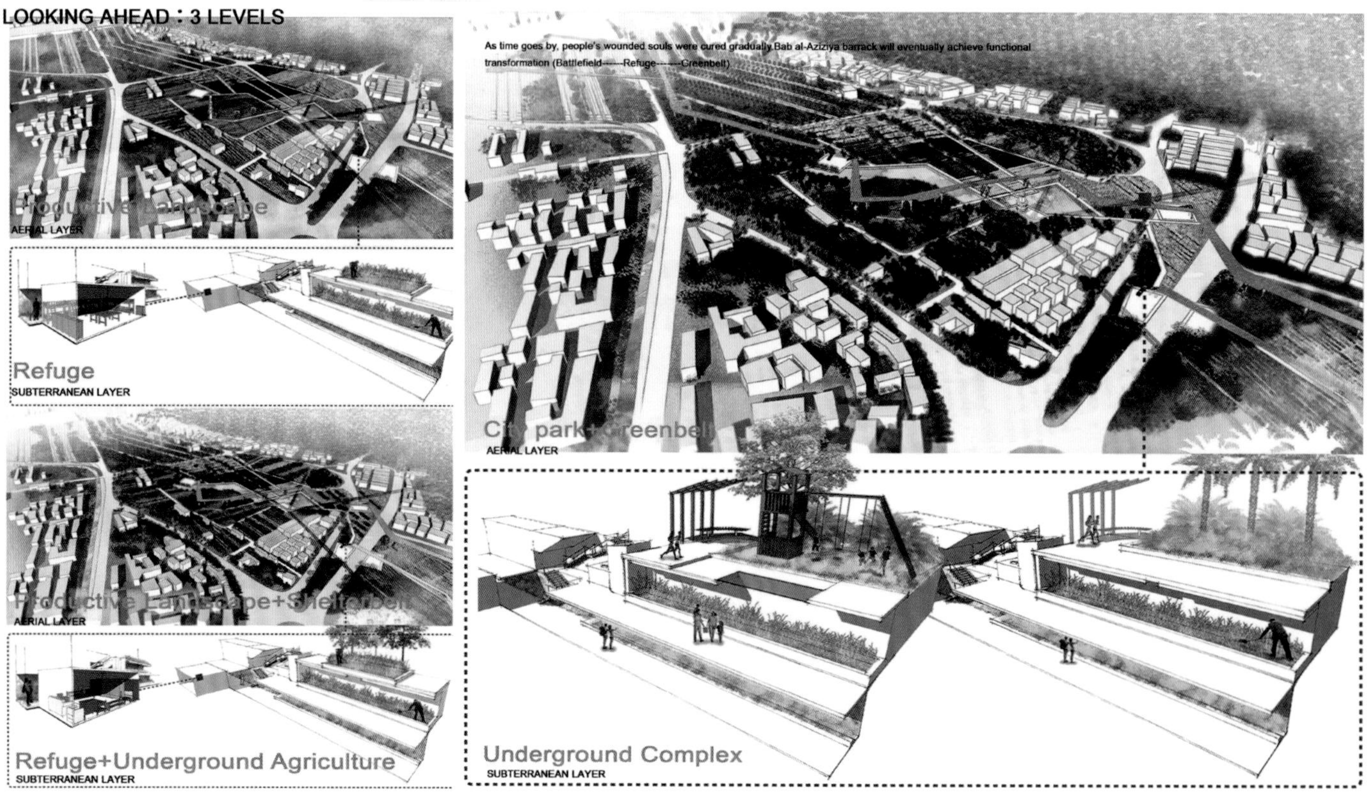

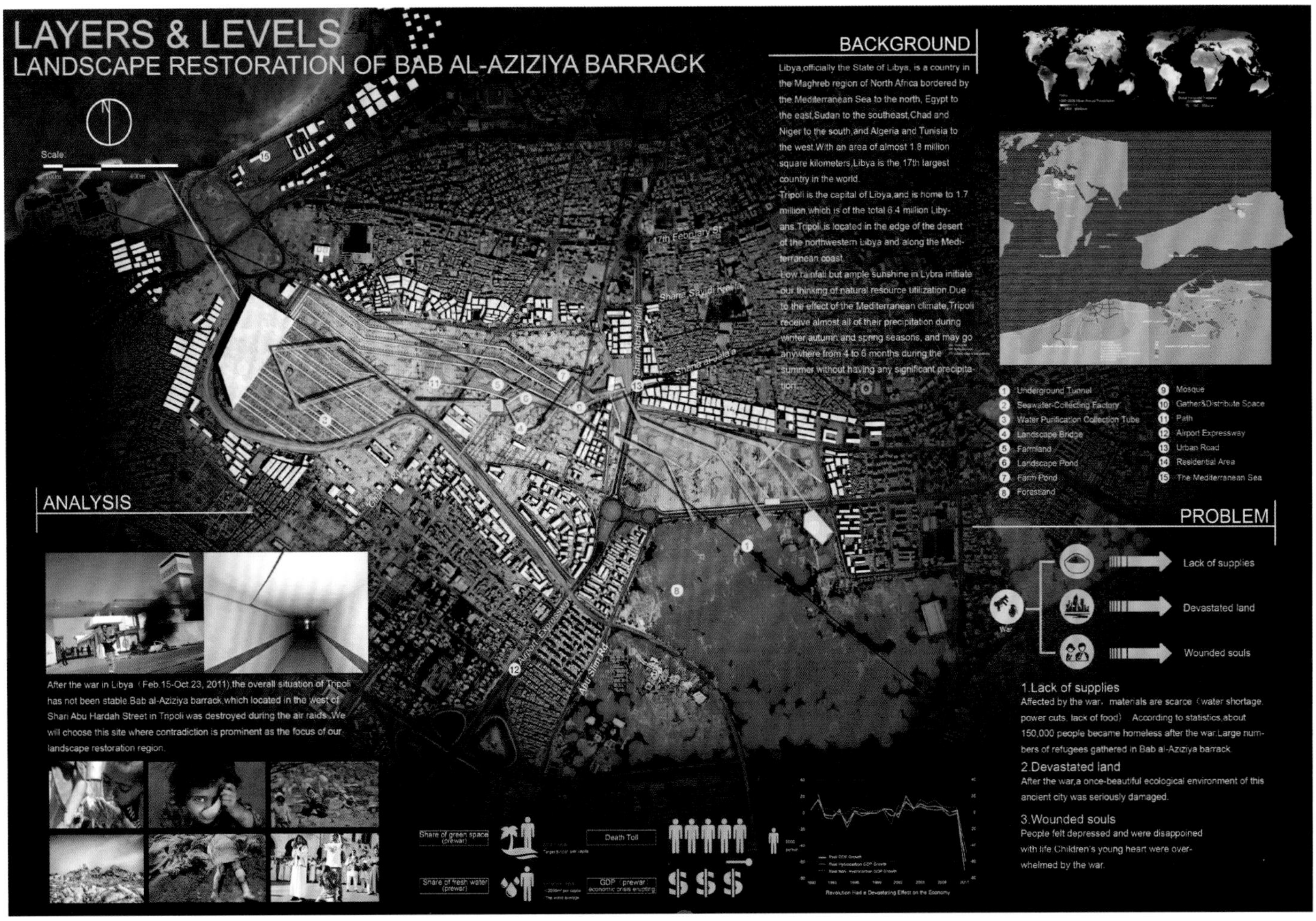
LAYERS & LEVELS
LANDSCAPE RESTORATION OF BAB AL-AZIZIYA BARRACK
BACKGROUND
Libya,officially the State of Libya, is a country in the Maghreb region of North Africa bordered by the Mediterranean Sea to the north, Egypt to the east,Sudan to the southeast,Chad and Niger to the south,and Algeria and Tunisia to the west.With an area of almost 1.8 million square kilometers,Libya is the 17th largest country in the world.
Tripoli is the capital of Libya,and is home to 1.7 million,which is of the total 6.4 million Libyans.Tripoli is located in the edge of the desert of the northwestern Libya and along the Mediterranean coast.
Low rainfall but ample sunshine in Lybra initiate our thinking of natural resource utilization.Due to the effect of the Mediterranean climate,Tripoli receive almost all of their precipitation during winter,autumn and spring seasons, and may go anywhere from 4 to 6 months during the summer without having any significant precipitation.
1 Underground Tunnel
2 Seawater-Collecting Factory
3 Water Purification Collection Tube
4 Landscape Bridge
5 Farmland
6 Landscape Pond
7 Farm Pond
8 Forestland
9 Mosque
10 Gather&Distribute Space
11 Path
12 Airport Expressway
13 Urban Road
14 Residential Area
15 The Mediterranean Sea
ANALYSIS
After the war in Libya（Feb.15-Oct.23, 2011),the overall situation of Tripoli has not been stable.Bab al-Aziziya barrack,which located in the west of Shari Abu Hardah Street in Tripoli was destroyed during the air raids .We will choose this site where contradiction is prominent as the focus of our landscape restoration region.
PROBLEM
War
Lack of supplies
Devastated land
Wounded souls
1.Lack of supplies
Affected by the war，materials are scarce（water shortage, power cuts, lack of food） According to statistics,about 150,000 people became homeless after the war.Large numbers of refugees gathered in Bab al-Aziziya barrack.
2.Devastated land
After the war,a once-beautiful ecological environment of this ancient city was seriously damaged.
3.Wounded souls
People felt depressed and were disappoined with life.Children's young heart were overwhelmed by the war.
Share of green space (prewar)
Share of fresh water (prewar)
Death Toll
GDP (prewar)
Revolution Had a Devastating Effect on the Economy

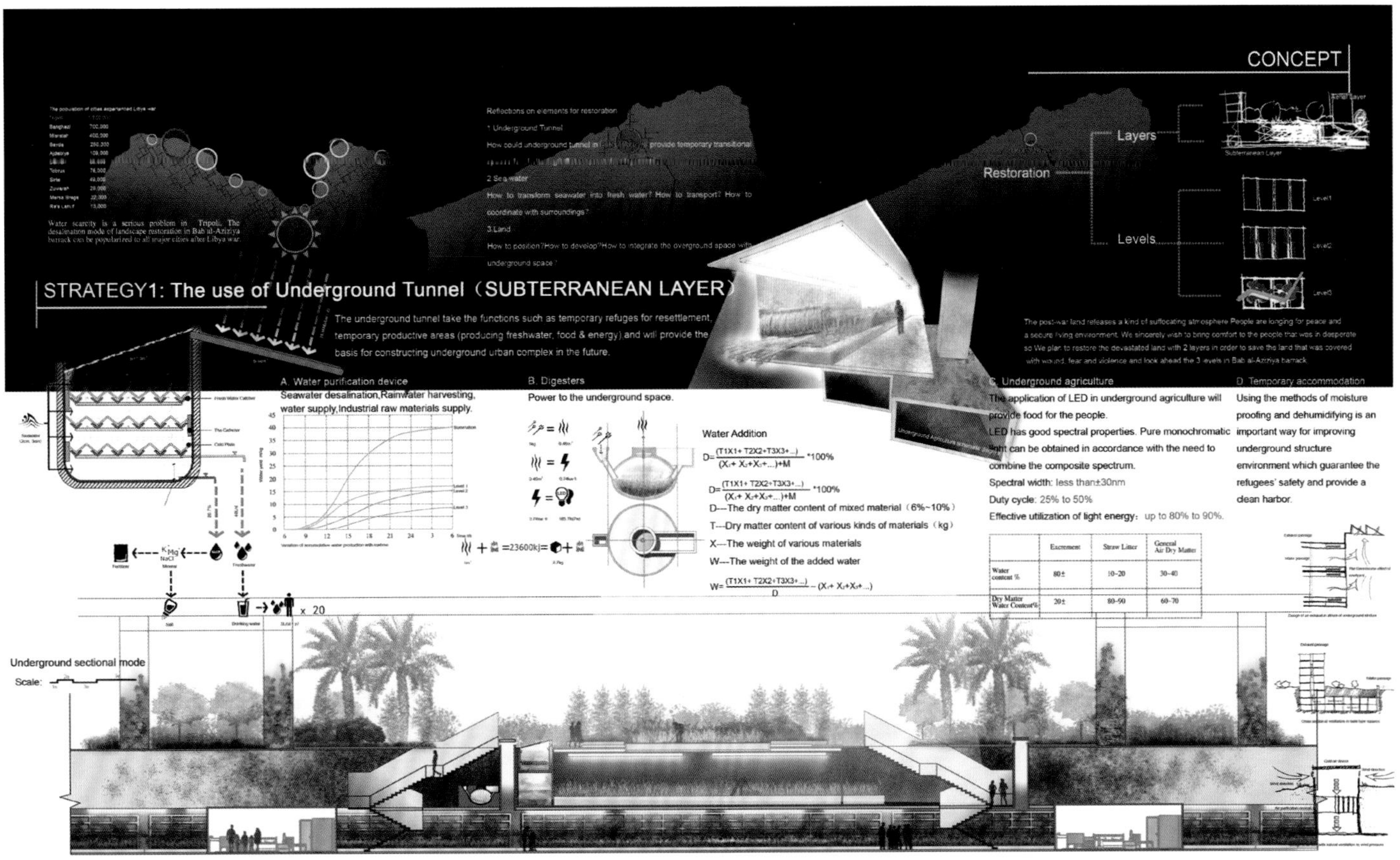
CONCEPT
Restoration
Layers
Levels
Level1
Level2
Level3
The post-war land releases a kind of suffocating atmosphere People are longing for peace and a secure living environment. We sincerely wish to bring comfort to the people that was in desperate so We plan to restore the devastated land with 2 layers in order to save the land that was covered with wound, fear and violence and look ahead the 3 levels in Bab al-Aziziya barrack.
Reflections on elements for restoration
1.Underground Tunnel
2.Sea water
How to transform seawater into fresh water? How to transport? How to coordinate with surroundings?
3.Land
How to position?How to develop?How to integrate the overground space with underground space?
Water scarcity is a serious problem in Tripoli. The desalination mode of landscape restoration in Bab al-Aziziya barrack can be popularized to all major cities after Libya war.
STRATEGY1: The use of Underground Tunnel（SUBTERRANEAN LAYER）
The underground tunnel take the functions such as temporary refuges for resettlement, temporary productive areas (producing freshwater, food & energy),and will provide the basis for constructing underground urban complex in the future.
A. Water purification device
Seawater desalination,Rainwater harvesting, water supply,Industrial raw materials supply.
B. Digesters
Power to the underground space.
=23600kj=
Water Addition
D=(T1X1+ T2X2+T3X3+...)/((X1+ X2+X3+...)+M) *100%
D---The dry matter content of mixed material（6%~10%）
T---Dry matter content of various kinds of materials（kg）
X---The weight of various materials
W---The weight of the added water
W=(T1X1+ T2X2+T3X3+...)/D − (X1+ X2+X3+...)
C. Underground agriculture
The application of LED in underground agriculture will provide food for the people.
LED has good spectral properties. Pure monochromatic light can be obtained in accordance with the need to combine the composite spectrum.
Spectral width: less than±30nm
Duty cycle: 25% to 50%
Effective utilization of light energy：up to 80% to 90%.
D. Temporary accommodation
Using the methods of moisture proofing and dehumidifying is an important way for improving underground structure environment which guarantee the refugees' safety and provide a clean harbor.
x 20
Underground sectional mode
Scale:

	Excrement	Straw Litter	General Air Dry Matter
Water content %	80±	10~20	30~40
Dry Matter Water Content%	20±	80~90	60~70

“秘密”2050

The Secret of 2050

院校名称：华中科技大学建筑与城市规划学院

指导老师：甘伟

主创姓名：王昊

成员姓名：肖晶 刘道亮 苏彤 杨宇

设计时间：2014.8

项目地点：武汉

项目规模：3.15 km

所获奖项：研究生组铜奖

设计说明：

现代环境不好，空气不好，人和人的交流少，环保意识弱，道路绿化面积少，转基因食品的使用安全问题，资源匮乏，这是个有意义的活动，以武汉的一条繁华街道为例将农村农田引入城市景观设计，这其中原因是老人的回忆，父母也希望孩子参与体验农耕生活，粒粒皆辛苦，年轻人对农耕的体验和对环保意识的提高，同时增加人和人的关系，共同劳动，共同体验丰收的感受，政府要大力支持这个活动项目让一部分专业农民来带动城市的这个活动。开始可能没有多少人参加，有的人如志愿者，一部分老人，但是要以这样的方式来让人们体验，逐步提高人群关注度。参与活动是免费的，同时可以在污染轻度区吃丰收的果实，最重要的是这个人与人参与其中改善城市环境，正在提高城市回归自然的感觉，依循传统的工作方式，用传统与现代的，只种当季产，自然有机肥，让人思考食物与自然以及生产者的关系。世事变迁，人心进退越是在水泥森林里久居，越向往对农耕生活的回归。社会的急速变化搅动着每个人的内心，城市繁华依旧，但最奢侈最时尚的已不再是豪宅广厦，而是最简单的田园，转基因食品的使用安全问题。

设计感悟：

本设计最大的目的就是想通过这个活动来真真切切的提高大家的环保意识，生活在城市里的人们每天在水泥玻璃下生活，大自然的气息很难体会到，更何况是在城市里体验农村自然的生活感受。也曾有这样的异想天开的想法就是在城市中开车开累了可以停下车来在路边摘个新鲜的果实吃，感受街边农作物带来的清新的空气，这样的生活像是不可能在城市里体验的到，所以我们想通过这个看似异想天开的设计，但实际也是有可能实现的这么一个长期的设计过程来表达我们想真正体现“城市回归自然的想法”。希望在这样的设计下到了2050年真正实现空气很好，污染区越来越少，可食用的水果或农作物越来越多，城市人们之间的关系也不再那么冷漠，相互帮助，共同通过这么一个设计来增加人与人的交流和沟通。“秘密2050”的寓意是希望通过我们这个设计来展现2050年城市发生的翻天覆地的变化，这个变化不是表面的改变，而是实实在在的城市与自然的结合，城市与农村的结合，城市与人的结合。2050更是我们对未来环境的期盼，期盼2050空气更好，人和人的关系更好，农业与城市的结合更好，能吃的食物更好，好多的期盼更让我们记住了地球公民的责任和义务，让我们共同努力为美好的明天奋斗！

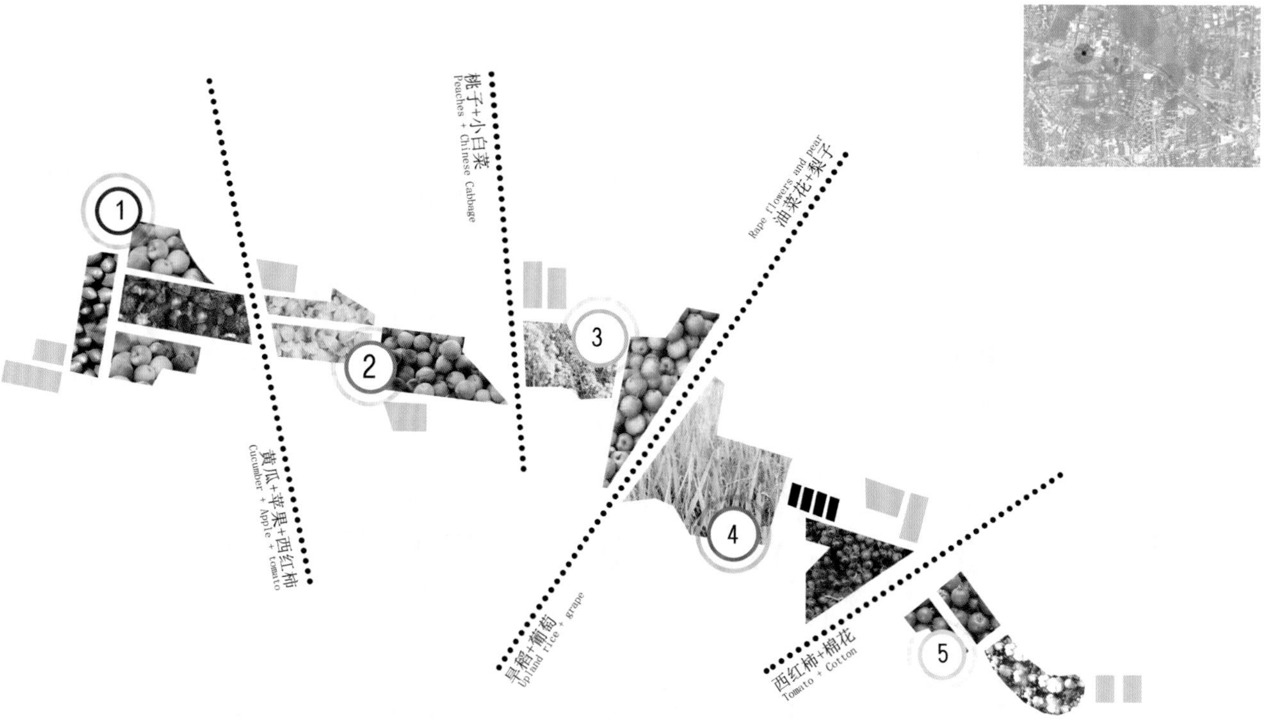
1
2
3
4
5
桃子+小白菜
Peaches + Chinese Cabbage
油菜花+梨子
Rape flowers and pear
黄瓜+苹果+西红柿
Cucumber + Apple + tomato
旱稻+葡萄
Upland rice + grape
西红柿+棉花
Tomito + Cotton

一区：主要栽种各种美观的果实，唤醒人们的绿色记忆。
二区：桃树春赏粉花，秋看果实，一年四季皆成美景。
三区：油菜花鲜艳的颜色，朴实的香气能缓解压力。
四区：旱稻美观，存活率高，栽种能适当解决当前粮食问题。
五区：棉花的栽种能增加棉花产量，丰富街道景观。

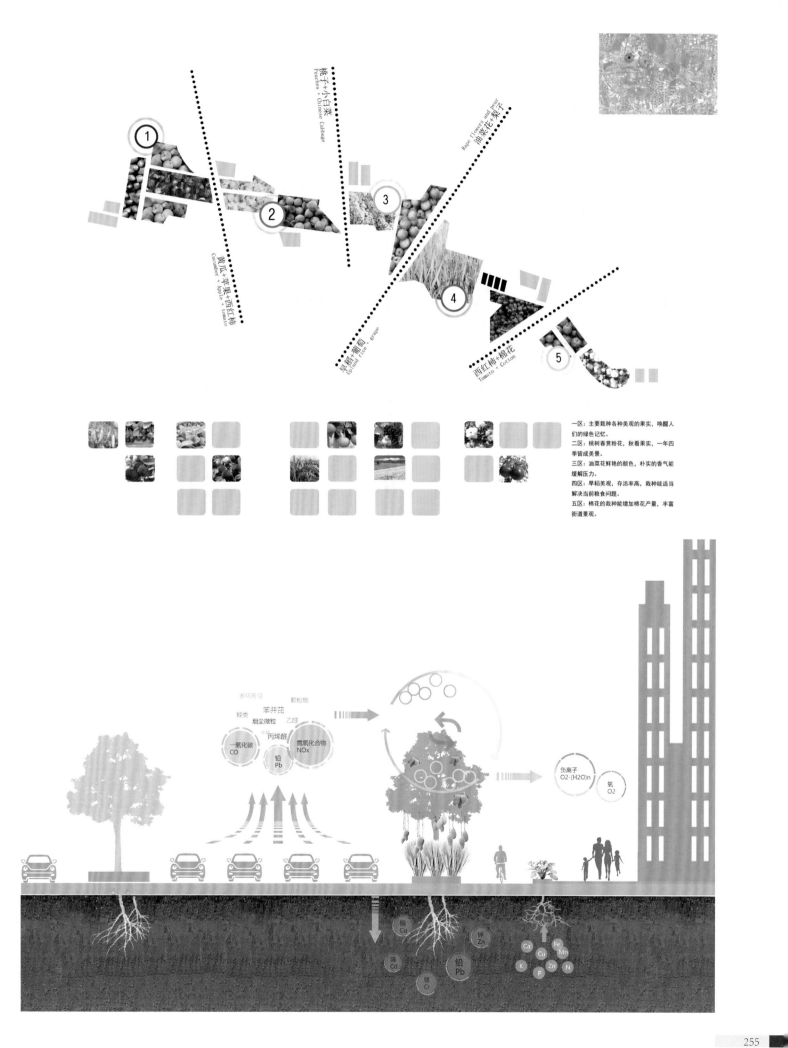

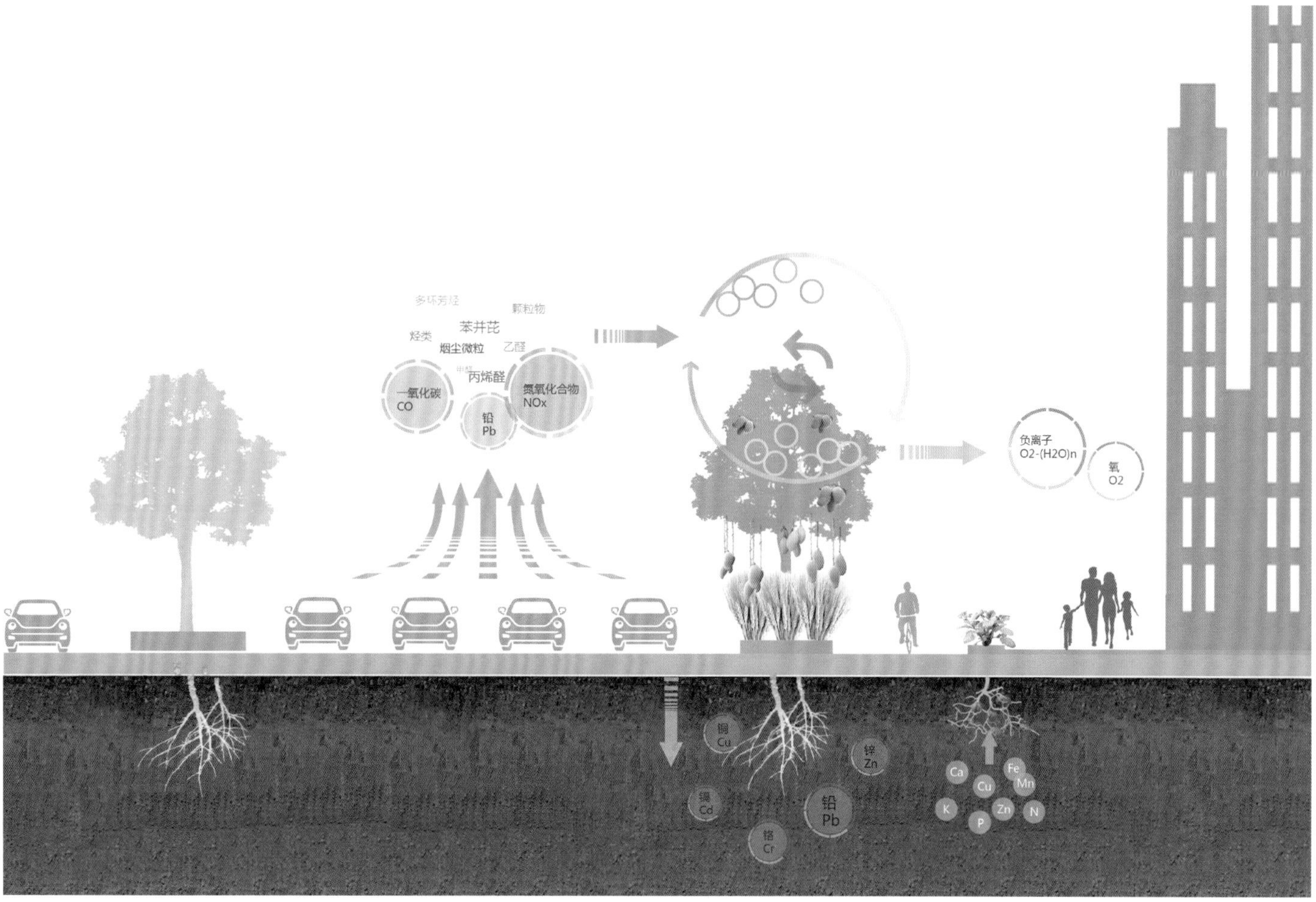

山之怀想曲

Mountain Nostalgia

院校名称：中国农业大学农学与生物技术学院

指导老师：李险峰

主创姓名：汤湃 姚苏珂 程强

设计时间：2014.8

项目地点：陕西延安

项目规模：200 km²

所获奖项：研究生组铜奖

设计说明：

该项目位于中国陕西省延安市，地貌以黄土高原、丘陵为主，山峦起伏。从古至今人们与山之间建立了紧密的联系，人们居于山，取于山，山甚至成为了人们的精神象征。如今，人们忙于生计，疏远了与自然的关系；城市为满足激增人口对于居住生活用地的需求不断向外扩张，无奈之下削山建城。这样的发展模式不仅破坏生态平衡，更加剧了城市发展与自然保护之间的对立。于是我们决定唤起人们对于山峦的记忆，重塑人与自然间的和谐关系。

在战略规划中我们在城市与山交接的边沿地带，置入了一条长约 10.2km 的绿色廊道，旨在重塑城市空间格局以及重建城市生态系统。出于以上设计目的，建立了以下两个根本原则：首先，最大限度将山地与城市联系起来；然后，为城市居民创造更多的绿色活动空间。

基于以上原则，我们人为引入一个为期 10 年的生态系统演替过程，修复山地生态系统。我们充分利用山峦地形，设计充满趣味性的活动空间，承载不同年龄段市民不同的户外活动，让人们重新审视自己赖以生存的城市环境。

我们希望通过这条蜿蜒的绿色廊道在不同的人心中留下关于山峦共同的美好怀想，还给城市一道美丽的风景，让城市回归自然的怀抱。

设计感悟：

作为景观设计专业的学生，城市规划通常作为上位规划原则性指导我们的设计。在研究生阶段的学习中，这是我们首次尝试从城市整体用地的综合评价开始，至具体景观节点的设计为止——如此完整的思考、探讨景观和城市的关系。整个过程并不是十分的顺利，最大的问题应该是由于景观专业长久的专注于小尺度场地的细节设计，对于大尺度场地的规划，我们很难做到深思熟虑，收放自如，反而常常舍本逐末，缺乏全局性战略眼光。为了克服这一弱点，我们同学之间进行了多次深刻的讨论，每一次讨论都让我们对于场地存在的问题有了更深入的看法，从别的同学那里领悟到的思考问题的方法，让我们对于解决场地问题有了更多新的想法，与其说这是一个力图解决城市问题的过程，不如说这是一个解决自我学习问题的过程。同学之间的交流，加之以老师的指导教会我们的不仅仅是解决某个问题具体的方法，更多的是让我们发现了自己知识面的短板，自己思维的不周，于是如何克服自己的弱点就成为了我们今后继续学习的方向。我们认为，着也许就是竞赛的意义，这是一个发现自我，发现别人的过程，一个以交流、学习为目的的过程。

河岸设计

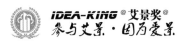

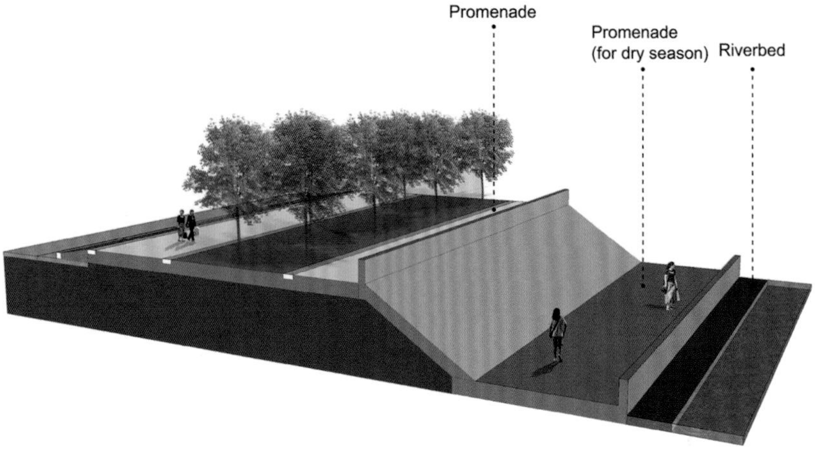

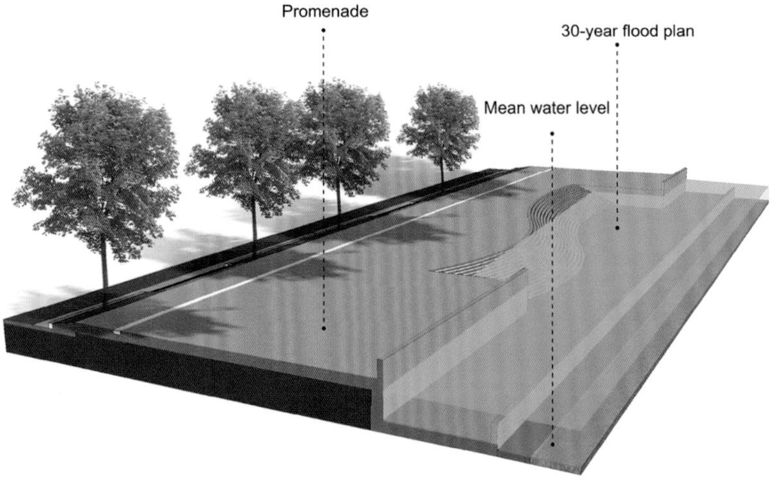

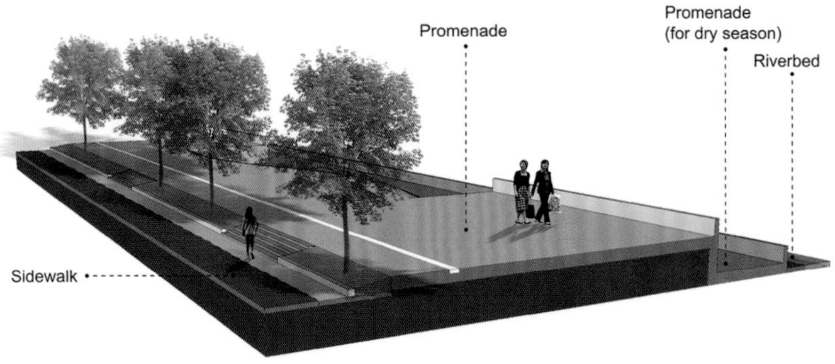

阶段一

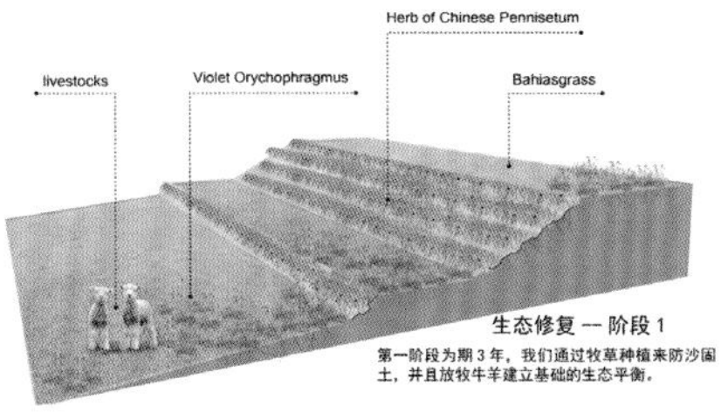
livestocks
Violet Orychophragmus
Herb of Chinese Pennisetum
Bahiasgrass
生态修复 — 阶段 1
第一阶段为期 3 年，我们通过牧草种植来防沙固土，并且放牧牛羊建立基础的生态平衡。

阶段二

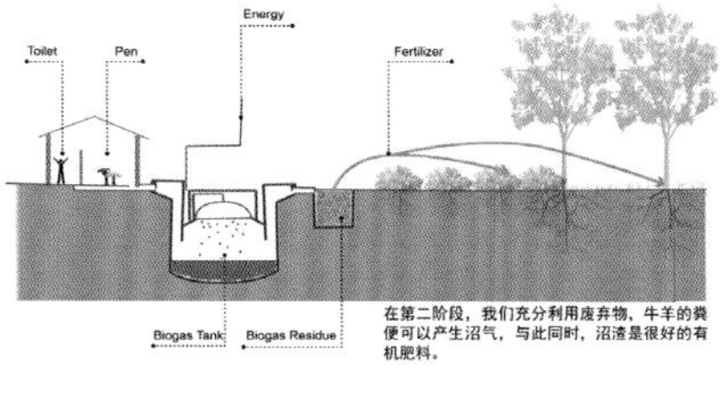
Toilet
Pen
Energy
Fertilizer
Biogas Tank
Biogas Residue
在第二阶段，我们充分利用废弃物，牛羊的粪便可以产生沼气，与此同时，沼渣是很好的有机肥料。

阶段三

Herb of Chinese Pennisetum
Apple Tree
在第三阶段，土壤肥力显著增加，种植的果树林带来经济效益。

阶段四

阶段五

生态恢复策略图

随着城市的迅速扩张，城市居民在纷乱喧嚣的城市生活中，与自然的亲密关系逐渐缺失。为了给枯燥的城市生活注入新的活力，我们在城市社区的周围引入边界、地形丰富变化的公共绿地，重建城市脆弱的生态系统，让儿童在树丛中玩耍，让老人在林荫下锻炼身体，让家庭出门就看见自然。

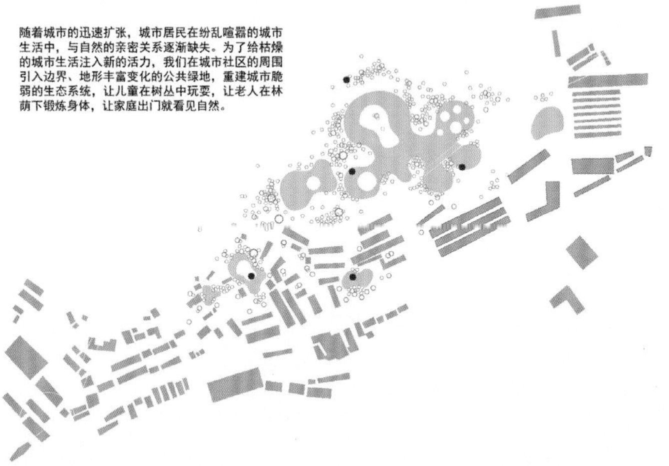

传统城中村拆迁区域景观再生模式研究，以蕲春市为例

Study of Traditional Villages in the Demolition Area Landscape Regeneration Pattern

院校名称：华中科技大学城市建筑与规划学院
指导老师：王贞
主创姓名：徐丹
成员姓名：周思宇 朱梦
设计时间：2013.10
项目地点：蕲春
项目规模：1000 m^2
所获奖项：研究生组铜奖

设计感悟：

城中村生态系统薄弱，缺乏绿地空间。通过适当拆除其中危房。利用所产生的建筑垃圾，对废弃物分拣、剔除或粉碎后作为再生资源重新利用，在就地改造的景观中使其成为具有当地印痕的城市景观，同时改善城中村居民生态状况，为人们提供一处休闲活动场所。

设计说明：

针对蕲春市城中村改造区域进行景观再生与环境恢复，在此区域我们再生了四处景观其占地面积分别为330m^2、160m^2、200m^2、180m^2，其主要的景观材料为乡土石材，其主要的景观表现手段为石作景观，每处也有其特殊的文化含义这个与当地习俗和本土文化相结合，打造有情有义有石有景的新城市景观。

时蔬菜供应点
爱心捐助站

蔬菜供应点
爱心捐助站

续运天钢·循动柳林——基于健康低碳生活方式的天钢柳林地块复兴规划

Reviving Tiangang, Ongoing Ecology

院校名称：天津大学建筑学院

指导老师：陈天 Wolf-R Zahn（德）

主创姓名：耿佳

成员姓名：陈杉　龚一丹

设计时间：2014.4

项目地点：天津

项目规模：71.4 hm^2

所获奖项：本科生组金奖

设计说明：

本地块处于天津市东丽区天钢柳林地区。天津市总体规划将天钢柳林地区定位为天津市副中心，但这种高端大气上档次的规划真正适合城市发展吗？在我们看来，城市的有序发展应该是回归自然——有机且健康地建设，同时以人为本，从人群需要出发。在现场调研人群的需要后，结合城市现状的分析，我们确定将该地区定位为服务于每个市民的运动中心并辅以相关商业商务功能，利用海河的环境优势资源和新建的自行车步道为市民提供由城市回归自然的喘息之机。本设计中主要建筑由工厂厂房改造，利用人性化切分、有机适应性设计、表皮生态改造、外界环境融入等手段赋予原本冷冰冰的工业建筑以生机和活力。本设计中四条主要的景观轴集中体现了“自然、健康”的设计初衷。旧厂区的“运动轴”，清新的自然环境、充满工业时代感的建筑与运动场地相互融合；商业区的“骑行轴”，将自行车道与建筑在三维立体空间上进行了连接；商务区的“水轴”，水体与植物走廊、行人走廊相互交错，与保留的渔村相映成趣；位于海河岸边的“绿轴”，植物顺应河流呈现带状分布，地面的“镜子亭”使得公园内一年四季变换不同的景色。同时我们将生态技术运用于建筑和景观的设计，希望通过自身循环解决能量和物质的传递，实现自然般的城市运转。

设计感悟：

我组在哈佛大学的德国教授 Zahn 和天津大学建筑学院陈天老师的共同指导下完成了本次设计。在与 Zahn 教授交流期间，我们意识到调研、现状分析对于方案生成和推进的重要性：方案的可行性是建立于科学分析的基础之上。分析应以设计目的为导向，服务方案生成的需求。在两位教授的指导下我们进行了多次的深入的基地调研，采访了多位不同职业、不同年龄的当地居民，从采访获得了人群真正的需求，形成了本方案的设计初衷与设计目的。与自己以往的城市设计有很大的不同：从之前由形态为主导的设计理念向以需求为导向的设计理念转换，开始思考城市规划于人群的影响意义。在设计过程中，我们通过合作讨论，将建筑、城市规划和景观设计过程相互融合，在不熟悉的领域中发现挑战自我，并互相配合形成最佳的默契。技术运用方面，我们初步接触并尝试生态技术的使用和创新，将其运用于建筑和景观的循环发展中。在进行该设计的过程中，我们重新思考了当今城市的发展方向是否可持续，是否真正适应使用人群的需求，为方案的推进提供了辩证思考的力量，使方案更加具有说服力。从现状调研出发，辩证思考既定的规划方向，结合人群需求定位，运用生态技术的设计方法将会成为我们未来设计道路上重要的方法和手段，为设计提供了新的思考和方向。

生态体验村 Holiday Resort in Fishing Village
[形态一]
贴水
拆除破损建筑
梳理杂乱布局
增加贴水平台
[形态二]
临塘
拆除破损建筑
梳理杂乱布局
增加滨水步道
[形态三]
聚集
新建建筑置换
连接形成院落
布置休闲小品
渔村改造手法分析 Methods of Village Reform
碳足迹公园 Eco-Park
园林植物应用分析
边缘水生湿地
MARUINAL AQUATICS
漂浮水生湿地
FLOATING AQUATICS
湿地林地
SWAMP FOREST
芦苇荡
REED BEDS
沼地
MARSH AREA

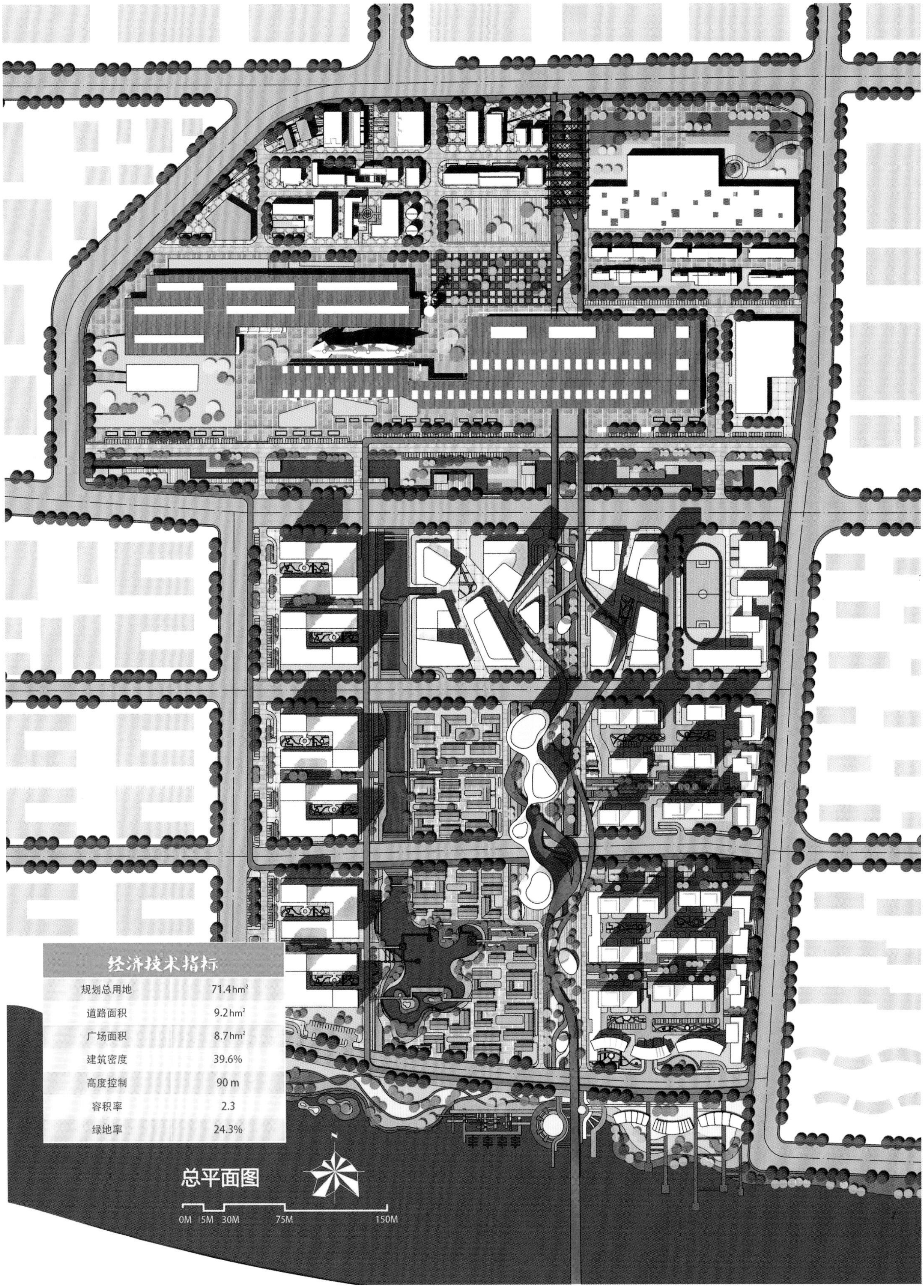

经济技术指标	
规划总用地	71.4hm²
道路面积	9.2hm²
广场面积	8.7hm²
建筑密度	39.6%
高度控制	90 m
容积率	2.3
绿地率	24.3%

总平面图

0M 15M 30M   75M   150M

轨·迹——广州钢铁厂景观规划与改造设计

Locus—Guangzhou Iron and Steel Plant Landscape Planning and Reconstruction Design

院校名称：广东技术师范学院美术学院

指导老师：曾丽娟

主创姓名：何伟东

成员姓名：曾惠宜

设计时间：2014.5

项目地点：广州芳村

项目规模：600 000 m^2

所获奖项：本科生组银奖

设计说明：

广州钢铁厂属于旧工业废弃地景观类型，对待废弃工业地景观的规划改造设计，我们更多的是把握场地历史与新设计的结合。以地域为特性，以场地为基础，以空间为骨架，以自然为主体，以生态位核心等原则；恢复和丰富场地的生态体系，尊重场地原貌和历史，对场地进行改造更新设计。力求回演生态自然风景与诉说后工业历史相结合统一，为两者创造一种时间和空间上的联系和感悟。为日益拥挤和缺乏活力空间的城市提供一个独特的休憩和游乐场地，让城市也能更好的与自然相处。

希望规划改造设计后的广钢能营造出一种现代风情与浪漫气息，然而所有气息里又都有着剪不断的旧日感怀和历史豪情；它集中表现出工业之美、荒草之美、时空之美、平凡之美，散发出感性和理性的光辉。

设计感悟：

广州钢铁厂属于旧工业废弃地景观类型，废弃工业地景观的规划改造设计更多的是把握场地历史与新设计的结合。以地域为特性，以场地为基础，以空间为骨架，以自然为主体，以生态位核心等原则；恢复和丰富场地的生态体系，尊重场地原貌和历史，对场地进行改造更新设计。力求回演生态自然风景与诉说后工业历史相结合统一，为两者创造一种时间和空间上的联系和感悟。

希望规划改造设计后的广钢能营造出一种现代风情与浪漫气息，然而所有气息里又都有着剪不断的旧日感怀和历史豪情；它集中表现出工业之美、荒草之美、时空之美、平凡之美，散发出感性和理性的光辉。

Ecological analysis

水循环系统
Water system

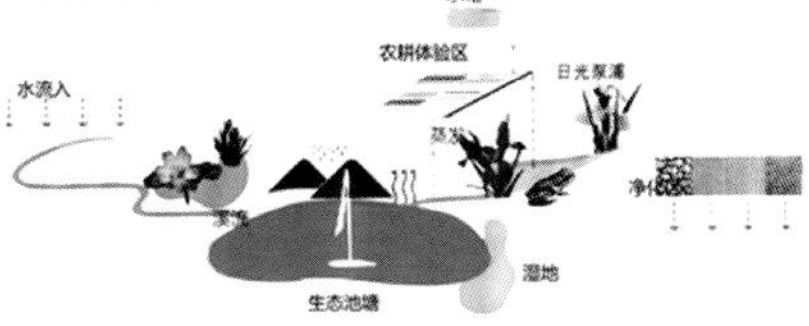

湿地项目恢复
Wetlands restoration project

通过控制水污染，疏通水系，增加水体自净快污染力，恢复水生植物带，包括沉水植物群落，浮水植物带，挺水植物带及水中植物群落，利用水生植物吧能够制造繁育养化改善水质。

恢复植被和土壤，防止水土流失，增强土壤肥力，增加物种组成，恢复生态多样性。恢复生态湿地岛。同时恢复源沿湿地、农田湿地、浅滩等湿地类型，营造不同生境，并通过引鸟的可滤湿地，增加生物物种。

湿地系统
光拦截
漂浮植物 浮游植物
N/P吸收
沉降和吸收

浮岛系统
光拦截 光拦截
浮游植物 漂浮植物 浮游植物

生态堤坝系统 沉降和吸收
沉积
露天水源 浮游植物
沉降 吸收 沉积 沉降和吸收
N/P吸收

将水管理简略剖面示意
Rainwater Magagement Section

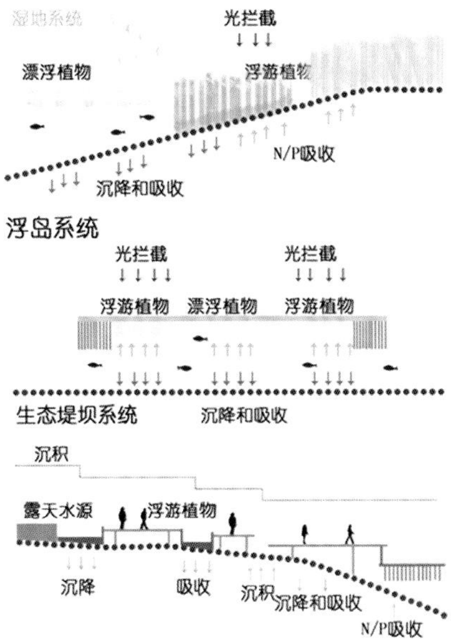

MASTERPLAN WITH ANNOTATION

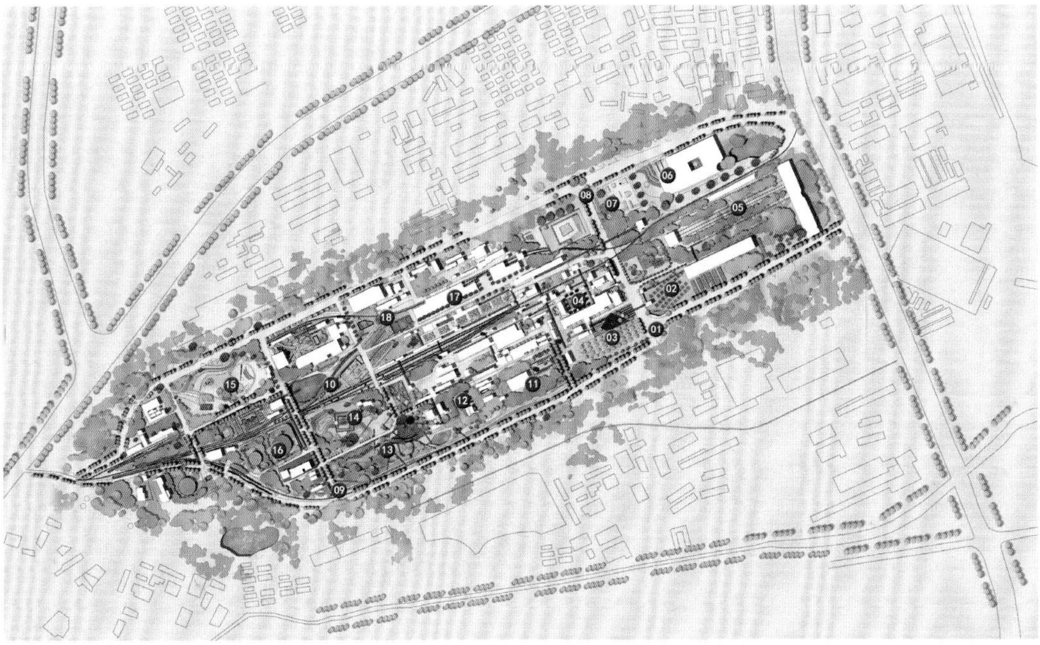

01 主入口
02 入口树阵广场
03 停车场
04 办公区域
05 生态廊道
06 博物馆
07 青少年滑板广场
08 次入口
09 次入口
10 生态水景
11 树吧
12 茶馆
13 湿地景观
14 下沉广场
15 开放儿童乐园
16 煤气罐
17 高炉展区
18 净水池

N

0 50 150 300

轨·迹
LOCUS

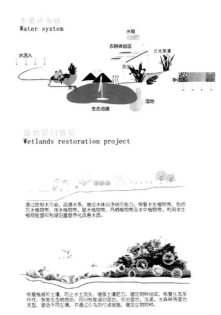

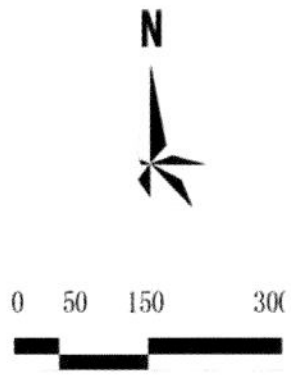

改善城市微气候

Improve City Micorclimate

院校名称：同济大学

指导老师：吴端

主创姓名：张思玉

设计时间：2014.1

项目地点：上海

所获奖项：本科生组铜奖

设计说明：

风、日照等环境影响着城市的舒适度、空气质量以及建筑能耗等诸多要素。城市公共空间的局部环境会影响室外活动者的感官，比如适宜的风速、风压使人感到舒适，不适宜的风速、风压则会造成不适，从而降低城市空间的品质。对于城市的广场、公园等重要的公共空间而言，不适宜的气候环境将会降低空间的使用率。

本设计通过景观装置结合软件分析设计出适合场地的装置组合，改善日照和风向。

设计感悟：

通过这个设计感受到设计要从不同方面考虑，同时可利用软件进行测试。模块化的景观装置可有不同的排列组合，有不同的功能。

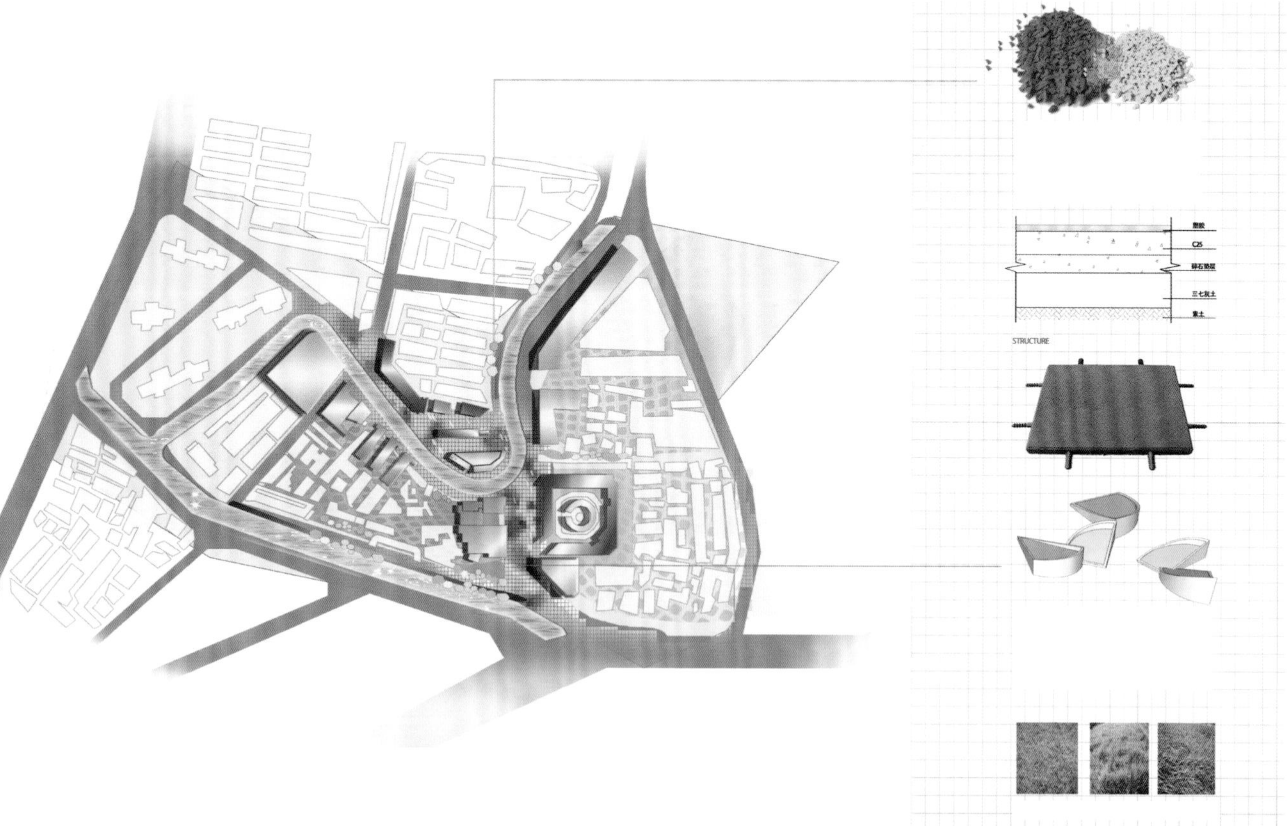

CLIMATE improve the microclimate of the cities

CLIMATE improve the microclimate of the cities

南京老城南与新街口交界地块介入式景观设计研究

Nanjing Old City and Xinjiekou at the Junction of Block Intrusive Landscape Design

院校名称：南京艺术学院

指导老师：刘谯

主创姓名：苏磊

成员姓名：刘畅 宋亚楠 张双奥

设计时间：2014.3

项目地点：南京

项目规模：37 500 m²

所获奖项：本科生组铜奖

设计说明：

中国城市的现代化进程中，高速的城市发展对城市环境和人的生存环境产生一定破坏和影响，如何趋利避害、因地制宜的对城市空间进行设计介入，从而更好的服务于城市和城市中的人们。

在尊重城市历史与文化的前提下，以新的设计手法介入南京新老城空间，将场地设计成为体现城市时尚生活与文化性的场所，创造一个具有区域联系性的城市公共互动空间，使新老城能够更好的融合并促进，能够适应和实现城市的生态与可持续发展。

南京老城南与新街口交界地块处于城区新旧交替的边缘地带，面临着城市更新过程中的诸多挑战，如何在保护的基础之上进行开发改造，打造一个建立在城市繁华区和中心老城区的纽带，在不失原有老城区文化面貌的同时自始至终贯穿商业中心的时尚现代形式，让没落在城市中心的老城区重新恢复生机，也让拥挤的商业区有一片调整脚步享受生活的环境。通过连接老城区和商业区，以景观规划的介入汇集新街口、总统府附近人流，创造一个文化的展示平台，同时给城市中各阶层市民提供一个休闲、体验、娱乐的环境，同时使基地环境能够达到人与自然、城市与自然的和谐共处。

设计感悟：

本次设计的重点着眼于城市历史与文化的保护与利用、城市空间的多维度研究、老城的创造利用、城市空间形态的研究、城市中人的活动、城市的生态、城市空间的衔接性、自然资源的可持续利用、基于形态研究的场地景观设计、基于人的行走体验研究、城市景观的教育性等多方面的研究。

在本次设计中我们通过大量的走访调查，发现城市历史、城市空间的诸多问题，我们选择的基地具有典型性，这种空间在城市中扮演着至关重要的角色、承载着城市历史与记忆的地块，面临着城市的更新，属于新老城区的交界区域。

通过本次的设计我们研究了大量资料，进行了不同方式的设计模拟，对方案进行深层次的分析与设计，我认为优秀的城市空间设计有如是从城市中生长出来一般，它是与城市融为一体的；在设计过程中我们制作了大量的模型，不管是小模型还是最终的展示大模型的制作，都让我们认识到模型能够更直观的演示我们的想法，同时也能够锻炼我们的动手能力。通过本次的设计使我收获巨大，在学到更多知识的同时也认识到还有更多的东西等待我们去研究学习，我相信我们的景观之路会越走越好。

设计分析—人行景桥

叠层图 LAMINATED CHART

建立区域之间的联系，人们的通行不因马路而中断，直接连通屋顶花园或商场；设计中将绿色有机融入其中，使人行过街桥不仅具有通行功能而且具有观景停留，休闲功能，创造一个跨越道路的空中花园。

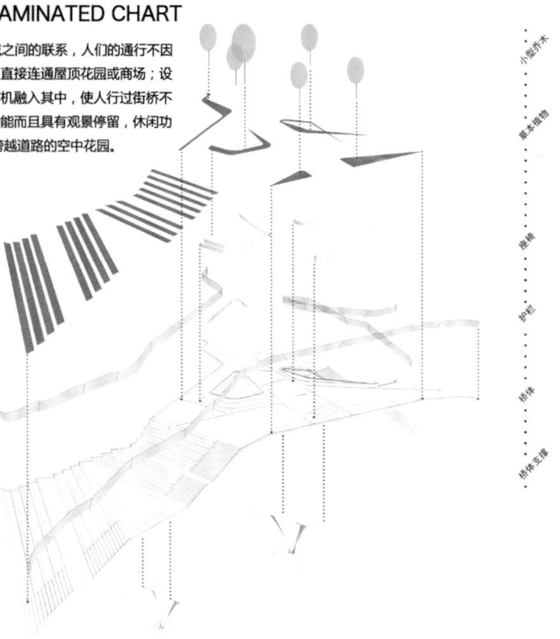

活动分析 ACTIVITY ANALYSIS

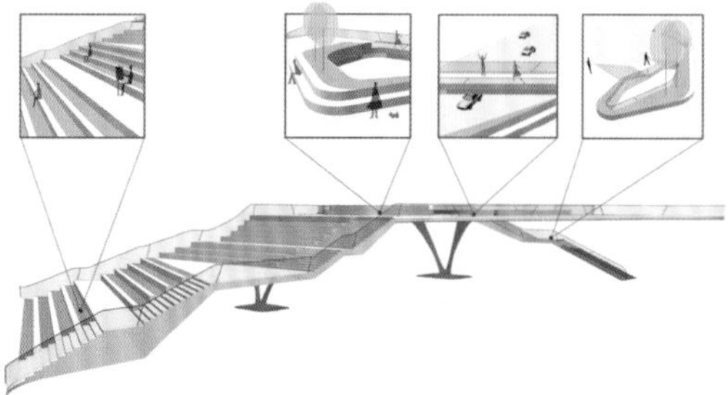

交通分析 TRAFFIC ANALYSIS

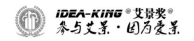

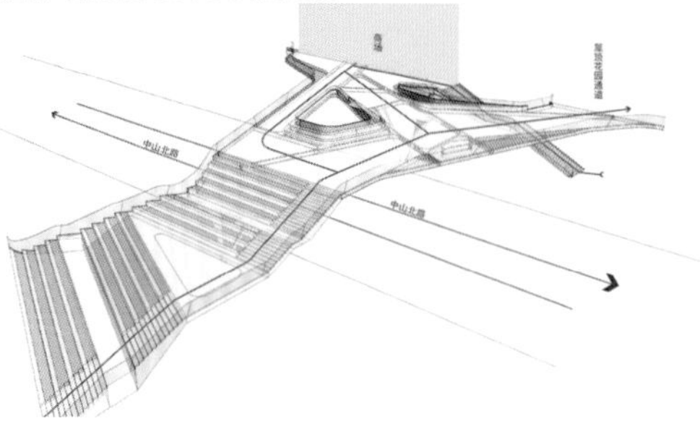

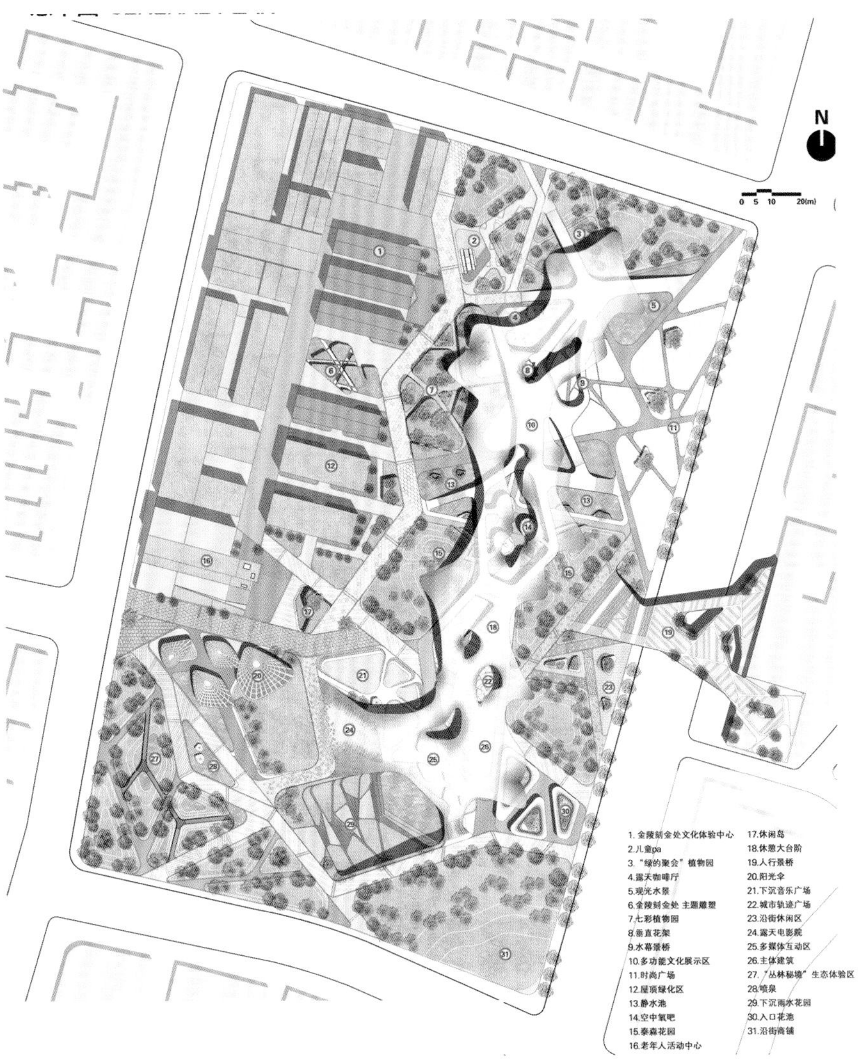
N
0 5 10 20(m)
1. 金陵刻金处文化体验中心
2.儿童pa
3.“绿的聚会”植物园
4.露天咖啡厅
5.观光水景
6.金陵刻金处 主题雕塑
7.七彩植物园
8.垂直花架
9.水幕景桥
10.多功能文化展示区
11.时尚广场
12.屋顶绿化区
13.静水池
14.空中氧吧
15.泰森花园
16.老年人活动中心
17.休闲岛
18.休憩大台阶
19.人行景桥
20.阳光伞
21.下沉音乐广场
22.城市轨迹广场
23.沿街休闲区
24.露天电影院
25.多媒体互动区
26.主体建筑
27.“丛林秘境”生态体验区
28.喷泉
29.下沉雨水花园
30.入口花池
31.沿街商铺

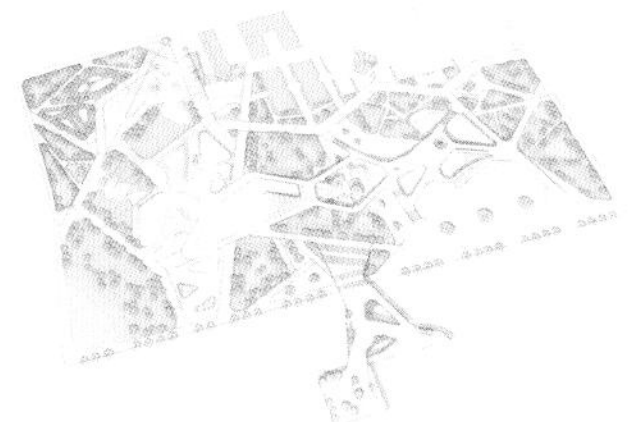
绿化分布

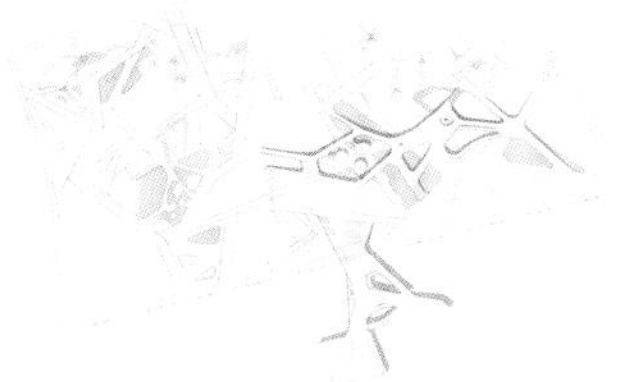
水体分布

交通分析

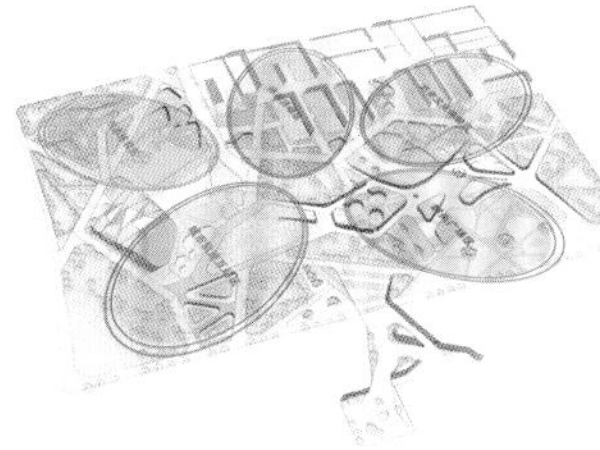
功能分析

总平面图

效果图

南京清凉门遗址景观保护与更新设计

Conservation and Renovation Design of Nanjing Qingliang Gate Relics

院校名称：南京铁道职业技术学院艺术设计系
指导老师：牛艳玲 王刚
主创姓名：戴琳钰
成员姓名：刘敏 朱旭 茅益榛 唐楠
设计时间：2014
项目地点：江苏南京
项目规模：8727 m^2
所获奖项：大专生组金奖

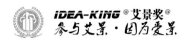

设计说明：

本方案遵循的设计原则是尊重自然与环境、强调地域性与独特性、强化人的体验与记忆。设计目标为开启与历史对话之门，开启与文化对话之门，开启与环境对话之门。使人们在设计中体会到历史与现代的时空穿插，入口用新颖而现代的外壳包裹，其中隐含历史片段，进入通道，穿越时空，然后再进入城墙城门前，完成一个穿越时空的文化之旅。

宁静、谦逊、尊重自然的设计理念，现代、简约、隐喻的设计手法，传统和现代材料相结合。保留历史遗迹，反映当代性。随着时间和自然的变化而变化，记载了这座城市的过去，现在和未来。不同时代的历史文化之间的纽带。并非人为制造一个景点，在自然风貌、现存古迹、城市间做好沟通与完善。不刻意凸显某个历史时代的特征，寻求中国人内心精神的共性。希望设计根植于当地的人们生活中，利于人们交往互通。

设计手法在于保护不仅墙体本身，是对城墙所构成的特有文化氛围和空间形式的保护。保存城墙遗址，尊重现有植被环境。新建入口广场，地下通道。改建城墙前广场，突出纪念性，营造安静荒凉的氛围。解决了清凉门被遮蔽与难以到达的问题。

设计感悟：

人们快速发展的步伐，使得城市印记与自然风景被尘土和高楼遮蔽。作为继承了这些宝贵遗产的一代，我们希望我们的设计可以挖掘并展现城市的历史，同时又反映当代特点。

就本方案而言，历史文化遗迹和周边景观资源丰富，但受早期规划影响，明城墙被居民区淹没，地块与周边景观被阻隔，城门东段因建桥被破坏。在客观环境的限制下，方案有一定的难度。

与其他类似项目不同的是，我们没有推倒一切重来，而是考虑了各方因素，调研了居民与游客的不同需求。在尊重自然和保留历史遗迹的同时，努力做到不影响现有居民的生活以及游客的观赏。

设计中，我们整合了资源和交通。在不同使用性质的用地之间进行“沟通”，在空间中通过时间与自然的变化，让人们感受城市的过去、现在、和未来。在上下不同区域的漫步中，重新定位自己，让人们从高楼中回到土地上，去仰视这里的自然和城市。通道的设计使得居民与游客分流，互不干扰。

方案中我们探索了“去”设计这个概念。它并非是人为制造景点，而是在自然风貌、现存古迹和城市间做好沟通与完善。不刻意凸显某个历史时代的特征，而追求精神上的解读。使设计根植于人们的生活当中，而不凸显自己。力求做到宁静、谦逊、尊重历史和自然。

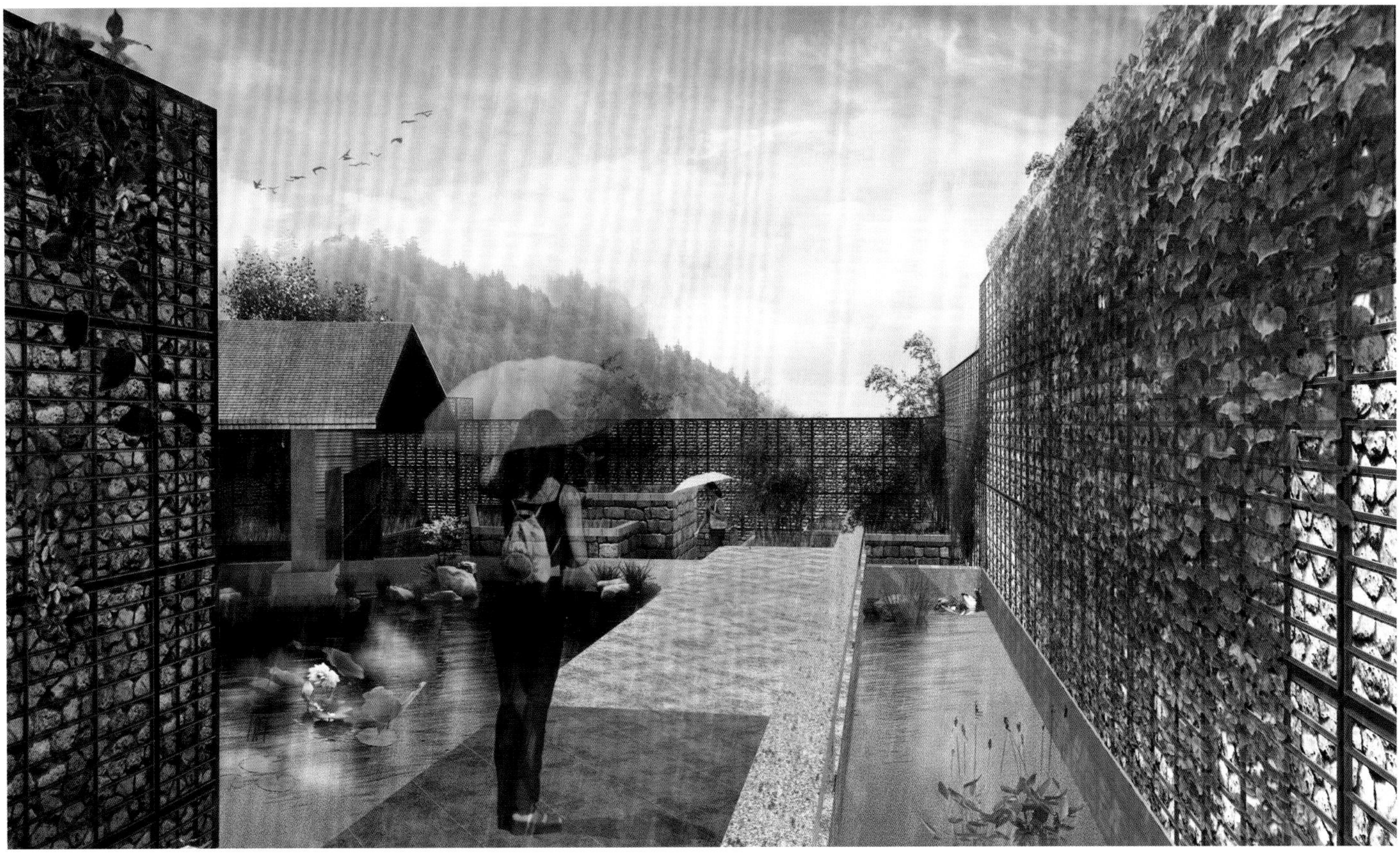

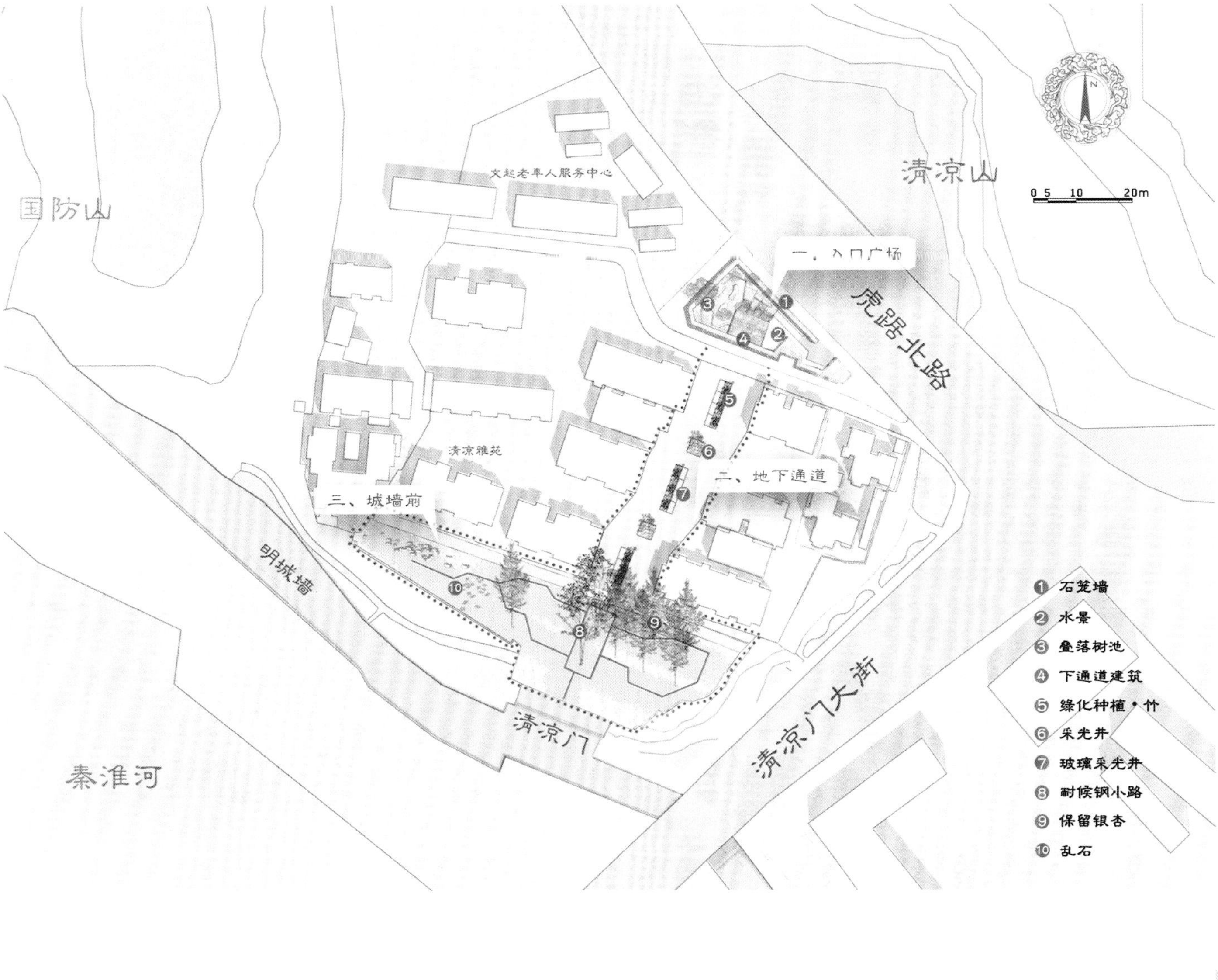

① 石笼墙
② 水景
③ 叠落树池
④ 下通道建筑
⑤ 绿化种植·竹
⑥ 采光井
⑦ 玻璃采光井
⑧ 耐候钢小路
⑨ 保留银杏
⑩ 乱石

水上园林

Water Garden

院校名称：南京铁道学院艺术设计学院
指导老师：赵婧 张秋实
主创姓名：吴昊之
成员姓名：朱盛杰
设计时间：2014.8
所获奖项：大专生组银奖

设计说明：

江南地区水资源丰富，水网众多。有着很悠久的河流文化。但是公路修建以来，河流渐渐只剩下水利功效了。河流一夜之间沉寂了。我是打着利用河流的想法，看到河流离人们越来越远。人们甚至污染河流。在人与地这么复杂的关系中，找到了利用河流的方法。江南本是水乡，可是现在的一些建设使水乡支离破碎。想着重建水乡的构思设计的浮岛宅院。意在拾起传统文化，营造水乡人居环境。

设计感悟：

因为各地与各地的水乡文化不同，建筑物风格可因地制宜。想是让人们重视河流，保护河流。担心人们再度污染河流。

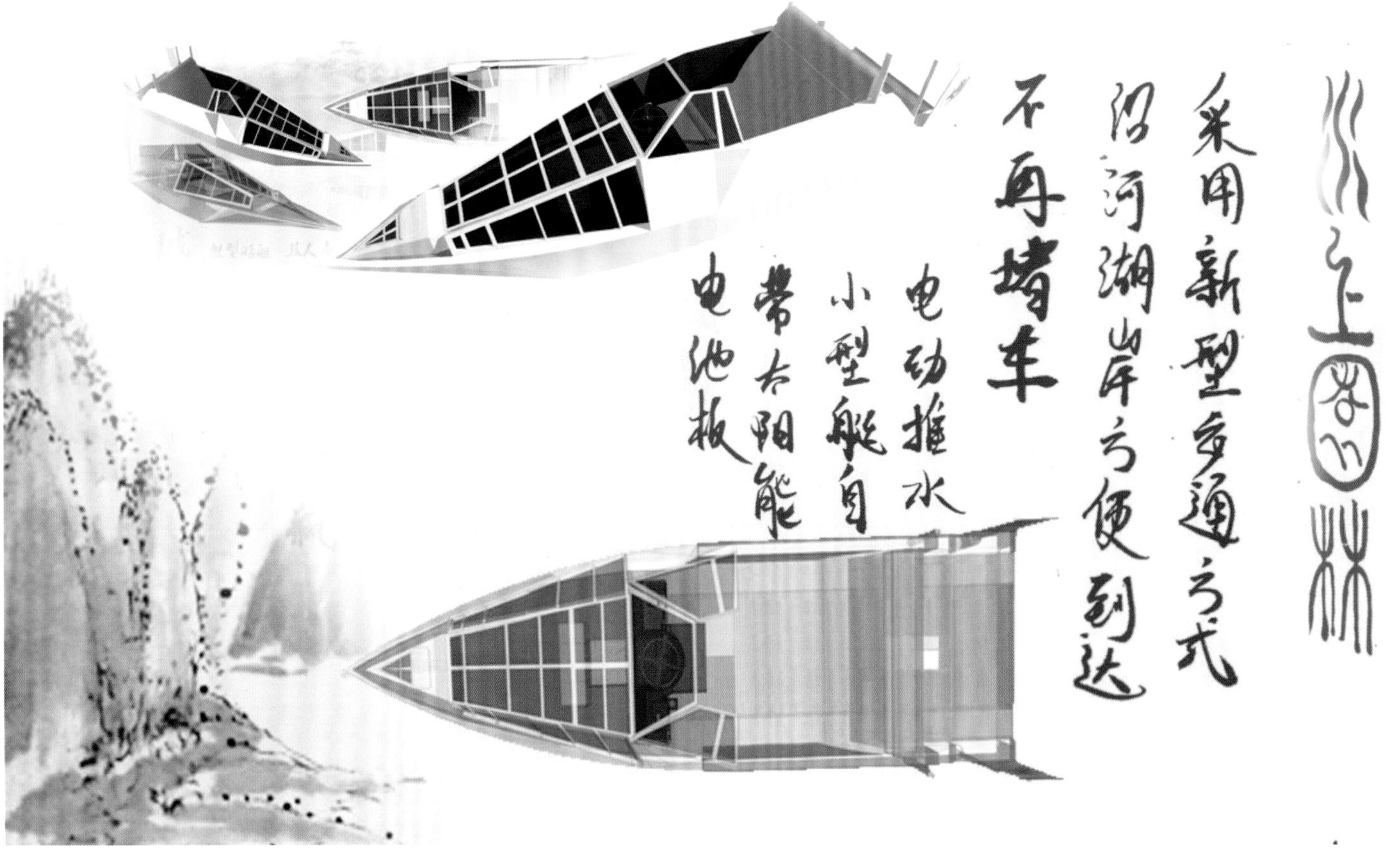

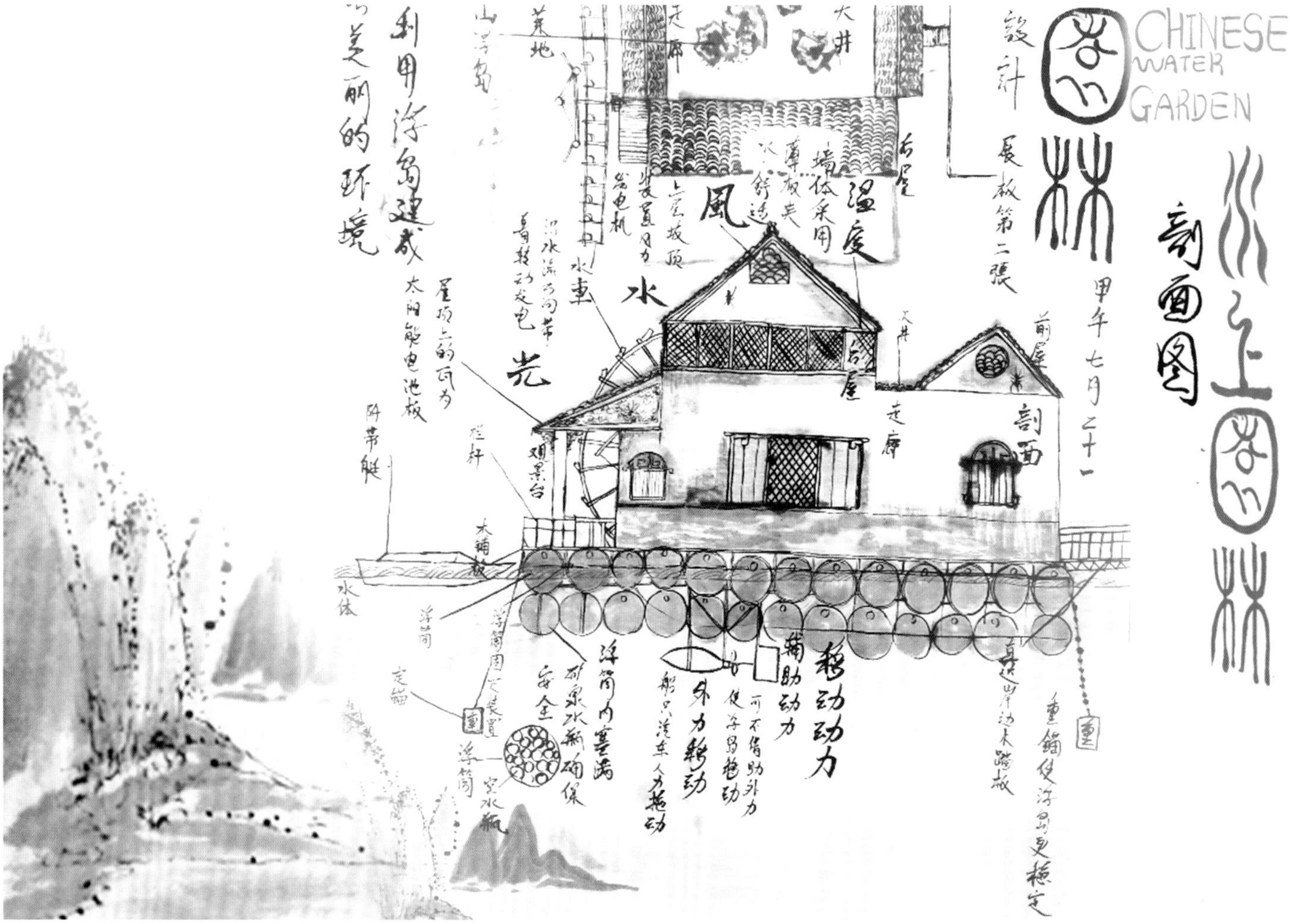
CHINESE WATER GARDEN
剖面图
設計
利用浮島建成
風
水
光
水車
天井
后屋
前屋
走廊
剖面
甲午七月二十一
船只
水体
浮筒
移动动力
辅助动力
外力移动

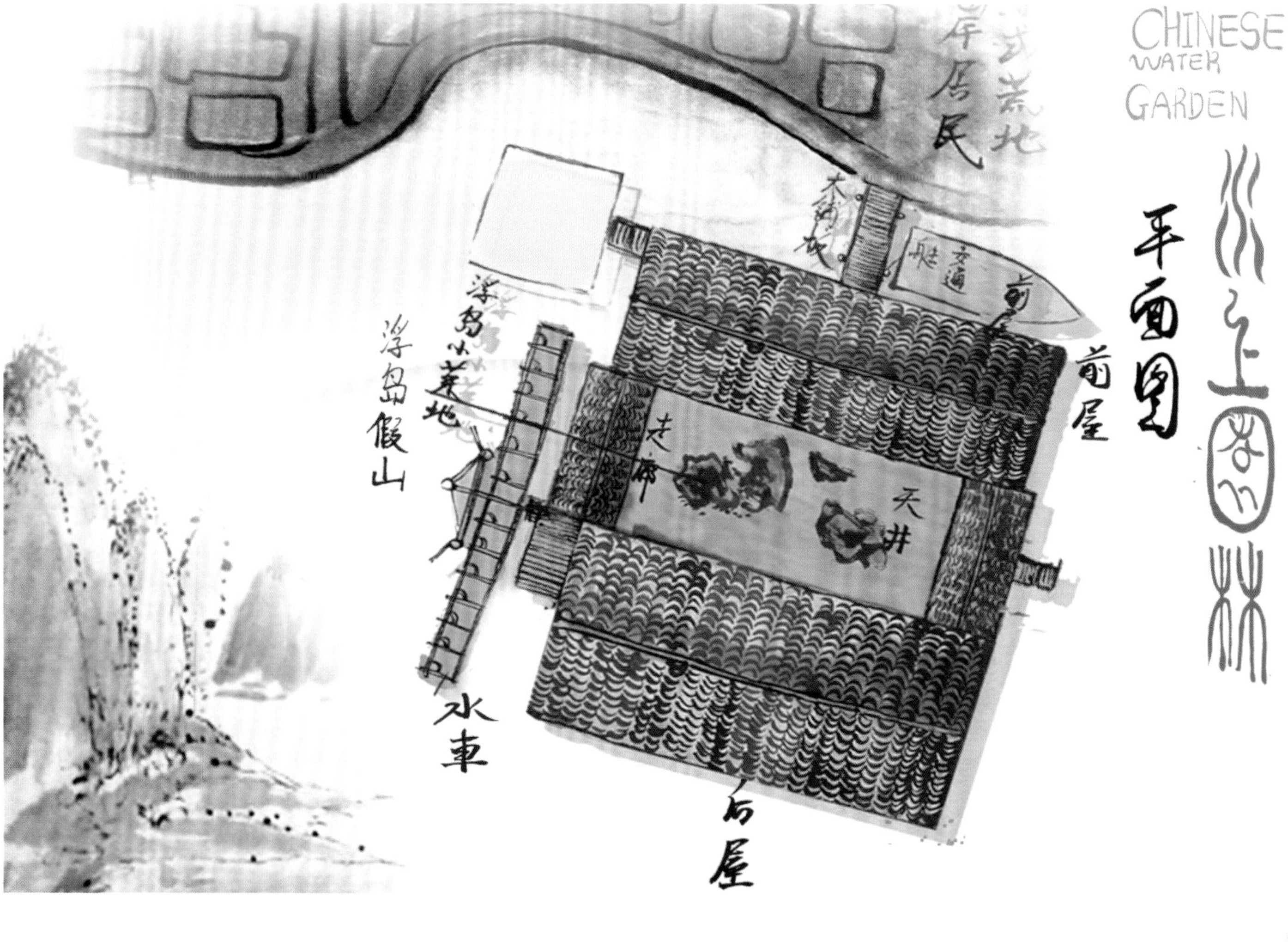
CHINESE WATER GARDEN
平面图
前屋
后屋
天井
走廊
水車
浮島假山
岸居民

竹香竹韵 都市雅风

Bamboo Rhythm in Elegant City

院校名称：湖南工艺美术职业学院

主创姓名：陈思敏

设计时间：2014.7

项目地点：湖南益阳

项目规模：80 000 m^2

所获奖项：大专生组铜奖

设计说明：

本项目位于湖南益阳火车站前广场，占地面积80 000m^2。项目地块位于308省道周边，有良好的地理位置，背考云雾山，左侧为居住区，右侧邻麻叶坡，站前用于停放车辆和公交运输。部分场地功能闲置，周边众多居民区不具备休闲活动场地，右侧山坡影响美观，缺少记忆点。项目改造结合右侧麻叶坡定位为广场与公园交融的形式，分为上下层，同时满足火车站乘客的交通疏散和居民活动场地需求。方案设计主题为“竹香竹韵，都市雅风”，源于益阳市素有“竹子之乡”的美誉，项目以“竹”为元素展开，具有地域文化特征。竹的功能多样且每一个组成部分皆能各尽其用，以及习性和外观形象被人们赋予了正直、虚心、坚韧的精神品质，设计将竹的组成部分和品性剖解成平面以及立体效果，赋予各功能区块主题性，使竹的影响从形到意，成为城市文化和城市精神的延伸，引入生态技术使火车站在可循环的结构中持续发展。同时运用在色彩中起谐和、缓解作用的黑、白、灰为主色调，采用现代设计手法展现雅致城市，营造项目的亲和力和文化氛围，创建自然可持续的生态火车站。

设计感悟：

城市与自然的关系即亲近又疏远，自然优美的环境变得越来越珍贵，可持续的资源循环利用是城市长远发展的重要条件。城市景观设计在城市发展与自然的生活环境之间寻找平衡点，城市环境问题需要景观的调和与改良，因此本方案提出广场与公园交融的形式，缩小大尺度、大面积的广场范围，在满足基本需求的情况下结合公园自然生态的特点，试图在广场与公园两种形式中寻找平衡点，把功能与景观结合，合理的利用闲置空间，融入城市文化和城市精神，让城市拥有独特的生态文化，在自然中生长。

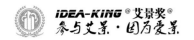

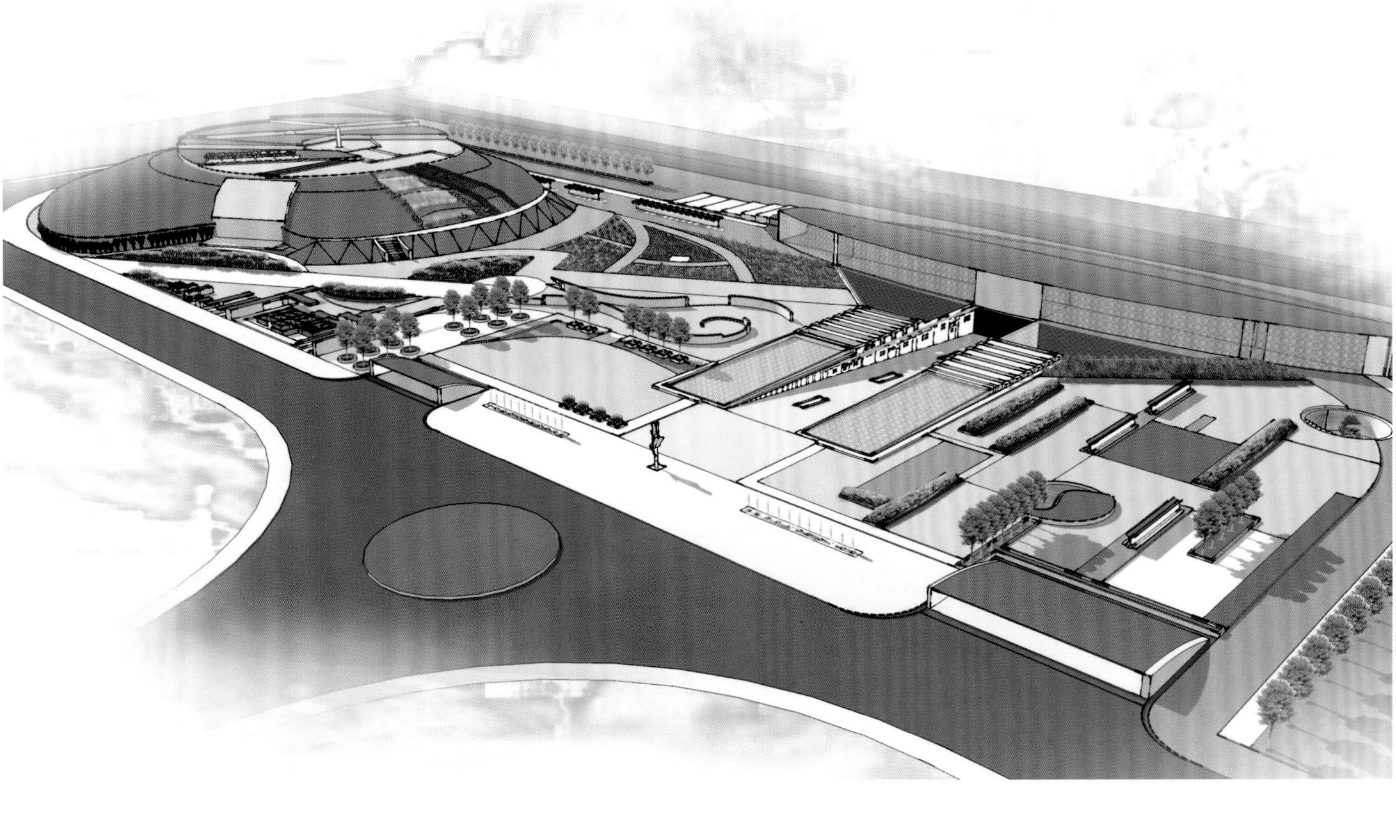

休闲观赏区效果图表现

坡顶广场

山顶广场采用扭曲的笋片环绕竹干造型作为制高点，层层叠高的平台为视觉呈现不同高度的体验。

植物观赏区

多类植株在这里变换种植。薰衣草和向日葵在分割成块的平台周围成片种植，人们在这里放松心情，欣赏植物的季节变化带来的奇妙改变。

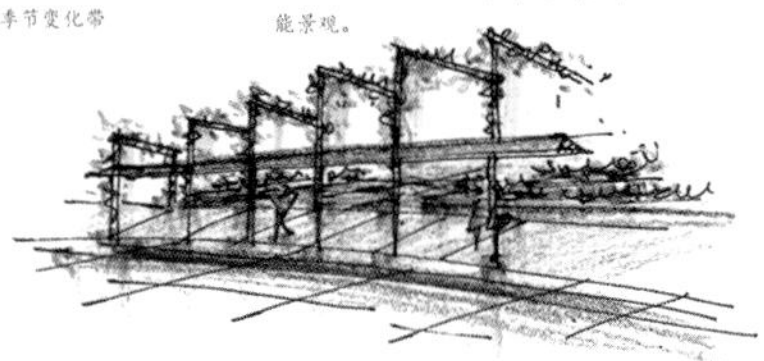

出口景观廊架

火车站左侧出口处路中设计特色廊架，展示牌和指示标志附在廊侧，形成直线的功能景观。

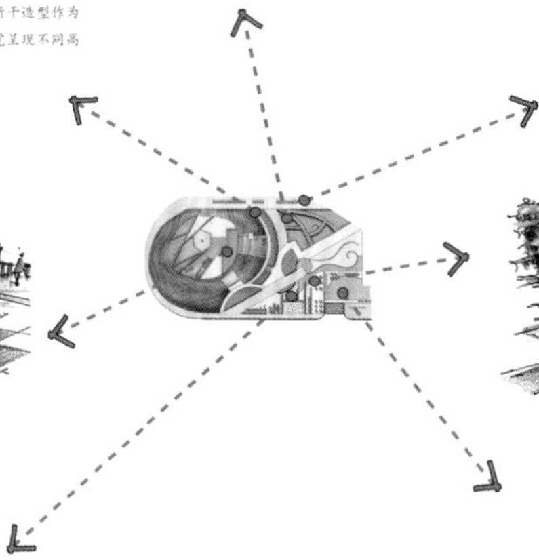

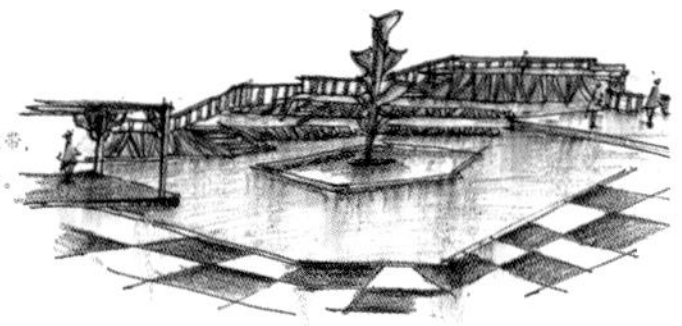

环山观竹带

沿山侧种植毛竹，形成环山景观带，清风拂来，竹声轻轻，让人放松。

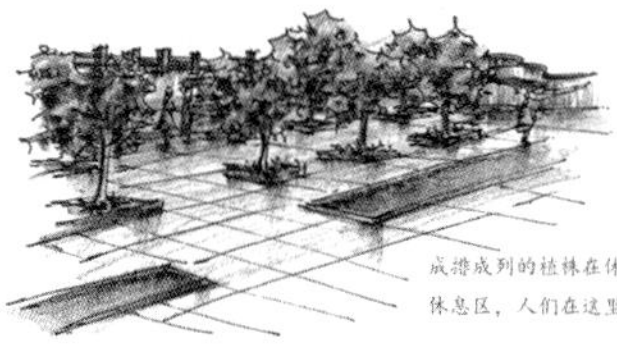

树阵园

成排成列的植株在休闲区与娱乐区之间形成休息区，人们在这里交流歇脚，惬意安然。

游乐沙池

沙池与植物支架结合，软与硬结合，形成视线的舒缓点。儿童在其间玩耍，注入活力，形成一道独特风景节点。

休闲广场

广场中央以竹叶为弧度展开，周围添设健身设施人们在这里放松锻炼，展开活动。

特色节点效果图

户外候车区

入口右侧设计为露天第二候车室，设有竹子材质的独特造型长椅，供车站内长时候车以及中转的旅客可以在此休息。此开放式候车区域地面设计LED滚动字幕和随着即将开车时间颜色相应变化的旱喷泉，提示即将到达车次提醒旅客。户外候车室视线开阔，有大片绿植和廊架可以观赏休息，也可以感受城市浓浓的文化氛围。

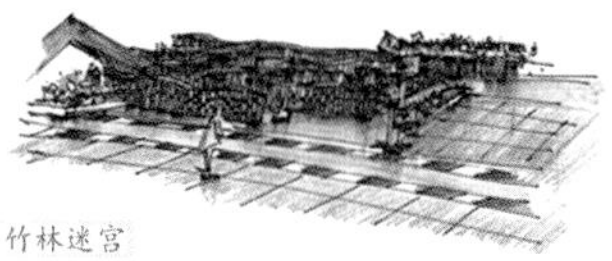

竹林迷宫

用高低错落的竹片拼接成竹林迷宫，孩子在其间躲藏嬉戏，人们感受其间的绿意融入欢声笑语中，独特的竹文化在轻松愉快的氛围中融入人们生活。

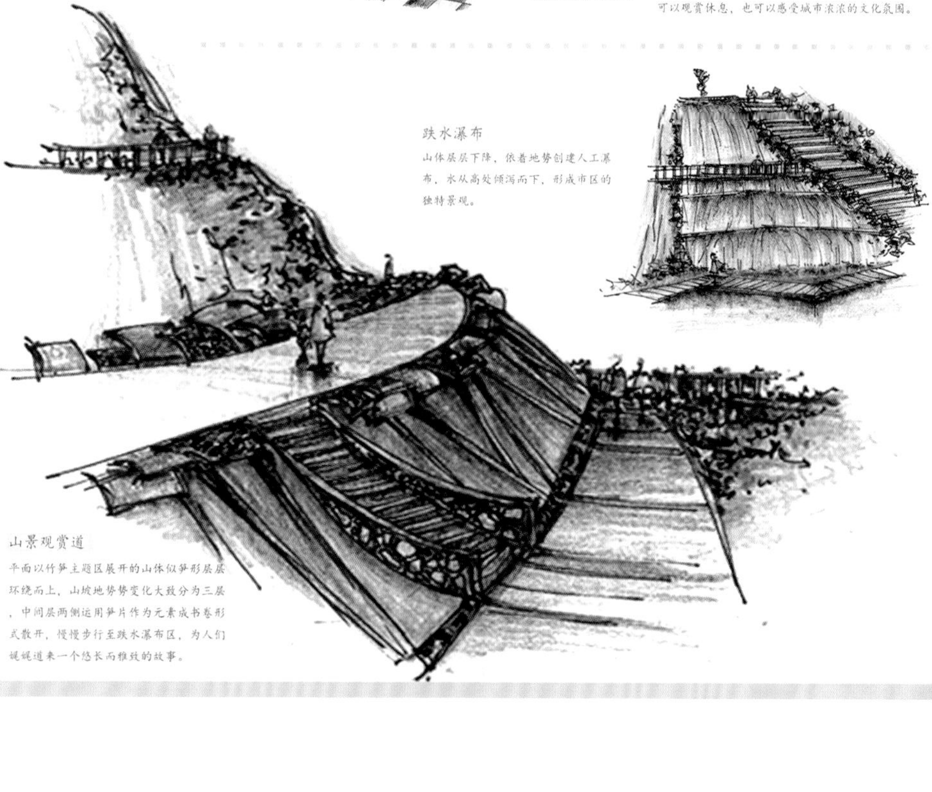

跌水瀑布

山体层层下降，依着地势创建人工瀑布，水从高处倾泻而下，形成市区的独特景观。

山景观赏道

平面以竹笋主题区展开的山体似笋形层层环绕而上，山坡地势势变化大致分为三层，中间层两侧运用笋片作为元素成书卷形式散开，慢慢步行至跌水瀑布区，为人们娓娓道来一个悠长而雅致的故事。

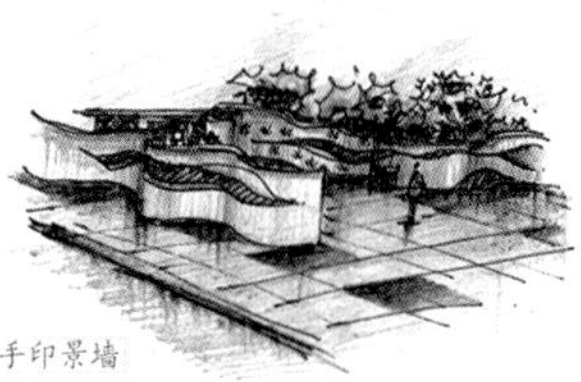

手印景墙

平面以竹子的根部延伸发展的景墙，在广场旁优美起伏，中间透着镂空的部分框起周围的景色。间歇设计了手印墙，运用特殊的胶质泥附墙体上，给游玩此地的游客留下独特而有趣的印记，同时大大小小的手掌印呈现出独特的视觉风景。

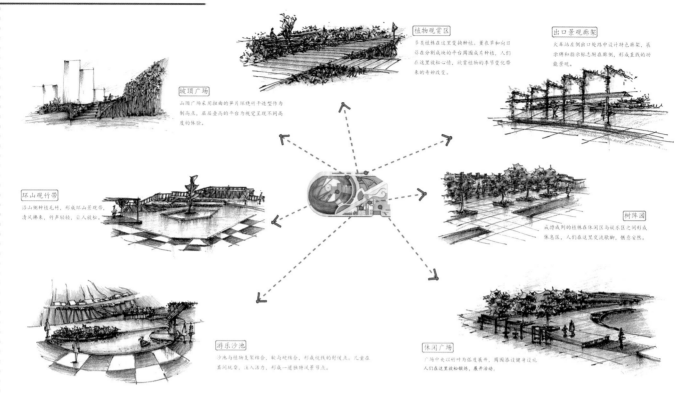

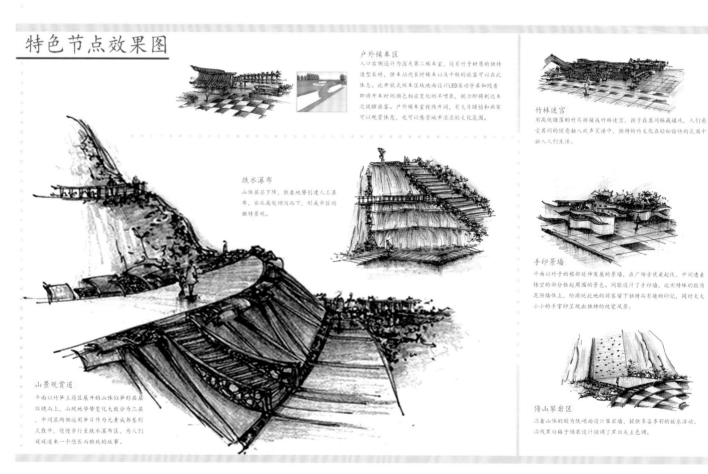

傍山攀岩区

沿着山体的较为陡峭面设计攀岩墙，提供多姿多彩的娱乐活动。沿线黑白格子铺装设计强调了黑白灰主色调。

感官生态绿洲——巴州中泉国际商业广场

Sense Organ • Ecological Oasis— International Commercial Plaza in Bazhou Zhongquan

院校名称：湖南工业大学

指导老师：李良 杨瑛

主创姓名：向印

成员姓名：周素妮 张晶

设计时间：2014.7

项目地点：四川巴中

项目规模：42 350.87 m²

所获奖项：研究生组金奖

▶ 设计说明：

　　项目位于四川巴中市中心城区北部，背靠风景优美的花山，南临城市主干道—巴州大道，东接巴河近看水上公园，远观巴中老城区、王望山、西山、视野开阔风景优美，具有得天独厚的天然景观优势。占地面积 42 350.87m²。

　　设计原则：生态性原则；文化性原则；可持续发展原则；以人为本原则。在本设计中考虑"人与自然"之间的和谐关系，坚持以人为本的设计理念。设计中以生态环境优先为原则，充分体现对人的关怀，坚持以人为本，大处着眼，整体设计。

　　本次设计通过光影、声音、气息三种不同的感官体验来表达自然的生态理念。将三种感官具象到形体再分别从氛围、景观、情感的角度抽象为景观元素，将人的活动与生态环境相结合。在购物体验的过程中，享受立体绿化、空中绿化、垂直绿化，景观的流动性一步步移景异，将商业性与生态性有机结合，田源气息与城市性质有机结合，创造城市人类绿色生态的新体验空间。商业广场是开放的城市空间，它是线索也是故事，讲述了人与自然的交流、人与人的交流以及人与城市的交流。它以特殊的符号、场景、实物和空间来使人、城市、和自然融为一体。

▶ 设计感悟：

　　当决定参加这次的艾景奖的比赛时，从前期的准备到最后的成果，三十多个日日夜夜，反复斟酌，查阅资料，我想这个过程对我们来说比结果更重要。在此期间，我们真正从设计使用者的角度出发，分析景观细部设计的抽象要素和具体元素的设计方法，表达细部同整体的关系。同时也理解到保护生态环境的刻不容缓，想起俞孔坚老师说过的一句话：回到人性与公民性，回到土地，回到人们日常的需要，一片林荫、一块绿地、一条河流、一块让人身心再生的场所。那里潜藏着无穷的诗意，它一定会使人重新获得诗意的栖居。我想这也是对城市回归自然较好的诠释。

中心景观效果图

中庭景观效果图

屋顶花园效果图

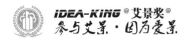

空间结构
Spatial structure

屋顶绿化
Roof greening

水体
Water

交通流线
Traffic flow

地面绿化
Ground greening

地面铺装
Ground paving

垂直绿化
Vertical greening

架空连廊绿化
Elevated corridor greening

室外梯田景观
The outdoor terrace landscape

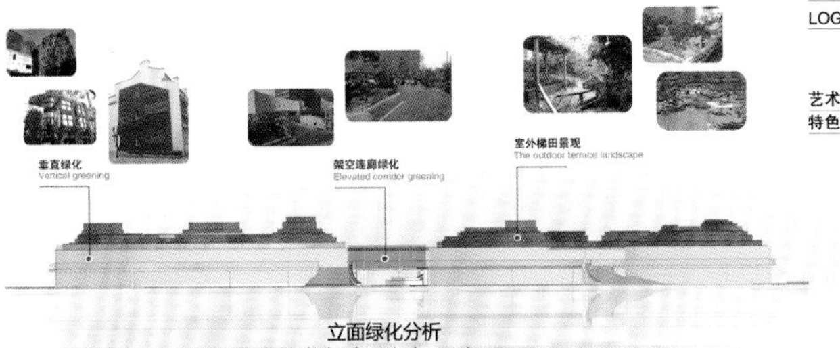

立面绿化分析
Analysis of vertical greening

平面&空间分析
Analysis of plane and space

种植池/The planter

特色水景/Water features

休憩平台/Leisure platform

无边际泳池/Infinity pools

生态绿岛/Ecological Green Island

景观跌水/Drop water

LOGO水景/Logo waterscape

艺术种植/Art cultivation

特色铺装/Fry country characteristics

总平面图
General layout

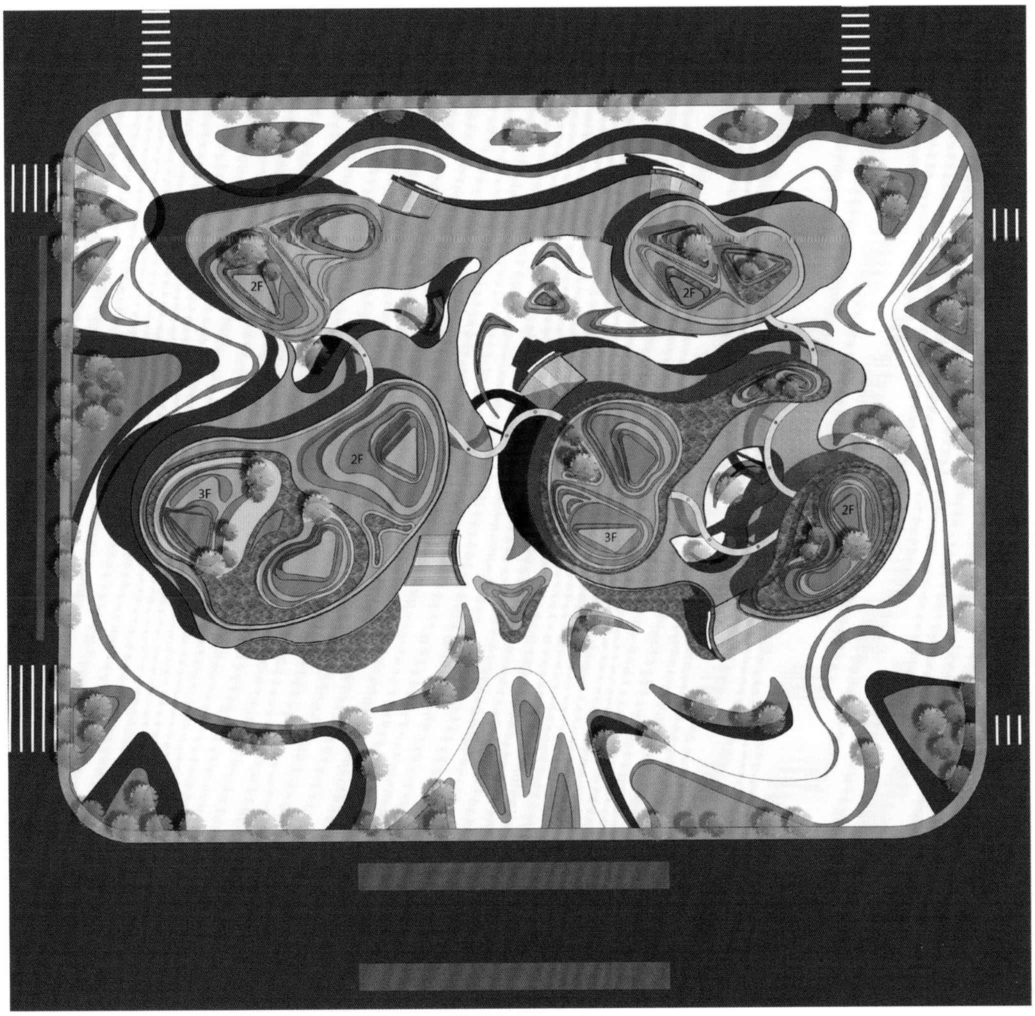

设计原则
Design principles

感官唤醒
Sensory arousal

通过建筑的造型、植物的围造、水元的声音
来唤醒原有自然商人春的感觉，让人在开放平台
获中增强元素，感受到真正的闲怡自然。

开放式生态
Open zoology

将人的活动与生态环境相结合，在购物体验的
过程中，享受立体绿化、空中绿化、垂直绿化，
塑造自然式生态环境。

步移景异
Walking scene different

方向性、引导景点式的购物体验，让人由景生情。

求同存异
seek common ground while
reserving differences

在整体自式的前提下，屋部与手变化，增加
空间的丰富性和趣味性，自然式的设计手法
与功能体验相融合。

漫游生态园林
体验商业绿洲
Roaming the ecological garden
Experience in commercial Oasis

城城丝络——网罗城市的自然

Filament Winding City—Network City of Nature

院校名称：华中科技大学
指导老师：黄建军 甘伟
主创姓名：陶迎霜
成员姓名：钟江波 李晓萌 王晟 毕阳
设计时间：2014.8
项目地点：纽约 东京 上海
项目规模：覆盖城市
所获奖项：研究生组银奖

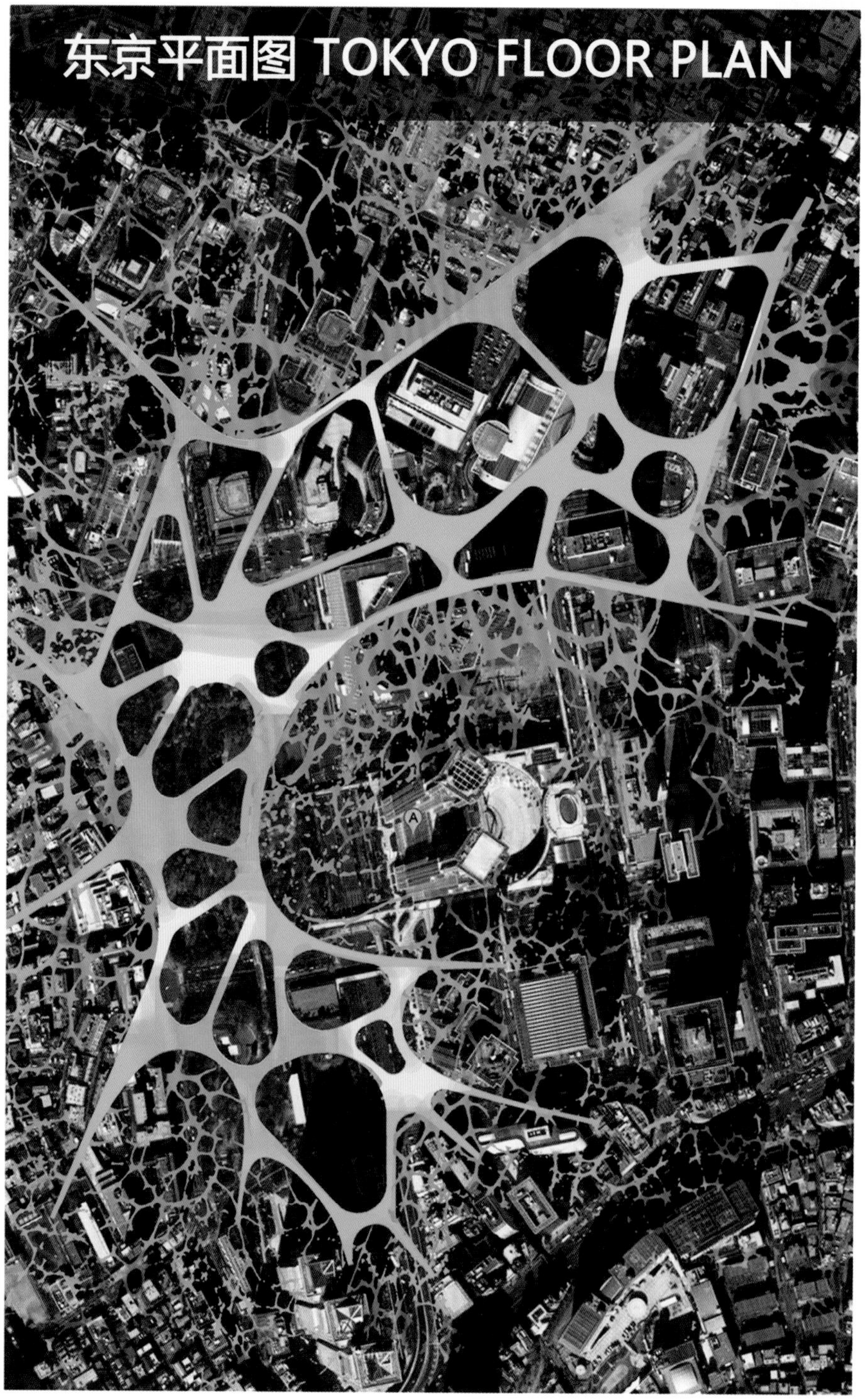

设计说明：

设计理念："城市属于自然的一部分" "城市是自然的衍生物"

现状：自然远离城市，相互隔绝。而城市内绿化特点则是分散，不均匀，难以形成一个有机整体。

蜘蛛网：植物绿网，自由生长，捕捉，承接，连接。

在不使用，不耗损大量财力物力的情况下将自然引入城市中（引入绿色通道）"筑巢"。

竖向固定，横向延伸，雨水收集，回收利用，遮阴避雨，给动物提供栖息的场所同时具有行人躲雨的功能。

自然——来源——城市——自然——融合

利用周边的现状（绿色，水体）进行的景观再创造，将分散不均匀的景观联系在一起，形成一个不可分割的有机整体。

选择三个不同国家（城市）的意义？

地域性——鉴于不同国家气候差异性 采用不同植物种植。

灵活性——证明此设计可采用同种构造元素灵活运用。

肌理性——不同城市构造衍生出现状各异的造型。

统一性——一个大幅度，大面积利用的景观设计。

设计感悟：

城市与自然有什么关系？这是我们一直忽略的问题，现代社会刻意将城市与自然分割开来，但人是自然的造物，而城市并非被自然包围，而是自然的一部分，无数动物和植物与我们一起生活着，只是我们不察觉也许还不愿意与它们分享城市空间。而我们的设计将会立足这一点，给两者之间的交织给予一个答案。

这次设计以蜘蛛网为原形，植物绿网自由生长并融合，即：自然的元素 + 自然的形 + 自然的材料 = 回归自然。

1. 可溶解，当植物生长固定，绿网即可消失。

2. 具有地域性，在不同的城市选取不同的植物枝条和种子，与当地的城市融合共生。

3. 可变形，竖向固定，横向伸缩，可根据不同的地形呈现不同的轮廓。

4. 绿网底层覆土，可塑性形成自然的雨水收集与回收利用的景观。

5. 在城市中间形成遮阴避雨的场所，给人们带来视觉、听觉、触觉、嗅觉上的不同体验。

6. 为城市之中的昆虫、飞鸟等提供安全可栖息的场所。

7. 选材和造型元素都来源于自然最终又回归自然，从自然中引入，生长过程与自然共存，最后与自然融合。

纽约市政厅绿网铺设平面图 NEW YORK CITY HALL FLOOR PLAN

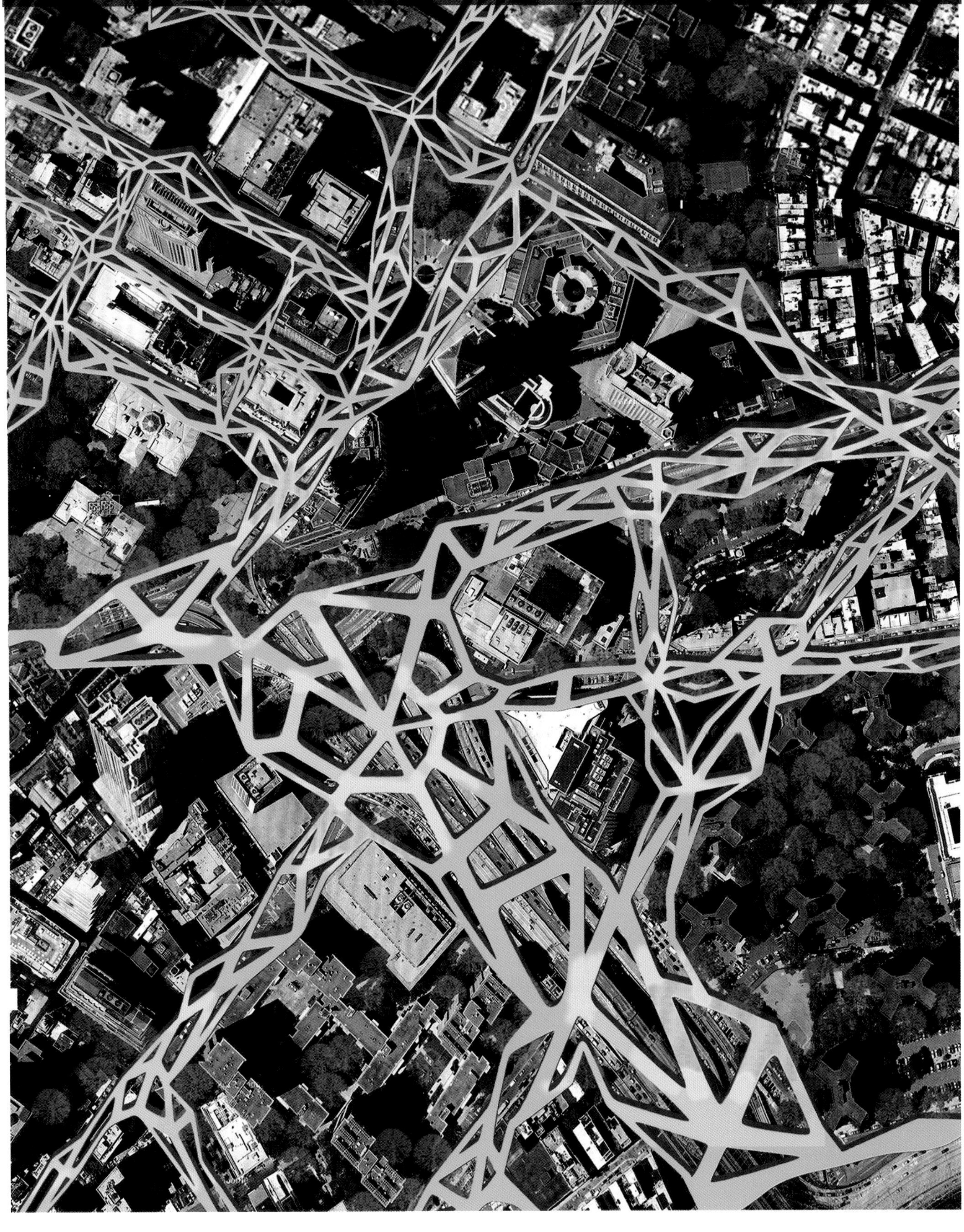

会变形的绿色

The Transforming of Green

院校名称：华东师范大学

指导老师：朱淳

主创姓名：严丽娜 张毅

设计时间：2014.7

项目地点：上海

所获奖项：研究生组铜奖

会变形的绿色—效果图构想

设计说明：

“会变形的绿色”设计将从城市的发展与自然生态如何取得平衡为研究目标，从城市快速发展下的遭到生态破坏的城市地块进行设计的拯救与保护更新为目的，试图解决城市设计中的不可持续的问题，我们所要做的就是以创新的城市“绿色装置”设计思维与手法，为城市中最需要绿色并且难以种植绿色的地带增添自然的绿植。

“会变形的绿色”基于墙体绿化的新型垂直绿化种植模式，我们对城市中可能缺少绿色的场所进行了初步分类，以提炼出设计的关键词。如道路、桥、广场等。这些空间都需要遮阴、空气净化、阻隔噪声等环境的需求性。由此创造出了利用新型绿色种植的方式来解决以上这些城市典型的现存问题的百变绿色装置。它的内部是一张可以自由变形的金属网架。可以变成一切你想要的造型。盆栽的小植物直接嵌入网孔内即可。根据场地特性，我们尝试提供了几种放置、悬挂、组合等实际运用的方式。植物所能提供的一切，它都有。并将植物所附加提供的净化空气、阻隔噪声、能源收集、自我循环、环境降温等功能也考虑其中。他们不是单一的，可以协同合作；他们百变的方式可以渗入城市的各个角落。将来“会变形的绿色”将以其独有的方式绿化我们的城市。

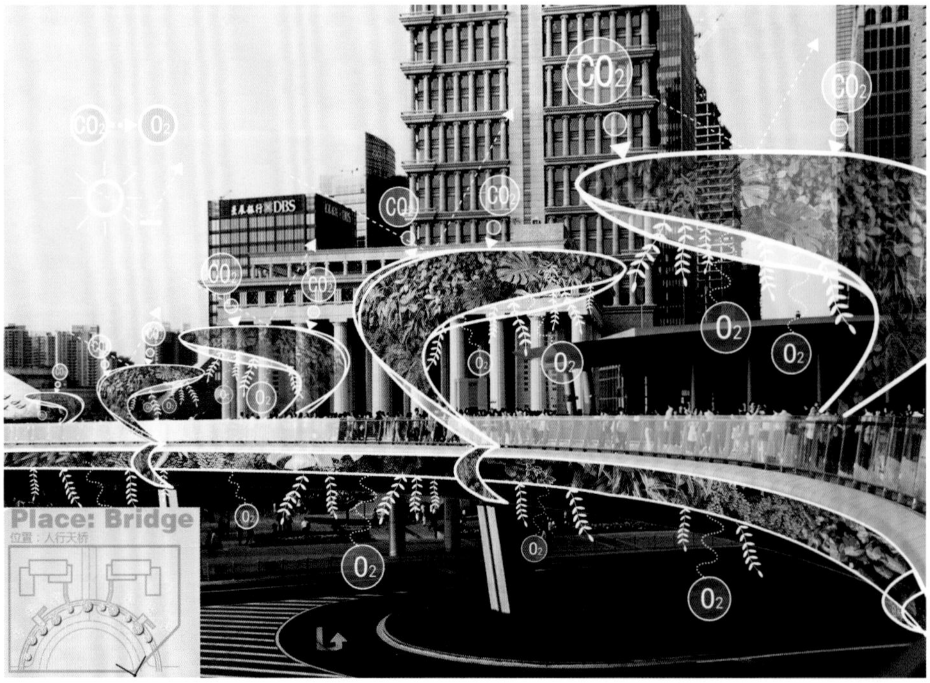

效果图与平面图

设计感悟：

近年来，我国对城镇化进程也提出了一些新的发展战略，以体现“尊重自然、顺应自然、天人合一的理念，让城市融入大自然，让居民望得见山、看得见水、记得住乡愁；保护和弘扬传统优秀文化，延续城市历史文脉；要融入让群众生活更舒适的理念，体现在每一个细节中”等等，强调的是“生态、自然、历史文脉等民生”的主题，生态设计也正是我国在城市规划与设计方面涉及的关键所在。

所以，我们想利用创新性的思维，为城市回归自然提出创意性的手段与方式。在此基础上将较为抽象的创意型解决方式通过与现代科技技术能力的结合，使创意性的想法能够真正应用到实际操作中。使城市回归自然的愿景得以实至名归的呈现在现实中，最终得到”可持续化“的”绿色城市＂设计策略与提供可借鉴性方式，为我国城市发展所面临的可持续性绿色生态平衡做出一份贡献。

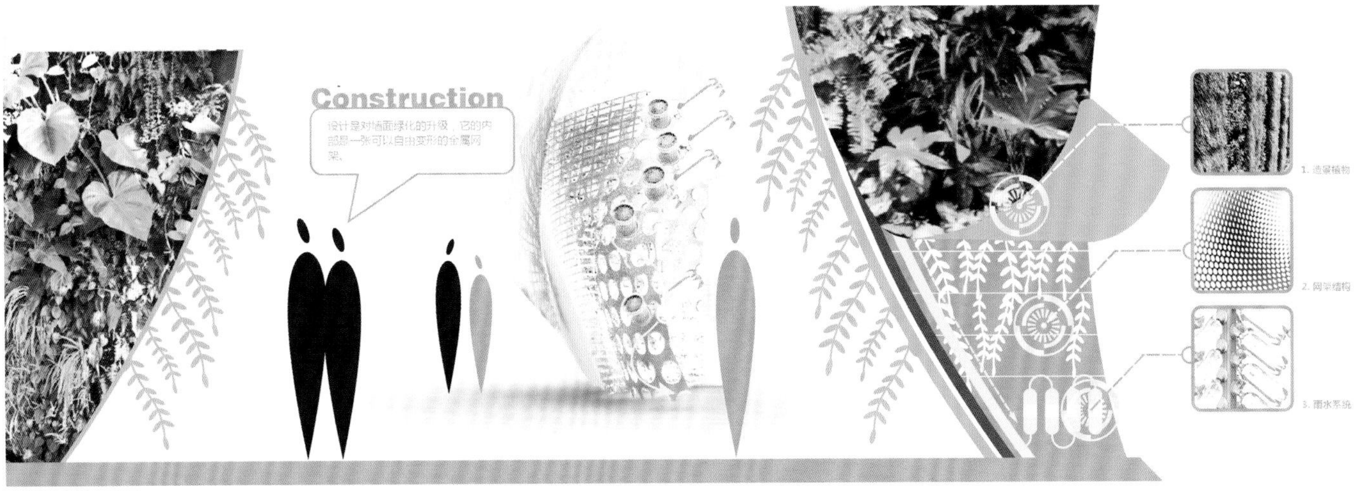

会变形的绿色一设计构造

会变形的绿色一最终效果图

会变形的绿色一效果图与平面图

在水之上——洪泛区弹性竹制景观设计

Above the Water—Resilient Bamboo—Made Landscape in Flooding Area

院校名称： 天津大学建筑学院

指导老师： 王晶 赵伟

主创姓名： 白文佳 陈明玉 张文学

设计时间： 2014.6

项目地点： 菲律宾马尼拉

项目规模： 10 hm^2

所获奖项： 本科生组金奖

设计说明：

位于马尼拉的郊区，选址距离 Bagong Silangan，奎松市仅有几步之遥。这里的居民紧邻马里基纳河，由于大量的降水已经经历了数年的洪水灾害。坐落在海拔较低和河流的下游更加显著提高了泛滥的程度。2009 年，由于受到热带风暴 Ondoy 的影响，暴雨形成的洪水对这里造成了巨大的损毁，这是这个区域近二十年来最严重的一次洪水。马里基纳河的水达到 23 米高，这个区域被宣布处于灾难状态，洪水流向整个镇和镇级。在这里的人们收到了严重影响，还有部分人在灾难期间死亡。

伴随着城市扩张和洪水泛滥，Quezon City 城郊的非正式住民的人身安全、财产安全、经济来源和农耕地收到了大量的威胁。由于缺乏规划在城郊地区缺乏公共空间。我们的设计目的是在居住区的负空间之中植入一系列密集的竹结构景观并结合街道重构和植被种植来解决这些具体问题。

基于洪水泛滥范围和活动规律的研究，结果显示出救生设施、逃生区域和垂直空间的重要性。我们急切需要在这里创造更多的生存设施。用当地可持续材料建造的竹结构可以创造更多的垂直和安全的空间让居民在洪水中生存，并部分解决粮食短缺问题。

散落在居住区间的竹构架是由架空的廊道系统相连。景观在不同季节随着水位的变化发生改变。在干季，廊道和竹结构构成了一套完整的景观系统。三层的竹结构为交易、娱乐和农业提供空间。在湿季，人们可转移到竹结构上竖向的平台和浮动的设施以保证安全与进一步的援救。

设计感悟：

位于马尼拉，奎松市郊区的居民常年在洪水的影响下，日常生活受到了很大的威胁。在洪水严重的时候，人身安全和财产也会受到很大的损失。此外由于经济落后，人们居住的房屋质量一般，街区拥挤，环境较差，人们缺乏必要的公共活动空间。在这种情况下，我们希望通过我们的设计，为当地居民提供一种受灾时与平时都能够充分利用以确保安全与改善日常的生活。

我们选取东南亚地区较为常见的竹子作为我们景观改造的主要结构来源，以期待在缓解问题的同时，对当地的环境造成最底程度的影响，同时这种可再生的本土资源降低了整个改造的成本，增加了可行性。此外在设计的过程中，我们充分考虑了景观设施在整个使用周期的可用性，这能在洪水来临时提供避难场所。因此，在我们设计的结构当中根据平时的使用情况置入了不同的使用功能已在平时能够最大可能的提高景观的使用效率，提升街区人们的生活环境，促进人们之间的交流。与此同时，垂直农业可以缓解人们受灾时的食物危机，又有助于灾后的农业生产的继续进行。

总的说来，这些置入的景观能够增加该区域对于洪水的弹性适应能力，指导人们能够更快并且更加灵活的应对洪水带来的危害，并最终改变当地人对于洪水危机管理的看法。

干季—竹制景观 Dry season

方案结构逻辑 Logical Structure of Proposal

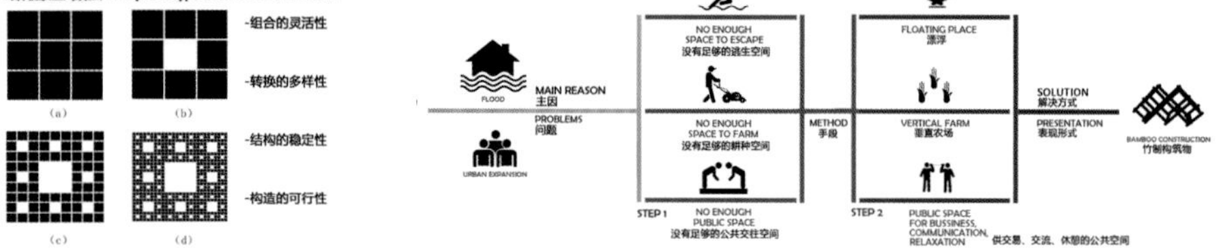

湿季—竹制景观 Wet season

基于关于洪水泛滥范围和活动规律的研究，结果显示出救生设施、逃生区域和垂直空间的重要性。我们急切需要在这里创造更多的生存设施。用当地可持续材料建造的竹结构可以创造更多的垂直和安全的空间让居民在洪水中生存，并部分解决粮食短缺问题。

剖面图 Sectional drawing

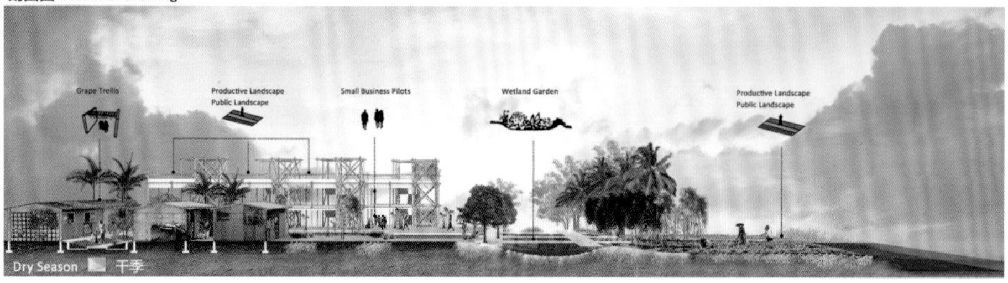

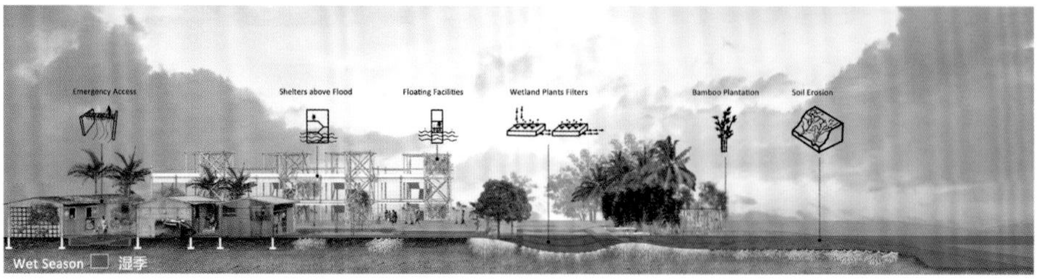

功能分析 Functional analysis

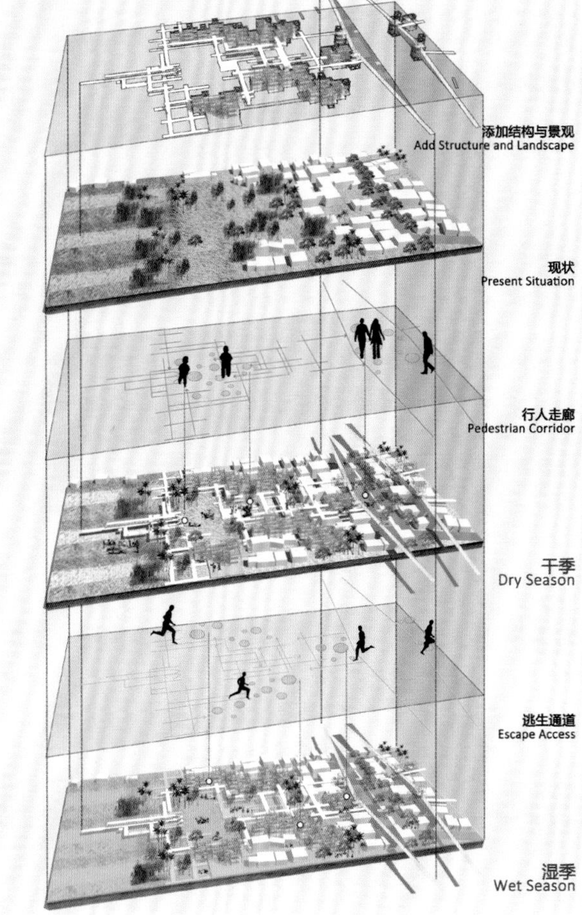
添加结构与景观
Add Structure and Landscape
现状
Present Situation
行人走廊
Pedestrian Corridor
干季
Dry Season
逃生通道
Escape Access
湿季
Wet Season

结构分析 Structure analysis

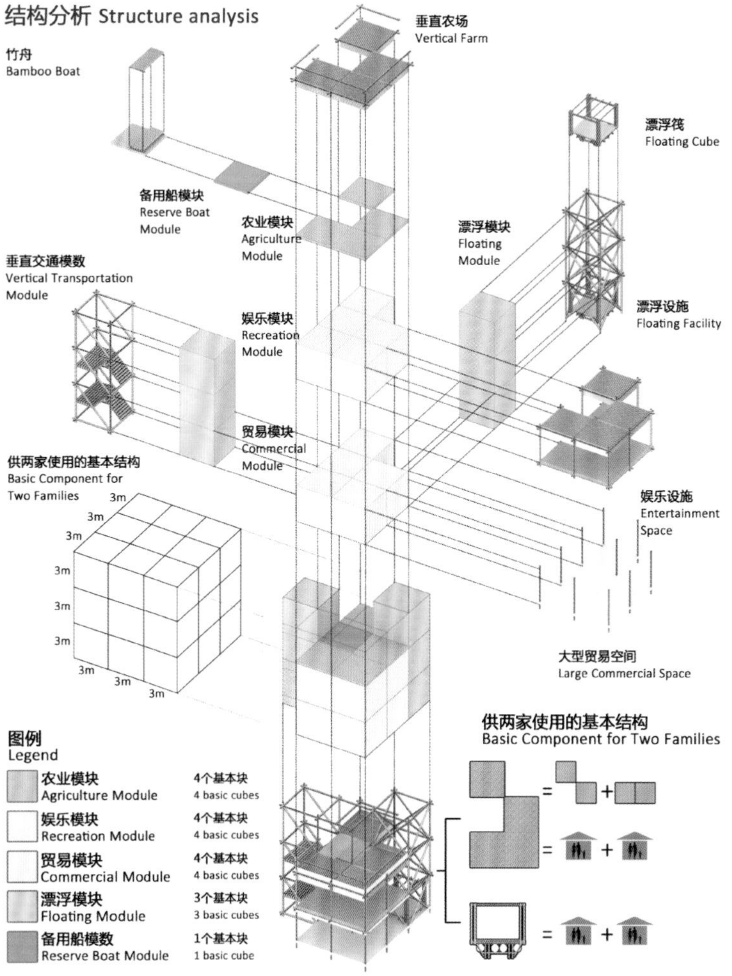
垂直农场
Vertical Farm
竹舟
Bamboo Boat
漂浮筏
Floating Cube
备用船模块
Reserve Boat
Module
农业模块
Agriculture
Module
漂浮模块
Floating
Module
垂直交通模数
Vertical Transportation
Module
娱乐模块
Recreation
Module
漂浮设施
Floating Facility
贸易模块
Commercial
Module
供两家使用的基本结构
Basic Component for
Two Families
3m
娱乐设施
Entertainment
Space
大型贸易空间
Large Commercial Space
图例
Legend
农业模块
Agriculture Module
4个基本块
4 basic cubes
娱乐模块
Recreation Module
4个基本块
4 basic cubes
贸易模块
Commercial Module
4个基本块
4 basic cubes
漂浮模块
Floating Module
3个基本块
3 basic cubes
备用船模数
Reserve Boat Module
1个基本块
1 basic cube
供两家使用的基本结构
Basic Component for Two Families

街道空间改造 Remould path space

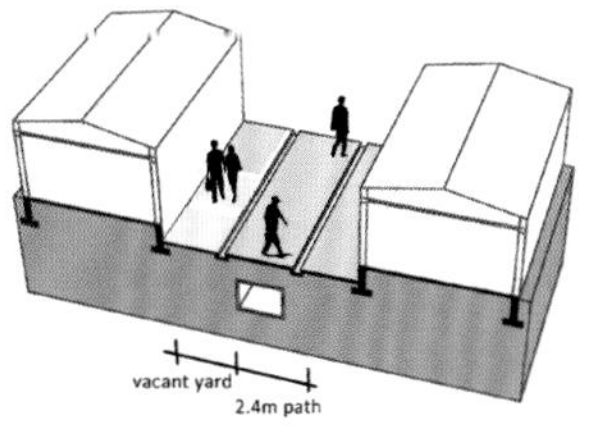

改造前-干季 Dry Season before Remould

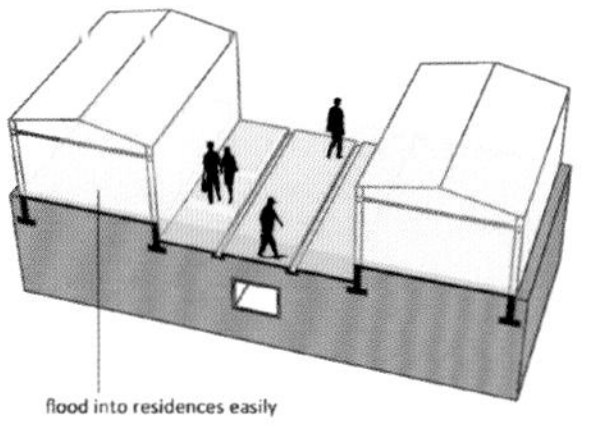

改造前-湿季 Wet Season before Remould

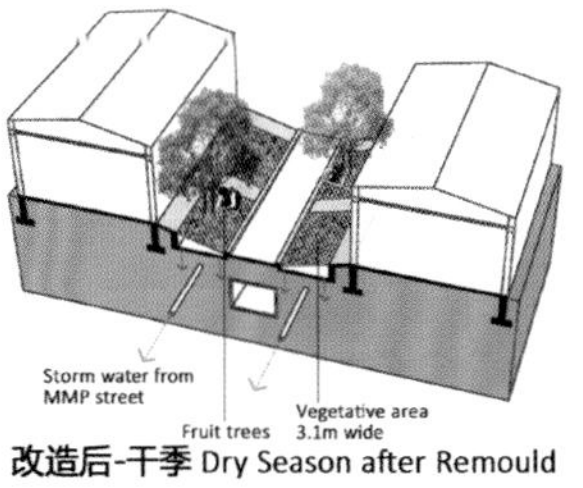

改造后-干季 Dry Season after Remould

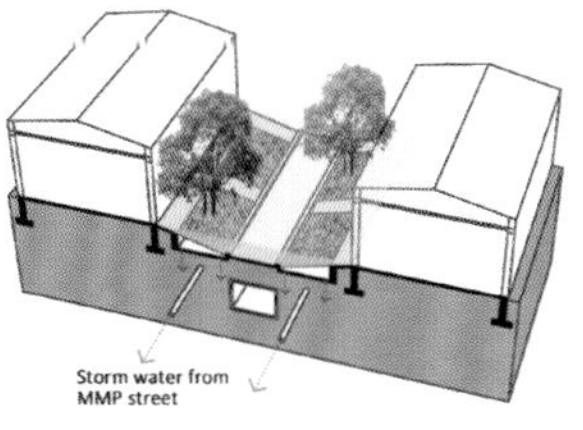

改造后-湿季 Wet Season after Remould

结构布局分析 Spatial distribution analysis

功能分区 Functional division

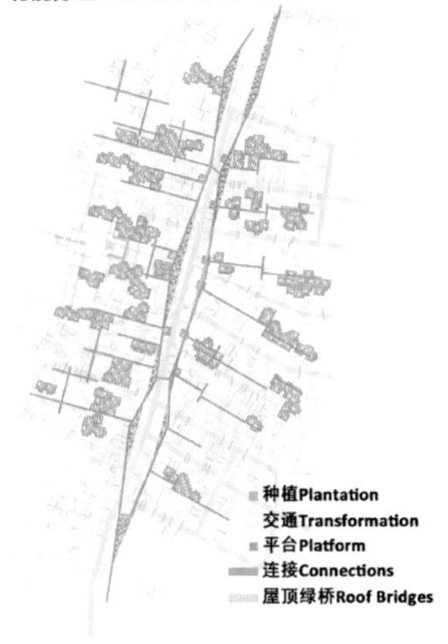
种植Plantation
交通Transformation
平台Platform
连接Connections
屋顶绿桥Roof Bridges

逃生区域 Evacuation area

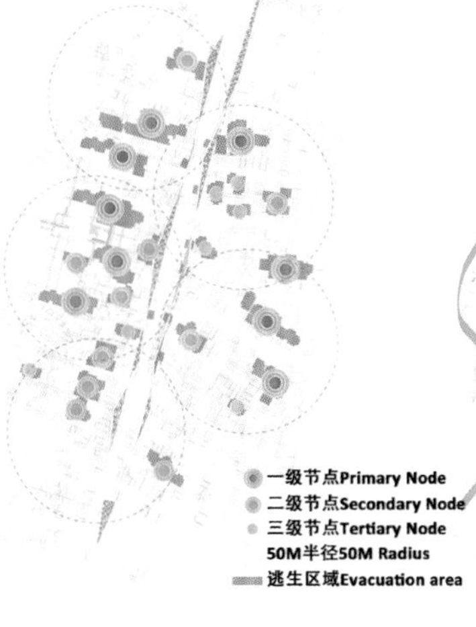
一级节点Primary Node
二级节点Secondary Node
三级节点Tertiary Node
50M半径50M Radius
逃生区域Evacuation area

景观系统 Landscape system

垂直农场Vertical Farm
竹子种植Bamboo Plots
湿地Wetland
缓冲种植Buffer Plantation
轴线景观Axis Landscape

娱乐空间 Recreational space

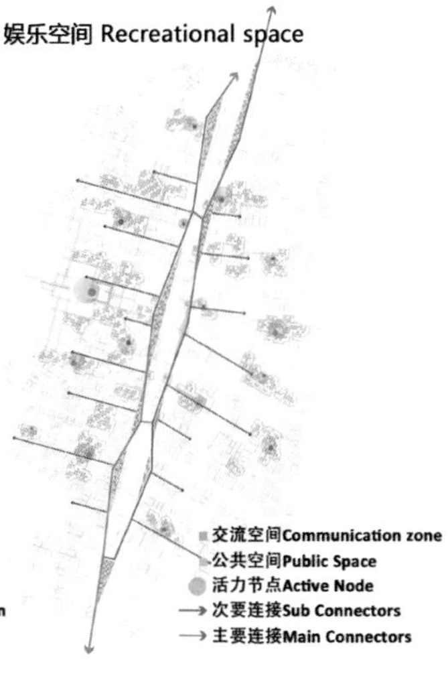
交流空间Communication zone
公共空间Public Space
活力节点Active Node
次要连接Sub Connectors
主要连接Main Connectors

原生农场

Natural Farm

院校名称：天津大学仁爱学院

指导老师：赵艳 宋伯年

主创姓名：银玙栋

成员姓名：车卫毅 武逞旋

设计时间：2014.8

项目地点：北京

项目规模：0.55 hm^2

所获奖项：本科生组银奖

设计说明：

食品安全一直是社会关注的焦点，绿色食品更为大众所追捧，农药化肥生长剂的过量使用和残留已是基本问题。随着城市生活水平稳步增长，对食品的安全度、绿色度要求随之提高，转而关注食品从选种、播种、生长到加工等一系列全天候因素。城市日常饮食维系供应地，尤为城市近郊生产基地，多为由郊区到市区的线性供应，而本设计将生产基地从城市郊区迁入市区，转而成为点状供应，使其切实加入到城市体系中。 我国自古便有以农作物造景的传统，而今全然可以在技术支持下实现将绿色生产与休闲观赏相结合，构建集休闲、娱乐、体验、购物为一体的绿色原生态农场。

设计感悟：

城市回归自然，纵观历史城市发展总是以牺牲自然为代价，直至今日依旧进行着。二者的鸿沟貌似不可弥补，实则概念偏差，此设计以城市为出发点，探讨如何以设计为手段积极应对城市发展带来的问题，打破瓶颈提高城市发展环境，优化城市生活环境。设计本就是协调各方诉求并化解矛盾，尽可能的化解矛盾规避冲突，使之和睦共赢、长久共存。

PROJECT OBJECTIVE

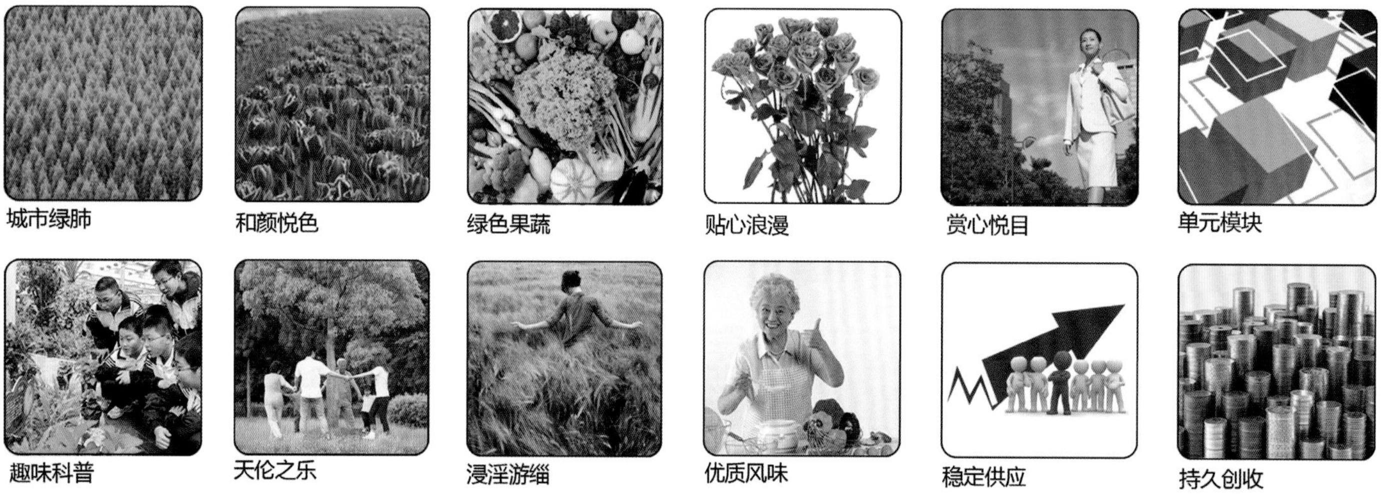
城市绿肺
和颜悦色
绿色果蔬
贴心浪漫
赏心悦目
单元模块
趣味科普
天伦之乐
浸淫游缁
优质风味
稳定供应
持久创收

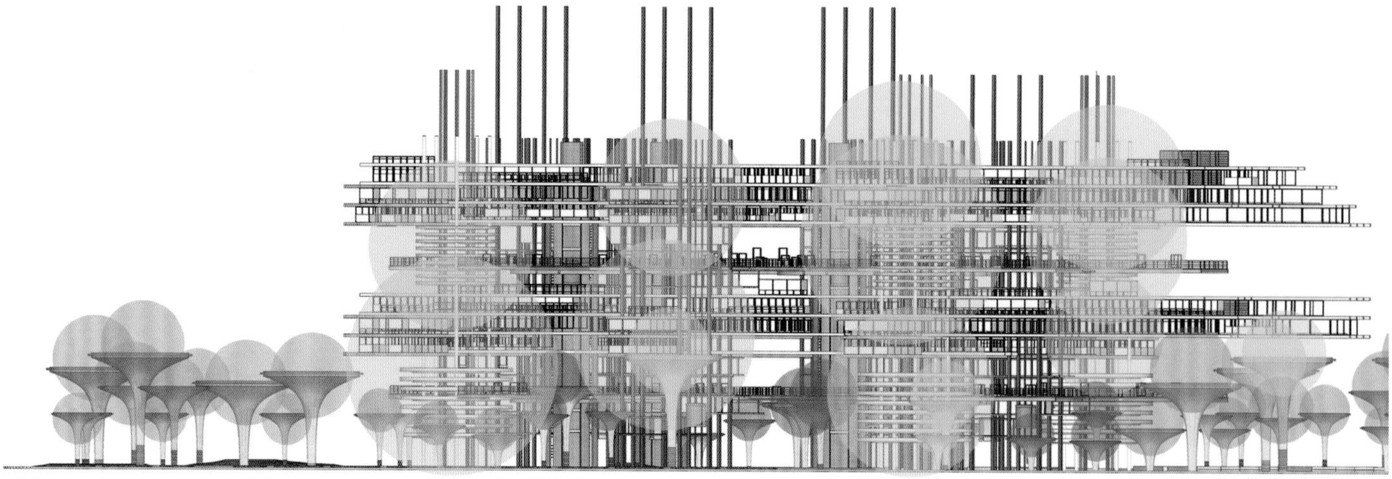

设计目标

City and Agriculture
[要素] 农业是城市形成发展的重要因素，多数城市都经历了由农村到城市的结构性发展，由农业到工业再到服务业的产业转型。
[基础] 由于城市产业结构多为二三产业，使得非农业人口比例增大而这些人所需的食物等必须依靠周边有发达的农业来解决，为城市提供充足的农副产品。
[反哺] 为保障城市的健康发展，促进农业优化升级，工业反哺农业

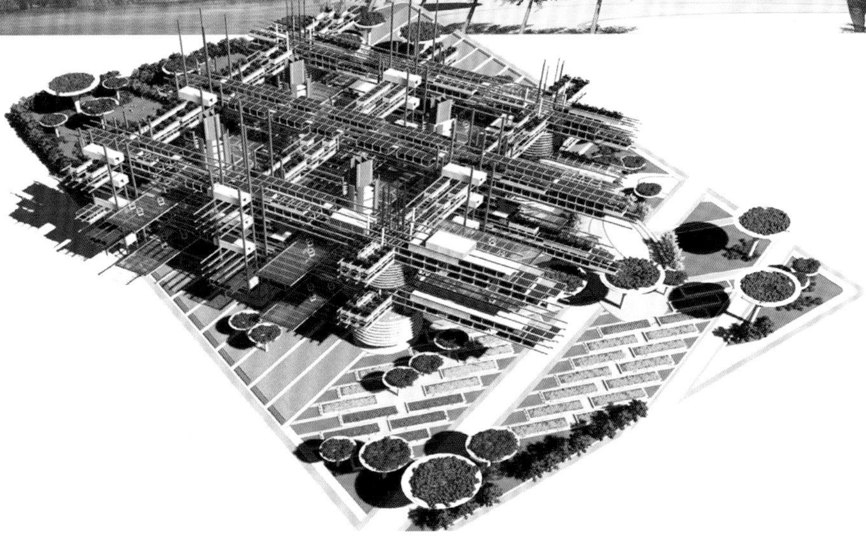

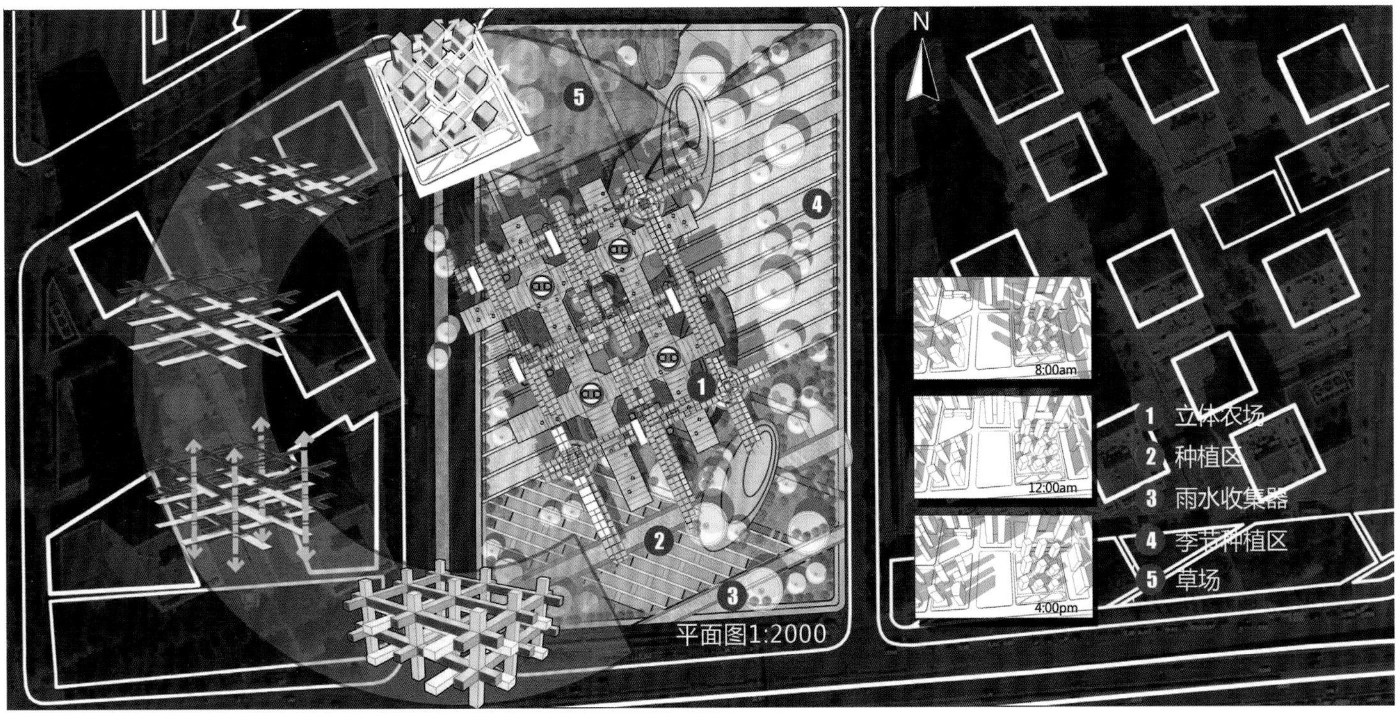
N
8:00am
12:00am
4:00pm
1 立体农场
2 种植区
3 雨水收集器
4 季节种植区
5 草场
平面图1:2000

乌鲁木齐市克拉玛依路立交垂直空间的景观设计

Vertical Space Landscape Design of Urumqi City Karamay Road

院校名称：石河子大学农学院

指导老师：武文丽

主创姓名：丁慧

设计时间：2014.1

项目地点：新疆乌鲁木齐

项目规模：克拉玛依路长 5.88 km

所获奖项：本科生组铜奖

设计说明：

现代立交桥景观设计中所面临的一个重要问题就是立交桥和其下附属空间景观对城市景观的影响。本项目目标是改善立交桥“灰”空间，提升城市形象，营造一条具有地域特色的绿色生活廊道。

考虑项目地在整个城区景观中的定位、功能及作用，将道路作为城市的有机组成部分；以植栽覆层垂直绿化、季相变化搭配、景观铺装造型及少量小品空间营造项目各区段间的特色。以沙漠——创意卡通风、冰川——简约现代风、水系——写意文化风、山脉——三维穿梭风、草原——欢娱运动风、森林——悠然惬意风定位节点主题与风格，在满足规范的要求下，以改善城市灰空间为主，同时与新疆特有的地貌文化相融合，开设教育、休闲、观景、散步等多功能的公共空间，以提高市民的生活质量，丰富城市景观，全力打造联系各路段生态开放空间的品质景观空间。

设计感悟：

城市立交桥附属空间景观设计，并不等同于桥梁本身，它是将桥梁造型、空间感受、光线、绿化以及周边环境、人文需求、文化传承、经济体现等多方面因素协调、统一规划的一种设计理念。

城市立交桥附属空间景观，是城市公共景观的主要组成部分，同时它承担着展示地域环境特征的作用。一个好的城市立交桥附属空间景观设计，能给人以强烈的印象，并成为重要的标志性景点。

本项目利用乌鲁木齐市的克拉玛依路立交附属空间，建设城市生活廊道，以引起人们对这一特殊空间景观的关注，其重要的社会意义在于不仅改善灰空间对城市造成的冲击，同时在对城市环境以及城市整体意象和功能的发挥上起到重要作用，希望立交桥附属空间景观能尽早地得以有效的规划、开发、利用，在城市中营造更多自然空间。

山脉—空间效果图

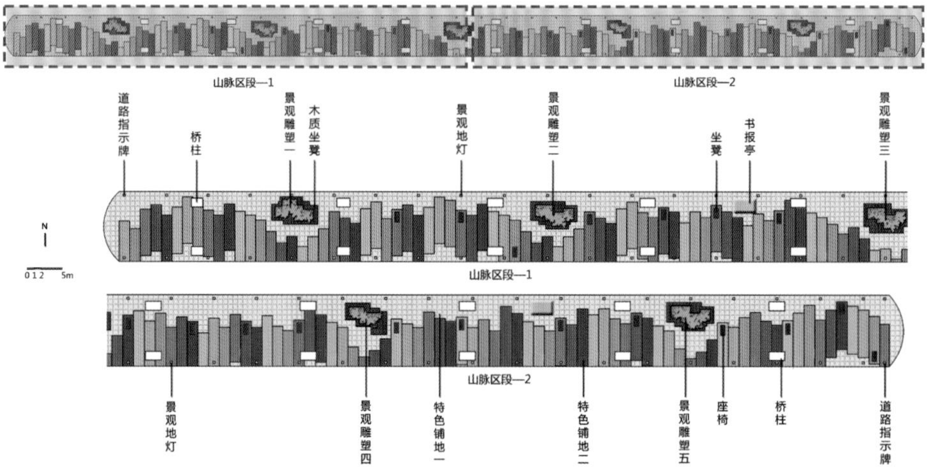

主题说明——山脉——三维穿梭风

新疆地貌景观独树一帜，通过对山脉空间色彩、流线形态的抽象提取，运用现代质感的景观元素表达三维穿梭的时空隧道。为周边教学的区域提供动态的流线景观公共空间。

山脉—分区平面图

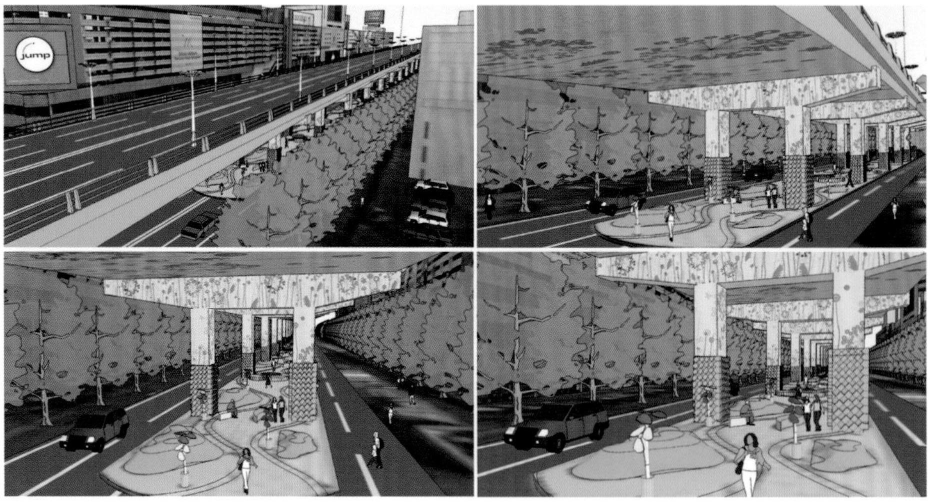

草原—空间效果图

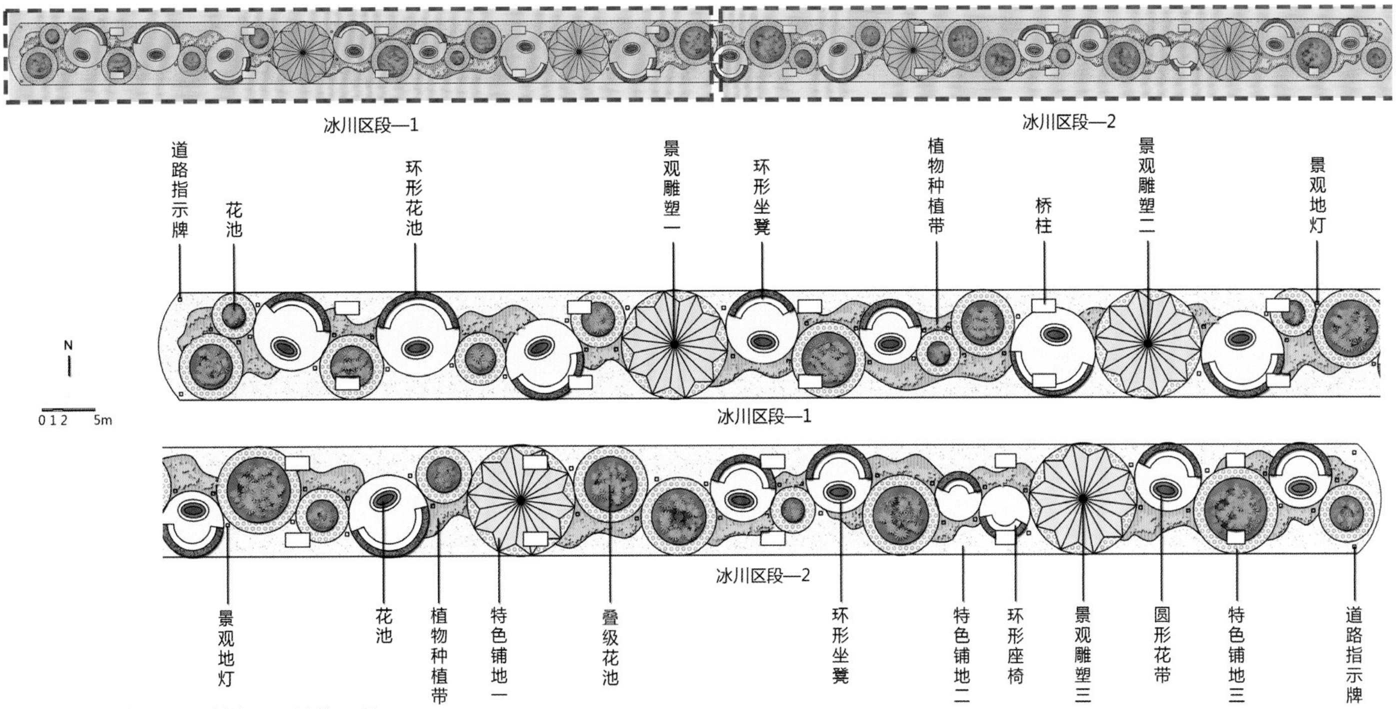
冰川区段—1
冰川区段—2
道路指示牌
花池
环形花池
景观雕塑一
环形坐凳
植物种植带
桥柱
景观雕塑二
景观地灯
N
0 1 2 5m
冰川区段—1
冰川区段—2
景观地灯
花池
植物种植带
特色铺地一
叠级花池
环形坐凳
特色铺地二
环形座椅
景观雕塑三
圆形花带
特色铺地三
道路指示牌

主题说明——冰川——简约现代风

该空间以冰川简洁的色彩为主基调，融入现代质感的景观元素，注重半开敞空间的设计，多为周边商业金融区的工作人群提供放松、停歇的空间。植被选择以紫色系为主，打造梦幻休闲空间。

冰川—分区平面图

冰川—空间效果图

生态城市研究——杨经文互通性与分类矩阵理论应用

Research of Ecological City — Yang Jingwen Interoperability and Classification Matrix Theory Application

院校名称：南京理工大学设计艺术与传媒学院
指导老师：徐伟
主创姓名：米贞东
成员姓名：张迎峰 夏天龙 龙湘泉 周威远
设计时间：2014.6.25
项目地点：南京
项目规模：24 000 m^2
所获奖项：本科生组金奖

设计说明：

新街口区域是南京最主要的商业区，自 19 世纪 50 年代以来，其建筑形态经历了单层—多层—高层—台块—超级台块等阶段。近十年来新街口区域建筑密度和高度发生了很大的变化，伴随着人口、资金、信息、技术等要素的流动与变换，新街口区域的建筑群逐渐往垂直化的方向发展，高密度的建筑围合的封闭空间形成了“峡谷效应”。 本案的设计以杨经文的生态矩阵理论为基础，以建筑环境生态化设计模型为控制手段。

设计感悟：

“城市回归自然”是一个美好的愿景，是对用生态理念设计城市的阐释。但是我们不得不面对中国城市的现实问题：城市污染、交通拥堵、建筑杂乱无章。未来十年中国还将进行高速的城市化，我们既不能放任城市的无限制膨胀，也不能照搬西方的城市规划理论。我们尝试将杨经文的设计思想与中国城市的实践相结合，研究的对象是南京新街口区域具有代表性的建筑群，深入分析了建筑群中的微气候、景观层次、建筑形式等。通过垂直生态集合体系完善本案在高密度城市下的应用。

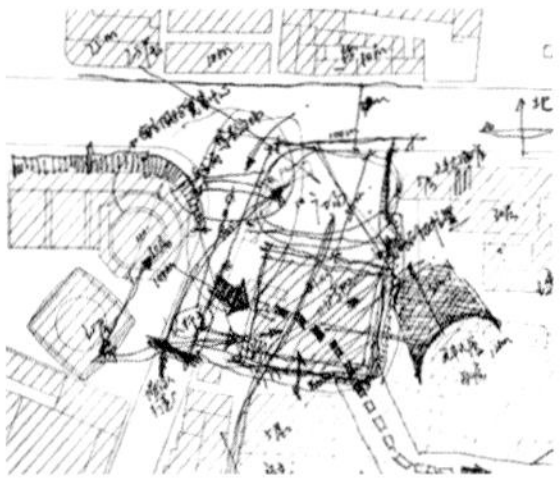

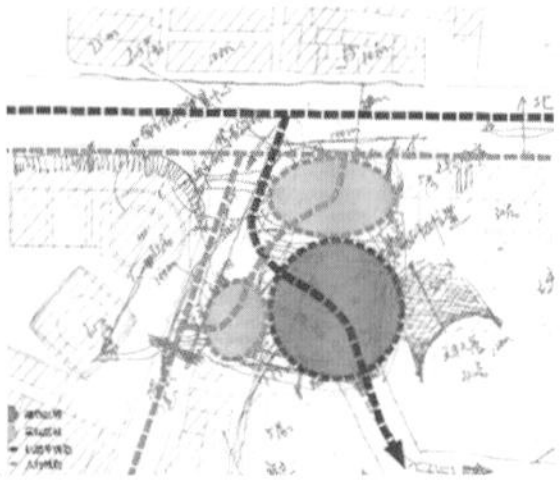

平面图设计要点：
1、出入口的设置
2、合理的流线
3、建筑的体量
4、周围广场景观的合理性

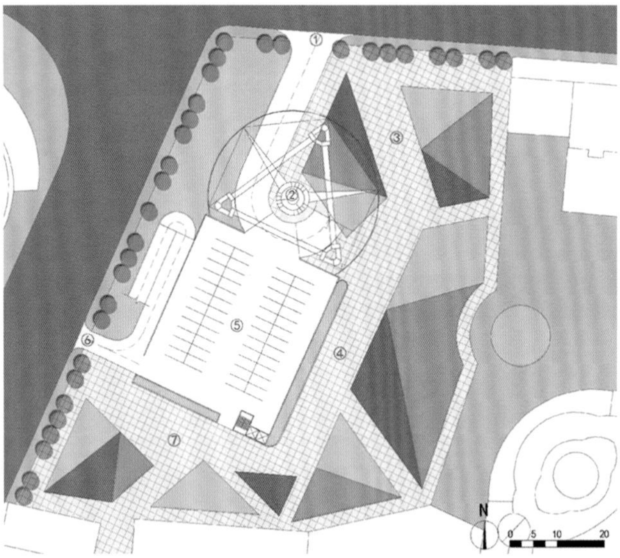

一层总平面图

①车辆主入口
②生态塔楼
③主入口广场
④绿植活动区
⑤多层停车场
⑥车辆出口
⑦次入口广场

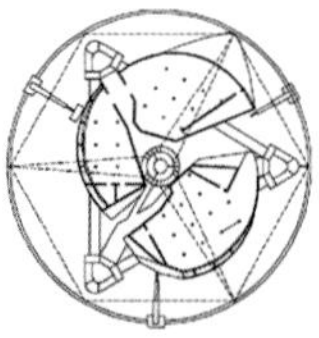

7-17层平面图（商业）

19-29层平面图（办公）

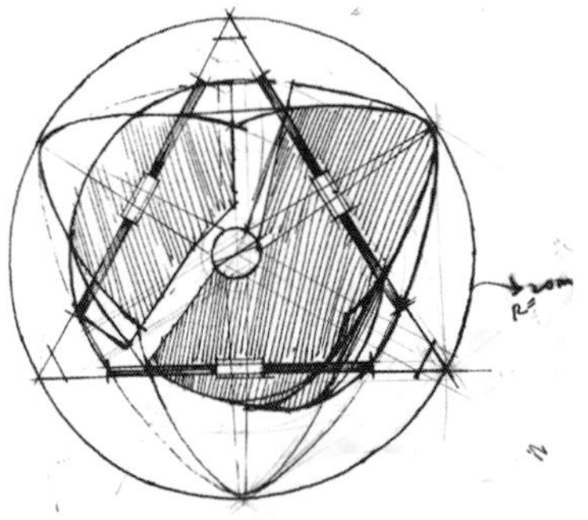

平面设计草稿

①建筑地下两层和1-5层为停车场，6层为屋顶花园，7-17层为商业平面图，19-29层为办公平面图，30-40为住宅平面图。
②楼层的边缘空间以及外庭空间使得布局精确的植被能够控制建筑结构内部的空气流动。
③植被量相对于整个建筑结构而言是合理的，保证了生态系统与机械系统共同作用，以形成一个和谐的建筑环境。
④空中庭院在竖向上做等距分布，在建筑结构上为居民提供完美的生态隔断、这些绿色公园高悬于城市上空，他们好像建筑的肺一样，为上下层与室内外空间提供新鲜空气。
⑤建筑内核心服务空间的朝向依照自然光的情况而定沿东西轴坐落，电梯及服务设施吸收了自然光绝大部分热量。
⑥较为凉爽的南北轴向立面则采用玻璃幕墙和外庭空间，因此，它们是开敞形式。

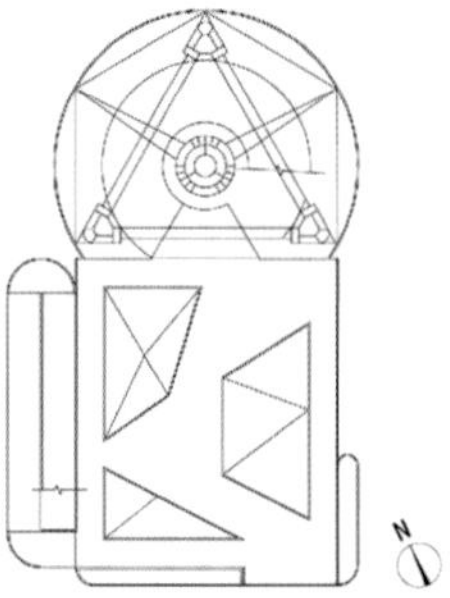

6层平面图

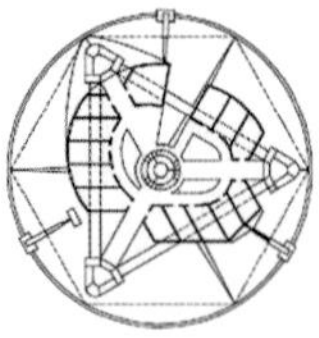

30-40层平面图（住宅）

平面图

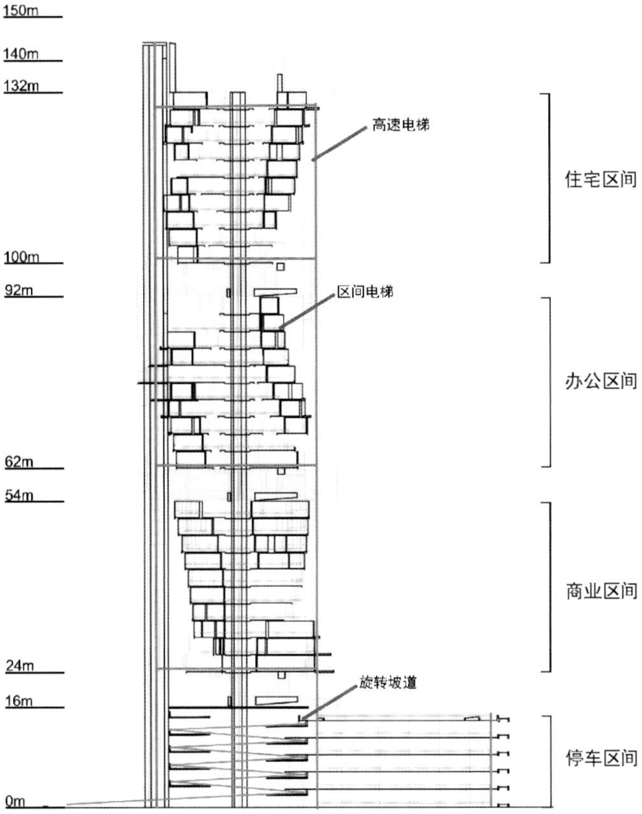

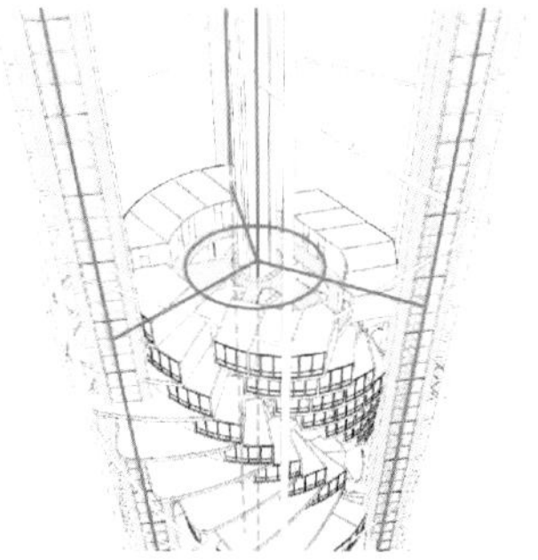

用户可以通过高速电梯到达指定区间底层，然后去建筑中部换乘区间电梯到达指定楼层。

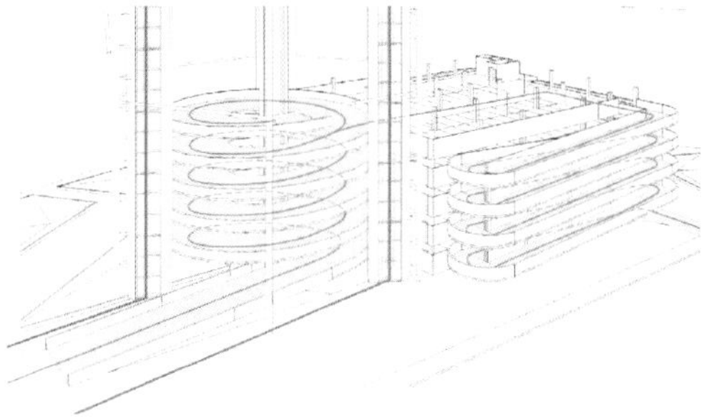

开车用户通过旋转坡道进入建筑，将汽车停往指定楼层的停车场，步行用户通过高速电梯到达指定区间。

交通分析

生态设计理论

分块矩阵理论

$$(LP) = \frac{L11 \mid L12}{L21 \mid L22}$$

杨经文 1995：分块矩阵

关键词：LP=分块矩阵 1=建筑物系统 2=环境 L=相互依赖 L11=内部相互依赖 L22=外部相互依赖 L12=系统/环境的交换 L21=环境/系统的交换

分块矩阵本身就是一个具体涵盖了所有生态设计因素的完整理论框架。设计者可以利用这一工具来考察即将构建的系统和它所处的环境整体之间的相互作用，其中应该考虑到环境所有元素相互依赖关系。

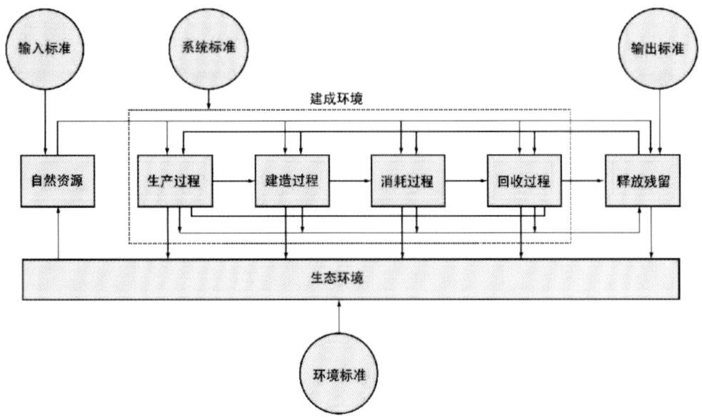

建筑环境生态化设计标准

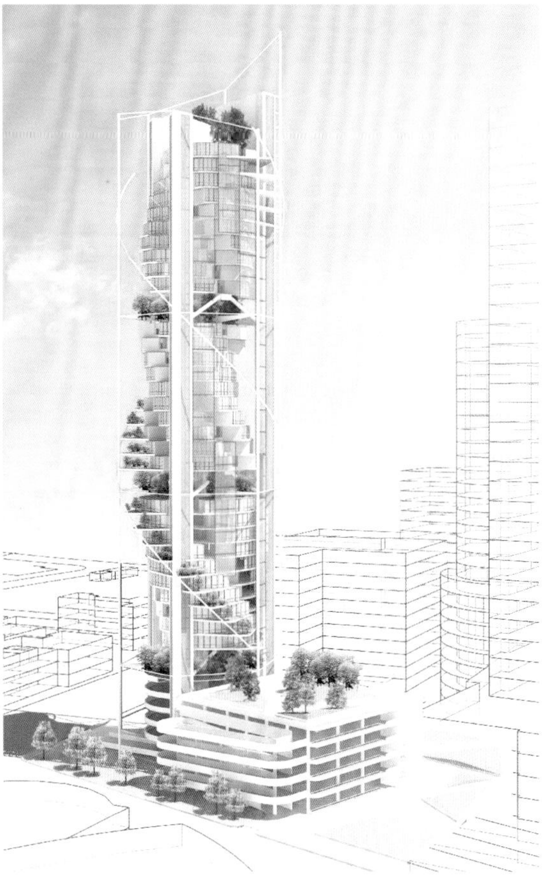

生态分析

流动的“城市”·流动的绿色“家园”

Mobile Urban Moveable Green Home

院校名称：桂林理工大学旅游学院
指导老师：杜钦
主创姓名：米东清
成员姓名：龙士希
设计时间：2014.6
所获奖项：本科生组铜奖

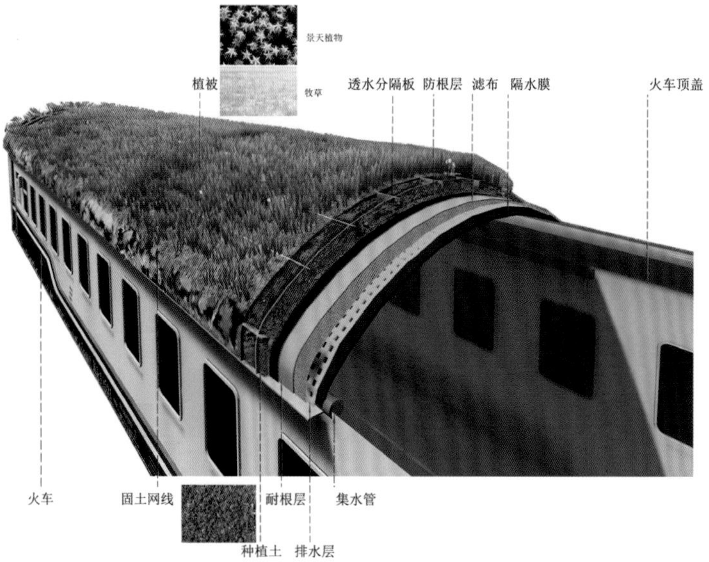

顶部绿化结构

设计说明:

火车作为人类历史上重要的交通工具之一，一直是现代人类生存发展中必不可少的一环。如今，火车就如同一座流动中的“城市”，这列“城市”中暂时居住着来自五湖四海的人们，由他们组成了一个临时的家。本次设计以桂林到北京的T6火车作为设计场地。整个火车有24节车厢，其中硬座车厢为5节，硬卧车厢为11节，软卧车厢为1节，餐车车厢为1节，公园车厢为3节，沼气车厢为2节。

外部设计：在整个火车的顶部和侧面种植植物，并在侧面设置水管来浇灌植物。绿植不但能增加我们城市日益减少的绿地，而且能为车厢内部降温（在夏天）或增温（在冬天），从而减少室内的空调使用，节约能源。

内部设计：在火车第1、2节设计沼气池，并利用沼气为整个车厢提供照明和餐车的能源供应，以减少火车尾气排放。美化硬座车厢，适当添加绿植，不仅可以净化车厢里的空气，而且能够营造一种轻松感觉。还设计有一节蔬菜车厢，利用沼渣作为蔬菜的养料，产出的蔬菜供应餐车使用，废弃的蔬菜可以作为沼气的原料，达到循环利用的目的。在第7节、第13节、第19节设计了公园车厢，增添绿色空间，消除人们的疲劳感。这样让车上的乘客真正地感受到家的温馨和舒适。

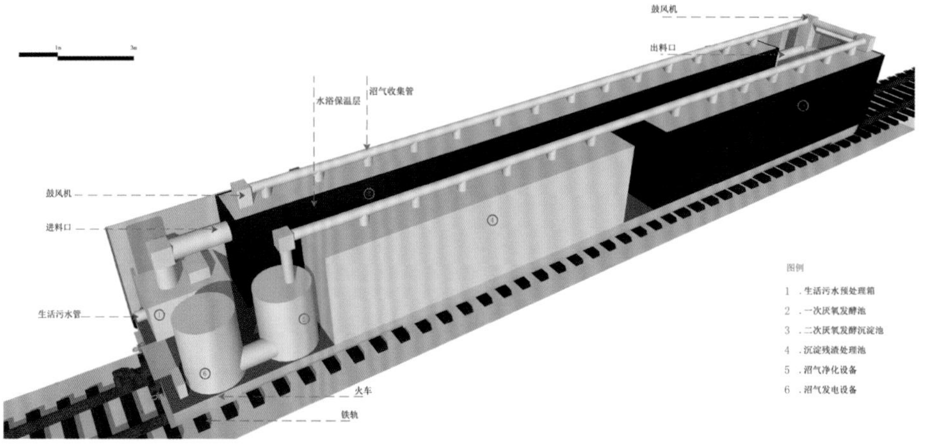

沼气设备

设计感悟:

火车是人类历史上的重要交通工具之一，它具有速度较快、载客量大、价格便宜等特点，一直为人们出远门所青睐的交通工具，也是城市与城市相连接的重要纽带。随着社会的发展进步火车也由原来的蒸汽机车演变成内燃机车，很大程度上提高了运行速度。但在为人类带来方便的同时，火车的发展也会给环境带来一些影响。

每次放寒暑假回家坐火车的时候总会发现一些问题，比如，火车里空气比较差，异味重且难闻，影响人们的心情；火车上直排式的厕所所排放的粪便对铁路沿线周边环境有不利的影响；准备进站的时候厕所暂停使用；火车内部的垃圾没有分类回收。这些问题，都与我们人类健康和我们的大自然环境息息相关。如果我们本次设计能够在未来某个时候实现，那么我们流动中的“城市”将会是拼接这个社会美好蓝图必不可少的一块图纸。

草本植物

西瓜皮椒草
Citrullus lanatus.

常春藤
Hedera helix

绿萝
Epipremnum aureum

棕竹
Rhapis excelsa (Thunb.) Henry ex Rehd

发财树
Pachira macrocarpa (Cham.・et Schl.) Schl.ex Bailey

——"线条之间"

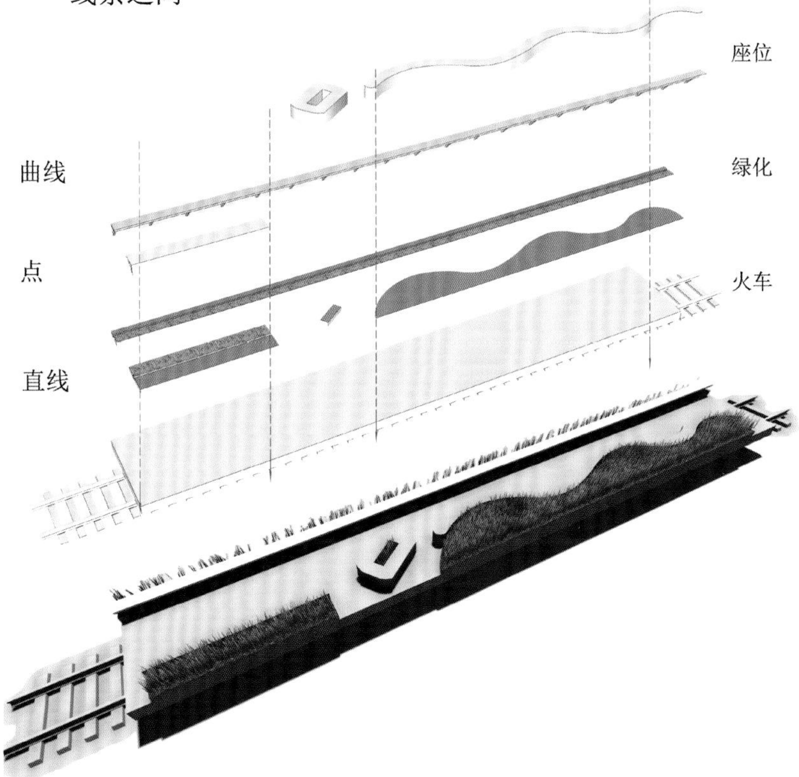

草本花卉

非洲菊
Gerbera jamesonii Bolus

秋海棠
Begonia grandis Dry

君子兰
Clivia miniata

吊兰
Chlorophytum comosum

文竹
Asparagus setaceus

滴水观音
Alocasia macrorrhiza

公园车厢设计要素

T6列车平面布局

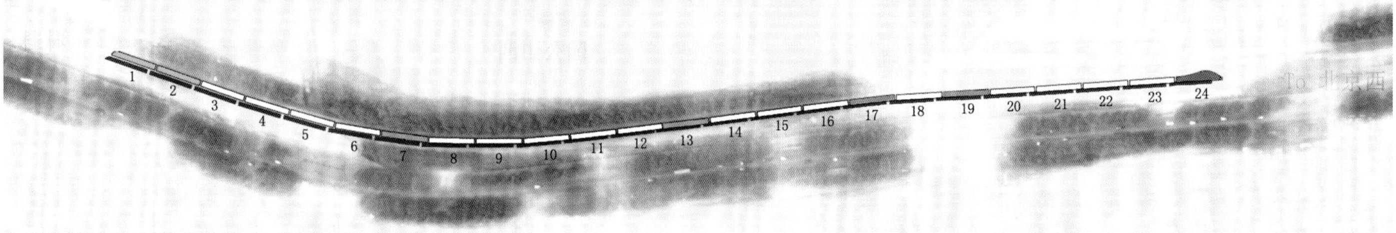

图例：
- 绿色车厢
- 沼气车厢
- 公园车厢
- 列车车头
- 餐车车厢

3 28 53（米）

深圳市铁汉生态环境股份有限公司（以下简称“铁汉生态”）成立于2001年，是国家级高新技术企业、中国环保产业骨干企业、中国生态修复和环境建设领军企业。2011年在深交所上市，为创业板首家生态环境建设上市公司。

铁汉生态主营生态环境建设与运营，业务涵盖生态修复与环境治理、生态景观、生态旅游、资源循环利用、苗木电商、家庭园艺等领域。目前已形成了集策划、规划、设计、研发、施工、苗木生产、资源循环利用，以及生态旅游运营、旅游综合体运营和城市环境设施运营等为一体的完整产业链，能够为客户提供一揽子生态环境建设与运营的整体解决方案。

公司拥有城市园林绿化壹级、风景园林设计专项甲级，以及旅游规划设计、环境污染治理等多项专业资质；拥有政府科技奖6项，申报国家专利54件，已获国家授权专利34件并主导多项标准的制定；下设北京、海南等26家分公司，现有员工1700余人。

凭借业界前列的综合实力，铁汉生态2011年被评为“中国创业板最具投资价值公司”，2012年获评“福布斯中国最佳潜力企业”、“广东省最佳雇主企业”，2013年获评“广东省最具核心竞争力企业”、“上市企业创业板综合实力十强”,2014年获评“深圳市综合实力百强企业”、“广东省最佳雇主”，并获“深圳市市长质量奖”。

地址：深圳市福田区红荔西路 8133 号农科商务办公楼 5-8 楼
总机：0755-82927368　　传真：0755-82927550
业务电话：0755-83280566　83502066
网址：www.sztechand.com

Techand® 铁汉生态
深交所创业板上市　代码:300197